国家出版基金资助项目
“新闻出版改革发展项目库”入库项目
“十三五”国家重点出版物出版规划项目

特殊冶金过程技术丛书

微波在冶金中的新应用

张利波　刘晨辉　彭金辉　著

北　京
冶　金　工　业　出　版　社
2019

内 容 提 要

微波冶金是近年发展起来的一种冶金新技术，将微波能应用于冶金单元，强化反应过程，是冶金中应用微波强化技术的一门新兴的前沿交叉学科。本书作者结合近三十年来在微波冶金的基础理论、新技术开发、工程应用推广等方面取得的相关研究成果，在概述微波冶金基础理论的基础上，围绕微波在钛冶金、锌冶金、铜冶金、铀冶金、钼冶金、锰冶金、钢铁冶金等领域的应用进行了全面系统的阐述，主要反映了作者及其团队在微波冶金领域的最新研究成果和研究进展。

本书可供冶金、材料、化工等相关专业教学、科研和工程技术人员阅读参考，也可作为相关专业本科生和研究生的教学参考书。

图书在版编目(CIP)数据

微波在冶金中的新应用/张利波，刘晨辉，彭金辉著．—北京：冶金工业出版社，2019.5

(特殊冶金过程技术丛书)

ISBN 978-7-5024-7999-2

Ⅰ.①微…　Ⅱ.①张…　②刘…　③彭…　Ⅲ.①微波技术—应用—冶金　Ⅳ.①TF19

中国版本图书馆 CIP 数据核字(2018)第 291757 号

出 版 人　陈玉千

地　　址　北京市东城区嵩祝院北巷 39 号　邮编　100009　电话　(010)64027926

网　　址　www.cnmip.com.cn　电子信箱　yjcbs@cnmip.com.cn

责任编辑　张熙莹　王　双　美术编辑　彭子赫　版式设计　孙跃红

责任校对　王永欣　责任印制　李玉山

ISBN 978-7-5024-7999-2

冶金工业出版社出版发行；各地新华书店经销；北京捷迅佳彩印刷有限公司印刷

2019 年 5 月第 1 版，2019 年 5 月第 1 次印刷

787mm×1092mm　1/16；27.25 印张；656 千字；409 页

156.00 元

冶金工业出版社　投稿电话　(010)64027932　投稿信箱　tougao@cnmip.com.cn

冶金工业出版社营销中心　电话　(010)64044283　传真　(010)64027893

冶金工业出版社天猫旗舰店　yjgycbs.tmall.com

(本书如有印装质量问题，本社营销中心负责退换)

特殊冶金过程技术丛书

学术委员会

编辑委员会

特殊冶金过程技术丛书

序

科技创新是永无止境的，尤其是学科交叉与融合不断衍生出新的学科与技术。特殊冶金是将物理外场（如电磁场、微波场、超重力、温度场等）和新型化学介质（如富氧、氯、氟、氢、化合物、络合物等）用于常规冶金过程而形成的新的冶金学科分支。特殊冶金是将传统的火法、湿法和电化学冶金与非常规外场及新型介质体系相互融合交叉，实现对冶金过程物质转化与分离过程的强化和有效调控。对于许多成分复杂、低品位、难处理的冶金原料，传统的冶金方法效率低、消耗高。特殊冶金的兴起，是科研人员针对不同的原料特性，在非常规外场和新型介质体系及其对常规冶金的强化与融合做了大量研究的结果，创新的工艺和装备具有高效的元素分离和金属提取效果，在低品位、复杂、难处理的冶金矿产资源的开发过程中将显示出强大的生命力。

“特殊冶金过程技术丛书”系统反映了我国在特殊冶金领域多年的学术研究状况，展现了我国在特殊冶金领域最新的研究成果和学术思想。该丛书涵盖了东北大学、昆明理工大学、中南大学、北京科技大学、江西理工大学、北京矿冶研究总院、中科院过程所等单位多年来的科研结晶，是我国在特殊冶金领域研究成果的总结，许多成果已得到应用并取得了良好效果，对冶金学科的发展具有重要作用。

特殊冶金作为一个新兴冶金学科分支，涉及物理、化学、数学、冶金、材料和人工智能等学科，需要多学科的联合研究与创新才能得以发展。例如，特殊外场下的物理化学与界面现象，物质迁移的传输参数与传输规律及其测量方法，多场协同作用下的多相耦合及反应过程规律，新型介质中的各组分反应机理与外场强化的关系，多元多相复杂体系多尺度结构与效应，新型冶金反应器的结构优化及其放大规律等。其中的科学问题和大量的技术与工程化需要我们去解决。

特殊冶金的发展前景广阔，随着物理外场技术的进步和新型介质体系的出现，定会不断涌现新的特殊冶金方法与技术。

“特殊冶金过程技术丛书”的出版是我国冶金界值得称贺的一件喜事，此丛书的出版将会促进和推动我国冶金与材料事业的新发展，谨此祝愿。

2019 年 4 月

总　序

冶金过程的本质是物质转化与分离过程，是“流”与“场”的相互作用过程。这里的“流”是指物质流、能量流和信息流，这里的“场”是指反应器所具有的物理场，例如温度场、压力场、速度场、浓度场等。因此，冶金过程“流”与“场”的相互作用及其耦合规律是特殊冶金（又称“外场冶金”）过程的最基本科学问题。随着物理技术的发展，如电磁场、微波场、超声波场、真空力场、超重力场、瞬变温度场等物理外场逐渐被应用于冶金过程，由此出现了电磁冶金、微波冶金、超声波冶金、真空冶金、超重力冶金、自蔓延冶金等新的冶金过程技术。随着化学理论与技术的发展，新的化学介质体系，如亚熔盐、富氧、氢气、氯气、氟气等在冶金过程中应用，形成了亚熔盐冶金、富氧冶金、氢冶金、氯冶金、氟冶金等新的冶金过程技术。因此，特殊冶金就是将物理外场（如电磁场、微波场、超重力或瞬变温度场）和新型化学介质（亚熔盐、富氧、氯、氟、氢等）应用于冶金过程形成的新的冶金学科分支。实际上，特殊冶金是传统的火法冶金、湿法冶金及电化学冶金与电磁场、微波场、超声波场、超高浓度场、瞬变超高温场（高达2000℃以上）等非常规外场相结合，以及新型介质体系相互融合交叉，实现对冶金过程物质转化与分离过程的强化与有效控制，是典型的交叉学科领域。根据外场和能量/介质不同，特殊冶金又可分为两大类，一类是非常规物理场，具体包括微波场、压力场、电磁场、等离子场、电子束能、超声波场与超高温场等；另一类是超高浓度新型化学介质场，具体包括亚熔盐、矿浆、电渣、氯气、氢气与氧气等。与传统的冶金过程相比，外场冶金具有效率高、能耗低、产品质量优等特点，其在低品位、复杂、难处理的矿产资源的开发利用及冶金“三废”的综合利用方面显示出强大的技术优势。

特殊冶金的发展历史可以追溯到20世纪50年代，如加压湿法冶金、真空冶金、富氧冶金等特殊冶金技术从20世纪就已经进入生产应用。2009年在中国金属学会组织的第十三届中国冶金反应工程年会上，东北大学张廷安教授首次系统地介绍了特殊冶金的现状及发展趋势，引起同行的广泛关注。自此，“特殊冶金”作为特定术语逐渐被冶金和材料同行接受（下表总结了特殊冶金的各种形式、能量转化与外场方式以及应用领域）。2010年，彭金辉教授依托昆明理工大学组建了国内首个特殊冶金领域的重点实验室——非常规冶金教育部重点实验室。2015年，云南冶金集团股份有限公司组建了共伴生有色金属资源加压湿法冶金技术国家重点实验室。2011年，东北大学受教育部委托承办了外场技术在冶金中的应用暑期学校，进一步详细研讨了特殊冶金的研究现状和发展趋势。2016年，中国有色金属学会成立了特种冶金专业委员会，中国金属学会设有特殊钢分会特种冶金学术委员会。目前，特殊冶金是冶金学科最活跃的研究领域之一，也是我国在国际冶金领域的优势学科，研究水平处于世界领先地位。特殊冶金也是国家自然科学基金委近年来重点支持和积极鼓励的研究

特殊冶金及应用一览表

名称	外场	能量形式	应用领域
电磁冶金	电磁场	电磁力、热效应	电磁熔炼、电磁搅拌、电磁雾化
等离子冶金、电子束冶金	等离子体、电子束	等离子体高温、辐射能	等离子体冶炼、废弃物处理、粉体制备、聚合反应、聚合干燥
激光冶金	激光波	高能束	激光表面冶金、激光化学冶金、激光材料合成等
微波冶金	微波场	微波能	微波焙烧、微波合成等
超声波冶金	超声波	机械、空化	超声冶炼、超声精炼、超声萃取
自蔓延冶金	瞬变温场	化学热	自蔓延冶金制粉、自蔓延冶炼
超重、微重力与失重冶金	非常规力场	离心力、微弱力	真空微重力熔炼铝锂合金、重力条件下熔炼难混溶合金等
气体（氧、氢、氯）冶金	浓度场	化学位能	富氧浸出、富氧熔炼、金属氢还原、钛氯化冶金等
亚熔盐冶金	浓度场	化学位能	铬、钒、钛和氧化铝等溶出
矿浆电解	电磁场	界面、电能	铋、铅、锑、锰结核等复杂资源矿浆电解
真空与相对真空冶金	压力场	压力能	高压合成、金属镁相对真空冶炼
加压湿法冶金	压力场	压力能	硫化矿物、氧化矿物的高压浸出

领域之一。国家自然科学基金“十三五”战略发展规划明确指出，特殊冶金是冶金学科又一新兴交叉学科分支。

加压湿法冶金是现代湿法冶金领域新兴发展的短流程强化冶金技术，是现代湿法冶金技术发展的主要方向之一，已广泛地应用于有色金属及稀贵金属提取冶金及材料制备方面。张廷安教授团队将加压湿法冶金新技术应用于氧化铝清洁生产和钒渣加压清洁提钒等领域取得了一系列创新性成果。例如，从改变铝土矿溶出过程平衡固相结构出发，重构了理论上不含碱、不含铝的新型结构平衡相，提出的“钙化—碳化法”不仅从理论上摆脱了拜耳法生产氧化铝对铝土矿铝硅比的限制，而且实现了大幅度降低赤泥中钠和铝的含量，解决了赤泥的大规模、低成本无害化和资源化，是氧化铝生产近百年来的颠覆性技术。该技术的研发成功可使我国铝土矿资源扩大 2~3 倍，延长铝土矿使用年限 30 年以上，解决了拜耳法赤泥综合利用的世界难题。相关成果获 2015 年度中国国际经济交流中心与保尔森基金会联合颁发的“可持续发展规划项目”国际奖、第 45 届日内瓦国际发明展特别嘉许金奖及 2017 年 TMS 学会轻金属主题奖等。

真空冶金是将真空用于金属的熔炼、精炼、浇铸和热处理等过程的特殊冶金技术。近年来真空冶金在稀有金属、钢和特种合金的冶炼方面得到日益广泛的应用。昆明理工大学的戴永年院士和杨斌教授团队在真空冶金提取新技术及产业化应用领域取得了一系列创新性成果。例如，主持完成的“从含铟粗锌中高效提炼金属铟技术”，项目成功地从含铟 0.1%的粗锌中提炼出 99.993%以上的金属铟，解决了从含铟粗锌中提炼铟这一冶金技术难题，该成果获 2009 年度国家技术发明奖二等奖。又如主持完成的“复杂锡合金真空蒸馏新技术及产业化应用”项目针对传统冶金技术处理复杂锡合金资源利用率低、环保影响大、生产成本高等问题，成功开发了真空蒸馏处理复杂锡合金的新技术，在云锡集团等企业建成 40 余条生产线，在美国、英国、西班牙建成 6 条生产线，项目成果获 2015 年度国家科技进步奖二等奖。2014 年，张廷安教授提出“以平衡分压为基准”的相对真空冶金概念，在国家自然科学基金委—辽宁联合基金的资助下开发了相对真空炼镁技术与装备，实现了镁的连续冶炼，达到国际领先水平。

微波冶金是将微波能应用于冶金过程，利用其选择性加热、内部加热和非接触加热等特点来强化反应过程的一种特殊冶金新技术。微波加热与常规加热不同，它不需要由表及里的热传导，可以实现整体和选择性加热，具有升温速率快、加热效率高、对化学反应有催化作用、降低反应温度、缩短反应时间、节能降耗等优点。昆明理工大学的彭金辉院士团队在研究微波与冶金物料相互作用机理的基础上，开展了微波在磨矿、干燥、煅烧、还原、熔炼、浸出等典型冶金单元中的应用研究。例如，主持完成的“新型微波冶金反应器及其应用的关键技术”项目以解决微波冶金反应器的关键技术为突破点，推动了微波冶金的产业化进程。发明了微波冶金物料专用承载体的制备新技术，突破了微波冶金高温反应器的瓶颈；提出了“分布耦合技术”，首次实现了微波冶金反应器的大型化、连续化和自动化。建成了世界上第一套针对强腐蚀性液体的兆瓦级微波加热钛带卷连续酸洗生产线。发明了干燥、浸出、煅烧、还原等四种类型的微波冶金新技术，显著推进了冶金工业的节能减排降耗。发明了吸附剂孔径的微波协同调控技术，获得了针对性强、吸附容量大和强度高的系列吸附剂产品；首次建立了高性能冶金专用吸附剂的生产线，显著提高了黄金回收率，同时有效降低了锌电积直流电单耗。该项目成果获2010年度国家技术发明奖二等奖。

电渣冶金是利用电流通过液态熔渣产生电阻热用以精炼金属的一种特殊冶金技术。传统电渣冶金技术存在耗能高、氟污染严重、生产效率低、产品质量差等问题，尤其是大单重厚板和百吨级电渣锭无法满足高端装备的材料需求。2003年以前我国电渣重熔技术全面落后，高端特殊钢严重依赖进口。东北大学姜周华教授团队主持完成的“高品质特殊钢绿色高效电渣重熔关键技术的开发与应用”项目采用“基础研究—关键共性技术—应用示范—行业推广”的创新模式，系统地研究了电渣工艺理论，创新开发绿色高效的电渣重熔成套装备和工艺及系列高端产品，节能减排和提效降本效果显著，产品质量全面提升，形成两项国际标准，实现了我国电渣技术从跟跑、并跑到领跑的历史性跨越。项目成果在国内60多家企业应用，生产出的高端模具钢、轴承钢、叶片钢、特厚板、核电主管道等产品满足了我国大飞机工程、先进能源、石化和军工国防等领域对高端材料的急需。研制出系列“卡脖子”材料，有力地支持了我国高端装备制造业发展并保证了国家安全。

自蔓延冶金是将自蔓延高温合成（体系化学能瞬时释放形成特高高温场）与冶金工艺相结合的特殊冶金技术。东北大学张廷安教授团队将自蔓延高温反应与冶金熔炼/浸出集成创新，系统研究了自蔓延冶金的强放热快速反应体系的热力学与动力学，形成了自蔓延冶金学理论创新和基于冶金材料一体化的自蔓延冶金非平衡制备技术。自蔓延冶金是以强放热快速反应为基础，将金属还原与材料制备耦合在一起，实现了冶金材料短流程清洁制备的理论创新和技术突破。自蔓延冶金利用体系化学瞬间（通常以秒计）形成的超高温场（通常超过2000℃），为反应体系创造出良好的热力学条件和环境，实现了极端高温的非平衡热力学条件下快速反应。例如，构建了以钛氧化物为原料的“多级深度还原”短流程低成本清洁制备钛合金的理论体系与方法，建成了世界首个直接金属热还原制备钛与钛合金的低成本清洁生产示范工程，使以Kroll法为基础的钛材生产成本降低30%~40%，为世界钛材低成本清洁利用奠定了工业基础。发明了自蔓延冶金法制备高纯超细硼化物粉体规模化清洁生产关键技术，实现了国家安全战略用陶瓷粉体（无定型硼粉、REB_6、CaB_6、TiB_2、B_4C等）规模化清洁生产的理论创新和关键技术突破，所生产的高活性无定型硼粉已成功用于我国数个型号的固体火箭推进剂中。发明了铝热自蔓延—电渣感应熔铸—水气复合冷制备均质高性能铜铬合金的关键技术，形成了均质高性能铜难混溶合金的制备的第四代技术原型，实现了高致密均质CuCr难混溶合金大尺寸非真空条件下高效低成本制备。所制备的CuCr触头材料电性能比现有粉末冶金法技术指标提升1倍以上，生产成本可降低40%以上。以上成果先后获得中国有色金属科技奖技术发明奖一等奖、中国发明专利奖优秀奖和辽宁省技术发明奖等省部级奖励6项。

富氧冶金（熔炼）是利用工业氧气部分或全部取代空气以强化冶金熔炼过程的一种特殊冶金技术。20世纪50年代，由于高效价廉的制氧方法和设备的开发，工业氧气炼钢和高炉富氧炼铁获得广泛应用。与此同时，在有色金属熔炼中，也开始用提高鼓风中空气含氧量的办法开发新的熔炼方法和改造落后的传统工艺。

1952年，加拿大国际镍公司（Inco）首先采用工业氧气（含氧95%）闪速熔炼铜精矿，熔炼过程不需要任何燃料，烟气中SO_2浓度高达80%，这是富氧熔炼最早案例。1971年，奥托昆普（Outokumpu）型闪速炉开始用预热的富氧空气代替原来的预热空气鼓风熔炼铜（镍）精矿，使这种闪速炉的优点得到更好的发挥，硫的回收率可达95%。工业氧气的应用也推动了熔池熔炼方法的开发和推广。20世纪70年代以来先后出现的诺兰达法、三菱法、白银炼铜法、氧气底吹炼铅法、底吹氧气炼铜等，也都离不开富氧（或工业氧气）鼓风。中国的炼铜工业很早就开始采用富氧造锍熔炼，1977年邵武铜厂密闭鼓风炉最早采用富氧熔炼，接着又被铜陵冶炼厂采用。1987年白银炼铜法开始用含氧31.6%的富氧鼓风炼铜。1990年贵溪冶炼厂铜闪速炉开始用预热富氧鼓风代替预热空气熔炼铜精矿。王华教授率领校内外产学研创新团队，针对冶金炉窑强化供热过程不均匀、不精准的关键共性科学问题及技术难题，基于混沌数学提出了旋流混沌强化方法和冶金炉窑动量—质量—热量传递过程非线性协同强化的学术思想，建立了冶金炉窑全时空最低燃耗强化供热理论模型，研发了冶金炉窑强化供热系列技术和装备，实现了用最小的气泡搅拌动能达到充分传递和整体强化、减小喷溅、提高富氧利用率和炉窑设备寿命，突破了加热温度不均匀、温度控制不精准导致金属材料性能不能满足高端需求、产品成材率低的技术瓶颈，打破了发达国家高端金属材料热加工领域精准均匀加热的技术垄断，实现了冶金炉窑节能增效的显著提高，有力促进了我国冶金行业的科技进步和高质量绿色发展。

超重力技术源于美国太空宇航实验与英国帝国化学公司新科学研究组等于1979年提出的“Higee（High gravity）”概念，利用旋转填充床模拟超重力环境，诞生了超重力技术。通过转子产生离心加速度模拟超重力环境，可以使流经转子填料的液体受到强烈的剪切力作用而被撕裂成极细小的液滴、液膜和液丝，从而提高相界面和界面更新速率，使相间传质过程得到强化。陈建峰院士原创性提出了超重力强化分子混合与反应过程的新思想，开拓了超重力反应强化新方向，并带领团队开展了以“新理论—新装备—新技术”为主线的系统创新工作。刘有智教授等开发了大通量、低气阻错流超重力技术与装置，构建了强化吸收硫化氢同时抑制吸收二氧化碳的超重力环境，解决了高选择性脱硫难题，实现了低成本、高选择性脱硫。独创的超重力常压净化高浓度氮氧化物废气技术使净化后氮氧化物浓度小于240mg/m^3，远低于国家标准（GB 16297—1996）1400mg/m^{3}的排放限值。还成功开发了磁力驱动超重力装置和亲水、亲油高表面润湿率填料，攻克了强腐蚀条件下的动密封和填料润湿性等工程化难题。项目成果获2011年度国家科技进步奖二等奖。郭占成教授等开展了复杂共生矿冶炼熔渣超重力富集分离高价组分、直接还原铁低温超重力渣铁分离、熔融钢渣超重力分级富积、金属熔体超重力净化除杂、超重力渗流制备泡沫金属、电子废弃物多金属超重力分离、水溶液超重力电化学反应与强化等创新研究。

随着气体制备技术的发展和环保意识的提高，氢冶金必将取代碳冶金，氯冶金由于系统“无水、无碱、无酸”的参与和氯化物易于分离提纯的特点，必将在资源清洁利用和固废处理技术等领域显示其强大的生命力。随着对微重力和失重状态的研究以及太空资源的开发，微重力环境中的太空冶金也将受到越来越广泛的关注。

“特殊冶金过程技术丛书”系统地展现了我国在特殊冶金领域多年的学术

研究成果，反映了我国在特殊冶金/外场冶金领域最新的研究成果和学术思路。成果涵盖了东北大学、昆明理工大学、中南大学、北京科技大学、江西理工大学、北京矿冶科技集团有限公司（原北京矿冶研究总院）及中国科学院过程工程研究所等国内特殊冶金领域优势单位多年来的科研结晶，是我国在特殊冶金/外场冶金领域研究成果的集大成，更代表着世界特殊冶金的发展潮流，也引领着该领域未来的发展趋势。然而，特殊冶金作为一个新兴冶金学科分支，涉及物理、化学、数学、冶金和材料等学科，在理论与技术方面都存在亟待解决的科学问题。目前，还存在新型介质和物理外场作用下物理化学认知的缺乏、冶金化工产品开发与高效反应器的矛盾以及特殊冶金过程（反应器）放大的制约瓶颈。因此，有必要解决以下科学问题：(1) 新型介质体系和物理外场下的物理化学和传输特性及测量方法；(2) 基于反应特征和尺度变化的新型反应器过程原理；(3) 基于大数据与特定时空域的反应器放大理论与方法。围绕科学问题要开展的研究包括：特殊外场下的物理化学与界面现象，在特殊外场下物质的热力学性质的研究显得十分必要（$\Delta G=\Delta G_{重}+\Delta G_{外}$）；外场作用下的物质迁移的传输参数与传输规律及其测量方法；多场（电磁场、高压、微波、超声波、热场、流场、浓度场等）协同作用下的多相耦合及反应过程规律；特殊外场作用下的新型冶金反应器理论，包括多元多相复杂体系多尺度结构与效应（微米级固相颗粒、气泡、颗粒团聚、设备尺度等），新型冶金反应器的结构特征及优化，新型冶金反应器的放大依据及其放大规律。

特殊冶金的发展前景广阔，随着物理外场技术的进步和新型介质体系的出现，定会不断涌现新的特殊冶金方法与技术，出现从“0”到“1”的颠覆性原创新方法，例如，邱定蕃院士领衔的团队发明的矿浆电解冶金，张懿院士领衔的团队发明的亚熔盐冶金等，都是颠覆性特殊冶金原创性技术的代表，给我们从事科学研究的工作者做出了典范。

在本丛书策划过程中，丛书主编特邀请了中国工程院邱定蕃院士、戴永年院士、张懿院士与东北大学赫冀成教授担任丛书的学术顾问，同时邀请了众多国内知名学者担任学术委员和编委。丛书组建了优秀的作者队伍，其中有中国工程院院士、国务院学科评议组成员、国家杰出青年科学基金获得者、长江学者特聘教授、国家优秀青年基金获得者以及学科学术带头人等。在此，衷心感谢丛书的学术委员、编委会成员、各位作者，以及所有关心、支持和帮助编辑出版的同志们。特别感谢中国有色金属学会冶金反应工程学专业委员会和中国有色金属学会特种冶金专业委员会对该丛书的出版策划，特别感谢国家自然科学基金委、中国有色金属学会、国家出版基金对特殊冶金学科发展及丛书出版的支持。

希望“特殊冶金过程技术丛书”的出版能够起到积极的交流作用，能为广大冶金与材料科技工作者提供帮助，尤其是为特殊冶金/外场冶金领域的科技工作者提供一个充分交流合作的途径。欢迎读者对丛书提出宝贵的意见和建议。

张廷安 彭金辉

2018年12月

前　　言

微波冶金是冶金中应用微波强化技术的一门新兴前沿交叉学科。微波能够直接作用于冶金化学反应体系从而促进或改变各类化学反应，强化冶金单元过程。它涉及冶金物理化学、冶金工艺技术、微波技术、物质结构、电磁理论、电介质物理理论、凝聚态物理理论、结晶学、化学原理等诸多学科。研究微波场下冶金过程中物质的物理化学行为，探索和了解化学反应在非常规条件下的特殊反应规律和特殊现象，利用这些特殊规律和特殊现象来实现某些在常规条件下无法进行的冶金反应，开拓微波冶金新技术工艺和新装备，对于丰富冶金学科理论、改造和革新传统冶金工艺，具有重要的科学意义和广阔的工业应用前景。

昆明理工大学微波冶金团队于20世纪80年代率先在国内开展研究，积累了大量的研究工作。在基础理论研究方面，测定了多种矿物、冶金中间产物的介电特性和吸波特性，推导了微波场中矿物升温速率方程，建立了冶金物料高温介电特性数据库，进行了微波场中物料三传一反、微波场强分布等基础研究，揭示了微波场下冶金反应过程的动力学与反应机理；在工艺技术开发方面，研究了微波技术在有色金属冶金和钢铁冶金领域中金属提取流程中的应用，同时，紧密结合工艺技术，开发了一系列微波冶金装备，进行工程化实践与应用推广，产生了显著效果。

全书共分8章。其中第1章主要介绍微波冶金的基础理论，第2章介绍了微波在钛冶金中的新应用，第3章介绍了微波在锌冶金中的新应用，第4章介绍了微波在铜冶金中的新应用，第5章介绍了微波在铀冶金中的新应用，第6章介绍了微波在钼冶金中的新应用，第7章介绍了微波在锰冶金中的新应用，第8章介绍了微波在钢铁冶金中的新应用。本书涵盖了微波在冶金领域的新进展，内容丰富、系统、创新性强，反映了作者及其合作者几十年来在微波冶金学科方向上的学术成就和研究成果。

该书是彭金辉教授于2016~2017年设计拟定了全书的提纲与框架结构，确定了撰写范围和结构，撰写了第1章；张利波教授撰写了第3章和第6章；刘晨辉副教授撰写了第2章、第4章、第5章和第8章；曲雯雯教授撰写了第7章。全书由张利波教授最终统稿、定稿。本书得到了昆明理工大学微波冶金团队的大力支持，是团队成员集体智慧的结晶。

本专著得以成书，感谢国家出版基金、云南省科技领军人才项目（项目编号：2013HA002）等的资助，感谢冶金工业出版社在本书出版过程中的全力支持与帮助。

本书内容涉及冶金、化学、物理学等多个学科，书中不足之处，敬希广大读者不吝批评指正。

张利波

2019年4月

目　　录

1 微波与物质作用理论基础

微波冶金是通过微波在物料内部的介电损耗直接将冶金反应所需能量选择性地传递给反应的分子或原子，在足够强度的微波能量密度下，其原位能量转换方式使物料微区得到快速的能量累积，这种能量转换方式使得有可能通过利用矿物电磁性能的差别，使矿石中的有用矿物优先加热而使矿石中的脉石不被直接加热，造成多元多相复杂矿石体系的温度在微观上的不均匀分布，使有用矿物和脉石界面之间产生热应力，促进有用矿物与脉石的解离，增大有用矿物的有效反应面积，促进界面化学反应，加速反应过程中的扩散速率。微波这种独特的加热方式改变了常规加热需要在温度梯度的推动下，经历热源的传导、媒介的对流传热、容器壁的热传导、样品内部的热传导等过程；微波能使物料在瞬间得到或失去热量来源，表现出对物料加热的无惰性；此外，同一物料中不同组分在微波场中具有差异较大的加热速率；同时微波加热不需要高温介质，绝大部分微波能量被介质吸收转化为升温所需要的热量，降低了常规加热中发生的设备预热、加热过程和高温介质热损失等。正是由于微波加热具备以上所述的特殊加热机制，宏观表现出选择性加热、加热均匀、热效率高、清洁无污染、启动和停止加热非常迅速以及甚至可以改善材料性能等优越特征。

微波冶金作为一种新兴的绿色冶金方法，被研究者广泛用于冶金过程中的助磨、焙烧、煅烧、氧化、还原、熔炼等多个领域。然而，进一步发挥微波加热的优势依然面临较大的挑战，根本原因在于物料的介电特性在加热过程中随着物料的温度和组成呈非线性变化，尤其是冶金物料高温条件下复介电常数的缺乏，限制了微波加热技术和微波加热系统在冶金领域中的应用。

复介电常数是描述材料与微波相互作用的重要参数，包含介电常数和介电损耗因子两个部分。物料的复介电常数随温度的变化影响了微波加热腔体中物料的电磁场分布及温度场分布，研究物料的介电常数和介电损耗因子随着温度、含水率、密度、化学成分的变化对于选择合适的微波冶金工艺和开发相应的微波高温反应器具有重要指导意义。微波能利用的理论基础就是微波与物质及化学反应过程的相互作用，研究两者相互作用机理，获得物质的分子结构对外加电磁场的响应能力，可以优化微波加热工艺参数和微波冶金装备开发[1]。主要研究内容有：

（1）研究物质介电性能与微波频率和温度等因素的关系，以期获得技术应用上所必需的材料，以及电子、微波元器件和结构设计上所要求的准确的介电参数。各类冶金反应环境需要低介电常数、低损耗因子和满足各种使用温度环境的合格材料，以及准确的介电参数[2]；冶金原料种类繁多，介电参数随温度、成分、产物、化学反应过程动态变化，物料对微波能的吸收反射呈现不同的规律。因此，微波反应器的腔体设计和微波冶金工艺的过程控制都需要物料的介电特性作支撑。

（2）通过测定物质的介电参数来测定分子常数，研究分子结构或电介质理论。因为介电系数是连接宏观和微观参数的桥梁，通过测量参数可以研究从非极性到高极性的各种金属化合物、非金属材料和冶金溶液等，如铁的化合物、硫化锌、氧化锌、无机非金属材料、胶体、水溶液、纳米材料等[3]，研究这些物质中的电荷运动、近程相互作用、界面极化、介质的极化和吸收电磁波机理。

（3）利用介电测量进行测试分析。通过在线测定矿物介电特性或反射系数来实现在线监控产品的含水率、精矿品位等。在微波频段，材料中的偶极子转向极化已经跟不上快速变化的电场，只有分子、原子、晶格的极化能跟上如此快速变化的电场，材料呈现稳定和低值的复介电常数；而对于典型极性介质的水分子，由于微波频段仍然存在偶极弛豫极化，因此才有高得多的介电常数和介电损耗，并使微波测试及其在线控制得到很大的发展[4]。

（4）在微波加热方面，如高温瓷料的烧制，需要进行掺杂以改变瓷料介电常数，且高温微波反应器的设计和控制也需要高温材料的复介电常数，否则，在微波烧结陶瓷材料过程中可能出现热失控。在生物医学方面，由于肿瘤组织与正常组织的介电特性不同，通过测量生物体的介电常数可以进行肿瘤的早期诊断[5]。

1.1 微波作用基本物理参量

材料吸收微波的能力主要取决于其介电特性，即材料的复介电常数及其变化特征。介电特性是研究微波加热特征、优化微波加热工艺参数、设计微波反应器的基础。

微波作用于材料的电磁场方程组如下[5]：

$$\nabla\times \boldsymbol{E} = -\frac{\partial \boldsymbol{B}}{\partial t} \tag{1-1}$$

$$\nabla\times \boldsymbol{H} = \frac{\partial D}{\partial t} + \boldsymbol{J} \tag{1-2}$$

$$\boldsymbol{B} = \mu_{\mathrm{r}}\mu_0\boldsymbol{H} \tag{1-3}$$

$$\boldsymbol{D} = \varepsilon_{\mathrm{r}}\varepsilon_0\boldsymbol{E} \tag{1-4}$$

$$\boldsymbol{J} = \sigma\boldsymbol{E} \tag{1-5}$$

式中，μ_{r} 为相对磁导率，表示物质对于外加磁场的响应；ε_{r} 为相对介电常数，表示物质对外加电场的响应；σ 为电导率，表示物质对外加电磁场能量的损耗。

由式（1-1）~式（1-5）可以得到：

$$\nabla\times\nabla\times \boldsymbol{H} = \mathrm{j}\omega\varepsilon_0\,\nabla\times\left(\varepsilon_{\mathrm{r}} - \mathrm{j}\frac{\sigma}{\omega\varepsilon_0}\right)\boldsymbol{E} \tag{1-6}$$

对于线性、均匀、各向同性的物质而言，其电磁特性可以用两个复数参量，即复介电常数 ε 和复磁导率 μ 来唯一决定，其中：

$$\varepsilon = \varepsilon' - \mathrm{i}\varepsilon'' \tag{1-7}$$

$$\mu = \mu' - \mathrm{i}\mu'' \tag{1-8}$$

因传导电流密度 $\boldsymbol{J}_{\mathrm{c}} = \sigma\boldsymbol{E}$，位移电流密度 $\boldsymbol{J}_{\mathrm{d}} = \omega\varepsilon\boldsymbol{E}$，所以通常用介电常数的虚部和实部的比值的绝对值来度量电介质材料的损耗特性，称做损耗角正切：

$$\tan\delta = \frac{\varepsilon''}{\varepsilon'} = \frac{\sigma}{\omega\varepsilon} = \frac{\text{导电电流密度}}{\text{位移电流密度}} = \frac{\omega\varepsilon'' E_0^2}{\omega\varepsilon' E_0^2} = \frac{\frac{1}{2}\sigma E_0^2/(2\pi)}{\frac{1}{2}\varepsilon' E_0^2/T}$$

$$= \frac{\text{单位弧度在介质中损耗的能量}}{\text{储存在介质中的能量}} \tag{1-9}$$

由于矿物是多种复杂化合物的集合体，多是非线性、不均匀、各向异性的物质，其介电特性常用等效复介电常数来表示，定义等效复介电常数如下[6]：

$$\varepsilon_{\text{eff}} = \varepsilon_{\text{r}} - \text{j}\frac{\sigma}{\omega\varepsilon_0} \tag{1-10}$$

真空中的介电常数为 ε_0，由光速和磁导率 μ_0 决定，$C_0\mu_0\varepsilon_0=1$，真空中的介电常数是8.854pF/m。固体、液体和气体的介电常数都要比真空中的介电常数大，通常把其介电常数与真空介电常数的比值称为相对介电常数 ε_{r}，并有：

$$\varepsilon_{\text{r}} = \frac{\varepsilon_{\text{abs}}}{\varepsilon_0} \tag{1-11}$$

式中，ε_{abs}为绝对介电常数。

物质的复介电常数的实部 ε'通常称做介电常数，表示物质被电磁波极化的能力，也可以说是物质吸收微波并把电磁能储存在物质中的能力；复介电常数的虚部 ε''称做物质的介电损耗因子，表示物质将微波能转化为内能（以热能为代表）的能力；介电损耗角正切 $\tan\delta$ 描述物质将吸收的微波能转化为内能的效率。所以，研究微波加热物质的特性，介电损耗因子和损耗角正切 $\tan\delta$ 比介电常数更重要。通常，极性越强，物质的 ε'就越大，同微波的耦合作用就越强；又因 $\sigma=\omega\varepsilon''$，所以在描述电解质在微波场中的性能，除了介电常数之外，可以在电导率 σ、介电损耗因子 ε''和损耗角正切 $\tan\delta$ 中任选一个参量与它进行配对，任意两个参量的组合可以完整地描述介电材料在微波场中的行为。

材料的介电响应主要有电子极化、原子极化、离子传导、偶极子转向极化、Maxwell-Wagner 极化机制。在微波频段内，偶极子转向极化是最主要的机制，因为它在分子层面进行能量转化。对于复合材料，由于界面之间电荷的积累，Maxwell-Wagner 极化机制是其最主要的加热机制[6]。对于介质材料施加一个外部电场之后，带电电荷会发生移动。在介质内部会出现束缚电荷和自由电荷，束缚电荷随着极化会发生移动。因为极化时间和电场变化时间存在滞差，电荷的平移和分子的转动受到限制，电磁能就以热能的形式耗散。这种时间滞差称为弛豫时间，微波加热是一种介电弛豫的结果。

利用物质的介电特性，即物质的复介电常数，随温度、密度、物料化学成分等参量变化的特性，可获得各种材料的介电特性变化参数，是选择合适的微波加热工艺、设计合理的微波化工反应器的基础。

1.2　微波加热的基本原理

电场对电介质的作用是以正、负电荷重心不重合的电极化方式来传递、存储或记录的，其中起主要作用的是电介质中的束缚电荷。电介质涉及的范围很广，物质的组成分布极为广泛，从物理形态上看电介质可以是气态、液态或固态。绝缘体的电击穿过程及其原理，束缚电荷在场强作用下的极化限度，均属于电介质物理的研究范围[3]。绝大多数矿物都属于复合电介质，事实上，一些金属也具有介电性质，在电场频率低于紫外光频率时，金属的介电性主要产生于电子气在运动过程中感生出的正电荷，从而导致动态的电屏蔽效应。

电介质一般分成非极性电介质和极性电介质两大类：

（1）非极性电介质。物质的分子均由原子（原子团或离子）组成。每个原子均带有等量的正电荷和负电荷。当物体的体积足够大，没有外电场时，物质呈中性。因此，任何物质分子的电荷其代数和为零。但是，不同物质分子电荷在空间的分布是不同的，当无外电场作用时，分子的正电荷重心与负电荷重心重合，该分子即成为非极性分子，由这些非极性分子组成的电介质称为非极性电介质。

（2）极性电介质。与非极性电介质相反，当无外电场作用时，分子的正负电荷重心不重合，即分子具有偶极矩，这种分子称为极性分子，由这些极性分子组成的电介质称为极性电介质。电介质分子极性的大小取决于分子化学结构，分子化学结构对称时为非极性的；相反，分子结构不对称时则称为极性的。

1.2.1 偶极损耗

1.2.1.1 介质电极化的微观机制

组成宏观物质的结构粒子都是复合粒子，包括原子、离子、原子团、分子等。一般来说，一个宏观物体含有数目巨大的粒子，由于热运动的原因，这些粒子的取向处于混乱状态，因此无论粒子本身是否具有电矩，由于热运动平均的结果，使得粒子对宏观电极化的贡献总是等于零。只有在外加电场作用下，粒子才会沿电场方向贡献一个可以累加起来以给出宏观极化的电矩。一般地，宏观外加电场的作用比起结构粒子内部的相互作用要小得多，结构粒子受电场 E 极化而产生的电矩 p 存在如下的线性关系：

$$p = \alpha E \tag{1-12}$$

式中，α 为微观极化率。

1.2.1.2 电子极化

在外电场作用下，构成原子外围的电子云相对于原子核发生位移形成的极化称为电子极化，用电子极化率 α_e 描述，建立或消除电子极化的时间极短，一般为 $10^{-15} \sim 10^{-16}$s 的量级。

处于基态的一个自由原子或自由离子，其电子云的负电荷中心是与原子核的正电荷中心完全重合的，因此没有固有电偶极矩。目前由于电子计算机技术的发展，一个自由原子或自由离子的电子结构完全可在量子力学基础上获得，因而可以将电子极化率 α_e 精确计算出来，然而这种计算结果目前看其物理意义或实用价值不是很大。除了氦、氖、氩、氪、氙、氡等稀有惰性元素外，其他原子或离子中的电子运动状态起了一定变化，使得 α_e 的精确计算失去物理意义。

1.2.1.3 原子或离子位移极化

在外电场作用下，构成分子中的原子（或原子基团，或离子）发生相对移动形成的极化称为原子极化，原子极化建立或消除的时间也很短，一般为 $10^{-12} \sim 10^{-13}$s 量级。

在讨论原子（或离子）极化时，是将体系中的原子（或离子）看成带电的粒子，极化的大小与带电粒子之间的距离密切相关，通常的情况下，可以用以下两种方法估算带电粒子在电场作用下的极化。

一般情况下，外电场所能诱导的电矩 Δp 与分子原固有电矩相比很小。当无外电场时，由于正、负离子空间排列的对称性，晶胞的固有电偶极矩等于零。当出现电场 E 时，所有正离子受电场作用沿 E 方向作用相同的位移，而负离子朝反方向位移。离子位移极化率与电子云位移极化有大致接近的数量级，即 $10^{-40}F \cdot m^2$。分子和晶体中离子在平衡位置附近震动的频率在红外范围，可以引起强烈的共振吸收和色散。对于金刚石型结构晶体，离子位移极化率等于零。

1.2.1.4 偶极子转向极化

电偶极子是一个正的点电荷 q 和另一个符号相反、数量相等的负电荷（$-q$）束缚于不等于零的距离上的体系。如果从负电荷到正电荷做一矢量 $\boldsymbol{l}$，则电偶极子具有的电偶极矩可表示为：

$$p = q\boldsymbol{l} \tag{1-13}$$

当所观察的空间范围的距离远大于两个点电荷之间的距离 l 时，电偶极子可视为一个点偶极子，并规定负电荷所在位置代表点偶极子的空间位置。电偶极矩的单位为 C · m，在分子物理中常用 D（德拜）作为电偶极矩的单位，1D 等于 10^{-18}cgs（静电单位），相当于 $3.33\times10^{-28}C \cdot m$，$H_2O$ 分子的电偶极矩为 1.85D。

在外电场 E 的作用下，一个点电偶极子 p 产生位能 U，并受到外场的作用力 f 以及相应的力矩 M，这些参量可以用以下的公式表述：

$$U = - pE \tag{1-14}$$

$$f = p \nabla E \tag{1-15}$$

$$M = p \times E \tag{1-16}$$

式（1-14）表明，当电偶极矩的取向与外电场相同时，参量为最低值；反向时，参量为最高值。力 f 使电偶极矩向电力线密集处平移，力矩 M 使电偶极矩朝外电场方向旋转。

极性电介质的分子在无外电场作用时，就有一定的偶极矩，但在宏观范围内，电偶极矩在各个方面的概率是相等的，因此宏观地看其偶极矩为零。受外电场作用极性分子中的偶极子与电场作用后会产生转矩，宏观偶极矩不再为零，在沿外加电场方向存在宏观偶电矩，称为偶极子转向极化。偶极子转向极化的时间在 $10^{-12}\sim10^{-7}$s 之间。电偶极化是电介质体系中微波加热的主要贡献。不同原子存在不同的电负性导致分子中的电偶极矩。电偶极矩和内电场有密切的关系，对内电场十分敏感，和电场一同转动。这种协同效应对自由分子来说是很快的，但是对溶液中的分子会因为其他分子存在而受到阻碍，因而电偶极矩对电场的响应能力有一定的限制，这种限制随电场的频率不同而不同。在低频的情况下，电偶极矩可以和电场同向运动，分子从中获得一些能量，同时由于分子的碰撞而损失一些能量，因此热效应很低。在高频电场中，偶极矩没有足够的时间响应电场的变化，因此不转动，在分子中没有运动存在，因此没有能量的转化，当然没有热效应存在。

1.2.1.5 界面极化

界面极化是由两种不同介质形成的界面上产生的电荷所引起的，界面极化的时间在 $10^{-7}\sim10^{-2}$s 之间。

总之，电介质的分子极化率是上述介绍的几种极化率之和，α_e 是电子电荷相对于材料中原子核的位移，α_a 是材料中一个核相对另一个不等价电荷的核的位移，由于 α_e 和 α_a 这两种极化的时间和比微波电磁场小得多，它们对微波加热的贡献是很小的；α_d 是由分子和其他固有偶极矩的重新取向而产生的，它们的时间和微波的时间是在相同的数量级上，对微波的加热是十分重要的；α_t 是界面极化效应（Maxwell-Wagner），主要来源于非均介质界面的极化。

1.2.2 磁滞损耗

磁滞损耗的产生是因为材料在外部磁场中产生了谐振，而这种谐振是由外部磁场磁畴取向所引起的。磁场中总是会有磁畴，因为在这个区域中存在大量的自旋电子，并且每个电子上都有各向异性的粒子存在。为了让材料的净磁场效应变为零，这些磁畴会被引导指向磁性材料的内部。当有磁场外加在磁性材料上时，磁畴的方向又会变得与外部磁场方向一致。如果外部磁场的方向再次发生改变，那么磁畴的指向也会随之改变，以保持磁畴方向与磁场方向一致。而磁性材料脱离磁场之后，磁畴没有了磁场的导向，磁畴的方向又变回了之前没有磁化时的状态。由于磁畴方向的改变，部分的磁能就转化为了热能。因此，交替变化的磁场导致了磁滞现象的发生，所以当磁场沿着磁滞回归线改变时就使得热量均匀地分布在磁性材料中。基于这种机理的均匀加热会受到孔隙率、颗粒大小、杂质以及磁性材料的自身性质的影响。

1.2.3 涡流损耗

涡流损耗可能存在任何的导体中。当有外加磁场存在时，在导体的表面会感应产生闭环的涡流。这些涡流会抵抗外加磁场的任何变化。基体材料上产生的感应涡流可以认为是所有微小的感应涡流的总和。如果外加磁场的强度在循环周期内正处于不断增强的阶段，那么感应涡流会引发一个方向相反的感应磁场来抵抗外部磁场强度的增大；然后，随着外部磁场的磁场强度的降低，感应涡流又会引发一个感应磁场来抵消外部磁场强度的减小。正因为感应电流方向的改变，微波能会在材料内部耗散并转化为热能。在交变的磁场中这种现象会频繁地重复发生，所以材料会被均匀地加热。当物质的尺寸远大于涡流产生的深度时，由外加磁场导致感应生成的涡流而引起的热效应是可以忽略不计的，但是，当加热厚度大的材料，即涡流产生的深度小于物体尺寸的材料时，涡流损耗会随着温度的升高而增大。

1.3 介电特性影响因素

介电特性是获得微波加热过程中的电磁场和温度场分布及温升速率的重要参数，也是获得物料在微波加热过程中的最佳物料厚度，优化设计均一性的微波加热腔体的基础。物料介电特性是温度、频率、化学成分、含水率等参数的函数，由于介电特性测试方法及设备的限制，介电参数的缺失限制了微波加热系统的开发和微波加热工艺参数的优化。

彭金辉等人[7]通过研究部分矿物及化合物在微波场中的升温速率，绘制各物质的升温曲线，得出各物质在微波场中的升温特性，依据各物质的升温速率等数据推导出矿物及其化合物的第一阶段及第二阶段升温速率方程。该实验结果也显示了，不同矿物在微波场中的吸波能力的不同对其升温速率也是有很大影响的。

黄孟阳等人[8]以钛精矿、氧化钛精矿、焦炭及复合添加剂为实验对象，采用微波谐振腔技术研究了这四类实验物料的吸波特性，同时获取物料在微波场中的升温曲线。实验结果表明：钛精矿与焦炭的吸波特性良好，氧化钛精矿与复合添加剂的吸波特性较差。对金属球团与钛精矿的含炭球团进行微波还原处理，再将这两种球团在微波还原过程中的温升行为进行对比得出，金属球团的吸波特性较钛精矿的含炭球团要好。同时，采用微波谐振腔法获取各物质的波谱图，所得结果都是一致的。

肖金凯[9]通过对矿物的成分和结构进行分析，研究介电常数与成分及结构的相关性。通过实验得出：不同矿物的介电常数确有不同，某些矿物的介电常数见表 1-1。同时，研究也显示：介电常数也与矿物本身的成分和含水量有关，阴、阳离子类型及分子的极化能力以及吸附水含量是影响矿物介电常数的决定性因素。矿物的结构，如原子的排列及键型差异、结构及原子配位数差异等都会影响到矿物的介电常数。

表 1-1　某些矿物的介电常数

矿　物	低　频	微　波		光　频
		ε'	ε''	
自然元素及其互化物	3.75~781	4.15~20.0	0.025~0.384	3.725~5.894
硫化物	6.0~450	4.44~600	0.025~90.0	4.567~15.304
氧化物	4.50~173	4.17~150	0.025~4.04	1.712~10.368
卤化物	4.39~12.3	5.73~18.0	0.025~0.110	1.764~5.108
硅酸盐	4.30~25.35	3.58~24.8	0.025~0.901	2.170~4.210
含氧盐	4.90~26.8	3.84~44.0	0.025~0.365	1.774~5.827

Bradshaw[10]论述了微波加热技术在矿物处理中的应用，通过研究得知，大多数矿石都能较好地吸收微波，在微波场中实现加热处理；脉石成分的吸波特性则较差，不吸收微波而没有被微波加热。

Walkiewicz[11]对 135 种纯化合物及 19 种矿物进行微波辐照加热，实验结果显示，大多数的金属矿物的吸波特性都很好，能在微波场中实现加热，而矿物中的脉石吸波特性差，不能被微波加热。

1.3.1　温度对介电特性的影响

温度对介电特性的影响本质在于温度对介电弛豫过程的影响。随着温度升高，介电弛豫时间会降低，介电常数会增大[12]。但是，大部分材料的介电特性随温度变化比较复杂，通常是通过在特定频率和温度下测量得到。

化工原料在电磁场中的热物理特征对于选择合适的微波加热处理工艺是一种重要的参考，主要是由于微波场中都有非均匀加热的现象出现。在进行合理的微波加热系统设计时，冷点和热点以及热失控现象是需要解决的挑战性问题。微波加热中出现非均匀加热现象的根本原因还在于物料吸收微波能的速率与其损耗或者传递产生能量的速率不一致。

另外，物料内部产生的热量与热传递的方式有关，如内部热传导、表面对流、水分蒸发等，所以也受到物料本身的热参数和传输特性的影响。这些物理参数是温度的函数，在介电加热过程中会随着时间改变而改变。Ronne C[13]通过实验研究得到水的介电常数随温度呈现线性变化的特征。对于其他液体物质，其介电常数和温度的关系可以表示为：$\varepsilon'=$

Be^{LT}（其中，B 和 L 都是关于液体性质的常数）。根据上述公式，符合此近似方程的液体电介质的介电常数都可以用此方程进行近似计算。必须注意的是，介电常数和介电损耗因子也会随着物质所处的物理状态发生变化，其中温度是影响它们变化的重要因素。碳化硅在室温下和 2.45GHz 的介电损耗因子是 1.71，而在 695℃时是 27.99。

1.3.2 频率对介电特性的影响

在静电场中，介电常数通常会处于最大值而介电损耗处于最小值；在极高频电场中，介电常数和介电损耗都处于最小值（接近于零）。损耗因子越高，物料吸波能力越强。

Cumbane 等人[14]基于谐振腔微扰法对 5 种硫化物粉末的介电特性进行了研究，考察了频率分别为 625MHz、1410MHz 和 2210MHz，温度为室温至 650℃。研究表明，方铅矿（PbS）和闪锌矿（ZnS）的介电特性随温度变化不明显，而黄铁矿（FeS）、辉铜矿（Cu_2S）和黄铜矿（$CuFS_2$）的介电特性随温度变化较为明显，这些变化多与成分物相变化有关。从中可以看出，材料的介电特性受温度影响较大，尤其是在高温下具有更好的吸波性。石英是一种典型的脉石，且很多脉石矿物中都含有高含量的石英。石英的介电常数和介电损耗因子都远远低于硫化矿物，且随温度变化很小。

Harrison[15]研究了 25 种矿物在 2.45GHz 频率、650W 微波功率下的温升特征，根据温升特征将矿物分为三种类型。第一类：高温升速率，在加热 180s 之后最小温度为 175℃，主要金属有黄铁矿、方铅矿、磁铁矿、磁黄铁矿、黄铜矿等；第二类：中等温升速率，在加热 180s 之后温度在 69~110℃之间；第三类：低温升速率，在加热 180s 之后的最高温度不超过 50℃，此类矿物有硅酸盐、碳酸盐和典型的脉石矿物，如石英、长石、方解石等。通过测量物质的介电特性可以解释矿物在微波加热时表现出的不同特征，高介电性的物相能够快速吸收微波能量达到高的温升速率。

管登高等人[16]分析了矿物的宏观电磁参数对电磁波吸收性能的影响及其在地质、冶金和材料科学中的应用。结果表明，矿物的电磁参数会影响其波阻抗与空气阻抗的匹配程度，提高阻抗匹配程度，可降低矿物对入射电磁波的反射，增加矿物对进入其内部的电磁波的吸收；矿物对电磁波的吸收损耗取决于该矿物的电磁参数及电磁波的频率；不同矿物的导电性、介电损耗和磁损耗特性差异较大，矿物电磁参数随频率的改变而改变。

尽管适用于工业医药和科学研究领域的微波频率只有有限的几个频段，但是对于介电加热应用选取最优的频率具有重要意义。对于工业加热，微波频率通常在 2450MHz 或者 915MHz。选择合适的微波加热设备和微波加热频率需要考虑很多因素，如物料的类型、尺寸、形状、处理时间等。

1.4 介电特性测试方法

物料化学成分复杂，含有多种复杂矿物组元，普通电介质弛豫理论并不能精确描述多相体系中每一种组元的介电特性[17]，需要采用测试的方法来确定物料的复介电常数，尤其是变温条件下的复介电常数。

冶金物料的介电参数测量特点可以用“广”和“宽”概括。“广”即测量的物料有上千种，从低损耗物料到高损耗物料；“宽”即测试的温度范围宽，从常温到高温（25~

2000℃)。在常温下的介电参数测量，目前的技术方法无论在测试精度还是在准确性上已经达到了要求；但在高温条件下的测量设备较少，且大多针对陶瓷、铁氧体等吸波材料的测试系统。所以，针对颗粒物料开发高温介电参数测量方法和设备，进行介电参数的测量具有重要意义。

事实上，物质的介电参数无法直接获得，须通过测量其他参量来得到，如驻波比、反射系数、传输系数、谐振频率等。先通过数学建模，建立待测的介电参数与直接测量参量之间的有关方程，然后利用数学方法从上述关系方程中提取所求的复介电常数。因此，介电参数的测量技术受限于微波传感技术中测试仪器的精度、电磁建模理论和对特殊方程求解方法和发展水平[18]。另外，对于高温物料复介电常数的测量需要在原测量系统的基础上添加加热装置和测温装置。

对复介电常数测量系统的选择，要考虑测量方法、设备、样品夹具、样品特征和测量频率范围的要求[19]。矢量网络分析仪的出现使介电特性的测量更加经济方便和有效，只要建立起合适的测试理论模型和测试样品夹具就可以进行测量。测试方法的选取依据测试频率和待测样品的种类（固体、液体或半固体）。测试设备和测试夹具的设计，需要考虑样品的具体特征和测试研究要求的频率和测量的精确度。除了在各种测试方法的选择上有所不同，实现精确测量的关键在于样品测试夹具的设计和介电参数相匹配的数学介电模型[20]。

对大于1GHz的微波频段，被广泛应用的介电参数测量方法主要有传输反射法、谐振腔微扰法、终端开路短路法、同轴探头法和自由空间法[21]。

每一种测量方法都需要进一步提高适用范围和测量精确度，在这么多测试系统中，选取一个合适的测试方法需要考虑样品容器的设计、待测样品的物理性质、测试条件、测试精确度、测试范围、合适的计算方法、变温和高温测量等因素。冶金物料既有固体，也有液体和凝胶状半固体；既有低损耗物料，也有高损耗物料。选用合适的测试方法和相应的理论计算模型能够尽量减少误差并得到有用的信息。这些信息有助于建立受温度频率、颗粒粒度、密度、物质组成成分等条件影响的介电特性模型，进行高效的微波加热器的设计和温度与含水率的在线测定。表1-2给出了各种测试方法之间的定性比较。

表1-2 各种测试方法的比较[22]

性 能	终端开路短路法	传输反射法	自由空间法	全填充谐振腔法	部分填充谐振腔法	同轴探头法
频率	宽频	带状频率	带状频率	单频点	单频点	宽频
样品大小	适中	适中	大	大	非常小	小
温度显示、控制	难	难	非常简单	非常简单	非常简单	简单
对低损耗物料的精确度	非常低	居中	居中	非常高	高	低
对高损耗物料的精确度	低	居中	居中	不工作	低	高
样品制备难易	易	难	易	非常难	非常难	易

续表 1-2

性　能	终端开路短路法	传输反射法	自由空间法	全填充谐振腔法	部分填充谐振腔法	同轴探头法
适用的测试物质类型	固体和半固体	固体	大平板状物体	固体、半固体和液体	固体	固体、半固体和液体
对被测物的影响	破坏	破坏	不破坏	破坏	破坏	不破坏
商业化产品	没有	有	有	没有	没有	有

总的来说，频域微波介电特性测试主要分为波导法和谐振法。波导法测试频域比较宽，可以用来测量介质的介电频谱；缺点是样品与波导内壁之间间隙会严重地影响测量结果的精度。而谐振法则克服了波导法上述缺点，而且可以方便地测量介质的介电温度谱，由于工作在谐振模式，因此一般一个样品只能测量单个频率下的介电特性参数。要获得介质样品的介电频谱曲线，需要制备不同大小尺寸的样品和谐振腔。例如对于颗粒状粉末物料在单个的频率下的介电参数，可以用谐振腔法进行常温和高温阶段的测量，而在宽频范围内，反射法在测量固体或液体样品时具有测量精确度高的优势。大于 200℃ 的高温使材料复介电常数的测量变得十分困难。既要考虑加热设备对测试系统的影响，又需考虑测量系统的精确度和适用性。采用传统加热与强制冷却方法相结合，可以确保测量系统不受高温影响。如果采用微波同时加热和测量，会使测量和控制系统变得非常复杂。目前的研究主要集中在设计耐高温的测量探头以及与高温材料热隔离的测量系统，但这仅仅是在传统低温复介电常数测量基础上对系统的改进，并没有采用新的方法，需要开发一种新的高温复介电常数测试系统。

1.5　颗粒物料高温介电特性测试系统的构建

针对测试介质为颗粒物料，且多为复杂多元混合物料，复介电常数范围从低到高种类繁多的特点，样品的制备方法不宜过于复杂，且测试系统中应包含有加热系统。因此，宜采用谐振腔微扰法设计颗粒物料的高温介电测试系统。

1.5.1　测试原理

圆柱形谐振腔是由两端封闭的金属圆波导构成，也叫高 Q 腔。圆柱形谐振腔微扰法测试模型如图 1-1 所示。圆柱谐振腔内 TM_{0n0} 模式的电场和磁场分别集中于腔中心轴附近和内壁附近。

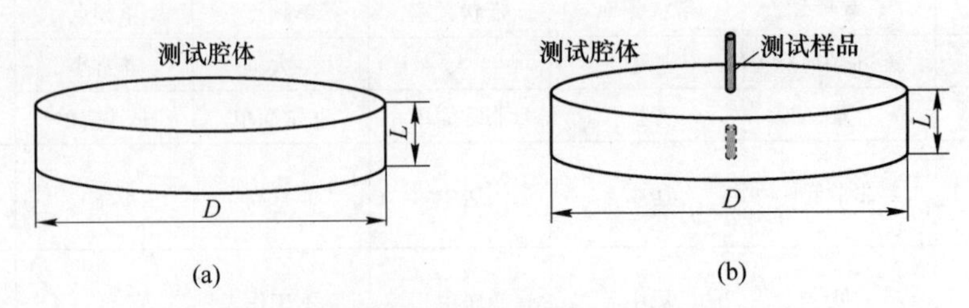

图 1-1　圆柱形谐振腔微扰法测试原理图

（a）腔体加载样品前；（b）腔体加载样品后

谐振腔微扰法的基本原理是待测样品的体积与测试腔体的体积相比要小得多，所以，样品对腔体内的扰动非常小。首先测量空圆柱谐振腔的谐振频率 f_0 和品质因数 Q_0，再测量出加载样品之后腔体的谐振频率 f_{0s} 和品质因数 Q_{0s}。介电常数可由谐振频率改变计算得到，损耗因子可由 Q 值变化得到。

1.5.2 测试装置与系统

图 1-2 所示为高温测试系统示意图。该变温测试系统包括矢量网络分析仪、波导同轴转换接头、耦合装置、电磁感应加热装置、石英套管、样品升降装置、圆柱形腔体、计算软件系统和循环水冷装置等。

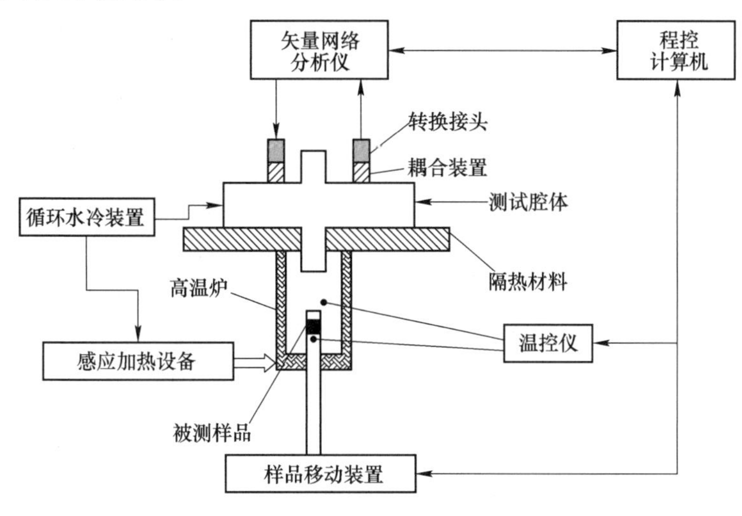

图 1-2 高温测试系统框图

当进行高温或变温测试时，将待测粉末置于石英管中，石英管外有石英套管，防止高温加热时石英管被氧化产生测量误差；先将石英管置于加热工件中加热，待达到设定测试温度后，快速推动样品移动装置迅速进入谐振腔中；然后由矢量网络分析仪快速记录谐振频移和品质因数；矢量网络分析仪的工作原理为从一个测试端口发射微波，通过转换接头和耦合装置，进入测试腔体，微波在腔体内与样品反应后，通过耦合装置和转换接头进入网络分析仪的接收端口；最后通过编写的复介电常数程序软件得到被测样品当前温度下的介电常数和损耗角正切。

测试系统实物图：将圆柱形谐振腔、感应加热系统、转换耦合装置、测温系统、样品移动平台、矢量网络分析仪进行连接，最终得到的测试系统如图 1-3 所示。

图 1-3 高温介电常数测试系统实物图

具体测试方法如下：

（1）测试前先对介电参数测试系统校准（通过空气校准，空气的介电常数为1.00）。

（2）将干燥后的样品装入内径4mm、外径6mm、长52mm、壁厚1mm的平底测试用石英管（图1-4）内，物料高度保持在45mm左右。

（3）首先测试空腔条件下的品质因数，然后在放入样品后，得到负载条件下的品质因数，通过该系统的计算程序，直接输出介电参数数据。

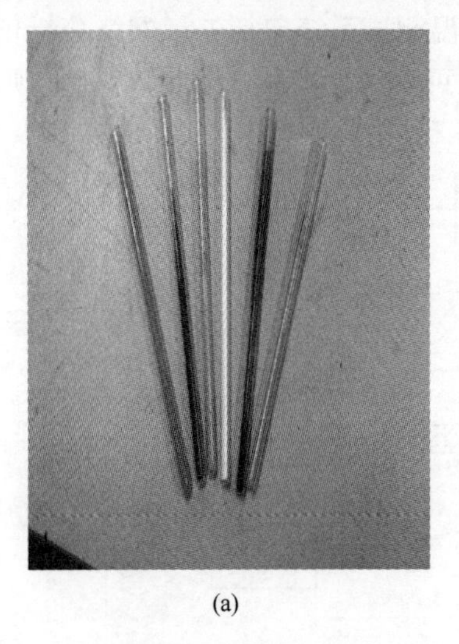
(a)

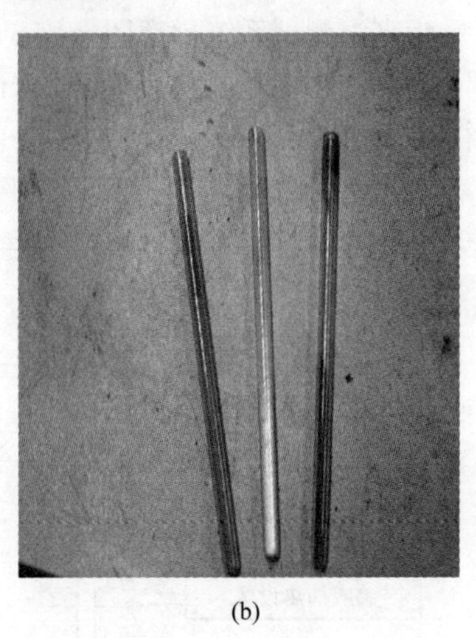
(b)

图1-4　测试样品制备（a）和样品挥发后（b）的石英管

为了保证测试空腔校准，测试系统加热区和测试腔体是分开的，加热区和测试区通过升降系统连接；另外为防止物料加热过程喷溅，管口塞石英棉。

通过对标准样品测试对比发现，该系统测试准确率高，误差较小。但部分样品在加热过程中会出现样品挥发情况，原因是高温加热时，样品发生了物理化学变化或者有新的产物产生。由于每次测量时石英管中的样品体积较大，只要将有样品部分插入谐振腔内即可得到测试结果，体积变化对测试结果影响不大，这也是此测试系统优于其他测试方法的一大优点。

该系统的整体技术指标为：

（1）测试温度：常温～1400℃。

（2）测试频率：(2450±50)MHz（点频）。

（3）测试样品形状：粉状材料。

（4）测试范围：介电常数 ε'：1～100；损耗角正切 $\tan\delta$：5×10^{-3}～1。

测试误差：室温：$|\Delta\varepsilon'/\varepsilon'|\leqslant2.0\%$；$|\Delta\tan\delta|\leqslant10\%\tan\delta+3\times10^{-3}$。高温：$|\Delta\varepsilon'/\varepsilon'|\leqslant4.5\%$；$|\Delta\tan\delta|\leqslant15\%\tan\delta+5\times10^{-3}$。

1.6　冶金原料介电特性

采用冶金物料高温介电参数测试系统分别测量水分、频率、矿物品位、温度、密度等对冶金物料介电特性的影响。针对测量的数据，建立冶金物料的介电特性数据库系统及其检索查询方法。

1.6.1 高吸波粉末物料

1.6.1.1 金红石

图 1-5 所示为金红石的介电常数随温度变化的特征，室温时介电常数为 6.8265，随温度升高介电常数逐渐增加，200℃为 8.6986，之后慢慢增加至 400℃时的 8.7679。在 400~1000℃之间，介电常数以线性增加至 10.3572。对 400~1000℃之间的介电常数进行线性拟合可以得到温度与介电常数之间的函数关系：$\varepsilon' = 6.61849 + 0.104T$ 。

图 1-6 所示为金红石的介电损耗因子在 20~1000℃之间的变化。可以看出，其变化呈现出 3 个阶段：由室温到 200℃升温过程中，其介电损耗因子不断降低，由 0.05529 降低到 0.0174；之后在 200~600℃之间缓慢增高；从 600℃开始急剧增加，在 1000℃时达到 0.16675。介电损耗因子决定了介质将微波能转化为热能的能力。由此可见，200℃后金红石的吸波性能随着温度的升高逐渐增加。

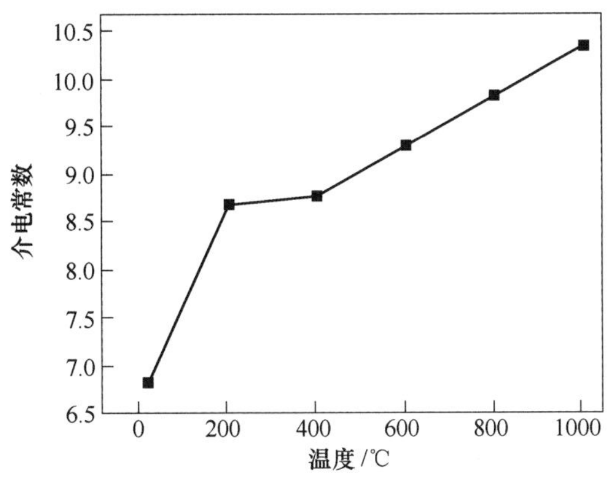

图 1-5 金红石介电常数随温度变化情况

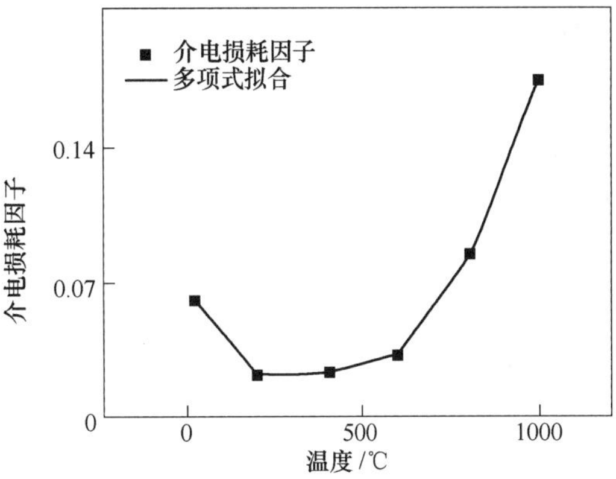

图 1-6 金红石介电损耗因子随温度变化

图 1-7 所示为金红石的穿透深度随温度的变化情况。在室温时，穿透深度为 92cm，200℃时升高至 330cm，之后随着温度升高逐渐降低，从 330cm 逐渐降低至 1000℃时的 37cm。结果表明，金红石具有大的穿透深度，能够起到整体加热的效果。在实际微波加热

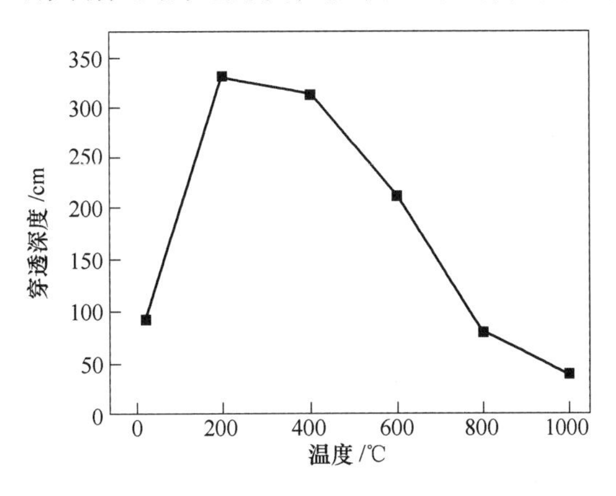

图 1-7 金红石的穿透深度随温度变化

金红石过程中，物料的厚度远远小于其穿透深度，所以，物料厚度对微波加热金红石结果基本没有影响。

1.6.1.2　钛精矿

图 1-8~图 1-10 分别显示了钛精矿的介电常数、介电损耗因子、穿透深度从室温至1000℃之间的变化规律。

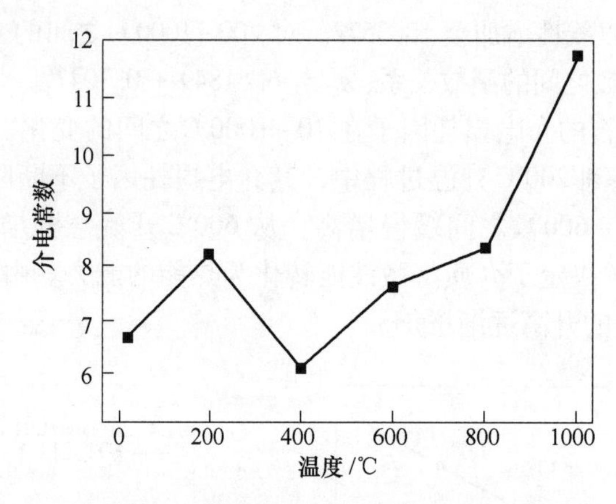

图 1-8　钛精矿的介电常数随温度变化

由图 1-8 可见，钛精矿的介电常数随温度变化情况很复杂：室温时为 6.8265，200℃时增加至 8.0937，在 400℃降至 6.3285，随后随温度升高而逐渐升高，尤其在 800~1000℃之间急剧升高，在 1000℃时达到 11.1547。介电常数的变化表明，钛精矿具有良好的储存微波能的能力。

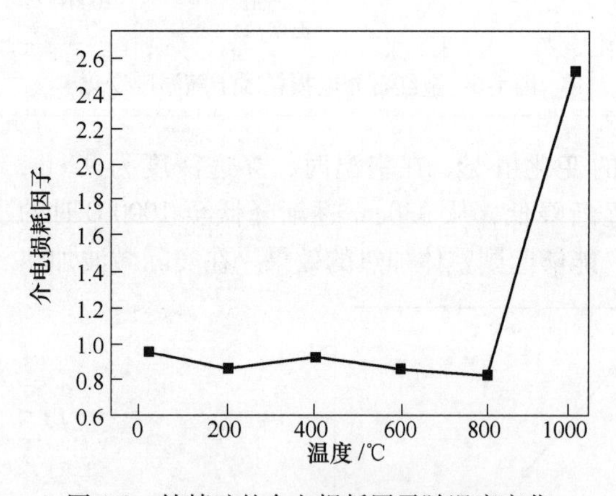

图 1-9　钛精矿的介电损耗因子随温度变化

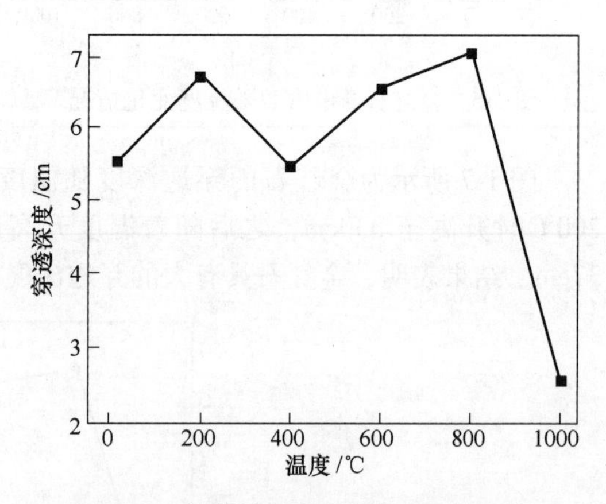

图 1-10　钛精矿的穿透深度随温度变化

由图 1-9 可见，钛精矿的介电损耗因子在室温至 800℃之间基本维持在 0.8~0.9 之间，800℃之后急剧增加，在 1000℃时达到 2.54，表明钛精矿具有很强的吸波性。常规加热条件下，当温度高于 800℃时，钛铁矿将转化为板钛矿（含 Fe_2O_3）；微波加热条件下由于微波的快速加热，钛精矿颗粒表面出现打火和闪光，形成温度超过 1000℃的热点，钛铁矿的氧化将不可避免，氧化处理导致原来钛精矿中的较强吸波性物质 FeO 全部转变为强吸波性物质 Fe_2O_3 而引起的化学成分变化[23]，而氧化钛精矿的吸波性优于钛精矿[24]。

钛精矿的穿透深度与介电损耗因子的变化趋势一致。在室温至800℃之间，穿透深度在5.5~7cm之间上下徘徊，在1000℃时降低为2.5cm。基于钛精矿的穿透深度变化情况，微波加热钛精矿，最高温度不超过800℃时，物料厚度不超过6cm；最高温度为1000℃时，物料厚度不超过2.5cm；当最高温度超过1000℃时，物料厚度小于2.5cm。此时物料能够很好地吸收微波，达到温度场分布的均一性，获得好的微波加热结果。

雷鹰、彭金辉等人[24]研究了不同二氧化钛品位的钛精矿在2.45GHz频率下介电特性与温度的关系，如图1-11~图1-13所示。

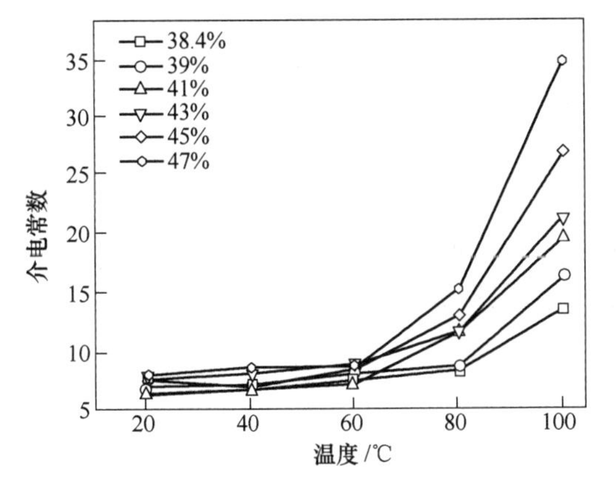

图1-11 二氧化钛品位对钛精矿介电常数的影响

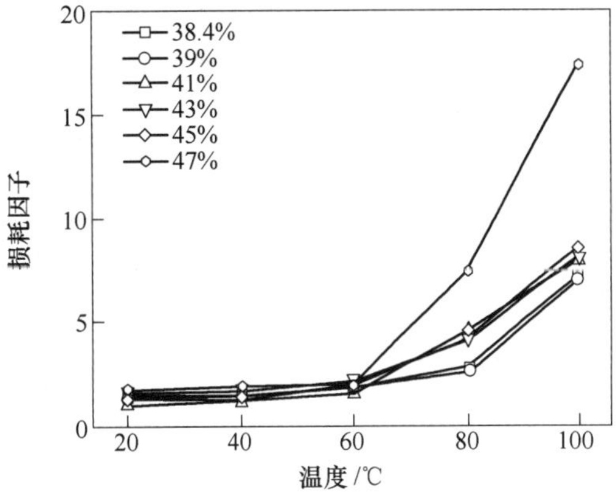

图1-12 二氧化钛品位对钛精矿损耗因子的影响

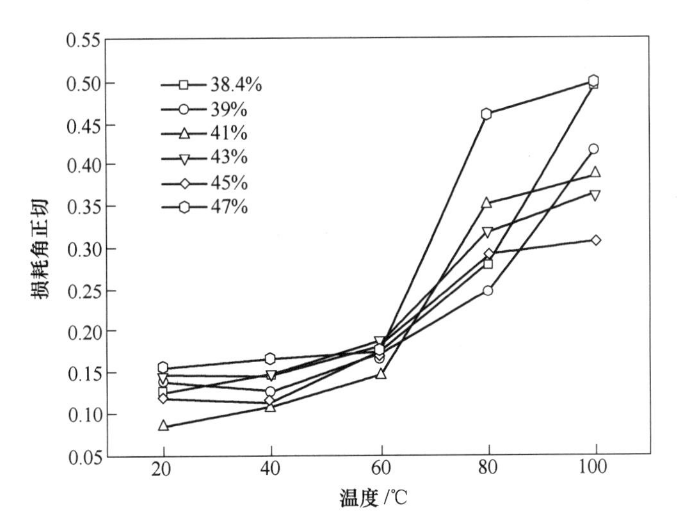

图1-13 二氧化钛品位对钛精矿损耗角正切的影响

从图1-11~图1-13可以看出，随着钛精矿中二氧化钛品位的提高，钛精矿的介电常数、损耗因子和损耗角正切等介电特性均出现增大趋势。在20~60℃范围内变化不显著，而在60~100℃范围内变化非常显著。不同二氧化钛品位钛精矿的介电特性跟其化学组成密切相关，随着精矿中二氧化钛品位的提高，全铁、氧化镁、氧化铝含量逐渐提高；氧化钙和氧化硅含量逐渐减少。除39.0%钛精矿之外，在固定的计算精度下，全铁、氧化镁和氧化铝含量则分别以1.0%、0.1%和0.3%的幅度提高；氧化钙和氧化硅含量分别以0.6%

和0.9%幅度减少。钛精矿中铁氧化物（氧化亚铁14.2，氧化铁14.2）、二氧化钛为强吸波性物质（金红石6.7，二氧化钛100，氧化钛40~50）；氧化铝（9.3~11.5）、氧化钙（11.8）、氧化镁（9.7）为中等吸波性物质；氧化镁（4.2~4.5）为弱吸波性物质。表1-3为钛精矿、氧化钛精矿与石墨混合物介电特性值。

表1-3　2.45GHz下钛精矿、氧化钛精矿与石墨混合物介电常数估算

类　别	石墨配比（质量分数）/%	测定温度/℃	反射系数幅值	反射系数相位	估算介电常数
钛精矿与石墨混合物	10	20~100	0.488~0.538	−19.3~19.9	14.5~28.0
氧化钛精矿与石墨混合物	10	20~100	0.517~0.587	−36.6~12.9	15.0~45.0

不同二氧化钛品位钛精矿介电常数列于表1-4中。

表1-4　2.45GHz下不同二氧化钛品位钛精矿介电特性参数

品位/%	测定温度/℃	反射系数幅值	反射系数相位	介电常数	损耗因子
38.36	20~100	0.542~0.857	34.9~79	6.2~13.2	0.79~6.6
39	20~100	0.544~0.837	−4.6~73.1	7.0~15.7	0.97~6.5
41	20~100	0.548~0.878	−8.4~79.5	6.2~19.0	0.53~7.3
43	20~100	0.518~0.822	−10.2~70.1	7.4~20.6	1.1~7.5
45	20~100	0.540~0.840	−17.5~70.1	7.4~25.9	0.88~8.0
47	20~100	0.546~0.807	−27.4~67.2	7.9~33.0	1.2~9.2

1.6.2　铬铁矿粉

郭秦、彭金辉[25]研究了南非铬铁矿粉的成分、粒度等特性，测定了铬铁矿粉在不同粒度下的常温介电参数与还原剂、石灰在不同温度下的介电参数，考察了实验所用原料的吸波性能，分别对实验所用还原剂和石灰的介电参数进行了对比研究。

1.6.2.1　化学成分分析

实验所用铬铁矿粉是南非铬铁矿。其化学成分见表1-5。

表1-5　铬铁矿粉主要化学成分

成分	Cr_2O_3	FeO	SiO_2	Al_2O_3	CaO	MgO	TFe	Cr_2O_3/FeO
含量/%	40.82	14.10	5.02	13.04	2.4	10.83	19.85	1.69

由表1-5可知，Cr_2O_3 含量40.82%，FeO含量14.10%，铬铁比（Cr_2O_3/FeO）为1.69。铬铁比（Cr_2O_3/FeO）是指铬铁矿中 Cr_2O_3 与FeO（由FeO的实际含量和TFe换算为FeO含量的总和）的比值，与 Cr_2O_3 的品位一样均是评价铬铁矿床的重要指标，对于冶炼铬铁合金的铬铁矿石的熔融性、还原性有一定的参考评价作用。此次实验用的铬铁矿粉虽然 Cr_2O_3 的含量较高，但是TFe含量也高，因此该物料的铬铁比实际较低，铬铁比低的铬铁矿石，即使 Cr_2O_3 的品位较高，也不太容易冶炼出高牌号的铬铁合金。由表1-5可以看出，铬铁矿粉中 Al_2O_3、MgO含量分别为13.04%、10.83%，具有较高的百分比，且

Al_2O_3、MgO 及其组成的脉石矿物具有较高的熔点，容易造成矿石难熔、难还原，增加了铬铁矿还原的难度。

1.6.2.2 粒度组成

较细的矿粉粒度有助于加大物料间的接触面积，有利于反应进行。此次实验采用的铬铁矿粉虽然是粉末状，但是物料的粒度分布情况未知，故采用激光粒度分析仪对铬铁矿原矿粉进行粒度分析。铬铁矿粉粒度分布如图 1-14 所示，累计粒度分布结果见表 1-6。

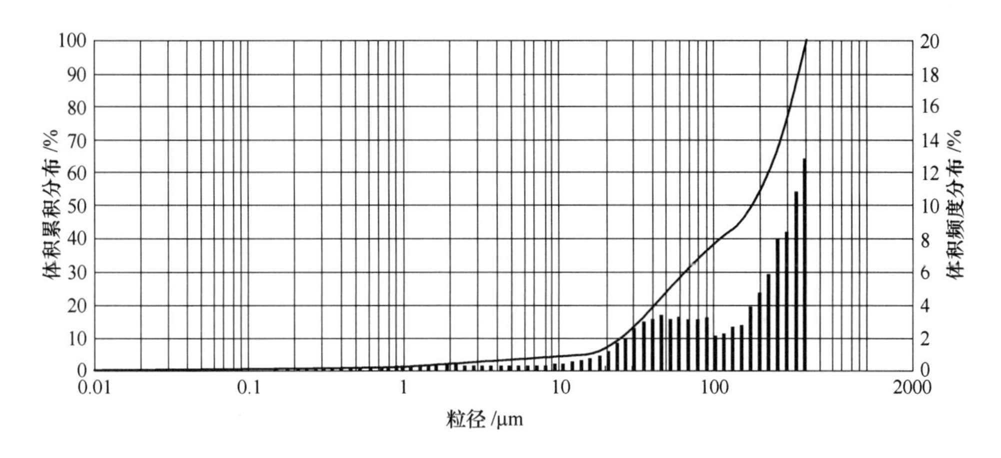

图 1-14 铬铁矿粉粒度分布趋势图

表 1-6 铬铁矿粉的粒度组成

粒径分布	d_{10}	d_{50}	d_{90}	d_{97}
粒度/μm	25.707	179.273	362.236	390.088

由图 1-14 和表 1-6 可知，d_{50}表示粒度的中值粒径为 179.273μm，即当铬铁矿原矿粉的累计粒度分布百分数为 50%时，此时的颗粒大小为 179.273μm，所以实验用的铬铁矿原矿粉平均粒度达到 179.273μm，粒度过大，不利于反应进行。

1.6.2.3 介电特性研究

将不同粒度的待测物料依次放入频率为 2450MHz 的谐振腔，观察测量前后的谐振频率（f）和品质因数（Q）的差别得到不同物料粒度对介电参数的影响，如图 1-15 所示。

图 1-15（a）所示为铬铁矿粉的粒度与介电常数的关系曲线，由这组曲线能够看到，随着物料粒度的减小，物料的介电常数总体趋势表现为降低。从 60μm 至 95μm，介电常数急剧下降，而从 95μm 至 110μm，介电常数呈现线性增长，之后从 110μm 至 180μm 颗粒粒度减小的过程，介电常数以较缓的趋势降低。

从图 1-15（b）中能够得到如下结论，伴随原料颗粒的缩小，其介电损耗因子整体上都在不断地减小。从 60μm 至 100μm，物料的介电损耗因子降低比较剧烈，说明此时物料吸收的微波能有一部分随着外部环境扩散出去，余下的另一部分会把微波能变成热能的形式储存起来；从 100μm 至 180μm，物料的介电损耗因子降低的速度变缓，这是由于物料粒径变小，物料间的空隙率变小，随着空隙扩散掉的热量不断减少，所以导致介电损耗因子的变化较缓。

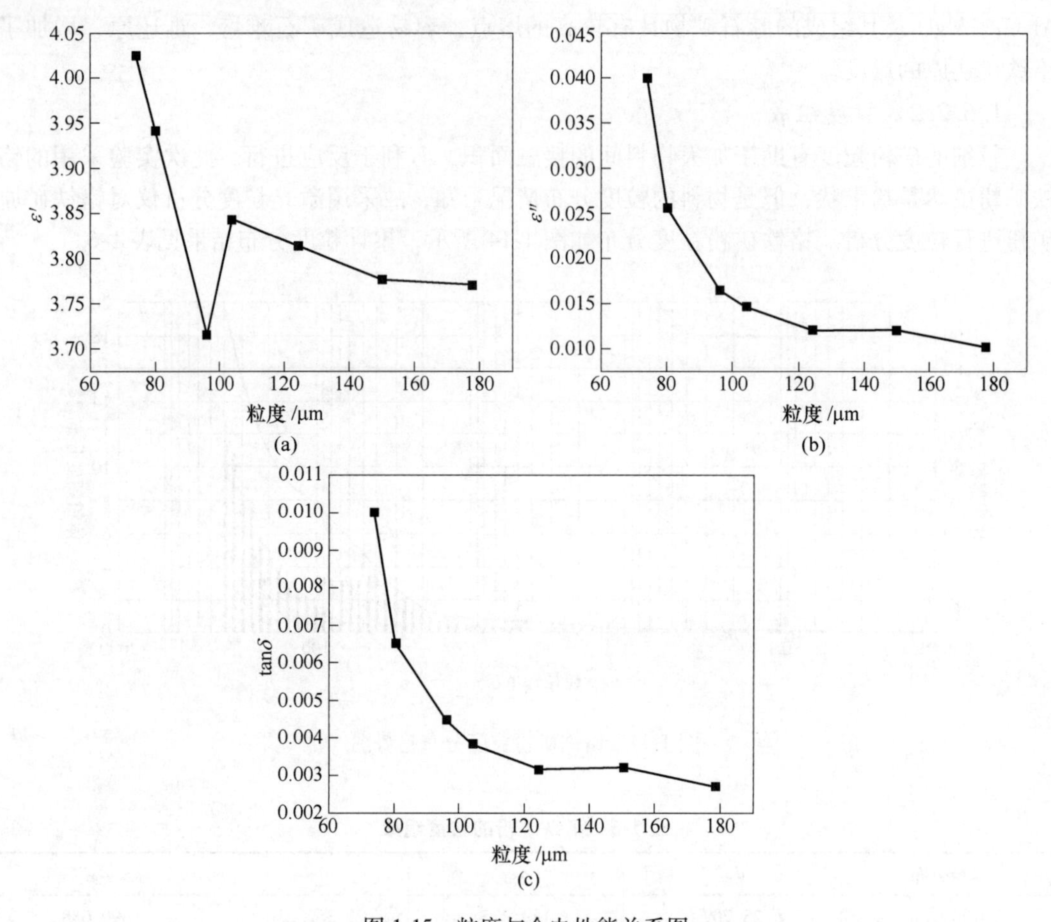

图 1-15　粒度与介电性能关系图

（a）粒度与 ε' 关系；（b）粒度与 ε'' 关系；（c）粒度与 $\tan\delta$ 关系

图 1-15（c）是物料粒度与损耗角正切 $\tan\delta$ 的关系图。由 $\tan\delta=\varepsilon''/\varepsilon'$ 可知，损耗角正切是表示材料将微波能变成热能的转化率。从图中可以看出，损耗角正切值随物料粒度的转变可分为两个阶段。第一阶段 60~100μm，随着粒度的不断减小，损耗角正切值会随着粒度的减小而剧烈减小，第二阶段，随着物料颗粒的不断减小，介电损耗角正切值减小的趋势放缓。

根据矿物学的鉴定方式，铬铁矿属于尖晶石磁铁矿类，其表达式为 $(Fe,Mg)O \cdot (Cr,Al,Fe)_2O_3$，主要是由 Cr_2O_3、Fe_2O_3、FeO、Al_2O_3 和 MgO 这五种基本成分的类质同象置换组成。对实验所用原料进行 XRD 物相成分分析，如图 1-16 所示。

典型的尖晶石结构与镁铝尖晶石矿物（$MgO \cdot Al_2O_3$）结构相同，如图 1-17 所示。其晶体形态为八面体晶体，晶系为等轴晶系，空间群为 *Fd*3*m*，晶胞参数为 833pm，硬度为 5.5，密度为 4.2~4.8g/cm^3，外表与磁铁矿很接近，同为黑色，条痕深棕色，区别于磁铁矿之处主要为其弱磁性，作为岩浆成因的矿物，经常在受风化破坏后存在于砂矿中。

铬尖晶石属立方晶系，其最小晶胞包含 8 个 $FeO \cdot Cr_2O_3$，共有 56 个离子，其中金属阳离子 24 个，氧离子 32 个。尖晶石每一晶胞有 64 个四面体和 32 个八面体间隙，而其中只有 8 个四面体（A 位）间隙被 Fe^{2+} 占据和 16 个八面体（B 位）间隙被金属离子 Cr^{3+} 占

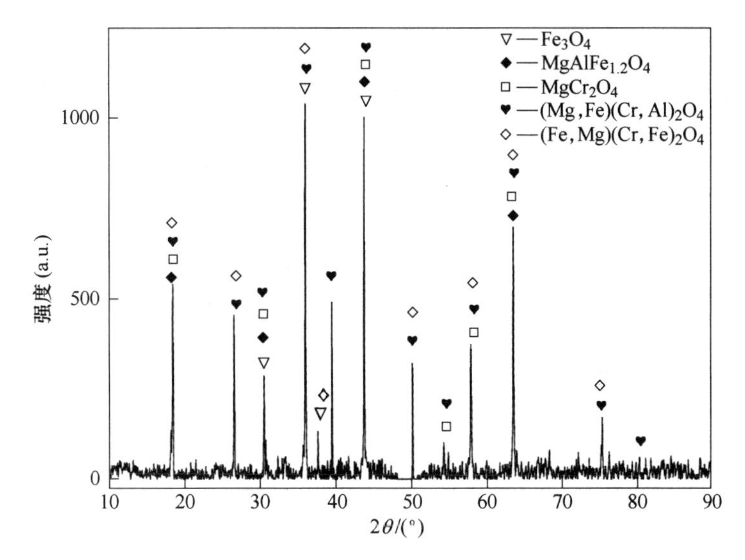

图 1-16 铬铁矿粉的 XRD 分析

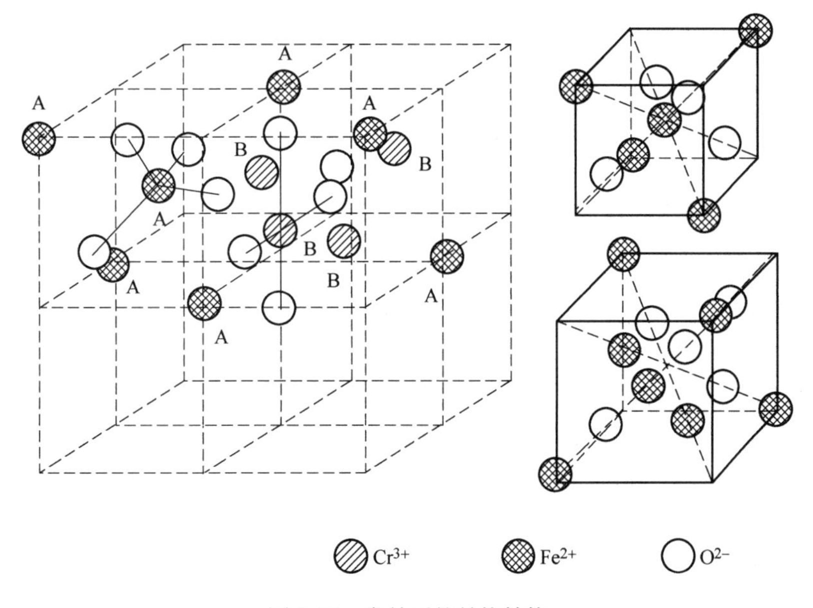

图 1-17 尖晶石的晶格结构

据，因此每个晶胞之中还剩下 72 个空隙，即存在大量的晶格缺陷。通常来说，此类结构中氧离子的数量是固定的，且不论何种金属离子都有占据四面体（A 位）和八面体（B 位）空隙的可能。因此其介电特性的变化是靠金属阳离子的不同排布顺序决定的，特别是八面体（B 位）不同化合价中的阳离子间电子的电荷位移。在此实验中，随着粒度的不断减小，同体积下铬铁矿的质量在不断增大，随着铬铁矿粉质量的不断增大，即同体积下所含的 Cr^{3+}、Cr_2O_3 在不断增多，因此其介电特性就变得越好。

因此为了获得良好的实验效果，对铬铁矿原矿粉进行磨矿处理，然后进行粒度分析，磨矿后的铬铁矿粉粒度分布图如图 1-18 所示，累计粒度分析结果见表 1-7。

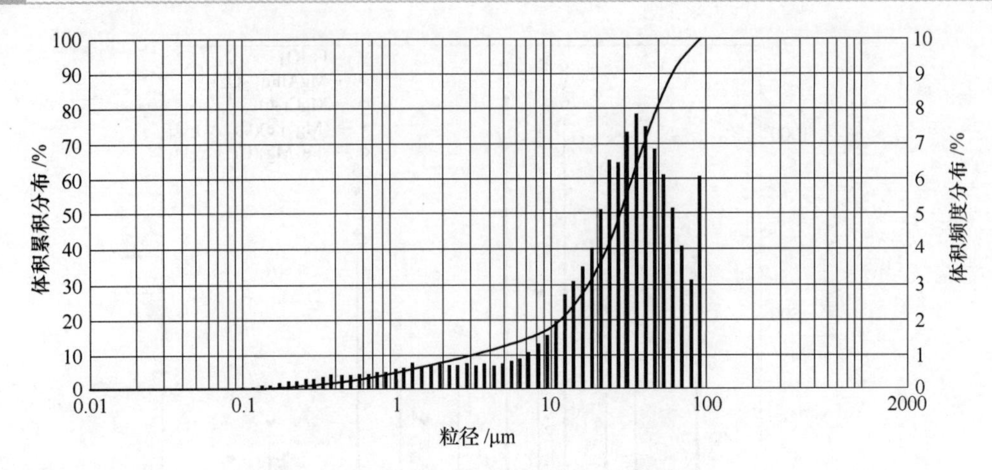

图 1-18 磨矿处理后的铬铁矿粉粒度分布

表 1-7 磨矿后的铬铁矿粉累计粒度分析结果

粒径分布	d_{10}	d_{50}	d_{90}	d_{97}
粒度/μm	2.953	27.552	60.768	77.981

由图 1-18 和表 1-7 可见，原铬铁矿粉经磨细处理后，矿粉的中值粒径 d_{50} 为 27.552μm，d_{97}表示粒径小于 77.981μm 的物料铬铁矿粉占 97%，所以通过磨矿处理后，铬铁矿粉的粒径有所减小，适合用于实验。

1.6.3 硅铁合金粉与硅粉

将硅铁合金粉和硅粉依次放入频率为 2450MHz 的谐振腔中，分别观察在不同温度下测量前后的谐振频率（f）和品质因数（Q）的变化，得到硅铁合金粉和硅粉介电参数随温度变化的关系曲线图，如图 1-19 所示。

图 1-19（a）所示为硅铁合金粉和硅粉的介电常数随温度变化关系曲线。从该组曲线能够得到，硅铁合金粉的介电常数随着温度的变化在不断增大，硅粉的介电常数随着温度的改变变化不大，且硅铁合金粉的介电常数 ε'始终大于硅粉的介电常数 ε'，常温时，硅铁合金粉和硅粉的介电常数区别不大，随着加热过程的不断进行，硅粉的介电常数变化不大，硅铁合金粉的介电常数迅速加大。这表明，硅铁合金粉吸收微波的能力始终优于硅粉，即硅铁合金粉的介电性能优于硅粉。

图 1-19（b）所示为硅铁合金粉和硅粉的介电损耗因子随温度的变化曲线。从图中可以看出，硅铁合金粉的介电损耗因子伴着温度的改变在上下波动，硅粉的介电损耗因子随着温度的改变在缓慢变大。硅铁合金粉的介电损耗因子 ε''始终大于硅粉的介电损耗因子 ε''。

图 1-19（c）所示为硅铁合金粉与硅粉的损耗角正切值随温度的变化关系。由图中的曲线能够得到，随着温度不断升高，硅铁合金粉和硅粉的损耗角正切值都在不断变化，但是改变幅度不大。硅铁合金粉的损耗角正切 $\tan\delta$ 始终处于硅粉的损耗角正切值之上。由此可以得到硅铁合金粉的介电性能好于硅粉。

综合考虑图 1-19 可知，不论是介电常数、介电损耗因子还是损耗角正切，硅铁合金粉都明显优于硅粉，这说明，当处于频率为 2450MHz 的微波场时，硅铁合金粉能更好地

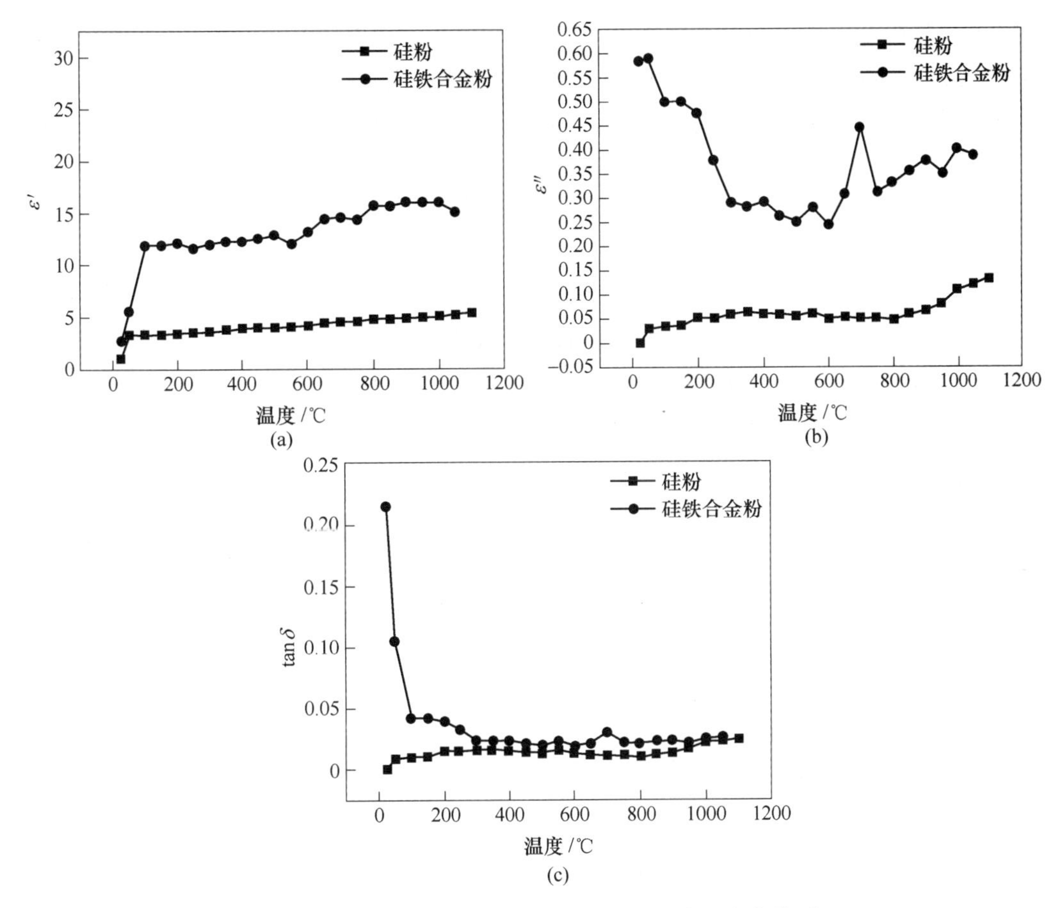

图 1-19 硅铁合金粉和硅粉介电特性随温度的变化关系

（a）硅铁合金粉和硅粉温度与 ε' 的关系；（b）硅铁合金粉和硅粉温度与 ε'' 的关系；（c）硅铁合金粉和硅粉温度与 $\tan\delta$ 的关系

吸收微波且高效、迅速地将其转变成热能。

硅属于立方金刚石型，正四面体结构，如图 1-20 所示。其存在无定型硅和晶体硅两种结构，前者是黑色，后者是灰黑色，带有金属光泽，常温下晶格常数 543pm，硬度为 6.5，密度为 2.328g/cm^3。硅属于半导体材料，因此除了自身的电子导电，还具有空穴导

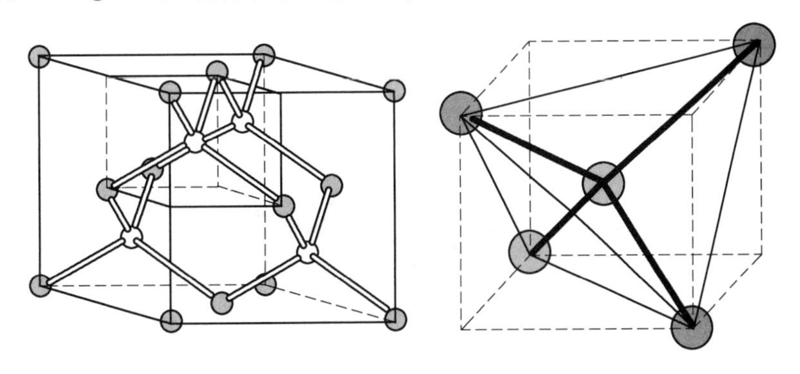

图 1-20 硅晶体结构

电这一半导体的独特性质。在半导体中，价带和导带之间产生的能级起着非常重要的作用，且通常为决定性的作用，而禁带中的电子能级是由晶格的周期性破坏（缺陷）引起的。

在半导体中，根据杂质组成的差别，电子导电和空穴导电都有可能发挥决定性的作用。首先，电子和空穴的浓度与温度为指数关系，随着温度的升高电子和空穴的浓度迅速增大。其次，载流子的迁移率主要是由杂质的离子与原子、位错和其他缺陷及晶格热振动所引起的电子和空穴的散射决定的。

随着电导率的增大，微波能转化为热能的效率在不断增大。硅铁属于硅和铁组成的合金，由焦炭、钢屑、硅石（石英）作为原材料，经由电炉冶炼而成。此时，相比硅粉，其内部的组成成分发生变化，导致电导率增大，即介电性能逐渐变优。因此硅铁合金粉的介电性能优于硅粉的介电性能，所以选用硅铁合金粉作为还原剂。

1.6.4　石灰

将钙质石灰和镁质石灰依次放入频率为2450MHz的谐振腔中，分别观察在不同温度下测量前后的谐振频率（f）和品质因数（Q）的变化，得到钙质石灰和镁质石灰的介电参数随温度变化的关系曲线图，如图1-21所示。

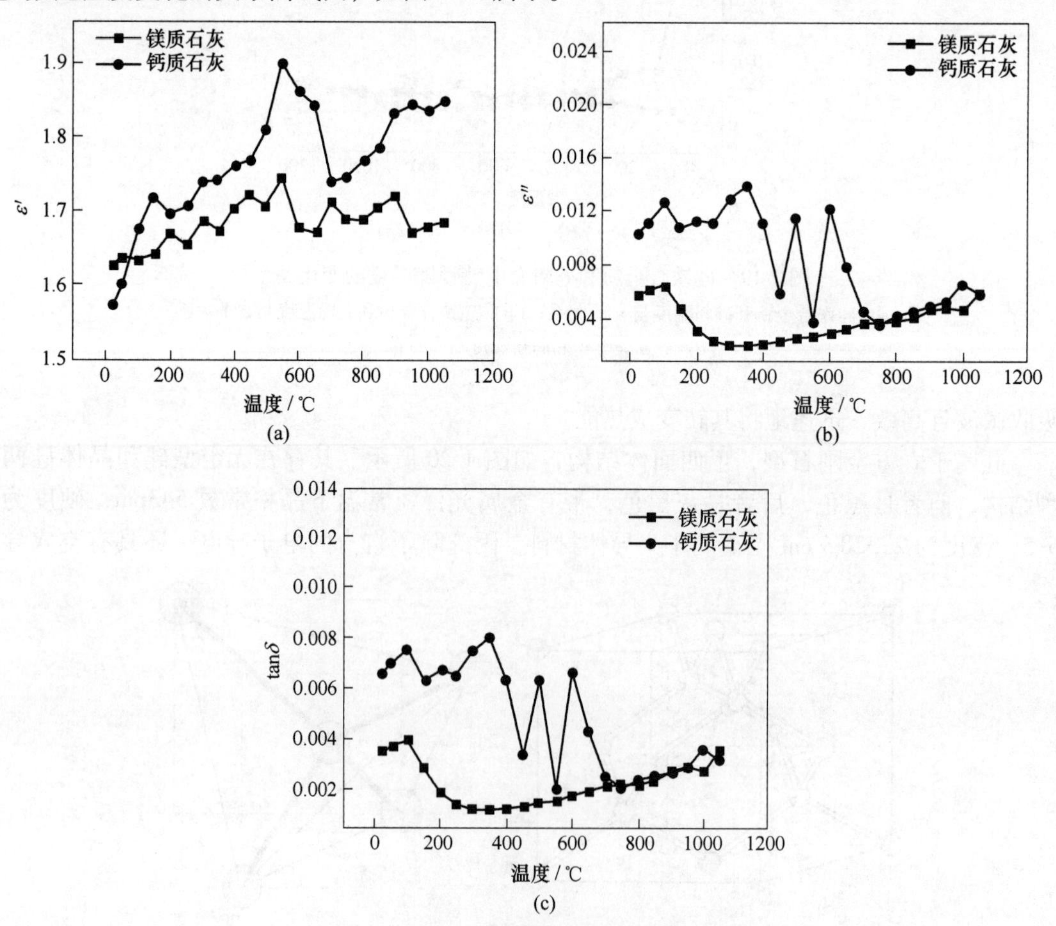

图1-21　两种石灰的介电特性与温度变化关系

（a）两种石灰的温度与ε'的关系；（b）两种石灰的温度与ε''的关系；（c）两种石灰的温度与$\tan\delta$的关系

从图 1-21（a）和图 1-21（b）中可以看出，伴着升温过程的不断进行，钙质石灰和镁质石灰的介电常数都在不断变大，且钙质石灰一直大于镁质石灰，从图 1-21（c）能够看出伴着升温过程不断进行，这两种石灰的损耗角正切值都随着温度的变化在不断变化，高温时钙质的损耗角正切值略大于镁质石灰。

钙质石灰的重要组成部分是 CaO，镁质石灰的重要组成部分是 CaO 和 MgO，其组成成分见表 1-8。CaO 和 MgO 均属于岩盐矿型晶体结构，如图 1-22 所示。其结构被当做由金属离子的面心立方格子沿<100>方向错开 $a/2$ 距离穿插套构而产生的（a 为晶格常数）。换个角度来看，其也能被当做是由配位体（MO_6）堆叠在一起而产生的。金属阳离子处于正八面体的中心位置，氧离子处于配位八面体（MO_6）的顶角。这种构造类似于对称结构，正负离子的中心离得非常近，且具有较弱的极性，因此两种石灰的介电参数都比较小。

表 1-8 钙质石灰和镁质石灰的化学成分 （%）

石灰种类	CaO	MgO	SiO_2	Al_2O_3	Fe_2O_3	P	C	S
钙质石灰	80.013	0.698	3.534	0.798	0.964	0.002	3.251	0.041
镁质石灰	51.634	25.674	6.682	0.962	0.875	0.001	3.087	0.015

绝缘体矿物具有极低的电导率，基本表现为对微波完全不吸收，即是微波透明体；电导性矿物有很好的电导率，这种类型的矿物，微波在其中具有较高的能量损耗，然而其透射的深度很小，其中绝大多数的能量都被反射出来，所以升温速度比较慢；半导体型的矿物具有高的介电损耗因子且存在着大的穿透深度，故表现出对微波良好的吸收性。研究表明，钙质石灰和镁质石灰的电导率都处于 $10^{-8}\sim10^{6}$ 之间，即它们都属于半导体，因此这两种石灰都能够对微波进行吸收，然而其微波吸收性都比较低。由于钙质石灰的 $\tan\delta$ 相对镁质石灰要高一点，因此其具有较高的微波吸收能力，因此选用钙质石灰作为助熔剂。

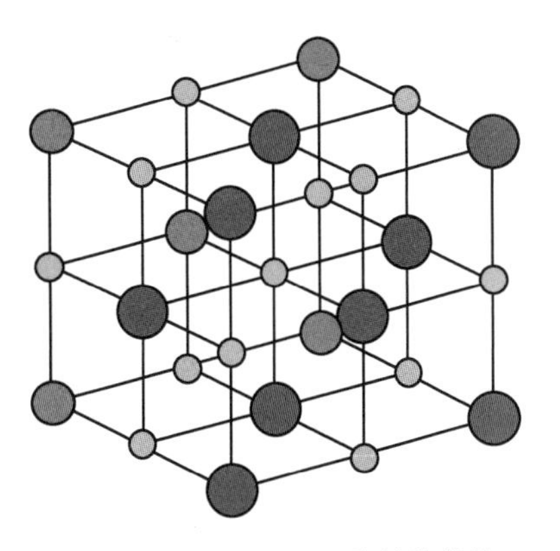

图 1-22 CaO 和 MgO 的晶体结构

1.6.5 含硅铬铁矿粉

1.6.5.1 温度对介电特性的影响

将含硅铬铁矿粉放入谐振腔中，分别观察在不同温度下测量前后的谐振频率（f）和品质因数（Q）的变化，得到含硅铬铁矿粉的介电参数随温度变化的关系曲线图，如图 1-23 所示。从图中可以看出，介电参数随温度的变化可以分为三个阶段。第一阶段：25~400℃，介电参数随温度的升高没有发生明显的变化；第二阶段：400~800℃，此时介电参数随温度的变化比较明显，其中介电损耗因子和损耗角正切值随温度的变化显著增大；第三阶段：800~1200℃，此时介电参数随温度的变化逐步趋于平稳。

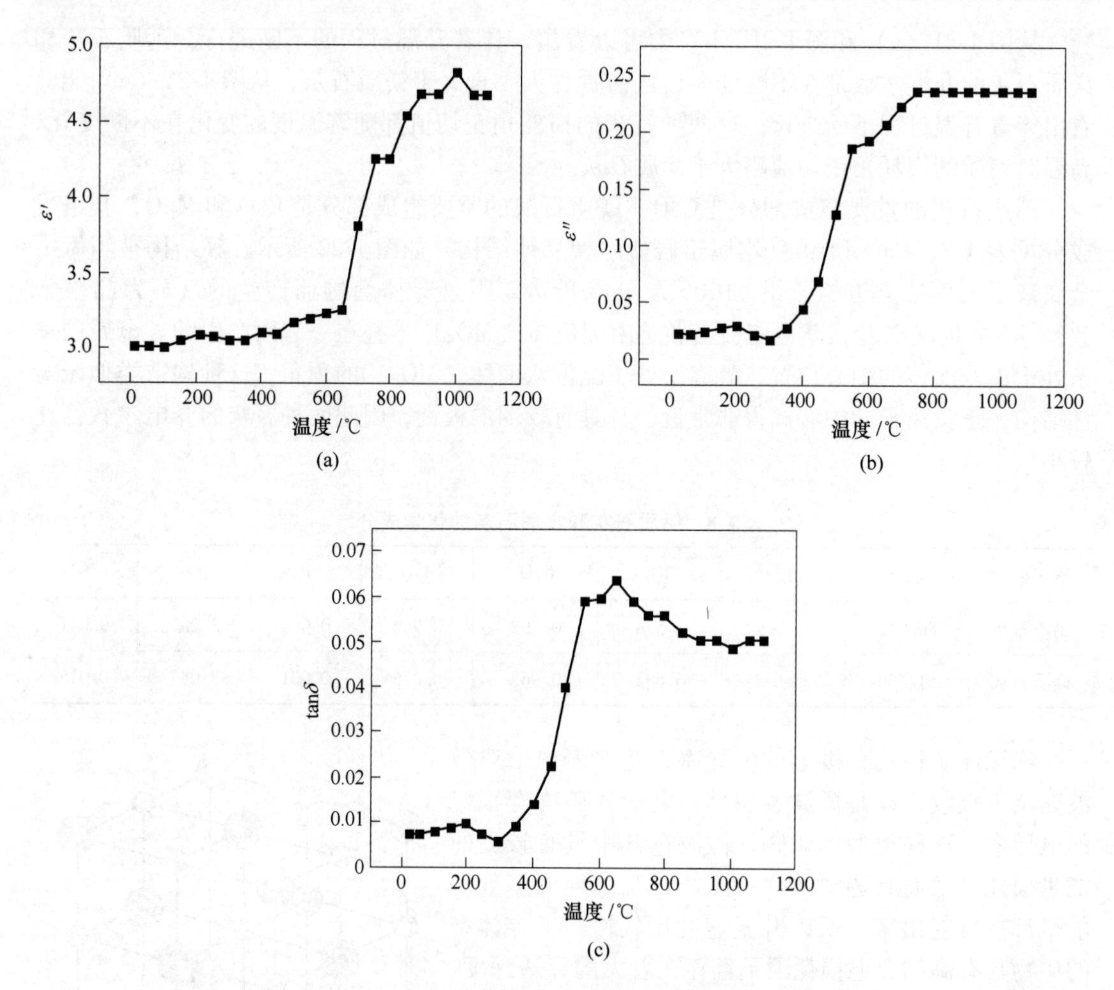

图 1-23　含硅铬铁矿粉的介电特性与温度变化的关系

（a）温度与 ε' 的关系；（b）温度与 ε'' 的关系；（c）温度与 $\tan\delta$ 的关系

图 1-24 所示为不同温度下含硅铬铁矿粉的热重曲线。从图中可以看出，大约在 400℃时，物料的质量会有所减小；在 750℃左右出现了第二次质量减小；在约 1300℃时出现第三次的质量缓慢减小。这是因为随着温度的不断升高，当物料内部的温度逐渐达到反应温度时，会逐步发生还原反应。由图 1-24 可以看到，大约在 450℃时，会发生还原反应（$2FeO+Si = 2Fe+SiO_2$），即此时含硅铬铁矿粉中有铁单质的生成，并且可以发现，此时的还原反应为放热反应。因此在此温度条件下，介电参数会产生一系列的变化，即随着温度的升高而升高；在 750℃左右，会发生氧化铁的还原反应（$2/3Fe_2O_3+Si = 4/3Fe+SiO_2$），即此时又有一部分铁单质生成，且可知此时的反应也是放热反应，同时介电参数也会发生相应的变化。

1.6.5.2　表观密度对介电特性的影响

在 2450MHz 的微波频段内，将不同表观密度下的含硅铬铁矿粉放置在谐振腔内，观察加入物料前后的谐振频率（f）、品质因数（Q）的变化，得到混合物料表观密度对介电参数影响，如图 1-25 所示。

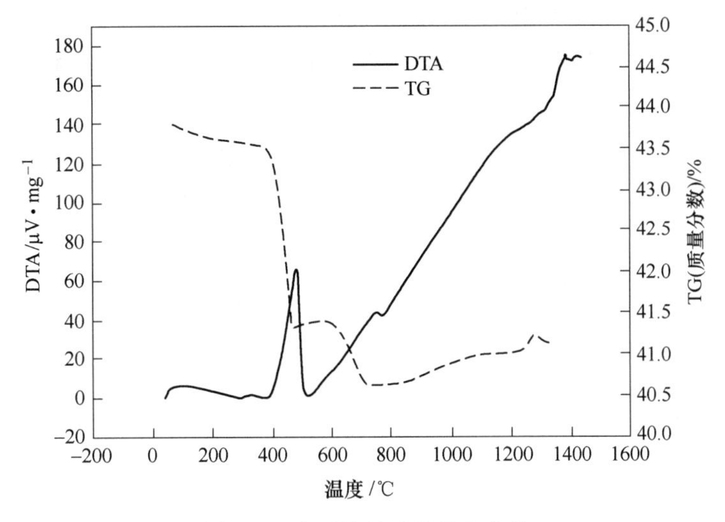

图 1-24 含硅铬铁矿粉热重曲线

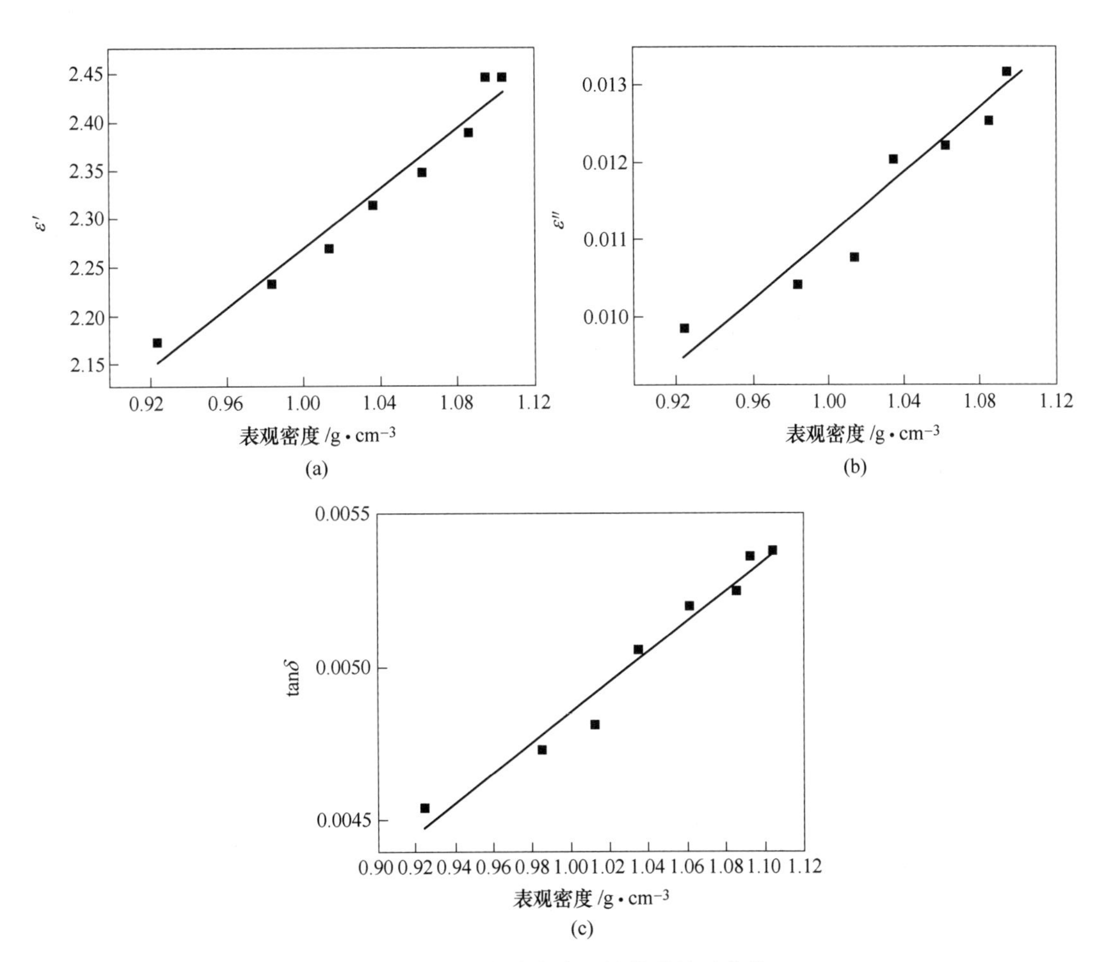

图 1-25 表观密度与介电性能的关系曲线

（a）表观密度与 ε' 的关系；（b）表观密度与 ε'' 的关系；（c）表观密度与 $\tan\delta$ 的关系

由图可知，常温下混合物料的介电特性与物料的表观密度呈良好的线性关系；伴随着铬铁矿粉混合物料表观密度的增加，混合物料的介电常数、介电损耗因子、损耗角正切呈线性增加。其最重要的原因是随着表观密度的不断增大会使得微波能在穿透材料时受到阻碍，在微波进行穿透时，会使其能量不断衰弱，最终导致微波的穿透深度变浅，进而影响物料对微波能的吸收及转化效率。混合物料的表观密度 ρ 与介电参数的线性回归方程的表达式见表 1-9。

表 1-9 不同密度下混合物料的介电特性回归方程

线性回归方程	R^2
$\varepsilon' = 1.56435\rho + 0.70447$	0.959
$\varepsilon'' = 0.020779\rho - 0.00974$	0.931
$\tan\delta = 0.00501\rho - 0.0002$	0.967

由图 1-25 可得，介电常数随着表观密度的增大而增大，随着介电常数和介电损耗因子的不断增大，微波穿透深度在不断减小，当表观密度到达某一定值时，微波穿透深度基本保持不变。这是因为当微波进入物料时，物料表面的能量密度最大，随着微波向物料内部的不断渗入，物料吸收微波能并将其转化为热能，微波场强不断衰弱，场强的衰减程度决定了微波对物料的穿透能力。当物料的穿透深度大于加热样品的尺寸时，其穿透深度的影响较小；相反，当穿透深度小于被加热样品的尺寸时，微波能的穿透将受限制，产生不均匀加热，并且随着物料表观密度的进一步增大，在介电参数的测量过程中容易出现喷粉等现象，导致介电参数不能进一步测量。所以，在微波加热条件下选择适当的物料密度非常重要，是确保微波均匀加热的关键因素。

1.6.5.3 硅氧比对物料介电特性的影响

在 2450MHz 的微波频段内，将不同硅氧比下的含硅铬铁矿粉（硅氧比分别为 0.38、0.46、0.50、0.56、0.62）样品放置在谐振腔内，观察加入物料前后的谐振频率（f）、品质因数（Q）的变化可以得到混合物料硅氧比对介电参数的影响，如图 1-26 所示。

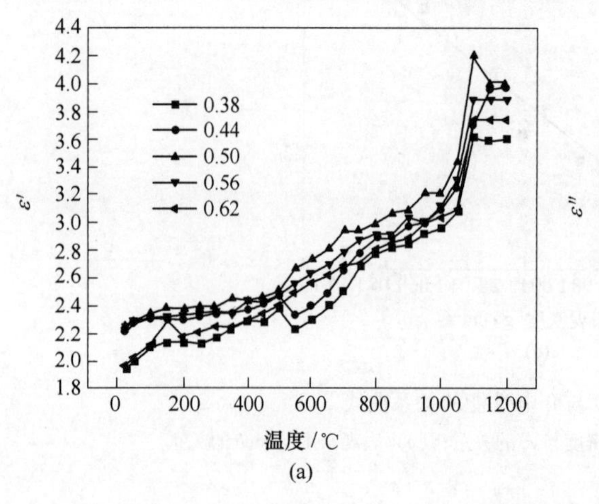

(a)

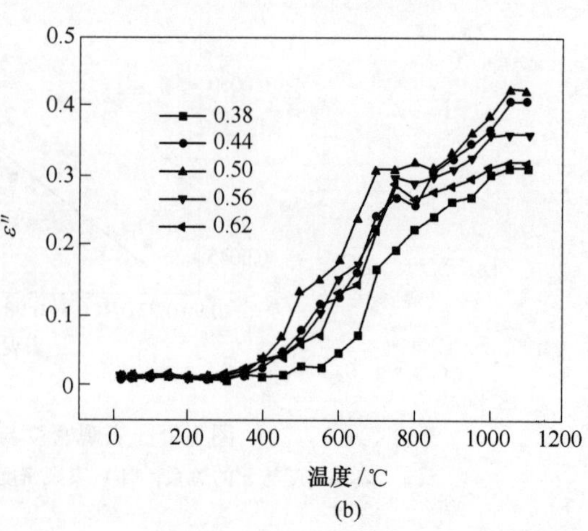

(b)

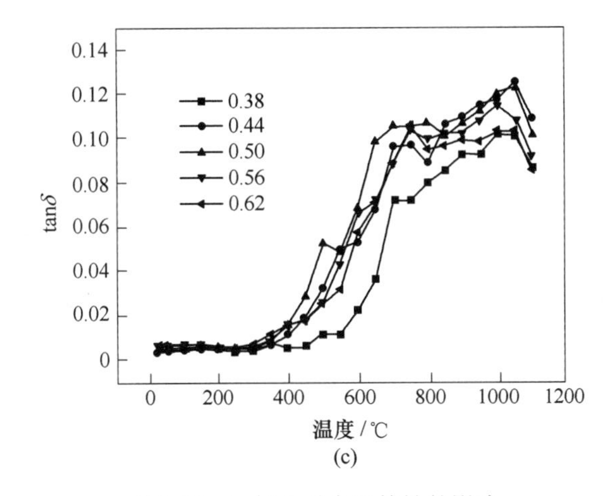

图 1-26 硅氧比对介电特性的影响

（a）硅氧比与 ε' 的关系；（b）硅氧比与 ε'' 的关系；（c）硅氧比与 tanδ 的关系

从图 1-26（a）中可以看出，含硅铬铁矿粉的介电常数值随着温度的升高而变大，与温度呈正相关的关系。从该组曲线可以看出，虽然在同一温度下，硅氧比的变化对介电常数的影响不明显，但是还是有规律可循，随着硅氧比（0. 38~0. 50）的增大其介电常数值在变大，而当硅氧比在 0. 50~0. 62 之间时，其介电常数值随硅氧比的增大而变小。因此，当硅氧比为 0. 50 时，其介电常数值最优，说明此时还原物料对微波能具有良好的吸收性。

从图 1-26（b）中可以看出，含硅铬铁矿粉的介电损耗因子随温度的变化可分为如下三个阶段：第一阶段，在 25~400℃时，不同硅氧比下的含硅铬铁矿粉的介电损耗因子随温度的升高缓慢变化；第二阶段，在 400~650℃时，不同硅氧比下含硅铬铁矿粉的介电损耗因子随温度的变化迅速增加；第三阶段，在 650~1200℃时，不同硅氧比下的铬铁矿粉的介电损耗因子随着温度的升高呈现平缓的趋势。其随着硅氧比的变化可分为两个阶段：第一阶段，在硅氧比低于 0. 50 时，介电损耗因子随硅氧比的增大而增大；第二阶段，当硅氧比高于 0. 50 时，介电损耗因子随硅氧比的增大而减小，即当硅氧比为 0. 50 时，介电损耗因子出现最大值，即此时微波腔内还原物料能最大限度地将微波能转化为热能。

从图 1-26（c）中可以看出，含硅铬铁矿粉的损耗角正切值随温度的变化可分为如下三个阶段：第一阶段，在 25~400℃时，不同硅氧比下的含硅铬铁矿粉的损耗角正切值随温度的升高缓慢变化；第二阶段，在 400~650℃时，不同硅氧比下含硅铬铁矿粉的损耗角正切值随温度的变化迅速增加；第三阶段，在 650~1200℃时，不同硅氧比下的铬铁矿粉的损耗角正切值随着温度的升高呈现平缓的趋势。其随着硅氧比的变化可分为两个阶段：第一阶段，在硅氧比小于 0. 50 时，损耗角正切值随着硅氧比的增加而增加；第二阶段，在硅氧比高于 0. 50 时，损耗角正切值随硅氧比的增加而降低，即当硅氧比为 0. 50 时，此时损耗角正切值出现极值，即此时微波腔内还原物料的微波能转化效率最高。

1. 6. 5. 4 碱度对物料介电特性的影响

在 2450MHz 的微波频段内，将不同碱度的含硅铬铁矿粉（1. 6、1. 7 和 1. 8）样品放置在谐振腔内，观察加入物料前后的谐振频率（f）、品质因数（Q）的变化，得到混合物料碱度对介电参数的影响，如图 1-27 所示。

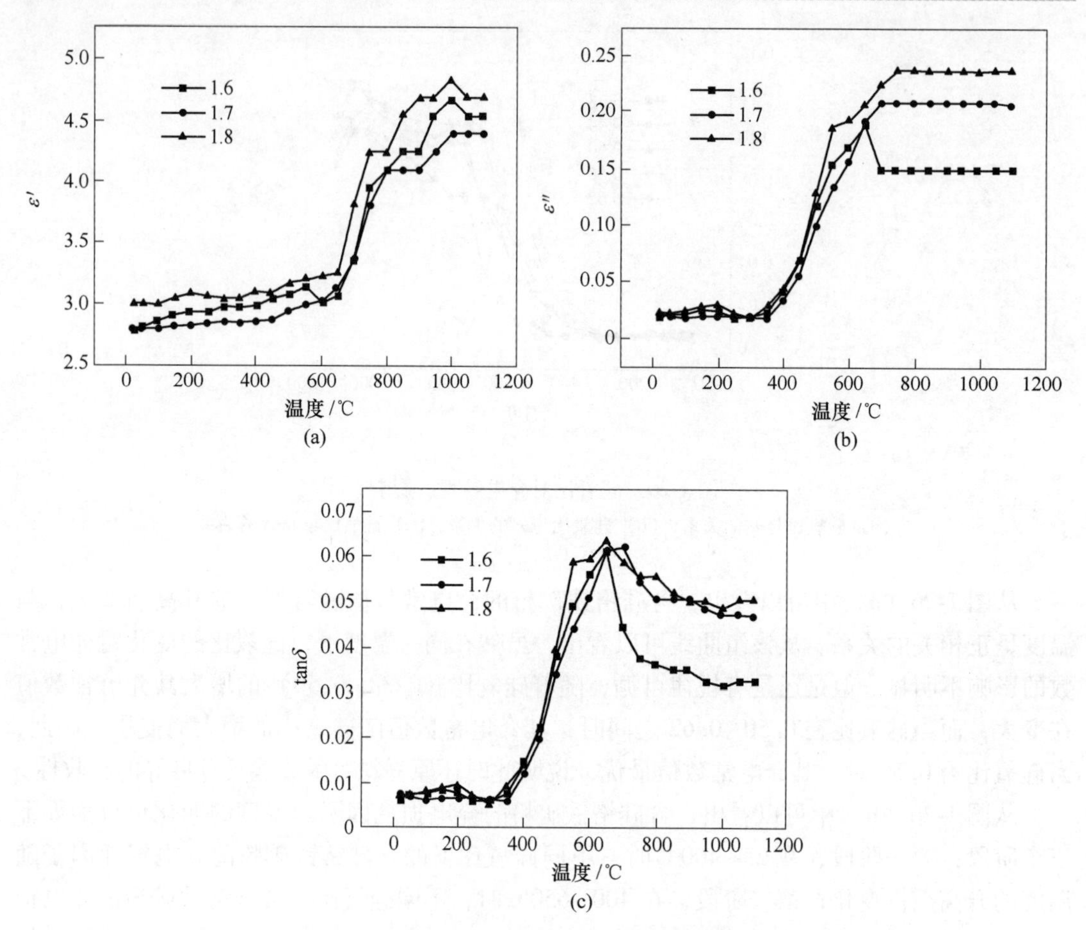

图 1-27　物料碱度对介电特性的影响

（a）碱度与 ε'的关系；（b）碱度与 ε''的关系；（c）碱度与 tanδ 的关系

图 1-27（a）所示为不同碱度下介电常数随温度的变化曲线。从图中可以看出，介电常数随温度的变化明显可以分为两个阶段，第一阶段，在 25~650℃时，不同碱度下介电常数随温度的变化不太显著，且不同碱度下的介电常数值非常接近；第二阶段，650~1200℃时，介电常数随温度的升高不断增大，且随着碱度的增大其介电常数在不断增大。

图 1-27（b）所示为不同碱度下介电损耗因子与温度的关系。由图可知，在 25~350℃时，介电损耗因子随温度和碱度的变化不明显；在 350~650℃之间时，介电损耗因子随温度的增加迅速增加，同时随着碱度的增加也在不断增加；在 650~1200℃时，介电损耗因子与温度变化关系不是很紧密，但是随着碱度的增大其介电损耗因子明显增大。

图 1-27（c）所示为不同碱度下损耗角正切值与温度的关系。由图可知，在 25~350℃时，损耗角正切值随温度和碱度的变化不明显；在 350~650℃之间时，损耗角正切值随温度的增加迅速增加，但随着碱度的增加其变化不明显；在 650~1200℃时，损耗角正切值随温度的增加缓慢减小，随着碱度的增加缓慢增加。

硅热法还原低碳铬铁时，炉渣碱度的控制是一个值得重视的过程。用硅作还原剂还原铬和铁的氧化物时，反应生成的 SiO_2 聚集于炉渣，导致反应动力学条件降低。为了增强熔渣的反应动力学条件，改善其流动性，氧化钙的加入变得十分重要。研究表明：冶炼过程中碱度过大，会提高渣的熔点，随着渣熔点的升高冶炼所需的电能也在提高，且延长还原时间；反之，冶炼过程中的碱度过低，会导致炉渣的黏度减小，炉温降低，因此熔渣中的 Cr_2O_3 得不到充分的还原，且碱度过低时不能发挥对炉衬的庇护作用。所以在选择炉渣的碱度时，一般应使其保持在 1.6~1.8。在冶炼初期，炉内氧化亚铁（FeO）、氧化铬（CrO）与还原生成的二氧化硅（SiO_2）发生反应，可确保炉内还原反应的顺畅进行，因此，在反应初期，碱度对介电特性的影响不太明显；在反应末期，由于反应的进一步发生，炉内氧化亚铁（FeO）、氧化铬（CrO）发生还原反应，产生铁（Fe）和铬（Cr），此时炉渣内的 SiO_2 过剩，阻碍了还原反应的进一步发生，但随着碱度的增加，CaO 会与 SiO_2 反应生成稳定的硅酸盐：$CaO \cdot SiO_2$、$2CaO \cdot SiO_2$，确保还原反应的顺利进行。

1.6.6 锌冶金渣

含锌冶金渣尘成分复杂，结合原材料表征分析及添加 CaO 进行难浸出矿相转化热力学分析显示，研究添加 CaO 对冶金渣尘介电特性的影响规律必须考察混合冶金渣尘中单一物相的变化规律，这对明确单一矿物质以及混合冶金渣尘对微波吸收能力有重要的意义。

1.6.6.1 不同温度下含锌冶金渣尘中典型物质介电特性测试

结合原料成分及 XRD 表征分析，确定了几个混合冶金渣尘中典型物料：ZnO、$ZnFe_2O_4$、Zn_2SiO_4、ZnS、KCl、CaO，分别研究了其单一物质介电常数、介电损耗、损耗角正切值及微波穿透深度对温度的变化规律，测试结果如图 1-28 所示。

从图中可以看出，ZnO 和 ZnS 的介电常数、介电损耗及损耗角正切值相当，且明显低于 $ZnFe_2O_4$、Zn_2SiO_4、KCl、CaO 的介电参数值。

由图 1-28（a）可以看出，含锌冶金渣尘中单一物质随温度升高其介电常数明显升高，即吸收储存微波的能力随温度升高而加强，温度对于介电常数影响的本质在于温度对介电弛豫过程的影响，介电弛豫时间会随着温度升高而降低，从而导致介电常数增大。在几类单一物质中，CaO 的介电常数值明显高于其他物质，表明添加 CaO 可加强含锌冶金渣尘对微波的吸收储存能力，且随温度升高逐渐加强。

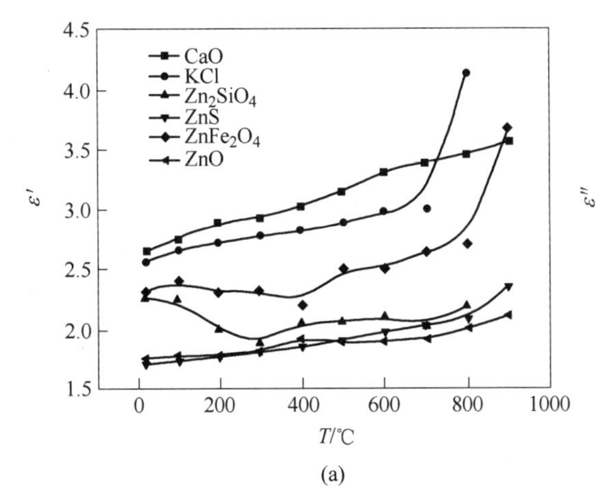

(a)

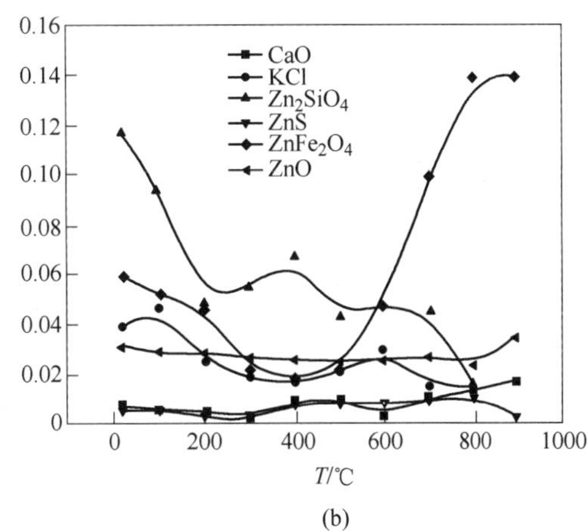

(b)

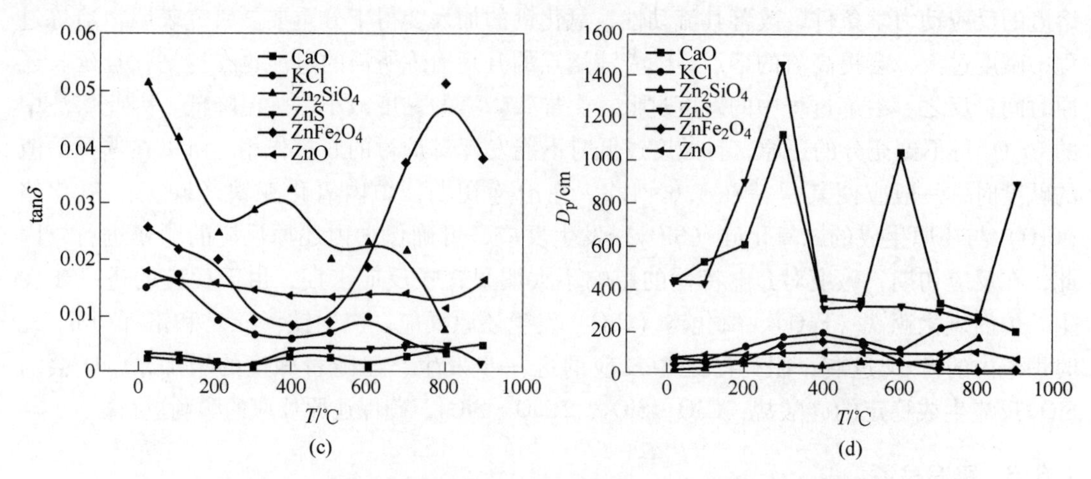

图 1-28　含锌冶金渣尘中典型物质的介电参数及穿透深度随温度的变化
(a) 温度与 ε' 的关系；(b) 温度与 ε'' 的关系；(c) 温度与 tanδ 的关系；(d) 温度与 D_p 的关系

由图 1-28（b）和（c）可以看出，ZnO、ZnS、CaO 的介电损耗及损耗角正切值基本保持不变，而 $ZnFe_2O_4$、Zn_2SiO_4、KCl 几类物质变化规律差异较大，Zn_2SiO_4 的介电损耗及损耗角正切值随温度升高大幅度降低，同时发现在 25~400℃范围，$ZnFe_2O_4$ 介电损耗及损耗角正切值也随温度升高而降低，当温度高于 400℃时，$ZnFe_2O_4$ 介电损耗及损耗角正切值随温度不断升高，总的来说，$ZnFe_2O_4$ 的介电特性受温度影响较为显著，介电损耗及损耗角正切值随温度升高而降低说明该物质在微波加热过程中容易获得较好的微波加热均一性。

图 1-28（d）所示为 ZnO、$ZnFe_2O_4$、Zn_2SiO_4、ZnS、CaO 各单一物质微波穿透深度随温度的变化特征，其中 ZnO、$ZnFe_2O_4$、Zn_2SiO_4、KCl 的微波穿透深度随温度的升高变化不显著，且维持在 200cm 以下，而 ZnS、CaO 的微波穿透深度随温度的升高变化较为显著，ZnS、CaO 在 300℃时穿透深度有明显的波峰，分别达到 1454. 62cm、1128. 5cm，从 300℃升高到 400℃，ZnS、CaO 的微波穿透深度明显降低，而在 400~500℃时存在一个相对稳定的平衡阶段，微波穿透深度分别为 309. 24cm、256. 88cm，而当温度再次升高，ZnS、CaO 的微波穿透深度均有升高及降低的变化趋势，总体来看，在研究温度范围内，所研究的典型物质的微波穿透深度较大，较大的微波穿透深度是获得微波加热均一性的必要条件。

1. 6. 6. 2　不同温度下 CaO 添加量对冶金渣尘介电特性的影响

添加不同量 CaO 的含锌冶金渣尘的介电常数、介电损耗、损耗角正切值以及微波穿透深度随温度的变化规律如图 1-29 所示。

由图 1-29（a）可以看出，在 25~400℃范围内，随着温度的升高，添加 5%~20%的 CaO 对含锌冶金渣尘的介电常数基本没什么影响，但当添加量为 25%时，其介电常数明显提高；当温度高于 400℃时，随着温度的升高，含锌冶金渣尘原料及添加 CaO 后的混合物料显著升高。这一变化规律跟冶金渣尘的升温特性相吻合，在 400℃以下冶金渣尘的升温速率相对较慢，即吸收储存微波的能力相对较弱，而温度高于 400℃时的升温速率明显提高。

图 1-29（b）和（c）分别为添加了 0%~30%CaO 含锌冶金渣尘的介电损耗及损耗角

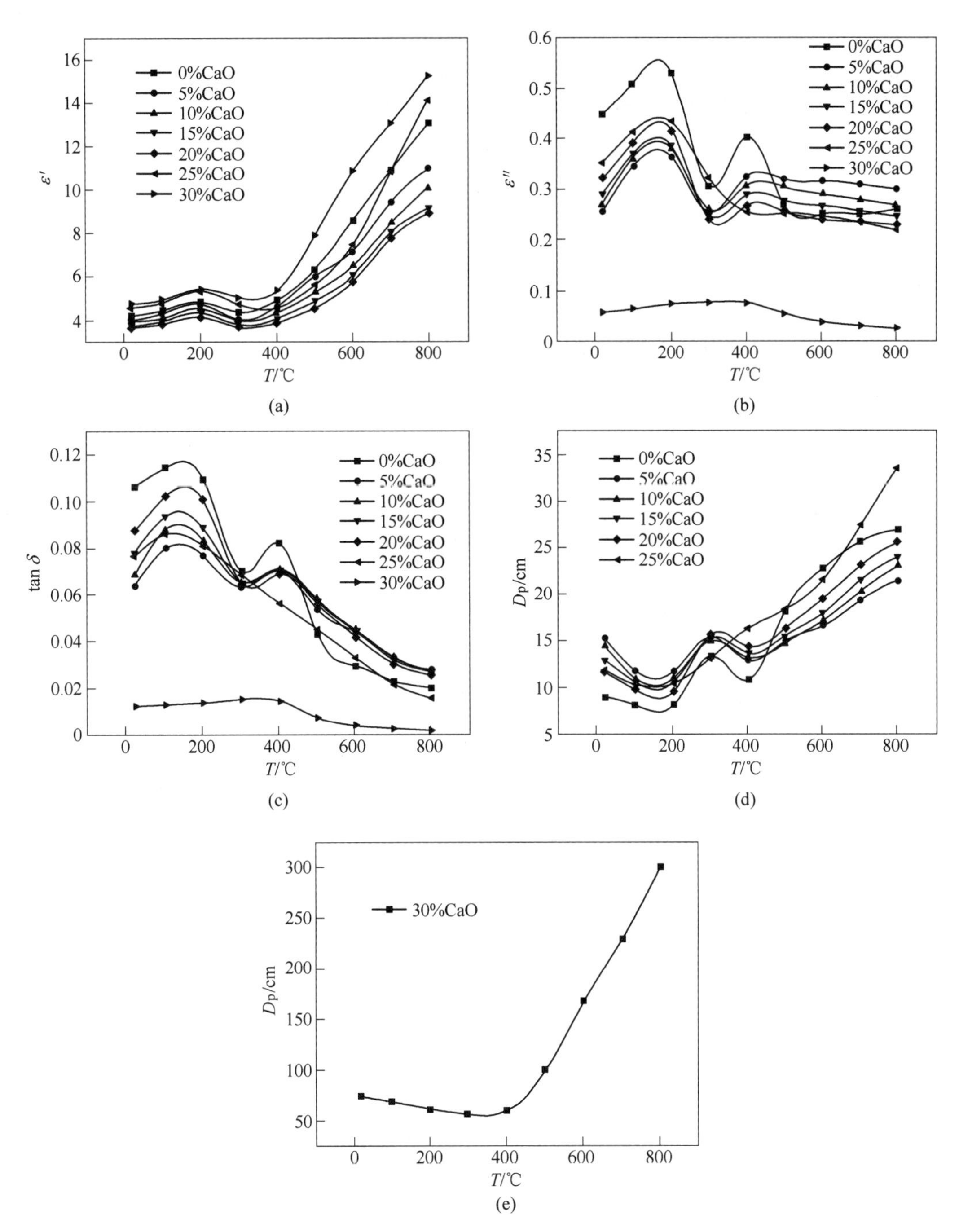

图 1-29 不同 CaO 添加量的含锌冶金渣尘介电参数及穿透深度随温度的变化

(a) 温度与 ε' 的关系；(b) 温度与 ε'' 的关系；(c) 温度与 $\tan\delta$ 的关系；

(d) 温度与微波穿透深度 D_p 的关系 (0%~25%CaO)；(e) 温度与微波穿透深度 D_p 的关系 (30%CaO)

正切值随温度的变化规律。由图 1-29 (b) 可以看出，对于添加 0%~20%CaO 的含锌冶金渣尘介电损耗随温度的变化可分为三个阶段：第一阶段 25~300℃，存在先升高后降低的趋势，该阶段可归因于含锌冶金渣尘吸收微波将微波转化为热能，是物料均一化传热的过程；第二阶段 300~500℃，也存在先升高后降低的趋势，这一变化说明在微波加热的过程中可能发生了相结构的变化，当温度高于 400℃时，$ZnFe_2O_4$、Zn_2SiO_4 与 CaO 反应生成大量的 ZnO，而 ZnO 属弱吸波性物质，从图 1-29（a）也可以看出，ZnO 的介电常数值明显低于 $ZnFe_2O_4$、Zn_2SiO_4，大量 ZnO 使得 $ZnFe_2O_4$、Zn_2SiO_4 吸收微波转化为热能的能力降低，因此，反应进行的同时物料的介电损耗也随着温度的升高而呈降低的趋势；第三阶段：当温度高于 500℃时，物料的介电损耗趋于平稳，说明在这一阶段没有明显的微波能热变换，即难处理矿相的转化在 300~500℃范围内进行。值得注意的是，25% CaO 含锌冶金渣尘混合物料的介电损耗随温度变化只有两个阶段，且在 400℃左右趋于平衡，平衡温度的降低可能是 CaO 含量的增加使得相转化反应在相同温度下进行更迅速；添加 30% CaO 含锌冶金渣尘混合物料的介电损耗明显低于其他 CaO 的添加量，且温度的变化对于介电损耗没有显著的影响。由图 1-29（c）可以看出，在 25~400℃范围内，添加不同含量 CaO 含锌冶金渣尘混合物料损耗角正切值随温度的变化趋势与图 1-29（b）显示介电损耗随温度变化趋势相当，当温度高于 400℃时，不同 CaO 含量含锌冶金渣尘混合物料损耗角正切值随温度的升高急剧降低，这是因为在这个温度范围内物料介电损耗基本保持不变，而介电常数在此温度范围内急剧升高，因此，随温度的升高，混合物料介电损耗与介电常数的比值（即损耗角正切值）呈减小趋势。

由图 1-29（d）和（e）可知，在 25~800℃范围内，添加 0%~25%CaO 和 30%CaO 含锌冶金渣尘混合物料的微波穿透深度存在明显的差异，在 25~500℃温度范围内添加 0%~25%CaO 的混合冶金渣尘物料穿透深度在 7~35cm 之间且随温度变化呈上升的趋势，但添加 0%~20%CaO 在 25~500℃范围内出现两次波谷，说明添加 5%~20%CaO 和不添加 CaO 对微波穿透深度的影响是一致的，且随着 CaO 含量的增加微波穿透能力加强，在焙烧物料厚度不超过微波穿透深度的前提下，高的微波穿透深度是保证微波加热均一性的前提；同时研究发现，在 300~500℃范围，添加 25%CaO 物料的微波穿透深度并不随温度的升高而降低，反而促进了微波穿透深度的提高，说明在 300~500℃范围内添加 25%CaO 对提高微波均一性加热物料有积极的作用。但从图 1-29（e）发现，在 25~400℃范围内，添加 30% CaO 的微波穿透深度并不随温度的升高而提高，微波穿透深度维持在 50~75cm 范围，当温度高于 400℃时，温度的升高对微波穿透深度的影响是显著的，800℃时微波穿透深度可达到 300cm，结合图 1-29（b）和（c）可知，添加 30%CaO 添加剂其介电损耗及损耗角正切值明显降低，即微波能作用于矿物的利用率明显降低，达到所需温度在同等条件下所需的时间相应延长，因此，从介电特性分析，从理论上考虑，有效利用微波能进行微波矿物活化预处理，CaO 添加剂的用量应不高于 30%。

1.6.7　碱性物质

对 NaOH 和 Na_2CO_3 在不同温度下的介电常数、介电损耗和损耗角正切值进行测量，结果如图 1-30 和图 1-31 所示。

在 14~800℃范围内，Na_2CO_3 的介电特性比较稳定，介电常数为 1.838~2.461，介电损耗因子为 0.00147~0.155，损耗角正切值为 0.00078~0.063。当温度达到 Na_2CO_3 的熔

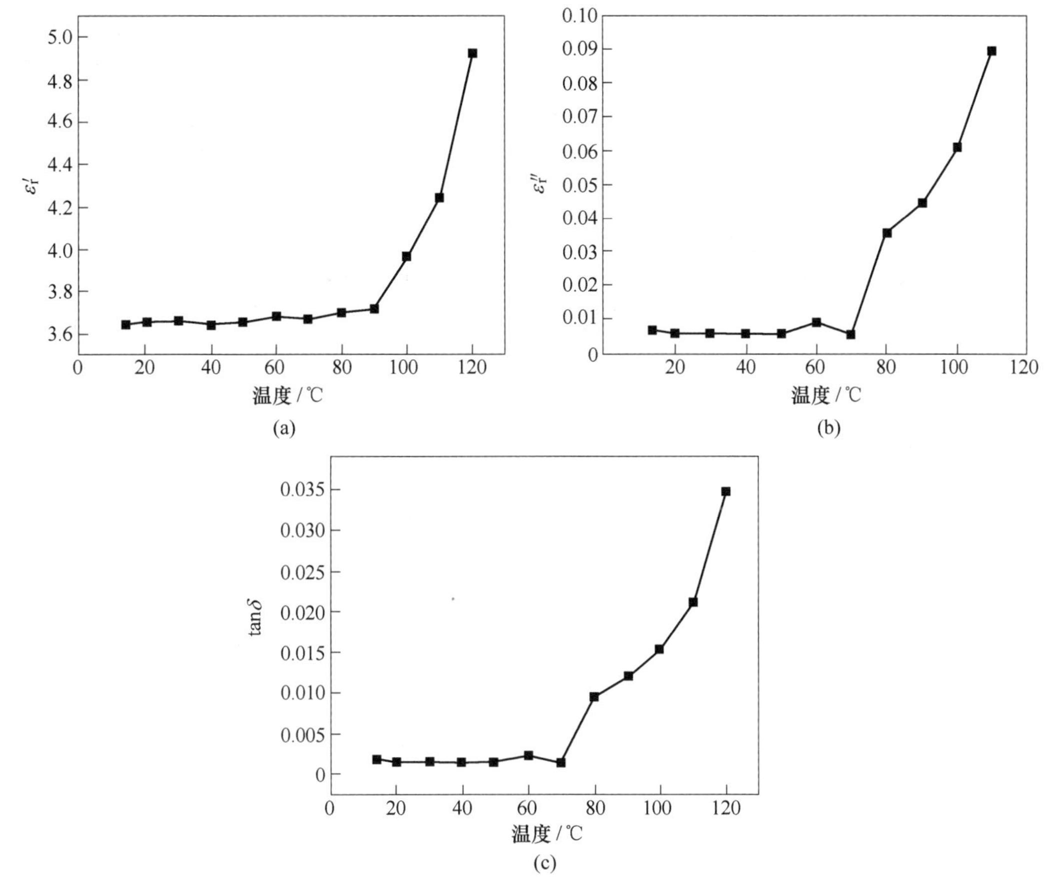

图 1-30 氢氧化钠在不同温度下的介电特性

（a）介电常数；（b）介电损耗；（c）损耗角正切值

点（850℃）后，Na_2CO_3 的介电常数增大较快。但是，在低温条件下 NaOH 的介电特性变化较大。在 14～130℃，NaOH 的介电常数为 3.64～4.92，介电损耗因子为 0.00525～0.1702，损耗角正切值为 0.00143～0.0346。温度继续升高，NaOH 吸收空气中水分。由于水分对介电常数的影响很大，NaOH 介电常数明显增大并很难通过测介电常数仪获得准确的数值。

可见，NaOH 的介电特性明显比 Na_2CO_3 好。NaOH 的介电常数、介电损耗和损耗正切值都比相同条件下的 Na_2CO_3 大，这说明 NaOH 更容易吸收微波能并且把微波能转化成热能。

NaOH 和 Na_2CO_3 的熔点分别为 318.4℃和 851℃。可见，在 400～800℃的实验温度范围内，添加的 NaOH 固体已经转变成熔融状态，而 Na_2CO_3 还是以固体状态存在。在无外电场作用时，NaOH 和 Na_2CO_3 分子偶极矩在各方向的概率相等，宏观偶极矩为零，分子不表现出极性。但是，在微波场的作用下，由于电荷异性相吸，熔融状态的 NaOH 分子出现极化现象。极性 NaOH 分子会高速旋转，并且会随微波场方向的改变而不断改变运动方向。从而使物料中原子、分子、离子等微观粒子得到活化，使晶格扩散和晶界扩散加快，增加矿物与碱液接触的反应面积。

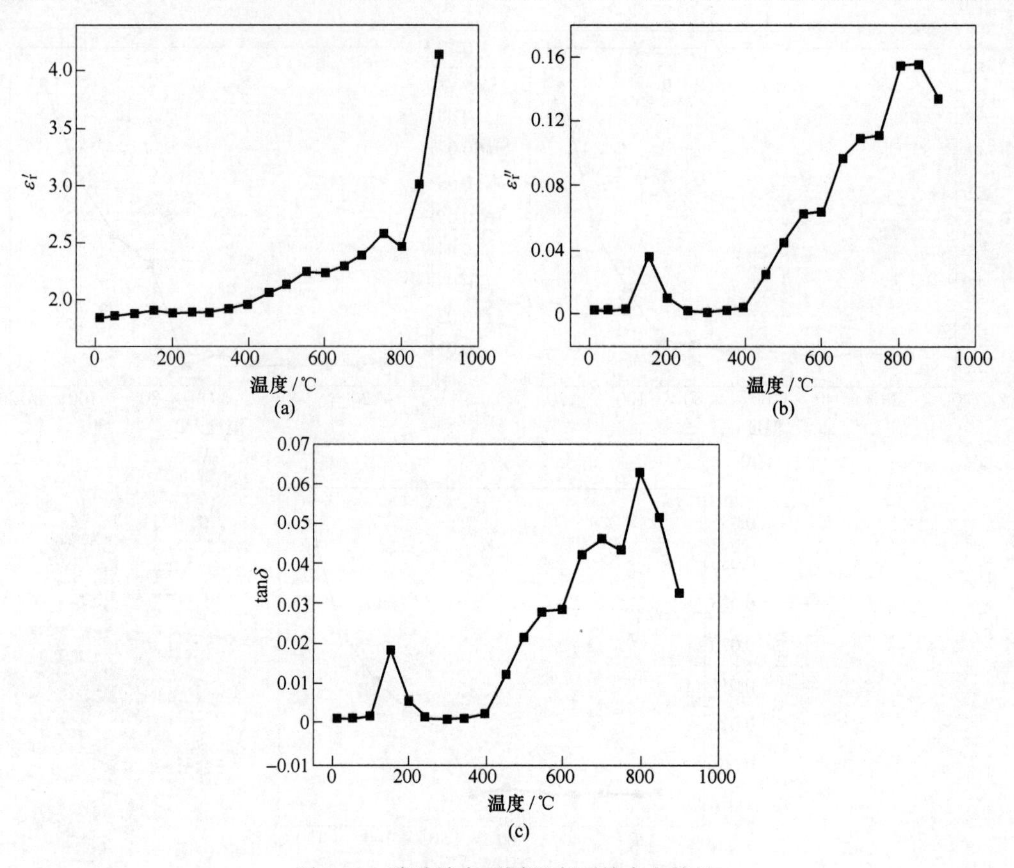

图 1-31　碳酸钠在不同温度下的介电特性

（a）介电常数；（b）介电损耗；（c）损耗角正切值

1.6.8　其他原料

1.6.8.1　硫酸铵溶液浓度对介电特性的影响

图 1-32 所示为硫酸铵溶液（硫铵溶液为硫酸铵和氨水混合溶液）的介电常数在总氨浓度为 2.5~8.5mol/L 之间的变化。

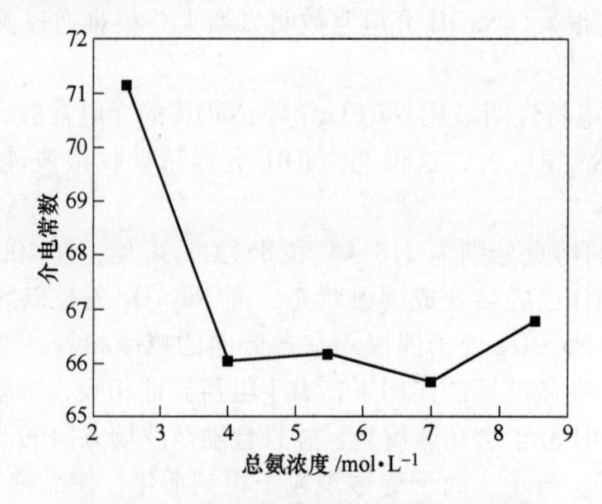

图 1-32　总氨浓度对溶液介电常数的影响

由图 1-32 可知，介电常数在总氨浓度为 2.5mol/L 时达到 71.17，4mol/L 时降低至 66.03，在 4~8.5mol/L 之间时介电常数为 66.65~66.79，基本趋于平缓。介电常数的变化表明，硫酸铵溶液具有良好的储存微波能的能力，随着总氨浓度的增加，介电常数变化缓慢。

从图 1-33 中可以看出，介电损耗因子在总氨浓度为 2.5mol/L 时达到 11.29，随着总氨浓度的增加，介电损耗因子逐渐降低，当总氨浓度为 8.5mol/L 时，其介电损耗因子仍达 3.21，表明硫酸铵溶液具有很强的吸波性能。

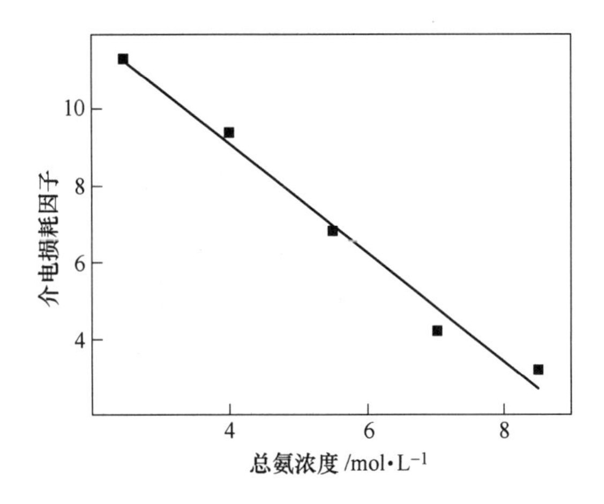

图 1-33 总氨浓度对介电损耗因子的影响

不同总氨浓度的损耗角正切值在 2.45GHz 频率下随物料含水率变化的结果如图 1-34 所示。

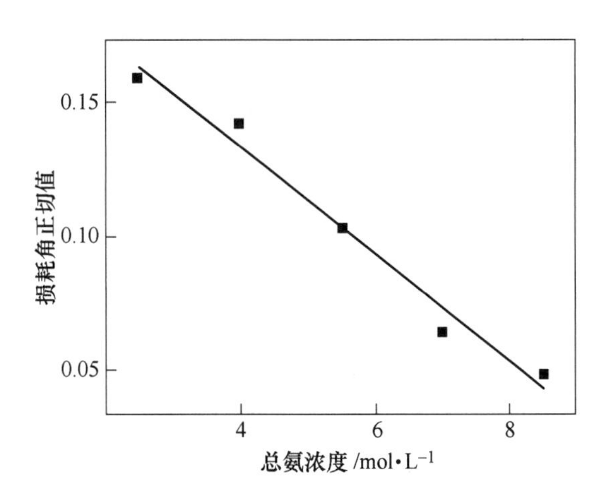

图 1-34 总氨浓度对损耗角正切值的影响

由图 1-34 可以看出，硫酸铵溶液中总氨浓度由 2.5mol/L 增加到 8.5mol/L 时，损耗角正切值从 0.1587 降低至 0.0481。说明损耗角正切值与含水率呈现高度线性关系。对曲线进行线性拟合，可以得到损耗角正切值关于含水率的线性方程，线性相关系数为 0.97。图 1-35 所示为总氨浓度对溶液穿透深度的影响。

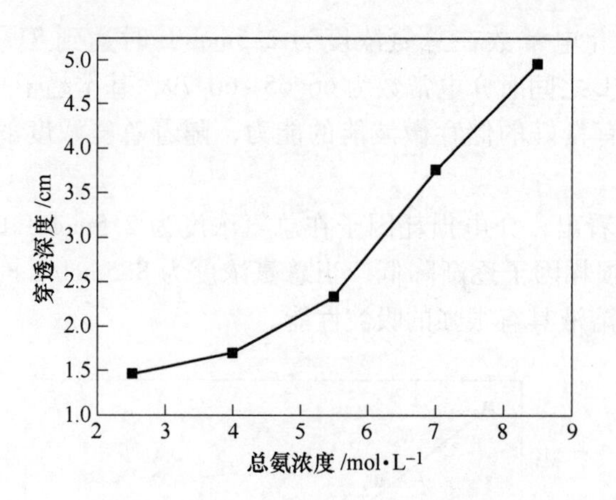

图 1-35 总氨浓度对溶液穿透深度的影响

由图 1-35 可知，穿透深度在 2.45GHz 下随总氨浓度的增加从 1.46cm 增加至 4.96cm。硫酸铵溶液中总氨浓度为 2.5mol/L 时穿透深度较小，约为 1.45cm；之后，随着总氨浓度的增加，硫酸铵溶液的穿透深度逐渐增大；当总氨浓度增加至 8.5mol/L 时，穿透深度明显增加，达到约 5.0cm。

1.6.8.2 石油焦

A 水分对石油焦介电参数的影响

图 1-36 所示为水分对石油焦介电常数的影响。在室温下，随着石油焦含水率从零增加到 10%，其介电常数从 67.38 降低到了 44.915。可见，与其他物料相反，纯的石油焦的介电常数具有最大值，含水率为 10%时介电常数最小。从 5%~10%增加时，介电常数呈现线性下降的特征。

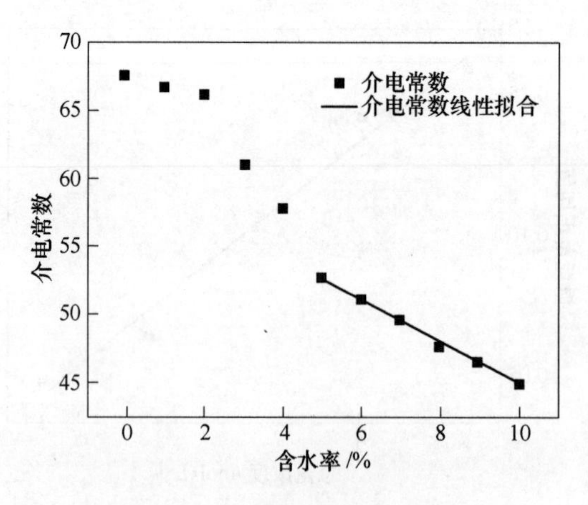

图 1-36 石油焦介电常数随含水率变化

图 1-37 和图 1-38 所示分别为石油焦的介电损耗因子和损耗角正切值随含水率的变化特征。在含水率增加 3%~10%时，二者均呈现线性增加的特征，表明含水率的增加引起石油焦混合物料的介电损耗因子和介电损耗角正切值的增加，即吸收微波能力的增加。对二者的数据进行线性拟合可以得到线性方程和线性相关系数。有学者对泥沙、黏土和食品

的介电特性研究中，也发现了介电常数与含水率之间存在线性关系，并认为各种物料之间的区别主要在于线性方程中的斜率和截距有较大差异，而本质在于物质的化学结构和与水分的存在形态不同。

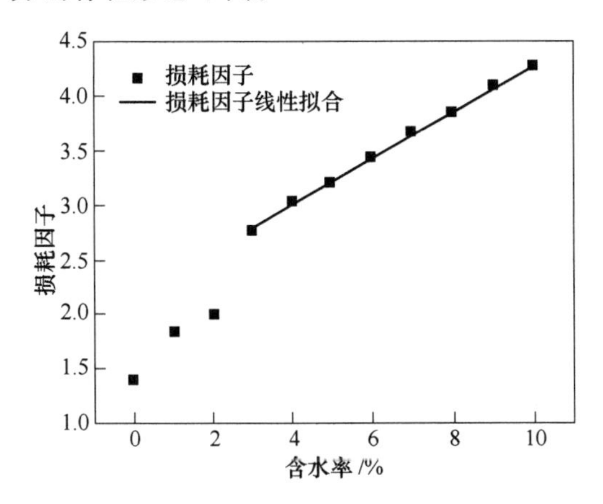

图 1-37 石油焦介电损耗因子随含水率变化

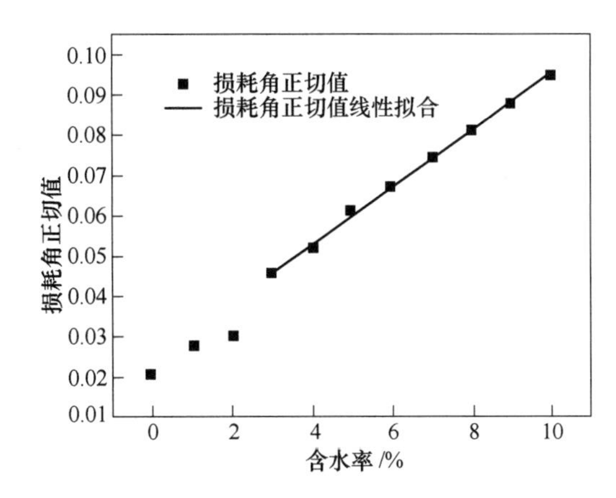

图 1-38 石油焦介电损耗角正切值随含水率变化

而在物料中水的介电特性和纯水的介电特性并不一样。当石油焦颗粒物与水分子接触时，很多离子会进入水溶液，在石油焦颗粒周围会形成一个离子环。而溶于水中的离子会引起湿物料电导率的增加，也引起离子损耗和损耗角正切值的增加。由于固体物料和水溶液分子之间的相互作用，通常会引起混合物料的介电特性值高于或低于纯水和纯固体物料的介电特性值之和。

图 1-39 所示为含水率对石油焦穿透深度的影响。2.45GHz 下穿透深度随含水率的增加从 11.4cm 降低至 3.06cm，比纯水中 1.68cm 的穿透深度高。石油焦在任一含水率条件下的穿透深度都大于水的并小于纯石油焦的穿透深度。穿透深度在含水率 3%时出现急剧降低，原因在于 3%以下的水分主要以吸附水的形态存在，大于 3%之后，自由水的含量逐渐增多。含水率在 3%~10%增加时，穿透深度以线性特征减小，对数据进行线性拟合，得到穿透深度随含水率的变化方程，线性相关系数为 0.9589（见表 1-10）。此方程可以用来预测石油焦在含水率 3%~10%之间任一含水率的穿透深度。

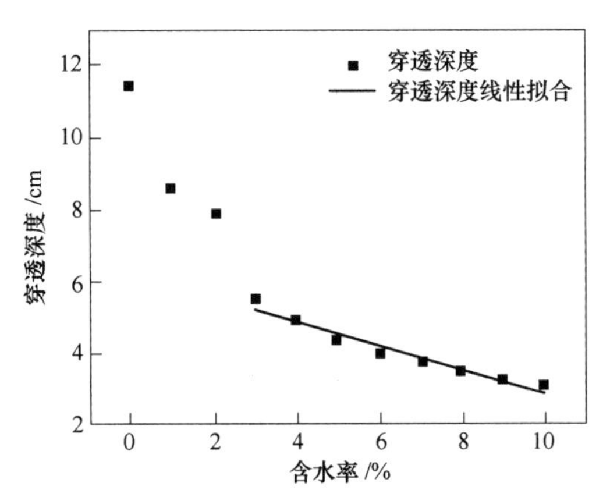

图 1-39 石油焦穿透深度随含水率的变化

表 1-10 石油焦介电参数与含水率相关的线性方程

介电特性	回归方程	含水率范围/%	线性相关系数 R^2
介电常数	$\varepsilon' = 60.30818 - 1.54733M$	5~10	0.9962
损耗因子	$\varepsilon'' = 65.64591 - 2.19815M$	3~10	0.9302
损耗角正切值	$\tan\delta = 0.02493 + 0.0073M$	3~10	0.99929
穿透深度	$D_p = 8.21928 - 0.3347M$	3~10	0.9589

B 温度对石油焦介电参数的影响

图 1-40~图 1-42 所示为含水率 10%的石油焦的介电特性在 20~100℃之间的变化。

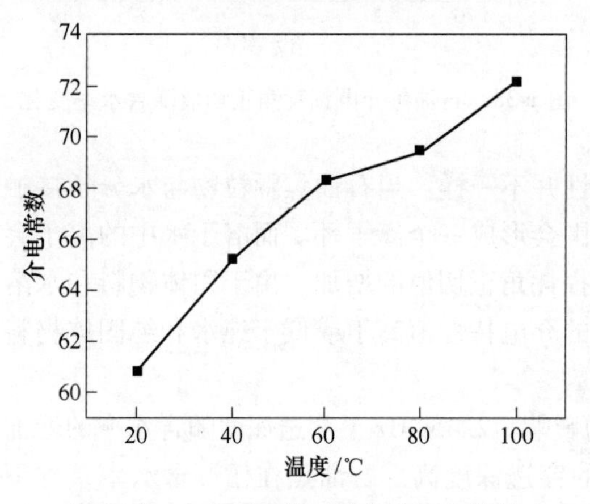

图 1-40 含水 10%的石油焦的介电常数随温度的变化

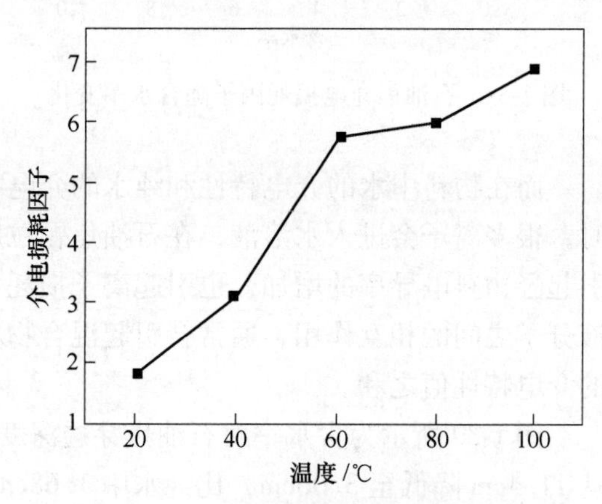

图 1-41 含水 10%的石油焦的介电损耗因子随温度的变化

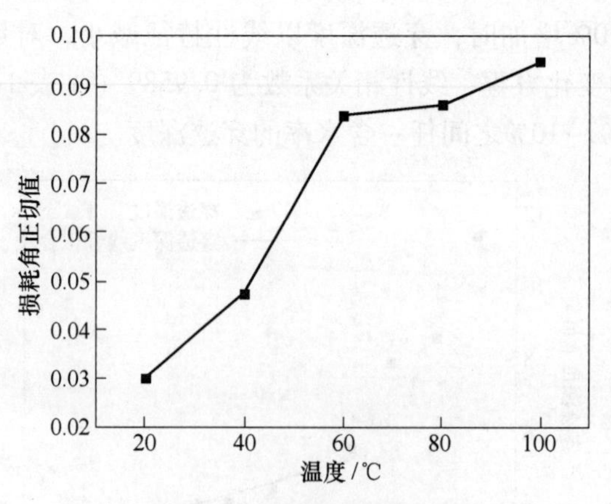

图 1-42 含水 10%的石油焦的损耗角正切值随温度的变化

介电常数以每摄氏度 0.11 的速度从 60.76 近似线性增加到 72.15，表明温度与水分一样对石油焦的介电常数有重要影响。温度对介电特性的影响本质在于温度对介电弛豫过程的影响。随着温度升高，介电弛豫时间会降低，介电常数会增大。分布函数显示温度对材料介电特性的影响，但是大部分材料的介电特性随温度变化比较复杂，不能用函数表示，通常只能在特定频率和温度下测量得到。

由图 1-41 和图 1-42 可以看出，石油焦的介电损耗因子和损耗角正切值随温度增加呈现相同的增长特征。随着温度的升高，物料整体的吸波能力增强，由于水的介电损耗大于石油焦的，水分快速升温，石油焦依然处于较低的温度，有利于水分的快速挥发，达到快速干燥的目的。

图 1-43 所示为温度对石油焦穿透深度的影响。从 20~100℃，穿透深度从 8.44cm 降至 2.42cm。

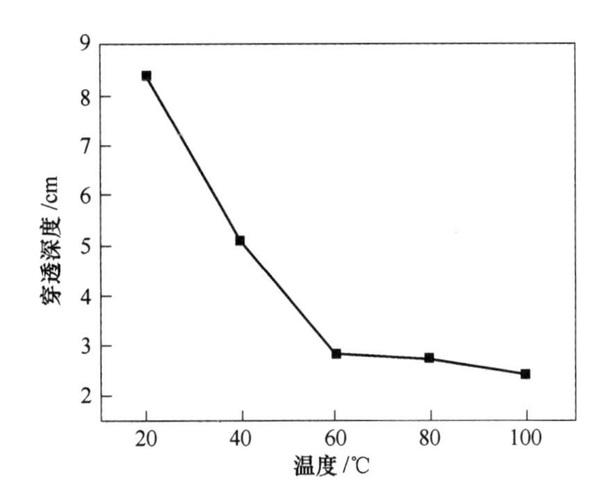

图 1-43 含水 10%的石油焦的穿透深度随温度的变化

1.6.8.3 废催化剂

测量研究了失活石油废催化剂在不同表观密度及不同温度条件下的介电参数。在空腔谐振频率为 2450MHz、样品密度为 1g/cm^{3}条件下，失活石油废催化剂从室温至 800℃的介电常数 ε_r'、介电损耗 ε_r'' 和损耗角正切值 tanδ 测试结果如图 1-44~图 1-46 所示。

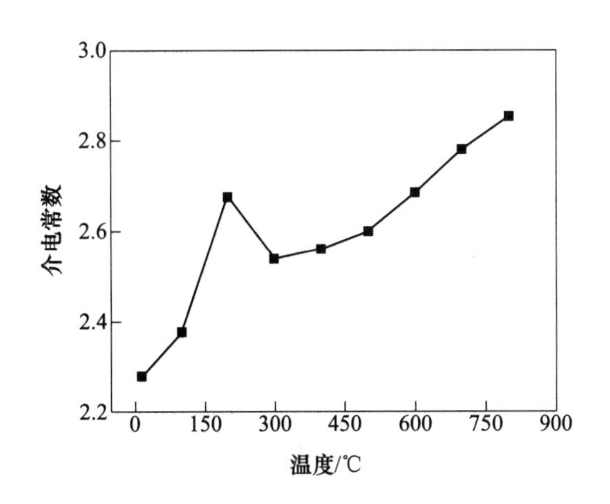

图 1-44 石油废催化剂介电常数随温度变化关系测试结果

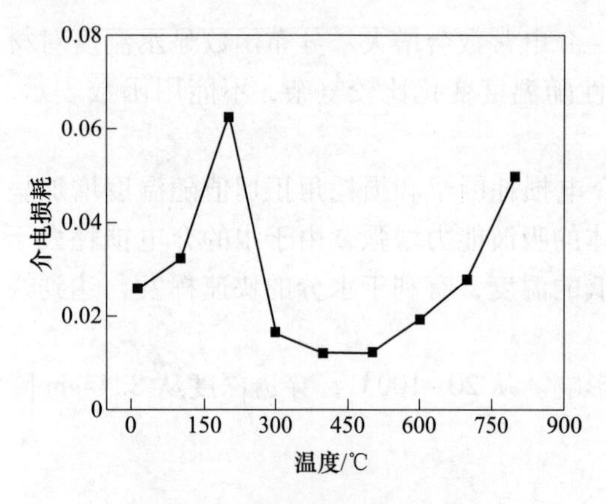

图 1-45　石油废催化剂介电损耗随温度变化关系测试结果

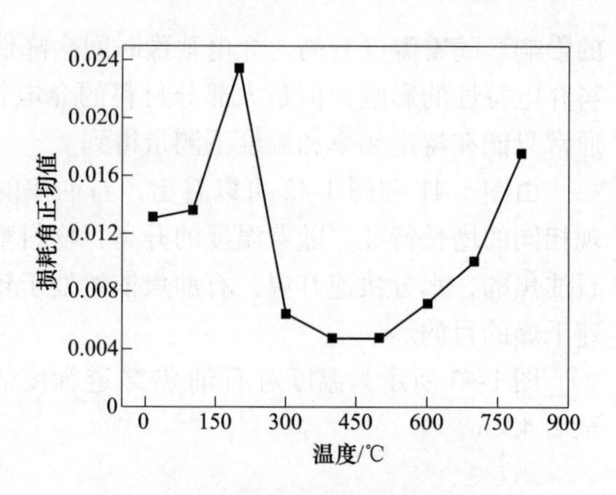

图 1-46　石油废催化剂损耗角正切值随温度变化关系测试结果

由图 1-44 可知，失活石油废催化剂介电常数整体随温度呈逐渐增大的趋势，在 200℃左右有峰值出现。这说明该物料的微波加热升温行为是随温度的升高越来越快的。而由图 1-45 和图 1-46 可知，介电损耗和损耗角正切值是先升高，同样在 200℃左右取得峰值，然后降低之后又升高。实际上在 200℃时，催化剂中的部分积碳已经开始燃烧，而这部分燃烧的碳使得物料的介电参数发生了突变，这说明碳含量对介电参数有显著影响，碳的吸波性能非常好。

在空腔谐振频率为 2450MHz、室温条件下不同表观密度失活石油废催化剂介电参数及穿透深度测试结果如图 1-47～图 1-50 所示，相应的拟合结果见表 1-11。

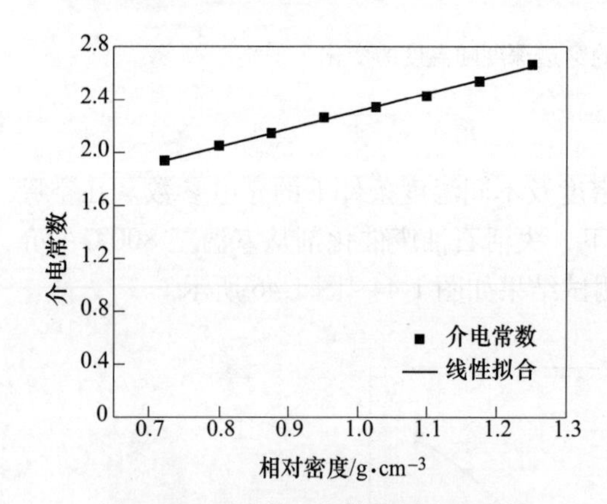

图 1-47　石油化工废催化剂介电常数随相对密度变化关系测试结果

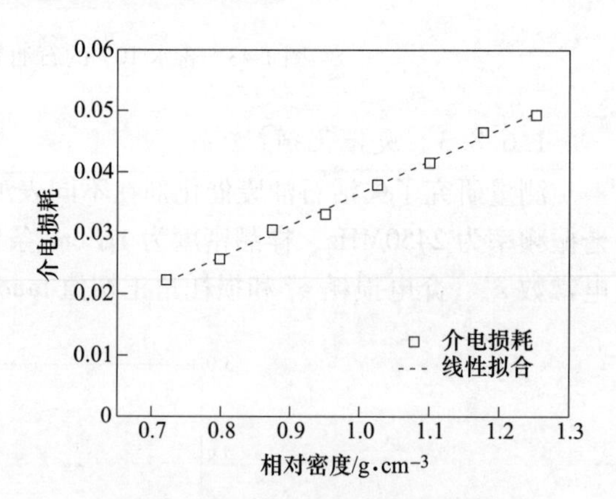

图 1-48　石油化工废催化剂介电损耗随相对密度变化关系测试结果

表 1-11　介电常数、介电损耗、损耗角正切值和穿透深度在不同密度条件下的拟合函数

类型和对象	拟合函数	拟合优度
线性拟合 ε_r'	$y_{\varepsilon_r'} = 1.34462x + 0.96852$	$R^2 = 0.99589$
线性拟合 ε_r''	$y_{\varepsilon_r''} = 0.05237x - 0.0158$	$R^2 = 0.99695$
线性拟合 $\tan\delta$	$y_{\tan\delta} = 0.0136x + 0.0016$	$R^2 = 0.97888$
指数拟合 D_p	$y_{D_p} = 579.06184\, e^{-\frac{x}{0.3526}} + 47.22877$	$R^2 = 0.9958$

注：x 为废催化剂的表观密度，g/cm³。

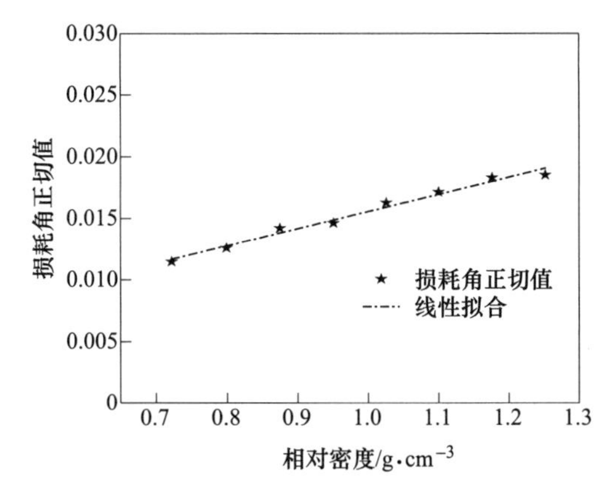

图 1-49　石油化工废催化剂损耗角正切值随相对密度变化关系测试结果

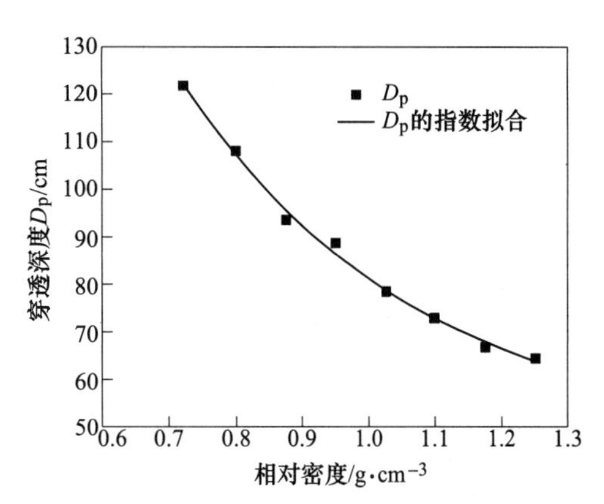

图 1-50　石油化工废催化剂穿透深度随相对密度变化关系测试结果

从以上实验结果可以看出，失活石油废催化剂的介电常数、介电损耗以及损耗角正切值随表观密度的增加而线性增大，而其穿透深度则随表观密度的增加而呈指数递减。

参 考 文 献

[1] 刘晨辉. 基于冶金物料介电特性的微波加热应用新工艺研究 [D]. 昆明：昆明理工大学，2014.

[2] 刘韩星，欧阳世翕. 无机材料微波固相合成方法与原理 [M]. 北京：科学出版社，2006.

[3] 方俊鑫，殷之文. 电介质物理学 [M]. 北京：科学出版社，1989.

[4] 倪尔瑚. 材料科学中的介电谱技术 [M]. 北京：科学出版社，1999.

[5] 张俊发. 微波医学 [M]. 成都：西南交通大学出版社，1993.

[6] 黄铭. 微波与颗粒物质相互作用的机理及应用研究 [D]. 昆明：昆明理工大学，2006.

[7] 彭金辉，刘纯鹏. 微波场中矿物及其化合物的升温特性 [J]. 中国有色金属学报，1997，7（3）：50~51.

[8] 黄孟阳，彭金辉，雷鹰，等. 微波场中钛精矿的温升行为及吸波特性 [J]. 四川大学学报（工程科学版），2007，39（2）：111~115.

[9] 肖金凯. 矿物的成分和结构对其介电常数的影响 [J]. 矿物学报，1985，4（5）：331~337.

[10] Bradshaw S M. Application of microwave heating mineral processing [J]. S-Afr. J. Sci.，1999，95（9）：394~396.

[11] Walkiewicz J W，Kazonich G，McGill S L. Microwave heating characteristics of selected minerals and compounds [J]. Miner. Metall. Process.，1988，5（1）：39~42.

[12] 赵孔双，魏素香. 介电弛豫谱方法对分子有序聚集体系研究的新进展 [J]. 自然科学进展，2005，15（3）：257~264.

[13] Ronne C，Thrane L，Åstrand P O，et al. Investigation of the temperature dependence of dielectric relaxation in liquid water by THz reflection spectroscopy and molecular dynamics simulation [J]. Journal of Chemical Physics，1997，107（14）：5319~5331.

[14] Cumbane A. Microwave treatment of Minerals and Ores [M]. Lap Lambert Academic Publishing，2003.

[15] Harrison，Charles P. A Fundamental Study of the Heating Effect of 2.45GHz Microwave Radiation on Min-

erals [D]. Birmingham: University of Birmingham, 1997.

[16] 管登高，王树根．矿物材料对电磁波的吸收特性及其应用 [J]．矿产综合利用，2006，5：17~20.

[17] Sun E, Datta A, Lobo S. Composition-based prediction of dielectric properties of foods [J]. Journal of Microwave Power & Electromagnetic Energy a Publication of the International Microwave Power Institute, 1995, 30 (4): 205~212.

[18] Haque K E. Microwave energy for mineral treatment processes—a brief review [J]. International Journal of Mineral Processing, 1999, 57 (1): 1~24.

[19] Huang K, Cao X, Liu C, et al. Measurement/computation of effective permittivity of dilute solution in saponification reaction [J]. Microwave Theory and Techniques, IEEE Transactions, 2003, 51 (10): 2106~2111.

[20] 田步宁，杨德顺．传输/反射法测量复介电常数的若干问题 [J]．电波科学学报，2002，17 (1)：10~15.

[21] Courtney W E. Analysis and evaluation of a method of measuring the complex permittivity and permeability microwave insulators [J]. Microwave Theory and Techniques, IEEE Transactions, 1970, 18 (8): 476~485.

[22] Venkatesh M S, Raghavan G S V. An overview of dielectric properties measuring techniques [J]. Can. Biosyst. Eng., 2005, 47 (7): 15~30.

[23] Tinga W. Microwave dielectric constants of metal oxides, part 1 and part 2 [J]. Electromagnetic Energy Reviews, 1989, 2 (1): 349~351.

[24] 雷鹰．微波强化还原低品位钛精矿新工艺及理论研究 [D]．昆明：昆明理工大学，2011.

[25] 郭秦．微波硅热还原铬铁矿粉过程中介电特性研究 [D]．昆明：昆明理工大学，2017.

2 微波在钛冶金中的新应用

2.1 概述

钛是世界公认的稀有资源和重要的战略物资，是运载火箭、导弹、卫星、战机、核潜艇等的支撑材料。我国的钛资源储量十分丰富，约占世界钛储量的48%，但主要是钛铁矿资源，金红石很少。在钛铁矿储量中，大部分为岩矿，少部分为砂矿。岩矿主要集中于四川、云南和河北等地；砂矿主要集中于广东、广西、海南和云南等地。金红石矿主要分布在湖北和山西等地。

中国钛资源利用的重点和难点是提取和利用四川攀枝花—西昌地区的钒钛磁铁矿中的钛，该矿是以黑色金属铁为主，又含有大量有色金属的多金属共伴生矿，涉及钢铁和有色金属两大行业；在我国铁矿石和有色金属矿物资源对外依存度居高不下的现状下，该矿的高效利用直接影响着我国的资源安全。自 20 世纪通过产学研的联合攻关，我国在钛资源利用及其材料制备加工技术方面已经初步建立了完整的工业体系，形成了较为稳定的综合利用技术路线：钒钛磁铁矿经选矿后得到铁精矿及一次尾矿，其中铁精矿走高炉路线；一次尾矿经过选矿后得到钛精矿，经电炉熔炼得到高钛渣，再采用硫酸法制备钛白，或盐酸浸出后制备人造金红石，再经氯化法得到钛白；取得了以高强韧和耐磨性好的含钒钛钢轨、钛白粉等为典型代表的一大批标志性的钛材料制备与深加工技术成果，产生了显著的经济效益和社会效益。但是在我国钛资源现有综合利用工艺中，仍存在难以忽视的问题，如资源利用率低，以原矿计，钛回收率不超过 10%；资源浪费和环境污染大，如每年产生大量的固体废弃物直接进入尾矿坝。针对钛资源特点以及综合利用现状，其关键在于降低可利用钛精矿的品位并实现钛铁有效分离，进行钛的高效提取并实现清洁生产。目前微波在钛冶金中的应用主要体现在干燥、助磨、碳热还原、湿法的强化浸出、高钛渣以及富钛料金红石的制备等工艺。

根据材料和微波相互作用情况可以将材料分为微波透过体、微波反射体、微波吸收体和混合体四大类。一般冶金矿物都属于第四类，矿物中 $FeTiO_3$、Fe、Fe_3O_4、FeS_2、CuCl、MnO_2 和木炭等物质均为微波吸收体，属于高活性材料，在微波场中的升温速率非常快；而矿物中 CaO、$CaCO_3$ 和 SiO_2 等物质都是微波透射体，不能被微波加热。利用微波选择性加热矿物组分的特点，向矿石中配入适当的组分，可以有效地实现有用组分从矿物中的分离。黄孟阳、彭金辉等人[1]研究了攀西地区钛精矿在微波场中的升温行为和吸波特性，钛精矿对微波具有良好的吸波特性。周晓东等人[2]在研究昆明地区钛铁矿结构和物理化学性质后认为，钛铁矿的结构决定了其具有显著吸收微波的特殊性质；陈艳、白晨光等人[3]研究了高钛高炉渣在微波场中的加热行为，测得高钛高炉渣的介电损耗因子大于一般材料，即它较一般材料具有更强的吸收微波的能力，并测得 $CaTiO_3$ 的介电损耗因子远大于高钛高炉渣，可以有效地促进微波场中高钛高炉渣的加热。黄铭、彭金辉等人[4]创建了描述颗粒物质电磁特性的三维 RC 网络模型，开发了相关软件，该模型可以直接用于颗粒物料吸波特性的仿真，改变了二维 RC 网络模型仅能应用于薄膜材料的局限性；同时该模型能仿真异质材料的通用介质响应（universal dielectric response，UDR），且其通用介质响应特性是非 Debye 型的；当导电相达到 25%时，颗粒物料就具有良好的吸波特性。基于该模型，研制了一种测量材料吸波特性的装置，并用该装置测量了碳质还原剂和钛铁矿混合物料的吸波特性，确定了最佳配比，且在微波碳热还原钛铁矿的小试、扩大试验和中试过程中得到应用。

2.2 微波强化还原钛精矿

雷鹰、彭金辉等人[5]开展了钛精矿配碳球团的微波强化还原工艺的研究，在测定钛精矿及钛精矿配碳球团微波温升特性基础上，研究了氧化条件、配碳量、添加剂种类、还原温度、保持时间等因素对钛精矿配碳球团铁金属化率的影响。

2.2.1 实验原料

2.2.1.1 化学成分

低品位钛精矿原料来自攀枝花地区某选矿厂，其化学成分见表 2-1。

表 2-1 原料钛精矿化学成分分析

成分	TiO_2	TFe	Fe_2O_3	FeO	CaO	MgO	SiO_2	Al_2O_3
质量分数/%	38.36	27.36	5.48	30.27	4.32	6.03	10.02	1.76

钛精矿主要由钛铁矿、铁氧化物以及脉石组成。其中钛精矿、铁氧化物以及含 MgO 的脉石矿有很好的微波吸收能力。

2.2.1.2 粒度组成

表 2-2 所列为钛精矿的粒度分析。粒度主要集中在 48～250μm，含量约占总含量的 96%。

表 2-2 钛精矿粒度分析

范围/μm	>250	100～250	75～100	48～75	<48
质量分数/%	1.59	10.27	70.88	16.37	2.48

2.2.1.3 物相组成

对钛精矿原料进行了 X 射线衍射分析，结果如图 2-1 所示。钛铁矿组成复杂，除去含有偏钛酸铁外，因非金属元素含量高，而形成了以辉石（$Ca(Mg,Fe,Al)(Si,Al)_2O_6$）为主的复杂脉石体系，有钛混入的普通辉石、蛇纹石化橄榄石、榍石、绿泥石等共生脉石矿体系。

2.2.1.4 微观形貌及电子探针分析

对钛精矿进行了扫描电镜形貌分析和电子探针元素分布分析（见图 2-2）。从图 2-2 可以看出，钛精矿颗粒大小介于 50～200μm 之间。钛精矿颗粒结构致密，边界也很完整和清晰。探针 1 点亮白色矿物为普通钛辉石，为钛精矿中主要夹带脉石成分，含有 11.32%（质

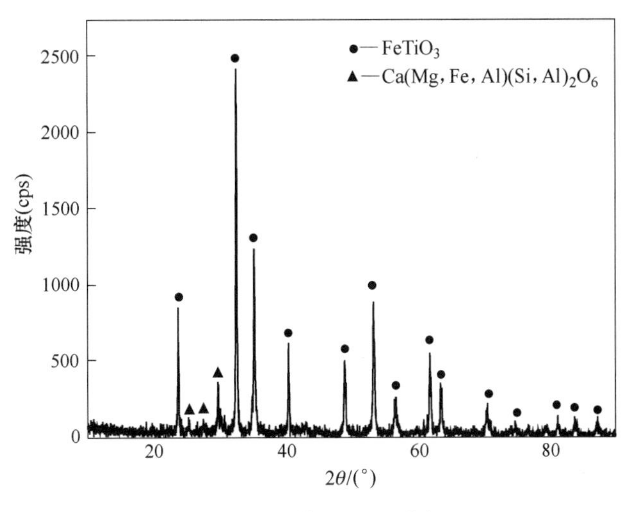

图 2-1 钛铁矿 XRD 分析

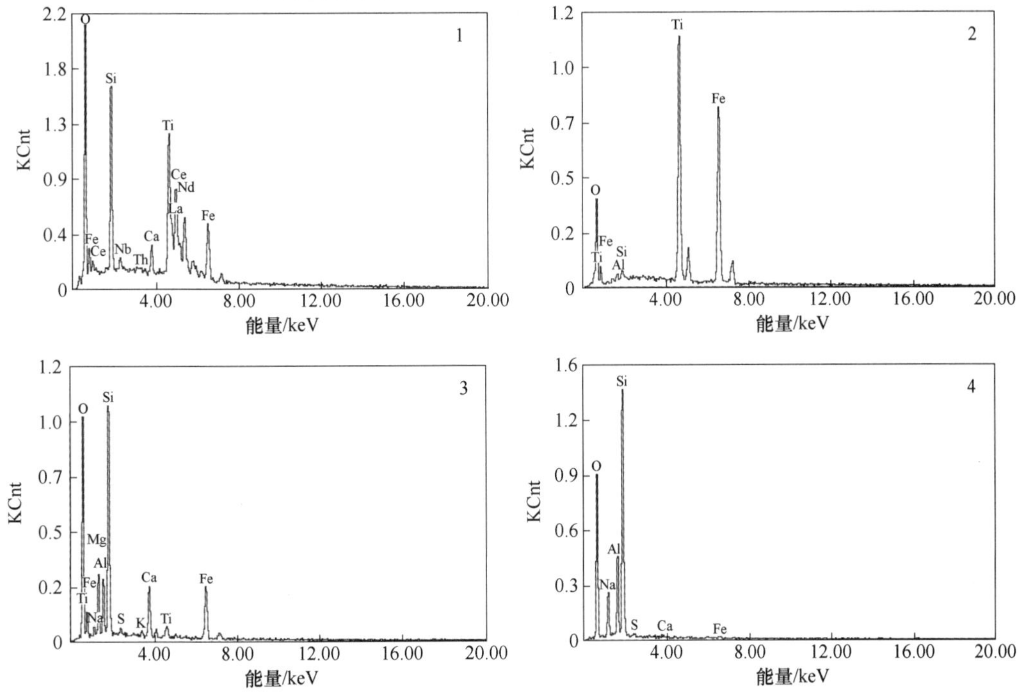

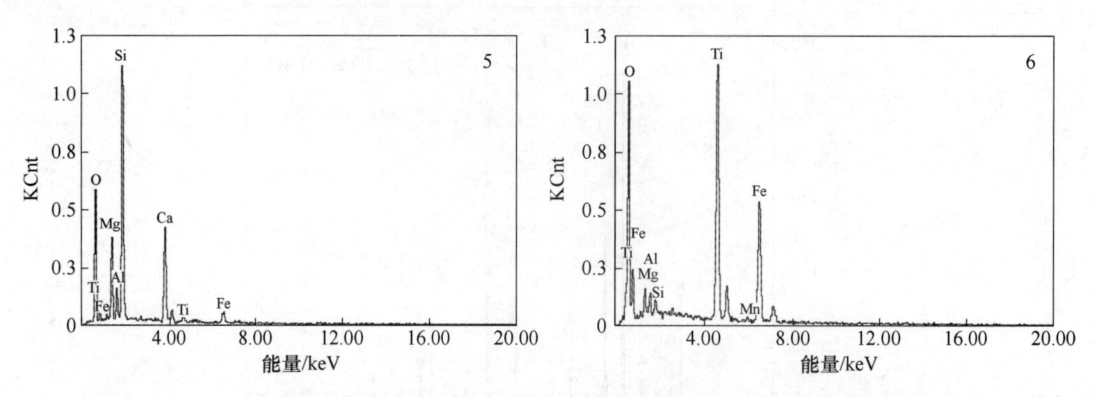

图 2-2　钛精矿 SEM 形貌及 EPMA 元素分布分析结果

量分数）的未解离 Ti 元素。2 点和 6 点灰黑色主要为钛铁矿，2 点含有 0.77%（质量分数）的 Si 元素以及 1.00%（质量分数）的 Al 元素未完全解离。3 点、4 点、5 点黑色矿物主要为透辉石，主要成分为钙镁硅酸盐，其中 3 点分别含有 2.33%（质量分数）的 Ti 元素和 16.57%（质量分数）的 Fe 元素未解离；5 点分别含有 1.41%（质量分数）的 Ti 和 5.21%（质量分数）的 Fe 元素未解离。这些包裹在脉石中的 Ti、Fe 元素在还原过程中将形成铁橄榄石和黑钛石，影响还原进程。

2.2.2　微波强化还原含碳球团条件实验

2.2.2.1　氧化条件对金属化率的影响

为了改善钛铁矿球团的还原性能，加快还原反应速度，在还原之前进行了还原前预氧化。实验结果见表 2-3。对 Fe^{2+} 含量高的钛铁矿，为改善钛铁矿的还原性能，可将其在还原前预氧化成赤铁矿[6,7]。在预氧化过程中，钛铁矿转化为菱形结构的钛赤铁矿（Fe_2O_3-$FeTiO_3$ 固溶其中），然后进一步氧化成为铁板钛矿（Fe_2TiO_5）[8,9]。钛铁矿的预氧化过程包括：（1）氧化过程中钛铁矿转化为菱形结构的钛赤铁矿（Fe_2O_3-$FeTiO_3$ 固溶其中），然后进一步氧化成为铁板钛矿（Fe_2TiO_5）；（2）氧化处理破坏原有矿物颗粒显微结构，颗粒周边处出现较多孔隙，颗粒的边界变得不规则，改善了气体反应物的扩散条件，增大了反应表面积，有利于还原反应的进行。

表 2-3　氧化条件对金属化率的影响

氧化工艺条件			还原试验结果		
加热方式	温度/℃	时间/min	金属化率/%	金属铁/%	全铁/%
无氧化			79.80	19.96	25.02
微波	800	15	90.00	24.66	27.40
微波	900	15	84.16	23.00	27.33
微波	1000	15	87.50	20.63	26.62
常规	800	30	87.82	24.03	27.36
常规	900	30	88.38	24.85	28.12
常规	1000	30	90.16	24.96	27.68

由表 2-3 可以看出，微波氧化时间比常规氧化稍短，但常规氧化比微波氧化的钛铁矿球团经还原后的金属化率高。

2.2.2.2 配碳量对金属化率的影响

取 5%、8%、10%、12%和 15% 五个配碳量。在 1100℃微波还原 60min 条件下考察焦炭配加量对金属化率的影响，结果如图 2-3 所示。试验表明 8%~12%的配碳量下产物金属化率较高。由于残碳对金属化率的影响较明显，因此配碳量取 10%，此时钛精矿还原产物金属化率达到 90%。

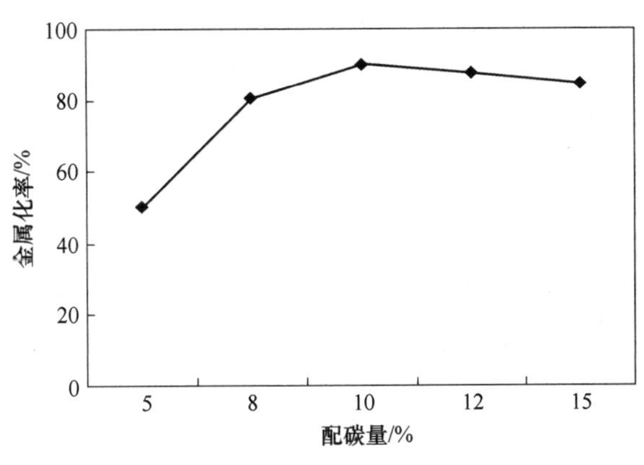

图 2-3 配碳量对金属化率的影响

2.2.2.3 添加剂种类对金属化率的影响

在球团配碳量 10%、还原温度 1100℃、还原时间 60min 的条件下考察添加剂种类对金属化率的影响，结果如图 2-4 所示。采用的添加剂分别为：氯化钠（NaCl）、硫酸钠（Na_2SO_4）、硅酸钠（Na_2SiO_3）、硫化钠（Na_2S）以及四硼酸钠（$Na_2B_4O_7$）。各种添加剂的用量以 3%四硼酸钠为标准，其他添加剂中钠离子摩尔分数与 3%四硼酸钠相同。图 2-4 表明，四硼酸钠较其他碱金属钠盐的催化效果明显，球团金属化率为 90.04%。对钛铁矿加入某些盐类的还原探索实验证实，可破坏其晶格，并对反应具有催化作用，因而可降低还原温度，同时促进铁晶粒长大[10]；这些碱金属、碱土金属离子可以替代铁氧化物中部分铁离子形成固溶体，以加速碳热还原反应的进程[11]；碱金属离子可以进入浮氏体造成晶

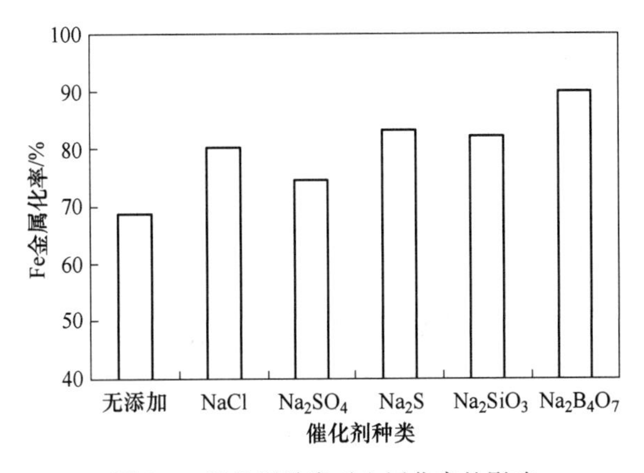

图 2-4 催化剂种类对金属化率的影响

格畸变，加快还原反应速率；并在一定程度上降低或消除 Mn^{2+} 对亚板钛矿的稳定作用，促进铁氧化物进一步还原[12]。有些研究者认为在钛铁矿的碳热还原过程中添加碱金属也可以催化布多尔反应，碳热还原反应被加速[13,14]。硼砂中的 B_2O_3 可以与许多氧化物形成固溶体，具有降低熔点的作用。由于熔点降低，在相同温度下，质点的扩散速率将会提高，这有利于质点迁移和重结晶作用，因而添加硼砂具有改善还原产物的结构、强化钛铁矿固态还原，并能促进金属铁晶粒的生长的作用。

图 2-5 和图 2-6 所示分别为 $Na_2SiO_3 \cdot 9H_2O$ 的 TG 和 DSC 曲线。在 75.5～221.3℃之间 $Na_2SiO_3 \cdot 9H_2O$ 处于失重阶段，且在 135.9℃时失重速率达到最大。此阶段既有 Na_2SiO_3 的分解又有失水存在。Na_2SiO_3 分解出碱金属氧化物，导致有新物质的生成，在 DSC 曲线上表现为有放热峰的出现。DSC 曲线上 72.6℃和 158.4℃两点为 $Na_2SiO_3 \cdot 9H_2O$ 分解的两个放热峰。可以推测，$Na_2SiO_3 \cdot 9H_2O$ 先脱除结晶水，再发生分解产生碱金属氧化物 Na_2O。从最后残留的物质质量来分析，$Na_2SiO_3 \cdot 9H_2O$ 最终失去所有的结晶水分解出碱金属氧化物。

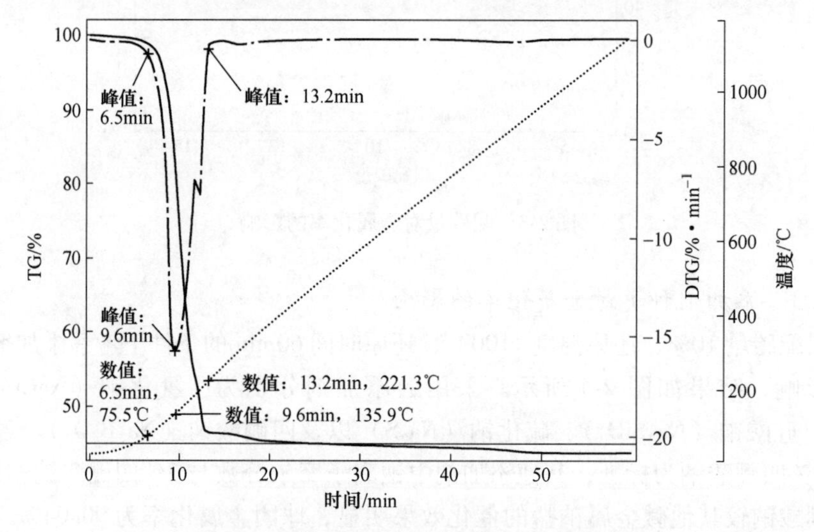

图 2-5　黏结剂 $Na_2SiO_3 \cdot 9H_2O$ 的 TG 曲线

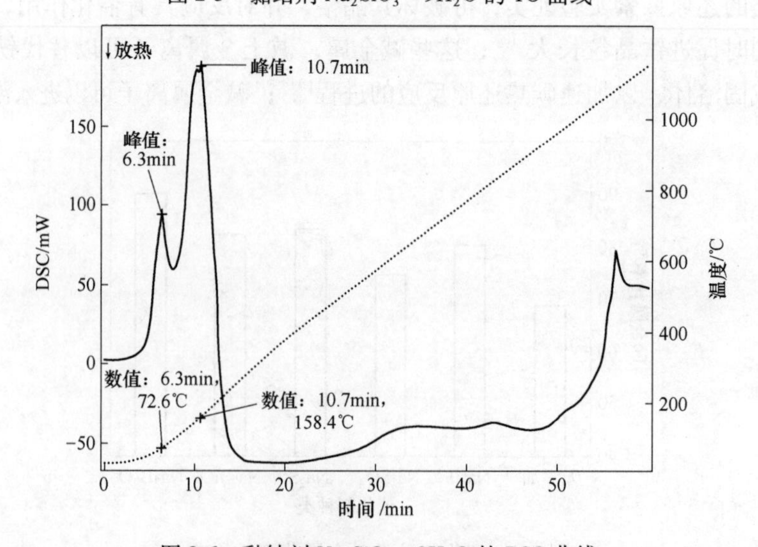

图 2-6　黏结剂 $Na_2SiO_3 \cdot 9H_2O$ 的 DSC 曲线

图 2-7 所示为焦炭与钛精矿混合物料的 TG 曲线。上部的曲线为没有添加 $Na_2SiO_3 \cdot 9H_2O$ 黏结剂的物料，下部的曲线为添加了 $Na_2SiO_3 \cdot 9H_2O$ 黏结剂的物料。

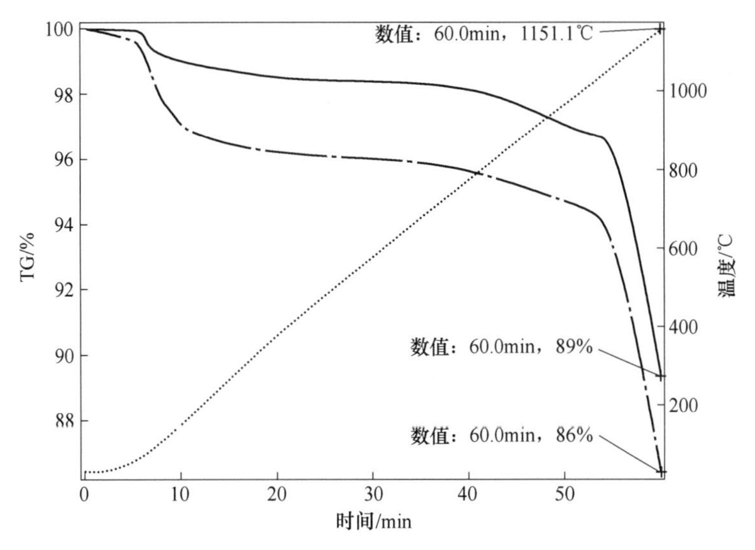

图 2-7 有/无黏结剂的加炭混合物料的 TG 曲线

从图 2-7 可以看出，在相同温度下，有黏结剂存在的矿样其失重量大于无黏结剂的矿样，其失重曲线前移。考虑黏结剂含有结晶水的情况，消除结晶水对失重影响后，经计算有黏结剂存在的混合矿样比无黏结剂存在的混合矿样，其失重增加约 2.0%。

图 2-8 和图 2-9 所示分别为硼砂的 TG 和 DSC 曲线。硼砂的 TG 曲线可以看出在温度 57.7～485.2℃之间失重较为明显，且 57.7～189.2℃之间有两个失重速率较大的温度段，推测此时可能发生失水和热分解，在图 2-9 中的 DSC 曲线上有两个明显的放热峰，此时可能有新物质的生成。

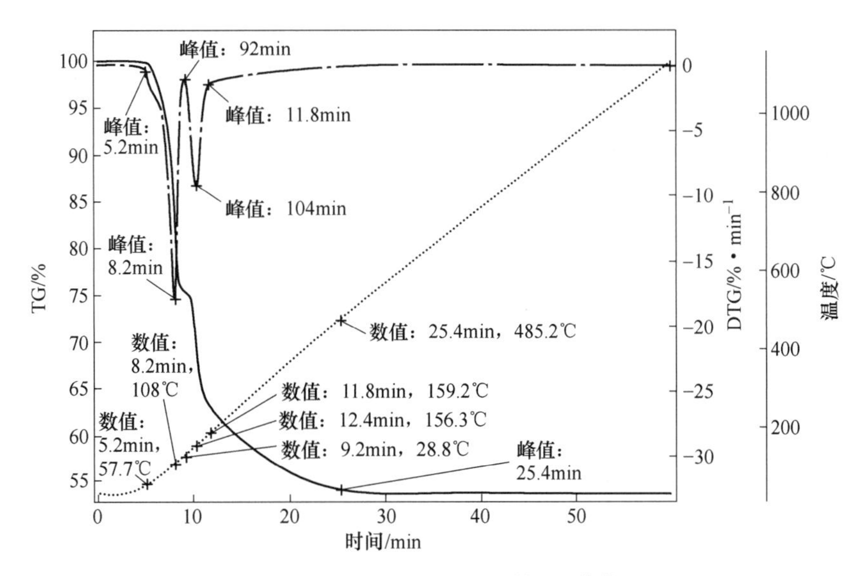

图 2-8 $Na_2B_4O_7 \cdot 10H_2O$ 的 TG 曲线

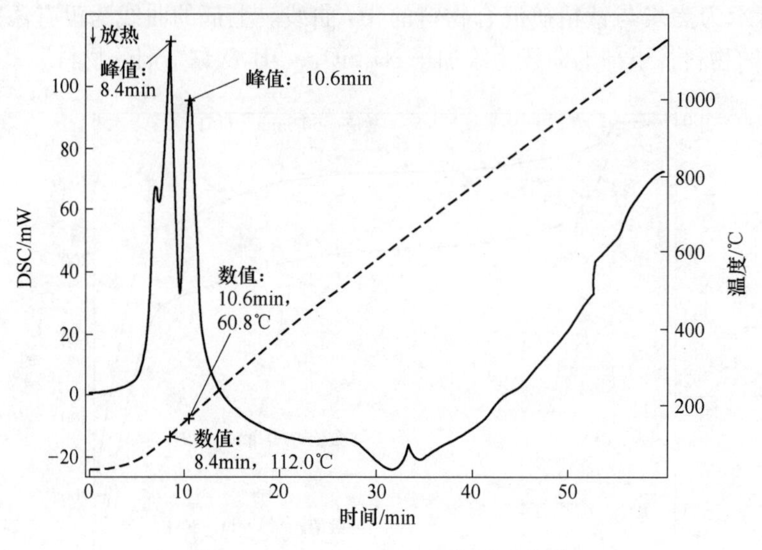

图 2-9　$Na_2B_4O_7 \cdot 10H_2O$ 的 DSC 曲线

图 2-10 和图 2-11 所示分别为 NaCl 的 TG 和 DSC 曲线。在温度 810℃左右 NaCl 开始热解出碱金属单质，在 DSC 曲线上表现为出现化合物分解放热峰。这种碱金属氯化物最终完全分解为碱金属单质和氯气。

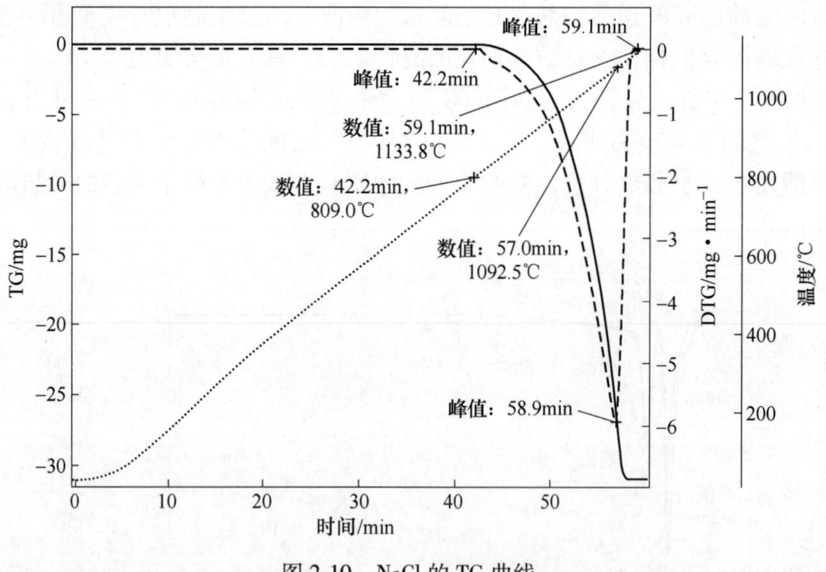

图 2-10　NaCl 的 TG 曲线

图 2-12 所示为有无 $Na_2B_4O_7 \cdot 10H_2O$ 和 NaCl 复合添加剂的钛精矿与焦炭的混合物料的失重对比图。复合添加剂的混合物料 TG 曲线明显前移，表明了在复合添加剂的作用下还原温度大约降低了 100℃，添加剂降低反应活化能的作用明显。

2.2.2.4　还原温度和保持时间对金属化率的影响

在球团配碳量 10%、添加剂为硼砂、还原温度为 800~1100℃、还原时间为 10~60min 的条件下，考察还原温度和保温时间对铁金属化率的影响，结果如图2-13 所示。随着温

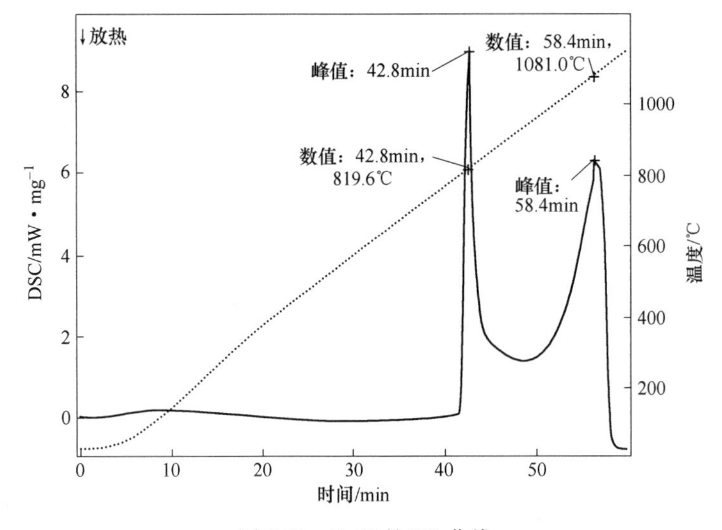

图 2-11 NaCl 的 TG 曲线

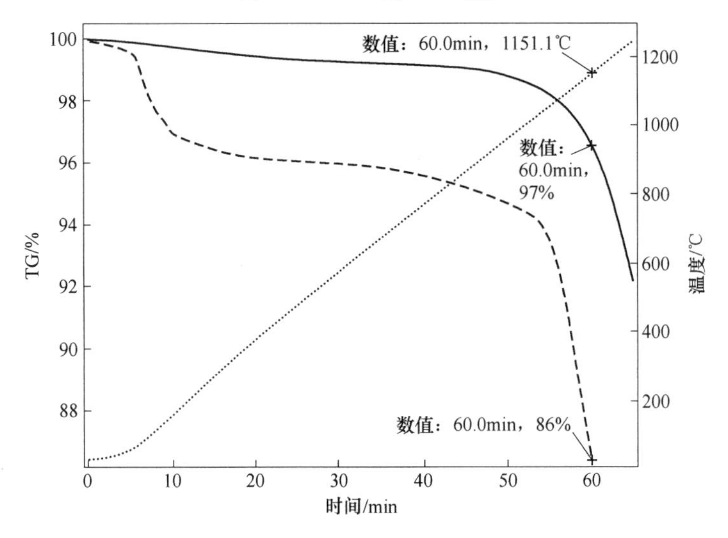

图 2-12 有/无复合添加剂的加炭混合物料的 TG 曲线

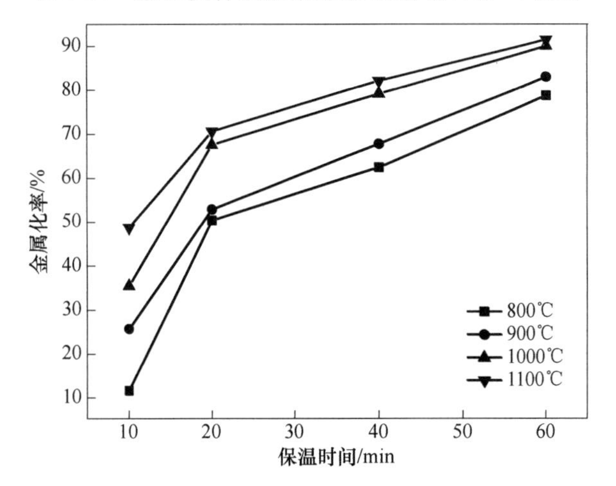

图 2-13 还原温度和保温时间对金属化率的影响

度的升高和保温时间的延长，球团的金属化率提高。在保温时间 60min 内，800~1100℃四个温度下钛铁矿的铁金属化率分别为 78.7%、83%、90%和 91.5%。金属化率受温度的影响要大于保温时间，在保温时间 10~60min 内，800℃和 1100℃两个温度下的铁金属化率分别从 11.4%提高到 78.7%以及从 48.6%提高到 91.5%。

由于选择性加热的特点，在微波场钛铁矿吸收微波发生局域耦合共振，产生热点。这些热点的温度比其他区域的温度高得多，因而产生化学反应，热点的中心就是反应的中心。此外，原子或分子在反应中心还会发生激烈的振动，能更好地满足化学反应的条件。这些热点与物料宏观温度无关，还原反应可能从一施加微波就开始了[15,16]。而且由于微波具有穿透性，在含碳球团内部不存在“冷中心”，钛铁矿也会快速还原。在实验过程中观察到球团表面有闪光现象，这些闪光点即“热点”。与文献报道的结果相比，微波加热还原方式获得的金属化率大大高于常规加热还原方式[17,18]。钛铁矿还原反应方程式见式(2-1)~式（2-5)。

$$Fe_2O_3 + 2TiO_2 + C = 2FeTiO_3 + CO \tag{2-1}$$

$$Fe_2TiO_5 + TiO_2 + C = 2FeTiO_3 + CO \tag{2-2}$$

$$C + FeTiO_3 \longrightarrow CO_2 + Fe + TiO_2 \tag{2-3}$$

$$CO + FeTiO_3 \longrightarrow CO_2 + Fe + TiO_2 \tag{2-4}$$

$$CO_2 + C \longrightarrow 2CO \tag{2-5}$$

2.2.2.5　还原钛铁矿物相及形貌分析

图 2-14 所示为微波加热 1000℃下，还原时间为 60min 的产物 XRD 图谱。

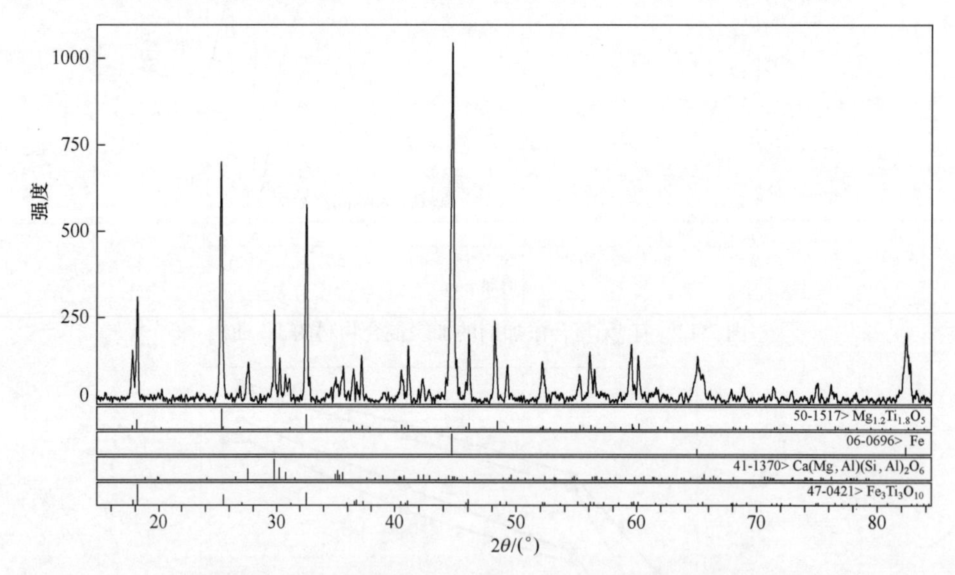

图 2-14　还原钛铁矿的 XRD 图（铁金属化率 87.8%）

从图 2-14 可以看出，产物中主要存在的物相有：α-Fe、金红石型 TiO_2、Me_3O_5 型固溶体（Me 代表 Fe、Ti、Mg），以及透辉石 $Ca(Mg,Fe)Si_2O_6$。Me_3O_5 型固溶体中含有 $MgTi_2O_5$ 与亚铁板钛矿 $FeTi_2O_5$ 的完全类质同象固溶体，及亚铁板钛矿 $FeTi_2O_5$ 与高铁板钛矿 Fe_2TiO_5 形成的任意比例固溶体假板钛矿 $Fe_3Ti_3O_{10}$（一般文献中 $FeTi_2O_5$、Fe_2TiO_5、$Fe_3Ti_3O_{10}$三者都可统称为假板钛矿）。固溶体的形成和稳定依赖于还原温度、原料成分及中间相。还原出来的 TiO_2 与铁氧化物形成固溶体的稳定温度在1150～1200℃，当有 MgO 或 MnO 存在时，其稳定温度降低。固溶体的存在束缚了 Fe^{2+} 的迁移活度，形成了以 MgO 为核心的未反应核，增加了高镁钛铁矿的还原难度。常规条件下，当还原温度为1200～1400℃时形成大量黑钛石固溶体，使得还原度基本维持在80%左右，反应难以彻底。

图2-15和图2-16所示为还原钛铁矿表面形态。

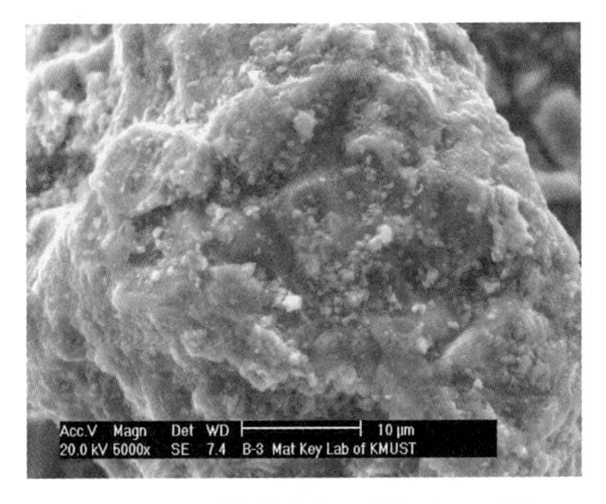

图2-15 还原钛铁矿表面形态（5000倍）

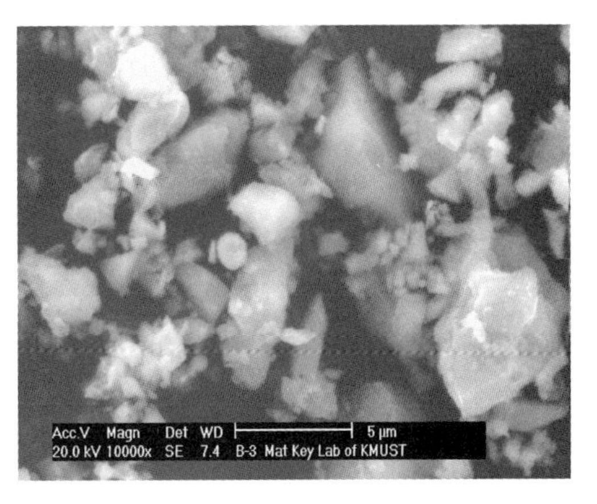

图2-16 破碎后还原产物SEM（10000倍）

从图2-15可以明显看出层状（片状）海绵铁的形态，为微波快速还原所致。如前所述，钛铁矿与电磁波快速耦合形成的热点，提供了钛铁矿还原脱氧所需温度，在以钛氧化物为基体的矿物颗粒表面产生大量的铁晶核，大大加快了钛铁矿的还原速度。从图2-16可以看出亮白色铁与含非金属成分的含钛组分剥离情况良好，对后续处理无不良影响。

2.2.3 含碳球团微波强化还原与常规还原对比

复合球团的碳热还原在电加热管式炉中进行，设备工作温度为室温～1400℃。实验过程采用氮气作为保护气氛，通过接触式热偶自动控温。

2.2.3.1 温度对还原金属化率的影响

图2-17显示了常规加热条件下温度对铁金属化率的影响。常规加热下钛精矿球团还原

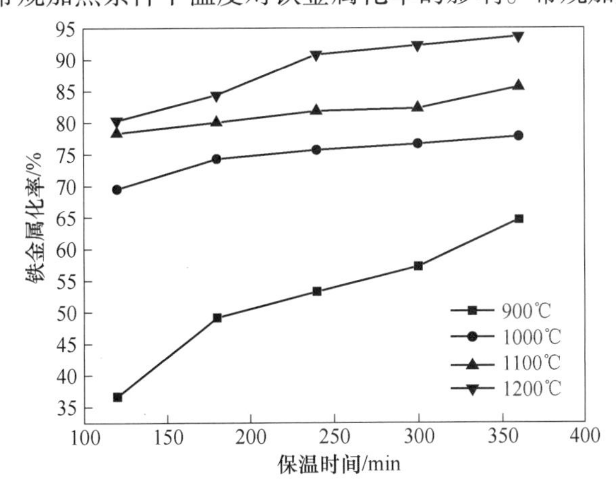

图2-17 还原温度和保温时间对金属化率的影响（常规加热）

的铁金属化率较低，温度900℃下120~360min内金属化率为36.7%~64.6%；温度1000℃下120~360min内金属化率为69.5%~77.8%；温度1100℃下120~360min内金属化率为78.4%~85.6%；温度1200℃下120~360min内金属化率为80.3%~93.7%。温度高于1000℃时，金属化率随保温时间的延长变化较为平缓。要获得大于90%的金属化率，常规还原温度需大于1100℃。

2.2.3.2 还原过程相转变及类质同象分析

对比研究了常规加热还原与微波加热还原在不同还原条件下产物的相组成。图2-18（a）所示为不同还原温度和保温时间下常规加热还原产物物相组成；图2-18（b）所示为

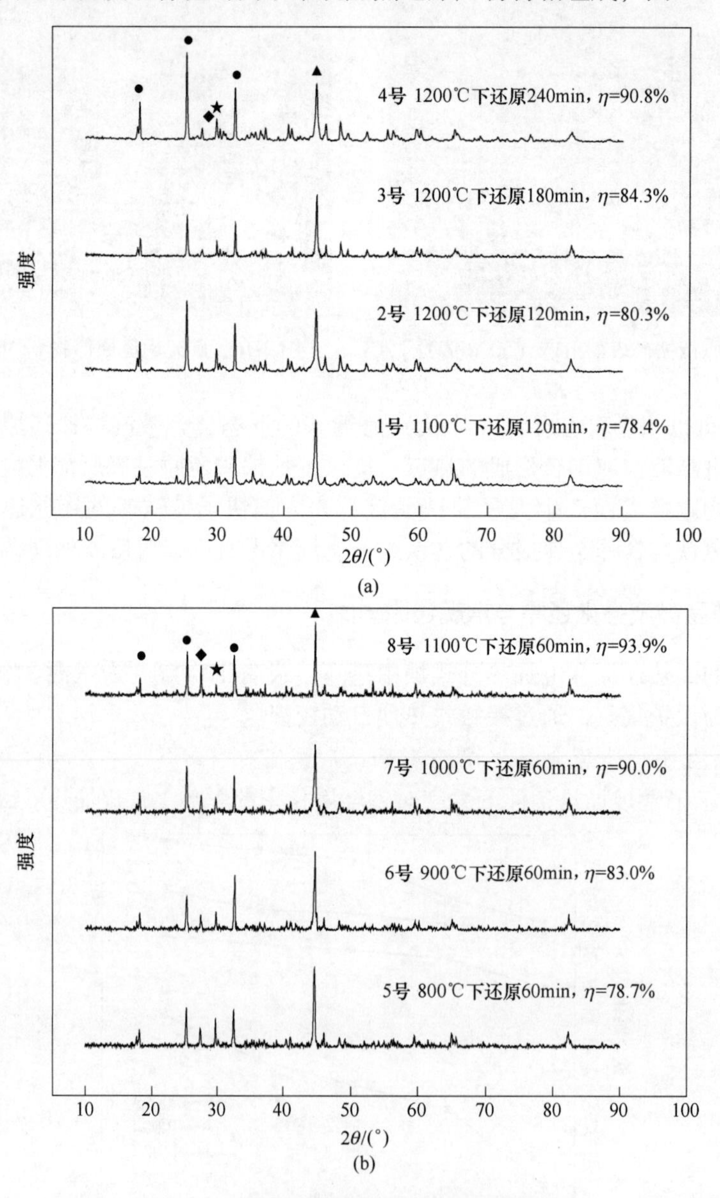

图2-18 微波还原与常规还原XRD图谱

（a）常规还原；（b）微波还原

▲—α-Fe；●—Me_3O_5（Me=Mg, Ti, Fe）；◆—金红石；★—$Ca(Mg,Fe)Si_2O_6$ 或 $Ca(Mg,Al)(Si,Al)Si_2O_6$

不同还原温度下微波还原产物物相组成。▲相（(110)（200)（211)）为金属铁；●相（(020)（110)（023)）为类质同象固溶体，其固溶形式取决于还原温度和还原进程，可以为高铁板钛矿 Fe_2TiO_5、假板钛矿 $Fe_3Ti_3O_{10}$（高铁板钛矿 Fe_2TiO_5 与亚铁板钛矿 $FeTi_2O_5$ 固溶体)、镁钛矿 $Mg_xTi_{3-x}O_5$(x =1.05~1.3) 以及 Mg^{2+} 部分取代假板钛矿中的 Fe^{2+} 而形成的含铁镁钛矿（类月球陨石——阿姆阿尔柯尔矿石）——$(Mg,Fe)(Ti_3,Fe)O_{10}$；◆相（(110)）为金红石相；★相（(220)($\bar{2}21$)(310)）为透辉石渣相，其形式取决于金属化率可以为镁透辉石 $Ca(Mg,Fe)Si_2O_6$ 或镁铝透辉石 $Ca(Mg,Al)(Si,Al)Si_2O_6$。Mg^{2+}半径为 0.066nm 与 Fe^{2+}半径 0.074nm 差值 12.5%，根据类质同象形成条件，当相互替代的原子或离子半径的差值小于 15%时可形成完全类质同象体。又根据 Fe-Ti-O 系的相平衡关系[19~21]：当温度 T>950℃且低于各相的熔化温度时形成菱形晶系的 α-固溶体，化学组成为 Fe_2O_3- $FeTiO_3$，且 Fe_2O_3 和 $FeTiO_3$ 可以按任意比例形成固溶体；当温度 T>1100℃时，Fe_2TiO_5 和 $FeTi_2O_5$ 可以按任意比例互溶，形成斜方晶系的假板钛矿相，化学组成为 $FeTi_2O_5$-Fe_2TiO_5($Fe_3Ti_3O_{10}$)。此外，还存在方铁体相，即在 FeO 中固溶有少量的 TiO_2（包括金红石相)，在 TiO_2 中固溶有少量铁的氧化物。当温度更高时，金红石还原生成低价钛相，其组成可表示为 Ti_nO_{2n-1}（4<n<9），而当温度 T>1350℃时，黑钛石和假板钛矿完全互溶生成 M_3O_5（M 代表金属元素）固溶体。

从图 2-18（a）可以看出，常规加热下，随着还原温度的升高和还原时间的延长还原条件逐渐恶化，温度从 1100℃升高至 1200℃，开始形成大量假板钛矿相，金红石相逐渐消失，表明其逐渐与氧化亚铁不断固溶，阻碍 FeO 进一步还原，金属铁相衍射峰强度降低，并低于类质同象固溶体峰强。特别是当 Mg 含量高时，钛精矿还原过程中 Fe 离子活度降低，增加还原复杂程度。亚铁板钛矿相稳定存在 $FeTi_2O_5$ 的温度高于 1150℃，但镁、锰等杂质具有稳定亚铁板钛矿 $FeTi_2O_5$ 的作用，即使还原温度低于 1150℃，钛精矿还原过程中也将形成较稳定的 $FeTi_2O_5$，进一步加大了钛精矿的还原过程复杂程度，不利于钛精矿的还原。出现的矛盾关系是，提高温度可以促进还原进程，但将形成较稳定的亚铁板钛矿 $FeTi_2O_5$，及含 Mg 的类质同象固溶体，使得常规还原钛精矿显得非常困难。部分文献同时指出，高温下形成的硅酸铁也能降低 FeO 活度，增加还原难度。

从图 2-18（b）可以看出，微波不能改变钛精矿的还原相变组成，不可避免地生成了类质同象固溶体。但微波场中钛精矿在 800~1100℃下的快速还原，弱化了 $FeTi_2O_5$ 的稳定条件，减少了方铁体的形成，很大程度上破坏了限制 FeO 活度的条件，极大地提高了钛精矿的还原进程。同时由于选择性加热的特点，含铁镁铝辉石 $Ca(Mg,Al,Fe)(Si,Al)Si_2O_6$ 中包裹的铁也能被选择性还原而生成镁铝透辉石 $Ca(Mg,Al)(Si,Al)Si_2O_6$。图中金属铁具有最强衍射峰（(110)），类质同象固溶体（(020)(110)(023)）具有次强峰。应当指微波加热未能避免镁钛矿 $Mg_xTi_{3-x}O_5$(x =1.05~1.3)（还原程度高时的形式）以及含铁镁钛矿（类月球陨石——阿姆阿尔柯尔矿石）$(Mg,Fe)(Ti_3,Fe)O_{10}$ 的生成。

表 2-4 中列出相对强度较大的 5 个晶面衍射指数，分别为（200)21.0%、(101）100.0%、(230)34.5%、(430)11.0%和（351)19.0%。各晶面偏移角 $\Delta 2\theta$ 较小，属于正常偏移范围，且衍射峰半高宽较小，适合进行全谱拟合及晶格参数计算。假板钛矿与含铁镁钛矿均属于正交晶系，空间群为 *Bbmm*。$Fe_3Ti_3O_{10}$ 点阵参数为（按 Fe_2TiO_5 ： $FeTi_2O_5$ =

1∶1)：a = 0.9789nm，b = 1.0008nm，c = 0.3742nm，z = 2（晶胞分子数），晶胞体积为 0.3666nm^3，密度 ρ = 4.269g/cm^3。$(Mg,Fe)(Ti_3,Fe)O_{10}$ 点阵参数为（按 Mg∶Fe = 1∶2）：a = 0.9770nm，b = 0.9983nm，c = 0.3739nm，z = 2，晶胞体积为 0.3647nm^3，密度 ρ = 4.004g/cm^3。$(Mg,Fe)(Ti_3,Fe)O_{10}$ 可看成 $Fe_3Ti_3O_{10}$ 中 Fe^{2+} 被 Mg^{2+} 置换形成的固溶体，由于 Fe^{2+} 半径 0.074nm 大于 Mg^{2+} 半径 0.066nm，故其晶格参数和晶胞体积略小。

表 2-4　还原产物 X 射线衍射指数

序号	*hkl*	$2\theta_{实验}$ /(°)	$2\theta_{计算}$ /(°)	$\Delta 2\theta$ /(°)	$d_{实验}$ /nm	$d_{计算}$ /nm	*I*/%
1号	200	18.079	18.145	0.066	0.49026	0.48850	21.0
	101	25.317	25.487	0.169	0.35150	0.34920	100.0
	230	32.496	32.533	0.036	0.27530	0.27500	34.5
	430	45.994	46.079	0.085	0.19716	0.19682	11.0
	351	59.451	59.657	0.206	0.15535	0.15486	19.0
2号	200	18.099	18.145	0.046	0.48974	0.48850	21.0
	101	25.258	25.487	0.229	0.35231	0.34920	100.0
	230	32.495	32.533	0.038	0.27531	0.27500	34.5
	430	45.994	46.079	0.085	0.19716	0.19682	11.0
	351	59.535	59.692	0.157	0.15398	0.15362	19.0
3号	200	18.161	18.145	−0.016	0.48806	0.48850	21.0
	101	25.320	25.487	0.167	0.35146	0.34920	100.0
	230	32.559	32.533	−0.027	0.27478	0.27500	34.5
	430	46.080	46.079	−0.001	0.19682	0.19682	11.0
	351	59.540	59.657	0.117	0.15514	0.15486	19.0
4号	200	18.078	18.145	0.067	0.49029	0.4885	21.0
	101	25.218	25.487	0.268	0.35285	0.3492	100.0
	230	32.495	32.533	0.037	0.27531	0.275	34.5
	430	45.994	46.079	0.085	0.19716	0.19682	11.0
	351	60.011	60.188	0.177	0.15403	0.15362	19.0
5号	200	18.138	18.145	0.007	0.48869	0.4885	21.0
	101	25.321	25.487	0.166	0.35145	0.3492	100.0
	230	32.462	32.533	0.071	0.27558	0.275	34.5
	430	46.061	46.079	0.017	0.19689	0.19682	11.0
	351	59.52	59.657	0.137	0.15518	0.15486	19.0
6号	200	18.16	18.145	−0.015	0.4881	0.4885	21.0
	101	25.361	25.487	0.126	0.35091	0.3492	100.0
	230	32.641	32.533	−0.109	0.27411	0.275	34.5
	430	46.079	46.079	0	0.19682	0.19682	11.0
	351	59.559	59.657	0.097	0.15509	0.15486	19.0

续表 2-4

序号	hkl	$2\theta_{实验}$ /(°)	$2\theta_{计算}$ /(°)	$\Delta 2\theta$ /(°)	$d_{实验}$ /nm	$d_{计算}$ /nm	I/%
7号	200	18.16	18.145	-0.015	0.4881	0.4885	21.0
	101	25.36	25.487	0.127	0.35092	0.3492	100
	230	32.54	32.533	-0.008	0.27494	0.275	34.5
	430	46.057	46.079	0.022	0.19691	0.19682	11
	351	59.499	59.657	0.063	0.15523	0.15486	19
8号	200	18.16	18.145	-0.015	0.48809	0.4885	21.0
	101	25.4	25.487	0.087	0.35037	0.3492	100.0
	230	32.499	32.533	0.033	0.27527	0.275	34.5
	430	46.061	46.079	0.017	0.19689	0.19682	11.0
	351	59.56	59.657	0.097	0.15509	0.15486	19.0

2.2.3.3 还原过程显微形貌分析

将还原产物金属化球团在保护气氛下进行冷却，随后将金属化球团进行切片，一般用于前述的化学分析，另一半用于显微结构分析。

图 2-19 所示为两种加热方式下铁晶粒生长情况的显微形貌。图中 1、2、3、4 位置为电子探针探测点。相应的电子探针分析结果见表 2-5。图 2-19 分别为常规还原 1000℃、1100℃、1200℃和微波还原 1100℃下还原产物，其中黑色区域为残炭，灰黑区域为脉石矿渣和富钛渣，亮白色区域为金属铁。常规加热条件下铁晶粒呈球状或蠕虫状生长在脉石矿渣和富钛渣表面，铁晶粒呈溶滴状析出，与脉石矿渣有明显反应析出界面，由于温度升高，反应速率提高，少部分铁晶粒间因反应界面扩大和形成长条形连晶，这种形成连晶的趋势随反应温度的提高而稍有提高；微波场中铁晶粒呈片状、层状生长，其在脉石矿渣和富钛渣表面的析出界面较常规加热模糊，且片状铁晶粒有熔融迹象。

(a)

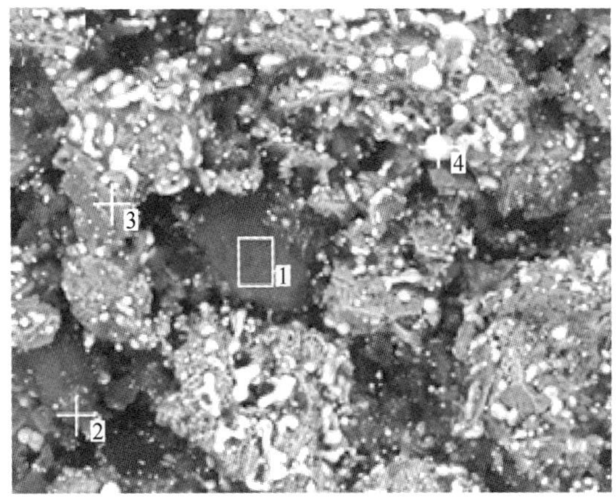

(b)

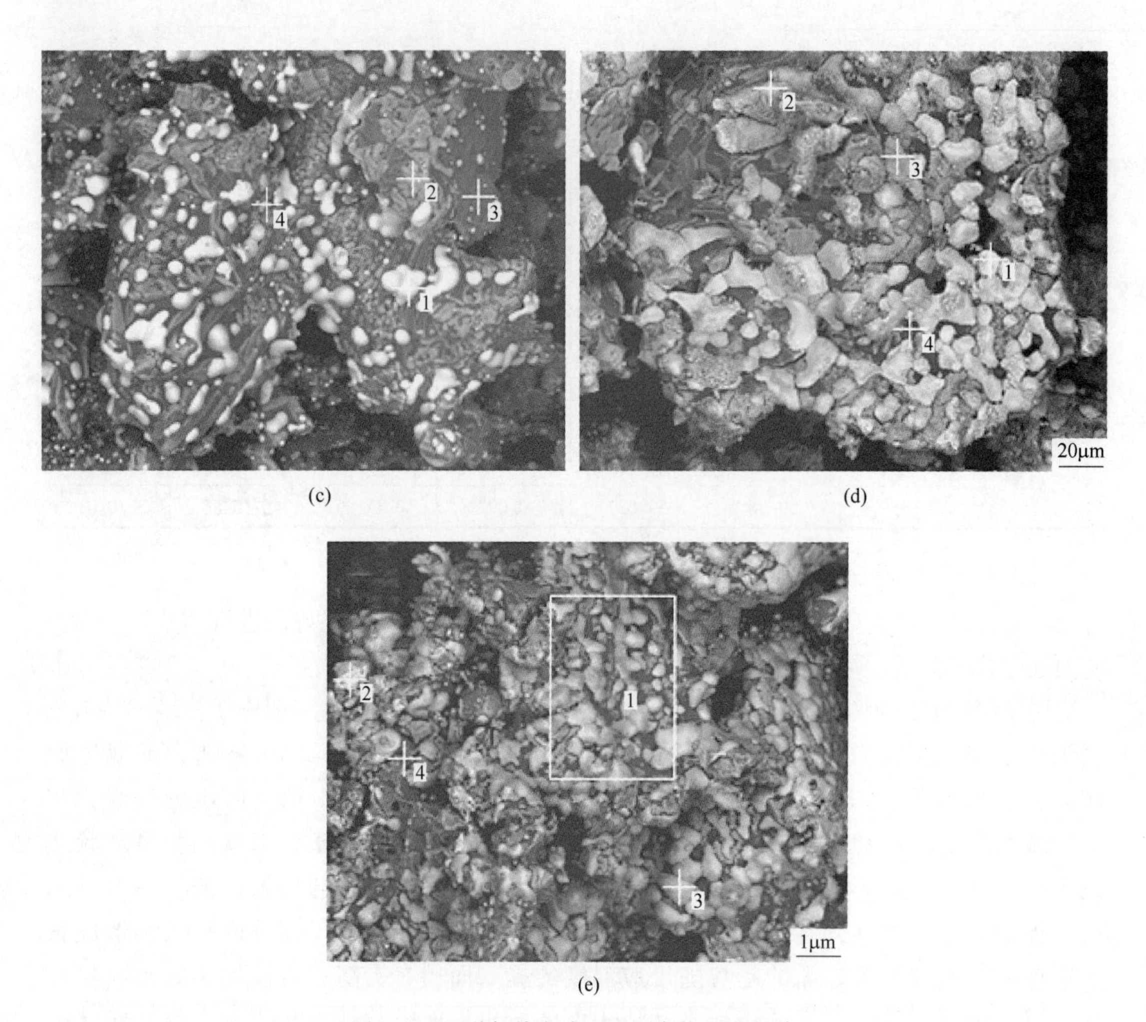

图 2-19 两种加热方式下还原产物显微形貌

（a）常规加热 1000℃；（b）常规加热 1100℃；（c）常规加热 1200℃；（d）（e）微波加热 1100℃

表 2-5 电子探针分析结果

探针位置		元素含量/%							
		O	Fe	Ti	Mg	Ca	Si	C	Al
图 2-19(a)	1	28. 24	4. 01	25. 13	—	19. 01	13. 63	8. 15	0. 57
	2	25. 05	7. 59	3. 56	5. 35	13. 48	17. 97	24. 12	1. 64
	3	6. 08	0. 65	0. 46	0. 20	0. 48	0. 79	90. 36	—
	4	43. 76	3. 69	2. 06	9. 86	0. 64	17. 20	6. 62	7. 01
	5	—	2. 83	97. 17	—	—	—	—	—
图 2-19(b)	1	4. 19	0. 99	0. 73	0. 29	—	1. 17	91. 61	—
	2	14. 43	4. 08	2. 80	2. 15	2. 73	7. 08	62. 55	1. 20
	3	38. 02	5. 75	1. 96	7. 88	16. 56	25. 65	—	1. 85
	4	1. 12	86. 43	2. 81	—	—	0. 72	8. 91	—

续表 2-5

探针位置		元素含量/%							
		O	Fe	Ti	Mg	Ca	Si	C	Al
图 2-19(c)	1	—	98.75	1.25	—	—	—	—	—
	2	18.57	2.73	65.34	2.34	5.64	3.42	—	0.58
	3	34.15	4.59	7.39	5.71	12.08	18.75	12.60	2.64
	4	19.89	26.66	13.52	2.51	2.87	6.44	21.93	1.45
图 2-19(d)	1	14.60	84.23	0.64	—	—	—	—	—
	2	7.59	91.43	0.97	—	—	—	—	—
	3	21.54	77.41	1.05	—	—	—	—	—
	4	40.40	2.45	0.78	—	1.33	22.06	—	17.46
图 2-19(e)	1	24.39	54.13	5.75	—	0.68	4.42	—	4.47
	2	2.12	96.78	1.10	—	—	—	—	—
	3	12.48	85.18	0.70	—	—	—	—	—
	4	41.61	9.59	10.24	—	0.80	12.76	—	11.41

图 2-20 所示为两种加热方式下铁晶粒大小。常规加热方式下铁晶粒呈不规则球状、半球状生长，且连晶生长较少；而微波加热下铁晶粒大部分呈熔融片状、层状连晶生长。常规加热下 1000℃生长的铁晶粒尺寸介于 1.15~5.15μm，基本无连晶形成；1100℃生长的铁晶粒尺寸介于 1.59~8.77μm，部分晶粒由于界面扩散而形成连晶；1200℃生长的铁晶粒尺寸介于 4.11~16.7μm，部分晶粒由于界面扩散而形成长条状、蠕虫状或尺寸较大的球状连晶；微波加热下 1100℃生长的铁晶粒尺寸介于 4.85~16.8μm，且可见尺寸较大的片状、层状生长。相对于常规加热，微波场中铁晶粒生长尺寸较大有利于实现后续的 Ti、Fe 有效分离。

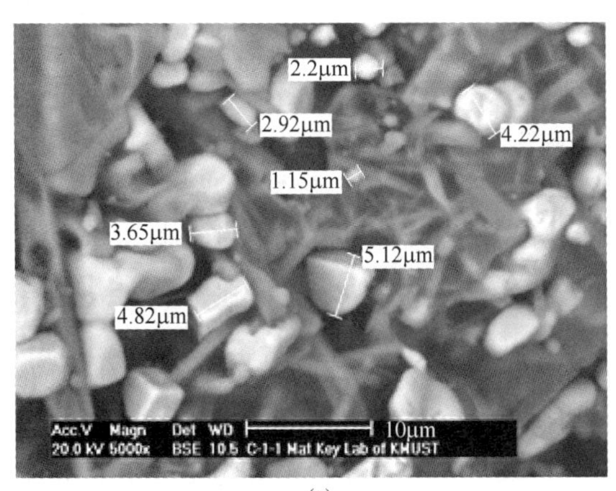

(a)

(b)

(c)

(d)

图 2-20　两种加热方式下金属铁连晶及颗粒大小

（a）加热 5min，靠近球团边界部位；（b）加热 5min，靠近球团中心部位；

（c）加热 60min，靠近球团边界部位；（d）加热 60min，靠近球团中心部位

钛精矿的还原，可以认为是铁氧化物的还原过程（钛精矿为 Fe_2O_3 与 FeO 混合物，氧化钛精矿为 Fe_2O_3）。铁氧化物的还原是一种结晶化学反应。首先铁氧化物在还原过程中某些点上形成铁的晶核，然后铁晶核不断长大成为铁晶粒。按结晶化学理论，铁氧化物的反应分三个阶段：第一阶段为铁晶核生成期，在一定的还原条件下，铁氧化物的某些点上开始自发形成晶核，这一阶段的还原速度较慢，随着温度的提高，铁晶核生成期缩短，自发形核速度加快。第二阶段为反应界面形成并不断扩大期，该阶段以生成的铁晶核为核心，不断形成反应界面，随着反应界面的扩大，反应速度加快，直到反应界面扩展到最大。该阶段的反应速度较快，反应界面具有自动催化作用。第三阶段是反应界面缩小及反应速度下降期，从各个晶核发展起来的反应界面汇集在一起形成最大的反应界面后，反应界面开始缩小，金属铁体积增大，反应速度逐渐降低，直至 FeO 消逝，反应停止。在还原过程中，铁氧化物经历了形核、晶核长大及铁晶粒兼并长大（铁连晶）形成颗粒的过程。

图 2-20（a）~（d）均可见形核、生长等不同阶段的铁晶粒，且图 2-20（c）和（d）中可见大量刚形成的微小晶核。据相关文献报道，在钛精矿还原过程中，当还原温度大于 1150℃才可能获得较快的还原速率。这跟钛精矿中铁氧化物还原形核有关。常规加热下铁氧化物自发形核数量少，且形核生长期长，还原速度慢；微波场中，由于钛精矿良好的吸波能力，在微波选择性加热条件下，球团中出现温度很高的微区即热点（在实验过程中能明显观察到打火和闪光），在加热升温过程中，球团内就可形成大量微球型（1μm 以下）铁晶核，进而在保温阶段促使晶核长大，出现铁晶粒兼并生长。同时脉石中的铁被选择性加热而得到还原，并在球团内部微区产生大量裂纹（见图 2-21），有利于还原过程和反应界面扩散。

图 2-22 所示为电子显微镜下微波还原与常规还原产物 500~2000 倍的微观形貌。根据图 2-19 和表 2-5 的分析认为，氧化钛精矿还原过程会形成浮氏体和渗碳体，渗碳体本身含有碳元素是微波的良好吸收体，而浮氏体中由于有钛元素的存在，也成为微波良好吸收体。常规加热中由于冷中心等原因，难以还原的浮氏体，在微波场中由于选择性加热而加

图 2-21 微波加热与常规加热微裂纹对比

（a）微波加热还原；（b）常规加热还原

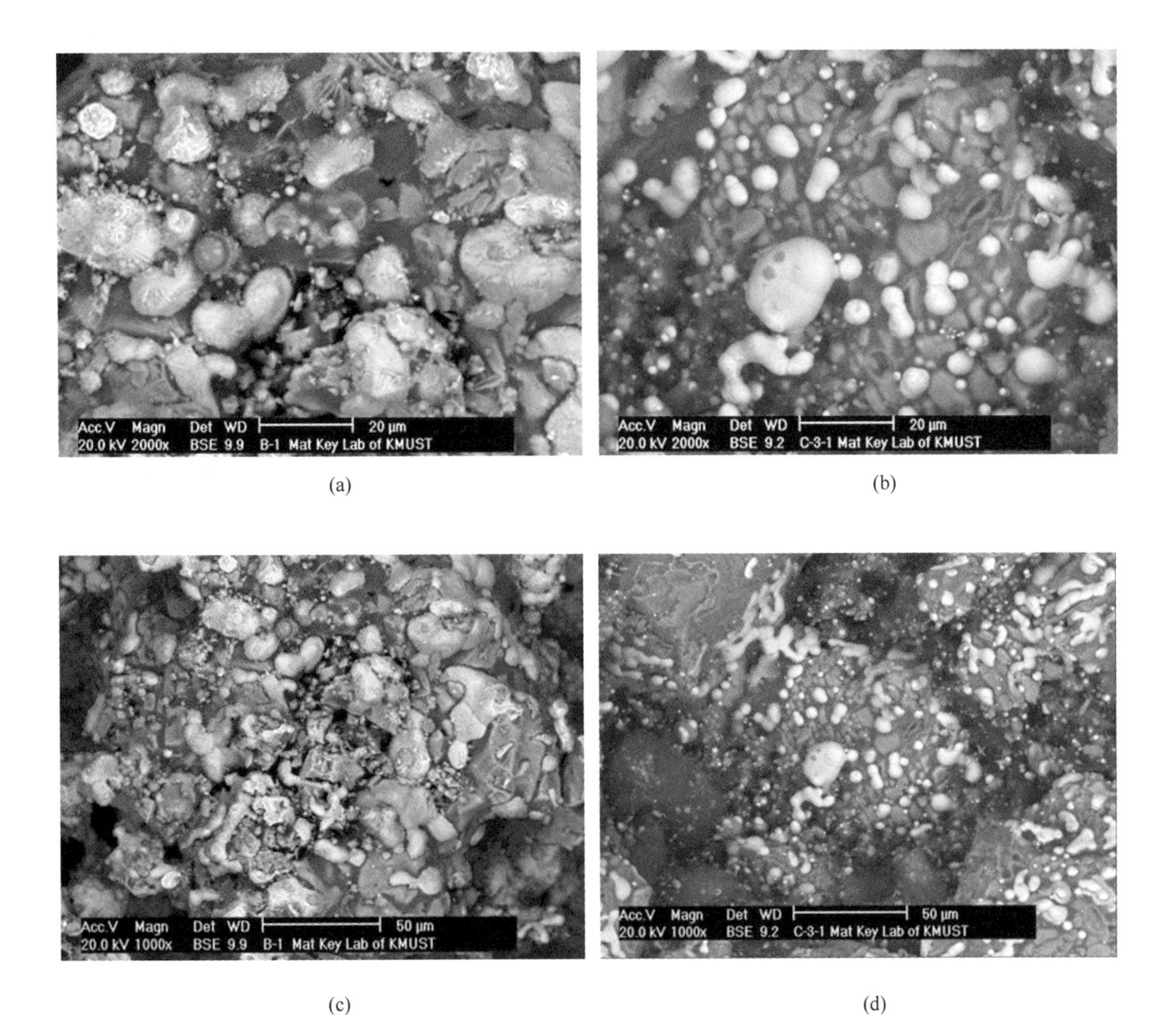

(e)　　(f)

图 2-22　微波还原与常规还原产物 SEM 微观形貌

（a）（c）（e）1100℃下微波还原 60min；（b）（d）（f）1200℃下常规还原 120min

快还原。从表 2-5 中的 C、O、Fe、Ti 元素分布和图 2-22 所示的显微形貌可以看出，微波加热强化了浮氏体、氧化亚铁等低氧含量铁氧化物还原过程，使金属铁晶粒呈自熔性生长。

通过拟合计算的方法得到常规加热和微波加热下的铁晶粒生长激活能分别为 33.48kJ/mol 和 30.74kJ/mol，并采用一模型拟合计算了两种加热条件下的铁晶体形核、生长动力学参数和活化能。微波加热可以增加钛精矿碳热还原的铁晶粒初晶数量，缩短铁晶粒形核期，提高铁晶粒生长速率。在 900～1000℃相同温度下，微波加热的形核速率分别是常规加热下形核速率的 4.08 倍、4.71 倍和 5.71 倍；铁晶核成长速率分别是常规加热下铁晶核成长速率的 546 倍、1630 倍及 765 倍。拟合得到常规加热和微波加热条件下铁晶粒形核活化能分别为 69.93kJ/mol 和 31.67kJ/mol，铁晶粒生长活化能分别为 136.04kJ/mol 和 15.15kJ/mol。

2.3　机械活化微波协同强化还原钛铁矿

雷鹰、彭金辉等人[22]研究了攀枝花钛铁矿机械力活化、微波低温还原的可行性，与钛精矿配碳球团的微波强化还原相比，增加机械活化预处理，能进一步降低还原温度并缩短处理时间。

2.3.1　机械力对钛铁矿结构及反应特性的影响

钛铁矿与石墨以 4∶1 的比例进行混合，取 500g 混合样用球磨机进行活化，每次实验固定钢球质量与配比、磨矿质量和矿浆浓度。混合矿样经活化 1h、2h、4h、8h 后，进行真空过滤和干燥。干燥后混合样采用热重分析仪测试还原反应特性，温度范围为室温～1200℃，升温速率为 10K/min，氮气气氛为 500mL/min。

2.3.1.1　粒度及表面分析

图 2-23～图 2-25 所示为未磨及球磨不同时间的钛精矿及石墨混合样的粒度分布。样品

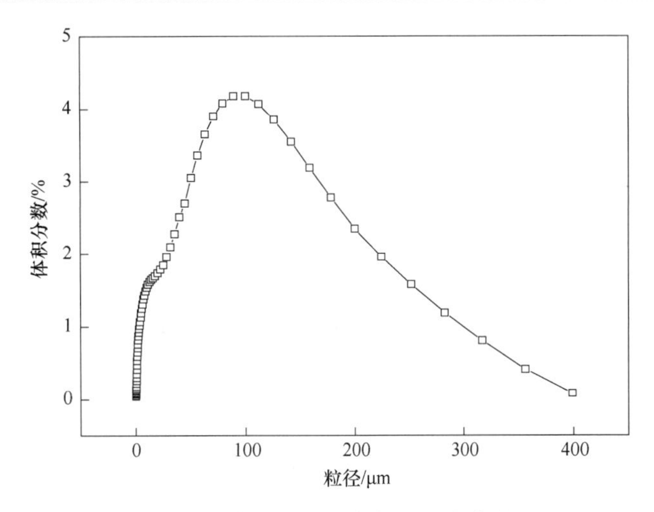

图 2-23　未磨矿样粒径分布（经破碎处理）

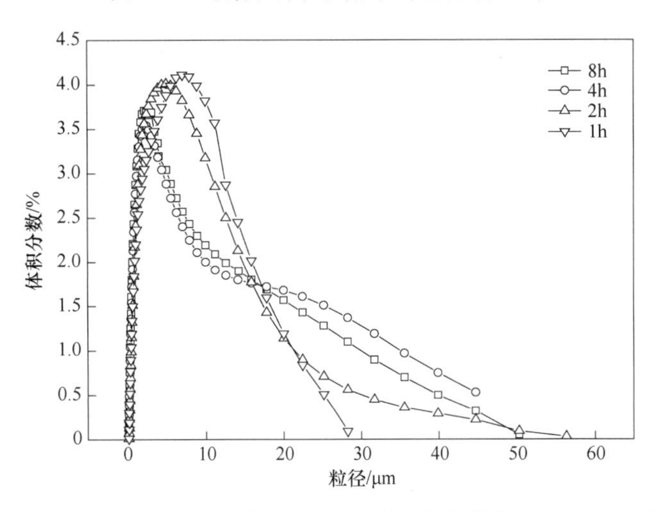

图 2-24　磨矿 1～8h 钛铁矿粒径分布

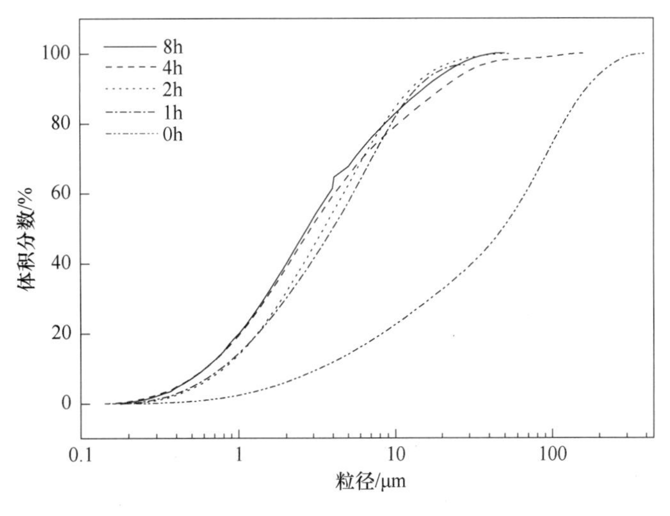

图 2-25　样品粒度分布

的颗粒粒径受球磨时间影响较大，未磨的钛精矿（经简单处理）中位粒径 d_{50} 为 54.666μm，体积平均粒径为 76.948μm。经过 1h、2h、4h、8h 球磨 d_{50} 分别减少到 4.493μm、3.943μm、3.248μm 及 3.076μm。体积平均粒径分别减少到 6.457μm、6.311μm、8.992μm 和 6.392μm。未经磨矿的矿样粒度小于 10μm 的体积比为 22.54%，而经磨矿 1~8h 的矿样，其小于 10μm 的颗粒占体积比分别为 81.61%、84.47%、79.13% 和 82.78%。

图 2-26 所示为不同球磨时间下混合物料比表面积变化，随着磨矿时间的延长，比表面积变化有两个阶段。比表面积从未磨的 0.673m²/g 增大到磨矿 1h 的 2.79m²/g 和磨矿 2h 的 2.80m²/g，磨矿 1h 和 2h 比表面积几乎无差别；随着磨矿时间的进一步延长再增加至磨矿 4h 的 3.54m²/g 和磨矿 8h 的 3.55m²/g，磨矿 4h 和 8h 比表面积几乎无差别。

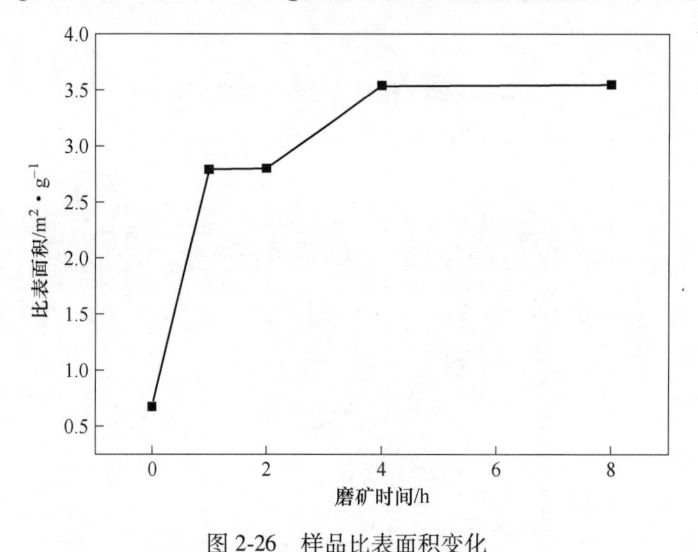

图 2-26　样品比表面积变化

2.3.1.2　微观形貌分析

图 2-27 所示为未磨和经球磨不同时间的矿样扫描电镜图。图中白色或白灰色部分为钛铁矿，灰黑色部分为脉石，黑色部分为石墨。随着时间的延长，钛铁矿颗粒粒径不断细化，出现越来越多的粒径 1μm 以下的钛铁矿颗粒。由于不断摩擦和混合，石墨钛铁矿接

(a)

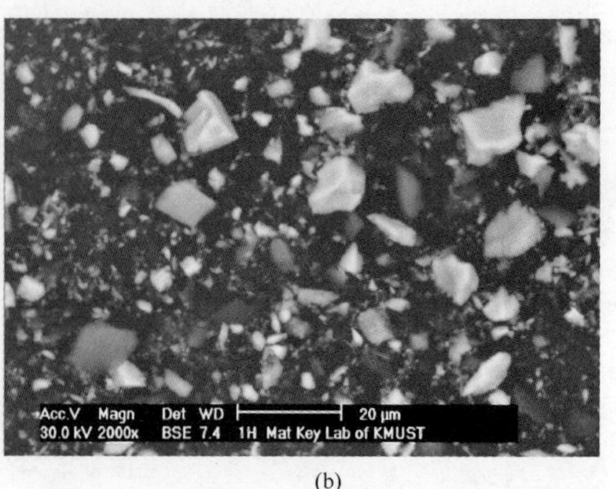

(b)

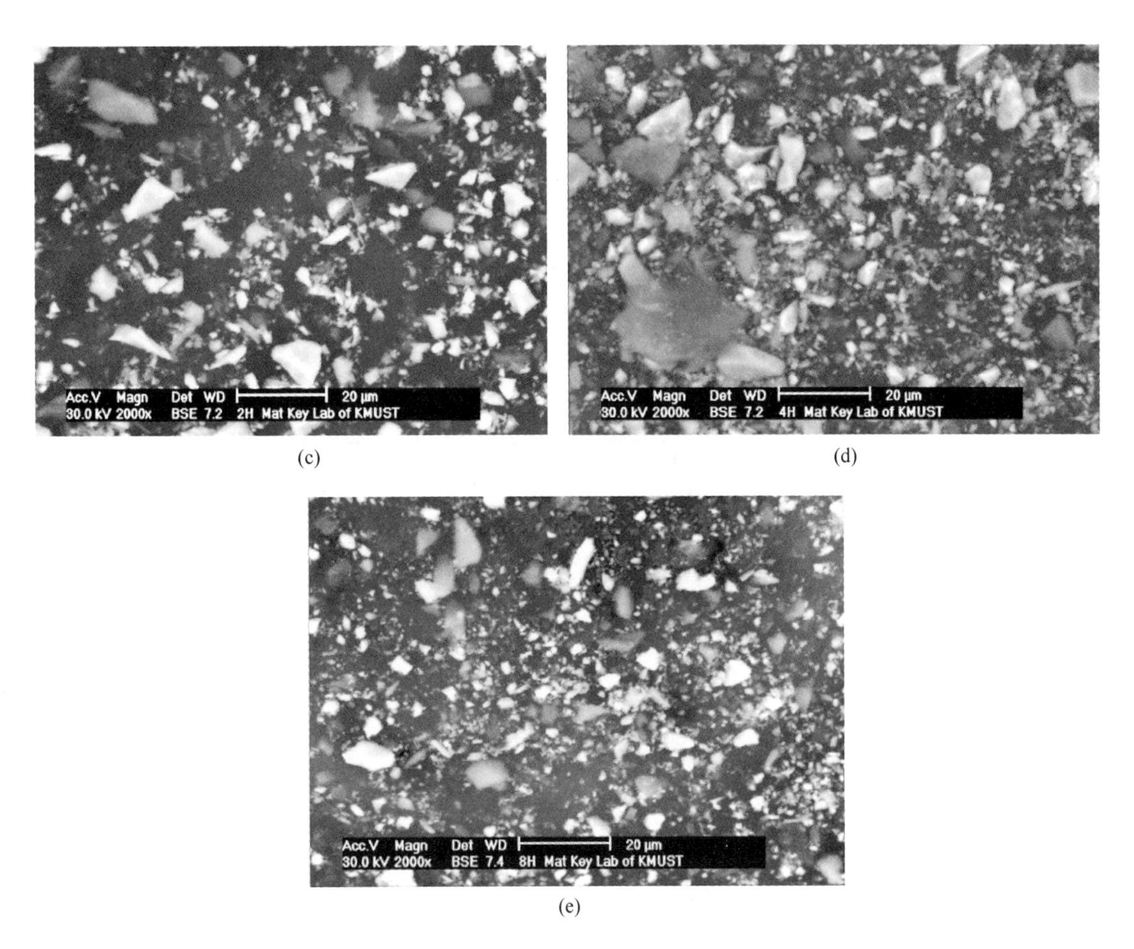

(c) (d)

(e)

图 2-27 样品微观形貌

(a) 原矿（经破碎）；(b) 球磨 1h；(c) 球磨 2h；(d) 球磨 4h；(e) 球磨 8h

触紧密程度提高。磨矿至 4~8h，石墨颗粒粒径仍较钛铁矿颗粒大，甚至还能观察到 20~30μm 的片状石墨，这是由于石墨具有良好的柔性和润滑性，部分石墨在磨矿过程中起到润滑作用。

2.3.1.3 X 射线衍射分析

机械冲击力、剪切力、压力等都会造成晶体颗粒形变。根据 X 射线衍射图衍射峰的强度和衍射峰宽度，可以定量分析晶格畸变和无定型化程度。图 2-28 所示为不同磨矿时间下样品的 XRD 图谱。

图 2-28 中除 26.4°及 30°附近的石墨及透辉石特征峰外，其他的衍射峰均和菱形晶系钛铁矿的特征峰吻合。没有新相的特征峰出现，表明在磨矿过程中没有新相的生成。随着磨矿时间的延长，钛铁矿特征峰强度降低，且有明显的宽化。表明钛铁矿因受挤压而晶体变细、晶格变形。根据衍射峰的强度和半高宽，用 JADE5.0 软件对钛铁矿的晶粒大小及应变进行拟合计算，结果如图 2-29 所示。

从图 2-29 可以看出，随着磨矿时间的延长，钛铁矿晶粒变细，应变逐渐增大。在磨

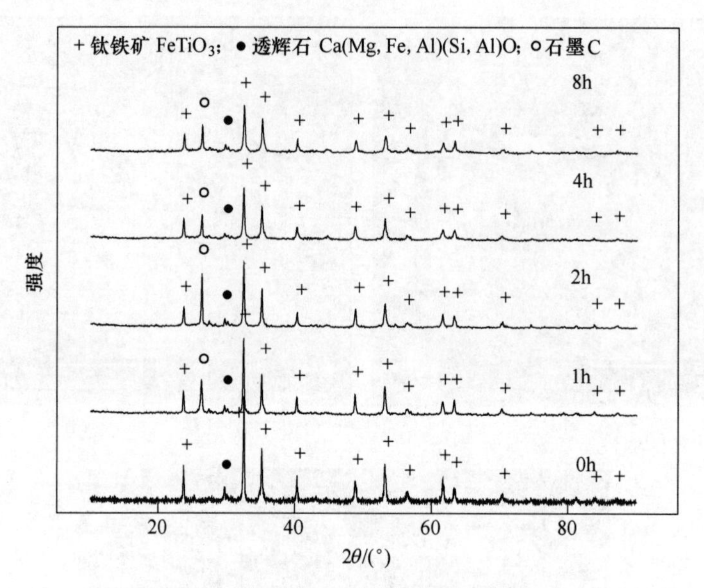

图 2-28　不同球磨时间下样品的 XRD 图

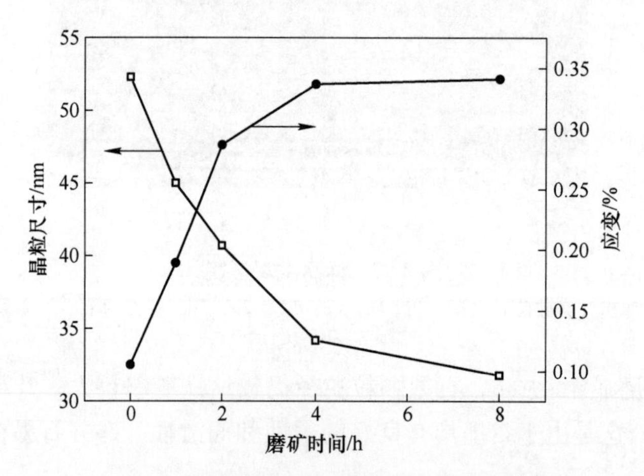

图 2-29　磨矿时间对晶粒尺寸及应变的影响

矿初期（1~4h）晶粒及应变的变化较显著。未磨的钛铁矿晶粒大小为 523nm，应变为 0.1053%。经磨矿 1h、2h、4h、8h 后，晶粒分别减少至 45.0nm、40.7nm、34.2nm 和 31.8nm。相对的晶格应变分别增加至 0.1891%、0.2865%、0.3367%和 0.3412%。

图 2-30 所示为各晶面衍射峰强度随磨矿时间的变化趋势。随着球磨时间的延长钛铁矿 $FeTiO_3$(012)（104）（110）（113）（024）（116）（214）和（300）晶面的峰型强度有降低的趋势。特别是相对强度最大的（104）（相对强度 100%）和（110）（相对强度 47%~49%）变化最为明显。表 2-6 所列为各晶面峰型积分半高宽随球磨时间的变化。各晶面宽化程度随磨矿时间的延长而增强，在 1~8h 球磨时间内峰型宽化趋势都很明显，表明晶粒尺寸变小。

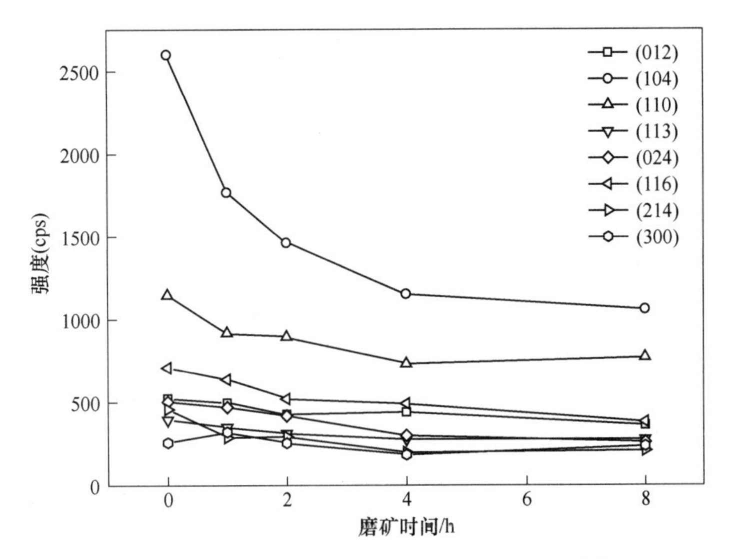

图 2-30 各晶面衍射峰强度随磨矿时间变化趋势

表 2-6 各晶面的峰型半高宽随球磨时间的变化

hkl	半高宽/nm				
	0h	1h	2h	4h	8h
(012)	0.149	0.204	0.223	0.223	0.267
(104)	0.184	0.215	0.263	0.279	0.301
(110)	0.189	0.251	0.231	0.265	0.323
(113)	0.193	0.245	0.325	0.263	0.220
(024)	0.180	0.261	0.275	0.456	0.317
(116)	0.235	0.297	0.318	0.365	0.522
(214)	0.230	0.330	0.221	0.286	0.408
(300)	0.312	0.296	0.356	0.438	0.448

2.3.1.4 红外光谱分析

对球磨矿样进行了傅里叶变换红外光谱分析，结果如图 2-31 所示。图 2-32 所示为引用的钛铁矿标准傅里叶红外光谱。

从图 2-31 可以看出，随着磨矿时间的延长 457cm^{-1} 的特征带逐渐弱化直至消失。528cm^{-1}的波段则具有向高波数方向移动的趋势。球磨处理提高了钛矿分子能，增加了钛铁矿的活性。

2.3.1.5 钛铁矿反应特性

采用热重法，分析球磨前后的钛铁矿的还原反应特性。不同球磨时间的钛铁矿及石墨混合样的失重曲线如图 2-33 所示。球磨 8h 后样品显著失重温度开始于 650~700℃，球磨 1h 和 2h 的样品显著失重温度开始于 800~850℃。未经磨矿的样品显著失重温度开始于 1000~1100℃。钛铁矿的碳还原机理见式（2-6）~式（2-8）。

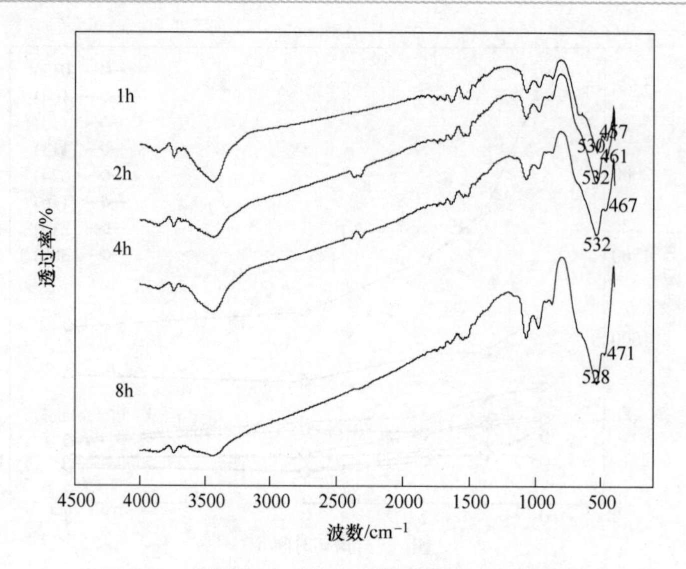

图 2-31 不同磨矿时间下矿样的傅里叶红外谱线

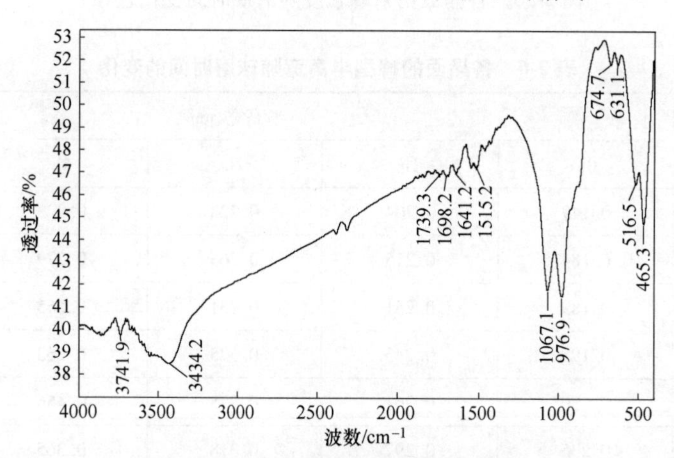

图 2-32 钛铁矿的标准傅里叶红外谱线

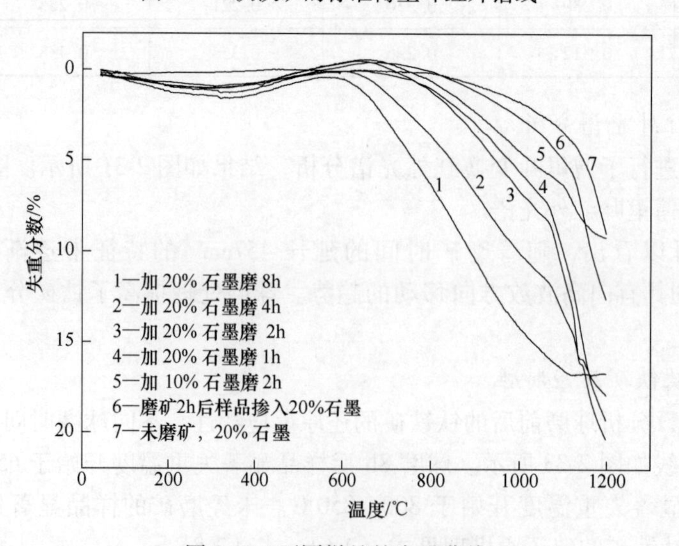

图 2-33 不同样品的失重曲线

$$C + FeTiO_3 \longrightarrow CO_2 + Fe + TiO_2 \tag{2-6}$$

$$CO + FeTiO_3 \longrightarrow CO_2 + Fe + TiO_2 \tag{2-7}$$

$$CO_2 + C \longrightarrow 2CO \tag{2-8}$$

式（2-6）~式（2-8）反应的开始温度分别为 912℃、916℃和 722℃。在 912℃下，磨矿 8h、4h、2h、1h 及未磨矿样的失重分数分别为 10.99%、7.21%、3.95%、3.31%和 0.90%。失重分数的变化趋势和程度与前述的晶粒及应变的趋势相符，而与粒度分布趋势相似性较差。

机械活化过程中能量以缺陷、新表面及界面、应变和结构无序的形式储存在钛铁矿中[23,24]。在磨矿初期，机械能主要损失在粒度减小和新表面的出现。随着磨矿时间的延长，机械能逐渐以应变和结构无序化的形式储存在晶体中，且以这种方式储存的能量大大超过前者[13]。

未磨矿样在 1200℃时的最终失重分数为 8.95%，获得相同的失重分数球磨 8h、4h、2h、1h 的矿样所需温度分别为 878℃、962℃、1076℃及 1088℃。热重仪的升温速率为 10K/min，结合上述分析结果，认为球磨不仅可以降低钛铁矿的还原开始温度，还能提高还原过程中的反应速率。根据钛铁矿的碳热还原进程[25]，钛铁矿的还原分两个控制步骤：（1）较低温度下的固固化学反应；（2）较高温度下的气氛扩散和布多尔循环反应。因此，较多的、充分活化和混合的石墨参与球磨后钛铁矿的还原反应对提高反应速率至关重要。为了进一步证实这种强化机理，将钛铁矿和石墨按 9∶1 的比例混磨后进行热重分析，发现按 9∶1 比例混磨的失重曲线介于按 4∶1 混磨和钛铁矿单独磨矿的失重曲线之间。按化学计量法计算的结果，4∶1 或 9∶1 的石墨配量均能完成钛铁矿的彻底还原，更多的石墨与钛铁矿的充分接触对提高反应性有利。

2.3.2 活化钛铁矿的微波还原研究

2.3.2.1 实验方法及设备

实验原料为 2.2.1 节中所述活化钛铁矿，活化时间 1h、2h、4h、8h，钛铁矿与石墨配比 4∶1。实验所用石墨采用鳞片状高纯石墨，固定 C 含量大于 99.6%。石墨及钛铁矿按 1∶4 的比例混合，固定球磨机钢球量、混合物料量及矿浆浓度，混合物料经活化 1~8h 后，真空过滤后烘干至恒重。烘干物料置于管式微波还原装置中进行试验。还原实验工艺流程及还原装置实物图如图 2-34 和图 2-35 所示。整个加热装置包括微波源、功率控制系统、温度测定系统、水冷却系统及保护气氛。其具有如下特点：微波频率 2.45GHz，功率 0~3kW；通过 K 型热电偶分别测定置于微波耦合腔体中圆柱形高温反应管内物料层及管外温度（室温~1400℃），调控微波功率，实现对物料层温度的自动控制；高温反应管全密闭，可通过抽真空或通入惰性气体的方式达到所需条件。

2.3.2.2 微波场温升特性

研究了不同活化样品的微波升温曲线，结果如图 2-36 和表 2-7 所示。不同样品温度由室温升至 1000℃所需时间为 200~550s。物料在微波场中的升温特性除了跟耦合腔体的形状及微波源有关，也与物料本身的组成、颗粒形状关系密切。从图 2-36 可以看出，活化 2h 的钛铁矿及石墨混合物料较其他活化时间下物料的升温速率快，活化 1h 升温速率最小。8h、4h、2h、1h 活化条件下物料的平均升温速率分别为：2.32K/s、2.82K/s、4.08K/s、1.86K/s。

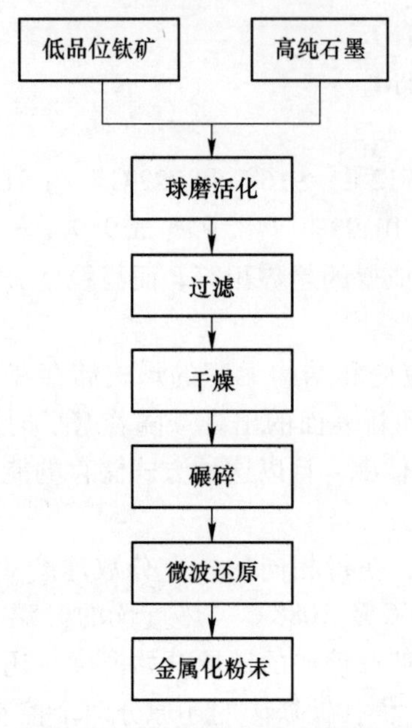

图 2-34　微波还原工艺流程图

图 2-35　微波还原装置实物图

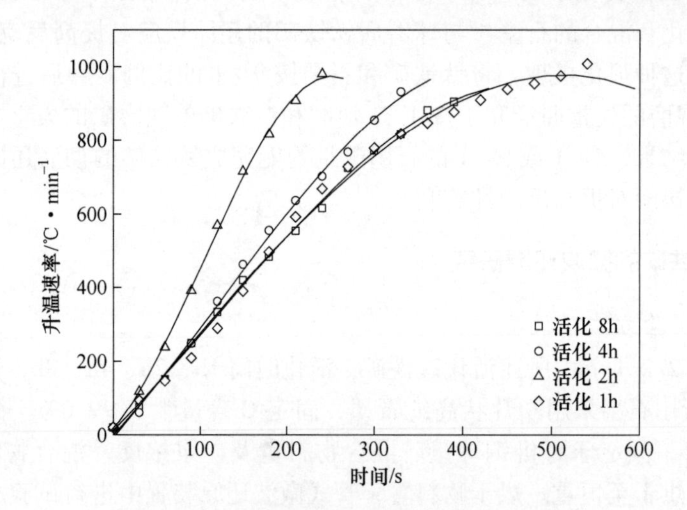

图 2-36　不同活化条件下钛铁矿的升温曲线

表 2-7　温升方程

种 类	表 达 式	R^2
活化 8h	$Y = 11.25 + 2.40X + 0.003X^2 - 7 \times 10^{-7}X^3$	0.9985
活化 4h	$Y = -0.97 + 2.55X + 0.005X^2 - 1 \times 10^{-5}X^3$	0.9973
活化 2h	$Y = 16.64 + 2.70X + 0.024X^2 - 8 \times 10^{-7}X^3$	0.9989
活化 1h	$Y = -8.31 + 2.88X - 2 \times 10^{-5}X^2 - 4 \times 10^{-6}X^3$	0.9942

物料升温速率跟化学反应热有密切关系。根据不同活化物料升温速率与时间和物料温度之间的关系作图，研究升温速率随时间和温度变化的趋势，结果如图 2-37、图 2-38 和表 2-8 所示。

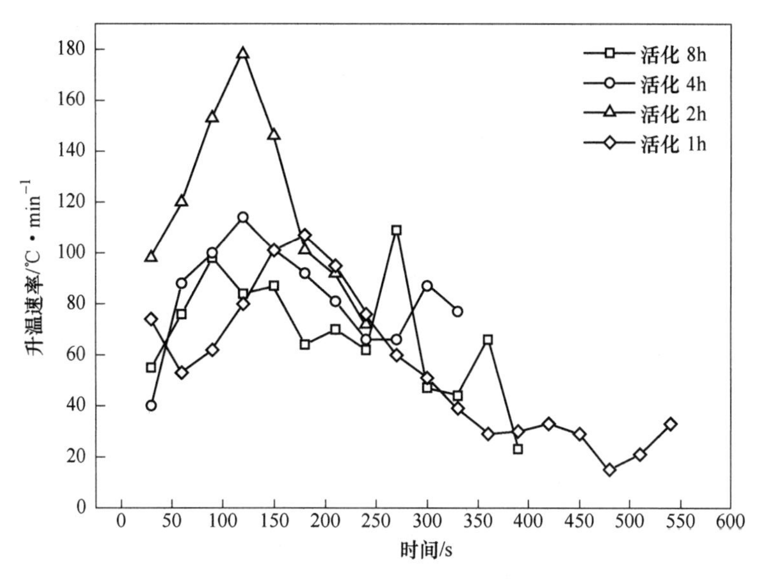

图 2-37 升温速率随时间变化曲线

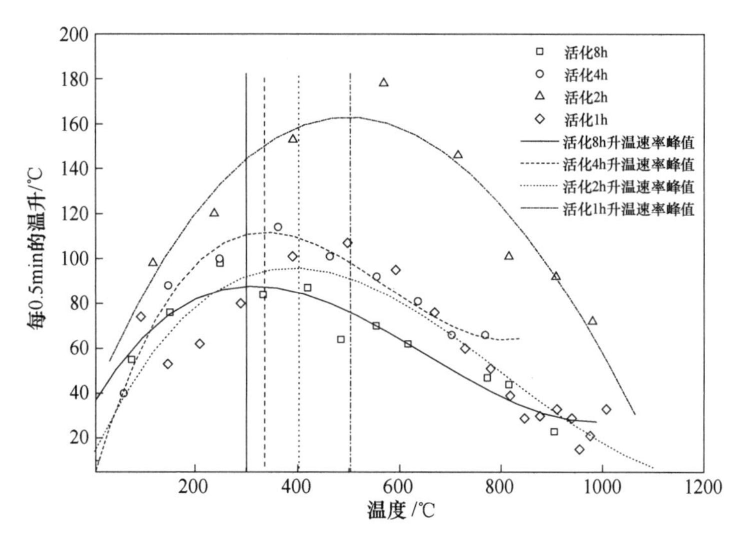

图 2-38 升温速率随温度变化曲线

表 2-8 温升方程

种 类	升温速率峰值所处温度范围/℃	R^2
活化 8h	300±20	0.8920
活化 4h	350±20	0.9727
活化 2h	400±20	0.8375
活化 1h	500±20	0.9060

从图 2-37 和图 2-38 可以看出不同球磨时间下钛铁矿与石墨混合物的升温速率变化具有相同的趋势，即在加热初期 0~5min 内温度由室温急剧升高至 400~600℃，然后升温速

率减小，物料温度较缓慢地升高至900~1000℃。对图2-38中的升温速率曲线进行多项式拟合，发现不同球磨时间下钛精矿与石墨混合物料的升温速率变化符合三次项拟合特征，球磨1h、2h、4h、8h混合物料的升温速率曲线三次项拟合 R^2 分别为0.9060、0.8375、0.9727和0.8920。峰值所处的温度范围为（500±20）℃、（400±20）℃、（350±20）℃和（300±20）℃。图2-38跟图2-33相比，在微波场中，经活化的钛铁矿的还原开始温度可能进一步降低。

图2-39所示为物料活化4h，还原过程中温度由室温升至1000℃，未经过停留即取下冷却的试样（保温时间为零）。还原产物中存在的主要物相为 $FeTiO_3$、Fe、TiO_2、Fe_2TiO_5、石墨及透辉石相。通过比较特征峰强度，可以推测物料有较大的还原度。根据反应热力学，钛铁矿的还原开始反应温度在900~950℃，反应剧烈进行温度在1000~1200℃，而整个升温时间7~8min（升至1000℃），表明钛铁矿在微波场中的还原反应速度很快，而且在施加微波的同时就开始反应。原因在于钛铁矿选择性的优先吸收微波发生局域耦合共振，产生热点[26,27]。这些热点的温度比其他区域的温度高因而这些热点就成为反应中心。升温过程中观察到物料有闪光现象，从另一个侧面也证实了热点的存在。因此，活化物料采取微波还原可以进一步提高反应速率和降低反应所需温度。

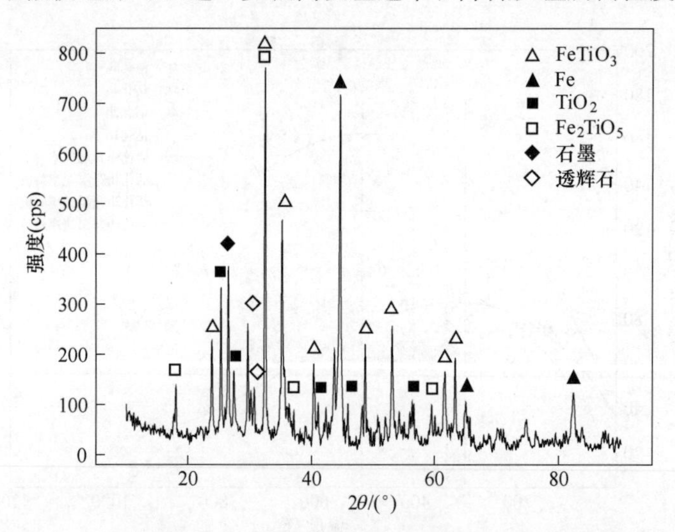

图2-39　还原样品XRD图（活化4h，温度由室温升至1000℃）

2.3.2.3　微波还原实验结果

为了确定活化钛精矿的微波还原温度，进行了13组探索实验，实验条件和结果见表2-9。

表2-9　微波低温还原实验结果

样品编号	活化时间/h	还原温度/℃	保持时间/min	金属化率/%
1	8	800	30	72
2	8	850	30	80
3	8	850	15	47
4	8	900	30	90

续表 2-9

样品编号	活化时间/h	还原温度/℃	保持时间/min	金属化率/%
5	8	950	30	94
6	8	1000	30	97
7	4	830	30	44
8	4	880	30	77
9	4	880	15	46
10	4	930	30	91
11	2	920	30	52
12	2	970	30	61
13	1	1000	40	85

从表 2-9 还原产物金属化程度可以看出延长活化时间对降低微波还原温度及提高金属化率有利。钛铁矿经球磨活化 8h，在还原温度高于 900℃、30min 还原时间内，金属化率超过 90%，活化 4h 的钛铁矿获得相当的金属化率微波还原温度须高于 930℃。随着活化时间的减少，钛铁矿还原所需的温度提高，时间延长。

图 2-40 所示为部分物料微波还原产物的 XRD 图谱。1～4 号金属铁主峰（110）和（211）晶面（44.6°和 82.2°附近）强度和与钛铁矿主峰（104）和（110）晶面（32.5°和 35.2°附近）强度和比值变化为 0.71、0.82、0.41 和 1.04。表示还原程度大小分别为 4 号>2 号>1 号>3 号，这与表 2-9 中金属化率变化规律相符。

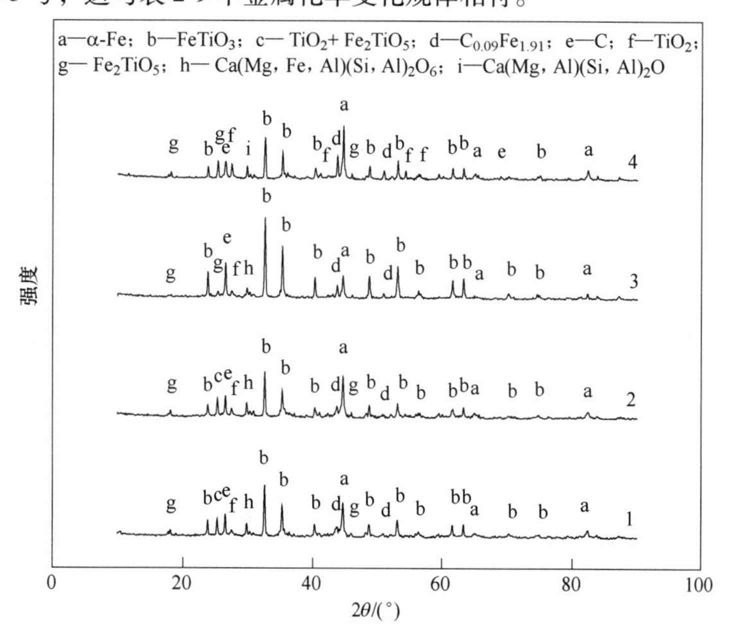

图 2-40 不同条件下还原物料的 XRD 图谱

1—活化 8h、800℃下还原 30min；2—活化 4h、880℃下还原 30min；
3—活化 2h、970℃下还原 30min；4—活化 1h、1000℃下还原 40min

2.3.2.4　优化实验

根据2.3.2.3节的实验结果，选择磨矿时间、还原温度和还原保持时间为独立变量，以铁金属化率为响应值，采取旋转中心法对钛铁矿的活化—微波还原进行优化实验设计。

表2-10为中心组合设计条件下进行的实验结果。还原产物的Fe金属化率变化范围为54.7%~98.1%。当三个变量均处于-1水平的时候（实验1），获得的最低金属化率为54.7%；当球磨时间处于+1.682水平以及还原温度和保持时间处于零水平时（实验10），获得的最高金属化率为98.1%。编号15~20为中心实验，用于验证实验设计的正确性。根据软件的建议选择二次项模型对金属化率和三变量之间的关系进行分析运算，见式(2-9)。

$$Y = 93.37 + 5.08X_1 + 9.92X_2 + 7.28X_3 - 2.77X_1X_2 - 0.47X_1X_3 - 5.20X_2X_3 - 1.46X_1^2 - 4.68X_2^2 - 3.26X_3^2 \tag{2-9}$$

表2-10　实验结果

编号	实验条件水平			金属化率/%
	磨矿时间/h	还原温度/℃	保温时间/min	
1	4	900	20	54.7
2	8	900	20	71.2
3	4	1100	20	90.7
4	8	1100	20	94.4
5	4	900	40	80.6
6	8	900	40	93.5
7	4	1100	40	94.1
8	8	1100	40	97.6
9	2.6（-1.68）	1000	30	78.6
10	9.4（+1.68）	1000	30	98.1
11	6	832（-1.68）	30	61.8
12	6	1168（+1.68）	30	96.7
13	6	1000	13.2（-1.68）	70.0
14	6	1000	46.8（+1.68）	96.5
15	6	1000	30	93.9
16	6	1000	30	93.6
17	6	1000	30	93.3
18	6	1000	30	93.2
19	6	1000	30	93.0
20	6	1000	30	93.5

注：$R^2=0.99$；$R_{adj}^2=0.99$；精度=39.04（>4）。

二次项模型的回归分析结果见表2-11。当模型项的P值少于0.0500时，认为该模型项为显著项，反之则为非显著项，且P值越小表明该模型项的影响越显著。根据这个标准，表2-11中除球磨时间和保温时间交互项X_1X_3为非显著项外（P值为0.3686），其余变量和其交互项均为显著项。软件计算分析表明，模型（式（2-9））的 R^2 值和 R^2_{adj} 值为 0.99。当 R^2 值和 R^2_{adj} 值越高且接近时，认为模型是显著的，即认为建立的金属化率与变量及变量间的交互项的关系是正确的。进行模型精度分析时，其精度值（信噪比）需至少大于4.0。式（2-9）的模型精度值为39.04，远大于4.0，表明得到的二次项模型具有很高的精度，各组实验数据均处于正常范围。

表 2-11 二次模型方差分析

分析源	平方和	自由度	均方	F 值	P 值
模型	3136.655	9	348.5172	171.2172	< 0.0001
X_1	352.6186	1	352.6186	173.2321	< 0.0001
X_2	1344.29	1	1344.29	660.414	< 0.0001
X_3	722.9997	1	722.9997	355.1905	< 0.0001
X_1X_2	61.605	1	61.605	30.26489	0.0003
X_1X_3	1.805	1	1.805	0.886748	0.3686
X_2X_3	216.32	1	216.32	106.2722	< 0.0001
X_1^2	30.65109	1	30.65109	15.05806	0.0031
X_2^2	315.0646	1	315.0646	154.7828	< 0.0001
X_3^2	153.2989	1	153.2989	75.31165	<0.0001
残差	20.35527	10	2.035527	—	—

图 2-41 所示为模型预测的金属化率值与实验值之间的对比关系。实验值与模型预测值吻合很好，证明模型建立的精确性较高。

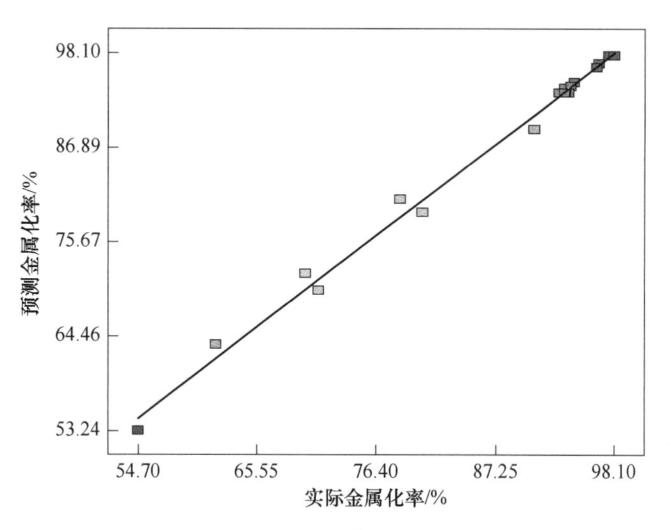

图 2-41 模型预测金属化率与实验实际结果对比

图 2-42 和图 2-43 所示分别为还原温度和磨矿时间对金属化率的响应面和等高线（保持时间处于零水平）以及保温时间和磨矿时间对金属化率的响应面和等高线（还原温度处于零水平）。产物铁金属化率随三变量的增加而提高。还原温度与磨矿时间等高线表明，

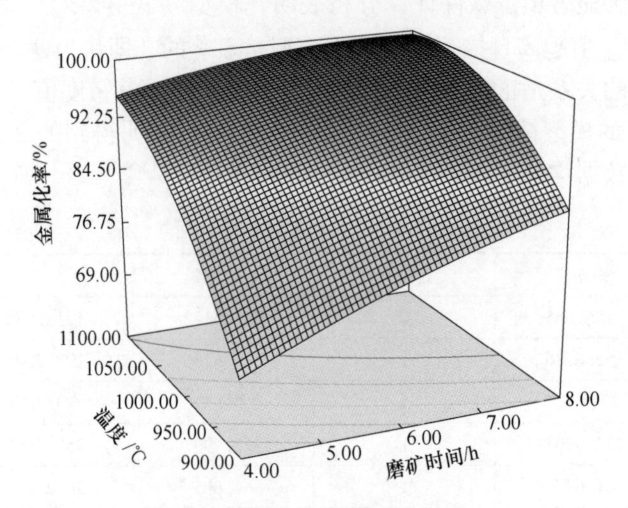

图 2-42　还原温度和磨矿时间对金属化率的响应面和等高线

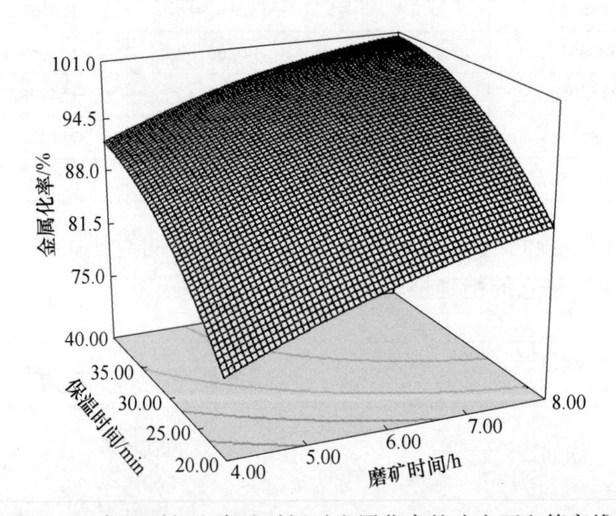

图 2-43　保温时间和磨矿时间对金属化率的响应面和等高线

无论在低金属化率区或高金属化率区，两者之间的交互影响较显著。而保温时间和磨矿时间在高金属率区的交互影响不显著，欲获得较高的金属化率，需要较长时间的球磨才能实现。

在进行钛精矿还原的时候需根据强还原或预还原各自对金属化率的要求，进行工艺参数控制。强还原工艺一般来说要求其铁金属化率高于 90.0%才利于实现后续工序的钛、铁分离（浸出、熔分）。根据图 2-44 三变量对金属化率的响应立方及软件优化分析结果得到总共 100 组推荐方案，绝大部分方案具有极为相近的工艺参数，仅仅对个别变量范围进行了微调。从中选取参数条件差别较大的两个方案列于表 2-12 中，分别为球磨时间 4h、还原温度 1001℃、保温时间 37.5min 以及球磨时间 4h、还原温度 1070℃、保温时间 26.9min。其对应预测的铁金属化率分别为 91.0%和 92.0%。根据优化条件进行的验证实验结果跟预测值非常接近，表明模型的建立和参数的优化是成功的。

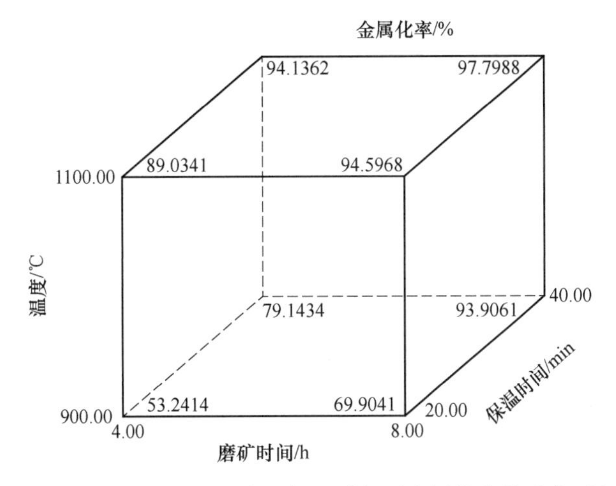

图 2-44 磨矿时间、还原温度和保温时间对金属化率的响应面立方体

表 2-12 模型验证

实验编号	变量			铁金属化率 Y/%
	X_1 /h	X_2 /℃	X_3 /min	
1	4	1001	37.5	91.0
2	4	1070	26.9	92.0

2.3.2.5 还原产物 X 射线衍射分析

取不同条件下的实验产物进行冷却、破碎和制样品，对还原产物进行 X 射线衍射分析。结果如图 2-45 所示。各晶面峰型对应的强度见表 2-13。

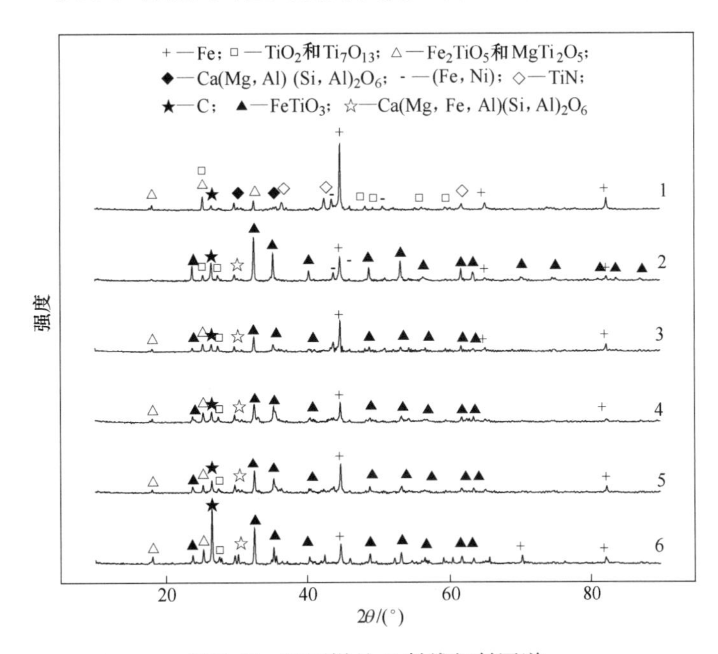

图 2-45 还原样品 X 射线衍射图谱

1—球磨 6h，1168℃下还原 30min；2—球磨 6h，832℃下还原 30min；3—球磨 4h，1100℃下还原 20min；4—球磨 4h，样品升温至 1000℃；5—球磨 8h，900℃下还原 20min；6—未球磨样品 900℃还原 50min

表 2-13 图 2-45 中产物相组成及强度分析结果

相组成	*hkl*	样品 1①	样品 2	样品 3	样品 4	样品 6
钛铁矿	(012)	—	408	145	169	235
	(104)	—	1230	564	507	1024
	(110)	—	806	200	450	497
	(113)	—	285	106	126	202
	(024)	—	381	154	115	291
	(116)	—	550	150	162	310
	(214)	—	335	161	134	188
	(300)	—	235	81	132	142
石墨	(002)	134	725	194	293	1622
金红石	(110)	—	271	215	149	111
	(101)	—	—	107	92	—
低价钛	(121)	131	—	—	—	—
假板钛矿	(200)	136	0	125	98	200
	(101)	—	239	289	267	384
镁钛矿	(200)	140	78	125	98	200
	(101)	385	239	289	267	384
金属铁	(110)	1916	988	1101	857	565
	(200)	185	134	110	93	59
	(211)	341	169	212	184	175
渗碳体	(101)	—	358	337	113	—

①此条件下形成 TiN，晶面（111）（200），衍射峰强度分别为 212 和 322；以及铁镍合金（Fe，Ni）（111），衍射峰强度 287 和低价钛 Ti_7O_{13}（121），峰强 131。

从图 2-45 和表 2-13 可以看出，对球磨活化钛精矿微波还原影响最大的两个因素为球磨时间和还原温度。随着还原程度的提高，钛铁矿各晶面峰型强度降低，(002) 晶面石墨强度降低。考虑球磨引起的峰强降低，考察（110）（101）金红石和（110）（200）（211）金属铁峰型强度随还原程度提高而增大。样品 1 中没有发现钛铁矿。球磨后样品在 832~1000℃较低温度下还原发现产生渗碳体（101），形式为 $C_{0.08\sim0.09}Fe_{1.91\sim1.92}$。1100℃较高温度下短时间还原也发现渗碳体的存在。样品 6 无活化还原样品中没有发现渗碳体。(200) 和（101）假板钛矿与镁钛矿实质为 Mg-Fe-Ti-O 固溶体。样品 1 中由于还原程度极高，此种固溶体以镁钛矿为主。样品 1 中还发现 Ti_7O_{13}、TiN 和（Fe,Ni）合金的存在，主要原因归于钛铁矿经球磨后活性提高，并为高温下还原及氮气气氛所致。

2.3.2.6 还原产物 SEM 形貌分析

对还原产物中样品 1 进行了 SEM 形貌分析和 EPMA 电子探针分析。结果如图 2-46 和图 2-47 所示。从图 2-46 可以看出，颗粒大小 0.5~5μm 的微球型铁晶粒生长在脉石、钛氧化物表面。由图 2-47 中的电子探针结果表明，仍存在有部分未反应的石墨，且铁晶体中发现有 C、Ti 元素，表明仍可能存在极少量的渗碳体和钛铁矿。

图 2-46 还原产物 SEM 微观形貌（样品 1）

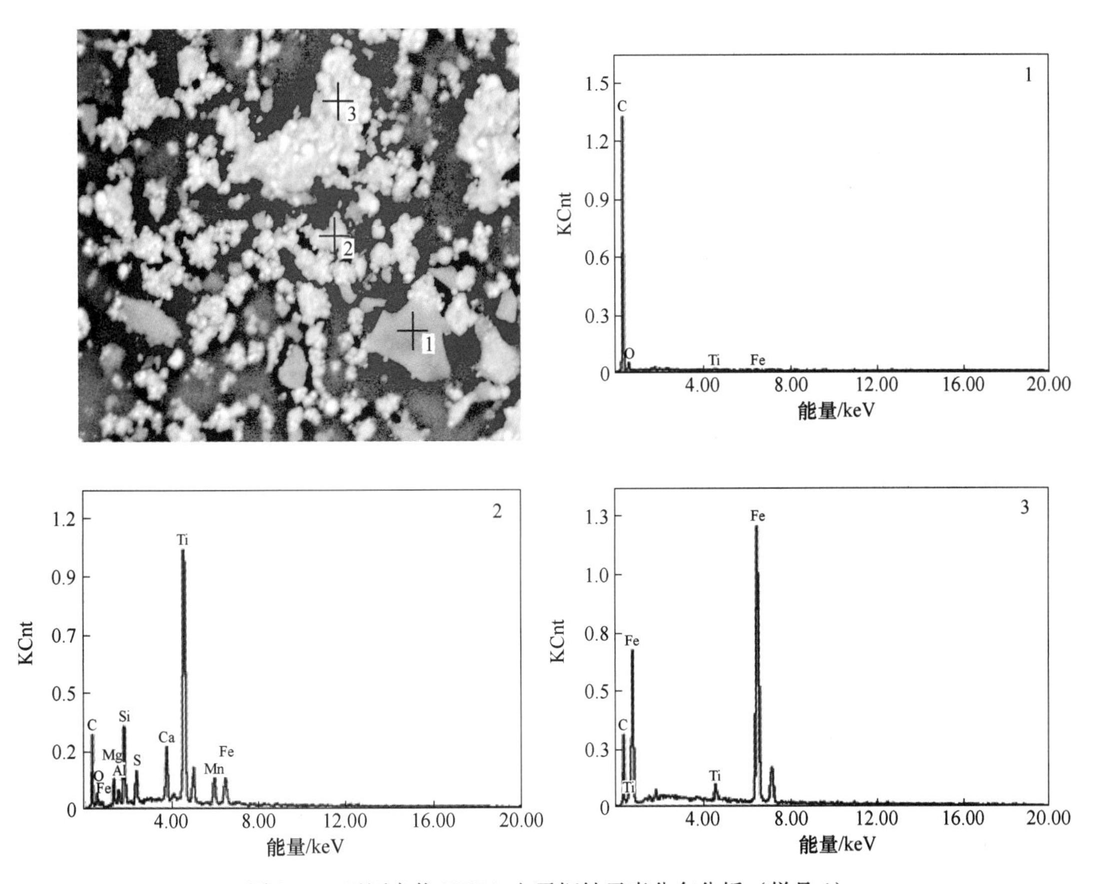

图 2-47 还原产物 EPMA 电子探针元素分布分析（样品 1）

通过微波非等温表观动力学实验，测定了不同微波功率下球磨活化钛精矿与石墨混合物的热重曲线和温度变化曲线，结果表明，球磨活化钛精矿的微波非等温表观动力符合化学反应控制模型 $\ln[1-(1-\alpha)^{1/3}]=\ln[AR/(\beta E)]-2.315-0.4567E/(RT)$ 描述。拟合计算得到1～8h不同球磨活化钛精矿在320～960W不同微波功率下的微波非等温还原表观活化能E_a分别为22.44～46.46kJ/mol（1h）、16.69～30.84kJ/mol（2h）、19.50～27.84kJ/mol（4h）以及16.74～28.83kJ/mol（8h）。活化1～8h不同时间钛精矿的微波还原非等温表观活化能是常规加热等温表观活化能的0.075～0.155倍（1h）、0.036～0.066倍（2h）、0.044～0.063倍（4h）以及0.038～0.065倍（8h），表明经球磨活化钛精矿的碳热还原反应在微波场中较常规加热下更易进行，即机械活化—微波加热对低品位钛精矿具有协同强化作用。

黄孟阳、彭金辉等人[28]针对攀西地区丰富的钛资源现状和现行富钛料生产工艺优缺点，提出了微波加热还原钛精矿复合球团—选矿分离—微波浸出制取高品质富钛料的新工艺路线，实验采用的新型添加剂为碱金属盐的组合，在微波加热状态下，能充分发挥其对钛精矿还原改性的作用。在辅以添加剂和微波加热的共同作用下，有利于磨选分离铁、钛，同时有利于浸出脱除钙、镁，从而在生产高品质的富钛料的同时产出高附加值的铁粉，为生产高品质富钛料开辟了一种新的途径。

R. M. Kelly 等人[29]对挪威钛铁矿和澳大利亚钛砂矿进行了常规加热和微波加热碳热还原反应的对比研究。通过对微波和传统两种加热方式的对比，研究两种钛铁矿在1000℃下预氧化3h后的还原效应。常规加热还原条件为：还原时间4～16h，还原温度700～1000℃；微波加热还原条件为：微波功率650W、750W、1000W，加热时间5min、8min、10min。通过还原过程中矿相变化、微观形貌变化和可浸出性能变化，得出微波还原过程中不仅增加了颗粒的孔结构，改善了还原气氛的扩散，而且由于铁及铁氧化物吸波性良好，脉石不吸波，由此产生的热应力导致还原过程中铁氧化物及铁晶体暴露出来，使得后续浸出工艺的铁溶解率较高。

2.4 微波助磨钛铁矿

磨矿是矿物加工过程中能耗较大且效率较低的阶段。传统磨矿大约消耗矿物加工过程总能耗的一半以上，但能效却只有1%。根据矿物中的不同组分介电性质不同的特点，微波将选择加热矿物中的高损耗相，而低损耗相则没有明显的温升，尤其是矿石中石英、方解石等脉石组分几乎不能被微波加热。微波在短时间内（<10s）选择性地加热矿石中的某些组分，使不同组分间因热膨胀系数不同而在晶格间产生应力，导致颗粒间边界断裂，从而促进有用矿物的解离并改善矿石的可磨性。微波辅助钛铁矿的破碎是因为钛铁矿矿石内各组分的介电常数不相同，导致矿石局部不均匀膨胀和收缩，产生较强的局部应力和粒间裂缝，从而提高矿石的可磨性并降低钛铁矿石的磨矿能耗。

范先锋[30]等人对微波加热在钛铁矿选矿中的应用进行了研究，研究表明，当矿石被置于微波场中，具有中等导电性的矿物在短时间内被迅速加热至很高的温度，而绝大部分脉石矿物不能被加热。这种矿石内矿物相在微波场中的选择性加热，导致钛铁矿矿石内部产生粒间裂隙，促进矿物的粒间离解，从而提高了矿石的可磨性。

Kingman[31]等人发现微波加热对促使矿石组分中颗粒间断裂非常有效，可以使挪威钛铁矿等矿石的磨矿能耗的功指数显著下降。在短时间内用大功率微波预处理钛铁矿，在迅速产生应力、降低矿石强度和提高磨矿产量的同时，还强化了其组分的磁学性质，这对提高下游磁选分离等选矿过程的回收率非常有效。

攀西地区的钛铁矿主要以复杂的嵌布粒状集合体形态存在，粒度多为0.2~1mm之间[32]，其中的有用元素在矿石中可以独立的矿物形式出现，也可以进入矿物晶格的类质同象混入物，或以微细包裹体出现在机械混入物、固溶体分离物中[33]。矿物存在形式的复杂多样，就使得矿物回收和利用难度较大[34]。李军、彭金辉、郭胜惠等人[35,36]以攀西地区高钙镁钛铁矿为对象，研究了微波作用对矿物磨矿的影响，以及对磁铁矿磁选回收精矿产率和精矿品位的影响。钛精矿经微波处理以后，矿石发生了明显的热应力开裂，形成了大小不一的裂缝。通过响应面设计试验，得到优化条件为微波功率3kW、微波加热时间29.08s、物料量42.23g，在此条件下磁铁矿磁选精矿产率是71.76%。

从图2-48可以看出，矿物在微波功率1kW处理30s后水淬冷却可产生显著的微裂纹。在脉石（深灰色区域）和有用矿物（浅灰色区域）之间的晶粒边界上，由于不同组分间

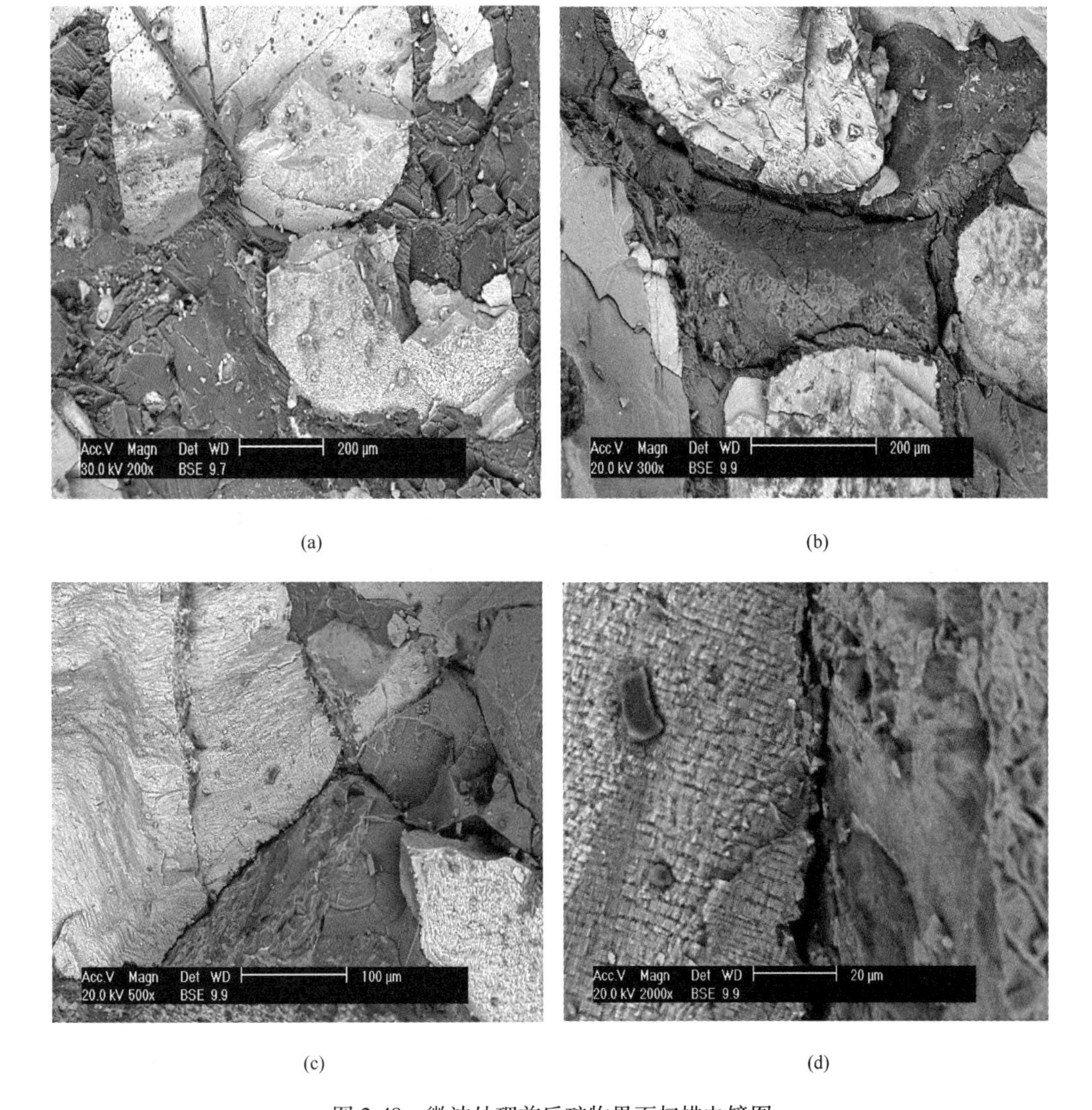

(a) (b) (c) (d)

图2-48 微波处理前后矿物界面扫描电镜图

（a）处理前（200倍）；（b）处理后（300倍）；（c）处理后（500倍）；（d）处理后（2000倍）

产生的温度梯度导致晶粒间产生热应力，随着热应力的增大，晶粒间产生了微裂纹，在水淬处理后使得这些裂纹难以复原，最终使得矿石更容易磨碎。在不同放大倍数下，裂纹沿着有用矿物颗粒和脉石的边界上产生，有时也在脉石深灰色区域产生细小裂纹，裂纹呈网状分布。微波加热可以显著降低矿石的显微硬度，有用矿物与脉石结合部位的硬度也会明显降低，矿物更易磨细，破裂沿着产生的微裂纹发生[37]。

2.5 微波辅助浸出富钛料

当钛铁矿经过还原得到高钛渣时，高钛渣品位较低，需要再进行酸浸。而传统浸取方法中矿物加热浸出一定时间后，浸出反应产生的较致密物质会包裹未反应的矿核，使浸出反应受阻，延长了浸出反应时间，增加了能耗。微波加热能促进液固相反应的连续进行，对化学反应起到催化作用，可以促进矿物在溶剂中的溶解，提高湿法冶金浸出过程的浸出速率和降低浸出过程的能耗，而微波加热本身不产生任何气体，实现冶金过程的高效、节能、环境友好。

徐程浩等人[38]采用微波液相法硫酸浸取高炉渣中的 TiO_2、水解浓缩为高钛渣。研究了微波加热对钛液水解的影响，得出在微波作用下可以瞬间产生大量而均匀的晶核，这些晶核具有很强的活性，比表面积大，加快吸附过程，由于晶核的数量多，水解彻底。实验结果表明，在微波作用下水解效果明显好于常规方法。

孙艳等人[39]进行了微波加热选择性浸出改性含钛料制取高品质富钛料的研究，浸出过程在新型的微波加热密闭浸出装置中进行，试验装置的微波功率在 0.1kW 连续可调，频率为 2450MHz。在浸出温度 160℃、浸出时间 120min 条件下浸出改性含钛料，能得到 96.08%高品位的富钛料，并具有良好的除 Fe、Ca、Mg 等杂质的效果。

周晓东等人[40]用微波加热—盐酸浸出法制备了酸溶性富钛渣，利用钛铁矿自身能有效吸收微波的特点，在高温下液相分解矿石以达到除铁的目的，省去了电弧炉还原后还需机械破碎等工艺过程，而且制备得到的富钛渣具有很好的酸溶性。

彭金辉等人[41]研究微波加热浸出初级富钛料非等温动力学，测定浸出体系的温度和压力曲线及浸出前后混合液体的吸波特性。推导出微波浸出初级富钛料动力学表观总速率方程。浸出体系温度和压力的提高都有利于提高铁的浸出率，15%盐酸浸出液和经 20%盐酸浸出后的混合液都存在吸波特性的突变。

欧阳红勇等人[42]研究了不同性状攀枝花钛铁矿在微波场中的升温特性，并采用微波加热和传统外加热方式分别进行了钛铁矿的盐酸流态化浸出行为研究。结果表明，攀枝花钛铁矿在微波场中有较好的升温特性，钛铁矿的粒度和预处理工艺对其微波吸收能力有影响。对不同性状攀枝花钛铁矿的盐酸常压流态化浸出实验表明，微波酸浸能加快细粒级钛铁矿的浸出速度，对粗粒级钛铁矿的浸出速度则无改善。

郝小华等人[43]以钛铁矿和硫酸铵为主要原料，通过熔融反应法使钛铁矿中的钛转化成易溶于稀硫酸的硫酸氧钛，利用煅烧产生的氨气和水解产生的废酸生成硫酸铵，可循环使用。用微波浸出法替代工艺中的水浴浸出，采用单因素试验和正交试验考察微波功率、微波时间、浸出温度、硫酸浓度对钛浸出的影响。结果表明，在矿物粒度小于 0.053mm、微波功率 4kW、浸出时间 5h、硫酸浓度 30%、浸出温度 70℃的条件下，钛浸出率达到了 96.99%，最终产品钛白粉中金红石型二氧化钛结晶度达到 70.75%。

李昌伟等人[44]采用微波焙烧、氢氧化钠作为活化剂的方法处理粉煤灰，能有效地改善粉煤灰的活性，提高钛的浸出率。研究了粉煤灰对微波的吸波效果，以及微波焙烧功率、焙烧时间和氢氧化钠三个因素对粉煤灰中钛浸出率的影响。获得粉煤灰的浸出条件为：盐酸浓度 11.64mol/L、浸出温度 88℃、浸出时间 8h、搅拌速度 20r/s、盐酸和粉煤灰液固比为 9∶1。粉煤灰与氢氧化钠按 1∶1 的质量比混匀后，在微波 800W 的功率下焙烧 5min，钛的浸出率达到 85.77%。

彭金辉等人[45]研究了微波加热下盐酸对钛铁矿浸出除铁和钛溶解的行为，探讨了浸出剂、盐酸浓度、浸出温度、物料粒度、液固比、浸出时间等因素对钛铁矿钛品位的影响，并分析了浸出动力学和浸出机理。

2.6 微波焙烧高钛渣改性

高钛渣中主要的物相为黑钛石固溶体，钛组分选择性地富集在黑钛石固溶体中，不容易将其中的钛与其他成分分开。金红石型、锐钛矿型及板钛矿是二氧化钛的三种常见的晶型结构。从热力学角度来说，金红石型二氧化钛的稳定性要大于锐钛矿型二氧化钛的稳定性，所以也将前者称为稳定相，而后者就是亚稳定相。锐钛矿型晶型向金红石型二氧化钛的转变过程属于不可逆过程，在温度 600~1100℃都有可能发生，但是相变过程非常缓慢，且在常规加热条件下，相变转变不彻底。通过众多学者和专家的研究得出，二氧化钛的晶型转变过程能受到各种物质的影响，如醋酸、异丙酮等这些有机物，可以影响这个转变过程从而降低此转变过程的温度；掺杂 V_2O_5、Ag_2O 及 MoO_3 也可以降低相变温度；同时，Al_2O_3、La_2O_3 对此晶型转变却有明显的抑制作用；在促进金红石晶型生成的转变过程，也可以受到部分低价阴离子（如 Cl^-、F^-）及部分的正价金属离子（如 Fe^{3+}、Zn^{2+}、Na^+）的影响。

刘钱钱、陈菓等人[46]以碱浸后的高钛渣原料，添加碳酸钠作为改性剂，采用微波钠化焙烧高钛渣，对所得的焙烧产物进行物相分析及形貌分析，发现原料中黑钛石固溶体结构被破坏掉，这也极大地促进了后续的酸浸除杂处理。

2.6.1 实验原料

微波焙烧钛渣使用的原料来自高钛渣碱浸、过滤、干燥之后的碱浸渣，该碱浸渣的化学组成成分表、粒度组成表及粒度分布曲线图，分别见表 2-14、表 2-15 及图 2-49。

表 2-14 碱浸渣的主要化学成分

成分	TiO_2	Al_2O_3	MgO	SiO_2	CaO
质量分数/%	88.34	6.62	2.78	1.62	0.64

由表 2-14 可知，原料高钛渣经过碱浸处理之后，所得的碱浸渣其主要化学成分仍为二氧化钛，其中，二氧化硅杂质的含量有了明显的降低。

表 2-15 碱浸渣粒度组成分布

组成	d_{10}	d_{50}	d_{90}	d_{97}	d_{98}
粒度/μm	13.693	39.749	144.341	284.000	305.896

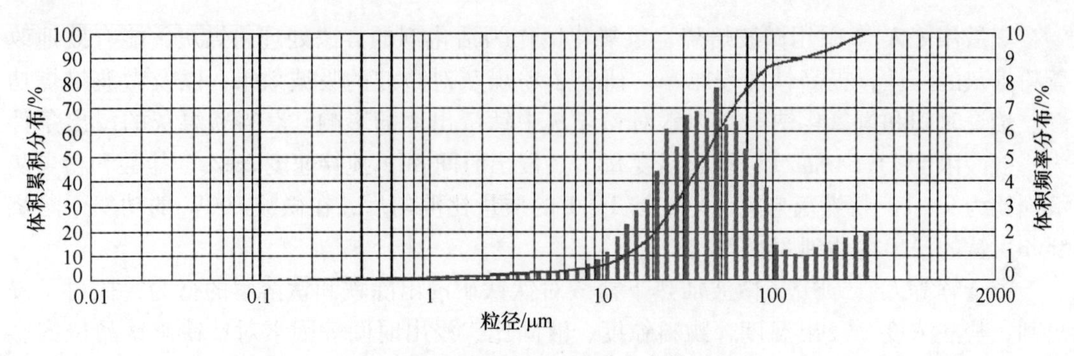

图 2-49　碱浸渣的粒度分布曲线图

从表 2-15 及图 2-49 中可以看出，碱浸渣的粒度分布不均匀，粒度较粗，大部分粒度集中分布在 10~100μm，d_{50}=39.749μm。

2.6.2　实验方法

图 2-50 所示为微波钠化焙烧及后续进行酸浸与煅烧制备优质人造金红石的实验流程图。图 2-51 所示为微波箱式反应炉装置图，主要是进行微波的焙烧及煅烧处理。该装置主要包括磁控管、波导、多模谐振腔、温度调节器、功率控制器、保温层等，其中热量的测定是通过双铂铑热电偶进行实时测定。而实验中，用于盛装物料所采用的是坩埚，依据其材料的不同，通常可以将其分为碳化硅坩埚和氧化铝陶瓷坩埚两类。

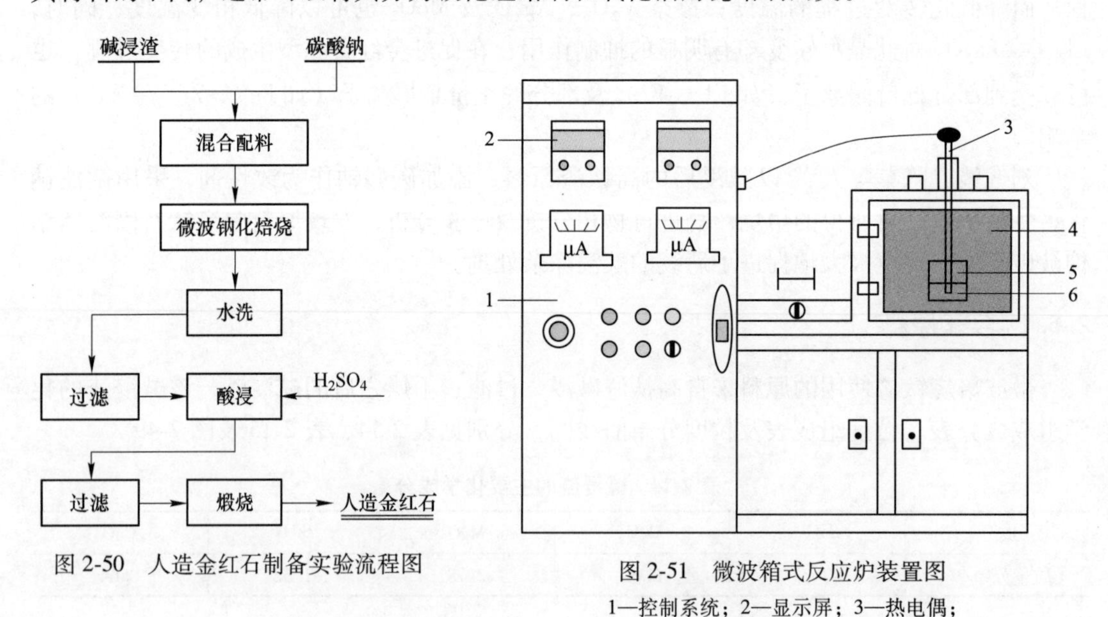

图 2-50　人造金红石制备实验流程图

图 2-51　微波箱式反应炉装置图

1—控制系统；2—显示屏；3—热电偶；
4—保温层；5—坩埚；6—物料

具体实验方法：取 100g 高钛渣碱浸之后的碱浸渣与碳酸钠按一定的配比进行混合配料，混合均匀后置于坩埚中放入微波箱式反应器中，插入热电偶进行实时温度测试，设定微波频率及温度，随后进行微波焙烧。到达设定温度后，进行一定时间的保温处理，然后随炉冷却直至室温。再将所得的焙烧渣进行水洗，洗去过量的碳酸钠及可溶性杂质，然后过滤干燥，将得到的样进行酸浸除杂，酸浸除杂采用30%的硫酸作为酸浸剂，酸浸结束后进行过滤及干燥处理，后将获得的样再次放入微波箱式反应器中，设定温度950℃及微波功率，进行煅烧处理，获得最终的产物人造金红石。

2.6.3 影响因素分析

对微波钠化焙烧之后的产品进行XRD物相分析及SEM-EDS等分析。考察微波处理保温时间、焙烧温度及Na_2CO_3/钛渣质量比对所得产品的影响。

2.6.3.1 保温时间的影响

图2-52（a）~（d）分别为微波焙烧处理后，保温时间为30min、60min、90min、120min所获得的样品的物相分析XRD图谱。由图2-52（a）可知，进行保温30min处理，得到的物相成分复杂，复杂相较多。随着保温处理时间的增加，复杂相逐渐减少，在保温时间120min后，形成了主要的两个物相，一个是$Na_2Ti_3O_7$，另一个是$Na_2Fe_2Ti_6O_{16}$。这也表明，高钛渣中原有的黑钛石固溶体结构被破坏掉了。

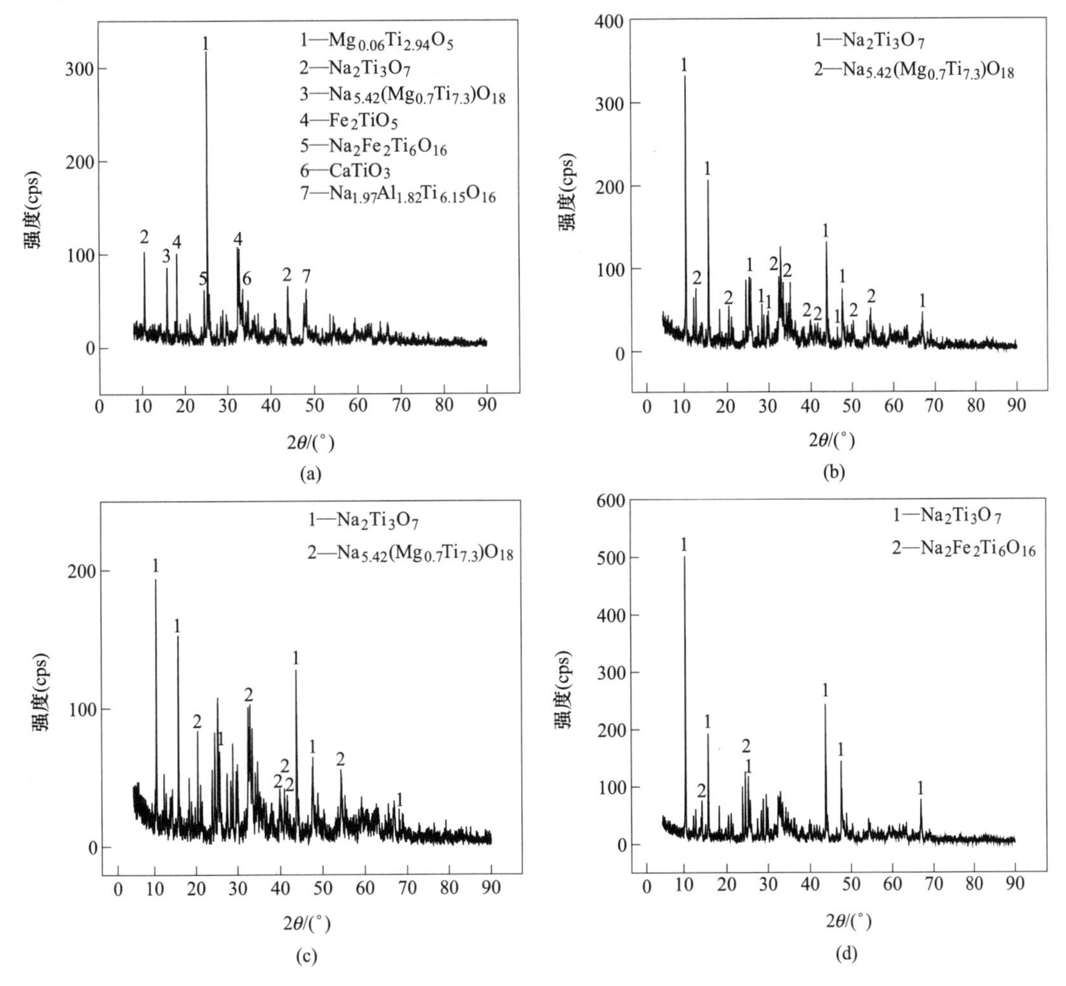

图2-52 不同保温时间样品的XRD图

（a）30min；（b）60min；（c）90min；（d）120min

对微波钠化焙烧后的样品进行了 SEM 光谱扫描，结果如图 2-53 所示。图 2-53（a）~（d）分别为微波钠化焙烧后，保温时间 30min、60min、90min、120min 的样品的 SEM 图谱。由图 2-53（a）可知，经碱浸过后的钛渣微波钠化处理，保温 30min 处理后，得到的样品表面与高钛渣原料形貌相差无几，表面大体光滑，偶有些许极细的小颗粒在表面冒出。经过保温处理 60min 后，由得到的样品 SEM 图谱可知，此时样品的形貌可分为两类，一类是表面光滑，一类是表面已经生成较多的颗粒，凹凸不平。随保温时间的增加，由图 2-53（c）所示保温时间 90min 的样品的 SEM 图谱可知，样品表面不再光滑，表面呈现针状，针状结构细小。由继续增加保温时间至 120min 得到的样品的 SEM 图谱可以看出，样品表面的针状结构增多且长大，呈层次结构紧密排列，有些许呈现了正立排列。

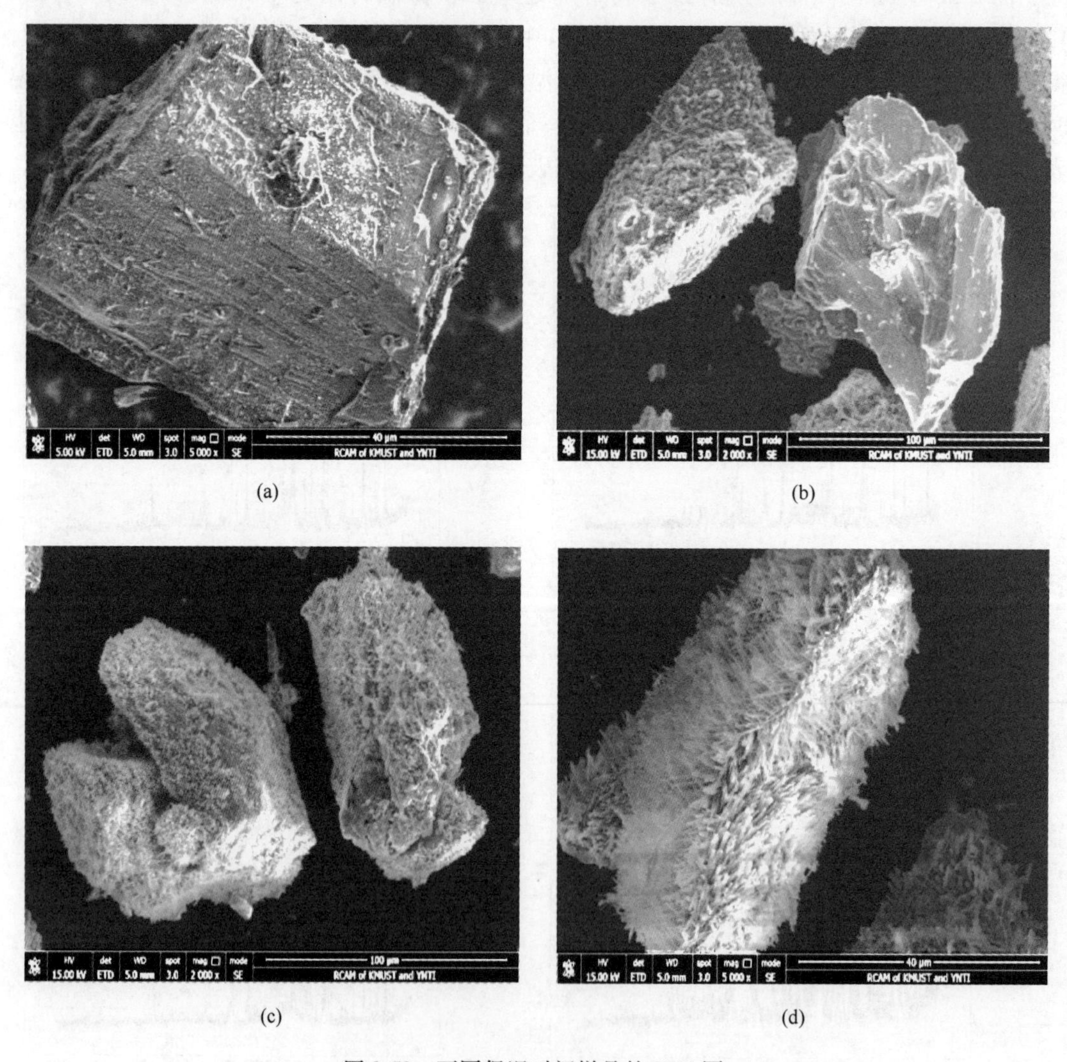

(a)　(b)　(c)　(d)

图 2-53　不同保温时间样品的 SEM 图

（a）30min；（b）60min；（c）90min；（d）120min

对微波钠化焙烧后，保温时间 60min 处理后得到的样品，进行 EDS 点扫描分析，其结果如图 2-54、图 2-55 和表 2-16 所示。

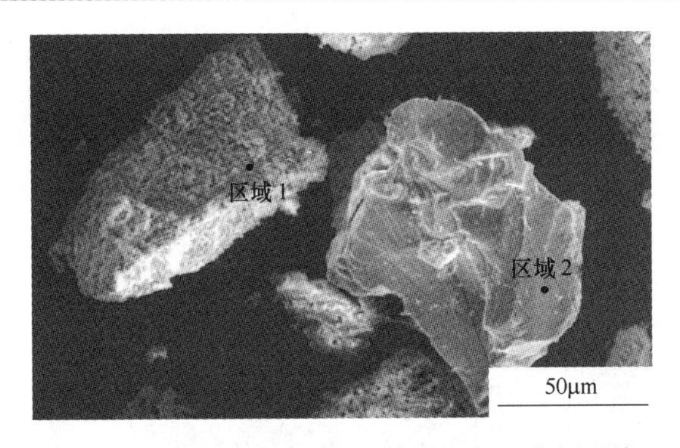

图 2-54 保温时间 60min 的样品的 EDS 分析区域

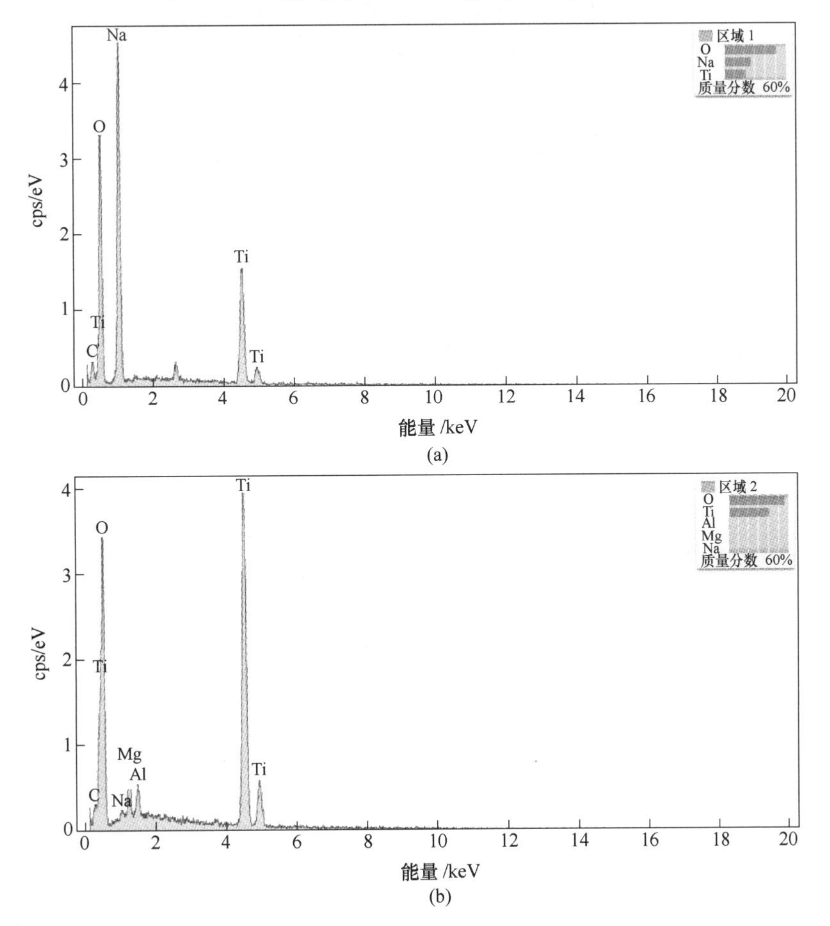

图 2-55 保温 60min 的样品 EDS 分析区域结果

(a) 区域 1；(b) 区域 2

表 2-16 保温 60min 样品的 EDS 分析结果（质量分数） （%）

元素	O	Ti	Na	Mg	Al
区域 1	51.10	21.98	26.92	—	—
区域 2	56.42	41.32	0.48	0.66	1.11

由图 2-54、图 2-55 和表 2-16 可知，微波钠化焙烧后保温 60min 所得样品的形貌可以分为两种：一种表面光滑，一种表面出现针状结构物质。通过对这两种不同形貌进行 EDS 分析，其结果表明，保温 60min 所得样品确实存在两种物质，表面光滑的包含的元素主要是 O、Ti、Mg、Al 等，这类物质主要是未反应的钛渣成分；表面针状结构的物质的主要元素包含 O、Ti、Na 等，这类物质主要是经微波钠化焙烧之后，反应得到的钛盐。

对微波钠化焙烧后，保温时间 120min 处理后得到的样品，进行 EDS 点扫描分析，其结果如图 2-56、图 2-57 和表 2-17 所示。

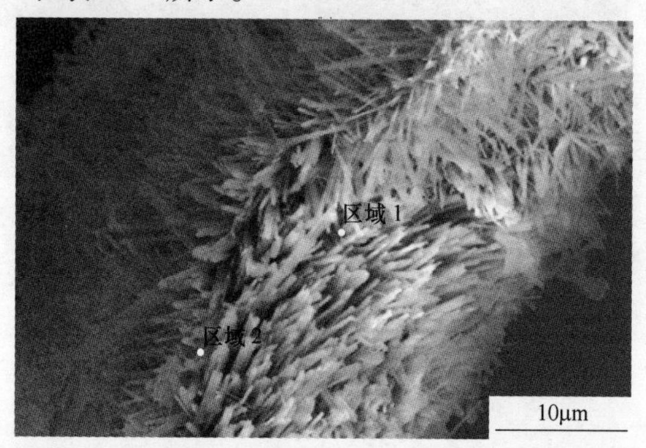

图 2-56　保温时间 120min 的样品的 EDS 分析区域

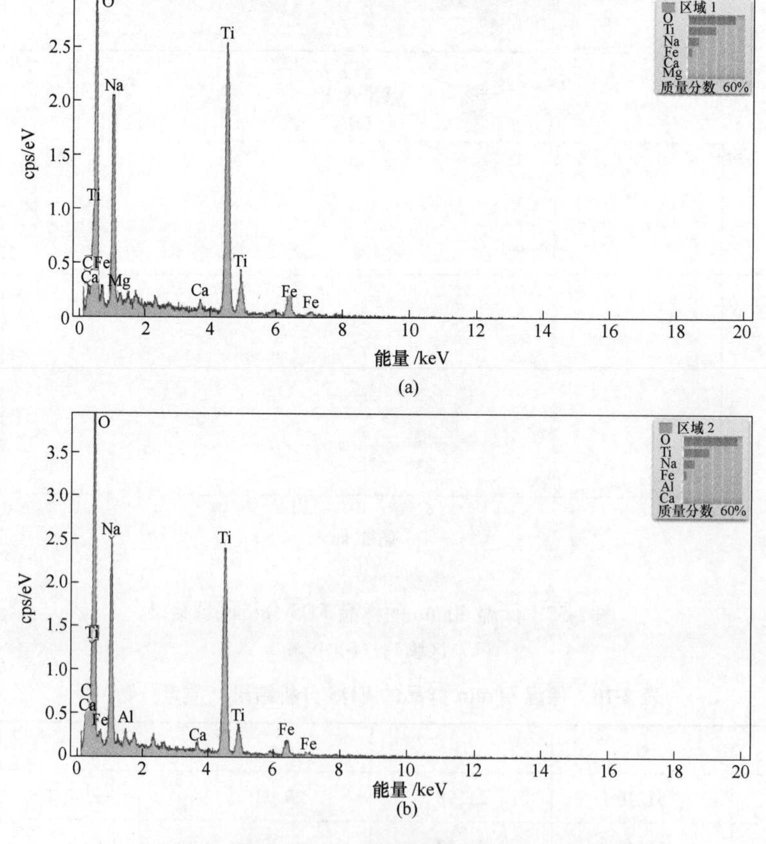

图 2-57　保温 120min 的样品 EDS 分析区域结果

（a）区域 1；（b）区域 2

表 2-17 保温 120min 样品的 EDS 分析结果（质量分数） （%）

元素	O	Ti	Na	Mg	Al	Ca	Fe
区域 1	50.65	30.42	12.56	0.49	—	0.59	5.29
区域 2	54.91	27.03	12.37	—	0.65	0.50	4.55

微波焙烧 120min 后，得到的样品表面为针状结构，对这类针状结构进行 EDS 点扫描分析，其结果表明，这类物质的主要成分包含 O、Ti、Na 等，是微波钠化焙烧后钛渣反应生成的钛盐成分，还夹杂一些杂质的复杂相的组成。其结果与 XRD 分析结果一致。

2.6.3.2 微波焙烧温度的影响

将碱浸之后得到的钛渣进行微波焙烧处理，在不同的设定温度（650℃、750℃、850℃、950℃）下进行微波焙烧，对获得的样品进行物相分析，得到样品的 XRD 图谱，如图 2-58 所示，考察不同微波焙烧温度对钛渣微波焙烧后物相的影响。

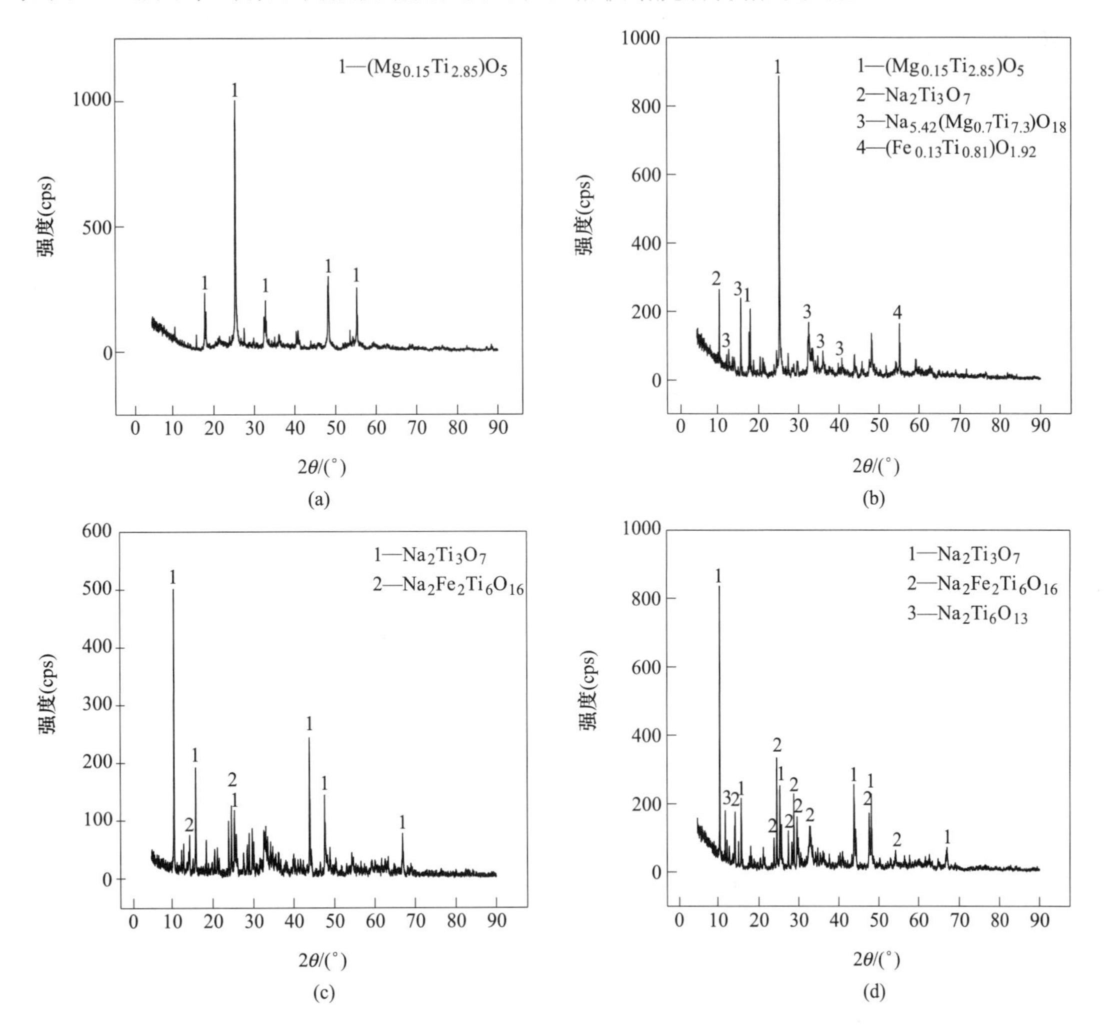

图 2-58 不同焙烧温度样品的 XRD 图

(a) 650℃；(b) 750℃；(c) 850℃；(d) 950℃

图 2-58（a）所示为将样品在 650℃下进行微波焙烧后得到的样品的物相成分 XRD 图谱，样品中主要的物相成分为（$Mg_{0.15}Ti_{2.85}$）O_5，仍为黑钛石固溶体的一种组成结构，说明在 650℃下，样品中黑钛石固溶体结构还未被破坏。随着焙烧温度的升高，物相结构发生变化，形成一些较复杂的相。图 2-58（c）所示为在 850℃下微波焙烧得到的样品的物相成分 XRD 图谱，主要存在的物相是 $Na_2Ti_3O_7$ 与 $Na_2Fe_2Ti_6O_{16}$，分别为钛的氧化物及钛渣中的杂质成分在微波焙烧后形成的物相，随着温度的继续升高，物相成分没有发生太大变化，而物相的强度相对增加。

对不同温度（650℃、750℃、850℃、950℃）下微波钠化焙烧后的样品进行 SEM 光谱扫描，可以获得在各条件下产品的 SEM 光谱图，以此来考察不同焙烧温度对样品的表面形貌的影响，结果如图 2-59 所示。

(a)　(b)　(c)　(d)

图 2-59　不同焙烧温度样品的 SEM 图

(a) 650℃；(b) 750℃；(c) 850℃；(d) 950℃

由图 2-59（a）可知，当处理温度为 650℃时，所得到的样品表面形貌依旧平整，只是与原料相比，表面有些许的小颗粒物质，大体是光滑平整的。图 2-59（b）所示为微波焙烧温度为 750℃时得到的样品的 SEM 图谱，由此看出，此时，样品的整体形貌可以分为两种，一种即为左边的，表面凹凸不平，有呈针状趋势；另一种即为右边的，表面依旧是光滑平整的。微波焙烧温度为 850℃时，得到的样品的 SEM 图谱如图 2-59（c）所示，由图可知，样品的整体形貌不再是两类，而是整体形貌呈现针状结构，针状结构布满样品表面，比较均匀。继续升高焙烧处理温度得到图 2-59（d），可以看出，表面的针状结构依旧清晰存在于样品的表面，针状结构较 850℃的更加均匀。

对 750℃温度条件下进行微波钠化焙烧，处理后得到的样品，进行 EDS 点扫描分析，其结果如图 2-60、图 2-61 和表 2-18 所示。在 750℃下进行微波钠化处理后，所获得样品的形貌可以分为两类，其组成元素也不尽相同，所选择的区域 1，表面形貌表现为表面凹凸不平，布满针状结构的物质，通过 EDS 分析，其组成元素主要为 O、Na、Ti 三种，可以得出，这种结构的物质主要是焙烧后得到的钛盐；而区域 2 的表面主要呈现的是光滑平整，与原料形貌结构相近，通过 EDS 分析，也可得知，其主要元素是 O 与 Ti 两种，可知，此种形貌结构的物质是未达到完全反应的原料部分，即主要成分为钛的氧化物。

(a)

(b)

图 2-60 焙烧温度 750℃样品的 EDS 分析区域

（a）区域 1；（b）区域 2

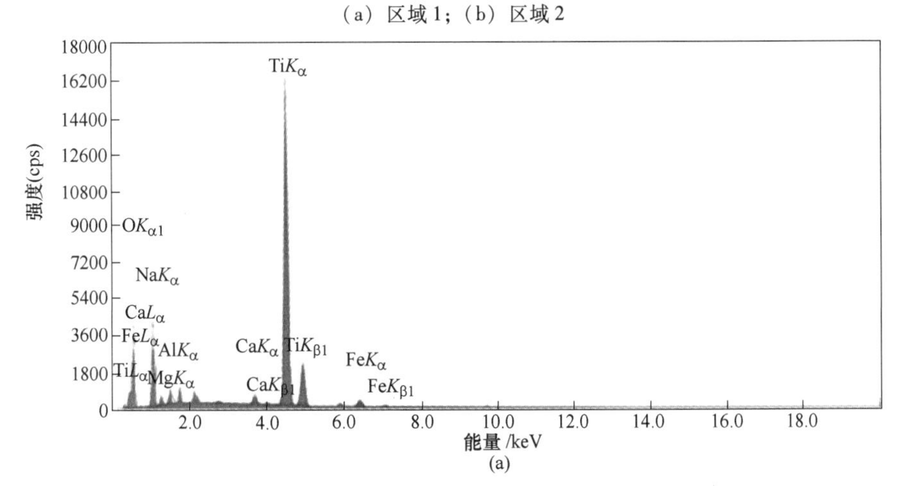

(a)

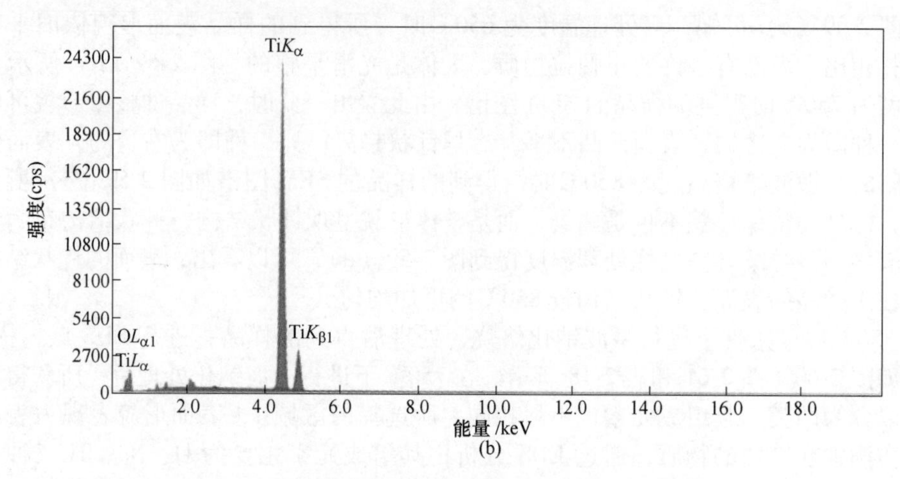

图 2-61　焙烧温度 750℃样品的 EDS 分析区域结果

(a) 区域 1；(b) 区域 2

表 2-18　焙烧温度 750℃样品的 EDS 分析结果（质量分数）　(%)

元素	O	Ti	Na	Mg	Al	Ca	Fe
区域 1	39.76	31.76	21.89	2.38	2.08	0.92	1.20
区域 2	43.25	56.75	—	—	—	—	—

对 850℃温度条件下进行微波钠化焙烧所得样品进行 EDS 点扫描分析，结果如图 2-62、表 2-19 和图 2-63 所示。850℃微波焙烧后，得到的样品表面布满针状结构物质，对这类针状结构进行 EDS 点扫描分析，其成分主要包含 O、Ti、Na 等，可知是微波钠化焙烧后，钛渣反应之后生成的钛盐成分。

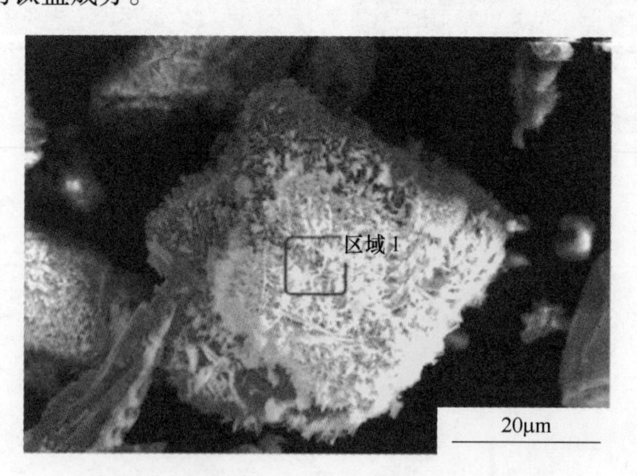

图 2-62　焙烧温度 850℃样品的 EDS 分析区域

表 2-19　焙烧温度 850℃样品的 EDS 分析结果（质量分数）　(%)

元素	O	Ti	Na	Mg	Al	Ca	Fe
区域 1	40.84	24.96	26.44	2.70	2.00	0.78	2.28

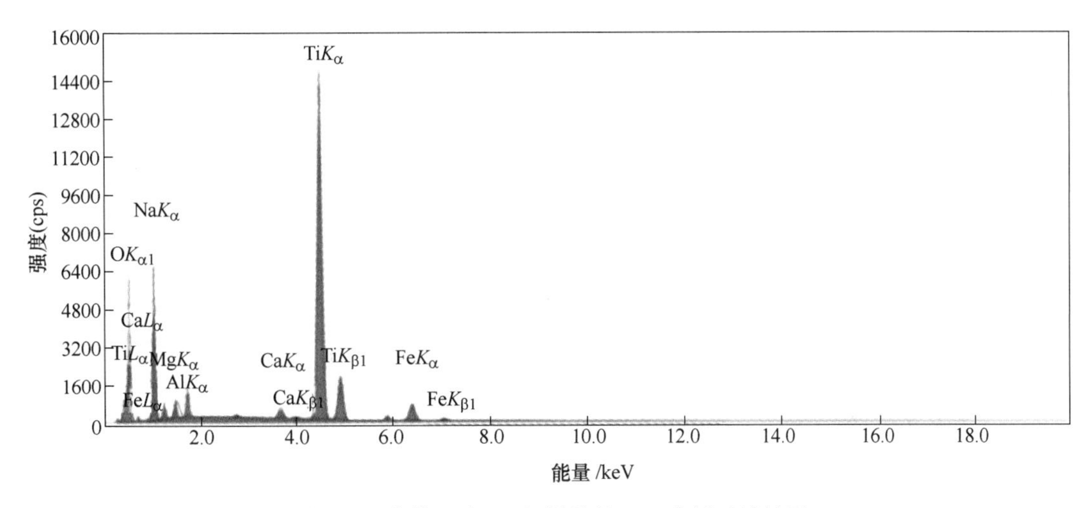

图 2-63 焙烧温度 850℃样品的 EDS 分析区域结果

2.6.3.3 Na_2CO_3/钛渣质量比的影响

A XRD 分析

取 100g 碱浸渣，分别按照 15%、20%、25%、30%配比加入碳酸钠（15g、20g、25g、30g）进行混合配料，在微波箱式反应器中进行微波焙烧处理。设置焙烧温度为 850℃，保温时间为 2h，得到微波钠化焙烧处理后的焙烧渣产品，对其进行 XRD 分析。所测的 XRD 图谱如图 2-64 所示。

由图 2-64（a）可知，高钛渣与碳酸钠混合后进行微波钠化焙烧，原料进行活化改性，黑钛石固溶体 M_3O_5 被破坏，主要生成 $Na_2Fe_2Ti_6O_{16}$复杂化合物，同时产物中还有少量的锐钛矿型 TiO_2，在 $2\theta=10.56°$处出现 $Na_2Ti_3O_7$ 物相峰。与 20%碳酸钠混合后反应产物的 XRD 图谱结果如图 2-64（b）所示，产物中主要的物相仍然是 $Na_2Fe_2Ti_6O_{16}$，且峰的强度

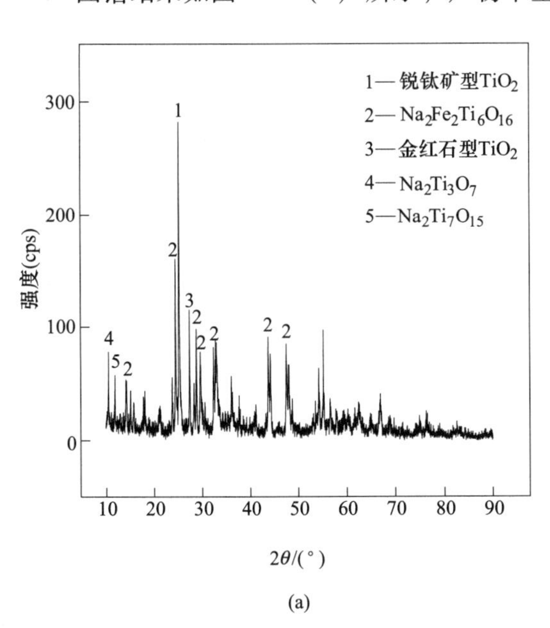

(a)

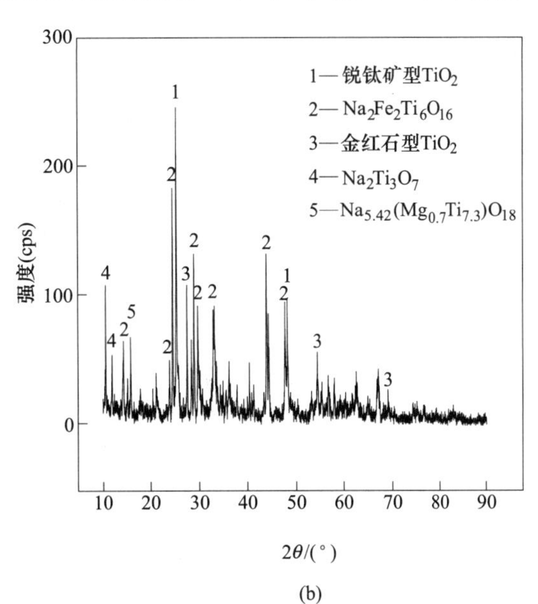

(b)

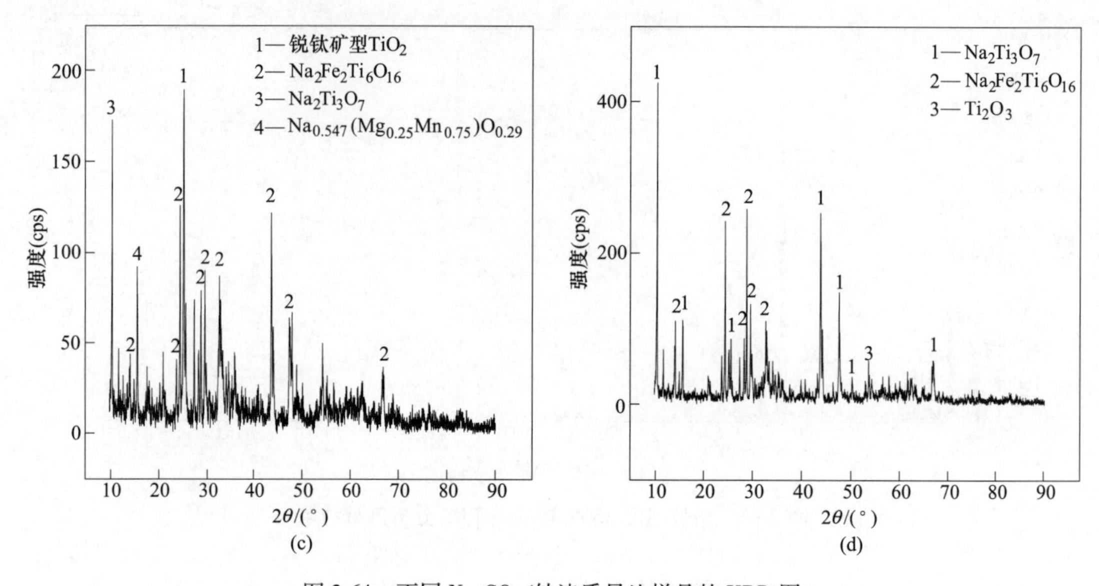

图 2-64　不同 Na_2CO_3/钛渣质量比样品的 XRD 图

(a) 15%Na_2CO_3；(b) 20%Na_2CO_3；(c) 25%Na_2CO_3；(d) 30%Na_2CO_3

增强，同时锐钛矿型 TiO_2 峰强度减弱，$Na_2Ti_3O_7$ 峰强度增强，反应进一步发生。图 2-64（c）所示为高钛渣与25%碳酸钠混合后反应的图谱结果。$Na_2Fe_2Ti_6O_{16}$峰强度减弱，锐钛矿型 TiO_2 峰强度继续减弱，而产物中 $Na_2Ti_3O_7$ 峰强度增强。将 30g 碳酸钠与 100g 高钛渣混合进行微波钠化焙烧后，XRD 衍射图谱结果如图 2-64（d）所示，产物中物相以 $Na_2Ti_3O_7$ 为主，物相 $Na_2Fe_2Ti_6O_{16}$的峰强度减弱，同时锐钛矿型 TiO_2 峰消失。

B　SEM 分析

对在不同 Na_2CO_3/钛渣质量比（15%、20%、25%、30%）条件下，微波钠化焙烧处理后的样品进行 SEM 光谱扫描，考察微波焙烧过程中不同 Na_2CO_3/钛渣质量比对所得产品的形貌的变化影响，得到样品的 SEM 光谱如图 2-65 所示。

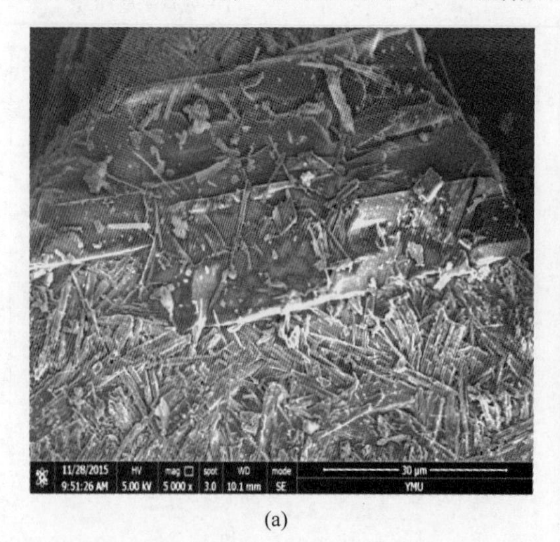

(a)

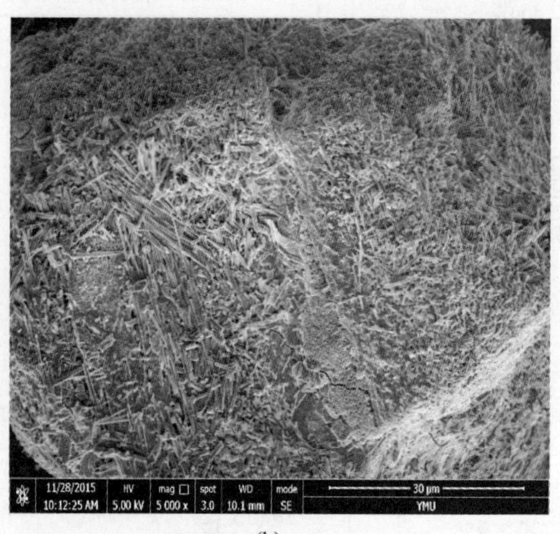

(b)

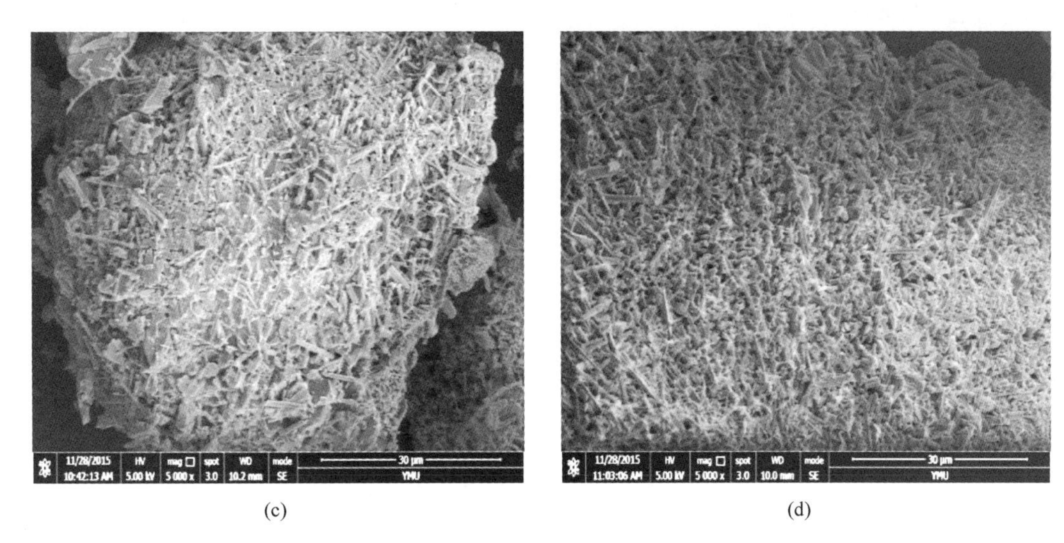

(c) (d)

图 2-65 不同 Na_2CO_3/钛渣质量比条件下样品的 SEM 图

(a) 15%Na_2CO_3；(b) 20%Na_2CO_3；(c) 25%Na_2CO_3；(d) 30%Na_2CO_3

由图 2-65 可知，随着 Na_2CO_3/钛渣质量比的增加（15%、20%、25%、30%），在样品表面不同于原料表面的光滑，有针状结构物质出现，使得物质表面不再光滑，而是凹凸不平。增加 Na_2CO_3/钛渣质量比，表面的针状物质成分越多，且越来越区域均匀化，均匀布满表面。

2.6.3.4 产物分析

以钛铁矿电炉熔炼后的高钛渣为原料，对其进行高钛渣—碱浸—微波焙烧—酸浸—煅烧工艺处理，探索人造金红石的制备及工艺流程。碱浸条件：碱浸温度 94℃，碱浓度 80g/L，液固比 6 ∶ 1，碱浸时间 60min；微波焙烧条件：温度 850℃，时间 120min，Na_2CO_3/钛渣质量比为 0.25；酸浸条件：酸浸温度 94℃，硫酸浓度 30%，时间 4h；煅烧条件：温度 950℃，时间 30min，通过 XRD 分析、拉曼分析、红外光谱分析、扫描电镜分析、XPS 分析等现代分析手段，探讨了高钛渣在处理前后的物相组成、分子结构、形貌等的变化。结果表明：通过对高钛渣进行高钛渣—碱浸—微波焙烧—酸浸—煅烧处理后，高钛渣的主要物相由黑钛石固溶体转变为金红石型 TiO_2，采用此工艺流程也大大降低了样品中杂质的含量，提高了金红石的品位及质量。

A 化学成分分析

对最终产物进行化学成分分析，结果见表 2-20。由表 2-20 可知，经过高钛渣—碱浸—微波焙烧—酸浸—煅烧处理后，能够获得 TiO_2 含量在 89%以上的产品。

表 2-20 产品的主要化学成分

成分	TiO_2	Al_2O_3	MgO	SiO_2	CaO
质量分数/%	89.48	5.68	2.16	1.64	0.59

B 物相分析

对最终产物进行物相成分分析，结果如图 2-66 所示。所得产品的主要物相为金红石型二氧化钛，有极少量未发生晶型转变的锐钛矿型二氧化钛，原料中的黑钛石固溶体晶相被完全破坏。

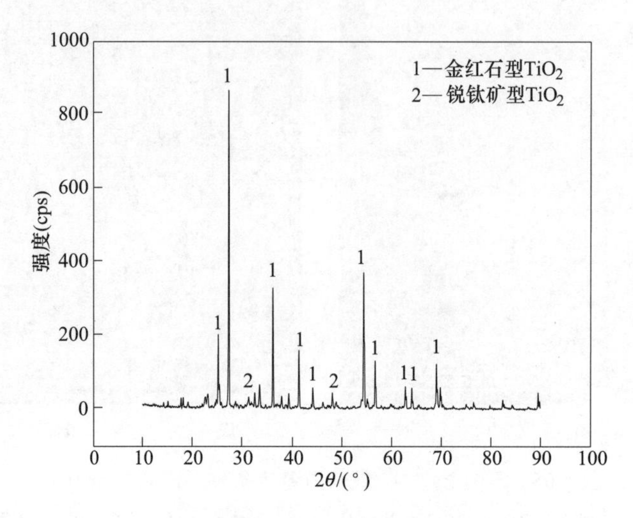

图 2-66　产品的 XRD 图谱

C　SEM 分析

对最终产物进行形貌分析，结果如图 2-67 所示。样品表面的细小颗粒不断聚集，包裹在样品表面，整体样品表面呈现絮状，这种在样品表面的细小颗粒即为金红石型 TiO_2。

图 2-67　产品的 SEM 图谱
(a) 1000 倍；(b) 5000 倍

D　红外光谱分析

由高钛渣的 FT-IR 光谱图（见图 2-68 中曲线 1）可以看出，在 471. 78cm^{-1}处的特征峰是由 TiO_2 八面配位体的振动引起的；在 3436. 85cm^{-1}处的特征峰，来自样品表面 O—H 键的收缩振动；1631. 47cm^{-1}处的特征峰，是样品中所含水分的 H—O—H 的弯曲振动所致，表明存在表面水和表面羟基；在 1094. 88cm^{-1}处的特征峰为 O—H 键的弯曲振动吸收峰。

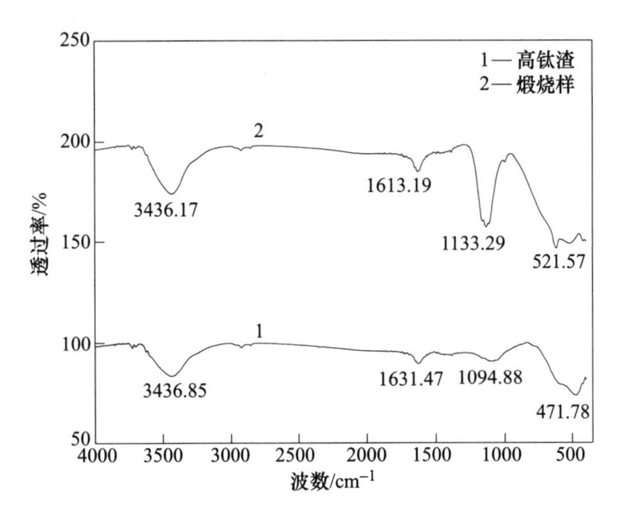

图 2-68 样品的 FT-IR 光谱分析

图 2-68 中煅烧样的 FT-IR 光谱图中，在 521.57cm^{-1}处的特征峰是由 TiO_2 八面配位体的振动引起的，此特征峰与碱浸渣的 TiO_2 八面配位体的特征峰相比，峰值继续向高频移动，发生了蓝移；在 3436.17cm^{-1} 处的特征峰，来自样品表面 O—H 键的收缩振动；1613.19cm^{-1}处的特征峰，是样品中所含水分的 H—O—H 的弯曲振动所致，表明存在表面水和表面羟基；在 1133.29cm^{-1}处的特征峰为 O—H 键的弯曲振动吸收峰。

E 拉曼光谱分析

图 2-69（a）高钛渣的拉曼光谱图中，包括了位于 157cm^{-1}的最强峰，位于 625cm^{-1}和 396cm^{-1}的次强峰，位于 505cm^{-1} 和 202cm^{-1} 的中等强度峰。其中，396cm^{-1}、505cm^{-1}、625cm^{-1}为锐钛矿型 TiO_2 的拉曼振动模式特征峰，157cm^{-1}为 Ti_3O_5 的拉曼振动模式特征峰，

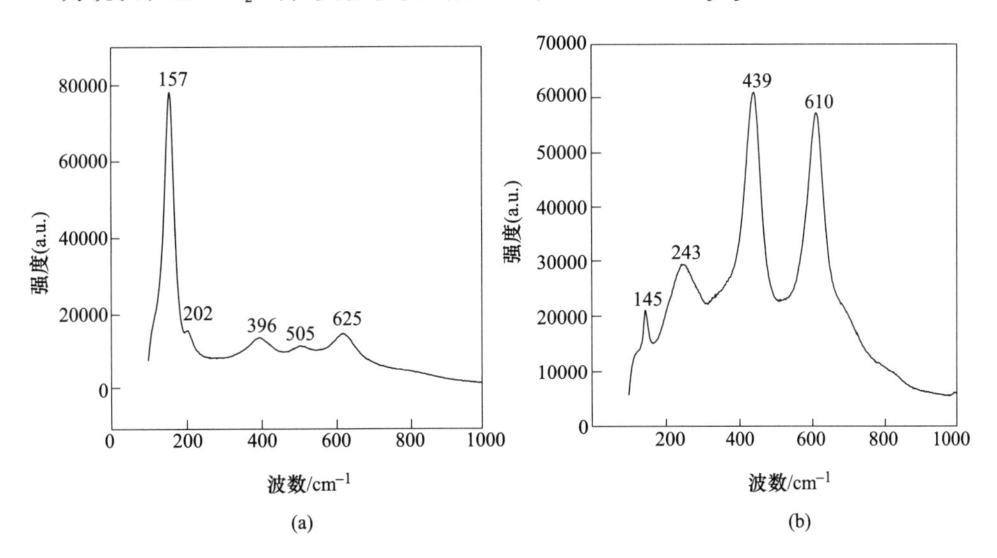

图 2-69 样品的拉曼光谱分析
（a）高钛渣；（b）煅烧样

$202cm^{-1}$为 Ti_2O_3 的拉曼振动模式特征峰。图 2-69（b）中煅烧样的拉曼光谱图中，包括了位于 $439cm^{-1}$、$610cm^{-1}$的最强峰，位于 $243cm^{-1}$的次强峰，位于 $145cm^{-1}$的中等强度峰。其中，$243cm^{-1}$、$439cm^{-1}$、$610cm^{-1}$为金红石型 TiO_2 的拉曼振动模式特征峰，$145cm^{-1}$为 Ti_3O_5 的拉曼振动模式特征峰。

F　XPS 分析

高钛渣及处理后获得的人造金红石产品的 XPS 全谱图如图 2-70 所示。高钛渣及金红石表面主要有 Ti、O、C 三种元素，其中部分 C 为污染所致。再对高钛渣及金红石 TiO_2 中的 Ti 元素进行窄扫描分析，结果如图 2-71 所示。高钛渣处理前后，钛的价态的特征峰对应的电子结合能见表 2-21。

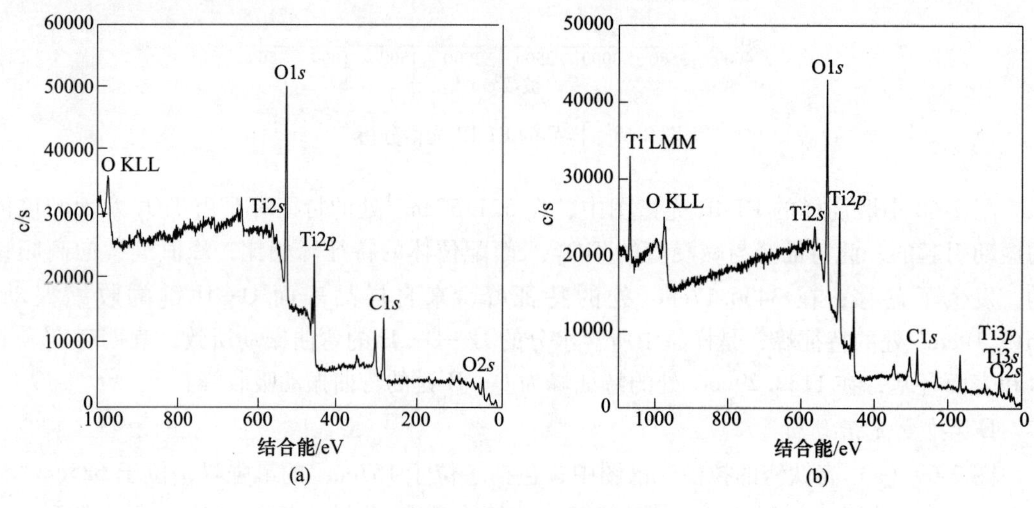

图 2-70　样品的 XPS 全谱图

（a）高钛渣；（b）金红石

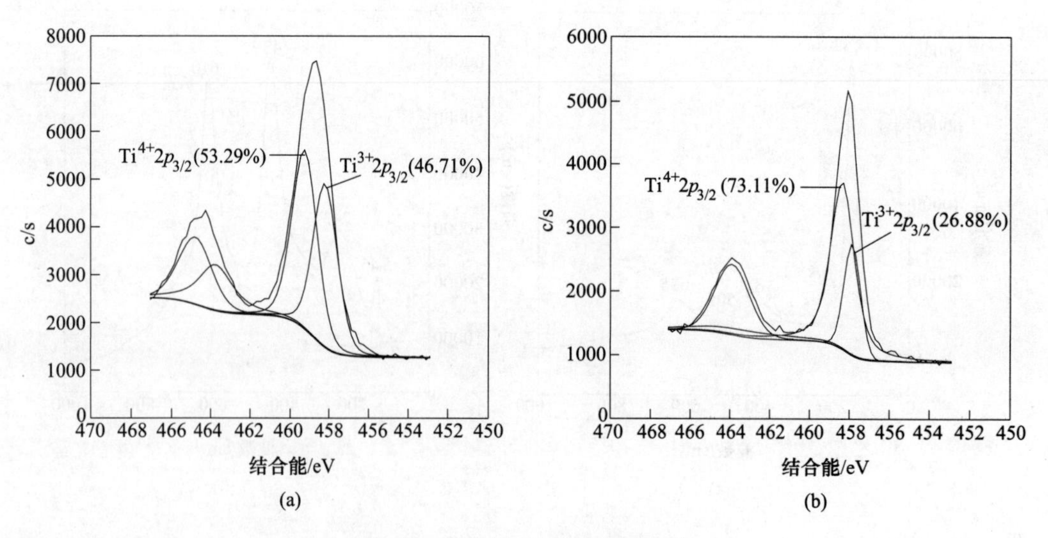

图 2-71　样品的 Ti 元素 XPS 图谱

（a）高钛渣；（b）金红石

表 2-21 高钛渣处理前后的 XPS 结果

样品	结合能/eV			
	$Ti2p_{3/2}$ (4^+)	$Ti2p_{1/2}$ (4^+)	$Ti2p_{3/2}$ (3^+)	$Ti2p_{1/2}$ (3^+)
处理前/eV	459.26	464.80	458.19	463.71
电子结合能占比/%	53.29	53.29	46.71	46.71
处理后/eV	458.35	463.89	457.86	463.40
电子结合能占比/%	73.11	73.11	26.88	26.88

由图 2-71 和表 2-21 分析可知，高钛渣在处理前，对 Ti 进行拟合，可以拟合为两种形式，即 Ti^{4+} 和 Ti^{3+}，$Ti^{4+}(2p_{3/2})$ 的电子结合能为 459.26eV，占到了 53.29%，$Ti^{3+}(2p_{3/2})$ 的电子结合能为 458.19eV，占到 46.71%。经高钛渣—碱浸—微波焙烧—酸浸—煅烧处理后得到的人造金红石中 Ti 可拟合为两种价态：四价与三价，其中 458.35eV 为此时四价态的拟合特征峰，457.86eV 为三价态的拟合特征峰，其中 Ti^{4+} 占 73.11%，Ti^{3+} 占 26.88%。与处理前的高钛渣相比，处理后得到的金红石 Ti 的拟合结果显示，各价态的含量发生了变化，处理后四价钛的含量大幅增加，三价钛的含量减少，可知，通过高钛渣—碱浸—微波焙烧—酸浸—煅烧处理后，原高钛渣中的黑钛石固溶体相基本转变为金红石型 TiO_2 相。同时，处理前的钛的特征峰与处理后拟合得到的各价态的电子结合能相比，结合能都有降低，说明经过高钛渣—碱浸—微波焙烧—酸浸—煅烧处理，物质表面的化学状态发生了变化，其分子在表面被氧化了。

2.7 微波活化焙烧—酸浸法制备人造金红石

酸溶性钛渣是以钛铁矿为原料，通过电炉熔炼，使 TiO_2 得到富集的一种钛工业原料。其熔炼过程很大程度上是除铁过程，对非铁杂质（Ca、Mg、Si、Al、S、P）的去除能力差，所得产品不宜直接作为氯化法钛白和海绵钛生产的原料，制约了钛资源的大规模高效利用，因此需要对酸溶性钛渣进一步处理，从而获得适于氯化法钛白生产和海绵钛制取的人造金红石。赵巍、彭金辉等人[47]采用微波活化焙烧—酸浸酸溶性钛渣的方法来制备人造金红石，并对工艺参数进行了优化。

2.7.1 酸溶性钛渣性质

原料为云南某地钛铁矿还原熔炼后得到的酸溶性钛渣，其主要化学成分及粒度组成分别见表 2-22 和表 2-23。

表 2-22 酸溶性钛渣化学成分分析

成分	TiO_2	Ti_2O_3	TFe	Al_2O_3	SiO_2	MgO	CaO
含量/%	72.33	2.34	11.15	2.21	9.57	1.52	0.50

由表 2-22 可知，酸溶性钛渣的主要化学成分为钛的氧化物，主要是 Ti^{4+} 以及少量的 Ti^{3+}，全铁和 SiO_2 含量较高，Al_2O_3、MgO 以及 CaO 等杂质含量较低。钛铁矿在电炉熔炼过程中伴随着铁氧化物的还原，同时有一些高价钛被还原，产生了一些低价钛，由于酸溶性钛渣的还原过程是适量的还原，因此产生的低价钛含量相对较少，其中铁经选矿后大部分被除去，其他杂质用选矿方法则不能被除去，最终进入渣相。

表 2-23　酸溶性钛渣粒度组成

粒度/μm	>180	150~180	120~150	96~120	75~96	48~75	<48
含量/%	32.4	24.8	10.2	12.2	9	7	4.4

从表 2-23 中可以看出，钛渣粒度主要分布在 75μm 以上，表明物料粒度较粗。

通过测量样品在加热过程中产生的物理或化学变化过程伴随发生的吸热或放热引起能量变化的情况，得到 TG 和 DSC 曲线，如图 2-72 和图 2-73 所示。

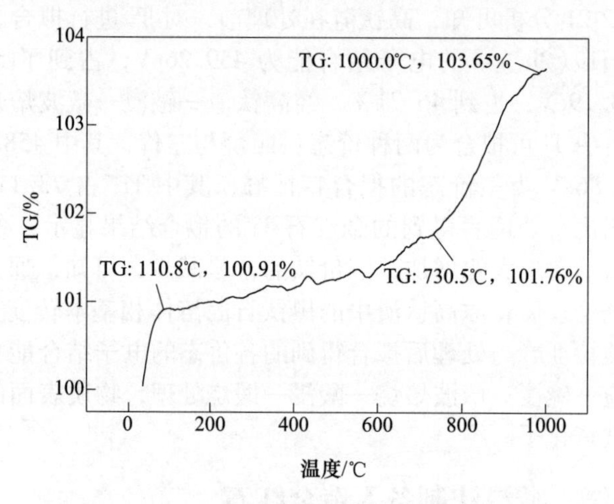

图 2-72　酸溶性钛渣的 TG 曲线

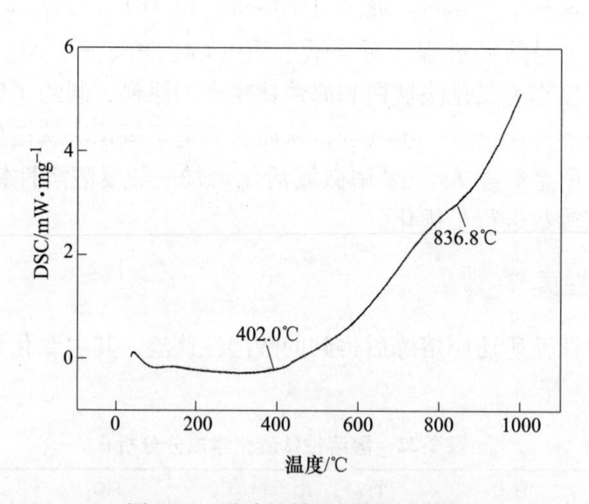

图 2-73　酸溶性钛渣的 DSC 曲线

随着温度的升高，酸溶性钛渣的质量总体呈上升的趋势，这是由于氧化反应的结果。当温度达到 110.8℃时，酸溶性钛渣的质量略微下降，这是由于其中的水分挥发的原因。当温度达到 730.5℃时，TG 曲线有明显快速增长的趋势，这是因为前期原料中低价钛的氧化速度很慢，氧化产物不形成单独相，而是溶解于黑钛石固溶体中；当温度高于 730℃时，酸溶性钛渣中的低价钛的氧化反应速度进一步加快。当温度高于 1000℃时，TG 曲线趋于平缓，这是因为氧化反应达到平衡。

由图 2-73 可以看出，当温度高于 402.0℃时，DSC 曲线出现拐点，这是由于其中低价钛氧化反应的结果。当温度在 836.8℃左右时，DSC 曲线出现拐折，这是由于生成的锐钛型二氧化钛在此温度范围内开始发生晶型转变，即转变为金红石型二氧化钛。

2.7.2 微波活化焙烧—酸浸工艺

钛渣的主要物相是黑钛石型固溶体，直接将钛从渣中分离出来用选矿的方法行不通。此后向钛渣中添加一定量的碱金属盐，此后高温焙烧，使钛渣与碱金属盐发生化学反应，钛渣发生物相转变，钛渣中不能被酸溶的矿物结构被破坏，生成可被稀酸溶解的碱金属化合物。焙烧产物经过酸浸、高温煅烧后即可得到高品质人造金红石。

结合微波加热特有的能量传输方式和选择性加热的特性，在探索性实验的基础上，提出了对西南某地钛渣添加 Na_2CO_3 进行微波焙烧，焙烧产物经过酸浸除去杂质，酸浸渣再经过高温煅烧获得高品质人造金红石的工艺技术。工艺如图 2-74 所示。

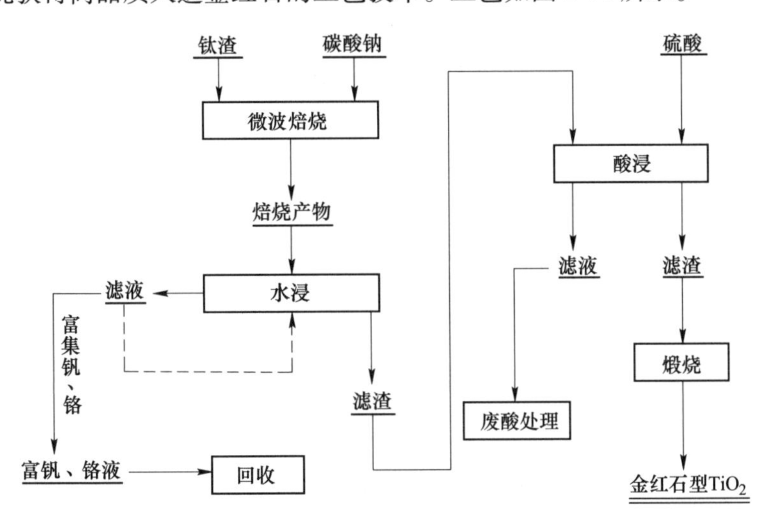

图 2-74 微波活化焙烧—酸浸工艺流程图

2.7.3 微波活化焙烧—酸浸条件实验

酸溶性钛渣微波活化焙烧—酸浸过程的主要影响因素有：钛渣粒度、Na_2CO_3/钛渣质量比、焙烧温度、焙烧时间、浸出酸种类、浸出酸浓度、液固比、搅拌速度、煅烧温度、煅烧时间等。由于首先将浸出条件和煅烧条件固定，因此仅研究 Na_2CO_3/钛渣质量比、焙烧温度、焙烧时间对 TiO_2 富集效果的影响。

2.7.3.1 Na_2CO_3/钛渣质量比的影响

为确定适宜的 Na_2CO_3/钛渣质量比，在焙烧温度设定为 900℃，保温时间 120min 的条件下，研究不同 Na_2CO_3/钛渣质量比对 TiO_2 富集效果的影响，结果如图 2-75 所示。

随着 Na_2CO_3/钛渣质量比的增加，样品中 TiO_2 含量也随之增加。不添加 Na_2CO_3 微波焙烧，所得人造金红石 TiO_2 含量仅为 71.82%，较原料有略微的下降，主要是由于钛渣经

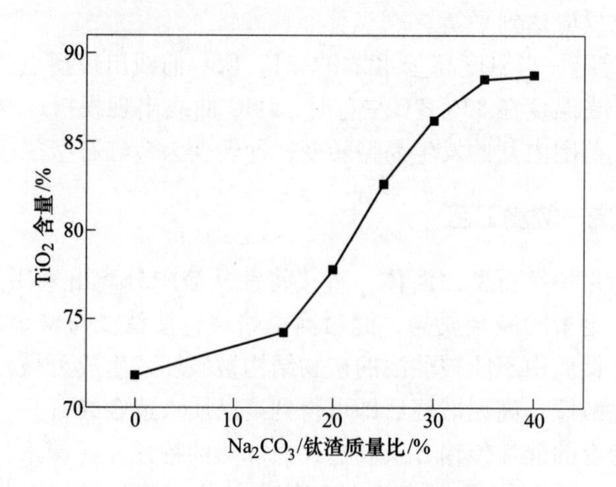

图 2-75　Na_2CO_3/钛渣质量比对 TiO_2 富集效果的影响

过氧化焙烧后，其中的固溶体物相组成没有改变、结构未被破坏，而仅仅是其中的 Fe^{2+} 及低价钛被氧化成 Fe^{3+} 和 Ti^{4+}，杂质组分依然存在于固溶体结构中，从而导致浸出效果不好，所得产品 TiO_2 品位低。

通过添加 Na_2CO_3 微波焙烧，人造金红石 TiO_2 品位有明显提高。当 Na_2CO_3/钛渣质量比为 0.15 时，人造金红石 TiO_2 品位为 74.23%；当 Na_2CO_3/钛渣质量比提高到 0.35 时，人造金红石 TiO_2 品位为 88.54%；继续提高 Na_2CO_3/钛渣质量比，人造金红石 TiO_2 品位提高幅度不大。由于当 Na_2CO_3/钛渣质量比较低时，钛渣钠化焙烧反应进行得不够充分，导致杂质的去除效果不佳；随着 Na_2CO_3/钛渣质量比提高，钠化焙烧反应进行得充分，固溶体结构破坏得彻底，杂质浸出率高，从而获得高品质人造金红石。综合试验结果和经济性考虑，选定 Na_2CO_3/钛渣质量比为 0.35 作为其最优反应条件。

2.7.3.2　微波焙烧温度的影响

在 Na_2CO_3/钛渣质量比为 0.35（其中钛渣质量为 100g），保温时间为 120min 的条件下，研究不同焙烧温度对 TiO_2 富集效果的影响，结果如图 2-76 所示。

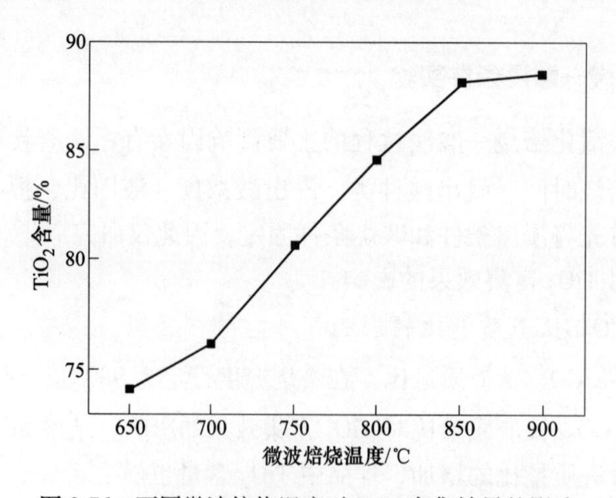

图 2-76　不同微波焙烧温度对 TiO_2 富集效果的影响

随着焙烧温度的提高，所得人造金红石 TiO_2 品位逐渐提高。当焙烧温度为 650℃时，人造金红石 TiO_2 品位仅为 73.21%，并且仍有部分物料未反应完全；当焙烧温度提高到 850℃时，人造金红石 TiO_2 品位也提高到 88.21%。继续提高焙烧温度，人造金红石 TiO_2 品位提高不明显，并且存在烧结现象。对于大部分固相反应而言，扩散过程是控制反应速率的关键，两种固体只能在它们接触的界面发生化学反应，随着反应温度的提高，物质的内能增大，离子迁移速率提高，加速了钛渣微波钠化焙烧的反应过程。综合考虑，选定焙烧温度为 850℃为最优反应条件。

2.7.3.3 保温时间的影响

为确定适宜的保温时间，在 Na_2CO_3/钛渣质量比为 0.35（其中钛渣质量为 100g）、微波焙烧温度为 850℃的条件下，研究不同保温时间对 TiO_2 富集效果的影响，结果如图 2-77 所示。

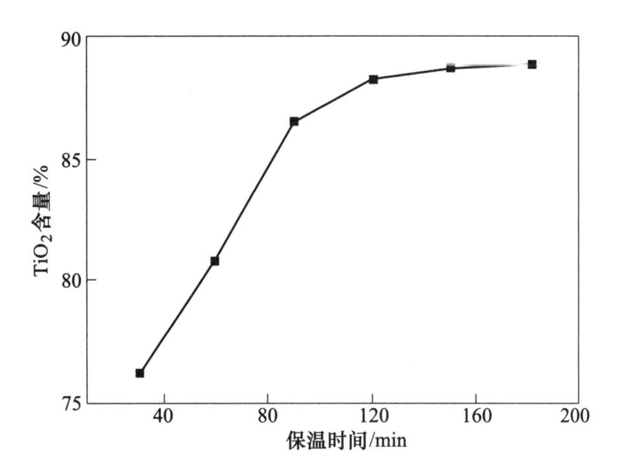

图 2-77 不同保温时间对 TiO_2 富集效果的影响

随着保温时间的增加，所得人造金红石 TiO_2 品位逐渐提高。当保温时间为 30min 时，所得人造金红石 TiO_2 品位为 76.22%；当保温时间提高到 120min 时，所得人造金红石 TiO_2 品位为 88.21%；继续增加保温时间，人造金红石 TiO_2 品位提高不明显。当保温时间较短时，物料在反应腔体内的反应进行得不充分，并且还有相当一部分的物料仍处于未反应状态；随着保温时间的增加，物料之间有足够的时间充分反应，最终达到化学平衡。但当保温时间延长至 180min 时，存在烧结现象。酸溶性钛渣与 Na_2CO_3 在 120min 内反应基本完成。综合考虑，选定保温时间 120min 为最优反应条件。

2.7.3.4 结果表征

A XRD 分析

由原料的物相分析可以看出，酸溶性钛渣的主要物相是以 $FeTi_2O_5$ 为基的黑钛石固溶体，以及少量的锐钛型 TiO_2。在 Na_2CO_3/钛渣质量比为 0.35、微波焙烧温度为 850℃、保温时间 120min 的条件下微波焙烧后，其物相组成如图 2-78 所示。

在固定的酸浸条件和煅烧条件下对焙烧渣进行浸出、煅烧后，对样品进行物相分析，其物相组成如图 2-79 所示。

通过添加 Na_2CO_3 微波焙烧后，原料中的黑钛石固溶体相消失，生成了非化学计量的

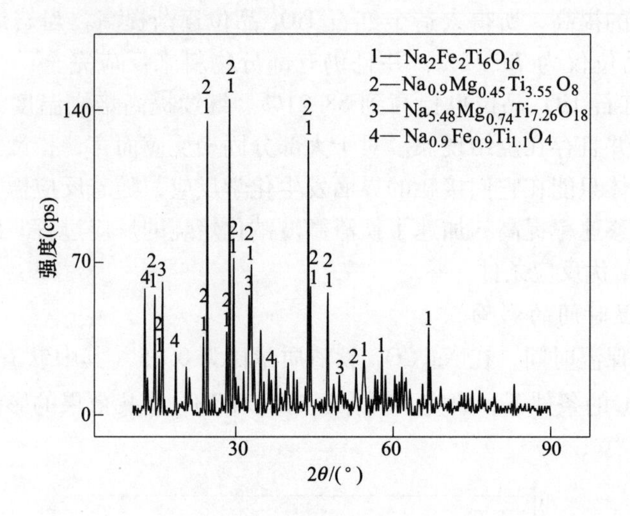

图 2-78　焙烧渣的 XRD 图谱

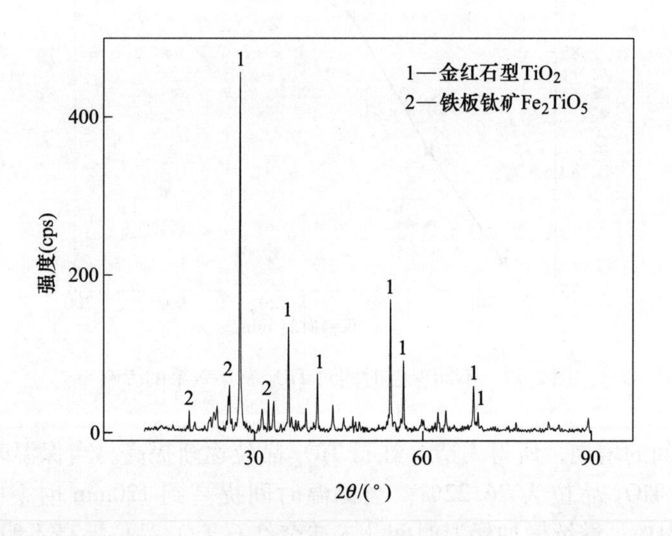

图 2-79　煅烧后样品的 XRD 图谱（微波加热 900℃，保温 30min）

新相 Na-Fe-Ti-O 系固溶体和 Na-Mg-Ti-O 系固溶体。通过添加 Na_2CO_3 微波焙烧后，发生固相反应，其中的主要杂质生成了一系列可溶性新相，通过浸出，焙烧产物中的杂质不同程度地被溶出，而含钛组分未被溶出，从而得到了高品质人造金红石。

a　不同 Na_2CO_3/钛渣质量比对酸溶性钛渣相变的影响

在微波焙烧温度为 900℃，保温时间 120min 的条件下，焙烧产物经过酸浸、煅烧后，研究不同 Na_2CO_3/钛渣质量比对物相相变的影响，其结果如图 2-80 所示。

原料中的黑钛石固溶体相消失，生成了主相为金红石型 TiO_2 的人造金红石产品；随着 Na_2CO_3/钛渣质量比的提高，在 $2\theta = 27.45°$、$2\theta = 36.09°$、$2\theta = 54.32°$ 处的金红石型 TiO_2（JCPDS 卡号：21-1276）衍射峰强度逐渐增加，杂相的衍射峰强度逐渐降低。由 XRD 衍射峰强度的比例关系可以得出，随着 Na_2CO_3/钛渣质量比提高，人造金红石 TiO_2 品位提高。

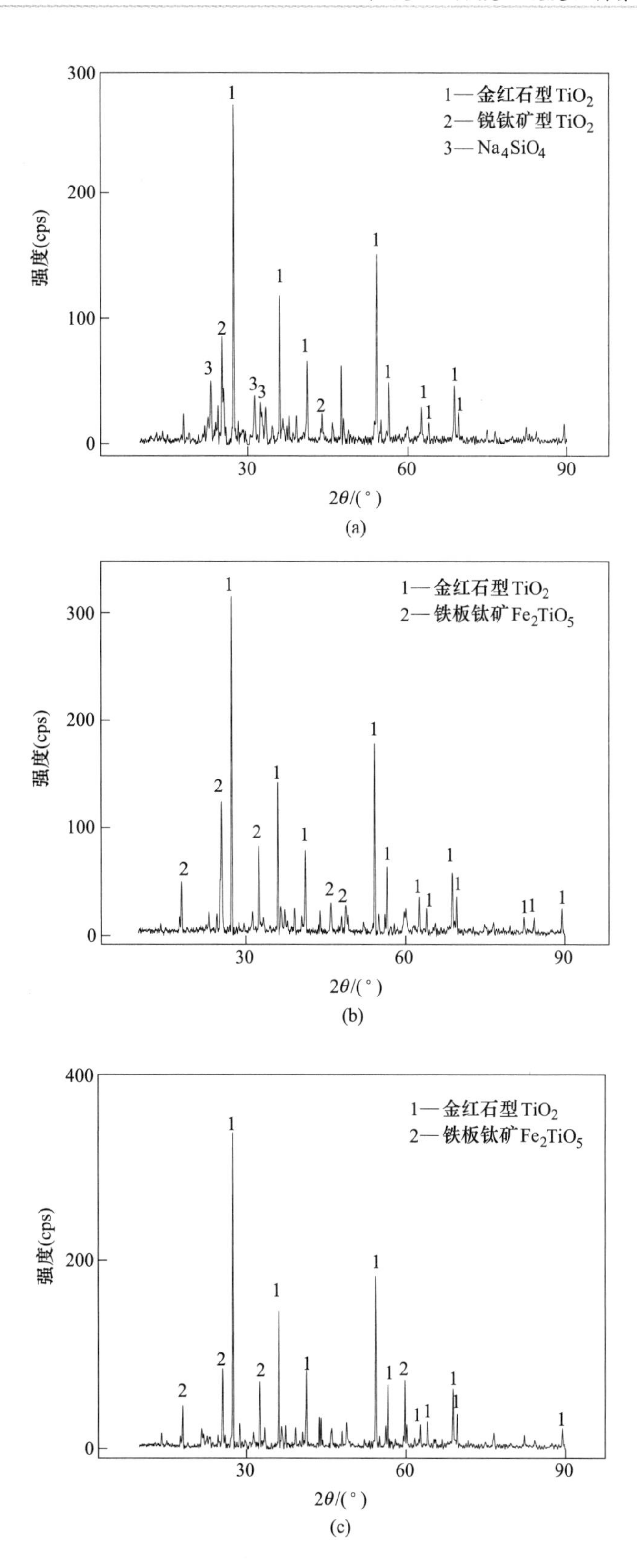

300
200
100
0
强度(cps)
30
60
90
2θ/(°)
1—金红石型TiO_2
2—锐钛矿型TiO_2
3—Na_4SiO_4
(a)
300
200
100
0
强度(cps)
2θ/(°)
1—金红石型TiO_2
2—铁板钛矿Fe_2TiO_5
(b)
400
200
0
强度(cps)
2θ/(°)
1—金红石型TiO_2
2—铁板钛矿Fe_2TiO_5
(c)

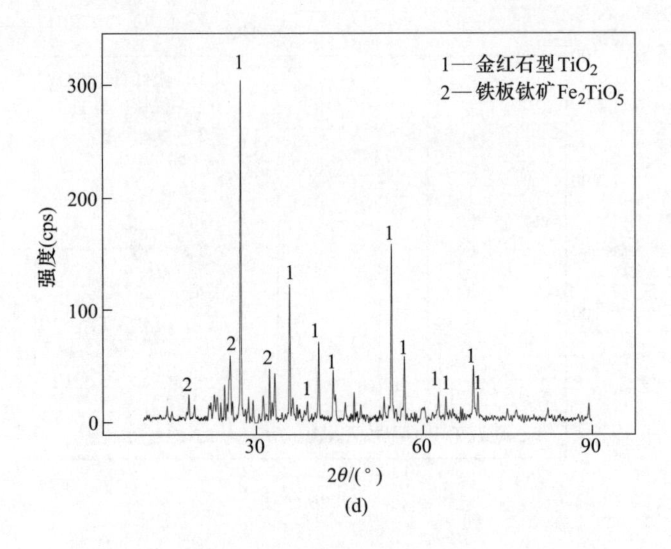

(d)

图 2-80　不同 Na_2CO_3/钛渣质量比样品的 XRD 图谱

(a) Na_2CO_3/钛渣质量比为 0.15；(b) Na_2CO_3/钛渣质量比为 0.25；

(c) Na_2CO_3/钛渣质量比为 0.30；(d) Na_2CO_3/钛渣质量比为 0.35

b　不同微波焙烧温度对酸溶性钛渣相变的影响

在 Na_2CO_3/钛渣质量比为 0.35（其中钛渣质量为 100g），保温时间为 120min 的条件下，焙烧产物经过酸浸、煅烧后，研究不同微波焙烧温度对物相相变的影响，其结果如图 2-81 所示。

由图 2-81 可知，在低温 650℃下焙烧时，杂相成分衍射峰强度高，说明反应进行得不充分；随着焙烧温度的提高，杂相成分衍射峰强度逐渐降低，在 $2\theta=27.45°$、$2\theta=36.09°$、$2\theta=54.32°$处的金红石 TiO_2（JCPDS 卡号：21-1276）衍射峰强度逐渐增加，说明人造金红石 TiO_2 品位逐渐提高。

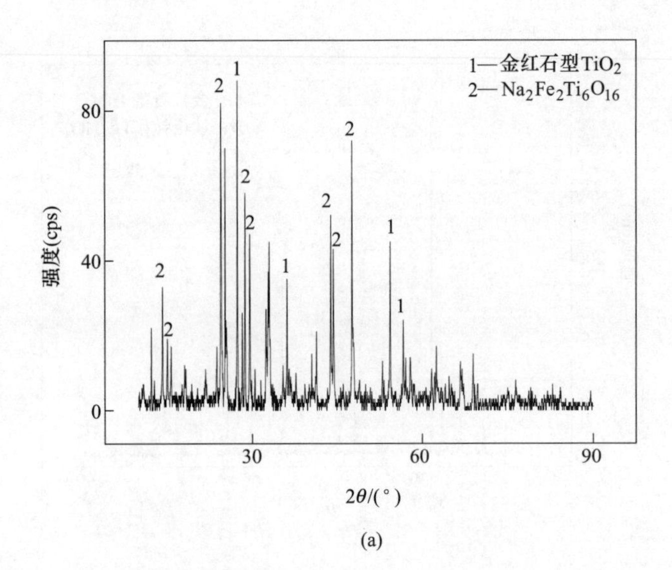

(a)

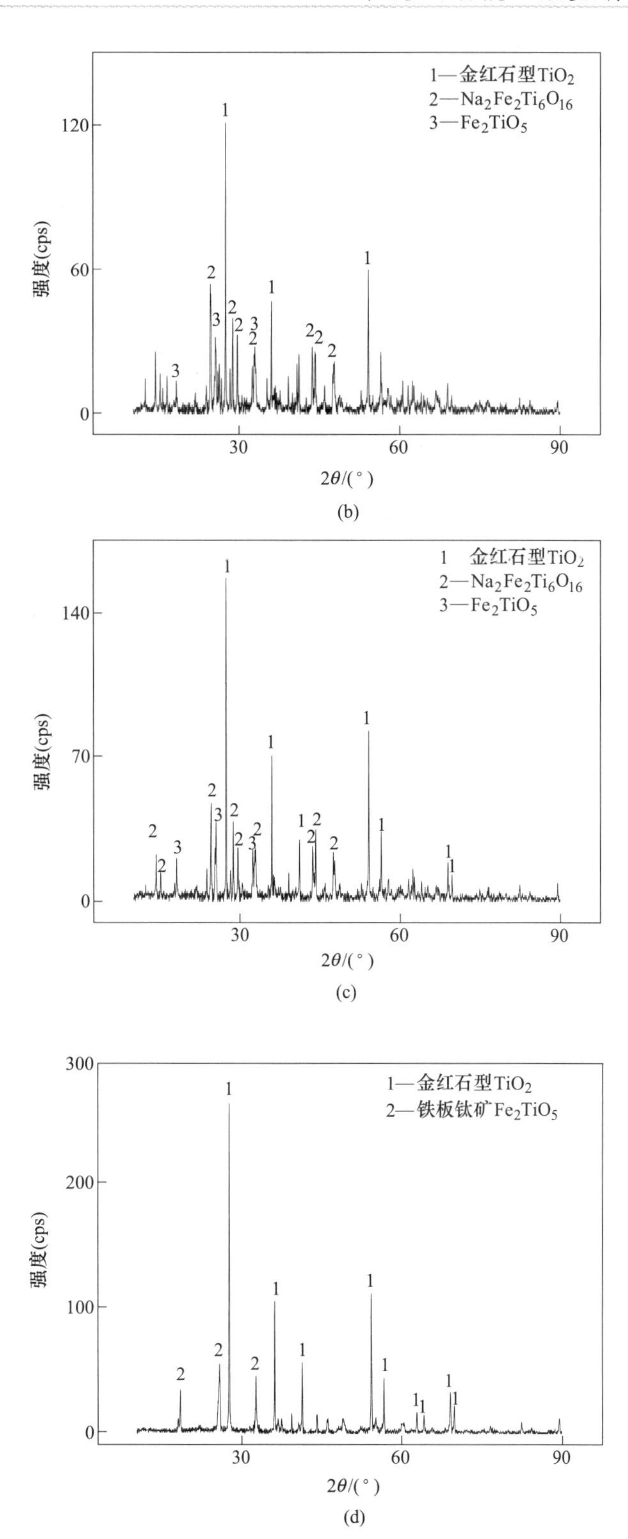

图 2-81 不同微波焙烧温度样品的 XRD 图谱

（a）微波焙烧温度 650℃；（b）微波焙烧温度 700℃；
（c）微波焙烧温度 800℃；（d）微波焙烧温度 850℃

c　不同保温时间对酸溶性钛渣相变的影响

在 Na_2CO_3/钛渣质量比为 0.35（其中钛渣质量为 100g），微波焙烧温度为 850℃的条件下，焙烧产物经过酸浸、煅烧后，研究不同保温时间对物相相变的影响，其结果如图 2-82 所示。

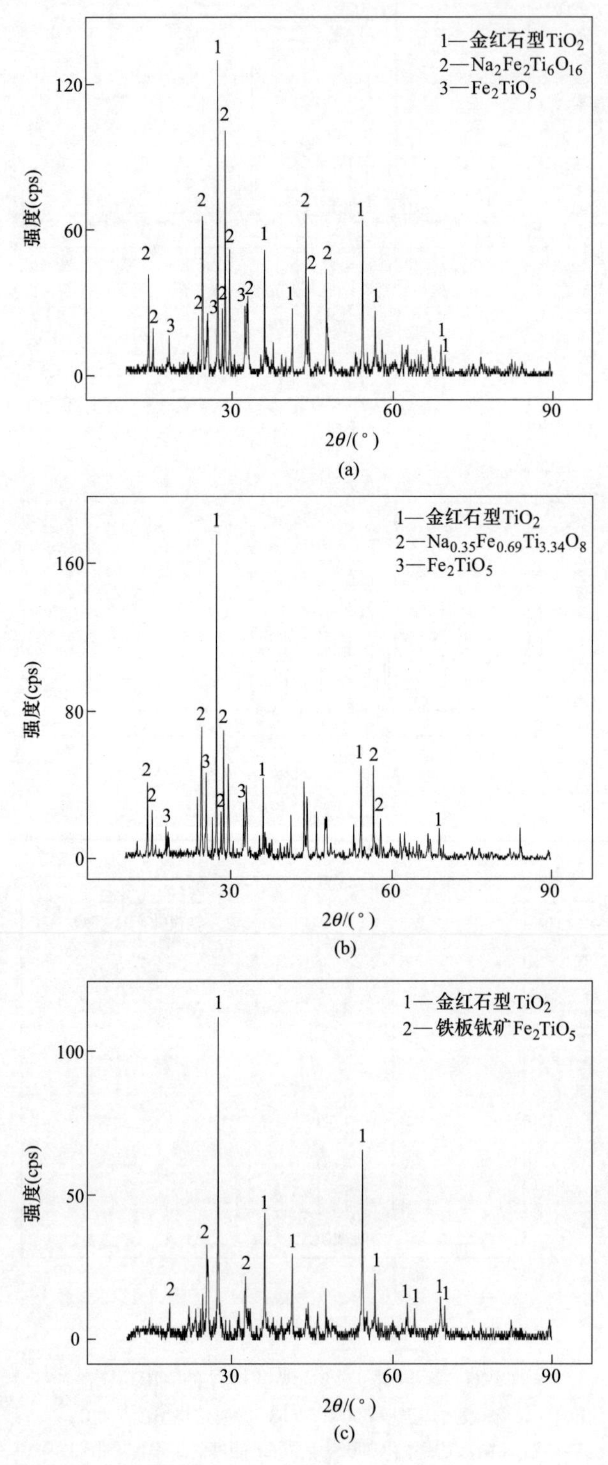

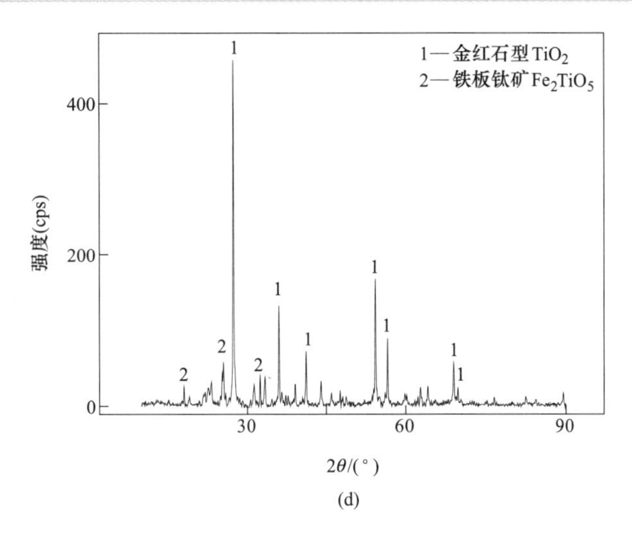

(d)

图 2-82 不同保温时间样品的 XRD 图谱
（a）保温 30min；（b）保温 60min；（c）保温 90min；（d）保温 120min

由图 2-82 可知，当保温时间为 30min 时，金红石型 TiO_2 衍射峰明显，说明形成了人造金红石，但是杂相成分的衍射峰强度较高，说明杂相组分的含量也较高；当保温时间增加，杂相成分衍射峰也逐渐减弱，在 $2\theta=27.45°$、$2\theta=36.09°$、$2\theta=54.32°$处的金红石 TiO_2（JCPDS 卡号：21-1276）衍射峰强度逐渐增加，说明人造金红石 TiO_2 品位逐渐提高。

B SEM-EDAX 分析

a 不同 Na_2CO_3/钛渣质量比对酸溶性钛渣微观形貌的影响

在微波焙烧温度为 900℃、保温时间 120min 的条件下，焙烧产物经过酸浸、煅烧后，研究不同 Na_2CO_3/钛渣质量比对样品微观形貌的影响，其结果如图 2-83 所示。

由图 2-83（a）可以看出，当 Na_2CO_3/钛渣质量比为 0.15 时，样品表面开始形成颗粒状物质。由图 2-83（b）～（d）可以看出，随着 Na_2CO_3/钛渣质量比逐渐增加，样品表面的短棒状颗粒也逐渐长大。这是因为随着 Na_2CO_3/钛渣质量比的增加，Na_2CO_3 与钛渣的反应程度得到深化，从而颗粒逐渐长大。

(a)

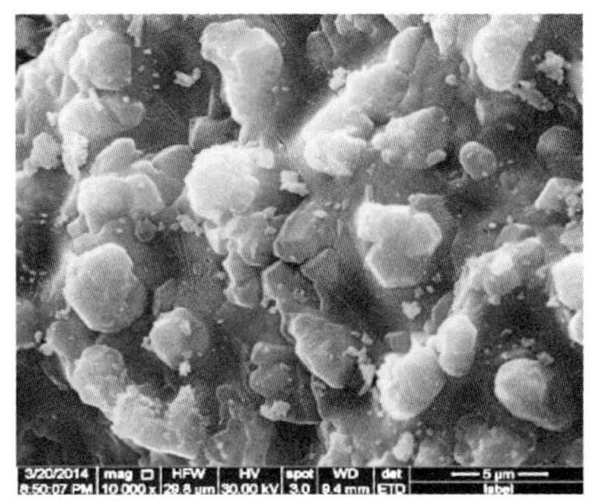
(b)

(c)　　(d)

图 2-83　不同 Na_2CO_3/钛渣质量比的样品 SEM 图

(a) Na_2CO_3/钛渣质量比为 0.15；(b) Na_2CO_3/钛渣质量比为 0.25；
(c) Na_2CO_3/钛渣质量比为 0.30；(d) Na_2CO_3/钛渣质量比为 0.35

b　不同微波焙烧温度对酸溶性钛渣微观形貌的影响

在 Na_2CO_3/钛渣质量比为 0.35（其中钛渣质量为 100g）、保温时间为 120min 的条件下，研究不同微波焙烧温度对样品微观形貌的影响，其结果如图 2-84 所示。

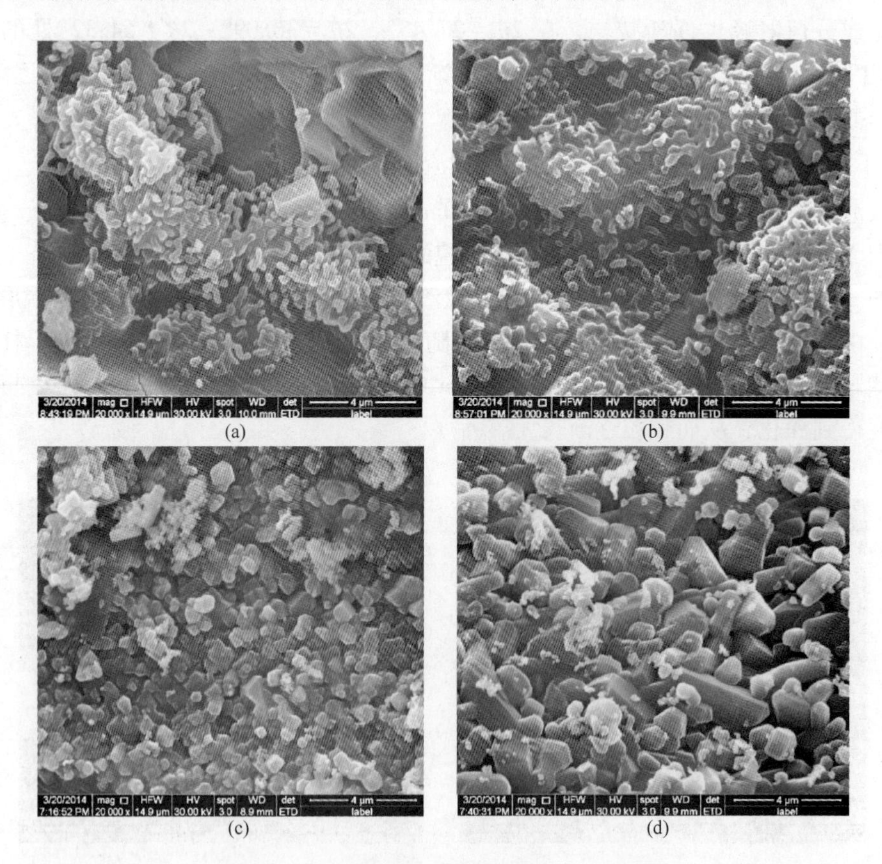

(a)　(b)　(c)　(d)

图 2-84　不同微波焙烧温度样品的 SEM 图谱

(a) 650℃；(b) 700℃；(c) 800℃；(d) 850℃

由图 2-84 可知，当焙烧温度为 650℃时，样品表面开始形成颗粒状物质。随着焙烧温度的增加，样品表面的颗粒状物质逐渐增多并长大，并形成短棒状体。

c　不同保温时间对酸溶性钛渣微观形貌的影响

在 Na_2CO_3/钛渣质量比为 0.35（其中钛渣质量为 100g）、焙烧温度为 850℃的条件下，研究不同保温时间对样品微观形貌的影响，其结果如图 2-85 所示。

图 2-85　不同保温时间样品的 SEM 图谱
（a）30min；（b）60min；（c）120min；（d）180min

由图 2-85 可知，当保温时间为 30min 时，样品表面开始破裂，并形成颗粒状物质。随着保温时间的延长，样品表面的颗粒状物质逐渐长大，并形成短棒状体。由图 2-85（d）可以看出，当焙烧时间继续延长时，短棒状体长大不明显，并伴随有黏结的现象。

对样品表面微区进行能谱分析，结果如图 2-86、图 2-87 和表 2-24 所示。样品中的颗粒状物质主要含有 Ti、O 元素，结合其他表征手段，该颗粒状物质即为金红石型 TiO_2。颗粒状之间的连接处也主要含有 Ti、O 元素，同时也还有如 Fe、Si 等其他杂质元素。

(a)

(b)

图 2-86 EDAX 分析的区域
(a) 区域 1；(b) 区域 2

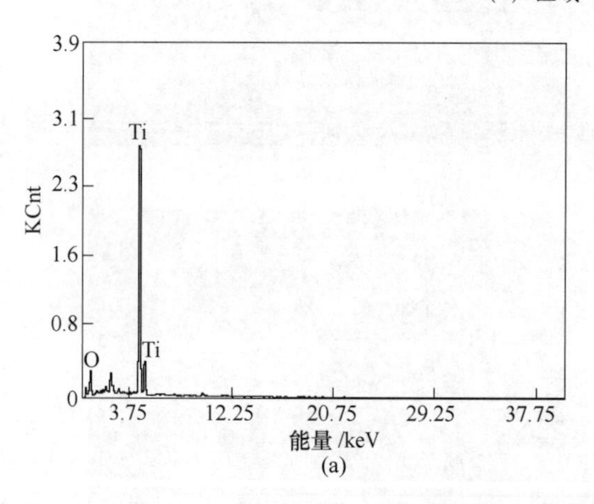

(a)

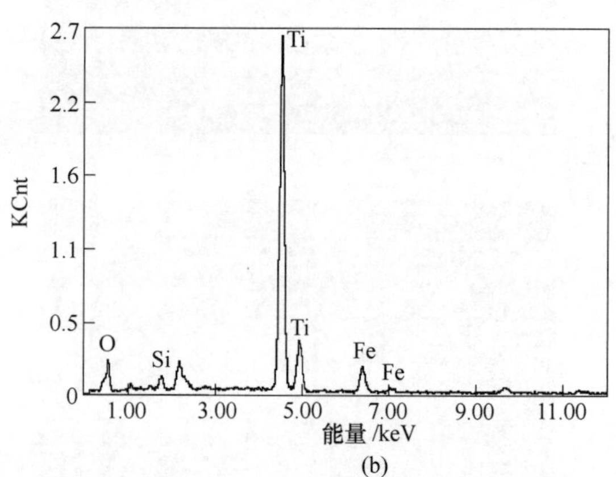

(b)

图 2-87 不同区域的 EDAX 分析
(a) 区域 1；(b) 区域 2

表 2-24 样品的 EDAX 分析结果（质量分数） （%）

元素	O	Ti	Fe	Na	Si	S
区域 1	39.68	60.32	—	—	—	—
区域 2	38.01	52.85	7.17	—	1.98	—

C 拉曼光谱分析

a 不同 Na_2CO_3/钛渣质量比对酸溶性钛渣晶型结构的影响

在微波焙烧温度为 900℃，保温时间 120min 的条件下，焙烧产物经过酸浸、煅烧后，研究不同 Na_2CO_3/钛渣质量比对样品晶型结构的影响，其结果如图 2-88 所示。

由图 2-88（a）可以看出，在焙烧温度为 900℃，保温时间 120min，Na_2CO_3/钛渣质量比为 0.15 的实验条件下，样品的拉曼光谱图包括了分别位于 427.25cm^{-1}、609.76cm^{-1}处的最强峰，位于 148.43cm^{-1}处的次强度峰，以及位于 261.65cm^{-1}处的中等强度峰。其中 261.65cm^{-1}、427.25cm^{-1}、609.76cm^{-1} 处为金红石型 TiO_2 的拉曼振动模式特征峰，

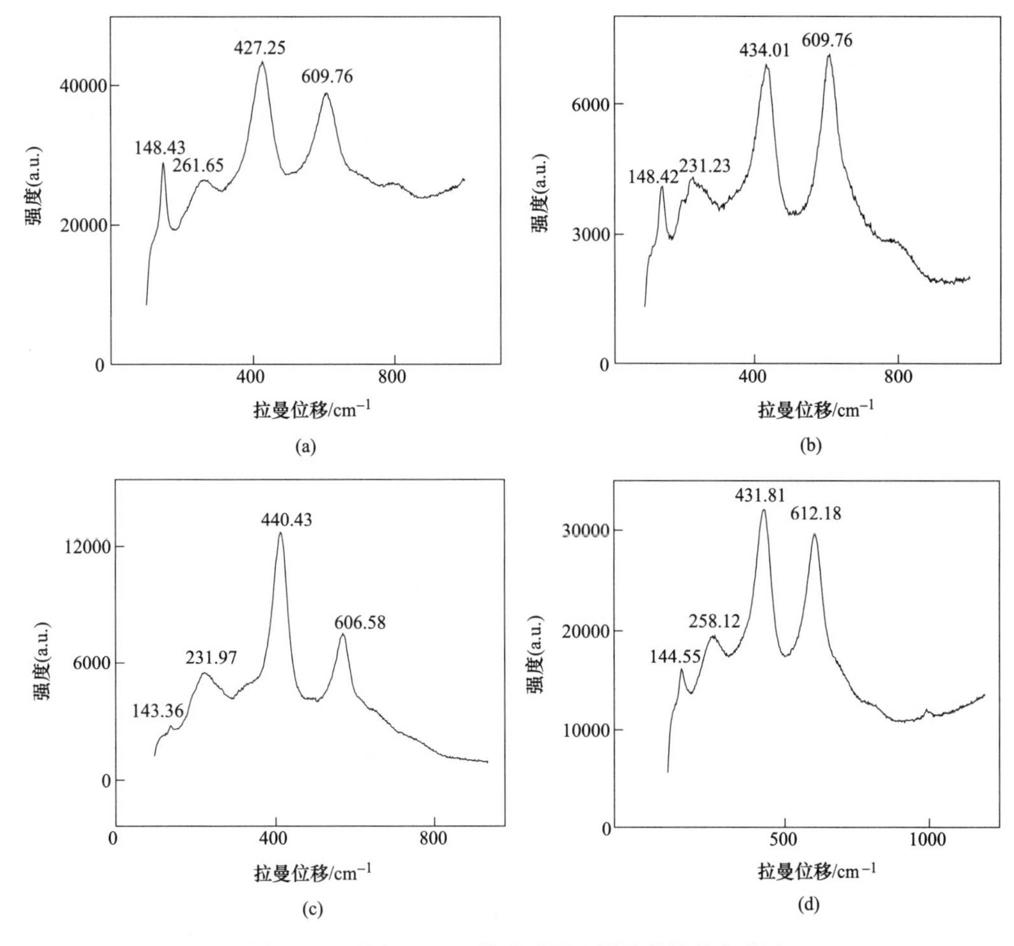

图 2-88 不同 Na_2CO_3/钛渣质量比样品的拉曼光谱图

(a) Na_2CO_3/钛渣质量比为 0.15；(b) Na_2CO_3/钛渣质量比为 0.25；

(c) Na_2CO_3/钛渣质量比为 0.30；(d) Na_2CO_3/钛渣质量比为 0.35

148.43cm^{-1}处为锐钛型 TiO_2 的拉曼振动模式特征峰。经过微波钠化焙烧—酸浸后的样品中，低价钛的拉曼振动模式特征峰消失，金红石型 TiO_2 的拉曼振动模式特征峰强度增强，锐钛型 TiO_2 的拉曼振动模式特征峰强度明显减弱。

由图 2-88（b）可以看出，Na_2CO_3/钛渣质量比为 0.25 的实验条件下，样品的拉曼光谱图包括了分别位于 434.01cm^{-1}、609.76cm^{-1}处的最强峰，位于 148.42cm^{-1}处的次强度峰，以及位于 231.23cm^{-1}处的中等强度峰。其中 231.23cm^{-1}、434.01cm^{-1}、609.76cm^{-1}处为金红石型 TiO_2 的拉曼振动模式特征峰，148.42cm^{-1}处为锐钛型 TiO_2 的拉曼振动模式特征峰。与图 2-88（a）相比，锐钛型 TiO_2 的拉曼振动模式特征峰强度明显有所减弱，金红石型 TiO_2 的拉曼振动模式特征峰强度有所增强。

由图 2-88（c）可以看出，Na_2CO_3/钛渣质量比为 0.30 的实验条件下，样品的拉曼光谱图包括了分别位于 440.43cm^{-1}、606.58cm^{-1}处的最强峰，位于 231.97cm^{-1}处的次强度峰，以及位于 143.36cm^{-1}处的中等强度峰。其中 231.97cm^{-1}、440.43cm^{-1}、606.58cm^{-1}处为金红石型 TiO_2 的拉曼振动模式特征峰，143.36cm^{-1}处为锐钛型 TiO_2 的拉曼振动模式特征峰。由图中可以看出，样品中锐钛型 TiO_2 的拉曼振动模式特征峰基本消失，主要为金红石型 TiO_2 的拉曼振动模式特征峰。

由图 2-88（d）可以看出，Na_2CO_3/钛渣质量比为 0.35 的实验条件下，样品的拉曼光谱图包括了分别位于 431.81cm^{-1}、612.18cm^{-1}处的最强峰，位于 258.12cm^{-1}处的次强度峰，以及位于 144.55cm^{-1}处的中等强度峰。其中 258.12cm^{-1}、431.81cm^{-1}、612.18cm^{-1}处为金红石型 TiO_2 的拉曼振动模式特征峰，144.55cm^{-1}处为锐钛型 TiO_2 的拉曼振动模式特征峰。样品中主要存在金红石型 TiO_2 的拉曼振动模式特征峰，并且强度增强。

通过拉曼光谱分析可以得出，随着 Na_2CO_3/钛渣质量比的不断提高，样品中的金红石型 TiO_2 的含量不断增加，锐钛型 TiO_2 的含量不断减少。

b 不同微波焙烧温度对酸溶性钛渣晶型结构的影响

在 Na_2CO_3/钛渣质量比为 0.35（其中钛渣质量为 100g）、保温时间为 120min 的条件下，焙烧产物经过酸浸、煅烧后，研究不同微波焙烧温度对样品晶型结构的影响，其结果如图 2-89 所示。

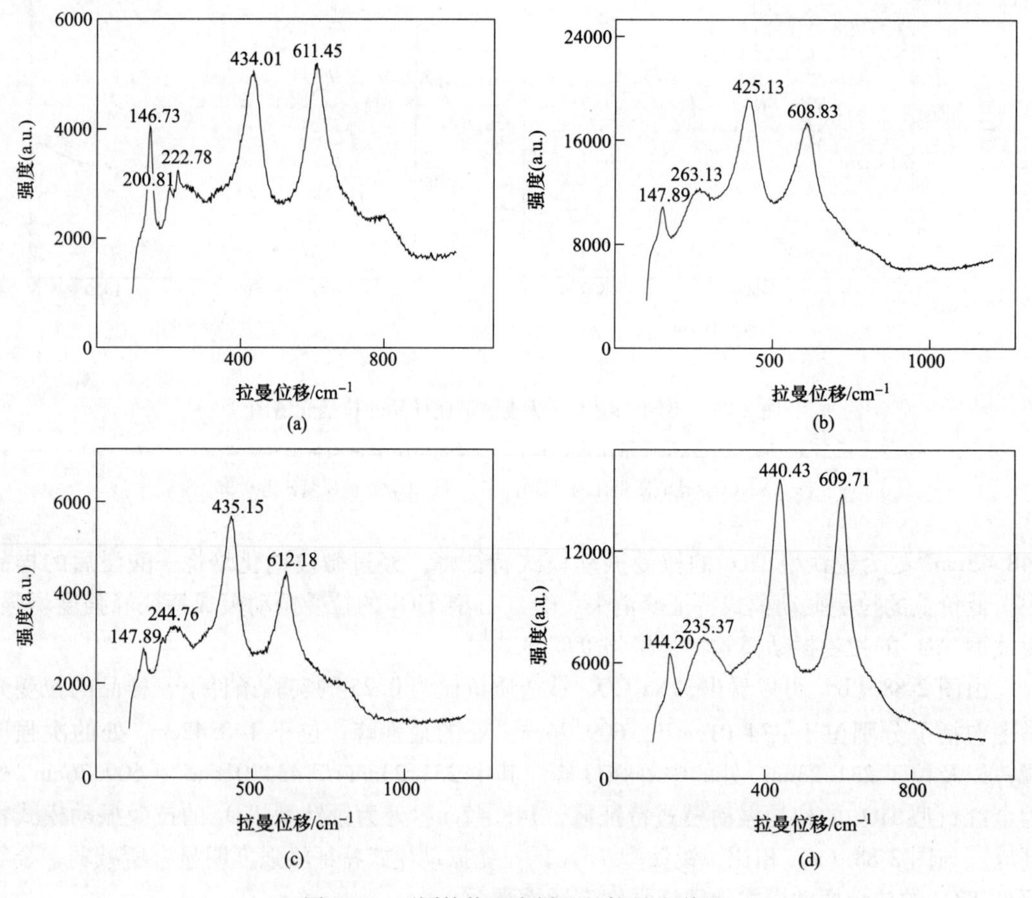

图 2-89 不同焙烧温度样品的拉曼光谱图

（a）650℃；（b）700℃；（c）800℃；（d）850℃

由图 2-89（a）可以看出，在 Na_2CO_3/钛渣质量比为 0.35、保温时间 120min、焙烧温度为 650℃的实验条件下，222.78cm^{-1}、434.01cm^{-1}、611.45cm^{-1}处为金红石型 TiO_2 的拉

曼振动模式特征峰，146.73cm^{-1}处为锐钛型TiO_2的拉曼振动模式特征峰，200.81cm^{-1}处为Ti_2O_3的拉曼振动模式特征峰。由图中可以看出，当活化焙烧温度较低时，仍然存在低价钛的拉曼振动模式特征峰。

由图2-89（b）可以看出，在焙烧温度为700℃的实验条件下，样品的拉曼光谱图包括了分别位于425.13cm^{-1}、608.83cm^{-1}处的最强峰，位于263.13cm^{-1}处的次强度峰，以及位于147.89cm^{-1}处的中等强度峰。其中263.13cm^{-1}、425.13cm^{-1}、608.83cm^{-1}处为金红石型TiO_2的拉曼振动模式特征峰，147.89cm^{-1}处为锐钛型TiO_2的拉曼振动模式特征峰。与图2-89（a）相比，Ti_2O_3的拉曼振动模式特征峰消失，锐钛型TiO_2的拉曼振动模式特征峰强度有所减弱。

由图2-89（c）可以看出，在焙烧温度为800℃的实验条件下，样品的拉曼光谱图包括了分别位于435.15cm^{-1}、612.18cm^{-1}处的最强峰，位于244.76cm^{-1}处的次强度峰，以及位于147.89cm^{-1}处的中等强度峰。其中244.76cm^{-1}、435.15cm^{-1}、612.18cm^{-1}处为金红石型TiO_2的拉曼振动模式特征峰，147.89cm^{-1}处为锐钛型TiO_2的拉曼振动模式特征峰。与图2-89（b）相比，金红石型TiO_2的拉曼振动模式特征峰强度增强，锐钛型TiO_2的拉曼振动模式特征峰强度有所减弱。

由图2-89（d）可以看出，在焙烧温度为850℃的实验条件下，样品的拉曼光谱图包括了分别位于440.43cm^{-1}、609.71cm^{-1}处的最强峰，位于238.37cm^{-1}处的次强度峰，以及位于144.20cm^{-1}处的中等强度峰。其中238.37cm^{-1}、440.43cm^{-1}、609.71cm^{-1}处为金红石型TiO_2的拉曼振动模式特征峰，144.20cm^{-1}处为锐钛型TiO_2的拉曼振动模式特征峰。样品中的金红石型TiO_2的拉曼振动模式特征峰明显增强。此外，还存在锐钛型TiO_2的拉曼振动模式特征峰，但是相对含量已经减少。

通过拉曼光谱分析可以得出，随着焙烧温度的不断提高，样品中的金红石型TiO_2的含量不断增加，锐钛型TiO_2的含量不断减少。

c 不同保温时间对酸溶性钛渣晶型结构的影响

在Na_2CO_3/钛渣质量比为0.35（其中钛渣质量为100g）、微波焙烧温度为850℃的条件下，焙烧产物经过酸浸、煅烧后，研究不同保温时间对样品晶型结构的影响，其结果如图2-90所示。

由图2-90（a）可以看出，在保温时间为60min的实验条件下，样品的拉曼光谱图包括了分别位于439.06cm^{-1}、611.45cm^{-1}处的最强峰，位于145.05cm^{-1}处的次强度峰，以及位于234.61cm^{-1}处的中等强度峰。其中234.61cm^{-1}、439.06cm^{-1}、611.45cm^{-1}处为金红石型TiO_2的拉曼振动模式特征峰，145.05cm^{-1}处为锐钛型TiO_2的拉曼振动模式特征峰。由图中可以看出，当保温时间较短时，仍存在较为明显锐钛型TiO_2的拉曼振动模式特征峰。

由图2-90（b）可以看出，在保温时间为90min的实验条件下，样品的拉曼光谱图包括了分别位于446.84cm^{-1}、610.51cm^{-1}处的最强峰，位于244.76cm^{-1}处的次强度峰，以及位于144.55cm^{-1}处的中等强度峰。其中244.76cm^{-1}、446.84cm^{-1}、610.51cm^{-1}处为金红石型TiO_2的拉曼振动模式特征峰，144.55cm^{-1}处为锐钛型TiO_2的拉曼振动模式特征峰。与图2-90（a）相比，锐钛型TiO_2的拉曼振动模式特征峰的强度有所减弱，金红石型TiO_2的拉曼振动模式特征峰的强度有所增强。

由图2-90（c）可以看出，在保温时间为120min的实验条件下，样品的拉曼光谱图包

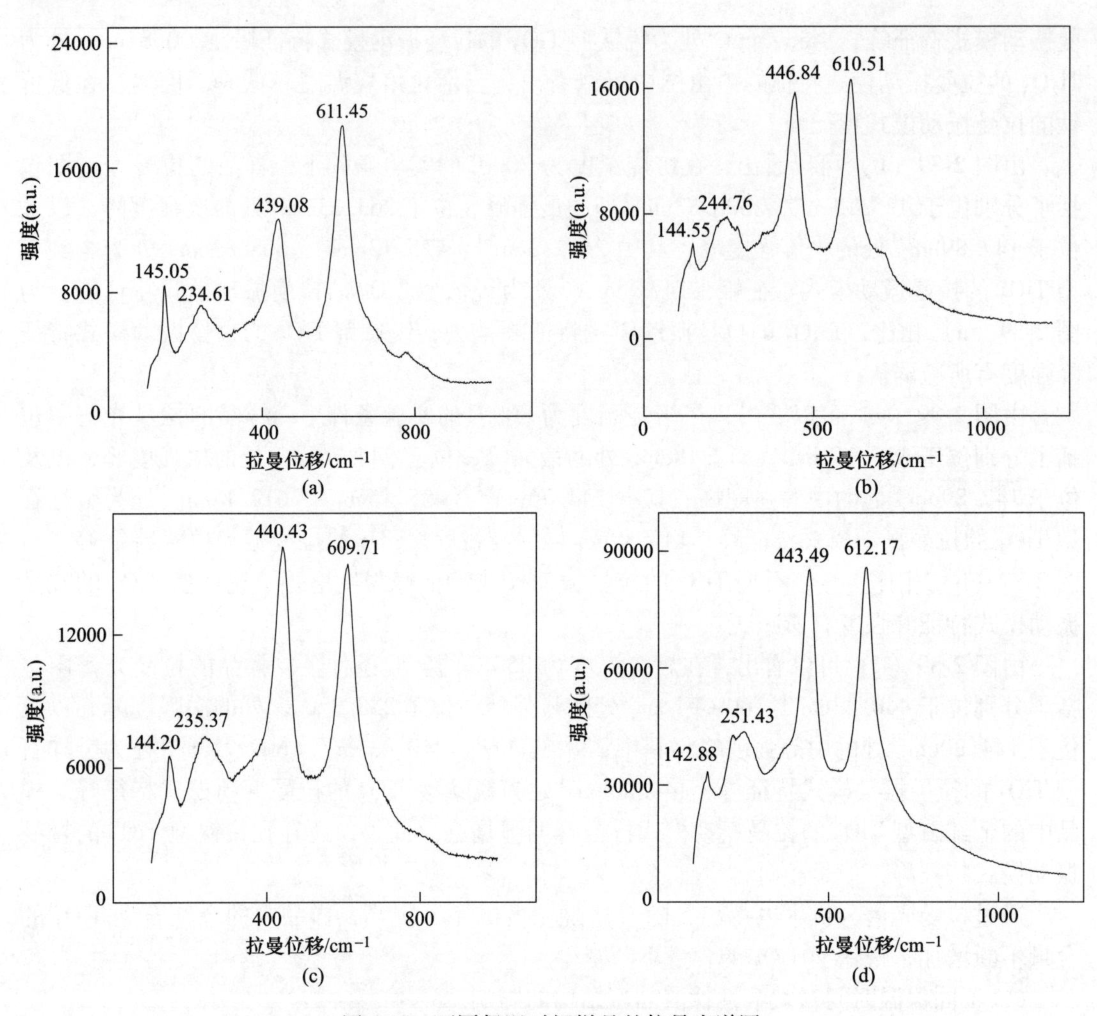

图 2-90　不同保温时间样品的拉曼光谱图

（a）60min；（b）90min；（c）120min；（d）180min

括了分别位于 440.43cm^{-1}、609.71cm^{-1}处的最强峰，位于 236.37cm^{-1}处的次强度峰，以及位于 144.20cm^{-1}处的中等强度峰。其中 236.37cm^{-1}、440.43cm^{-1}、609.71cm^{-1}处为金红石型 TiO_2 的拉曼振动模式特征峰，144.20cm^{-1}处为锐钛型 TiO_2 的拉曼振动模式特征峰。与图 2-90（b）相比，金红石型 TiO_2 的拉曼振动模式特征峰的强度有明显增强。

由图 2-90（d）可以看出，在保温时间为 180min 的实验条件下，样品的拉曼光谱图包括了分别位于 443.49cm^{-1}、612.17cm^{-1}处的最强峰，位于 251.43cm^{-1}处的次强度峰，以及位于 142.88cm^{-1}处的中等强度峰。其中 251.43cm^{-1}、443.49cm^{-1}、612.17cm^{-1}处为金红石型 TiO_2 的拉曼振动模式特征峰，142.88cm^{-1}处为锐钛型 TiO_2 的拉曼振动模式特征峰。与图 2-90（c）相比，金红石型 TiO_2 的拉曼振动模式特征峰强度变化不明显，锐钛型 TiO_2 的拉曼振动模式特征峰强度明显减弱。

通过拉曼光谱分析可以得出，随着保温时间的不断延长，样品中的金红石型 TiO_2 的含量不断增加，锐钛型 TiO_2 的含量不断减少。但当保温时间提高到一定范围以后，金红石型 TiO_2 的含量变化不明显。

D　FT-IR 光谱分析

采用傅里叶红外光谱仪对不同焙烧温度微波钠化焙烧—酸浸后的样品进行表面官能团分析。Na_2CO_3/钛渣质量比固定为 0.35，保温时间固定为 120min，焙烧产物经过酸浸、煅烧后，样品在 4000~400cm^{-1}范围内的 FT-IR 光谱图如图 2-91（a）~（e）所示。

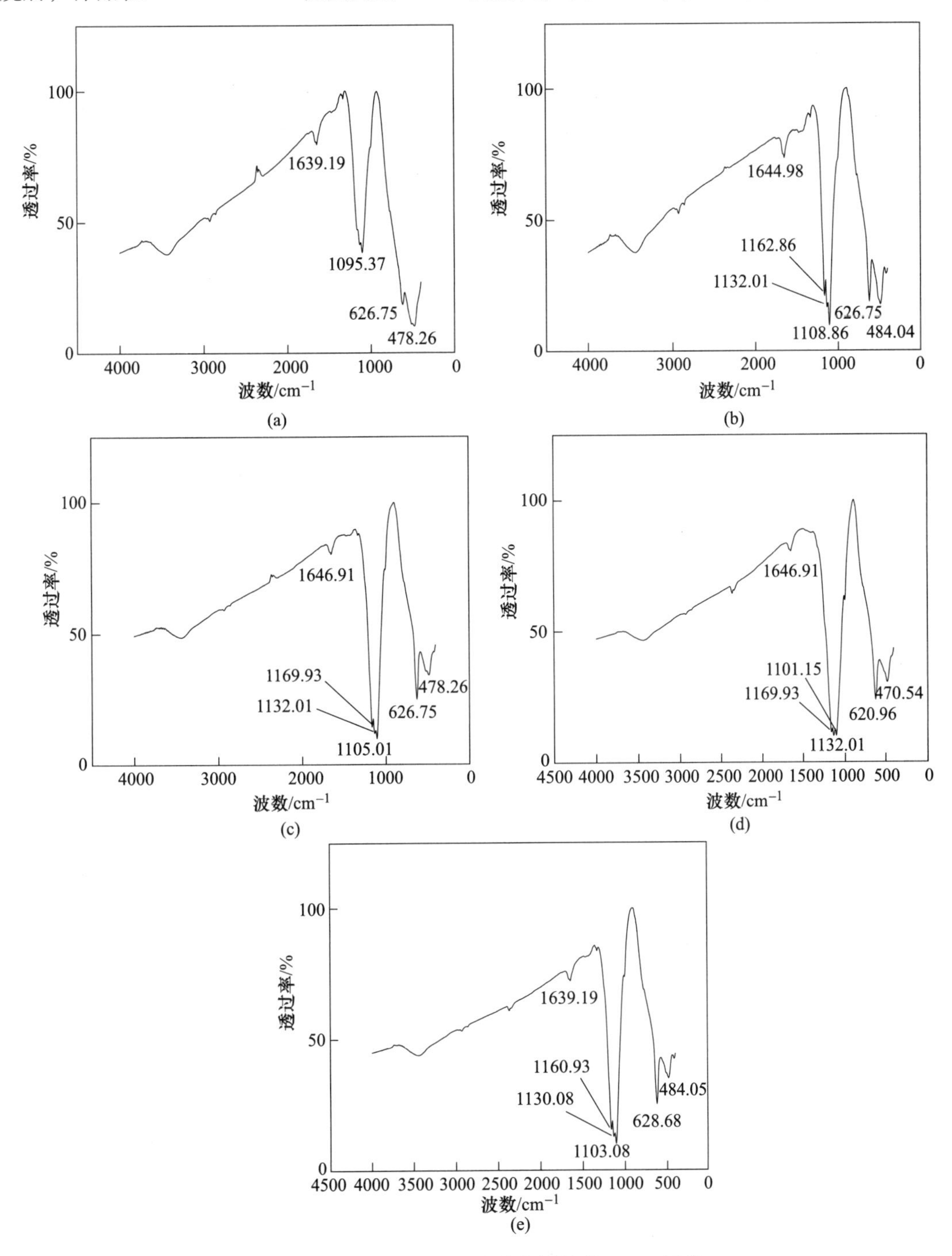

图 2-91　不同温度下微波焙烧样品的 FT-IR 图谱

（a）700℃；（b）750℃；（c）800℃；（d）850℃；（e）900℃

由图2-91（a）可以看出，在微波焙烧温度为700℃的实验条件下，样品的FT-IR光谱中478.26cm^{-1}、626.75cm^{-1}处的特征峰是由TiO_2八面配位体的振动引起的，其特征峰的峰频移至高波数，产生蓝移。1095.37cm^{-1}处的特征峰为O—H键的弯曲振动吸收峰，在1639.19cm^{-1}处为样品中所含水分的H—O—H的弯曲振动吸收峰。

由图2-91（b）可以看出，在微波焙烧温度为750℃的实验条件下，样品的FT-IR光谱中484.04cm^{-1}、626.75cm^{-1}处的特征峰是由TiO_2八面配位体的振动引起的。1108.86cm^{-1}、1132.01cm^{-1}、1162.86cm^{-1}处的特征峰为O—H键的弯曲振动吸收峰，在1644.98cm^{-1}处为样品中所含水分的H—O—H的弯曲振动吸收峰。

由图2-91（c）可以看出，在微波焙烧温度为800℃的实验条件下，样品的FT-IR光谱中478.26cm^{-1}、626.75cm^{-1}处的特征峰是由TiO_2八面配位体的振动引起的。1105.01cm^{-1}、1132.01cm^{-1}、1169.93cm^{-1}处的特征峰为O—H键的弯曲振动吸收峰，在1646.91cm^{-1}处为样品中所含水分的H—O—H的弯曲振动吸收峰。

由图2-91（d）可以看出，在微波焙烧温度为850℃的实验条件下，样品的FT-IR光谱中470.54cm^{-1}、620.96cm^{-1}处的特征峰是由TiO_2八面配位体的振动引起的。1101.15cm^{-1}、1132.01cm^{-1}、1169.93cm^{-1}处的特征峰为O—H键的弯曲振动吸收峰，在1646.91cm^{-1}处为样品中所含水分的H—O—H的弯曲振动吸收峰，表明存在表面水合羟基。

由图2-91（e）可以看出，在微波焙烧温度为900℃的实验条件下，样品的FT-IR光谱中484.05cm^{-1}、628.68cm^{-1}处的特征峰是由TiO_2八面配位体的振动引起的，其特征峰的峰频移至高波数，产生蓝移。1103.08cm^{-1}、1130.08cm^{-1}、1160.93cm^{-1}处的特征峰为O—H键的弯曲振动吸收峰，在1639.19cm^{-1}处为样品中所含水分的H—O—H的弯曲振动吸收峰。

2.7.4 微波活化焙烧—酸浸钛渣工艺的响应曲面法优化

2.7.4.1 实验设计

根据试验中所需控制的条件进行实验，焙烧温度（X_1,℃）、保温时间（X_2，min）、Na_2CO_3/钛渣质量比（X_3）作为实验的自变量，将经过微波活化焙烧—酸浸工艺得到样品中TiO_2的含量作为实验的因变量（Y）。采用3因素5水平响应曲面法对微波活化焙烧—酸浸法制备优质人造金红石新工艺进行优化设计试验。采用响应曲面法CCD设计实验，优化实验选取的自变量水平编码见表2-25，中心组合设计和结果见表2-26。

表2-25 实验因素及编码

影响因素	实验编码				
	−1.682	−1	0	1	1.682
焙烧温度/℃	581.82	650	750	850	918.18
保温时间/min	39.55	60	90	120	140.45
Na_2CO_3/钛渣质量比	0.08	0.15	0.25	0.35	0.42

表 2-26 中心组合设计和结果

序号	自变量			因变量
	焙烧温度/℃	保温时间/min	Na_2CO_3/钛渣质量比	TiO_2 含量/%
1	650.00	60.00	0.15	72.56
2	850.00	60.00	0.15	78.37
3	650.00	120.00	0.15	74.28
4	850.00	120.00	0.15	82.13
5	650.00	60.00	0.35	73.54
6	850.00	60.00	0.35	80.89
7	650.00	120.00	0.35	79.16
8	850.00	120.00	0.35	88.21
9	581.82	90.00	0.25	71.54
10	918.18	90.00	0.25	86.65
11	750.00	39.55	0.25	75.82
12	750.00	140.45	0.25	83.16
13	750.00	90.00	0.08	76.03
14	750.00	90.00	0.42	86.64
15	750.00	90.00	0.25	78.53
16	750.00	90.00	0.25	78.67
17	750.00	90.00	0.25	79.26
18	750.00	90.00	0.25	78.20
19	750.00	90.00	0.25	77.65
20	750.00	90.00	0.25	77.15

2.7.4.2 响应曲面分析

图 2-92 所示为微波活化焙烧—酸浸工艺制备优质人造金红石得到的实际实验值与预测值的对比图。

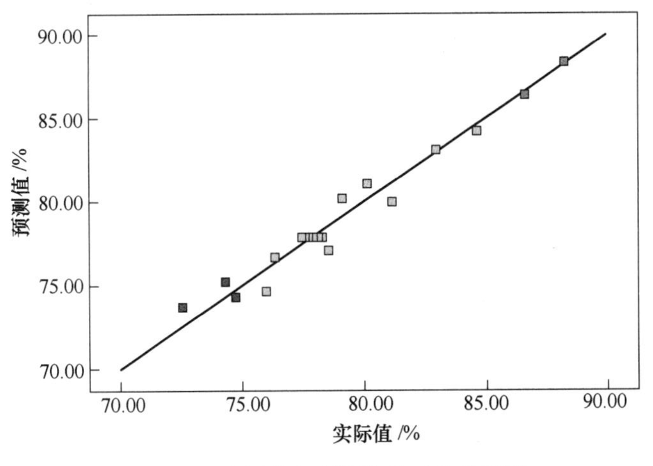

图 2-92 实际值与预测值的对比关系图

由图 2-92 可以看出，实验所获得的 TiO_2 含量数据点都能较均匀地分布在预测值直线的两侧，说明实际值和预测值基本一致，没有较大偏离，说明得到的回归方程的拟合度是很好的。

通过3D响应曲面的建立，研究了在微波活化焙烧—酸浸工艺中对TiO_2含量具有较大影响的两个因子及交互作用对TiO_2含量的影响规律。由微波活化焙烧—酸浸工艺制备优质人造金红石的优化模型，焙烧温度、保温时间、Na_2CO_3/钛渣质量比之间及其交互作用对产品性能影响的3D响应曲面如图2-93～图2-95所示。

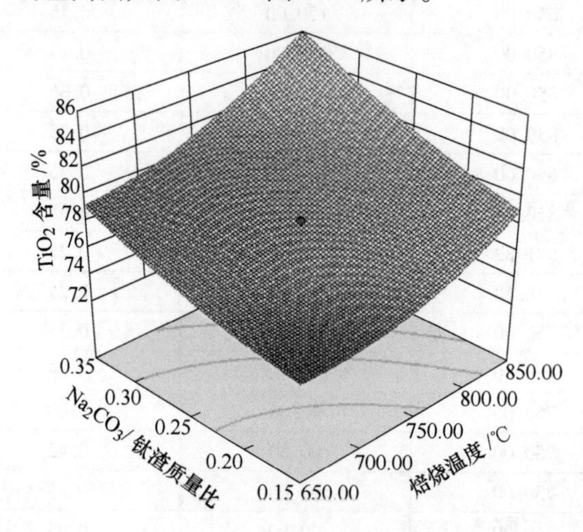

图2-93　焙烧温度、Na_2CO_3/钛渣质量比及其交互作用对TiO_2含量的响应曲面图
（保温时间为90min）

由图2-93可以看出，样品中TiO_2含量随焙烧温度的升高及Na_2CO_3/钛渣质量比的提高有明显升高的趋势，这说明焙烧温度及Na_2CO_3/钛渣质量比对响应值有比较显著的作用。这是因为当焙烧温度升高、Na_2CO_3/钛渣质量比提高，促进了添加剂Na_2CO_3与钛渣的反应，加深了钛渣的活化程度，因而在浸出过程中，杂质的浸出率高，其TiO_2含量也就不断增加。且在图中可以看出，在实验数据范围内，焙烧温度及Na_2CO_3/钛渣质量比的增加能有效促进TiO_2含量的提高，由此可以看出，在活化过程中焙烧温度及Na_2CO_3/钛渣质量比能显著影响所得人造金红石性能。

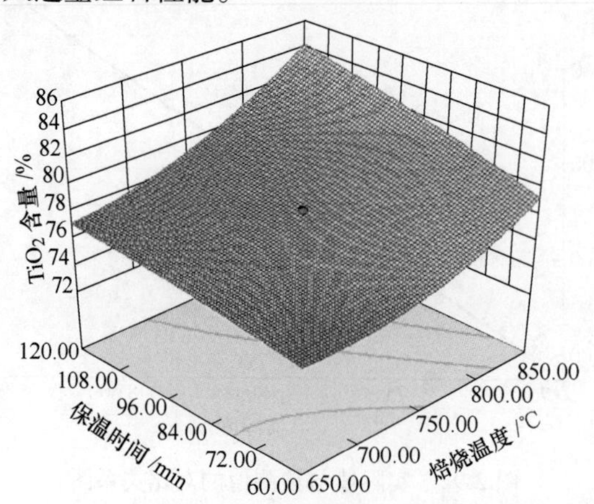

图2-94　焙烧温度、保温时间及其交互作用对TiO_2含量的响应曲面图
（Na_2CO_3/钛渣质量比为0.25）

由图 2-94 可以看出，在实验数据的研究范围内，样品中 TiO_2 含量随焙烧温度的升高而升高。而对于保温时间来说，TiO_2 含量随着保温时间的延长增加得较为缓慢，产生这种现象的原因可能是在活化焙烧前，Na_2CO_3 与钛渣的混合充分，反应速率相对较高。

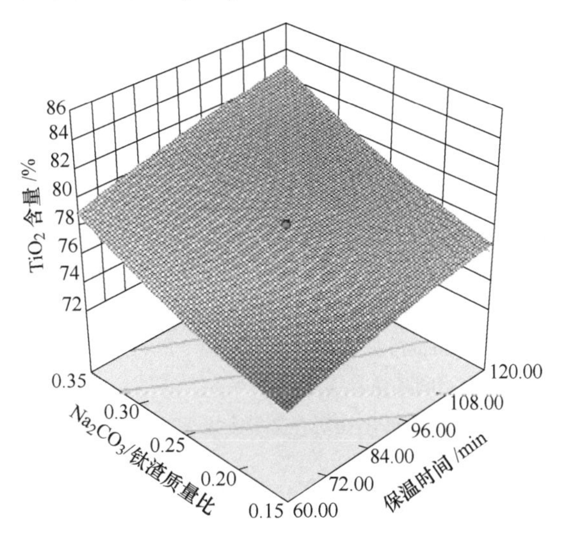

图 2-95 保温时间、Na_2CO_3/钛渣质量比及其交互作用对 TiO_2 含量的响应曲面图（焙烧温度为 750℃）

由图 2-95 可以看出，在实验数据的研究范围内，样品中 TiO_2 含量随 Na_2CO_3/钛渣质量比的增加而提高，随着保温时间的延长增加缓慢，这与图 2-93 和图 2-94 相吻合。由上述分析可以得出，对于样品中 TiO_2 含量的影响因子，焙烧温度和 Na_2CO_3/钛渣质量比较保温时间影响显著。

2.7.4.3 模型验证及最佳优化实验

采用 Design Expert 8.0 对实验参数进行优化分析，并对得到的最佳实验参数进行实验，得到了实验值和预测值。模型验证见表 2-27。

表 2-27 回归模型优化工艺参数

焙烧温度/℃	保温时间/min	Na_2CO_3/钛渣质量比	样品中 TiO_2 含量/%	
			预测值	实验值
850	120	0.35	88.31	88.21

通过模型对比可以看出，实验值与预测值十分接近。所以最终确定的工艺参数为焙烧温度 850℃，保温时间 120min，碳酸钠/钛渣质量比 0.35。

参 考 文 献

[1] 黄孟阳，彭金辉，黄铭，等．微波场中不同配碳量钛精矿的吸波特性［J］．中国有色金属学报，2007，17（3）：476~480.

[2] 周晓东. 昆明地区钛铁矿的结构及微波介电特性 [J]. 云南化工, 1992, 20 (3): 7~8.
[3] 陈艳, 白晨光, 何宜柱, 等. 高钛高炉渣在微波场中的加热行为 [J]. 钢铁钒钛, 2006, 27 (1): 12~16.
[4] 黄铭, 彭金辉, 王家强, 等. 微波与物质相互作用加热机理的理论研究 [J]. 昆明理工大学学报 (理工版), 2005, 30 (6): 15~17.
[5] 雷鹰. 微波强化还原低品位钛精矿新工艺及理论研究 [D]. 昆明: 昆明理工大学, 2011.
[6] Wright R A, Cocks F H, Vaniman D T, et al. Thermal processing of ilmenite and titania-doped haematite using microwave energy [J]. Journal of Materials Science, 1989, 24 (4): 1337~1342.
[7] 周兰花. 钛铁矿流态化预氧化工艺研究 [D]. 重庆: 重庆大学, 2001.
[8] Bonsack J P, Schneider F E. Entrained-flow chlorination of titaniferous slag to produce titanium tetrachloride [J]. Metallurgical and Materials Transactions B, 2001, 32 (3): 389~393.
[9] Baubande D V, Menon P R, Juneja J M. Studies on the upgrading of Indian ilmenite to synthetic rutile [J]. Indian journal of engineering and materials sciences, 2002: 275~281.
[10] 杰尼索夫 C H. 钛渣冶炼 [J]. 国外钒钛, 1985.
[11] 吴剑辉, 孙康, 李伟, 等. 碱金属氯化物对预氧化钛铁矿炭热还原反应的协同催化作用 [J]. 广东有色金属学报, 2001, 10 (1): 25~29.
[12] 朱德庆, 郭宇峰, 邱冠周, 等. 钒钛磁铁精矿冷固结球团催化还原机理 [J]. 中南工业大学学报, 2000, 31 (3): 208~211.
[13] Eltawil S Z, Morsi I M, Francis A A. Kinetics of solid-state reduction of ilmenite Ore [J]. Canadian Metallurgical Quarterly, 1993, 32 (4): 281.
[14] Mohanty B P, Smith K A, Alkali. Metal catalysis of carbothermic reduction of ilmenite [J]. Transactions of the Institution of Mining and Metallurgy, 1993, 102: 163.
[15] Kelly R M, Rowson N A. Microwave reduction of oxidized ilmenite concentrates [J]. Minerals Engineering, 1995, 8 (11): 1427.
[16] Womer H K. Microwave in pyromerallurgy [C] // 1st Australian Symposium on Microwave Power Applications, 1989, 179.
[17] Wang Yuming, Yuan Zhangfu. Reductive kinetics of the reaction between a natural ilmenite and carbon [J]. Mineral Processing, 2006, 86: 133.
[18] Francis A A, El-Midany A A. An assessment of the carbothermic reduction of ilmenite ore by statistical design [J] . Journal of Materials Processing Technology, 2008, 199: 279.
[19] Karkhanavala M O, Momin A. Subsolidus reactions in the system Fe_2O_3-TiO_2 [J]. Journal of American Ceramic Society, 1959, 42 (8): 399~403.
[20] Andersen D J, Lindsley D H. Internally consistent solution models for Fe-Mg-Mn-Ti oxides: Fe-Ti oxides [J]. American Mineralogist, 1988, 73: 714~726.
[21] Grey I E, Merritt R R J. Stability relations in the pseudobroocite solid solution $Fe_yTi_{3-y}O_5$ [J]. Journal of Solid State Chemistry-Elsevier, 1981, 37: 284~293.
[22] 雷鹰, 李雨, 彭金辉, 等. 机械力对攀枝花钛铁矿结构及反应特性的影响 [J]. 过程工程学报, 2010, 10 (6): 1158~1162.
[23] Sasikumar C, Srikanth S, Mukhopadhyay N K, et al. Energetics of mechanical activation-application to ilmenite [J]. Minerals Engineering, 2009, 22: 572~574.
[24] Chen Y, Hwang T, Marsh M. Study on mechanism of mechanical activation [J] . Materials Science & Engineering, 1997, A (226~228): 95~98.
[25] Wang Yuming, Yuan Zhangfu. Reductive kinetics of the reaction between a natural ilmenite and carbon [J].

International Journal of Mineral Processing, 2001, 81: 133~140.

[26] Kelly R M, Rowson N A. Microwave reduction of oxidized ilmenite concentrates [J]. Minerals Engineering, 1995, 8 (11): 1427.

[27] Womer H K. Microwave in pyromerallurgy [C] // 1st Australian Symposium on Microwave Power Applications, 1989: 179.

[28] 黄孟阳，彭金辉，张世敏，等．微波加热还原钛精矿制取富钛料新工艺 [J]. 钢铁钒钛，2005，26 (3)：24~28.

[29] Kelly R M, Rowson N A. Microwave reduction of oxidized ilmenite concentrates [J]. Minerals Engineering, 1995, 8 (11): 1427~1438.

[30] 范先锋．微波能在钛铁矿选矿中的应用 [J]. 国外金属矿选矿，1999，36 (2)：2~7.

[31] Kingman S W. Recent developments in microwave processing of minerals [J]. International materials reviews, 2006, 51 (1): 1~12.

[32] 朱俊士．攀枝花—西昌地区钒钛磁铁矿的选矿特征 [J]. 矿冶工程，1997，17 (1)：20~24.

[33] 朱俊士．中国钛铁矿选矿 [M]. 北京：冶金工业出版社，1995.

[34] 周建国．攀枝花钛资源的赋存状态与在采选过程中的走向规律 [J]. 四川有色金属，1997，1：29.

[35] 李军．攀枝花钛铁矿微波辅助磨细试验研究 [D]. 昆明：昆明理工大学，2009.

[36] Guo S H, Chen G, Peng J H, et al. Microwave assisted grinding of ilmenite ore [J]. Journal of Industrial and Engineering Chemistry, 2010, 21 (9): 2122~2126.

[37] 刘全军，陈景河．微波助磨与微波助浸技术 [M]. 北京：冶金工业出版社，2005.

[38] 徐程浩，刘代俊．高炉渣制取高钛渣的新工艺研究 [J]. 四川化工，2005，8 (5)：7~9.

[39] 孙艳，彭金辉，黄孟阳，等．微波选择性浸出制取高品质富钛料的研究 [J]. 有色金属（冶炼部分），2006 (3)：29~31.

[40] 周晓东，王宜民，陈永岑．用“微波辐照—盐酸浸出法”制备酸溶性富钛渣的研究 [J]. 昆明冶金高等专科学校学报，1994，10 (2)：101~110.

[41] 彭金辉，黄孟阳，张正勇，等．微波加热浸出初级富钛料非等温动力学及吸波特性 [J]. 中国有色金属学报，2008，18 (S)：s207~s214.

[42] 欧阳红勇，杨智，熊雪良，等．微波场中钛铁矿的升温曲线及流态化浸出行为研究 [J]. 矿冶工程，2010，30 (2)：73~75.

[43] 郝小华，徐树英，张玉苍，等．微波加热浸出法从钛铁矿中提取钛 [J]. 有色金属（冶炼部分），2016 (10)：20~24.

[44] 李昌伟，梁杰，雷泽明，等．微波活化焙烧对粉煤灰中钛浸出率的影响 [J]. 中国有色冶金，2015，44 (5)：71~73.

[45] Xia H Y, Peng J H. Non-isothermal microwave leaching kinetics and absorption characteristics of primary titanium-rich materials [J]. Transactions of the Nonferrous Metals Society of China, 2010, 20 (4): 721~726.

[46] 刘钱钱．微波焙烧—酸碱联合浸出高钛渣的工艺研究 [D]. 昆明：昆明理工大学，2017.

[47] 赵巍．微波处理钛渣新工艺研究 [D]. 昆明：昆明理工大学，2014.

3 微波在锌冶金中的新应用

本章主要介绍微波在锌冶金领域的干燥、低品位氧化矿浸出、多种含锌物料脱氯应用进展。

3.1 微波脱除锌原料中氟、氯的应用

我国的锌、铅、铜、钢铁等年产量巨大，在锌、铅、铜的冶炼及钢铁镀锌或镀锌钢铁废件回收的过程中均会产生大量的氧化锌烟尘，这些氧化锌烟尘平均含锌50%以上且价格相对低廉，对其进行回收利用不仅可以缓解国内锌冶炼企业面临的锌精矿资源紧缺的问题，还可产生巨大的经济效益。利用这些氧化锌烟尘生产电锌时，大多数企业采用以酸法为主的湿法炼锌工艺，仍存在着电流效率低、电耗高、生产成本高等难题，其原因主要是大量的氧化锌烟尘中氟、氯含量偏高，在冶炼过程中不仅会对设备和管道造成腐蚀，还会对后续的锌电积工艺造成不利影响，如氯含量偏高会腐蚀铅阳极板、缩短阳极板的使用寿命，增加溶液的含铅量、降低析出锌片的品质，氟含量过高则会发生阴极锌片难以剥离的故障，导致企业的生产能力减小，严重时甚至会导致生产陷入停顿。降低系统氟、氯含量是锌冶炼企业降低生产成本、提高电锌品质的重要途径。因此，氧化锌烟尘中氟、氯的脱除就显得尤为重要。

由于微波加热具有选择性加热、升温速率快、加热效率高、对化学反应具有催化作用、可降低化学反应温度等特点，导致不同介电常数、热容、热导率等物性的物质在微波场中的吸波特性和升温曲线差异巨大，因此利用微波这种独特的加热方式，先后出现了微波辅助磨矿、微波强化还原、微波强化浸出、微波干燥、微波煅烧和微波焙烧等新工艺。

张利波等人[1]利用氧化锌烟尘中氟氯化物均属于吸波性能强的成分，而氧化锌和氧化铅等成分的吸波性能较弱、在微波场中升温较慢的特点，对氧化锌烟尘进行加热焙烧，强化杂质组元（氟化物、氯化物）的挥发分离，达到脱除氟、氯的目的，获得了一种经济有效、环境友好的处理氧化锌烟尘脱除氟、氯的新技术和新工艺。

3.1.1 原料及特性

3.1.1.1 实验原料

氧化锌烟尘原料来自云南某铅锌冶炼企业，为烟化炉冶炼工艺产出的表冷器烟尘和布袋烟尘以质量比3∶7（生产上的产出比例）混合均匀得到的物料。烟化炉冶炼工艺采用的原料为铅系统的鼓风炉熔渣和锌系统的湿法浸出渣，原料来源的多样性导致其产品氧化锌烟尘成分复杂，其主要成分化学分析见表3-1。

表 3-1 氧化锌烟尘化学成分分析

成分	Zn	Pb	Ge	Cd	Fe	Sb
含量/%	53.17	22.38	0.048	0.21	0.38	0.23
成分	S	As	F	Cl	SiO_2	CaO
含量/%	3.84	1.04	0.0874	0.0783	0.65	0.096

由表 3-1 可知，氧化锌烟尘中铅锌含量高，对锌电解过程有害的氟、氯元素含量相对较高，若不加以脱除，浸出过程中氟、氯势必会进入浸出液，造成浸出液中氟、氯超标的严重问题。

3.1.1.2 氧化锌烟尘堆密度和粒度分析

采用粉尘物性试验方法（GB/T 16913—2008）和粉末产品振实密度测定通用方法（GB/T 21354—2008），分别测定了氧化锌烟尘的堆密度和振实密度，测得氧化锌烟尘堆密度和振实密度分别为 730kg/m^3 和 1006kg/m^3。烟尘粒度分布图如图 3-1 所示。

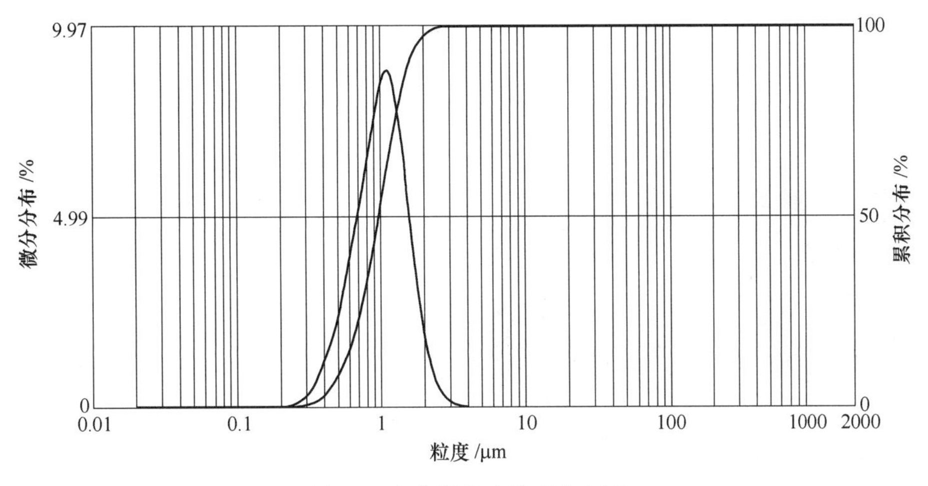

图 3-1 氧化锌烟尘粒度分布图

氧化锌烟尘的平均粒径 d_{av} = 1.01μm，中值粒径 d_{50} = 0.96μm，试样中粒径大于 0.96μm 的颗粒占 50%，小于 0.96μm 的颗粒也占 50%。99.87%的烟尘粒度在 3μm 以下。

3.1.1.3 氧化锌烟尘的物相分析

氧化锌烟尘原料首先在 80℃干燥 12h 条件下去除水分，并取一定量的样品进行压片制样，随后立即进行分析，得到氧化锌烟尘的 X 射线衍射图谱，如图 3-2 所示。从图 3-2 可以看出，氧化锌烟尘中的锌主要以氧化锌形式存在，铅的物相主要为氧化铅，氟以氟化铅和氟化锌等形式存在，其中的氯主要以氯化铅和氯化锌等物相形式存在。

3.1.1.4 氧化锌烟尘的微观形貌和结构分析

扫描电镜分析结果如图 3-3 所示。由图 3-3（a）微区扫描电镜图可以清楚地看出，锌烟尘主要由三种不同形貌结构组成，立方晶体结构、絮状结构和球状结构。由图 3-3（b）~(f) 可以清楚地知道，立方晶体结构的为 PbS 物相；絮状结构的为 ZnO 物相；而球状结构的颗粒主要是 ZnO 和 PbO 的混合物，并含有少量的 F 和 Cl。

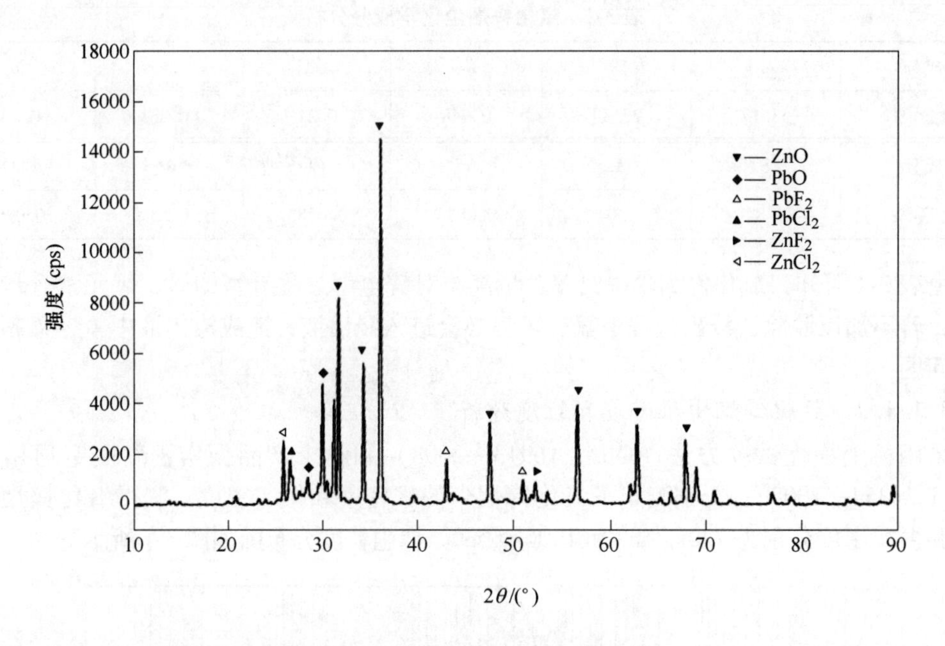

图 3-2　氧化锌烟尘的 X 射线衍射图

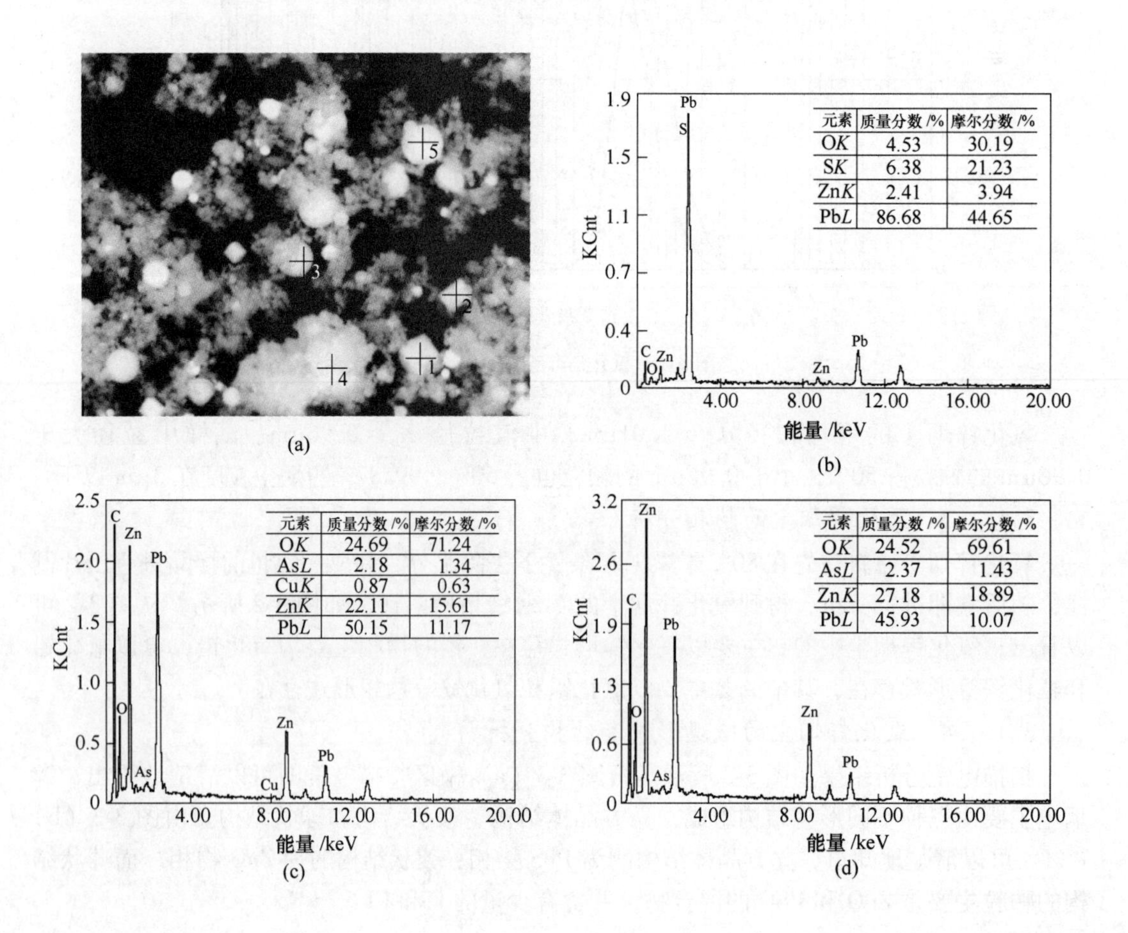

(b)

元素	质量分数 /%	摩尔分数 /%
O*K*	4.53	30.19
S*K*	6.38	21.23
Zn*K*	2.41	3.94
Pb*L*	86.68	44.65

(c)

元素	质量分数 /%	摩尔分数 /%
O*K*	24.69	71.24
As*L*	2.18	1.34
Cu*K*	0.87	0.63
Zn*K*	22.11	15.61
Pb*L*	50.15	11.17

(d)

元素	质量分数 /%	摩尔分数 /%
O*K*	24.52	69.61
As*L*	2.37	1.43
Zn*K*	27.18	18.89
Pb*L*	45.93	10.07

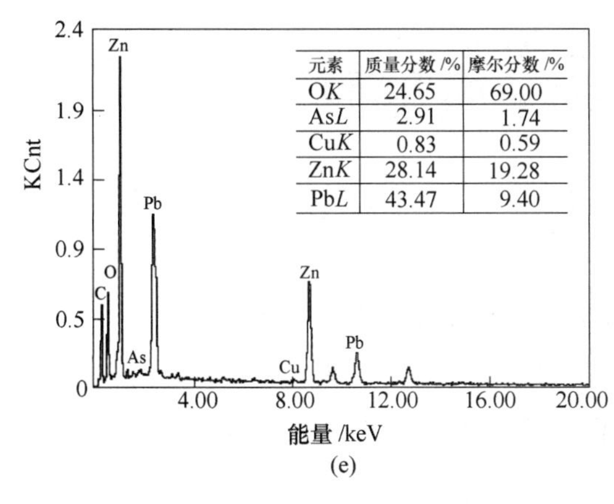

(e)

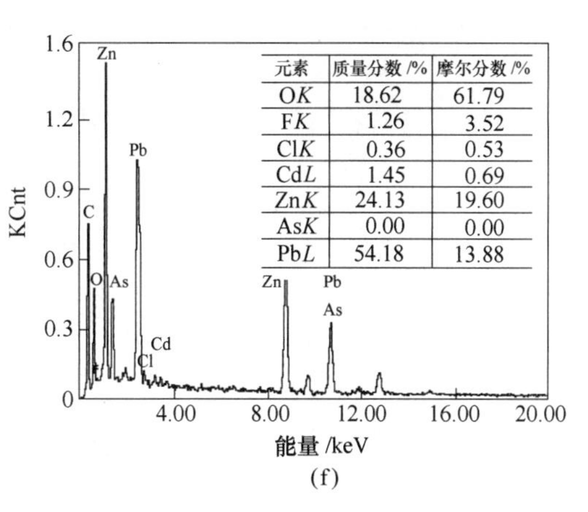

(f)

图 3-3 氧化锌烟尘扫描电镜和能谱分析图

(a) 微区扫描电镜原图；(b) 点 1 能谱图；(c) 点 2 能谱图；(d) 点 3 能谱图；(e) 点 4 能谱图；(f) 点 5 能谱图

为了进一步确定微区内各种物相分布的情况，采用了能谱面扫描方式分析方法，具体如图 3-4 所示。由图 3-4 各元素的面分布图比较可以看出，Zn 元素主要分布在絮状结构形貌的区域，Pb 元素主要分布在立方结构和球形结构的区域，S 元素分布较广且与 Pb 元素的分布重叠较多，说明有方铅矿（PbS）存在，而 F、Cl 和 Fe 元素呈弥散状分布。

从以上化学分析和仪器表征的结果可以看出氧化锌烟尘的物相，尤其是氯化物和氟化物存在的形态，为铅锌的卤化物，这些物相在微波场中均为强吸波物料，而含量较大的氧化铅和氧化锌则吸波性相对较差，进而为微波选择性脱除氟、氯奠定了理论基础。

3.1.2 氧化锌烟尘在微波场中的升温特性研究

3.1.2.1 物料量对升温行为的影响

物料在微波场中的升温特性与其质量密切相关。微波输出功率为 900W 的微波场中，锌烟尘质量对其升温行为的影响如图 3-5 所示。

100g、200g 的氧化锌烟尘试样温度 T_m 与时间 t 的经验关系式，见式（3-1）和式（3-2）。

$$T_m = 54.455 - 17.309t + 28.073t^2 - 1.635t^3 \quad (R^2 = 0.9950) \tag{3-1}$$

$$T_m = 66.289 - 40.393t + 20.787t^2 - 0.923t^3 \quad (R^2 = 0.9942) \tag{3-2}$$

在其他条件不变的情况下，100g 和 200g 氧化锌烟尘表观平均升温速率分别为 90℃/min、72℃/min。由此可见，被加热的氧化锌烟尘质量越小，其表观升温速率越大。

微波场中，氧化锌烟尘物料质量对升温速率的影响可用下式计算[2]：

$$\frac{dT}{dt} = \frac{T - T_0}{t} = \frac{2\pi f\varepsilon_0\varepsilon'' E^2}{\rho V c_p} = \frac{2\pi f\varepsilon_0\varepsilon'' E^2}{m c_p} \tag{3-3}$$

式中，T 为物料的加热温度，K；T_0 为物料的初始温度，K；t 为时间，s；m 为物料的质量，kg；c_p 为物料的比热容，J/(K·kg)；f 为微波的频率，Hz；ε_0 为真空介电常数；ε'' 为介电损耗因子；E 为电场强度，V/m。

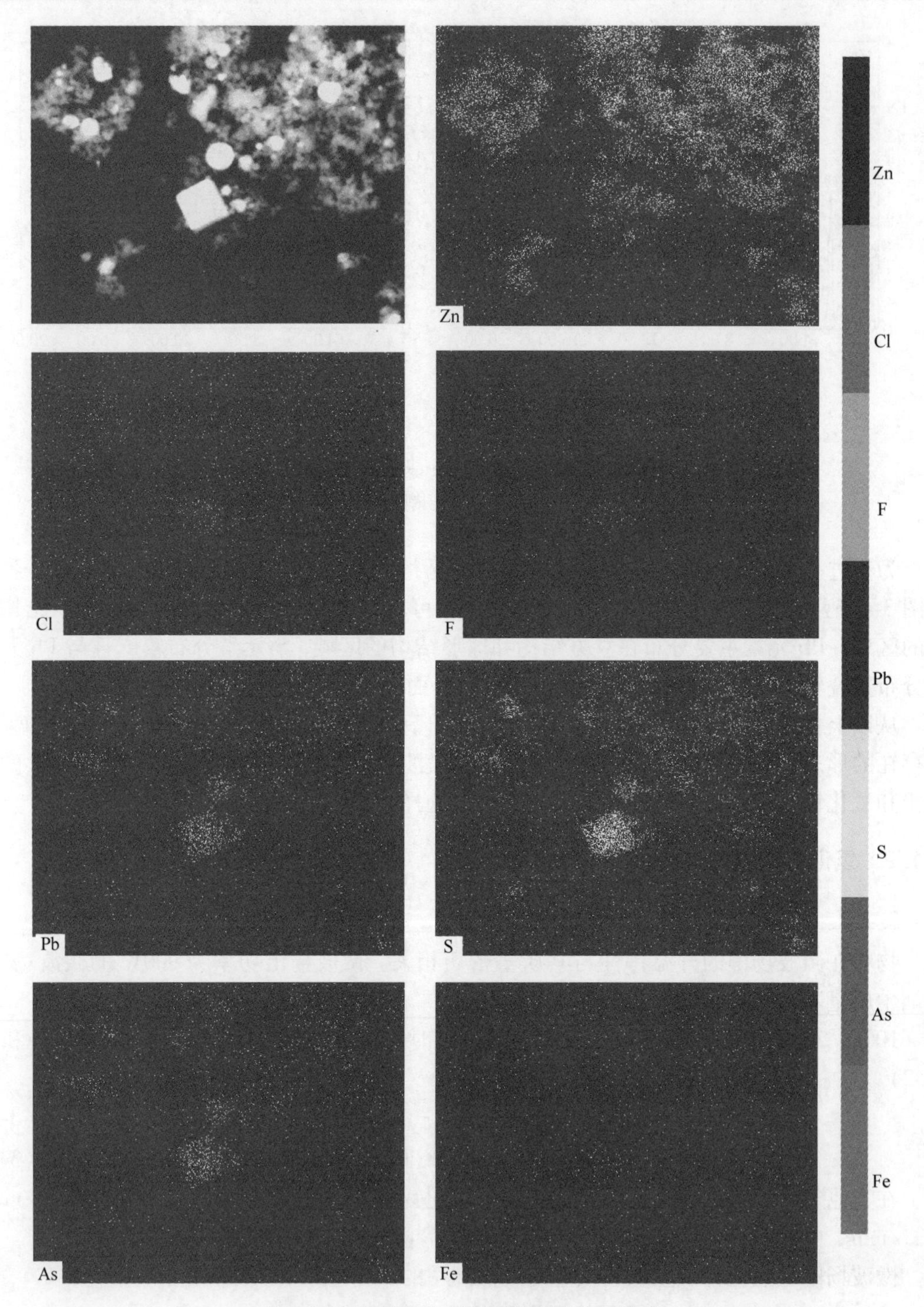

图 3-4　氧化锌烟尘的面扫描微区分析结果

由式（3-3）可知，烟尘物料质量越大，其升温速率越小，这与实验所得结果一致。物料质量越大，单位质量的微波功率密度比则有所减小，同时物料与外界的接触面积加大，向外界环境的散热量增加。因此，在实验范围内，随着烟尘质量的增加，升温速率有所减缓。

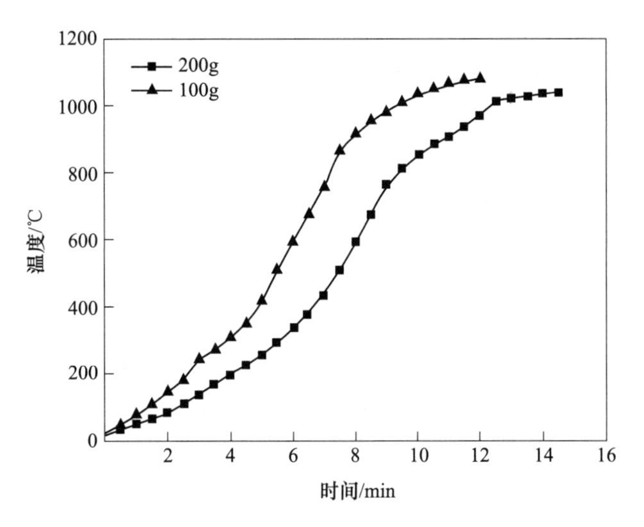

图 3-5　不同质量氧化锌烟尘在微波场中的升温行为对比

3.1.2.2　微波功率对升温行为的影响

300g 氧化锌烟尘在微波功率为 1200W 和 1800W 下的升温曲线如图 3-6 所示。

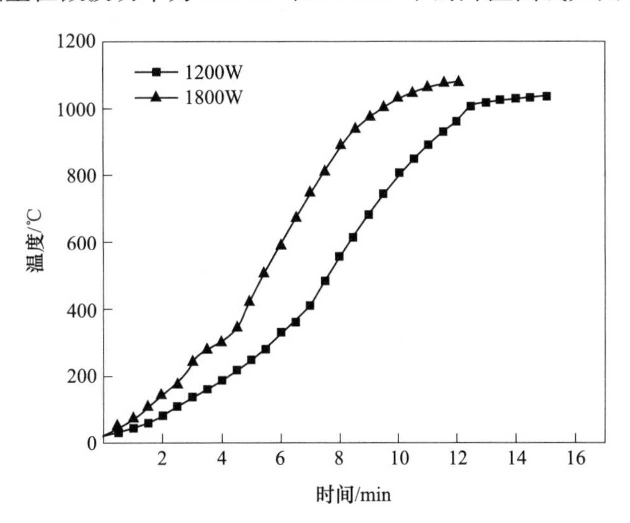

图 3-6　不同微波功率加热氧化锌烟尘的升温行为对比

其试样温度 T_m 与时间 t 的经验关系式，见式（3-4）和式（3-5）。

$$T_m = 65.370 - 37.373t + 19.040t^2 - 0.813t^3 \quad (R^2 = 0.9963) \tag{3-4}$$

$$T_m = 48.632 - 11.821t + 26.286t^2 - 1.519t^3 \quad (R^2 = 0.9965) \tag{3-5}$$

由图 3-6 可见，当其他条件相同时，微波功率对物料升温行为的影响主要体现为随着微波功率的增大，氧化锌烟尘表观平均升温速率增大，到达相同温度的时间缩短。

单位体积的锌烟尘在微波场中对微波功率的吸收或微波能在烟尘中的耗散功率 P 可表示为[3]：

$$P = 2\pi f \varepsilon'' E^2 \tag{3-6}$$

式中，f 为微波的频率，GHz；ε'' 为介电损耗因子，是温度的函数；E 为电场强度，V/m。

由式（3-6）可知，在其他条件不变的情况下，提高微波加热功率意味着增加电场强度。随着电场强度 E 的增大，烟尘对微波功率的吸收增加，温度也随之升高。因此，适当增大微波加热功率可以缩短加热时间，提高烟尘的表观平均升温速率。

综上所述，氧化锌烟尘对微波的吸收能力较强，在 8min 内即可达到 800℃左右的高温，能够满足脱氟、氯反应的热力学条件，同时也提供了良好的动力学条件。

3.1.2.3　烟尘原料中氟、氯含量的测定

选择电极法和火焰原子吸收法分别测定了原料中的氟、氯含量，并通过加标回收的方法测定加标回收率，氟和氯的分析结果分别见表 3-2 和表 3-3。

表 3-2　烟尘中氟含量及加标回收率测定结果

编号	样品氟含量/%	氟标加入量/μg	回收量/μg	回收率/%
1	0.0896	200	195.4	97.70
2	0.0850	200	197.3	98.66
3	0.0877	200	193.5	96.76
平均值	0.0874	—	—	97.71

表 3-3　烟尘原料中氯含量及加标回收率测定结果

编号	样品氯含量/%	氯标加入量/μg	回收量/μg	回收率/%
1	0.0763	500	498.9	99.78
2	0.0786	500	481.7	96.33
3	0.0801	500	513.7	102.74
平均值	0.0783	—	—	99.62

分别通过三组平行试样的分析，取所测结果的平均值，得到烟尘原料中含氟 0.0874%和含氯 0.0783%，氟、氯测定加标回收率平均值分别为 97.71%和 99.62%，分析化学中一般认为当加标回收率在 95%~105%之间时，就可判定该分析方法是准确的。研究中所采用的氟、氯分析方法，经过多次加标回收，回收率在较好的范围之内。因此，采用氟离子选择电极法测定原料中氟含量和火焰原子吸收法测定氯含量是准确、可靠的。

3.1.2.4　氧化锌烟尘氟、氯脱除率的计算方法

把焙烧后的氧化锌烟尘试样从微波反应器中取出，冷却至室温后对氧化锌烟尘取样进行氟、氯含量的分析测定，并计算氟、氯的脱除率。

氧化锌烟尘氟、氯脱除率的计算公式如下：

$$\eta_{(F,Cl)} = \frac{M_{(F,Cl)} - M'_{(F,Cl)}}{M_{(F,Cl)}} \times 100\% \tag{3-7}$$

式中，$M_{(F,Cl)}$ 为氧化锌烟尘氟（氯）初始含量；$M'_{(F,Cl)}$ 为氧化锌烟尘焙烧后氟（氯）含量；$\eta_{(F,Cl)}$ 为氟（氯）的脱除率，%。

3.1.3　微波直接焙烧氧化锌烟尘脱氟、氯的理论基础

氧化锌烟尘中的氟、氯主要是与铅锌形成相应的卤化物，这些卤化物都具有易挥发的

特点，随着焙烧温度的升高，一些蒸气压较高的氟化物和氯化物转化为气态卤化物，从固体物料中挥发，从而实现氟、氯与物料的分离。氧化锌烟尘中卤化物高温挥发反应方程式见式（3-8）。

$$MeX_2(s) \xlongequal{} MeX_2(g) \tag{3-8}$$

式中，Me 表示 Pb^{2+}、Zn^{2+}；X 表示 F^-、Cl^-。

氧化锌烟尘中存在的氟化物和氯化物的熔点、沸点和蒸气压见表 3-4。

表 3-4 氧化锌烟尘中主要卤化物的熔点、沸点和蒸气压[4]

化合物	熔点/℃	沸点/℃	蒸气压/Pa				
			550℃	650℃	750℃	850℃	950℃
ZnF_2	872	1500	5.96×10^{-3}	2.09×10^{-1}	3.84	3.35×10	2.16×10^{2}
PbF_2	855	1293	4.0×10^{-1}	8.04	8.52×10	5.67×10^{2}	2.67×10^{3}
$ZnCl_2$	365	732	4.38×10^{3}	3.15×10^{4}	1.46×10^{5}	4.93×10^{5}	1.32×10^{6}
$PbCl_2$	501	952	1.54×10^{2}	1.49×10^{3}	8.59×10^{3}	3.43×10^{4}	1.01×10^{5}

从表 3-4 中的数据可以看出，$ZnCl_2$ 和 $PbCl_2$ 的熔点和沸点相对较低，比较容易挥发。当温度超过 750℃以后，铅和锌的氟化物和氯化物的蒸气压就变得比较大了，它们的挥发也会变得越来越显著。

金属卤化物的高温挥发反应过程主要是离子晶体的相变过程和气态卤化物从固相中扩散逸出的过程。化合物的蒸气压越大，温度越高，气流速度越大，挥发速度越大。在气流速度一定的情况下，温度是影响挥发速度的主要因素。氧化锌烟尘物料来自铅烟化炉冶炼工艺，铅含量高，当焙烧温度过高时，物料因氧化铅含量高会出现软化和结块现象，影响焙烧的完全程度，进而影响氟化物和氯化物的挥发脱除。

3.1.3.1 实验设备和实验方法

A 实验设备

实验研究主体设备采用的是昆明理工大学非常规冶金教育部重点实验室研制的功率为 3kW 的箱式微波反应器，实验装置实物图如图 3-7 所示，实验装置连接示意图如图 3-8 所示。

该微波反应器可实现自动控温，微波频率为 2450MHz，功率为 0~3kW，连续可调；可采用带有屏蔽套的热电偶对实验物料进行测温，测温范围为 0~1300℃；物料承载体为透波性能和耐热冲击性能良好的莫来石坩埚，内径为 90mm，高度为 120mm；烟气烟尘吸收系统由收尘瓶、两级水吸收瓶、一级碱吸收瓶、缓冲瓶和微型抽气泵组成，可对实验过程中产生的烟尘烟气进行收集和吸收；设备装配有搅拌系统，搅拌机转速为 0~160r/min，可实现对氧化锌烟尘搅拌强度的调控。

B 实验方法

准确称取氧化锌烟尘原料，装入莫来石坩埚中，套上保温材料，全部置于箱式微波反应器中，打开微波处理系统、搅拌系统和尾气吸收系统，对物料进行微波焙烧处理，搅拌系统可实现对物料的实时搅拌，有利于挥发物的释放，尾气吸收系统及时将挥发出来的组分排出微波腔体。在特定温度和保温时间下分别进行焙烧脱氟、氯实验，并分析

图 3-7　实验装置实物图

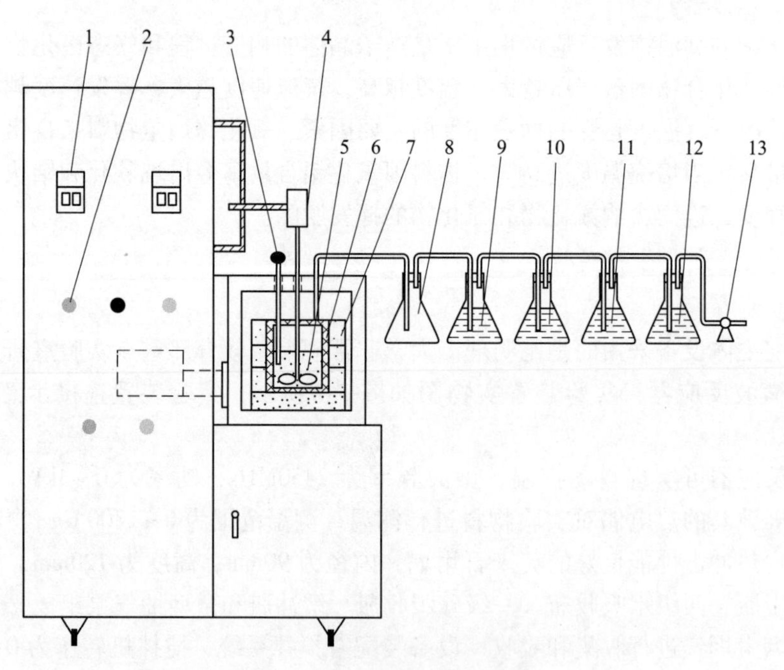

图 3-8　实验装置连接示意图

1—仪表显示器；2—控制器；3—热电偶；4—搅拌器；5—试验物料；6—坩埚；7—保温材料；8—收尘瓶；9~11—尾气收集系统（两级水吸收，一级碱吸收）；12—缓冲瓶；13—微型抽气泵

焙烧后物料中的氟、氯含量，研究焙烧温度、保温时间、搅拌速度等因素对氟、氯脱除率的影响。

3.1.3.2 微波焙烧氧化锌烟尘脱氟、氯的单因素实验结果与分析

A 焙烧温度对氟、氯脱除率的影响

称取300g氧化锌烟尘，设定电机的搅拌速度为120r/min，控制保温时间为80min，分别在550℃、600℃、650℃、700℃、750℃、800℃进行焙烧，焙烧结束后进行炉外冷却，取样分析焙烧后样品中氟、氯的含量，计算氟、氯的脱除率，焙烧温度对氧化锌烟尘氟、氯脱除率的影响如图3-9所示。

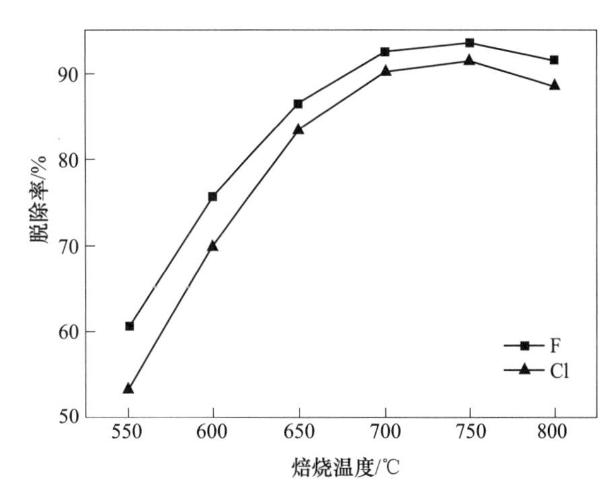

图3-9 焙烧温度对氧化锌烟尘氟、氯脱除率的影响

由图3-9可以看出，当温度较低时，挥发反应速率受影响，氟、氯的脱除率较低，随着焙烧温度的提高，氟、氯的脱除率逐渐升高，这是因为温度是影响化合物蒸气压的主要因素，氟、氯化合物的蒸气压随着温度的升高增加得相当迅速，而蒸气压越大，其挥发速度越显著，因而氟、氯脱除率越高，在700℃保温80min时氟、氯的脱除率可达到92.6%和90.2%。当焙烧温度达到750℃时，物料因氧化铅含量较高，开始出现软化和结块现象，进而影响焙烧的完全程度，氟、氯的脱除率增加相对变得缓慢，当焙烧温度达到800℃时，物料烧结情况严重，氟化物和氯化物的挥发受到影响，氟、氯的脱除率反而有所下降。

B 保温时间对氟、氯脱除率的影响

称取300g氧化锌烟尘，设定电机的搅拌速度为120r/min，在700℃下分别保温20min、40min、60min、80min、100min、120min，焙烧结束后进行炉外冷却，取样分析焙烧后样品中氟、氯的含量，保温时间对氧化锌烟尘氟、氯脱除率的影响如图3-10所示。

图3-10表明在焙烧温度和搅拌速度一定的条件下，氟、氯的脱除率随保温时间的延长而提高，当氟、氯的脱除率达到90%以上时，继续延长保温时间，氟、氯的脱除率提升缓慢，保温时间过长会导致能耗增加。

C 搅拌速度对氟、氯脱除率的影响

称取300g氧化锌烟尘，控制焙烧温度为700℃，在电机的搅拌速度分别为30r/min、60r/min、90r/min、120r/min、150r/min的条件下保温80min，焙烧结束后进行炉外冷却，取样分析样品中氟、氯的含量，计算氟、氯的脱除率，搅拌速度对氧化锌烟尘氟、氯脱除率的影响如图3-11所示。

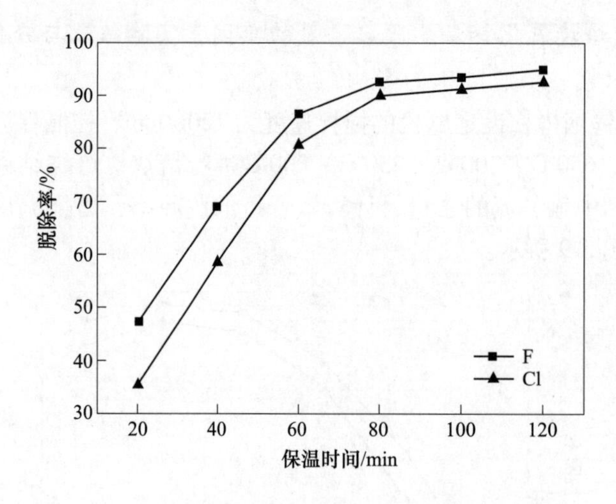

图 3-10 保温时间对氧化锌烟尘氟、氯脱除率的影响

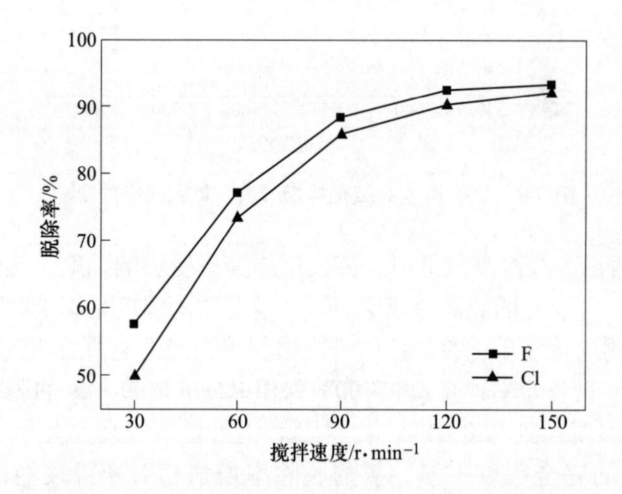

图 3-11 搅拌速度对氧化锌烟尘氟、氯脱除率的影响

从图 3-11 可以看出，搅拌速度对氟、氯的脱除率有着较为显著的影响，较大的搅拌速度可使转化为气态的氟、氯化合物充分地挥发到气相，实现与氧化锌烟尘主体的分离。当搅拌速度达到 120r/min 以上时，对氟、氯的脱除率提高相对不明显，搅拌速度过大反而会造成烟尘量大，锌、铅等有价金属的损失增加。

3.1.3.3 微波直接焙烧氧化锌烟尘脱氟、氯的响应曲面优化实验

A 响应曲面优化实验设计

在考虑单因素实验结果的基础上，采用响应曲面法中的中心组合优化设计（CCD）来优化微波焙烧氧化锌烟尘脱氟、氯的工艺，根据条件试验的探索结果，选定对氧化锌烟尘脱氟率（Y_1）和脱氯率（Y_2）影响较大的微波焙烧温度（X_1,℃），保温时间（X_2，min），搅拌速度（X_3，r/min）作为实验的三个影响因素开展系统实验。CCD 优化设计中选用中心点的目的是为了减少实验性误差，对焙烧后氧化锌烟尘的考察指标及响应值分别是脱氟率（Y_1）和脱氯率（Y_2），实验设计方案与实验结果见表 3-5。

表 3-5 响应面设计方案与实验结果

序号	焙烧温度/℃	保温时间/min	搅拌速度/r·min^{-1}	脱氟率/%	脱氯率/%
1	600	60	100	65.5	58.4
2	800	60	100	87.4	83.1
3	600	100	100	75.1	69.7
4	800	100	100	93.0	91.4
5	600	60	140	68.3	62.6
6	800	60	140	89.2	87.5
7	600	100	140	78.8	72.5
8	800	100	140	94.6	93.3
9	531.8	80	120	55.3	48.0
10	868.2	80	120	87.9	86.7
11	700	46.4	120	76.8	65.3
12	700	113.6	120	94.1	92.0
13	700	80	86.4	87.8	84.9
14	700	80	153.6	93.7	92.5
15	700	80	120	91.8	91.0
16	700	80	120	92.0	90.5
17	700	80	120	92.5	90.9
18	700	80	120	91.8	91.0
19	700	80	120	90.7	89.6
20	700	80	120	93.0	90.2

注：考虑到实验的可操作性，在实际焙烧工艺中，实验 9 和实验 10 的真实温度分别设定为 532℃ 和 868℃，实验 11 和实验 12 的保温时间分别是 46min 和 114min，实验 13 和实验 14 的搅拌速度分别是 85r/min 和 155r/min。

B 模型精确性分析

以脱氟率（Y_1）和脱氯率（Y_2）为因变量，以焙烧温度（X_1,℃）、保温时间（X_2, min）和搅拌速度（X_3, r/min）为自变量，通过最小二乘法拟合得到氧化锌烟尘脱氟率和脱氯率的二次多项回归方程，见式（3-9）和式（3-10）。

$$Y_1 = -464.47 + 1.19X_1 + 1.56X_2 + 0.52X_3 - 5.69 \times 10^{-4}X_1X_2 - 1.94 \times 10^{-4}X_1X_3 + 2.18 \times 10^{-3}X_2X_3 - 7.32 \times 10^{-4}X_1^2 - 6.05 \times 10^{-3}X_2^2 - 1.36 \times 10^{-3}X_3^2 \tag{3-9}$$

$$Y_2 = -561.11 + 1.30X_1 + 2.45X_2 + 0.63X_3 - 4.44 \times 10^{-4}X_1X_2 - 4.38 \times 10^{-5}X_1X_3 - 1.2 \times 10^{-3}X_2X_3 - 8.23 \times 10^{-4}X_1^2 - 0.011X_2^2 - 1.71 \times 10^{-3}X_3^2 \tag{3-10}$$

通过方差分析可以进一步检测模型的精确性，能够得到多项式方程中所有系数的显著性，并可以判断模型的有效性。实验所得回归方程的方差分析见表 3-6 和表 3-7。

表 3-6　回归方程式（3-9）的方差分析

方差来源	平方和	自由度	均方	F 值	P 值
模型	2383.15	9	264.79	257.66	<0.0001
X_1	1262.86	1	1262.86	1228.85	<0.0001
X_2	265.32	1	265.32	258.18	<0.0001
X_3	28.77	1	28.77	28.00	0.0004
X_1X_2	10.35	1	10.35	10.07	0.0699
X_1X_3	1.20	1	1.20	1.17	0.3050
X_2X_3	0.06	1	0.06	0.06	0.8121
X_1^2	771.26	1	771.26	750.49	<0.0001
X_2^2	84.32	1	84.32	82.05	<0.0001
X_3^2	4.28	1	4.28	4.17	0.0685
残差	10.28	10	1.03	—	—

注：$R_1^2=0.9957$，$R_{1adj}^2=0.9918$。

表 3-7　回归方程式（3-10）的方差分析

方差来源	平方和	自由度	均方	F 值	P 值
模型	3488.34	9	387.59	87.75	<0.0001
X_1	1809.15	1	1809.15	409.60	<0.0001
X_2	471.02	1	471.02	106.64	<0.0001
X_3	49.81	1	49.81	11.28	0.0073
X_1X_2	6.30	1	6.30	1.43	0.2599
X_1X_3	0.06	1	0.06	0.01	0.9086
X_2X_3	1.90	1	1.90	0.43	0.5266
X_1^2	976.93	1	976.93	221.18	<0.0001
X_2^2	258.87	1	258.87	58.61	<0.0001
X_3^2	6.76	1	6.76	1.53	0.2442
残差	44.17	10	4.42	—	—

注：$R_2^2=0.9875$，$R_{2adj}^2=0.9762$。

所采用模型的决定相关系数（R^2）及校正相关系数（R_{adj}^2）可以表征数学模型的适应性与精确性，两者的数值越接近且越近于1，则说明回归模型与实际工艺的适用性越高，模型越精确。经过软件计算分析，方程式（3-9）和方程式（3-10）的决定相关系数分别为 $R_1^2=0.9957$ 和 $R_2^2=0.9875$，校正相关系数分别为 $R_{1adj}^2=0.9918$ 和 $R_{2adj}^2=0.9762$，当 R^2 值和 R_{adj}^2 值越高且越接近时，认为模型是显著的，说明该模型与实验数据的拟合度高，此模型能够说明氧化锌烟尘的氟、氯脱除率与所考察影响因素的实际关系。

由表3-6和表3-7可知，模型的 F 值分别为257.66和87.75，均只有0.01%的概率会使信噪比发生错误，模型的 P 值小于0.0001，表明建立的回归模型精度很高，模拟效果显著。如果变量的 P 值小于0.05，说明此变量对响应值有显著影响，由此可知影响因素中，

因素 X_1、X_2、X_3 及 X_1^2、X_2^2 对氟、氯脱除率均有比较显著的影响，而交互作用因素 X_1X_2、X_1X_3、X_2X_3 的影响不显著。方差分析表明，此模型与实验数据的拟合度良好，能够对氧化锌烟尘氟、氯脱除率进行较精确的预测。

图 3-12 所示为氧化锌烟尘氟、氯脱除率实验值与预测值的对比图。实验所得数据点基本平均分布于由模型所预测值的周围，这表明基于实验结果所选取的模型能够反映影响氧化锌烟尘氟、氯脱除率的自变量与应变量间的关系。

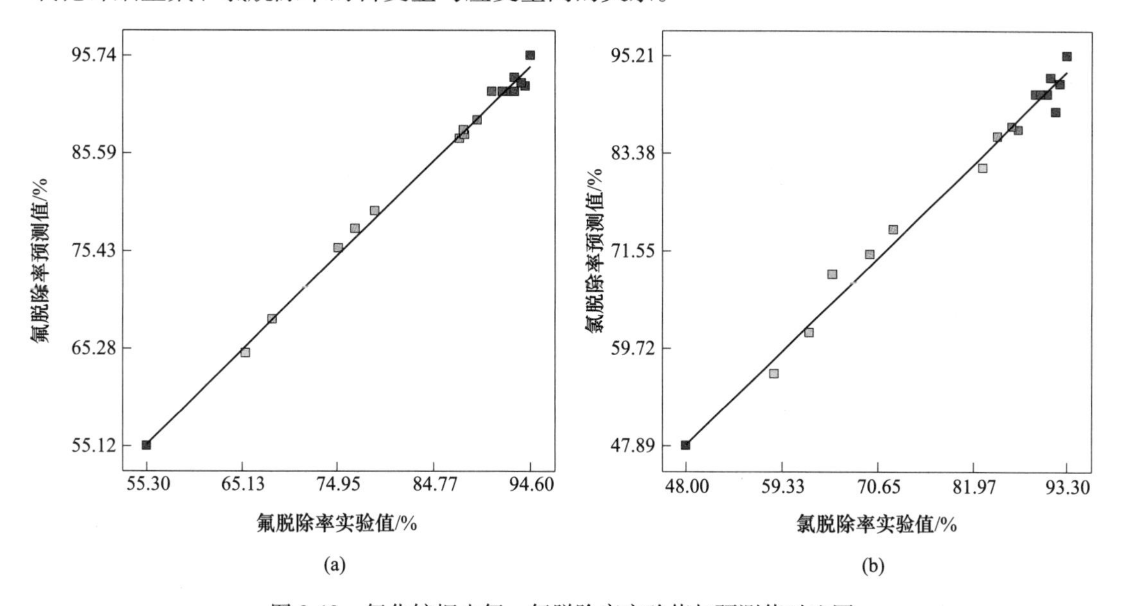

图 3-12 氧化锌烟尘氟、氯脱除率实验值与预测值对比图

（a）氟脱除率实验值与氟脱除率预测值对比图；（b）氯脱除率实验值与氯脱除率预测值对比图

图 3-13 所示为氧化锌烟尘氟、氯脱除率的残差正态概率图，纵坐标中正态概率的划

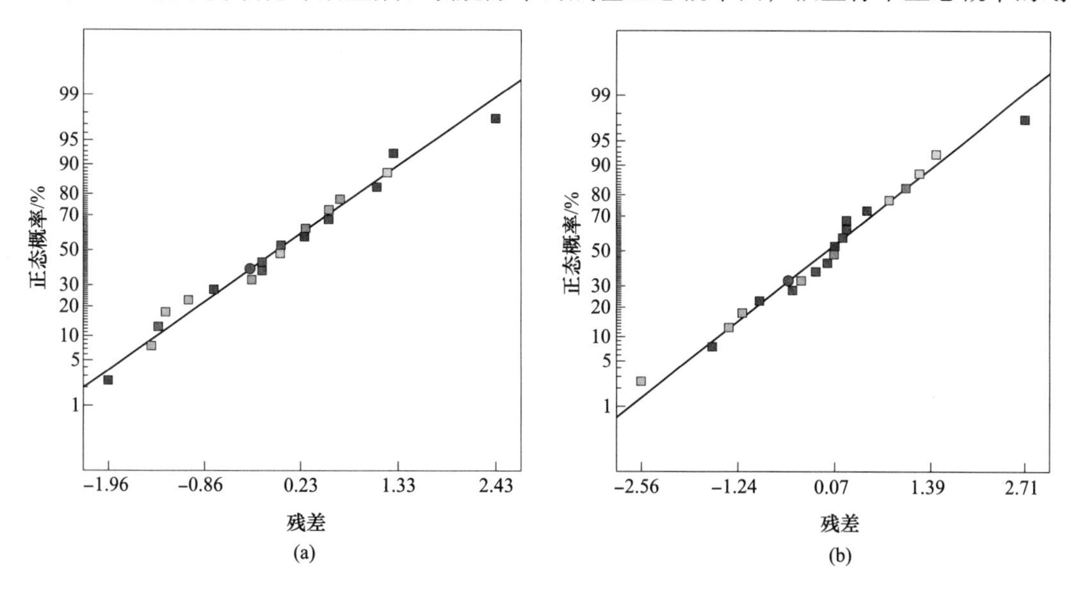

图 3-13 氧化锌烟尘氟、氯脱除率残差正态概率图

（a）氟脱除率残差正态概率图；（b）氯脱除率残差正态概率图

分代表残差的正态分布情况，由图可知，残差沿直线分布，表明实验残差分布在常态范围内；横坐标的残差代表实际的响应值与模型的预测值之间的差值，残差集中分布中间，表明模型的精确性良好。

C 响应面分析

在回归分析及方差分析的基础上，通过将回归系数进行统计学计算建立回归模型的三维响应曲面，考察各因素对微波焙烧氧化锌烟尘氟、氯脱除率的影响规律。根据优化的二次模型，得到焙烧温度、保温时间、搅拌速度及其相互作用对氟、氯脱除率的影响的响应曲面如图 3-14 所示。

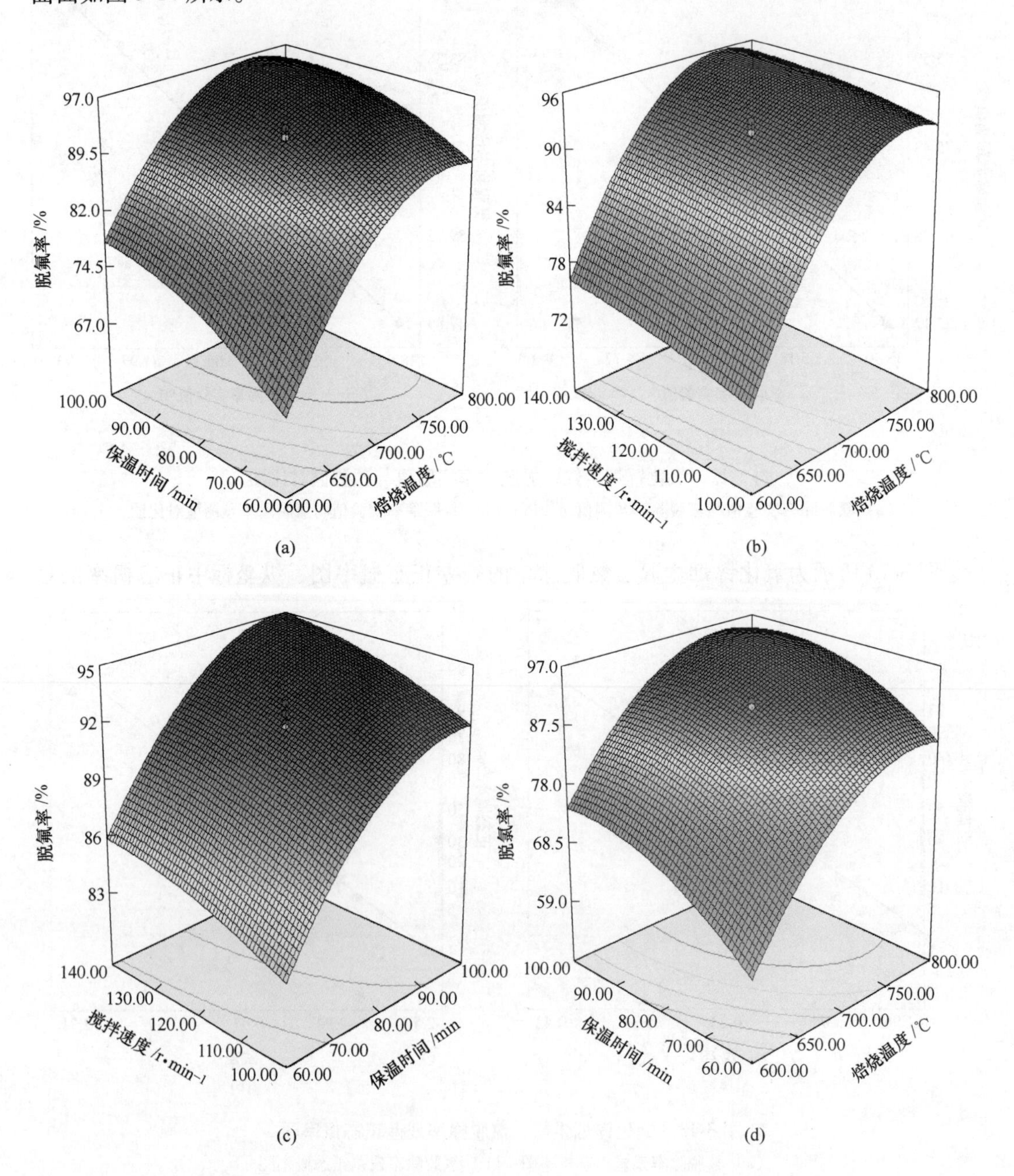

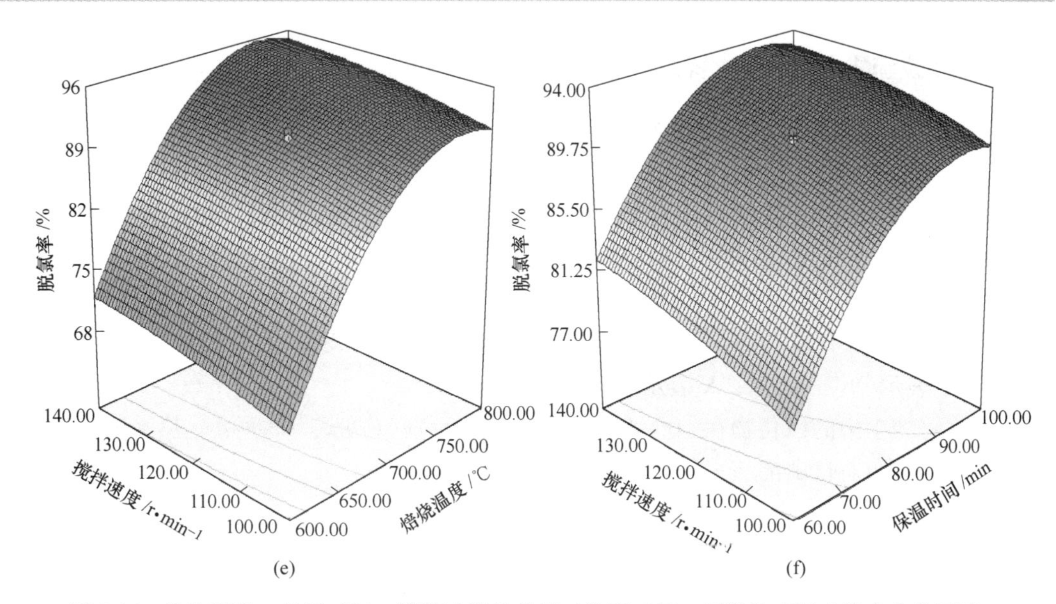

图 3-14 焙烧温度、保温时间、搅拌速度及其相互作用对氟、氯脱除率影响的响应曲面图
(a) 焙烧温度、保温时间及其交互作用对脱氟率的影响；(b) 焙烧温度、搅拌速度及其交互作用对脱氟率的影响；(c) 保温时间、搅拌速度及其交互作用对脱氟率的影响；(d) 焙烧温度、保温时间及其交互作用对脱氯率的影响；(e) 焙烧温度、搅拌速度及其交互作用对脱氯率的影响；(f) 保温时间、搅拌速度及其交互作用对脱氯率的影响

焙烧温度和保温时间作为自变量的函数，对因变量氧化锌烟尘氟、氯脱除率的响应曲面和等高线如图 3-14 (a) 和 (d) 所示，从图中可以看出，随着焙烧温度的提高，氟、氯脱除率也随着提高，这也在保温时间上表现出同样的趋势，即随着保温时间的延长，氟、氯脱除率也随着增加。焙烧温度和搅拌速度及其相互作用对氟、氯脱除率的响应曲面如图 3-14 (b) 和 (e) 所示，自变量焙烧温度和搅拌速度对氟、氯脱除率显示出积极的影响。从图 3-14 (c) 和 (f) 可以看出，保温时间和搅拌速度对氧化锌烟尘中氟、氯的脱除率也有着积极的影响。

D 条件优化及验证

通过响应曲面软件的预测功能，在实验研究参数范围内，对焙烧温度、保温时间和搅拌速度进行了优化设计，并根据优化实验的结果进行验证实验，得到实验值和预测值的对比，微波直接焙烧氧化锌烟尘脱氟、氯的优化条件及其模型验证结果见表 3-8。

表 3-8 回归模型优化工艺参数

焙烧温度/℃	保温时间/min	搅拌速度/r · min^{-1}	氟脱除率/%		氯脱除率/%	
			预测值	实验值	预测值	实验值
700	80	120	91.8	91.0	90.5	90.2

为了检验响应曲面法优化的可靠性，采用优化后的工艺参数进行实验，此条件下氟、氯脱除率分别为 91.0% 和 90.2%，与预测值的偏差较小，由此说明采用响应曲面法优化微波直接焙烧氧化锌烟尘脱除氟、氯的工艺参数是可靠的。将该工艺条件下焙烧得到的氧化锌烟尘进行浸出，测得浸出液中的氟、氯浓度分别为 15.2mg/L 和 14.2mg/L，满足锌电积过程对氟、氯含量的要求。

3.1.4 微波硫酸化焙烧氧化锌烟尘脱氟、氯的实验研究

3.1.4.1 硫酸化焙烧的理论基础

在微波场下直接焙烧氧化锌烟尘脱除氟、氯研究的基础上，研究提出向反应器内通入水蒸气和空气等强化措施，促使热水解反应（见式（3-11））和硫酸化反应（见式（3-12））的发生[5]，以求进一步降低能耗、缩短反应时间，提高氟、氯的脱除率。

$$MeX_2 + H_2O \xlongequal{} MeO + 2HX(g) \tag{3-11}$$

$$MeX_2 + H_2O + 1/2O_2 + SO_2 \xlongequal{} MeSO_4 + 2HX(g) \tag{3-12}$$

式中，Me 表示 Pb^{2+}、Zn^{2+}；X 表示 F^-、Cl^-。

氧化锌烟尘中的卤化物在600~900℃下的挥发反应（见式（3-8））、热水解反应和硫酸化反应的吉布斯自由能与平衡常数，见表3-9和表3-10。

表3-9 相关卤化物热水解反应和硫酸化反应的 *G* (kJ/mol)

物质	热水解反应				硫酸化反应			
	873K	973K	1073K	1173K	873K	973K	1073K	1173K
$ZnCl_2$	27.44	18.65	18.27	21.38	-62.71	-43.79	-19.23	-9.31
$PbCl_2$	104.66	97.69	90.95	83.16	-67.90	-48.22	-27.36	-14.72
ZnF_2	0.33	-12.81	-25.77	-47.33	-89.82	-75.25	-63.27	-49.40
PbF_2	63.38	54.91	47.10	38.87	-109.28	-91.00	-71.20	-59.01

表3-10 相关卤化物化学反应的平衡常数

物质	挥发反应			热水解反应			硫酸化反应		
	873K	973K	1073K	873K	973K	1073K	873K	973K	1073K
$ZnCl_2$	0.121	0.699	2.719	0.023	0.10	0.13	5651.63	224.45	8.63
$PbCl_2$	5.06×10^{-3}	3.67×10^{-2}	0.172	5.46×10^{-7}	5.52×10^{-6}	3.74×10^{-5}	1.16×10^{4}	387.78	21.46
ZnF_2	—	—	—	0.960	4.870	17.980	2.37×10^{5}	1.10×10^{4}	1203.2
PbF_2	—	—	—	1.61×10^{-4}	1.13×10^{-3}	5.09×10^{-3}	3.46×10^{6}	7.68×10^{4}	2.93×10^{3}

由表3-9和表3-10可以看出，3个化学反应中，硫酸化反应的自由能最小、平衡常数最大，该反应在热力学上最容易进行。但随着温度的升高，硫酸化反应的自由能逐渐变大，反应变得难以进行。因此硫酸化焙烧脱氟、氯并不需要过高的温度。

3.1.4.2 硫酸化焙烧的单因素实验结果与分析

A 空气流量对氟、氯脱除率的影响

称取300g氧化锌烟尘物料，设定电机的搅拌速度为120r/min，设定焙烧温度为650℃、保温时间为60min，焙烧过程中向反应容器内通入空气，控制空气流量分别保持在200L/h、250L/h、300L/h、350L/h、400L/h，焙烧结束后进行炉外冷却，取样分析焙烧后样品中氟、氯的含量，计算氟、氯的脱除率，考察空气流量对氧化锌烟尘氟、氯脱除率的影响，结果如图3-15所示。

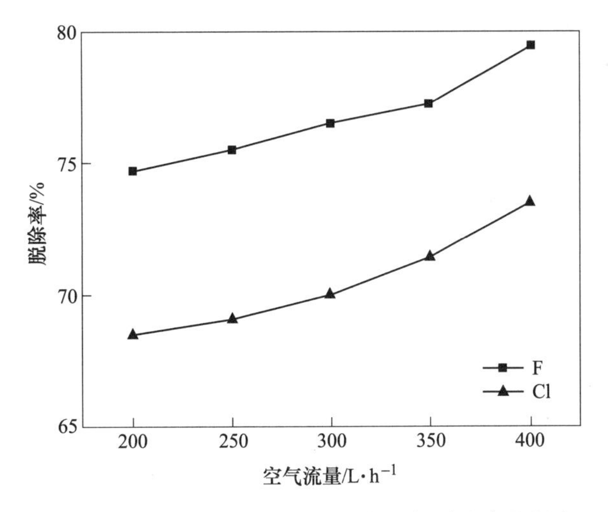

图 3-15 空气流量对氧化锌烟尘氟、氯脱除率的影响

从图 3-15 可以看出，焙烧过程中向反应容器内通入空气，随着空气流量的增大，氧化锌烟尘中氟、氯的脱除率提高得比较缓慢，这可能是由于空气的水分比较小，不足以促使硫酸化反应的进行，氟、氯的脱除主要以挥发反应为主。由于空气量过大会导致体系散热比较严重，为维持反应过程所需温度，空气流量不宜过大。

B 水蒸气流量对氟、氯脱除率的影响

称取 300g 氧化锌烟尘，设定电机搅拌速度为 120r/min，设定焙烧温度为 650℃、保温时间为 60min，向反应容器内通入水蒸气，水蒸气由流量为 300L/h 空气流携带进入反应容器，通过调节电加热套的功率来调节水蒸气的流量，在水蒸气流量分别为 2mL/min、4mL/min、6mL/min、8mL/min 和 10mL/min 的条件下进行焙烧，实验结束后进行炉外冷却，取样分析焙烧后样品中氟、氯的含量，计算氟、氯的脱除率，水蒸气流量对氧化锌烟尘氟、氯脱除率的影响如图 3-16 所示。

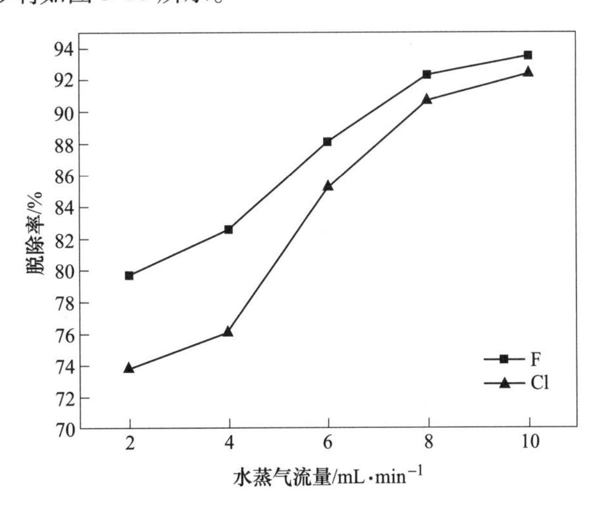

图 3-16 水蒸气流量对氧化锌烟尘氟、氯脱除率的影响

图 3-16 表明水蒸气的通入对氟、氯的脱除有着显著的积极影响，这是因为氧化锌烟

尘中含有3.8%的硫，在高温下硫发生氧化反应形成SO_2，在通入足量空气和水蒸气的条件下，可促使硫酸化反应的不断发生，氟、氯以卤化氢气体从物料中释放出来，水蒸气流量越大，硫酸化反应越充分，氟、氯的脱除率越高。当水蒸气的流量为8mL/min时，650℃保温60min，脱氟率即可达到92.3%，脱氯率达到90.7%。

C 焙烧温度对氟、氯脱除率的影响

称取300g氧化锌烟尘，设定电机的搅拌速度为120r/min，控制水蒸气和空气流量分别为8mL/min和300L/h，分别在500℃、550℃、600℃、650℃、700℃下焙烧60min，实验结束后进行炉外冷却，取样分析焙烧后样品中氟、氯的含量，计算氟、氯的脱除率，焙烧温度对氧化锌烟尘氟、氯脱除率的影响如图3-17所示。

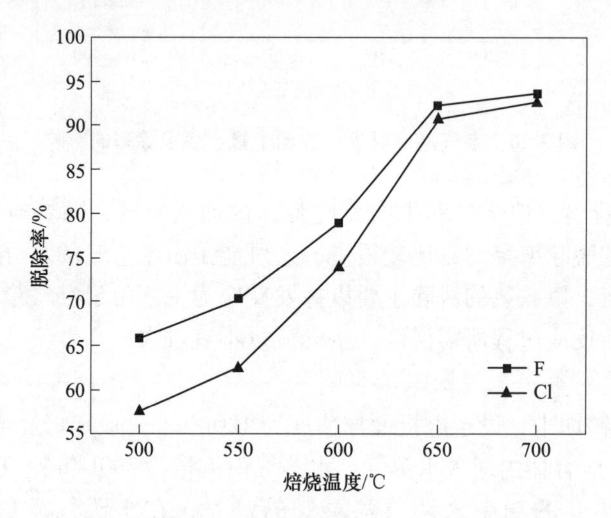

图3-17 焙烧温度对氧化锌烟尘氟、氯脱除率的影响

由图3-17可知，在有空气和水蒸气的参与下，500℃保温60min氧化锌烟尘中氟、氯的脱除率均可达到50%以上，在550~650℃这个温度区间，氟、氯脱除率的提高相当显著，这个温度区间也是硫酸化反应最为有利的温度区间，与前面的理论分析相吻合。这表明利用硫酸化反应焙烧脱除氟、氯，在相对较低的温度下，就可以达到较高的脱除率。

D 保温时间对氟、氯脱除率的影响

称取300g氧化锌烟尘，设定电机的搅拌速度为120r/min，控制水蒸气和空气流量分别为8mL/min和300L/h，在650℃分别焙烧20min、40min、60min、80min和100min，实验结束后进行炉外冷却，取样分析焙烧后样品中氟、氯的含量，计算氟、氯的脱除率，保温时间对氧化锌烟尘氟、氯脱除率的影响如图3-18所示。由图3-18可以看出，在有水蒸气和空气参与的情况下，氧化锌烟尘中氟、氯的脱除率随时间的改变也相当明显，硫酸化反应加速了氟、氯的脱除。

3.1.4.3 响应曲面优化

A 响应曲面优化实验设计

在上述单因素实验研究的基础上，在通入空气流量为300L/h的前提下，研究选取对利用硫酸化反应焙烧氧化锌烟尘脱除氟、氯影响较大的焙烧温度（X_1,℃）、保温时间（X_2，min）、水蒸气流量（X_3，mL/min）作为实验的三个因素，采用响应曲面法对实验进

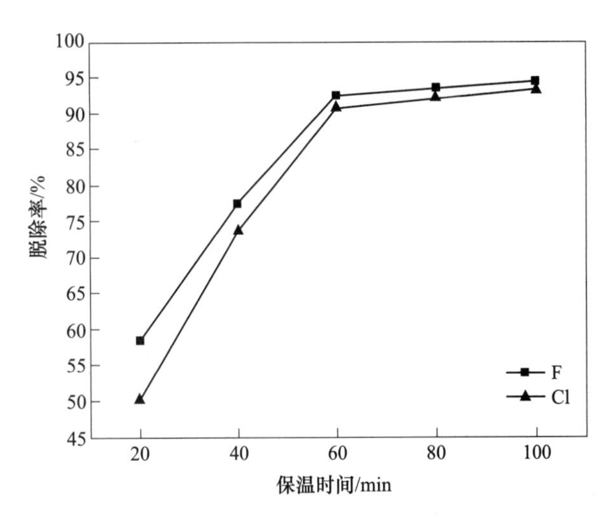

图 3-18 保温时间对氧化锌烟尘氟、氯脱除率的影响

行优化设计，进行系统实验。同样通过 CCD 设计的系统优化实验方案共计 20 组实验，其中有中心点重复试验 6 组，所考察的响应值为氧化锌烟尘的脱氟率（Y_1）和脱氯率（Y_2），实验设计方案和实验结果见表 3-11。

表 3-11 硫酸化焙烧脱氟、氯的响应曲面设计方案与实验结果

序号	焙烧温度/℃	保温时间/min	水蒸气流/mL · min^{-1}	脱氟率/%	脱氯率/%
1	600	40	4	57.7	53.5
2	700	40	4	74.3	65.9
3	600	80	4	79.0	71.0
4	700	80	4	92.8	90.6
5	600	40	8	66.8	61.7
6	700	40	8	85.0	77.6
7	600	80	8	81.7	76.0
8	700	80	8	94.2	93.4
9	565.9	60	6	71.6	63.5
10	734.1	60	6	90.6	88.7
11	650	26.4	6	60.1	53.0
12	650	93.6	6	92.4	90.7
13	650	60	2.6	80.5	74.6
14	650	60	9.4	93.0	91.2
15	650	60	6	88.6	85.8
16	650	60	6	88.0	86.5
17	650	60	6	87.5	86.1
18	650	60	6	88.2	85.6
19	650	60	6	89.6	85.0
20	650	60	6	88.7	85.5

注：考虑到实验的可操作性，在实际焙烧工艺实验中，实验 9 和实验 10 的真实温度分别为 566℃ 和 734℃，实验 11 和实验 12 的保温时间分别是 26min 和 94min，实验 13 和实验 14 的水蒸气流量分别是 2.6mL/min 和 9.4mL/min。

B　模型精确性分析

通过 CCD 设计对各个影响因子之间的相互作用以及各个影响因子对回归模型的影响作用进行分析，对氟、氯脱除率均选取二次方模型。以焙烧温度（X_1,℃）、保温时间（X_2，min）和水蒸气流量（X_3，mL/min）为自变量，脱氟率（Y_1）和脱氯率（Y_2）为因变量，得到 2 个多项回归方程见式（3-13）和式（3-14）。

$$Y_1 = -654.79 + 1.77X_1 + 2.84X_2 + 7.40X_3 - 1.06 \times 10^{-3}X_1X_2 + 3.75 \times 10^{-4}X_1X_3 - 0.049X_2X_3 - 1.21 \times 10^{-5}X_1^2 - 0.0118X_2^2 - 0.254X_3^2 \quad (3\text{-}13)$$

$$Y_2 = -760.14 + 2.15X_1 + 1.66X_2 + 7.98X_3 + 1.09 \times 10^{-3}X_1X_2 + 1.63 \times 10^{-3}X_1X_3 - 0.0378X_2X_3 - 1.59 \times 10^{-4}X_1^2 - 0.0137X_2^2 - 0.395X_3^2 \quad (3\text{-}14)$$

经过拟合计算，方程式（3-13）和式（3-14）的相互作用系数 R^2 值分别为 0.9827 和 0.9830，校正相关系数 R^2_{adj} 分别为 0.9671 和 0.9677，结果表明在考察脱氟率和脱氯率方面，分别有 96.71%和 96.77%的实验数据可以用该模型加以解释，有较高的可信度，同时也说明实验结果和模型预测值比较吻合。

通过采用方差分析对模型的精确度进行深入分析，脱氟率分析结果见表 3-12，模型的 F 值为 62.99，P 值小于 0.0001，这表明模型的精确度很高，模拟效果显著。如果变量的 P 值小于 0.05，说明此变量对响应值有显著影响，在该分析中，影响因素 X_1、X_2、X_3 及 X_2X_3 和平方项 X_1^2、X_2^2 对模型的影响作用较大，即对氟的脱除率影响明显。

表 3-12　脱氟率的方差分析结果

方差来源	平方和	自由度	均方	F 值	P 值
模型	2263.21	9	251.47	62.99	<0.0001
X_1	634.04	1	634.04	158.83	<0.0001
X_2	1023.40	1	1023.40	256.37	<0.0001
X_3	147.77	1	147.77	37.02	0.0001
X_1X_2	9.03	1	9.03	2.26	0.1635
X_1X_3	0.01	1	0.01	0.00	0.9587
X_2X_3	30.81	1	30.81	7.72	0.0195
X_1^2	130.99	1	130.99	32.81	0.0002
X_2^2	322.37	1	322.37	80.76	<0.0001
X_3^2	14.91	1	14.91	3.74	0.0820
残差	39.92	10	3.99	—	—

注：$R_1^2=0.9827$，$R^2_{1adj}=0.9671$。

通过方差分析对氧化锌烟尘脱氯率分析见表 3-13，模型的 F 值为 64.22，P 值小于 0.0001，这说明模型的精确度很高，模拟效果显著。如果变量的 P 值小于 0.05，说明此变量对响应值有显著影响。

表 3-13 脱氯率的方差分析结果

方差来源	平方和	自由度	均方	F 值	P 值
模型	3065.20	9	340.58	64.22	<0.0001
X_1	849.04	1	849.04	160.09	<0.0001
X_2	1348.44	1	1348.44	254.26	<0.0001
X_3	226.50	1	226.50	42.71	<0.0001
X_1X_2	9.46	1	9.46	1.78	0.2113
X_1X_3	0.21	1	0.21	0.04	0.8458
X_2X_3	18.30	1	18.30	3.45	0.0929
X_1^2	228.55	1	228.55	43.09	<0.0001
X_2^2	433.56	1	433.56	81.75	<0.0001
X_3^2	35.89	1	35.89	6.77	0.0264
残差	53.03	10	5.30	—	—

注：$R_2^2=0.9830$，$R_{2adj}^2=0.9677$。

在该分析中，X_1、X_2、X_3 以及平方项 X_1^2、X_2^2、X_3^2 对模型的影响作用较大，即对氯的脱除率影响明显。分析结果表明，在实验研究范围内，上述模型可以对脱氟率和脱氯率进行较精确的预测。

图 3-19 所示为氧化锌烟尘氟、氯脱除率预测值和实验值的对比图，从图中可以看出，由软件设计所获得预测值与实验值结果比较接近，所获得的实验结果点基本平均分布于预测值直线的周围，这表明实验所选取的模型可以很好地反映氧化锌烟尘脱氟、氯的影响因子（自变量）与因变量之间的关系。

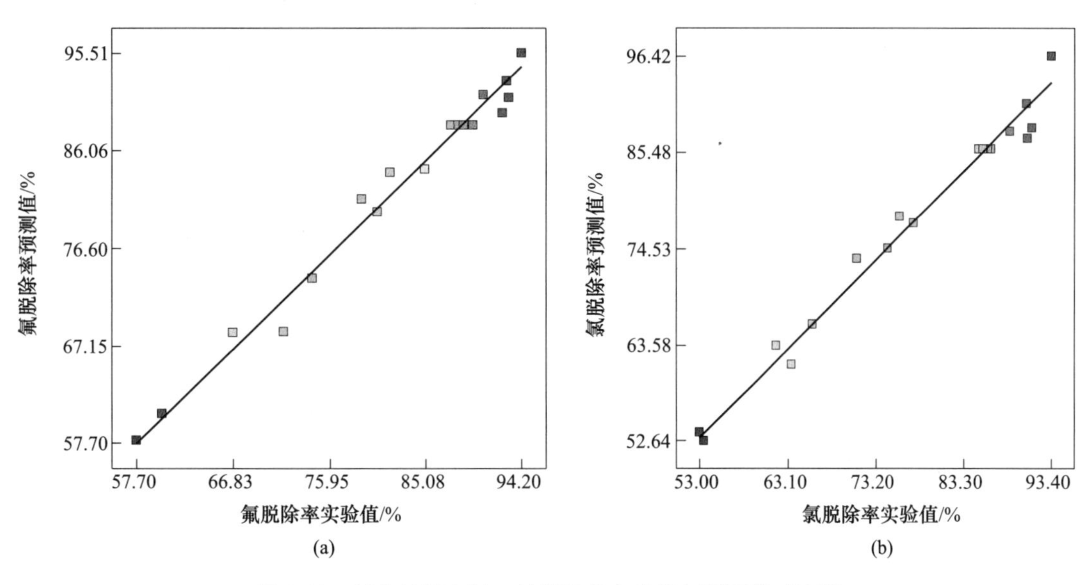

图 3-19 氧化锌烟尘氟、氯脱除率实验值与预测值对比图

（a）氟脱除率实验值与氟脱除率预测值对比图；（b）氯脱除率实验值与氯脱除率预测值对比图

图 3-20 所示为氧化锌烟尘氟、氯脱除率的残差正态概率图，纵坐标中正态概率的划分代表残差的正态分布情况，由图可知，残差沿直线分布，表明实验残差分布在常态范围

内；横坐标的残差代表实际的响应值与模型的预测值之间的差值，残差集中分布中间，表明模型的精确性良好。

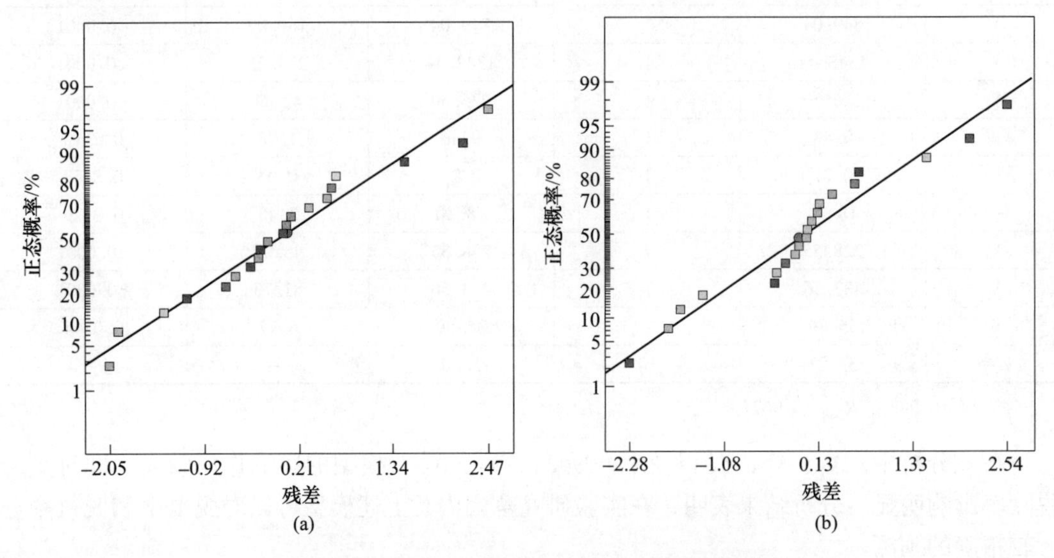

图 3-20　氧化锌烟尘氟、氯脱除率残差正态概率图

（a）氟脱除率残差正态概率图；（b）氯脱除率残差正态概率图

C　响应面分析

在回归分析及方差分析的基础上，通过将回归系数进行统计学计算建立回归模型的三维响应曲面，考察各因素对微波焙烧氧化锌烟尘氟、氯脱除率的影响规律。根据优化的二次模型，得到焙烧温度、保温时间、水蒸气流量及其相互作用对氟、氯脱除率的影响的响应曲面如图 3-21 所示。

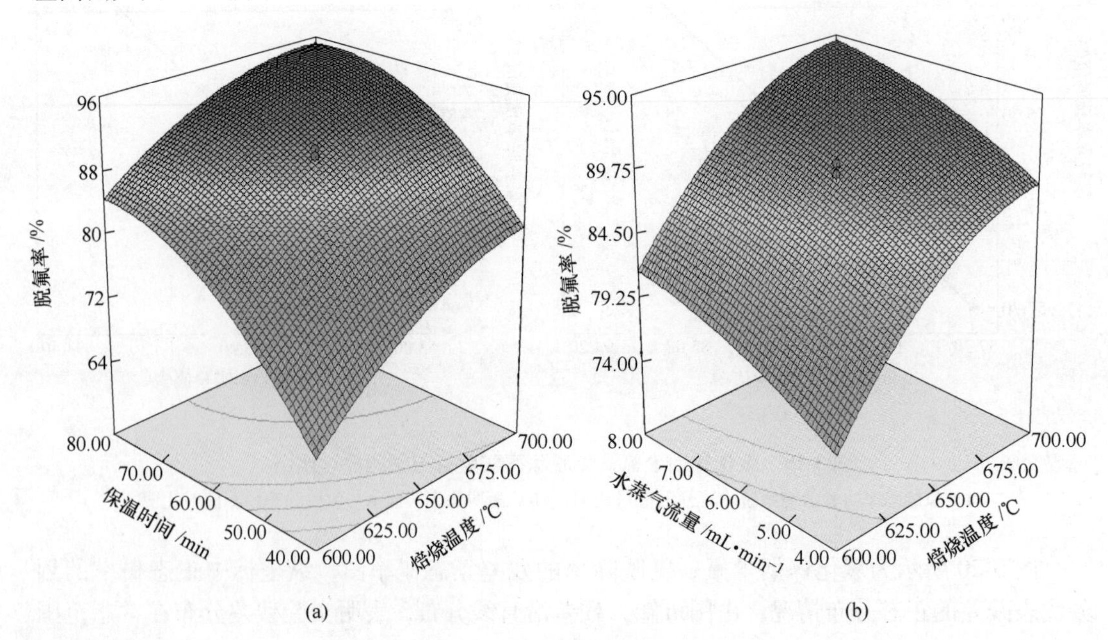

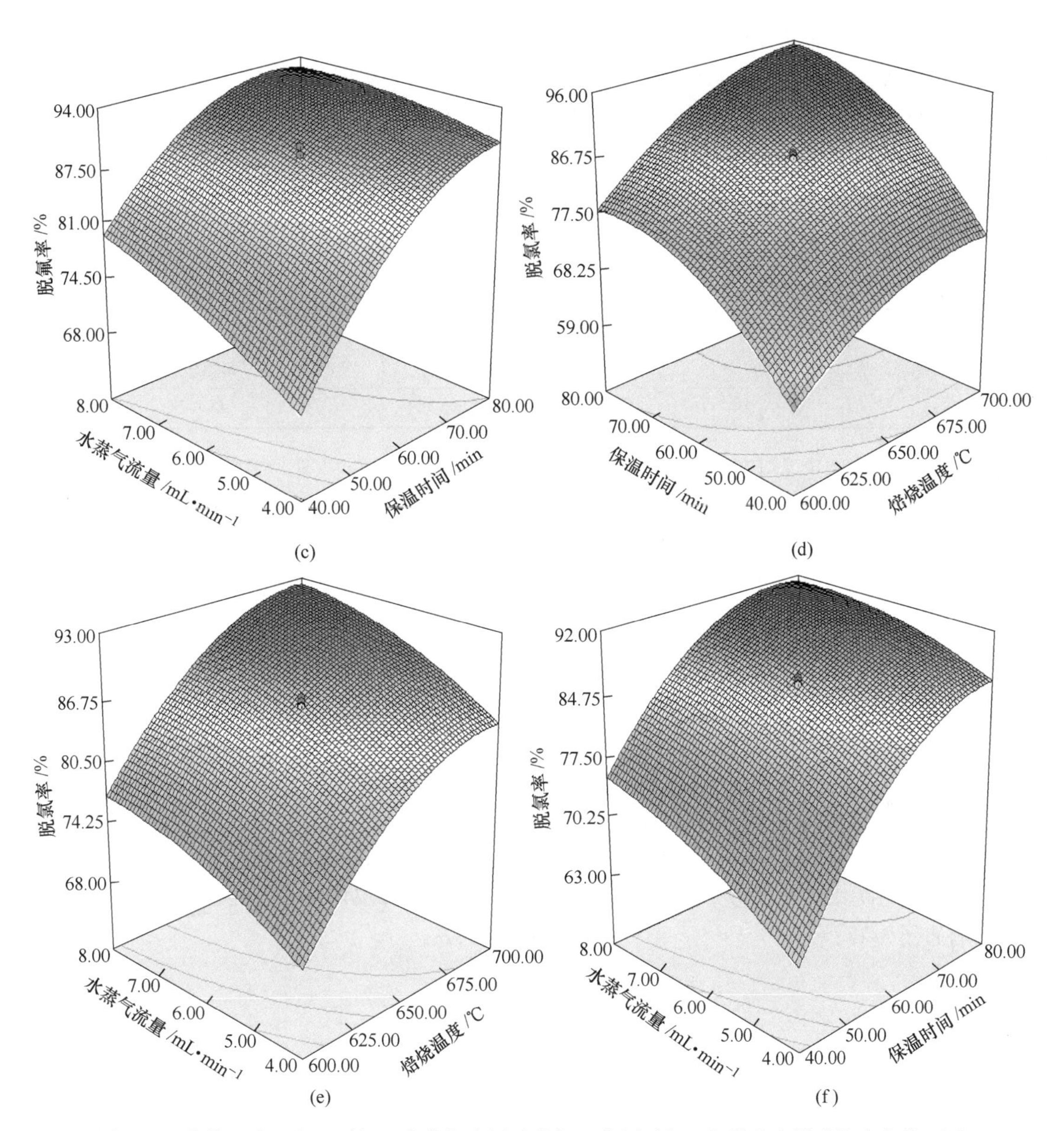

图 3-21 焙烧温度、保温时间、水蒸气流量及其相互作用对氟、氯脱除率影响的响应曲面图
（a）焙烧温度、保温时间及其交互作用对脱氟率的影响；（b）焙烧温度、水蒸气流量及其交互作用对脱氟率的影响；（c）保温时间、水蒸气流量及其交互作用对脱氟率的影响；（d）焙烧温度、保温时间及其交互作用对脱氯率的影响；（e）焙烧温度、水蒸气流量及其交互作用对脱氯率的影响；（f）保温时间、水蒸气流量及其交互作用对脱氯率的影响

焙烧温度和保温时间作为自变量的函数，对因变量氧化锌烟尘氟、氯脱除率的响应曲面和等高线如图 3-21（a）和（d）所示，从图中可以看出，随着焙烧温度的提高，氟、氯脱除率也随着提高，这也在保温时间上表现出同样的趋势，即随着保温时间的延长，氟、氯脱除率也随着增加。焙烧温度和水蒸气流量及其相互作用对氟、氯脱除率的响应曲面如图 3-21（b）和（e）所示，自变量焙烧温度和水蒸气流量对氟、氯脱除率显示出积极的影响。从图 3-21（c）和（f）可以看出，保温时间和水蒸气流量对氧化锌烟尘氟、氯

脱除率也有着积极的影响。

D　条件优化及验证

通过响应曲面软件的预测功能，在实验研究参数范围内，对影响氟、氯脱除率比较明显的焙烧温度、保温时间和水蒸气流量进行了优化设计，并根据优化实验的结果进行验证实验，得到实验值和预测值的对比，利用硫酸化反应采用微波焙烧氧化锌烟尘脱除氟、氯的优化条件及其模型验证结果见表 3-14。

表 3-14　回归模型优化工艺参数

焙烧温度/℃	保温时间/min	水蒸气流/mL·min^{-1}	氟脱除率/%		氯脱除率/%	
			预测值	实验值	预测值	实验值
655	65.2	6.8	92.0	91.3	90.0	89.5

在控制搅拌速度为 120r/min 和通入空气流量 300L/h 的前提下，采用优化后的工艺参数进行实验，此条件下氟、氯脱除率分别为 91.3%和 89.5%，与预测值的偏差较小，由此说明采用响应曲面法优化硫酸化焙烧氧化锌烟尘脱除氟、氯的工艺参数是可靠的。将该工艺条件下焙烧得到的氧化锌烟尘进行浸出，测得浸出液中的氟、氯浓度分别为 14.7mg/L 和 15.2mg/L，满足锌电积过程对氟、氯含量的要求。

3.2　微波干燥闪锌矿

闪锌矿是自然界中常见的硫化矿，也是分布最广的锌矿物，为锌冶炼的主要原料[6]。冶炼过程中，无论是采用湿法还是火法炼锌，闪锌矿首先都要进行焙烧，含水 8%左右为宜，当闪锌矿含水超过 8%时就需干燥[7]。

朱艳丽、彭金辉等人[8~10]研究了湿基含水率为 10.59%的闪锌矿微波干燥及失水特性。微波干燥设备为多模腔微波炉，微波功率 700W，微波频率 2450MHz，物料质量对脱水率的影响如图 3-22 所示。

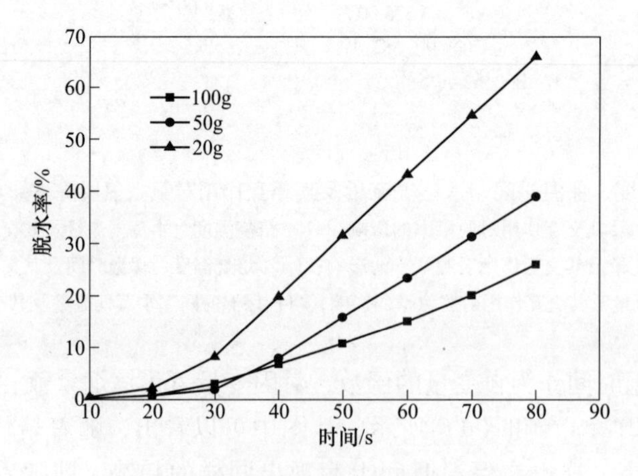

图 3-22　物料质量对闪锌矿脱水率的影响

从图 3-22 可以看出，干燥时间相同，物料脱水率随着物料质量的增加而降低。在一定的微波功率和干燥时间下，随着物料质量增加，其脱水率有所下降。随着质量的增加，料层厚度增加，内部水分向外层迁移过程延长。物料质量为 100g 时，物料所达到的脱水率与理论值最接近。

微波功率 700W，物料 100g，干燥时间对物料脱水率的影响如图 3-23 所示。随着干燥时间延长，物料吸收的微波能就越多，物料蒸发的水分也越多，物料脱水率升高。

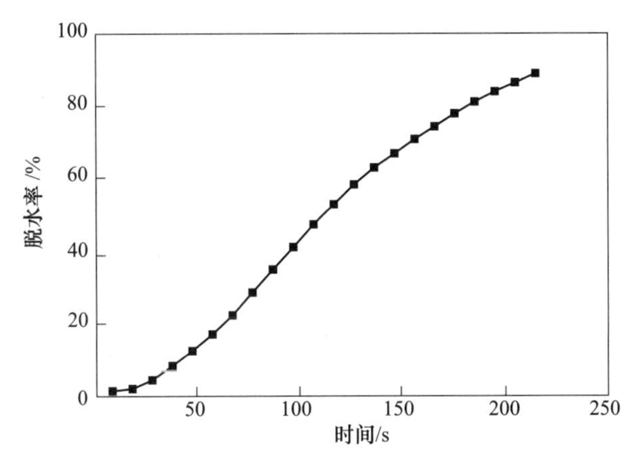

图 3-23 干燥时间对闪锌矿脱水率的影响

物料量 100g，微波功率对脱水率的影响如图 3-24 所示。从图 3-24 可以看出，微波功率对脱水速率影响显著。微波功率越大，物料所产生的热量越大，水分的蒸发也就越快。在物料质量 100g、微波功率 700W、干燥时间 80s 的优化实验条件下，闪锌矿的脱水率为 26.06%，可满足干燥要求。

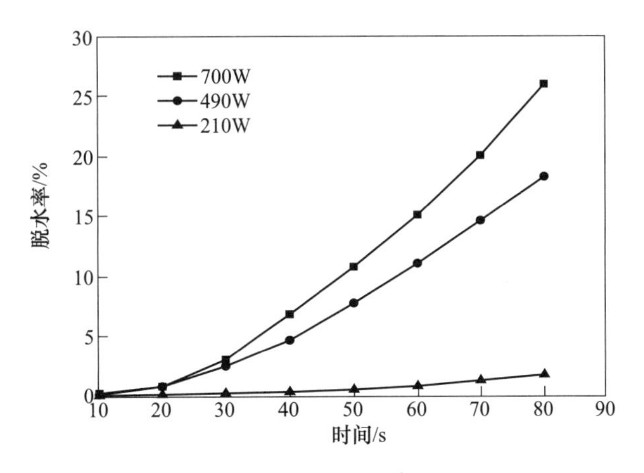

图 3-24 微波功率对闪锌矿脱水率的影响

图 3-25 所示为不同微波功率和物料质量下物料的干燥速率曲线。可以看出，微波干燥闪锌矿全过程分为加速、恒速和降速三个阶段。干燥初期呈加速阶段，此时由于闪锌矿水分含量多以及微波加热干燥均匀性的特点，物料表面和内部水分很快得到热量而迅速开始蒸发，干燥速率很快增加到最大值而进入恒速干燥阶段；恒速阶段的干燥速率最大，是主要脱水区；到干燥后期，水分不断蒸发减少，内部扩散阻力逐渐变大，跟不上表面蒸发，失水速度下降，干燥速率进入降速阶段。相同微波功率下，随着闪锌矿质量的增加，

物料达到最大脱水率所需要的时间增加，所达到的最大脱水率值会降低。物料质量越大，所对应的料层就越厚，进入恒速阶段所需要时间越久。另外，料层越厚，内部水分向外层迁移的距离也更长，也增加了进入恒速干燥阶段的时间。

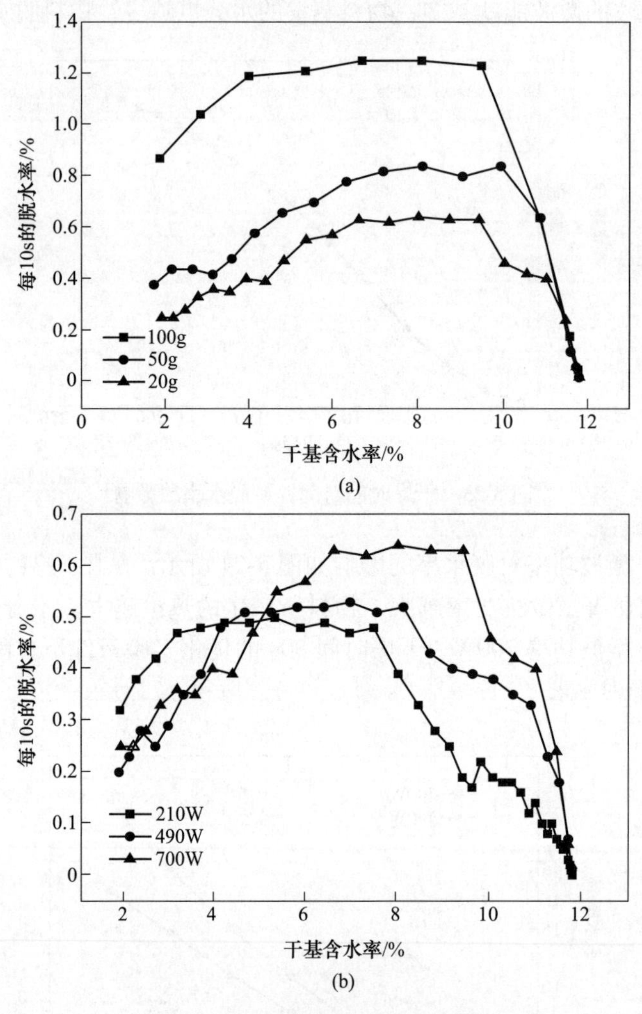

图 3-25　闪锌矿的微波干燥速率曲线

（a）质量的影响；（b）功率的影响

在物料质量相同的条件下，微波功率越大，达到最大脱水率的时间越短，达到最大脱水率值越大。微波功率越大，微波腔体中的场强越大，单位时间和单位体积物料所产生的热量也就越大，则单位时间内所蒸发的水分就越多，那么产生的蒸气压力梯度，即水分迁移的主要推动力就越大，则闪锌矿所能达到的最大脱水率值也就越大，时间也就越短。

MR 为物料的水分比，是某一时刻的含水率比物料的初始含水率。*MR-t* 是水分比随时间的变化。对 *MR-t* 曲线散点图进行玻耳兹曼函数拟合，看是否符合玻耳兹曼函数分布。将 *MR-t* 之间的曲线关系作为微波干燥闪锌矿数学分析的研究对象，得出 *MR-t* 曲线关系散点图如图 3-26 所示。图 3-27 所示为 ΔMR_t-t 的一次差分折线图，$\Delta MR_t = MR_t - MR_{t-1}$。推测 *MR-t* 之间的关系所蕴含着的模型为非线性模型。

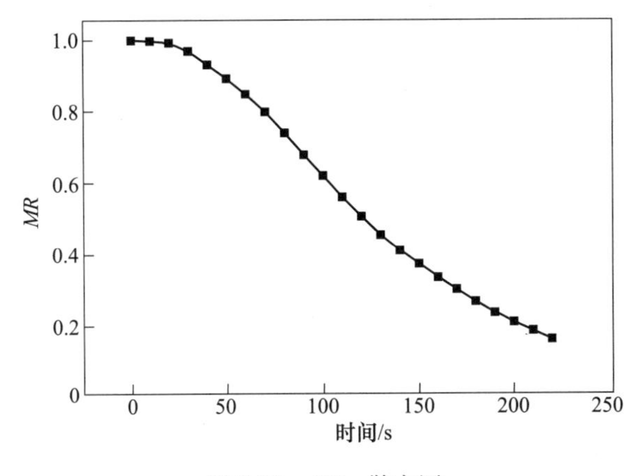

图 3-26 MR-t 散点图

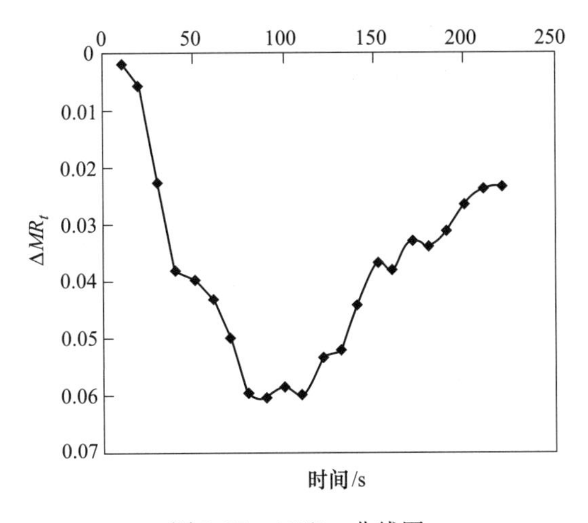

图 3-27 ΔMR_t-t 曲线图

微波干燥闪锌矿过程中，对图 3-26 中 MR 与时间 t 进行回归拟合，如图 3-28 所示，得

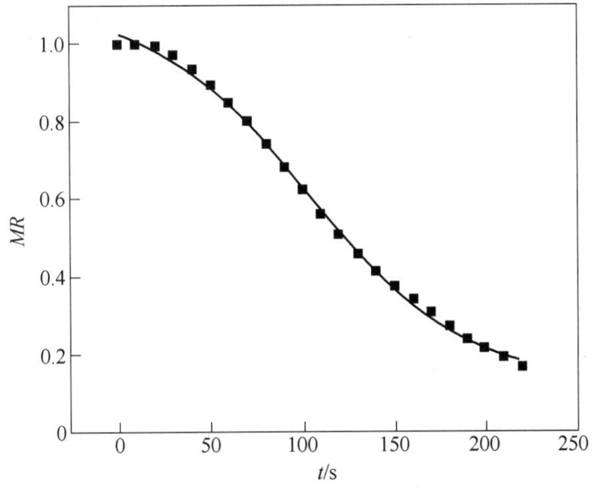

图 3-28 MR-t 曲线图

出最适用于描述闪锌矿微波干燥的方程为：

$$MR = A_2 + \frac{A_1 - A_2}{1 + \exp\left(\frac{t - t_0}{\mathrm{d}t}\right)} \tag{3-15}$$

式中，A_1、A_2、t_0 和 dt 均为常数。

利用回归程序求得微波干燥闪锌矿方程中各待定系数，结果见表 3-15。

表 3-15　回归方程系数表

Chi^2/DoF（卡方分布）	8.24229×10^{-5}	
R^2 相关系数	0.99917	
Init（A_1）起始值附近的数值	1.1478	0.0207
Final（A_2）终止值附近的数值	0.11042	0.0147
Width(dt) 时间步长	44.944	2.11

回归后 R^2 值为 0.99917，说明回归方程是显著的。闪锌矿微波干燥数学模型为：

$$MR = A_2 + \frac{A_1 - A_2}{1 + \exp\left(\frac{t - t_0}{\mathrm{d}t}\right)} = 0.11032 + \frac{1.02748}{1 + \exp\left(\frac{t - 100.64}{44.944}\right)} \tag{3-16}$$

图 3-29 所示为由闪锌矿微波干燥数学模型所计算的预测值与两组实验值比较曲线。

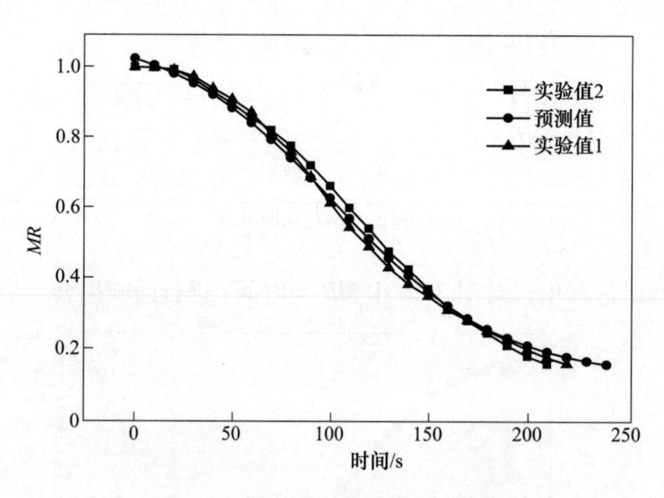

图 3-29　预测值与实验值拟合比较

从图 3-29 可以看出，模型对 *MR-t* 曲线的拟合较为准确。研究表明，采用玻耳兹曼模型对不同微波功率下闪锌矿物料的干燥数据拟合效果最佳。

3.3　微波焙烧锌浮渣脱氯研究

在湿法炼锌过程中，通常将硫酸锌溶液电解所得的阴极锌片投入反射炉或电炉中进行熔化，熔铸成锌锭。在这个过程中，一些不必要的空气会进入炉内与熔融锌发生反应，特别是在选用反射炉进行熔铸时，炉子一般控制为微负压，这样必然有一定量的空气被吸入炉膛，同时燃料燃烧产生的 CO_2 烟气以及熔化的阴极锌带入炉内的少量水分，都会与熔化的锌金属发生反应，使锌发生氧化并生成氧化锌。由此所形成的氧化锌会包裹一些金属锌颗粒，成为浮渣，而浮渣一般约含有85%的锌，使得熔铸锌的直收率降低，为了减少浮渣的量，提高锌的直收率，实际工业生产实践中，通常加入氯化铵或一定比例的氯化铵和松香混合物改善这种情况，加入的氯化铵在高温下分解产生氯化氢与氧化锌发生反应，生成低熔的氯化锌，从而破坏包裹锌的氧化锌薄膜，使得浮渣颗粒中的锌露出新鲜表面而汇于锌液中。但由于锌浮渣氯含量较高（一般为0.5%~2%），浸出时氯随着锌浮渣进入浸出液，使得浸出液、电解液氯离子含量升高，腐蚀阳极电极材料。因此开展对锌浮渣中氯的脱除的研究具有重要的实践意义和应用价值。

张利波等人[11]提出微波焙烧锌浮渣脱氯的全新工艺方法，以云南某大型锌冶炼厂产生的锌浮渣为实验原料，以锌浮渣中氯化锌具有良好吸波性、能优先被加热的特性效率高且不易烧结等特点，对锌浮渣进行微波焙烧脱氯从而实现对其回收利用。经过一系列小试，获得了温度、保温时间、搅拌强度等因素对锌浮渣脱氯效果的影响规律，并得到了优化工艺参数。以小试试验得到的工艺参数为基础和参考，进行了微波焙烧锌浮渣脱氯的大型试验，考察了大型试验中温度、保温时间、气氛等因素对锌浮渣脱氯效果的影响规律，并得到了大型工业试验优化工艺参数。

3.3.1 原料分析

3.3.1.1 化学分析

实验采用的锌浮渣由云南某大型锌厂提供，外观呈暗黄色，将原料送至研究院，测得该锌浮渣原料中的化学组成见表3-16。

表3-16 锌浮渣原料的主要成分

组成	Zn	Cl	其他
含量/%	85	1.11	13.89

由表3-16可知，该锌浮渣氯含量较高，达到1.11%。需对其进行脱氯才能返回锌电解系统，否则会腐蚀阳极电极材料。

3.3.1.2 粒度分析

通过激光粒度仪对原样进行分析，其结果如图3-30和表3-17所示。

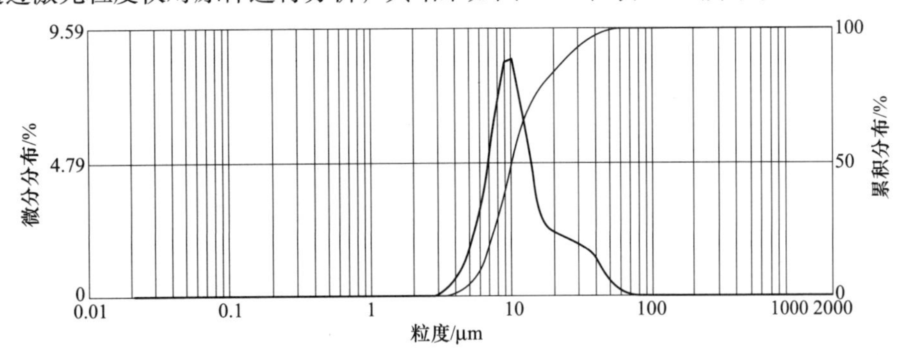

图3-30 锌浮渣粒度分布图

表 3-17 锌浮渣粒度分析

范围/μm	10	10~20	20~30	30~80
含量/%	9.51	69.7	10.99	9.8

由表 3-17 可知，锌浮渣粒度主要集中在 10~30μm 范围，含量约占总含量的 80.69%。

3.3.2 工艺条件试验

3.3.2.1 锌浮渣在微波场下的温升特性

将 100g 锌浮渣物料放入莫来石坩埚中，在添加保温措施的条件下置于功率为 1kW 的微波场下进行加热，物料的升温曲线如图 3-31 所示。

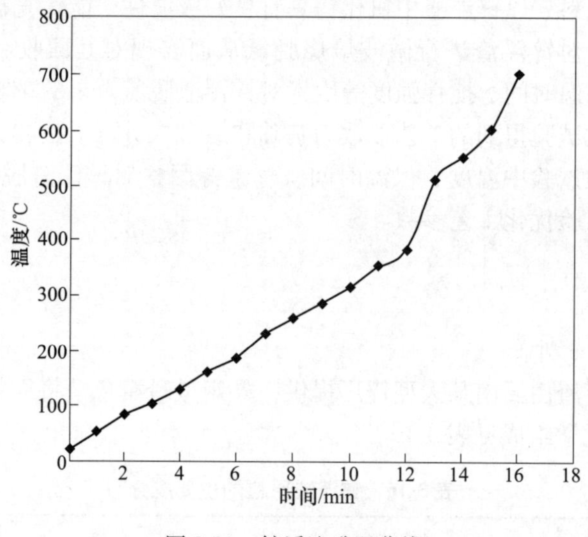

图 3-31 锌浮渣升温曲线

锌浮渣具有较好的吸波性，在微波作用过程中，微波能被很好地吸收，使得锌浮渣物料升温很快，加热 16min 即可升温到 700℃。锌浮渣微波加热的温度范围内没有出现温度急剧增加的拐点，根据其加热的稳定性，确定可以直接用微波来加热锌浮渣进行微波焙烧锌浮渣脱氯的实验研究。

3.3.2.2 焙烧温度对锌浮渣氯含量的影响

在控制微波功率为 1kW，温度分别为 400℃、450℃、500℃、600℃、650℃、700℃，搅拌强度为 15r/min，物料湿度为 1.5%，200℃对坩埚内部进行抽气的条件下，考察了温度对锌浮渣氯脱除率的影响，其结果如图 3-32 所示。

在微波场下，随着焙烧温度的提高，锌浮渣中氯的含量不断减少，氯的脱除效果越好。微波加热物料到 550℃左右时，达到了氯化锌与气氛反应的临界温度，脱氯反应得以顺利进行，随着保温时间的延长，脱氯反应不断进行，锌浮渣氯含量逐渐降低。在传统火法处理锌浮渣脱氯工艺中，一般脱氯温度为 800℃以上[12]。微波加热脱氯所需温度只有 550℃，比传统火法工艺低近 250℃，在此温度下氯的脱除率与之相当。传统火法处理加热工艺中，热量由表及内进行传递，形成一定温度梯度，使得物料容易受热不均，甚至出现

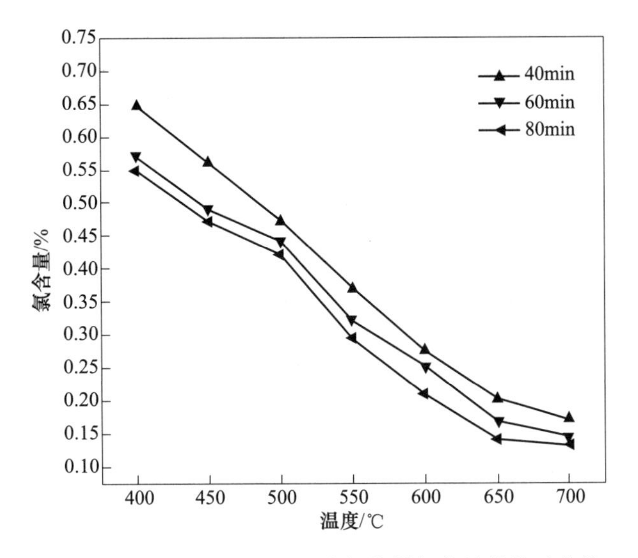

图 3-32 不同保温时间下温度与终样氯含量的关系曲线

烧结现象，不利于氯的脱除。采用微波焙烧，利用锌浮渣中 $ZnCl_2$ 良好的吸波性特点，在加热过程中，部分 $ZnCl_2$ 优先吸波挥发出来，一定程度上使得物料氯含量降低。

3.3.2.3 保温时间对锌浮渣氯含量的影响

为了分析在微波场中保温时间对锌浮渣氯脱除率的影响，在控制微波功率为 1kW，保温时间分别为 0min、20min、40min、60min、80min，搅拌强度为 15r/min，物料湿度为 1.5%，200℃对坩埚内部进行抽气的条件下，考察了保温时间对锌浮渣氯的脱除率的影响，其结果如图 3-33 所示。

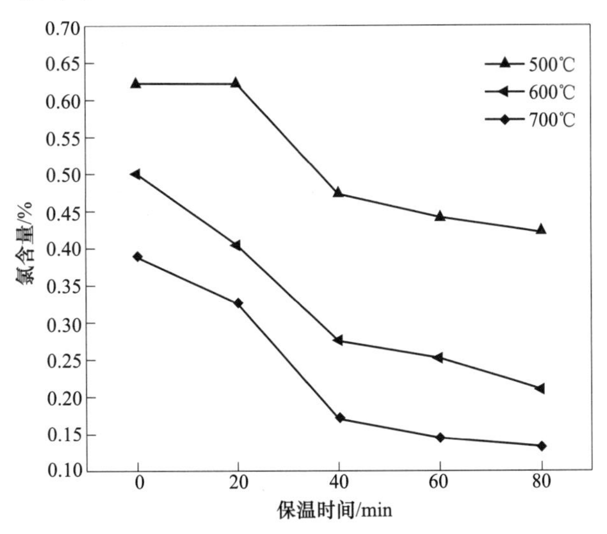

图 3-33 不同温度下保温时间与终样氯含量的关系曲线

由图 3-33 可以看出，同样温度下，随着保温时间的延长，锌浮渣中氯的脱除率逐渐上升。在温度为 700℃条件下，当保温时间由 0min 延长至 60min 时，锌浮渣中氯含量已从 0.3885%降至 0.1443%，相应的氯的脱除率由 65%升至 87%；随着保温时间的延长，锌浮渣中的含氯量继续下降，但降幅不明显。这是由于在保温过程初期，锌浮渣中的 $ZnCl_2$ 与空气在高温下发生脱氯反应，使得锌浮渣氯含量随着保温时间的延长而明显降低，达到一定保温时间后，锌浮渣中氯含量较低，在搅拌的过程中，与空气接触发生脱氯反应的 $ZnCl_2$ 变得很少，所以氯含量减小趋势变得不明显。

3.3.2.4 搅拌速度对锌浮渣氯含量的影响

为了分析搅拌速度对锌浮渣氯脱除率的影响，在控制微波功率为 1kW，搅拌速度分别为 5r/min、10r/min、15r/min、20r/min、25r/min，温度为 700℃，保温时间为 60min，物料湿度为 1.5%，200℃对坩埚内部进行抽气的条件下，考察了搅拌速度对锌浮渣氯的脱除率的影响，其结果如图 3-34 所示。

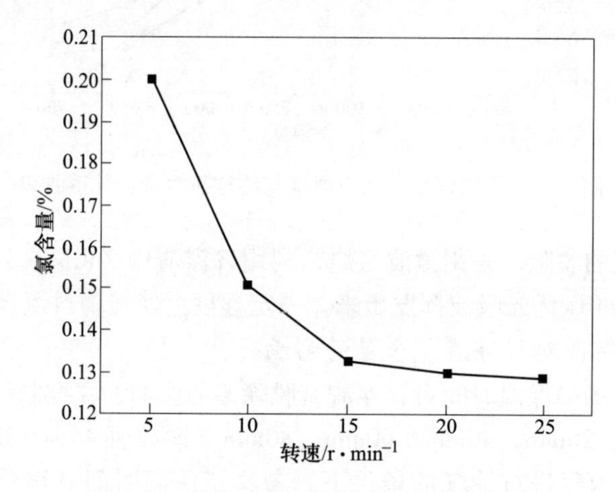

图 3-34 搅拌速度对锌浮渣氯含量的影响

由图 3-34 可以看出，当转速由 5r/min 增至 15r/min 时，锌浮渣中氯含量已从 0.2002%升高至 0.1443%，相应的氯的脱除率由 65%升至 87%。转速的增加有利于锌浮渣中氯的脱除。随着搅拌速度的进一步加快，锌浮渣中的含氯量继续下降，但降幅不大。

3.3.2.5 湿度对锌浮渣氯含量的影响

为了分析在微波场中湿度对锌浮渣氯脱除率的影响，在控制微波功率为 1kW，物料湿度分别为含水量 0.5%、1.0%、1.5%、2.0%、2.5%，温度为 700℃，保温时间为 60min，搅拌速度为 15r/min，200℃对坩埚内部进行抽气的条件下，考察了湿度对锌浮渣氯的脱除率的影响，其结果如图 3-35 所示。

在微波场中，锌浮渣氯的脱除率随着锌浮渣湿度的提高而降低，当湿度增到 1.5%以后，氯含量降低趋势趋于平缓，说明湿度对锌浮渣氯的脱除率影响很微弱，这点与常规加热的情况大致相同。

3.3.3 优化实验

为了探索微波焙烧锌浮渣脱氯的最优化条件，对微波焙烧锌浮渣脱氯工艺条件进行了优化。根据条件探索试验结果，选定对锌浮渣氯脱除率（Y）影响较大的加热温度、保温时间、搅拌速度、物料湿度作为四个影响因子开展系统实验，实验方案见表 3-18。实验结果见表 3-19。

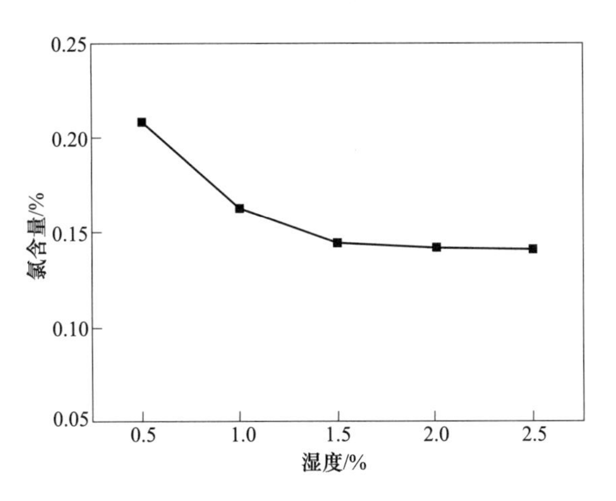

图 3-35 湿度对锌浮渣氯含量的影响

表 3-18 分析因子及水平表

影响因素	代号	编码水平				
		-1.682	-1	0	1	1.682
加热温度/℃	X_1	250	400	550	700	850
保温时间/min	X_2	10	40	70	100	130
搅拌速度/r·min^{-1}	X_3	0	10	20	30	40
物料湿度/%	X_4	0.75	1.5	2.25	3	3.75

表 3-19 微波焙烧实验设计与结果

编号	因素				Y/%
	X_1/℃	X_2/min	X_3/r·min^{-1}	X_4/%	
1	400	40	10	1.5	42.21
2	700	40	10	1.5	80.13
3	400	100	10	1.5	51.07
4	700	100	10	1.5	88.54
5	400	40	30	1.5	45.15
6	700	40	30	1.5	86.21
7	400	100	30	1.5	57.43
8	700	100	30	1.5	92.31
9	400	40	10	3	42.3
10	700	40	10	3	81.2
11	400	100	10	3	51.2
12	700	100	10	3	88.5
13	400	40	30	3	45.3

续表 3-19

编号	因素				Y/%
	X_1/℃	X_2/min	X_3/r · min^{-1}	X_4/%	
14	700	40	30	3	86.7
15	400	100	30	3	57.5
16	700	100	30	3	92.5
17	250	70	20	2.25	23.2
18	850	70	20	2.25	94.32
19	550	10	20	2.25	56.23
20	550	130	20	2.25	86.4
21	550	70	0	2.25	29.34
22	550	70	40	2.25	78.01
23	550	70	20	0.75	72.43
24	550	70	20	3.75	72.34
25	550	70	20	2.25	72.31
26	550	70	20	2.25	72.33
27	550	70	20	2.25	71.45
28	550	70	20	2.25	72.32
29	550	70	20	2.25	72.34
30	550	70	20	2.25	72.32
31	550	70	20	2.25	72.36

从表 3-19 可以看出，锌浮渣氯的脱除率范围为 23.2%~94.32%，最高为 94.32%（编号 18），此时实验条件为温度 850℃、保温时间 70min、搅拌速度 20r/min、物料湿度 2.25%；氯脱除率最低为 23.2%（编号 17），此时实验条件为温度 250℃、保温时间 70min、搅拌速度 20r/min、物料湿度 2.25%。进行多元回归拟合，得到微波焙烧锌浮渣脱氯过程符合两因子交互效应的二次多项回归方程模型，氯的脱除率拟合方程结果如下：

$$Y = 72.18 + 18.59X_1 + 5.42X_2 + 5.64X_3 + 0.082X_4 - 0.91X_1X_2 + 0.047X_1X_3 + 0.079X_1X_4 + 0.18X_2X_3 - 0.091X_2X_4 - 0.022X_3X_4 - 2.69X_1^2 + 0.45X_2^2 - 3.96X_3^2 + 0.72X_4^2 \tag{3-17}$$

图 3-36~图 3-41 所示为温度、保温时间、搅拌速度和湿度四个变量对锌浮渣氯脱除率的三维响应曲面图。从三维响应曲面图可以看出温度、保温时间、搅拌速度和湿度对微波焙烧锌浮渣脱氯效果都有影响，其中温度、保温时间和搅拌速度为主要影响因素。从微波焙烧锌浮渣的氯脱除率的单因素影响模型图可以看出，微波焙烧锌浮渣氯的脱除率随着温度、保温时间和搅拌速度的增加而升高，湿度变化对氯的脱除率几乎没有影响。这与图 3-32~图 3-35 单因素条件实验结果所得的结论是一致的。

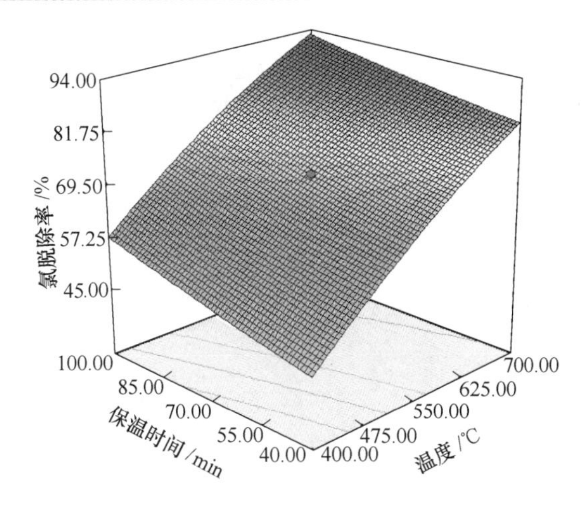

图 3-36 温度和保温时间对锌浮渣氯脱除率的响应面和等高线

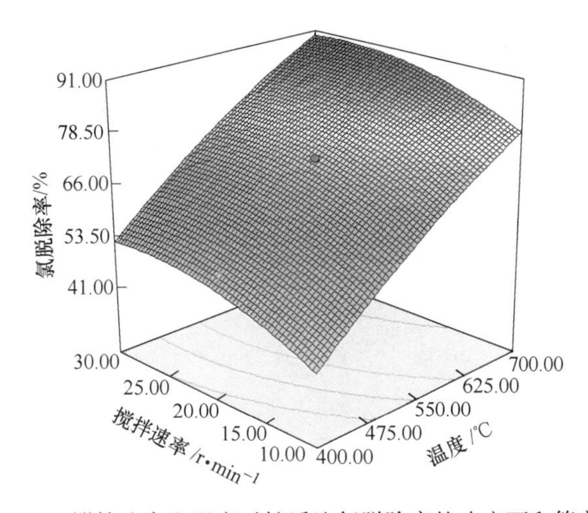

图 3-37 搅拌速率和温度对锌浮渣氯脱除率的响应面和等高线

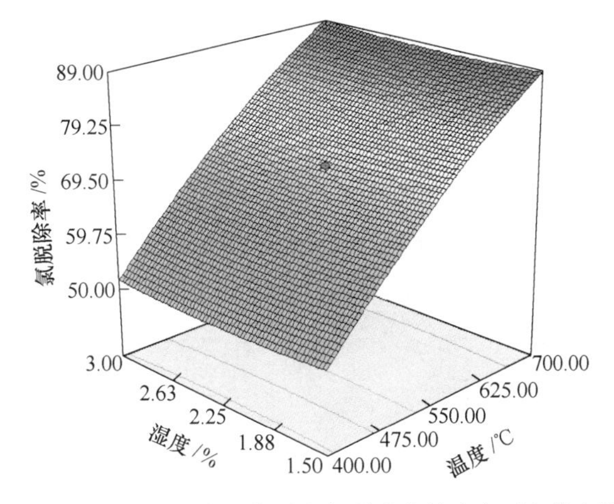

图 3-38 湿度和温度对锌浮渣氯脱除率的响应面和等高线

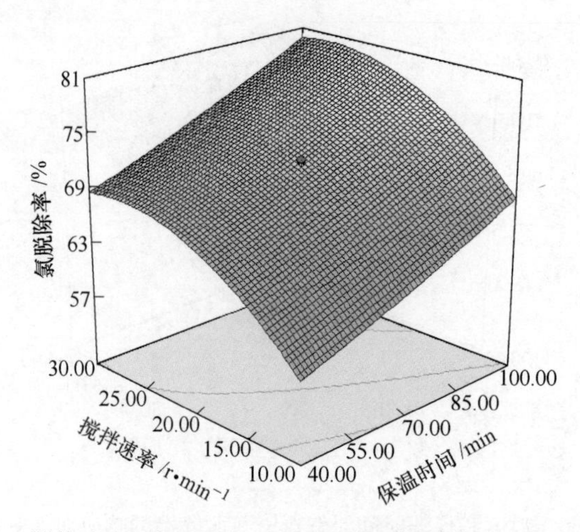

图 3-39　搅拌速率和保温时间对锌浮渣氯脱除率的响应面和等高线

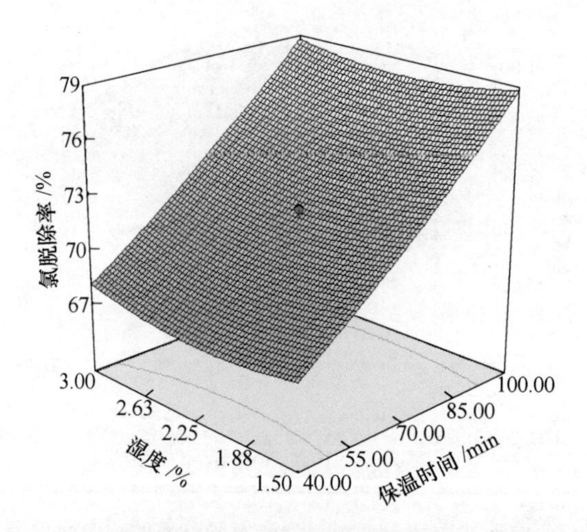

图 3-40　湿度和保温时间对锌浮渣氯脱除率的响应面和等高线

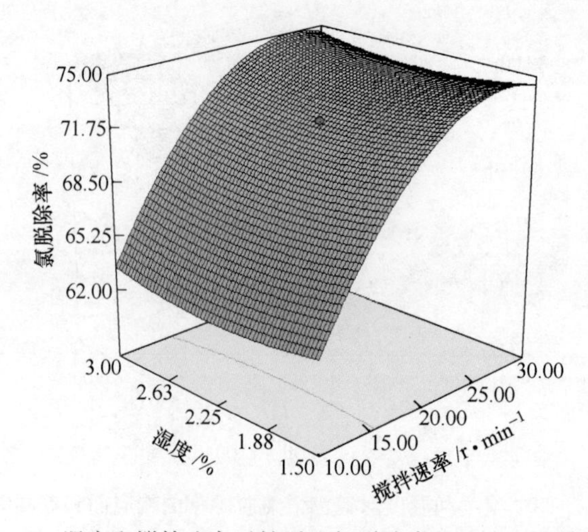

图 3-41　湿度和搅拌速率对锌浮渣氯脱除率的响应面和等高线

3.3.4 微波焙烧锌浮渣脱氯中试实验

根据微波焙烧锌浮渣脱氯的小试实验结论进行微波焙烧锌浮渣中试试验，考察在大型微波设备条件下，不同气氛对锌浮渣氯的脱除率的影响规律及对焙烧过程中产生的尾气吸收和能耗情况，从而判断大型试验条件下，微波焙烧锌浮渣氯的脱除效果、产生尾气的成分及该工艺的经济效益情况。

3.3.4.1 工艺流程

通过将锌浮渣置于微波功率为18kW的微波场加热设备中，改变物料量、目标温度、保温时间、搅拌强度、反应气氛等条件参数，进行单因素对比试验，从而确定在现有设备条件下，找出最好的适合工业化应用试验参数条件，实验产生的尾气通过吸收塔进行回收利用。工艺流程如图3-42所示。

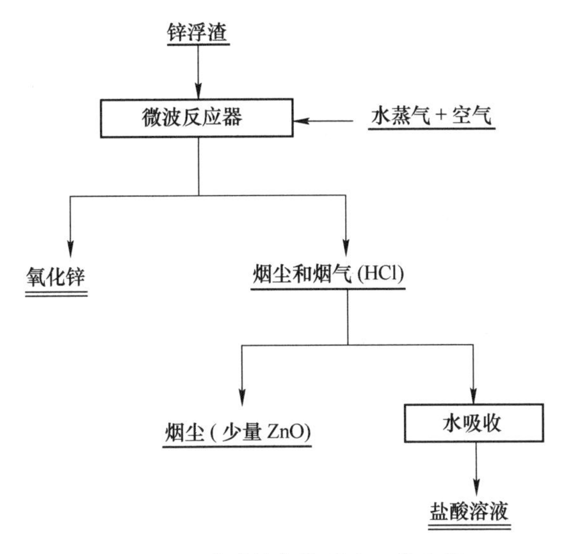

图3-42 微波焙烧锌浮渣工艺流程

3.3.4.2 双螺旋式微波焙烧系统装置

双螺旋式微波焙烧系统装置（见图3-43）的主体微波腔采用变形圆柱腔卧式放置、内置双螺带搅拌器、全不锈钢金属罐体带隔热保温结构、带电磁阀门的进出料机构和间隙式处理方式。该方案的特点是处理速度快、焙烧均匀、污染小、控制容易、操作简便等。更重要的是当烧结工艺规范确定后，进出料端设计可控微波抑制器后可以改间隙式处理方式为连续式处理方式。

设备性能：设备总功率为18kW，温度可控可达600℃；设备结构为卧式全不锈钢金属罐体加物料搅拌装置，搅拌速度为0~30r/min可控。

3.3.4.3 尾气吸收系统

对微波焙烧锌浮渣产生的尾气吸收采用的喷淋洗涤系统的装配图如图3-44所示。

产生的尾气由管道通过烟气进口通入吸收塔中部，电机将贮存在下面吸收塔的水抽至上面喷淋装置，于是，吸收塔上部喷出的水在气液逆流接触中对大部分尾气进行吸收，喷出的水流至下面，水再通过电机抽至上面，依次循环。对于未能吸收的气体，进入第二级

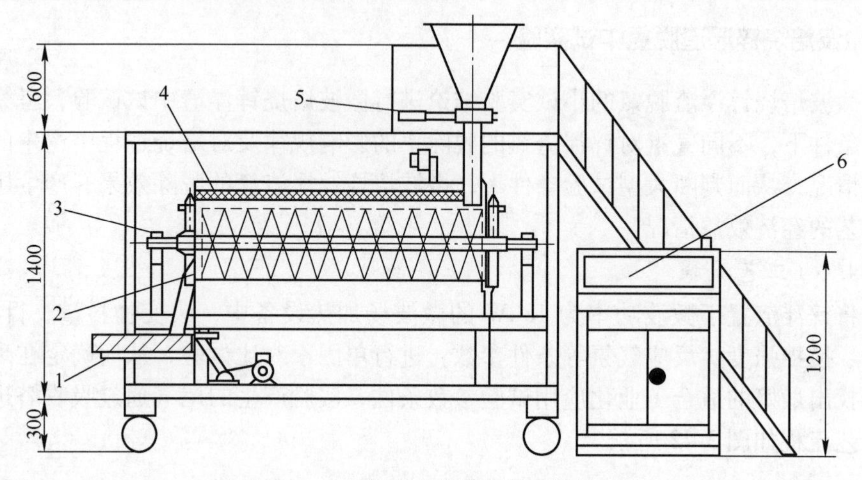

图 3-43 双螺旋式微波焙烧系统装置

1—物料输送器；2—出料口；3—螺旋搅拌轴；4—不锈钢腔体；5—进料口；6—控制操作台

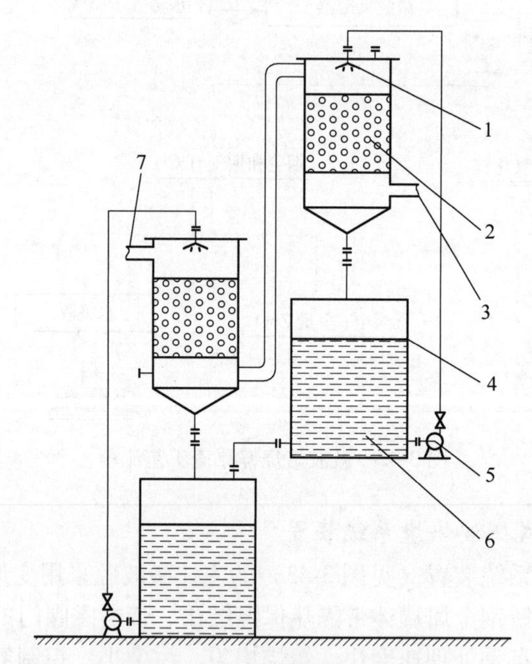

图 3-44 喷淋洗涤系统的装配图

1—喷头；2—填料（拉西环）；3—烟气进口；4—洗涤液循环槽；

5—循环水泵；6—洗涤液；7—烟气出口

逆流吸收系统，与第一级吸收系统吸收过程一样，最后，经过这样二级逆流吸收装置，尾气几乎被吸收，直接排出对大气不造成污染，该吸收系统十分环保。

3.3.4.4 锌浮渣升温特性

将 150kg 锌浮渣物料置于 18kW 的微波腔体，在物料被搅拌并向炉腔通入空气的情况下进行加热，试验过程中物料及设备腔体内的温度上升情况如图 3-45 所示。

与小试结果一致，物料具有良好的吸波特性，微波能被很好地吸收，使得锌浮渣物料

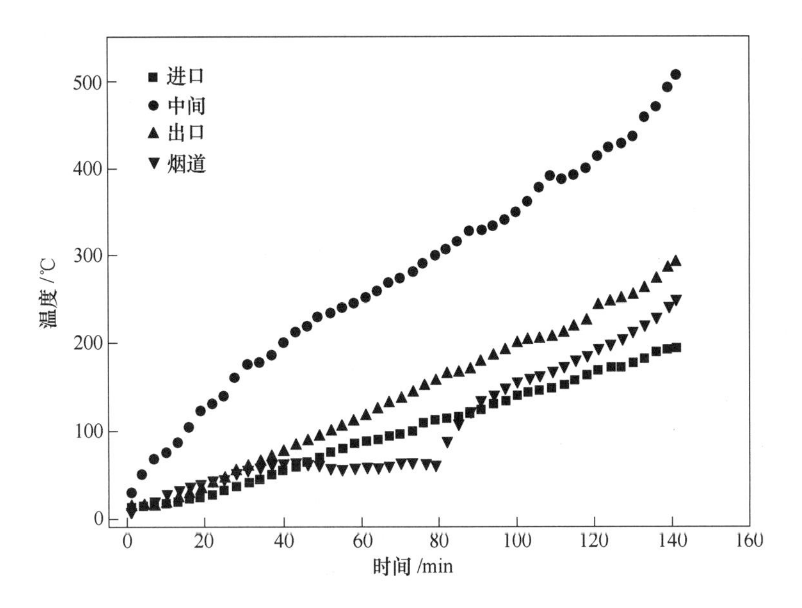

图 3-45 空气气氛下锌浮渣脱氯反应升温曲线图

升温很快，加热至500℃仅需140min左右，升温速度达到3.57℃/min。

3.3.4.5 不通气体气氛下锌浮渣脱氯试验

在搅拌速率8~10r/min、温度500℃、保温时间120min的条件下，考察了不通任何气体，通过抽风装置对设备进行正常抽风或很弱小的抽风情况下，锌浮渣的脱氯效果，其结果见表3-20。

表 3-20 不通气体对锌浮渣脱氯影响结果

编号	试验条件				试验结果				
	温度/℃	保温时间/min	气氛	搅拌转速/r·min^{-1}	物料失重/%	Cl含量/%	Zn含量/%	锌直收率/%	氯脱除率/%
1	500	120	抽风	10	2.17	0.2941	77.81	96.57	73.5
2	500	120	弱抽风	10	1.03	0.5012	77.66	97.5	54.85
3	500	120	弱抽风	10	3.37	0.3559	77.59	95.11	67.94
4	500	120	弱抽风	10	2.21	0.4287	78.32	97.39	61.38
5	550	120	弱抽风	8	1.13	0.3903	29.22	98.03	64.84

由表3-20可知，锌浮渣物料在加热或保温过程中，通过抽风物料周围气氛（空气或水蒸气）不明显，特别是弱抽风条件下，物料脱氯反应进行不彻底，导致脱氯效果很差，氯脱除率只有65%左右。相比弱抽风，正常抽风提供了更好的反应气氛，脱氯反应更充分，氯脱除率提高到73.5%。

3.3.4.6 通入空气气氛下锌浮渣脱氯试验

在搅拌速率10~20r/min、温度500℃、保温时间120min，对设备进行抽风的条件下，考察了向炉腔通入空气流量大小为7.6m^3/h时锌浮渣的脱氯效果，其结果见表3-21。

表 3-21　通空气对锌浮渣脱氯影响结果

编号	试验条件				试验结果				
	温度/℃	保温时间/min	气氛	搅拌转速/r·min^{-1}	物料失重/%	Cl 含量/%	Zn 含量/%	锌直收率/%	氯脱除率/%
1	500	120	空气	10	2.02	0.1949	73.20	95.29	82.44
2	500	120	空气	20	0.96	0.2176	77.55	97.87	80.40
3	600	120	空气	15	3.21	0.1734	77.9	92.27	84.38

由表 3-21 可知，锌浮渣物料在加热保温过程中，由于向设备腔体通入了空气，满足了锌浮渣脱氯反应所需的反应气氛，使脱氯反应能较好地进行，相比不通空气，脱氯效果明显提高，最后锌浮渣氯的脱除率达到 80%以上。温度由 500℃提高到 600℃时，氯的脱除率由 81.4%提高到 84.38%。

3.3.4.7　通入空气及水蒸气气氛下锌浮渣脱氯试验

在搅拌速率 10r/min、温度 500℃、保温时间 120min，对设备进行抽风的条件下，考察了向炉腔通入空气流量大小为 7.6m^3/h 且不同的水蒸气通入量对锌浮渣脱氯效果的影响，其结果见表 3-22。

表 3-22　通空气和水蒸气对锌浮渣脱氯影响结果

编号	试验条件				试验结果				
	温度/℃	保温时间/min	气氛	搅拌转速/r·min^{-1}	物料失重/%	Cl 含量/%	Zn 含量/%	锌直收率/%	氯脱除率/%
1	500	120	空气+水蒸气(1L)	10	0.69	0.15	77.55	97.7	86.27
2	500	120	空气+水蒸气(1.5L)	10	2.13	0.15	77.88	96.69	86.45
3	500	120	空气+水蒸气(2.0L)	10	6.95	0.15	77.5	91.48	86.82

由表 3-22 可知，锌浮渣物料在加热保温过程中，通入的空气和水蒸气与锌浮渣在高温下发生反应，满足了锌浮渣脱氯反应所需的反应气氛，使脱氯反应能较好地进行，相比只通空气，额外水蒸气的通入使反应更充分，锌浮渣脱氯效果有所提高，此条件下，锌浮渣氯的脱除率达到 85%以上。

3.3.4.8　物料增湿并通入空气气氛下锌浮渣脱氯试验

在搅拌速率 10r/min、温度 500℃、保温时间 120min，对设备进行抽风的条件下，分别对增湿 0.5%和 1.0%的锌浮渣物料进行焙烧，锌浮渣脱氯结果见表 3-23。

表 3-23　锌浮渣增湿对物料脱氯影响结果

编号	试验条件				试验结果				
	温度/℃	保温时间/min	物料湿度/%	搅拌转速/r·min^{-1}	物料失重/%	Cl 含量/%	Zn 含量/%	锌直收率/%	氯脱除率/%
1	500	120	1.0	10	1.8	0.1502	77.60	96.53	86.46
2	500	120	0.5	10	1.9	0.1403	77.65	96.50	87.36

加热之前，加入的水与锌浮渣物料充分均匀地混合，并通入一定的空气，满足了锌浮

渣脱氯反应所需的反应气氛，使脱氯反应能较好地进行，脱氯效果明显提高，最后锌浮渣氯的脱除率达到85%以上。

3.3.4.9 微波焙烧前后物料微区分析研究

将锌浮渣原样和经过微波焙烧处理较好脱氯效果的锌浮渣分别进行扫描电子显微镜检测，其结果如图3-46所示。

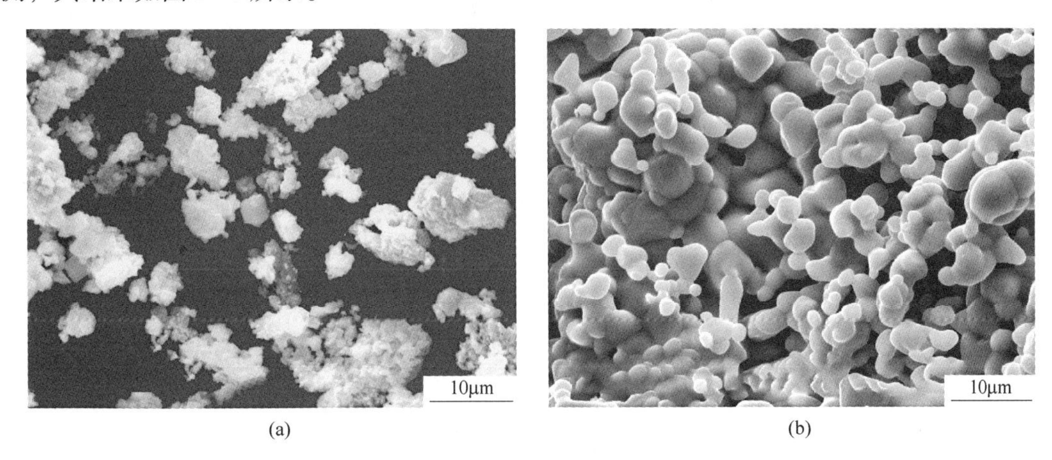

图3-46 微波脱氯前后锌浮渣微观形貌的变化
（a）锌浮渣原样（2000倍）；（b）微波处理后（2000倍）

由图3-46可以看出，锌浮渣原样的微观形貌较致密，表面没有空隙，而微波处理后表面出现了明显的孔洞结构，这主要是由于 $ZnCl_2$ 物相转变为ZnO物相时Cl原子的挥发而形成的孔洞结构。

3.3.4.10 锌浮渣焙烧尾气成分分析

对于通入不同气体情况下，焙烧锌浮渣产生的尾气进行了气相色谱分析，通水蒸气实验条件下典型烟气气相组成或未通水蒸气实验条件下典型烟气气相组成结果如图3-47和图3-48所示。

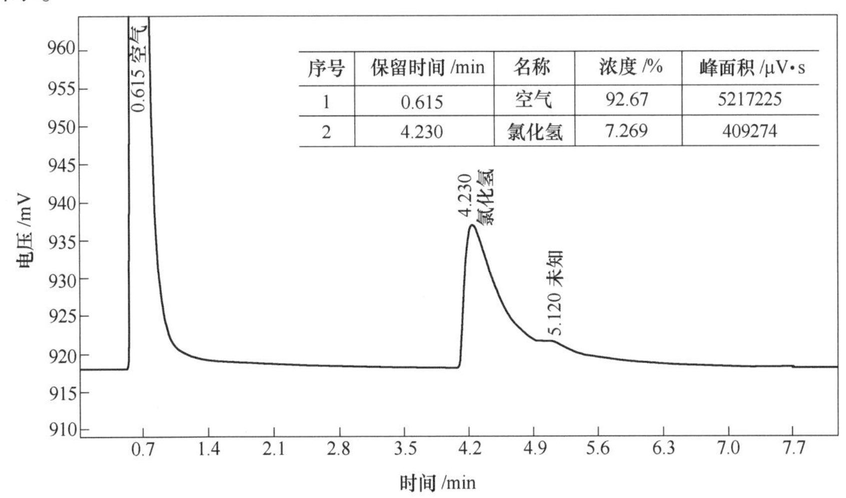

序号	保留时间 /min	名称	浓度 /%	峰面积 /μV·s
1	0.615	空气	92.67	5217225
2	4.230	氯化氢	7.269	409274

图3-47 通水蒸气条件下典型烟气的气相色谱谱图

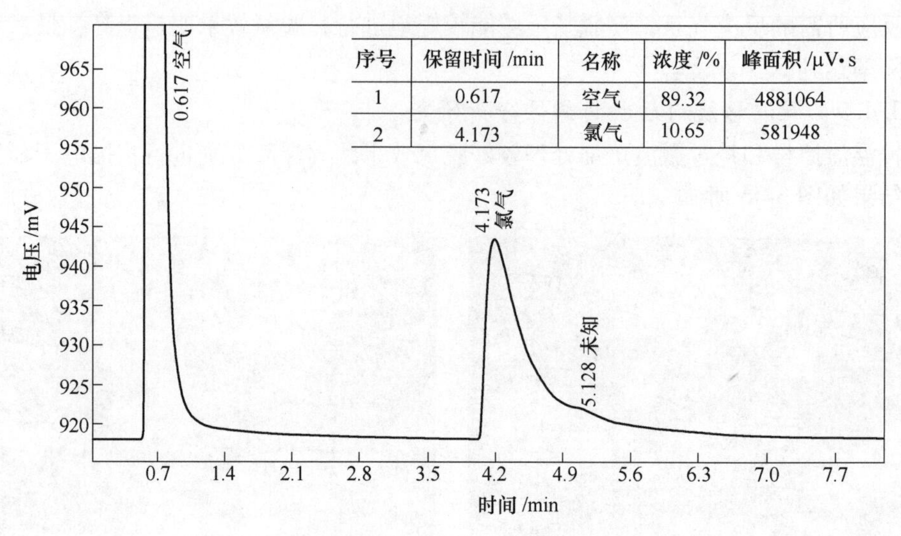

图 3-48 未通水蒸气实验条件下典型烟气气相组成

只通空气的情况下，空气中的氧气与 $ZnCl_2$ 在高温下发生反应生成 Cl_2，反应式为：$2ZnCl_2+O_2 = 2ZnO+2Cl_2$；通入水蒸气的情况下，通入的水蒸气在高温下与 $ZnCl_2$ 反应生成 HCl 气体，反应式为：$ZnCl_2+H_2O = ZnO+2HCl$。生成的 HCl 气体经过二级逆流吸收塔吸收后，生成盐酸溶液，可供工业利用。

3.3.4.11 锌浮渣脱氯烟气吸收情况

通过二级逆流吸收塔对产生的尾气进行吸收后，锌浮渣焙烧脱氯烟气喷淋洗涤吸收系统的吸收液 pH 值及离子浓度见表 3-24。

表 3-24 烟气喷淋洗涤系统的吸收液 pH 值及离子浓度

样品	水量/L	pH 值	Cl 浓度/$mg \cdot mL^{-1}$	物料量/kg	原料中 Cl/g	脱除的 Cl/g	吸收的 Cl/g	烟尘中的 Cl/g
1	330	3.72	0.098	150	1665.00	1389.78	32.34	91.50
2	330	3.48	0.067				22.11	
3	330	3.56	0.224	100	1110.00	926.52	73.92	86.70
4	330	3.5	0.056				18.48	

尾气经过吸收塔后，被很好地吸收，生成高浓度的强酸溶液，pH 值为 3.5 左右，可以对其进行工业回收利用。

通过一系列中试试验，确定最佳工艺参数为：在焙烧温度为 500℃、搅拌速率为 10r/min、保温时间为 120min、通入空气流量为 $7.6m^3/h$ 及水蒸气量 0.01L/kg 的条件下，锌浮渣氯的脱除率能达到 85%以上，平均电能能耗大概在 0.65kW·h/kg。

3.4 微波浸出低品位氧化锌矿

陈伟恒、张利波等人[13]以兰坪低品位氧化锌矿为原料、氨-氯化铵体系为浸出剂，采用微波焙烧预处理、超声波强化浸出、柠檬酸铵配位强化浸出等方法对矿物进行浸出，获得了微波焙烧预处理—超声波强化配位浸出机制。

3.4.1 实验原料

复杂低品位氧化锌矿来自云南兰坪，将矿物经过破碎、球磨等工序后，得到粒度为0.074mm（200目）矿物原料，对该原料进行化学元素分析，得到氧化锌矿物的化学成分见表3-25，原矿的XRD图谱如图3-49所示，可以看出原矿中锌含量为15.3%，锌的主要物相为$ZnCO_3$、$Zn_4Si_2O_7(OH)_2 \cdot H_2O$等，脉石成分主要为$CaCO_3$与$SiO_2$。

表3-25 氧化锌原矿的化学元素分析

元素	Zn	Pb	Fe	Si	Ca	S
质量分数/%	15.3	3.68	13.24	13.67	4.86	0.89

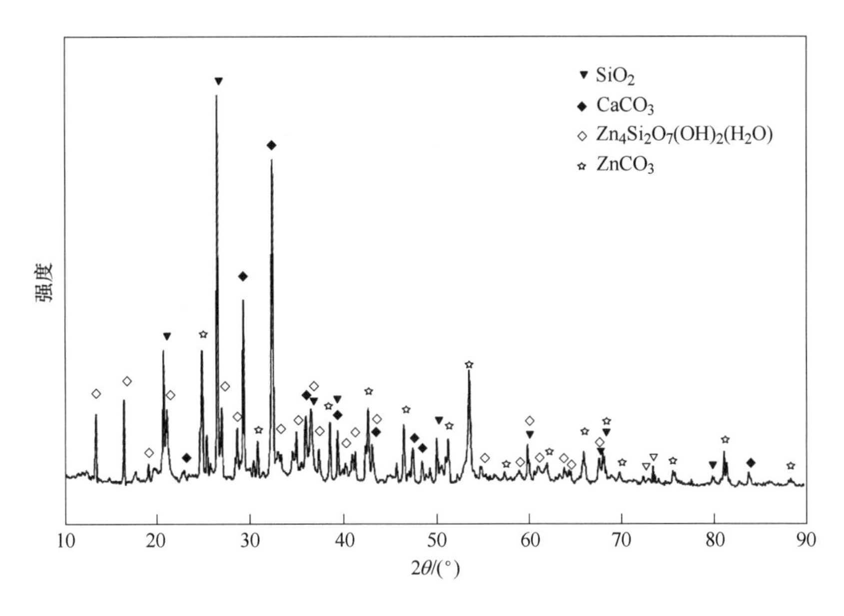

图3-49 原矿X射线衍射图谱

3.4.2 微波焙烧预处理浸出锌工艺研究

采取外场强化技术—微波焙烧预处理技术对矿物进行焙烧处理，探究微波焙烧技术对氧化锌矿中锌浸出率的影响，研究总氨浓度、液固比、转速、浸出时间对焙烧矿中锌浸出率的影响，得到微波焙烧预处理氧化锌矿的较佳浸出工艺条件。

3.4.2.1 微波焙烧温度对锌浸出率的影响

分别称取80g左右的低品位氧化锌样品在300℃、350℃、400℃、450℃、500℃温度下微波焙烧半小时后空冷，得到焙烧后矿物，然后在氨-氯化铵体系浸出剂中进行浸出，研究微波焙烧预处理温度对低品位氧化锌矿中锌浸出率的影响。浸出条件为：浸出温度25℃、浸出时间1h、液固比3∶1、总氨浓度为5mol/L、氨铵比为1∶1，得到不同温度焙烧后矿物的浸出率曲线图如图3-50所示。

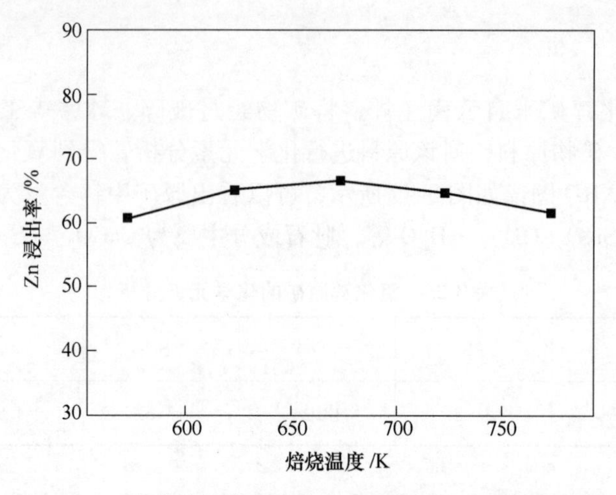

图 3-50 不同微波焙烧温度焙烧后矿物浸出后的锌浸出率

从图 3-50 可以看出，焙烧温度为 400℃ 得到的氧化锌矿浸出后得到锌浸出率最高为 66.6%，而同样浸出条件下原矿浸出率为 39.2%，因此采用微波对矿物进行焙烧预处理能够提高矿物锌的浸出率。

为了解释锌浸出率提高的原因，分别取不同温度微波焙烧矿、400℃ 微波焙烧预处理矿浸出渣及总氨浓度为 8mol/L 条件下得到的原矿浸出渣进行 X 射线衍射分析（见图 3-51）。可以看出，当焙烧温度为 400℃ 时 $ZnCO_3$ 相的峰消失，这种现象说明了在 400℃ 焙烧温度条件下 $ZnCO_3$ 相发生了矿相转变，与 400℃ 常规焙烧预处理得到的焙烧矿 XRD 图谱相似，这种现象解释了焙烧矿浸出率提高的原因，但是若微波焙烧预处理温度升高，微波焙烧预处理矿物浸出速率下降，产生这种现象的原因是温度的升高造成 $ZnFe_2O_4$ 和 $CaZnSiO_7$

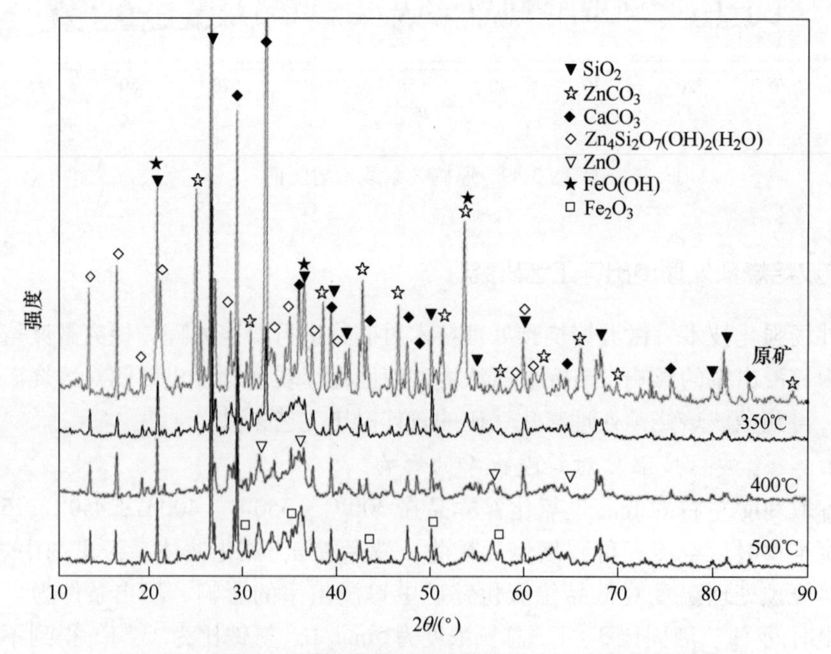

图 3-51 原矿与不同焙烧温度微波焙烧矿的 X 射线衍射图谱

的生成[14]，这两种含锌矿物很难在氨-氯化铵体系中被浸出，由于400℃微波焙烧预处理矿物得到锌浸出率最高，矿相转变反应较为完全，因此选取400℃微波焙烧预处理矿为原料对其他浸出条件实验进行探索，得到400℃微波焙烧预处理矿常规浸出的较佳工艺条件。

同时对原矿、400℃常规焙烧预处理矿、400℃微波焙烧预处理矿进行了SEM-EDS分析，得到的SEM图如图3-52所示，相应各矿物的SEM-EDS图谱分别如图3-53~图3-55所示。图谱中相应各图中各点元素含量分布分别见表3-26~表3-28。

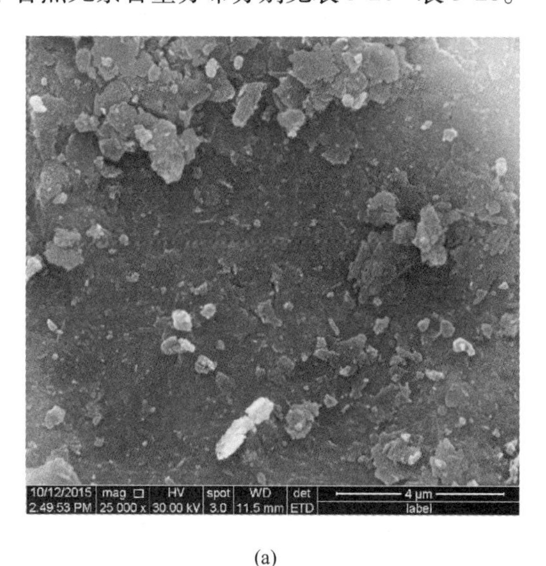

(a)

(b) (c)

图3-52 不同处理条件下矿物SEM图

（a）原矿；（b）400℃常规焙烧预处理矿；（c）400℃微波焙烧预处理矿

从图3-52（a）中可以看出，原矿矿物表面颗粒较为光滑，致密度相对较大，氨水-氯化铵浸出体系浸出时浸出溶液与颗粒反应接触面积较低，影响矿物中锌的浸出率。

从图 3-52（b）可以看出，矿物焙烧后矿物表面出现数量较多的片状物质，该片状物质相应地增加了浸出过程中矿物与浸出剂之间的接触面积，焙烧矿中锌的浸出率能够得到一定程度提高。常规焙烧预处理矿物呈现一定程度烧结团聚现象，减少了矿物与浸出剂之间接触面积，这正是由矿物外部加热的常规焙烧方式不能避免的实验现象。

从图 3-52（c）可以看出，矿物经过微波焙烧预处理后矿物表面层状物质结构加深，形成了相应的细小矿物颗粒，较大程度提高了矿物与浸出剂的反应接触面积，微波焙烧预处理后矿物中锌浸出率将会得到进一步提高。微波焙烧预处理后矿物颗粒增多的原因正是由于微波具有选择性加热、从矿物颗粒内层加热、微波加热对矿物颗粒的破碎作用，加热

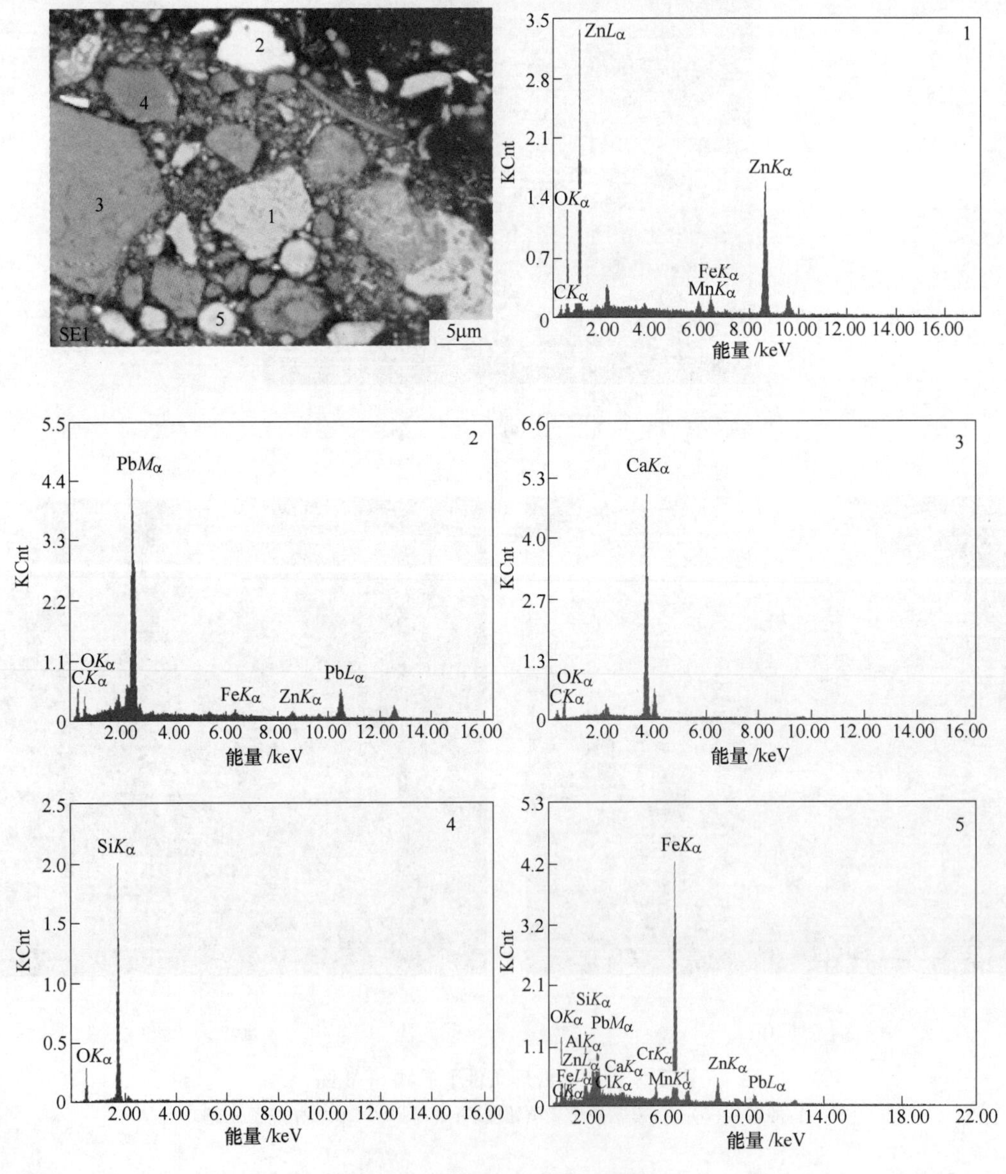

图 3-53　原矿 SEM-EDS 图谱

过程中由于矿物中各物相吸波能力的不同，各物相被加热的速率不同，从而各物相之间的接触面会相应分离开来，较多的矿物颗粒形成，矿物与浸出剂的接触面积增大，矿物锌浸出率将会得到提高。

表 3-26 图 3-53 中各点相应元素含量

元素	各点元素含量/%				
	1	2	3	4	5
C	5.41	17.05	6.57	—	4.13
O	19.18	8.54	35.34	34.31	11.27
Mn	2.35	—	—	—	0.37
Fe	3.74	1.81	—	—	46.96
Zn	69.31	3.16	—	—	9.71
Ca	—	—	58.09	—	1.26
Si	—	—	—	65.69	6.17
Al	—	—	—	—	0.81
Pb	—	69.44	—	—	17.07

从图 3-53 及表 3-26 可以看出，图 3-53 的扫描电镜图中的灰白色部分点 1 主要含有元素为 C、O、Zn，其中 Zn 元素含量最高为 69.31%，可见该灰白色区域为含锌相，主要为 $ZnCO_3$ 相。扫描电镜图中亮白色区域中的点 2 处含有主要元素为 C、O、Pb，Pb 含量为 69.44%，点 2 处主要物相为 $PbCO_3$。图中点 3 处主要化学元素为 C、O、Ca，该点处主要为碱性脉石相 $CaCO_3$。图中点 4 处主要化学元素为 O、Si，该点处主要为脉石相 SiO_2。图中点 5 处主要化学元素成分复杂，C、O、Si、Fe、Zn、Pb 等元素均含有，其中 Zn 元素含量为 9.71%，Fe 元素含量最高为 46.96%，结合原矿的 XRD 图谱可以分析得出该点处的含锌相主要为异极矿。从图 3-53 中可以看出，原矿中主要含锌相为 $ZnCO_3$ 相，脉石成分等大多与含锌相孤立存在。

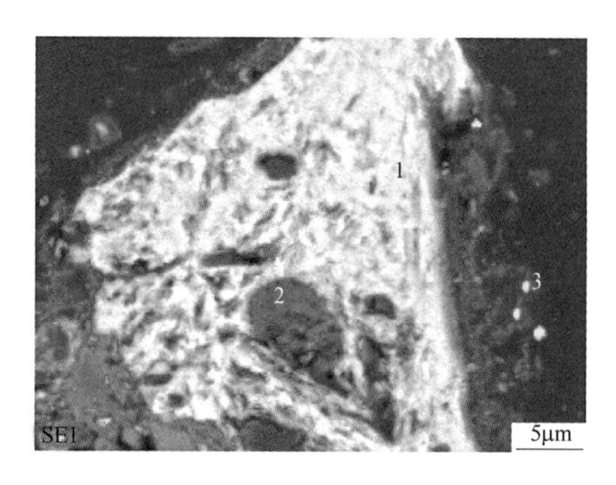

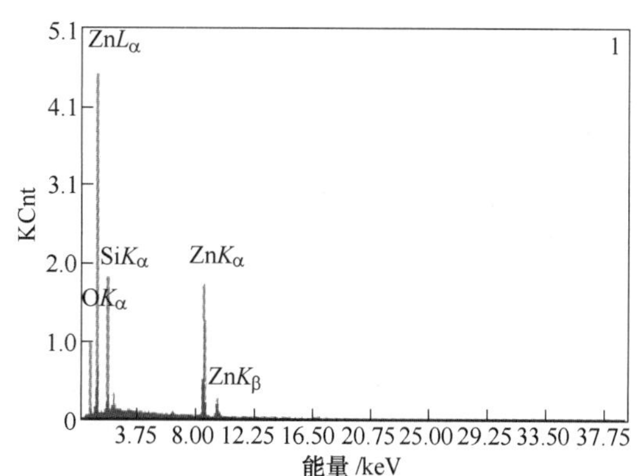

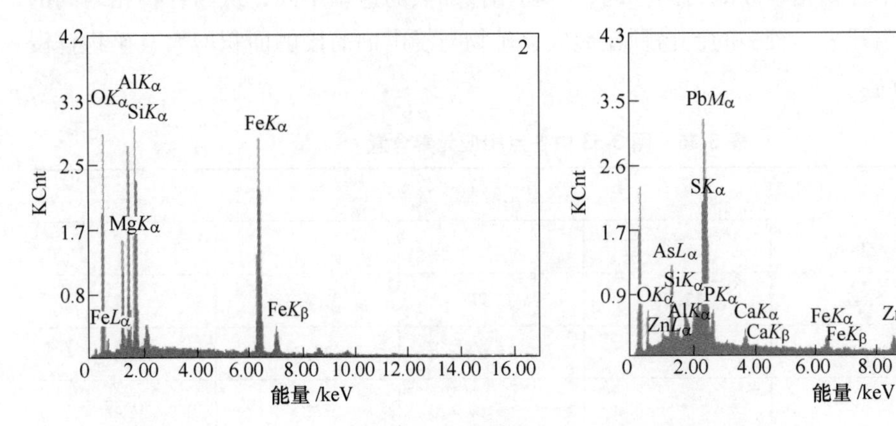

图 3-54 400℃常规焙烧预处理矿 SEM-EDS 图谱

表 3-27 图 3-54 中各点相应元素含量

元素	各点元素含量/%		
	1	2	3
O	16.46	23.90	7.84
Fe	—	33.11	2.44
Zn	18.15	—	4.64
Ca	—	—	58.09
Si	—	17.68	2.57
Al	—	16.33	1.07
Pb	—	—	48.37

从图 3-54 和表 3-27 可以看出，400℃常规焙烧预处理矿 SEM 图中的灰白色区域点 1 处含有主要化学元素为 Zn 和 O，可以看出灰白色区域主要为 ZnO 相，证明了 400℃常规焙烧预处理后 $ZnCO_3$ 相转变为 ZnO 相。图中灰色区域点 2 处的主要元素为 O、Fe、Si、Al 等杂质元素，该处为杂质相。图中点 3 处亮白色区域主要元素为 O、C、Ca、Pb 等，该处为脉石相 $CaCO_3$ 及杂质相含 Pb 相等。

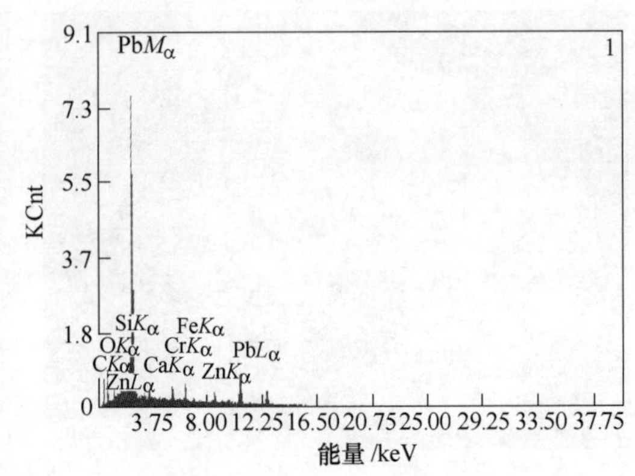

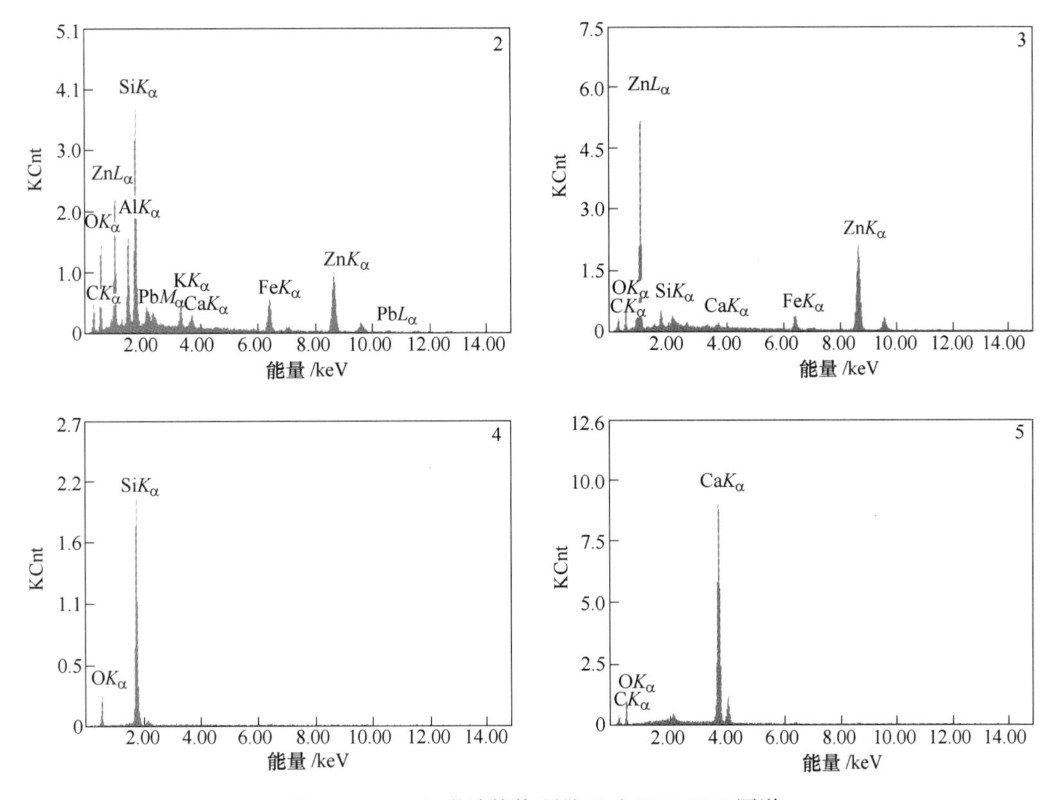

图 3-55 400℃微波焙烧预处理矿 SEM-EDS 图谱

表 3-28 图 3-55 中各点相应元素含量

元素	各点元素含量/%				
	1	2	3	4	5
C	9.42	16.27	4.25	—	7.23
O	8.94	18.58	15.46	32.39	34.14
Fe	3.78	6.21	7.86	—	—
Zn	3.78	23.55	67.25	—	—
Ca	1.38	1.18	0.86	—	58.63
Si	2.28	19.69	4.31	67.61	—
Al	—	8.43	—	—	—
Pb	68.14	4.21	—	—	—

从图 3-55 和表 3-28 可以看出，微波焙烧预处理后矿物颗粒明显增多。图中亮白色区域点 1 处主要元素为 C、O、Pb，该处主要物相为 $PbCO_3$ 相。图中灰白色区域点 2 处主要元素为 C、O、Si、Al、Zn，该处主要为异极矿相。图中白灰色区域点 3 处主要元素为 O、Zn、Fe、Ca。图中深灰色区域点 4 处主要为脉石相 SiO_2。图中暗灰色区域点 5 处为碱性脉石相 $CaCO_3$ 相。微波焙烧预处理后矿物颗粒粒径明显降低，颗粒数目增多，矿物与浸出剂的反应面积将会增大。因此可以看出微波焙烧预处理较原矿、常规焙烧预处理矿在浸出过程中具有明显优势。

3.4.2.2 总氨浓度对锌浸出率的影响

在浸出温度 25℃、浸出时间 1h、转速 300r/min、液固比为 3∶1、氨铵比为 1∶1 的浸出条件下，探讨了总氨浓度（总氨浓度变化范围为 3~8mol/L）对 400℃微波焙烧预处理矿锌浸出率的影响，总氨浓度对焙烧矿锌浸出率的影响如图 3-56 所示。

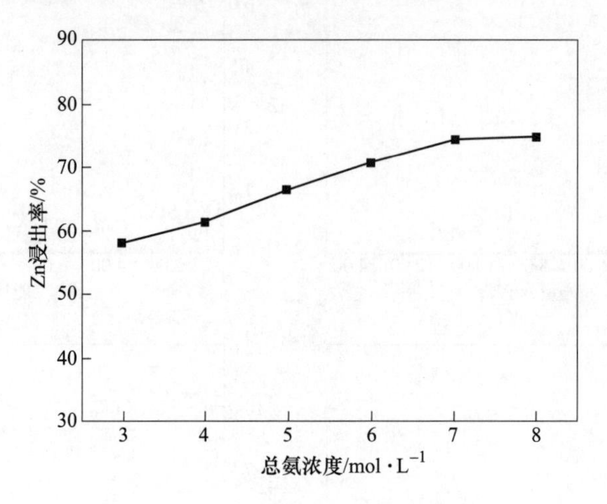

图 3-56　总氨浓度对锌浸出率的影响

氨-氯化铵浸出体系溶液中，矿物中的锌通过与浸出剂中的 NH_4^+ 发生配位络合生成稳定的 $Zn(NH_3)_n^+$ 配合离子[15]，因此溶液中总氨浓度越大，溶液中 NH_4^+ 浓度越大，生成的 $Zn(NH_3)_n^+$ 配合离子越多。从图 3-56 可以看出，总氨浓度为 3mol/L 焙烧矿锌浸出率为 58.2%，总氨浓度为 8mol/L 时锌浸出率为 74.9%，可以看出总氨浓度对焙烧矿锌的浸出率有重大影响。然而当总氨浓度从 6mol/L 增大到 8mol/L 时，锌浸出率从 70.9%仅仅提高到 74.9%，为了降低氨-氯化铵浸出剂的消耗，选取总氨浓度为 6mol/L 的氨-氯化铵浸出剂研究其他条件对 400℃微波焙烧预处理矿锌浸出率的影响。

3.4.2.3　液固比对锌浸出率的影响

在浸出温度 25℃、浸出时间 1h、转速 300r/min、总氨浓度为 6mol/L、氨铵比为 1∶1 的浸出条件下，探讨了液固比（液固比变化范围为（3∶1）~（15∶1））对 400℃微波焙烧预处理矿锌浸出率的影响，液固比对焙烧矿锌浸出率的影响如图 3-57 所示。

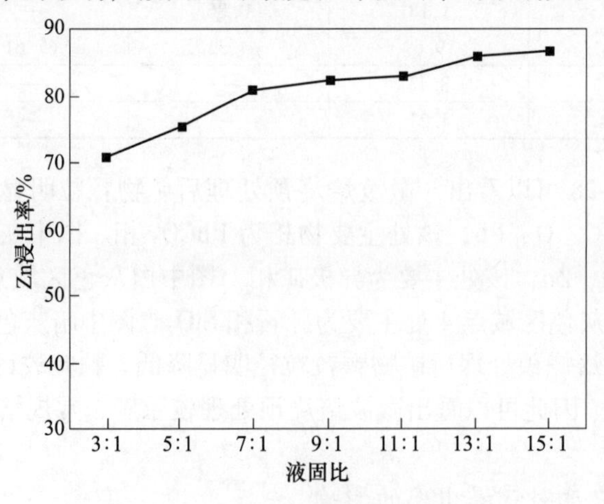

图 3-57　液固比对锌浸出率的影响

由图 3-57 可以看出，微波 400℃焙烧预处理矿的锌浸出率随液固比的升高而增大，液固比为 3∶1 时焙烧矿锌浸出率仅为 70.8%，液固比为 15∶1 时焙烧矿锌浸出率为 86.5%，这种现象可以通过焙烧锌矿与产物 $Zn(NH_3)_n^+$配合离子之间的物质传输理论进行解释，高液固比将会使 NH_4^+ 与 Zn 之间的物质的量比例增大，锌从复杂低品位氧化锌矿中的浸出反应将会增大，焙烧矿锌浸出率将会提高。然而，随着浸出液固比的增大溶液中锌的浓度（c_{Zn}）降低，溶液中饱和锌离子浓度与溶液中实际锌浓度差值增大，该差值为浸出反应进行的动力，差值越大，浸出反应越向正反应方向移动，因此随着液固比的增大焙烧矿锌浸出率增大[16]。从经济因素考虑，液固比应该较低，因此选取液固比为 11∶1 研究其他参数对微波焙烧预处理矿锌浸出率的影响。

3.4.2.4 转速对锌浸出率的影响

转速是影响锌浸出率的另外一个重要因素，在浸出温度 25℃、浸出时间 1h、液固比 11∶1、总氨浓度为 6mol/L、氨铵比为 1∶1 的浸出条件下，探讨了不同转速（转速变化范围为 300~900r/min）对 400℃微波焙烧预处理矿锌浸出率的影响，转速对焙烧矿锌浸出率的影响如图 3-58 所示。

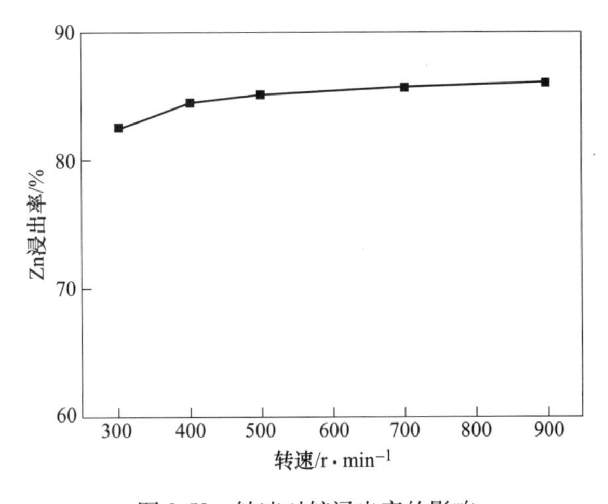

图 3-58 转速对锌浸出率的影响

由图 3-58 可以看出，转速为 300r/min 时焙烧矿锌浸出率为 82.5%，转速为 900r/min 时焙烧矿锌浸出率为 86.0%，转速为 400r/min 时锌浸出率为 84.5%。从经济因素考虑转速应该较低，因此选取转速为 400r/min 研究其他参数对焙烧矿锌浸出率的影响。

3.4.2.5 浸出温度对锌浸出率的影响

浸出温度是影响锌浸出率的一个重要因素，在浸出时间 1h、液固比 11∶1、总氨浓度为 6mol/L、氨铵比为 1∶1、转速为 400r/min 的浸出条件下，探讨了不同浸出温度（温度变化范围为 15~55℃）对 400℃微波焙烧预处理矿锌浸出率的影响，浸出温度对焙烧矿锌浸出率的影响如图 3-59 所示。

从图 3-59 可以看出，随着温度的升高微波焙烧预处理焙烧矿的锌浸出率升高，浸出温度为 15℃时微波焙烧预处理矿浸出 1h 后锌浸出率为 80.6%，温度为 25℃时微波焙烧预处理矿浸出 1h 后锌浸出率为 84.5%，浸出率明显提高，当浸出温度大于 25℃时，微波焙烧预处理矿锌浸出率得到提高，但是锌浸出率提高不明显。温度升高，作用物分子的

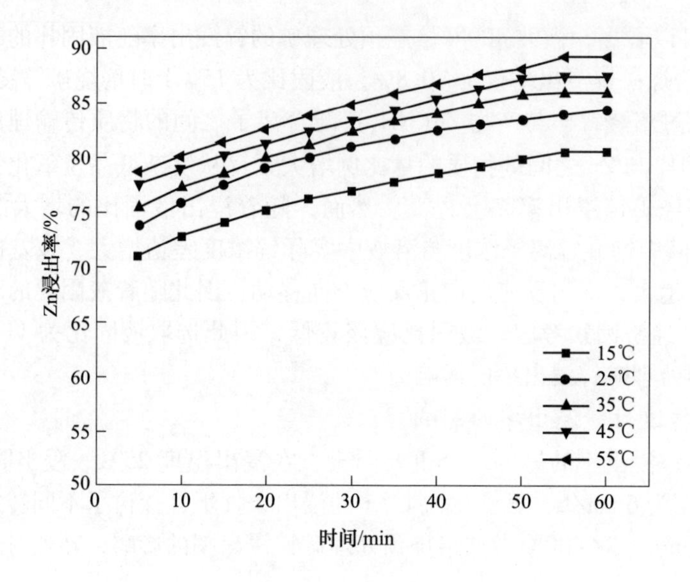

图 3-59　浸出温度对锌浸出率的影响

平均能量升高，即高能活化分子数增加，分子运动速率加快，从而有效碰撞次数增加，化学反应速率增加，但是由于氨易挥发，考虑环境因素及氨溶液的利用率，且室温下浸出率也在 84%以上，因此微波焙烧预处理矿物在室温下浸出即可，不需要对浸出液进行加热。

3.4.2.6　浸出时间对锌浸出率的影响

在浸出温度 25℃、转速为 400r/min、液固比 11∶1、总氨浓度为 6mol/L、氨铵比为 1∶1 的浸出条件下，探讨了不同浸出时间（浸出时间变化范围为 0～150min）对 400℃常规焙烧预处理矿物锌浸出率的影响，浸出时间对焙烧矿锌浸出率的影响如图 3-60 所示。

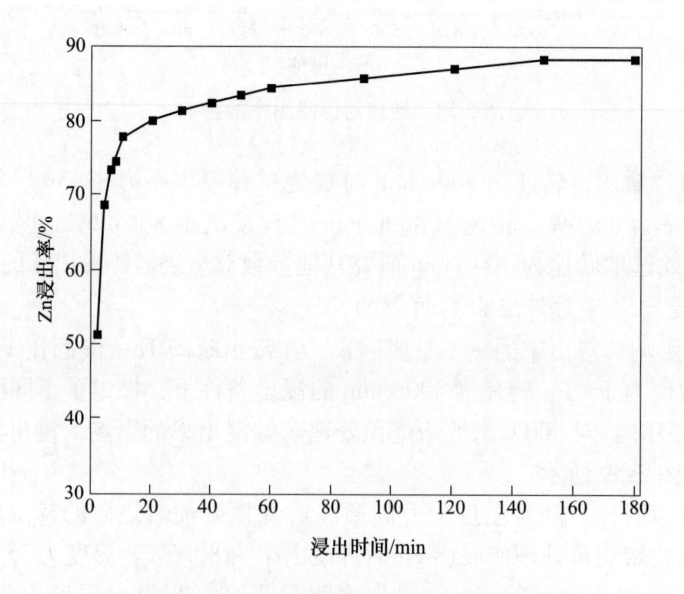

图 3-60　浸出时间对锌浸出率的影响

由图 3-60 可以看出，早期阶段，锌从焙烧矿中的浸出率变化较快，锌浸出率达到 76.7%仅消耗了 10min，之后在 10~30min 范围内锌的浸出较为缓慢。可以看出浸出时间为 10min 时焙烧矿锌浸出率为 76.7%，浸出时间为 150min 时锌浸出率为 88.3%，浸出时间为 60min 时焙烧矿锌浸出率为 84.5%，因此焙烧矿锌的常规浸出较佳参数为：浸出温度 25℃、转速为 400r/min、液固比 11∶1、总氨浓度为 6mol/L、氨铵比为 1∶1、浸出时间 150min，此时锌浸出率为 88.3%。

400℃常规焙烧预处理矿最佳锌浸出率为 84.7%，此时浸出条件为：转速 500r/min、总氨浓度为 6mol/L、浸出时间 60min、液固比 11∶1、氨铵比 1∶1，与浸出条件为浸出时间 60min、转速 400r/min、总氨浓度为 6mol/L、液固比 11∶1、氨铵比 1∶1 的 400℃微波焙烧预处理矿锌浸出率（84.5%）相似，但是微波焙烧预处理矿的机械搅拌速度较低，在一定程度上，微波焙烧预处理矿获得的锌浸出率较常规焙烧预处理矿获得的锌浸出率高。微波焙烧预处理氧化锌矿物较常规焙烧预处理矿物具有较佳实验效果，后续实验中 400℃微波焙烧预处理矿将作为研究其他强化手段对矿物锌浸出率影响的原料。

3.4.3 浸出过程动力学研究

400℃微波焙烧预处理矿颗粒的浸出过程属于液-固相的反应，浸出反应过程中锌的浸出可能受以下步骤控制：（1）浸出剂反应物或产物通过液体边界层的扩散；（2）浸出剂反应物或产物通过固态产物层的扩散；（3）浸出剂反应物与未反应核物质表面的化学反应；（4）固体膜层扩散及界面化学反应混合控制。

结合图 3-52 和图 3-55 分析，微波焙烧预处理后矿物颗粒的形貌不规整、颗粒成分相对复杂，大多数颗粒均包裹了含锌物相。因此锌大多嵌布于脉石矿物中，浸出过程中浸出剂扩散到脉石的空隙或裂缝中与微波焙烧预处理矿物发生化学反应，随着反应的进行，反应界面不断地向含锌矿物颗粒中心内收缩，副产物或残留固体层逐渐增厚，导致浸出剂反应物或反应产物的扩散通径增大，可能降低浸出剂反应物或产物的扩散速率，另外惰性的脉石残留物易将未反应的收缩核进行包裹，成为含锌矿物颗粒锌浸出率的控制因素，因此，尝试使用收缩核模型对 400℃微波焙烧预处理矿物锌浸出的动力学进行研究。

依据收缩核模型，当液-固相反应受扩散反应控制时，400℃微波焙烧预处理矿物颗粒的浸出率动力学方程为：

$$k_d t = 1 - 2/3x - (1 - x)^{2/3} \tag{3-18}$$

式中，k_d 为液-固反应的扩散速率常数；x 为 400℃微波焙烧预处理矿锌的浸出率；t 为浸出时间。

当液-固相反应同时受扩散反应和界面化学反应混合控制时，400℃微波焙预处理矿物颗粒的浸出率动力学方程为[17,18]：

$$k_0 t = 1/3\ln(1 - x) - [1 - (1 - x)^{-1/3}] \tag{3-19}$$

式中，k_0 为液-固相混合控制的反应速率常数；x 为 400℃微波焙烧预处理矿锌的浸出率；t 为浸出时间。

将图 3-59 中得到的不同浸出温度对 400℃微波焙烧预处理矿锌浸出率的影响实验数据分别代入式（3-18）和式（3-19）中，对时间作变化曲线，结果如图 3-61 和图 3-62 所示，分别为锌浸出过程受扩散控制、界面化学反应控制及扩散界面化学反应混合控制时的曲线。

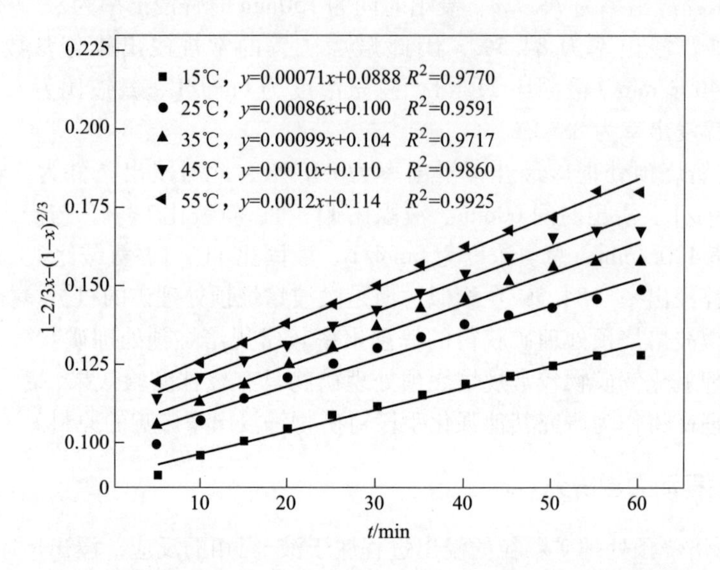

图 3-61　不同温度下 $1-2/3x-(1-x)^{2/3}$ 与 t 的关系图

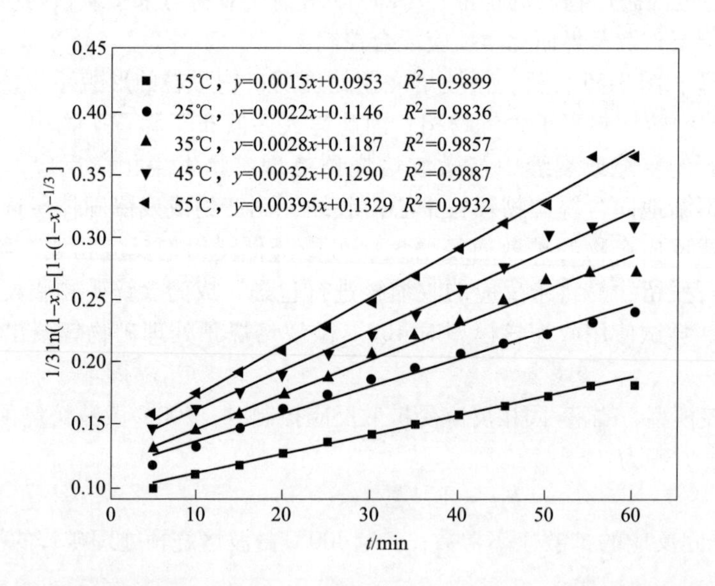

图 3-62　不同温度下 $1/3\ln(1-x)-[1-(1-x)^{-1/3}]$ 与 t 的关系图

400℃微波焙烧预处理矿锌浸出过程中受扩散控制、界面化学反应控制及混合控制在不同温度下锌浸出率速率数据拟合对比见表 3-29，对比可以看出混合控制模型拟合系数明显较扩散控制模型及界面化学反应控制模型优，且混合控制模型的拟合相关系数均大于 0.9836，因此可以认为 400℃微波焙烧预处理矿锌浸出过程中受界面化学反应及扩散界面化学反应混合控制。

表 3-29 不同温度下扩散控制、界面化学反应控制及混合控制模型拟合相关系数（R^2）

温度/℃	拟合系数 R^2		
	$1-2/3x-(1-x)^{2/3}$	$1-(1-x)^{1/3}$	$1/3\ln(1-x)-[1-(1-x)^{-1/3}]$
15	0.9770	0.9734	0.9898
25	0.9591	0.9549	0.9836
35	0.9717	0.9660	0.9857
45	0.9860	0.9853	0.9887
55	0.9926	0.9921	0.9932

图 3-62 中不同拟合直线的斜率即为不同浸出温度条件下的反应速率常数 k，根据 Arrhemus经验方程[17]：

$$k = A\exp\left(-\frac{E_a}{RT}\right) \tag{3-20}$$

式中，E_a 为反应活化能，kJ/mol；A 为频率因子，常数；T 为温度，K；R 为气体常数，8.314×10^{-3}kJ/(mol·K)。

对式（3-20）两边取对数得到 $\ln k$ 与 $1/T$ 的关系式：

$$\ln k = \ln A - \frac{E_a}{RT} \tag{3-21}$$

以 $\ln k$ 对 $1/T$ 作图，结果如图 3-63 所示，可进一步求出 400℃微波焙预处理矿在氨-氯化铵体系中浸出的初始表观活化能为 18.46kJ/mol。可认为 400℃微波焙烧预处理矿在氨-氯化铵体系浸出过程中锌浸出率受扩散和界面化学反应混合控制，因此温度的升高及搅拌转速的增大能够一定程度地提高 400℃微波焙烧预处理矿锌浸出率。

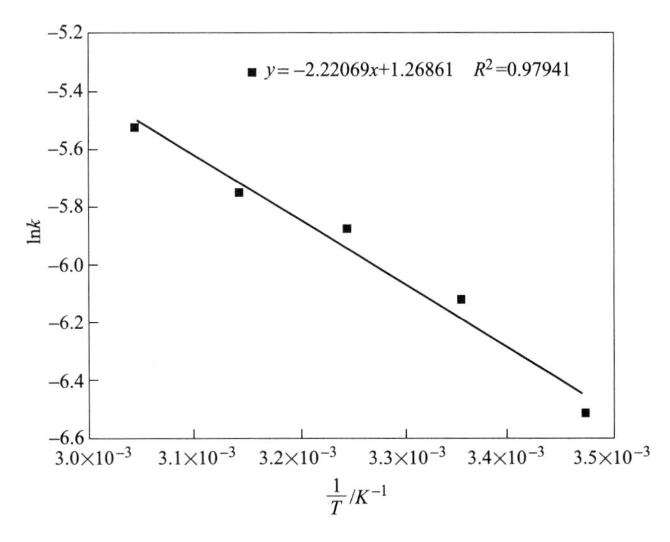

图 3-63 $1/3\ln(1-x)-[1-(1-x)^{-1/3}]$ 模型中 $\ln k$ 与 $1/T$ 的关系图

3.5 微波活化预处理强化含锌冶金渣尘浸出锌

3.5.1 原料分析

所用冶金渣尘来自某含锌二次资源回收企业，是多类冶金渣尘的混合物料。取含锌冶金渣尘在85℃恒温干燥箱中干燥至恒重后进行多元素化学成分分析、化学物量分析、XRD、SEM-EDS（面扫描）分析，结果分别见表3-30和表3-31。由表3-30可知，该原料成分复杂，锌、铁含量高，另外还含有较高含量的稀散伴生金属In及Cl和碱性脉石成分。氯含量较高的含锌物料，用传统湿法直接处理会腐蚀铅合金阳极，造成阴极电锌杂质元素超标，腐蚀设备、生产成本高、锌回收率低等严重影响。

表3-30 冶金渣尘中主要化学元素含量分析

成分	Zn	Fe	C	Pb	S	Si	Al_2O_3	Mg	CaO	In/g·t^{-1}	Cl	Bi
含量/%	24.74	21.66	9.14	1.13	1.39	2.66	2.22	1.14	4.10	354	2.94	0.97

表3-31 冶金渣尘中含锌物相分析

相别	碳酸锌	硅酸锌	硫化物	锌铁尖晶石及其他	TZn
锌含量/%	21.04	2.47	1.18	0.065	24.74
分布率/%	84.98	9.98	4.78	0.26	100.00

另外，将2kg的样品进行过筛分级，然后对分级后的9个不同粒径样品分别进行锌化学元素分析及XRF荧光光谱分析，分别见表3-32及表3-33。分析结果表明，在原料及其他粒度中各种成分含量相差不大。

表3-32 冶金渣尘各粒级中的锌含量及分布

粒度/μm	原料	>380	380~250	250~180	180~150	150~120	120~109	109~96	<96
不同粒径物料占比（质量分数）/%	100	6.54	8.60	8.17	5.69	36.21	11.18	17.94	5.68
Zn含量/%	24.74	23.24	24.20	24.70	24.64	24.33	24.74	24.14	23.33

表3-33 冶金渣尘不同粒级下的XRF荧光分析

粒级/μm	O	Zn	C	Fe	Cl	Si	Ca	K	Pb	Mg	Al	Bi	S	In
原料	33.11	20.53	16.14	17.25	1.49	1.97	1.61	1.30	0.94	0.84	0.84	0.81	0.70	0.05
>380	32.33	20.54	15.50	17.86	1.84	1.98	1.66	1.08	1.25	0.89	0.91	0.81	0.80	0.05
380~250	31.07	23.05	14.19	18.56	1.85	2.03	1.71	1.05	1.39	0.89	0.92	0.90	0.83	0.05
250~180	31.34	23.58	13.98	18.41	1.80	1.99	1.68	1.00	1.42	0.92	0.93	0.93	0.84	0.05
180~150	31.47	23.55	13.89	18.38	1.79	2.01	1.69	0.99	1.43	0.92	0.92	0.92	0.86	0.05
150~120	32.76	21.36	15.52	18.29	1.65	2.05	1.69	0.96	1.28	0.88	0.94	0.83	0.82	0.05
120~109	32.20	21.93	14.96	18.62	1.79	2.05	1.69	0.98	1.29	0.89	0.93	0.86	0.81	0.04
109~96	32.67	20.31	16.56	17.78	1.56	1.97	1.62	0.94	1.94	0.84	0.89	0.79	0.76	0.04
<96	31.94	21.47	15.52	19.00	1.62	2.04	1.69	1.00	1.28	0.87	0.93	0.82	0.78	0.04

由于冶金渣尘中有价金属及杂质离子的存在形式对锌的提取工艺及方法的选择至关重要，为了确定冶金渣尘中各金属离子及杂质离子的存在形式，进行 XRD 及 SEM-EDS 测试分析，分别如图 3-64～图 3-67 所示。

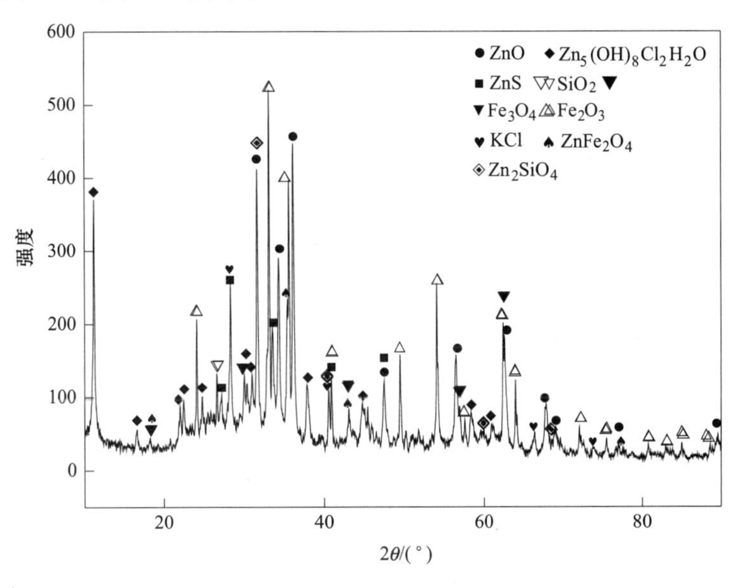

图 3-64 冶金渣尘样品的 XRD 图谱

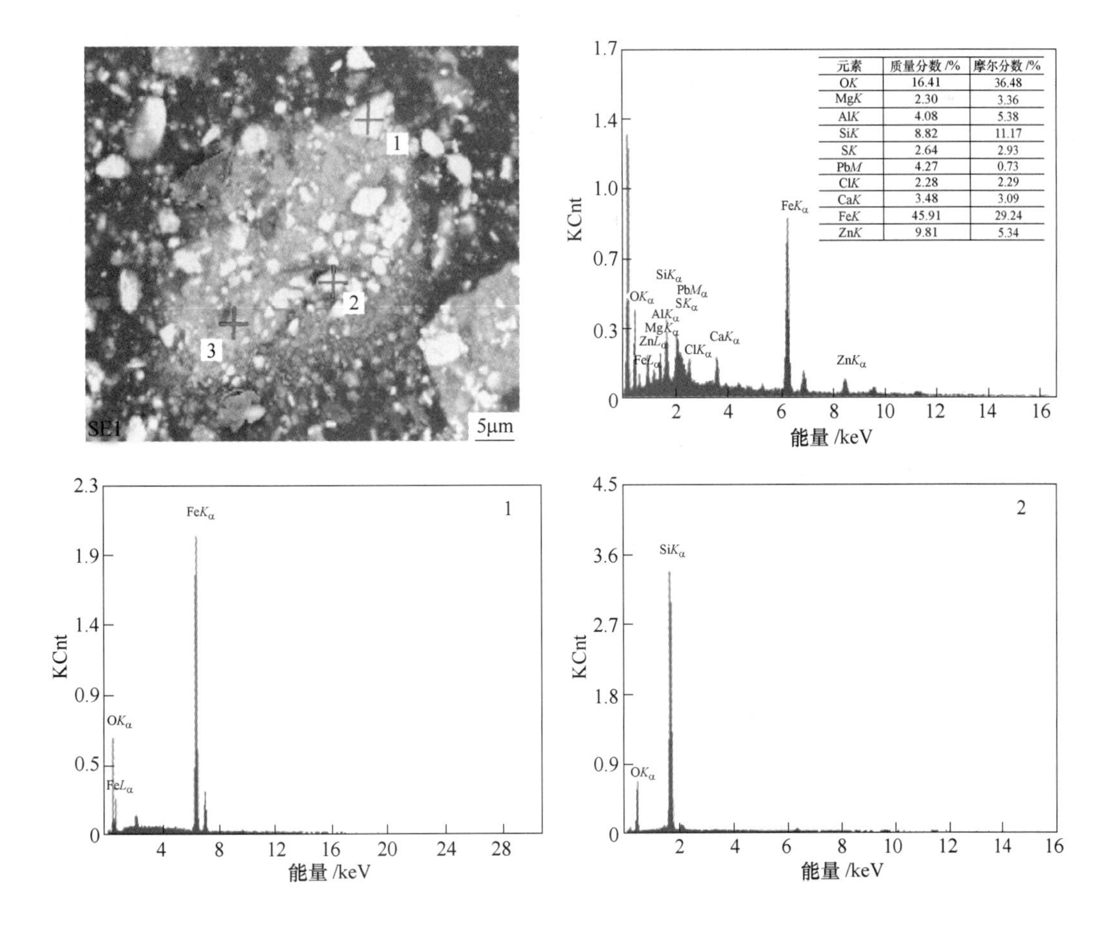

元素	质量分数/%	摩尔分数/%
OK	16.41	36.48
MgK	2.30	3.36
AlK	4.08	5.38
SiK	8.82	11.17
SK	2.64	2.93
PbM	4.27	0.73
ClK	2.28	2.29
CaK	3.48	3.09
FeK	45.91	29.24
ZnK	9.81	5.34

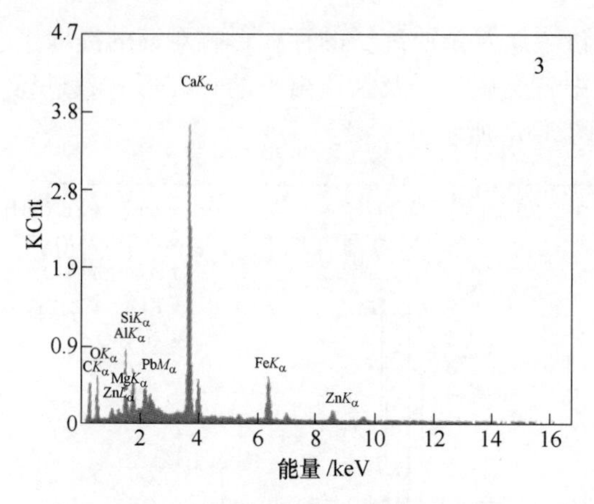

图 3-65　冶金渣尘样品 SEM-EDS 图谱

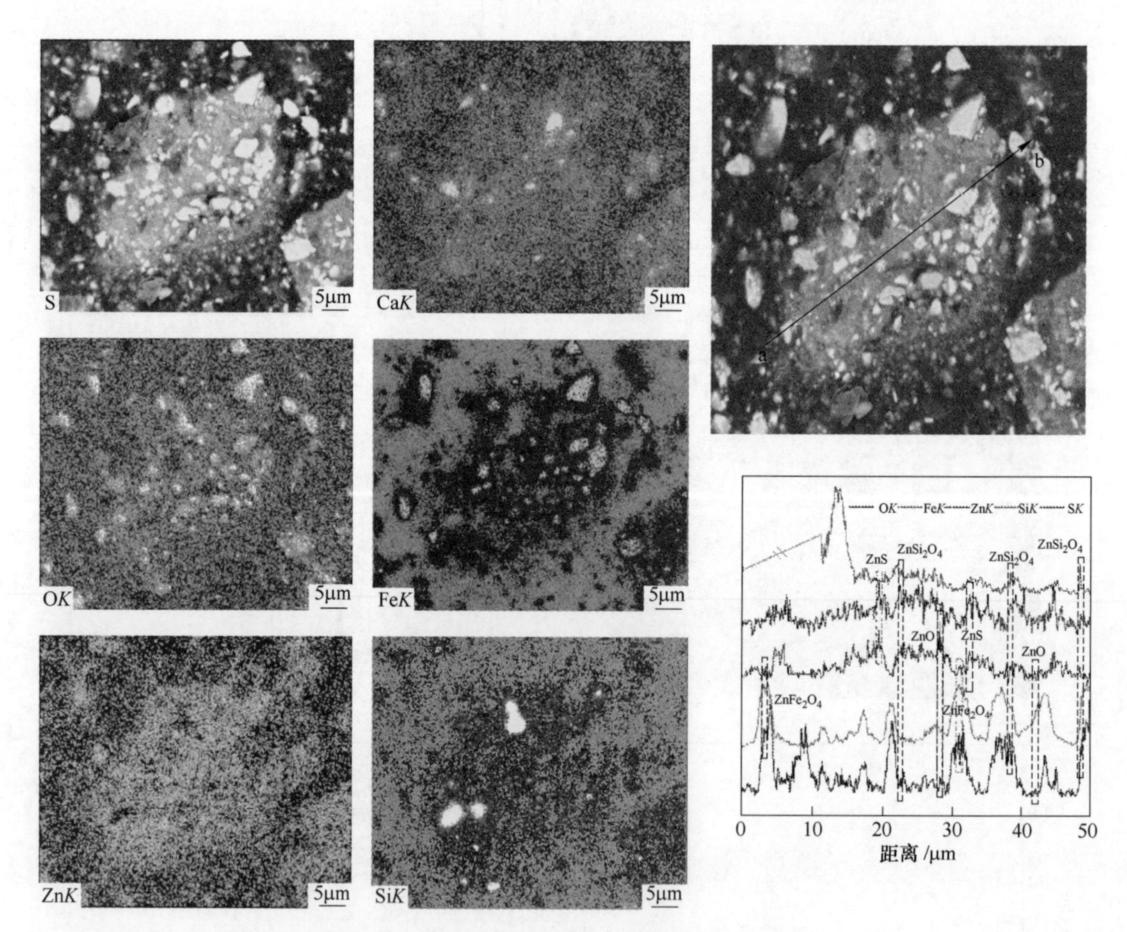

图 3-66　冶金渣尘样品 SEM-EDS 面/线扫描图谱

（线扫描前端主要为 SiO_2 的峰，峰强度较大舍去）

从图 3-64 可以看出，锌在冶金渣尘中主要以氧化锌（ZnO）、硅酸锌（Zn_2SiO_4）、硫化锌（ZnS）、铁酸锌（$ZnFe_2O_4$）和 $Zn_5(OH)_8Cl_2 \cdot H_2O$ 形式存在，铁主要以四氧化三铁

(Fe_3O_4) 和三氧化二铁 (Fe_2O_3) 的形式存在。

从图 3-65 和图 3-66 明显发现，冶金渣尘中亮色颗粒主要是铁的氧化物，灰色颗粒则是石英，而无定型结构内除 Zn、O 外还赋存了 Fe、Pb、Al 等有价金属元素及 Si、Ca、Mg、S、Cl 等脉石成分杂质元素，从扫描电镜 SEM 图片看出有价金属矿物与脉石成分相互镶嵌形成包裹态。另外，通过 SEM-EDS 线扫描图谱分析结果显示锌在冶金渣尘中主要以氧化锌、硅酸锌、硫化锌和铁酸锌形式存在，除 ZnO 外，其余三类含锌矿物质对于常规湿法浸出锌均属于难浸出矿相，同时浸出过程脉石成分及杂质 Cl 进入湿法流程势必对锌的生产过程造成巨大的影响。

图 3-67 所示为冶金渣尘不同粒级样品的激光粒度分布图，分析结果见表 3-34，原料样品及各粒级在 d_{10}、d_{50}、d_{90}、d_{98} 的粒径值，同时给出了不同粒级条件下的体积平均粒径、面积平均粒径及相应表面积与体积比。

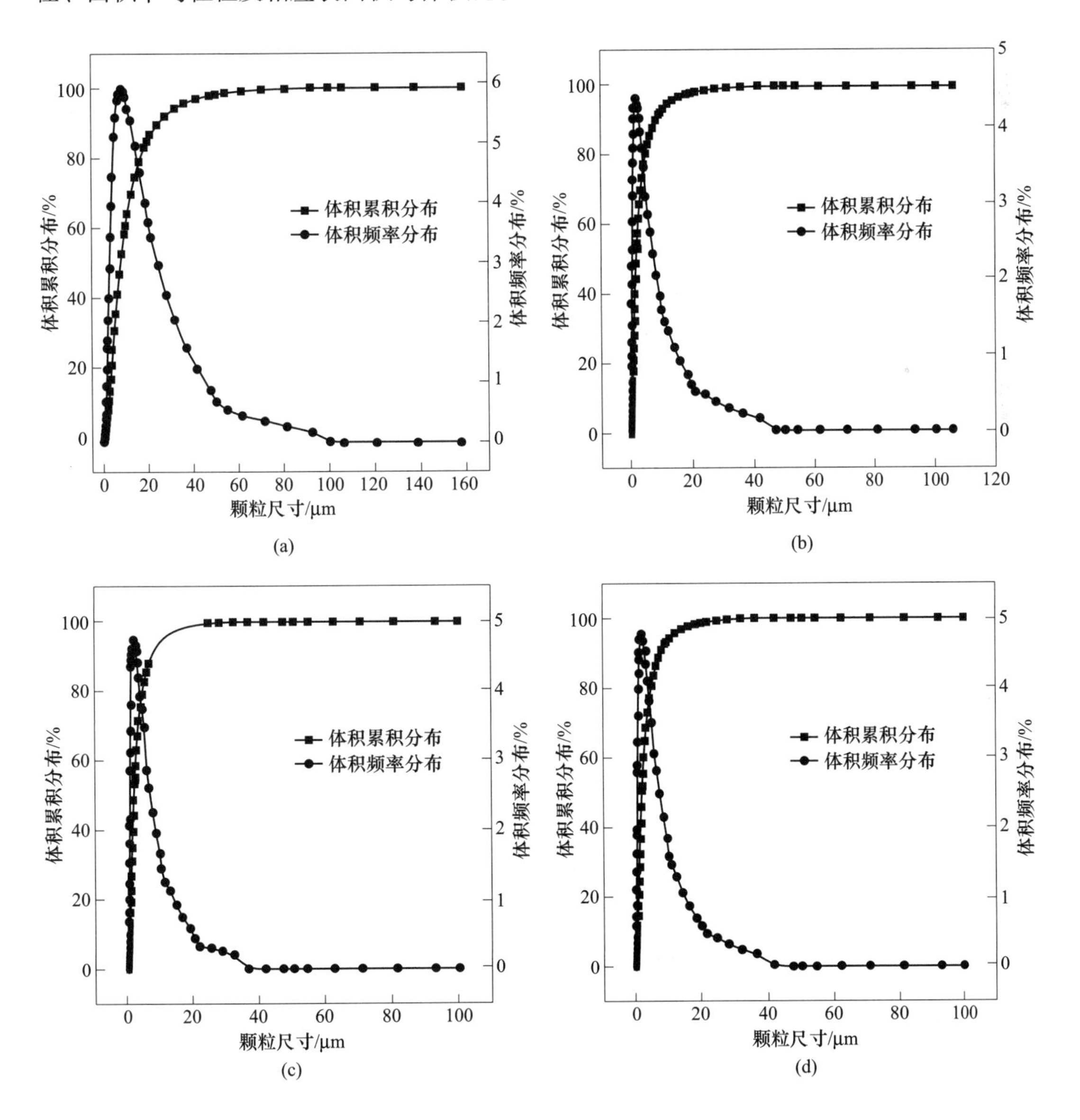

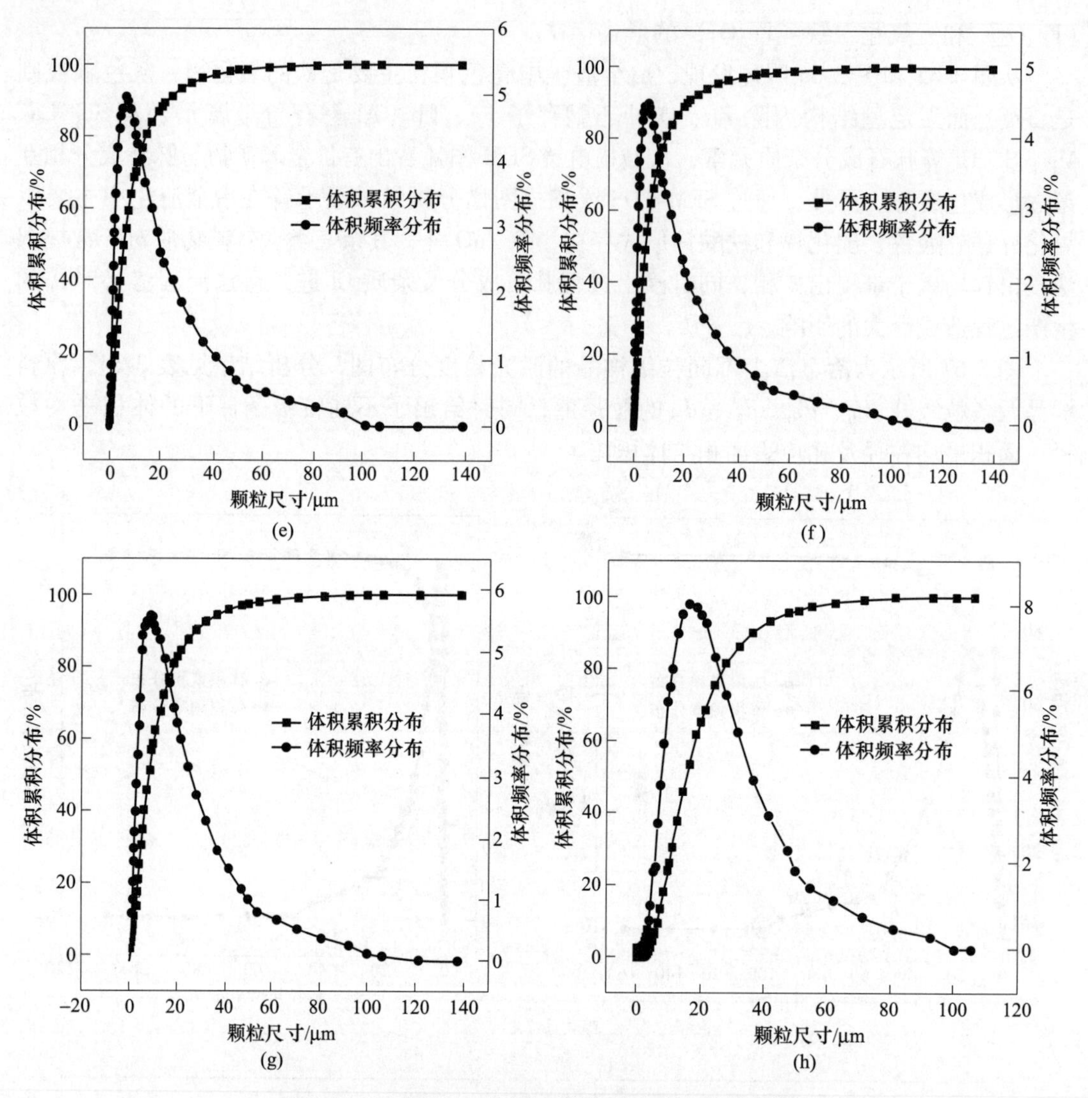

图 3-67　冶金渣尘不同粒级样品激光粒度分析结果

（a）原料；（b）380~250μm；（c）250~180μm；（d）180~150μm；（e）150~120μm；（f）120~109μm；（g）109~96μm；（h）<96μm

表 3-34　冶金渣尘不同粒级样品激光粒度分析参数

粒级/μm	d_{10}	d_{50}	d_{90}	d_{98}	体积平均粒径 /μm	面积平均粒径 /μm	表面积与体积比 /$m^2 \cdot cm^{-3}$
原料	2.473	7.885	24.851	47.912	10.775	5.588	6.421
380~250	0.368	1.739	8.110	19.255	3.162	0.912	21.546
250~180	0.415	1.741	7.192	15.929	2.869	1.003	20.199
180~150	0.450	1.891	7.854	17.531	3.133	1.087	18.883
150~120	1.450	5.743	22.413	47.727	9.044	3.442	8.807
120~109	0.963	4.438	20.166	47.308	7.920	2.334	10.861
109~96	2.384	8.120	27.323	47.006	11.575	5.486	6.848
<96	6.561	15.429	35.901	58.480	17.717	13.173	3.752

3.5.2 活化预处理强化锌浸出实验研究

3.5.2.1 不同活化温度对锌浸出率的影响

分别称取100g添加25%CaO的含锌冶金渣尘混合物料装入两个相同的坩埚内，置于微波炉及马弗炉内。活化后样品进行炉外冷却，取样分析活化后样品中锌的含量，随后进行活化后样品的锌浸出实验研究，并计算锌浸出率，不同活化温度对添加25%CaO的含锌冶金渣尘混合物料锌浸出率的影响如图3-68所示。

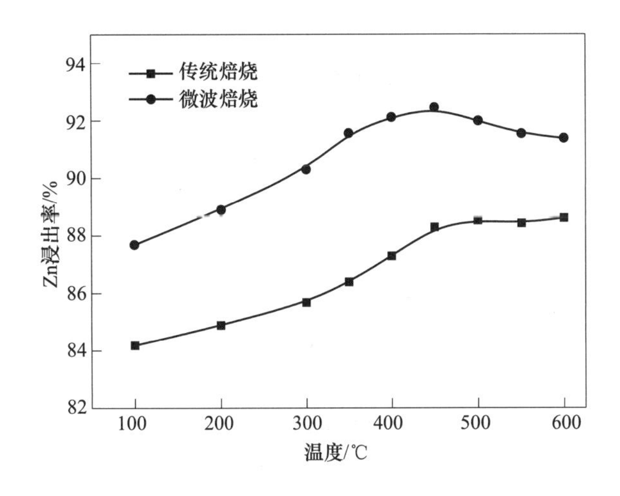

图3-68 不同活化温度对锌浸出率的影响

当温度较低时，锌的浸出率相对较低，随着活化温度提高到400℃，常规焙烧及微波活化后锌浸出率分别达到87.28%和92.11%，经微波活化预处理后的样品锌浸出率明显高于常规焙烧处理，一方面，主要因为微波独特选择性快速加热方式促使有用矿物和脉石之间产生热应力，微波加热使矿物颗粒产生裂纹，针对包裹型矿物达到了常规焙烧方法难以达到的解离效果，并增大了有用矿物界面的反应面积，增大了与浸出溶剂的反应接触面积；另一方面，微波通过在矿物内部介电损耗直接将化学反应所需的能量传递给反应的分子及原子，由于有用矿物及脉石吸波特性差异显著造成多元多相复杂矿石体系的温度在微观上不均匀分布，强化有用矿物的解离，形成一种非平衡态的反应条件，促进界面化学反应，实现复杂难浸出矿相向易浸出矿相的快速转化，从而达到矿物中锌的高效提取。

从图3-68中还发现，当温度高于450℃时，微波活化处理后的样品锌浸出率又稍微降低，这主要因为，温度升高的同时，ZnO结合原料中Fe_2O_3反应生成$ZnFe_2O_4$的速率高于CaO还原$ZnFe_2O_4$生成ZnO的速率，导致锌浸出率降低。

3.5.2.2 不同活化时间对锌浸出率的影响

图3-69研究了不同活化时间对添加25%CaO的含锌冶金渣尘混合物料锌浸出率的影响。研究表明，在活化温度和CaO添加量一定的条件下，锌的浸出率随活化时间的影响是显著的，随着活化时间的延长，锌浸出效果明显增加。当活化时间为20min时，采用微波活化预处理及常规马弗炉焙烧后样品锌的浸出率分别为91.25%和88.55%，然而，随着活

化时间继续延长至50min，锌的浸出率没有明显的提高。另外，对比常规马弗炉焙烧的工艺可以发现，采用微波活化预处理可以在更短的时间内达到更高的浸出效果，同时考虑微波活化预处理时间的延长导致能耗增加，控制微波活化预处理时间为20min。

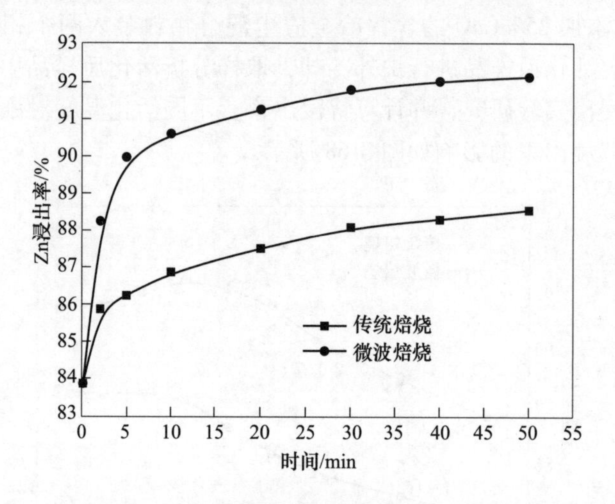

图3-69 不同活化时间对锌浸出率的影响

3.5.2.3 不同CaO添加量对锌浸出率的影响

分别称取100g添加0%、5%、10%、15%、20%、25%、30% CaO的含锌冶金渣尘混合物料装入两个相同的坩埚内，置于微波炉及马弗炉内，控制预处理温度为400℃、活化时间20min，分别研究不同CaO添加量在不同活化方式下对锌浸出率的影响，如图3-70所示。CaO添加剂用量对锌浸出率有着较为显著影响，较大的CaO添加剂用量可促进含锌冶金渣尘中难浸出矿相向易浸出矿相的转化，实现锌的高效提取。当CaO添加剂用量达到25%以上时，锌的浸出率趋于平衡。对比常规马弗炉焙烧及微波活化预处理方式对锌浸出效果发现，当CaO添加剂用量为25%时，采用微波活化预处理及常规马弗炉焙烧后样品锌的浸出率分别为91.67%和87.79%。

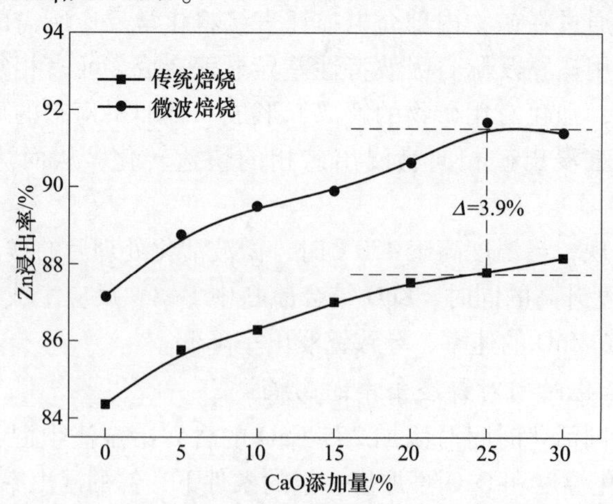

图3-70 CaO添加剂用量对锌浸出率的影响

3.5.3 活化预处理矿相转化强化浸出机理分析

3.5.3.1 XRD 表征分析

为了明确活化预处理过程机理，实验通过 XRD 表征了不同微波活化及常规预处理方式下，不同温度（100℃、200℃、300℃、400℃、500℃、600℃）对实验过程矿相转变的影响规律，结果如图 3-71 及图 3-72 所示。

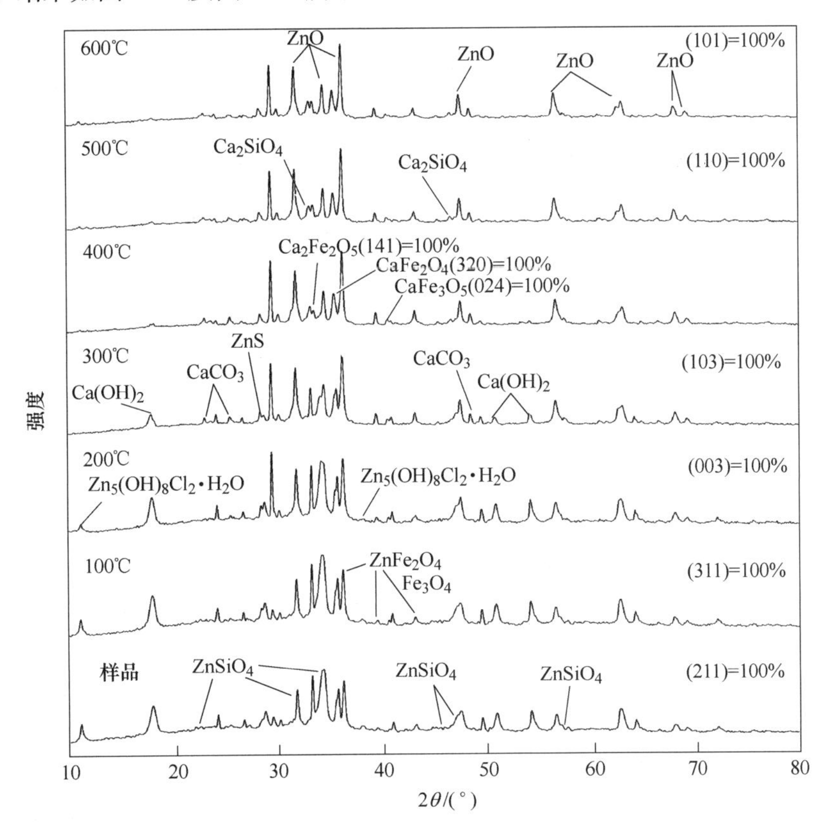

图 3-71 不同微波活化温度对锌相转化效果的影响

添加 CaO 作为钙化剂，含锌冶金渣尘经过微波活化预处理后，物料的主要锌物相发生了较大的变化，对比添加 CaO 的样品 XRD（见图 3-71）发现，含锌冶金渣尘中锌主要以氧化锌（ZnO）、硅酸锌（Zn_2SiO_4）、硫化锌（ZnS）、铁酸锌（$ZnFe_2O_4$）和 $Zn_5(OH)_8Cl_2 \cdot H_2O$ 形式存在，随着温度从 100℃ 升高到 300℃ 时，$Zn_5(OH)_8Cl_2 \cdot H_2O$ 的衍射峰逐渐减弱，300℃ 时完全消失；随着温度的继续升高，到达 400℃ 时，CaO 参与了 $ZnFe_2O_4$ 和 Zn_2SiO_4 的反应发现 $ZnFe_2O_4$ 和 Zn_2SiO_4 相向 ZnO、$Ca_2Fe_2O_4$、$Ca_2Fe_2O_5$、$CaFe_3O_5$ 以及 Ca_2SiO_4 相的转化，在 300~400℃ 的加热过程中 $Ca(OH)_2$ 相完全消失，而在 400℃ 时有 $CaCO_3$ 物相的生成；与此同时，发现随着温度的升高 ZnO 的衍射峰逐渐变强，另外，随着温度的继续升高，ZnO 衍射峰及新产生物相（$Ca_2Fe_2O_4$、$Ca_2Fe_2O_5$、$CaFe_3O_5$、Ca_2SiO_4 以及 $CaCO_3$）衍射峰基本无变化，说明在 400℃ 时可实现 $ZnFe_2O_4$ 和 Zn_2SiO_4 向 ZnO 相的转变，另外，随着温度的升高 ZnS 物相的衍射峰强度逐渐减弱但未完全消失，在

400℃下反应 $ZnS + CaO = ZnO + CaS$ 是不能发生的，但反应 $2ZnS + 3O_2(g) = 2ZnO + 2SO_2(g)$ 能发生，因此出现部分 ZnS 的氧化。

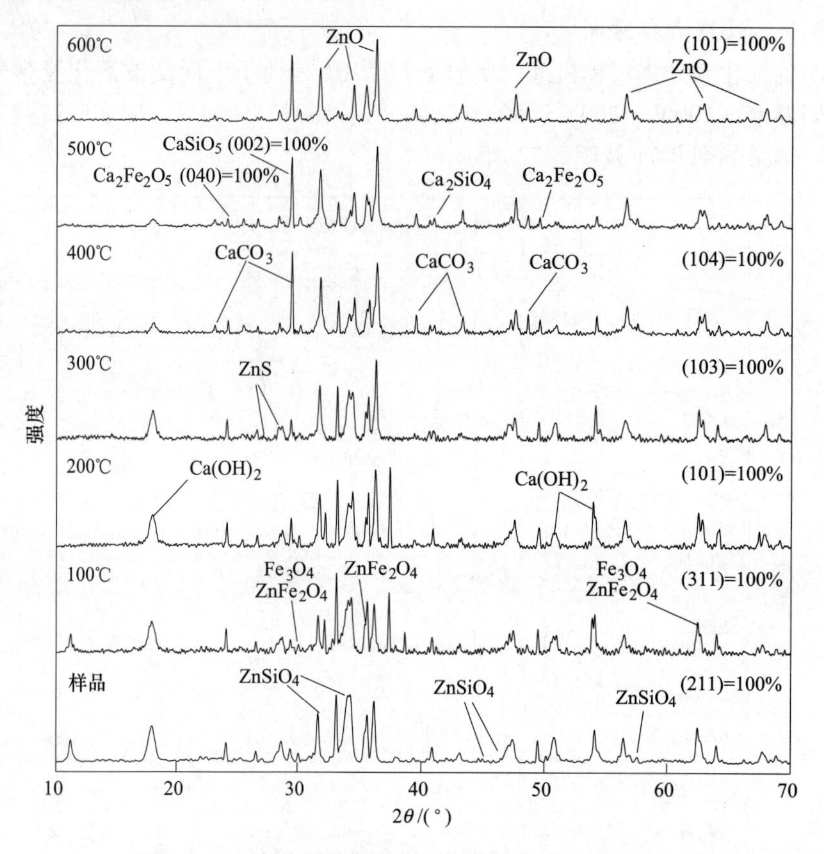

图 3-72 不同常规焙烧温度对锌相转化效果的影响

由图 3-72 可知，与微波活化预处理方式相比，采用微波活化预处理时 Zn_2SiO_4、$ZnFe_2O_4$的完全转化温度在 300~400℃范围内，而采用常规焙烧处理需要达到 600℃以上，同时还发现，对于原料中的 $Ca(OH)_2$ 物相，微波 400℃下基本分解完全，并在 300℃条件下有 $CaCO_3$ 形成，而采用常规焙烧处理 $Ca(OH)_2$ 的分解温度及 $CaCO_3$ 形成温度分别为 600℃及 400℃。其可能的主要原因是含锌冶金渣尘成分复杂，微波针对不同矿物质介电损耗的差异而实现选择性加热，致使有用矿物与脉石成分的快速解离，这也是实现微波预处理温度快速升高的主要原因，较常规处理方式进一步降低了活化预处理矿相完全转化温度。

实验给出了微波活化温度为 400℃下的活化样品及优化工艺下浸出渣的 XRD 对比图谱，结果如图 3-73 所示。从图中可以看出，经浸出处理后 ZnO 的峰完全消失，而残余的锌主要以 ZnS 的形式存在，另外，微波活化预处理后，浸出渣中主要存在 Fe_2O_3 以及 Fe、Si、Ca、O 组成的碳酸钙、铁酸钙以及硅酸钙等脉石成分。

3.5.3.2 SEM-EDS 表征分析

为了明确微波活化预处理强化浸出含锌冶金渣尘锌提取效果的优势，针对微波活化预处理前后样品以及微波预处理后浸出渣进行了 SEM、SEM-EDS 能谱及 SEM-EDS 线扫描分

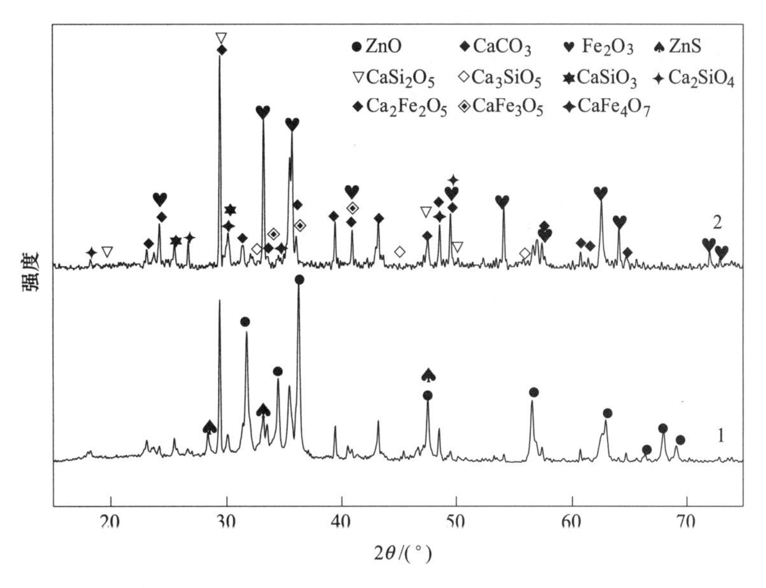

图 3-73 微波预处理含锌冶金渣尘不浸出前后 XRD 图谱

1—400℃活化样品；2—浸出渣

析。图 3-74~图 3-77 分别给出了常规及微波活化预处理前后样品以及微波预处理后浸出渣的 SEM 图。

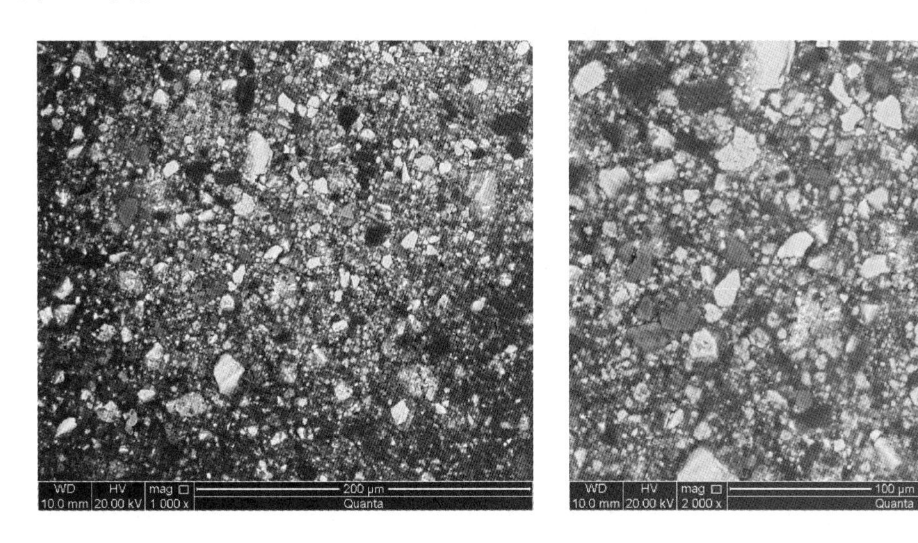

图 3-74 预处理前样品 SEM 图

对比发现微波活化预处理后样品及微波预处理后浸出渣存在明显的裂纹及裂缝，这是由于有用矿物和脉石吸波特性差异造成多元多相复杂矿石体系的热量在微观上不均匀分布，微波独特的选择性加热方式使有用矿物与脉石之间产生热应力，促使包裹型矿物颗粒产生裂纹[19]，强化有用矿物解离，达到常规方法难以达到的解离效果，并增大有用矿物界面反应面积、加速扩散速率，以此强化浸出反应进程，而图 3-76 则不存在微波处理后样品的特征，与处理前形貌基本一致，且团聚现象较为明显。

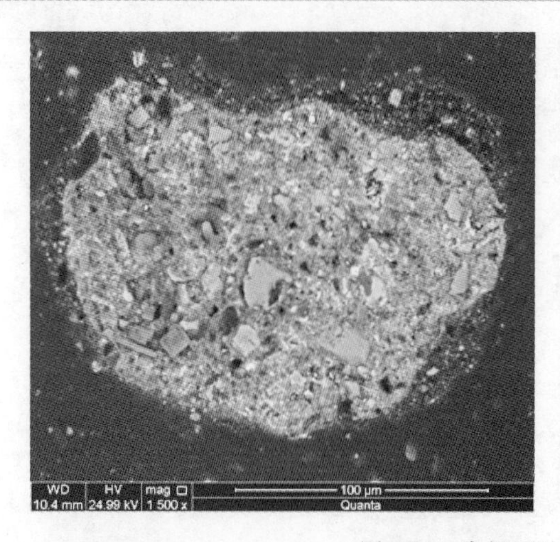

图 3-75 常规预处理后样品 SEM 图

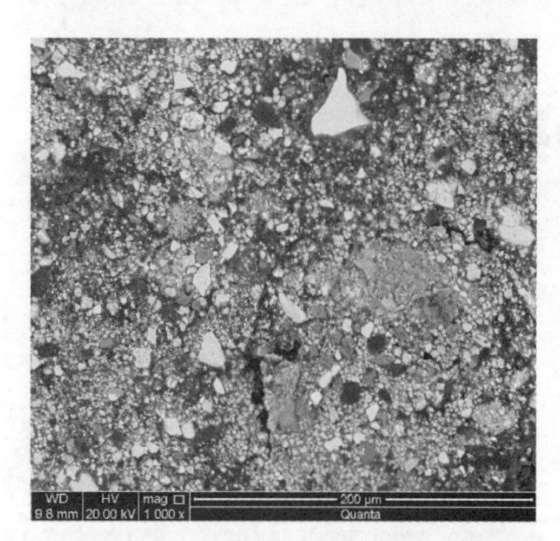

图 3-76 微波预处理后样品 SEM 图

图 3-77 微波预处理后浸出渣 SEM 图

图 3-78～图 3-80 所示分别为微波活化预处理前后样品以及微波预处理后浸出渣的 SEM-EDS 能谱图。

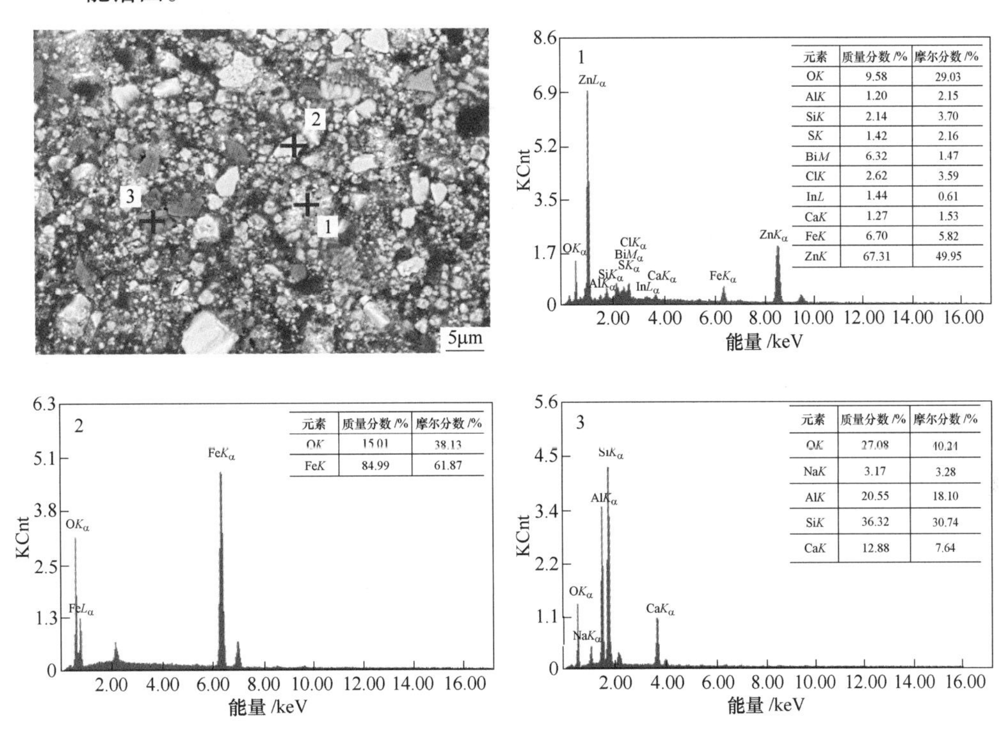

元素	质量分数 /%	摩尔分数 /%
OK	9.58	29.03
AlK	1.20	2.15
SiK	2.14	3.70
SK	1.42	2.16
BiM	6.32	1.47
ClK	2.62	3.59
InL	1.44	0.61
CaK	1.27	1.53
FeK	6.70	5.82
ZnK	67.31	49.95

元素	质量分数 /%	摩尔分数 /%
OK	15.01	38.13
FeK	84.99	61.87

元素	质量分数 /%	摩尔分数 /%
OK	27.08	40.21
NaK	3.17	3.28
AlK	20.55	18.10
SiK	36.32	30.74
CaK	12.88	7.64

图 3-78 预处理前样品 SEM-EDS 图

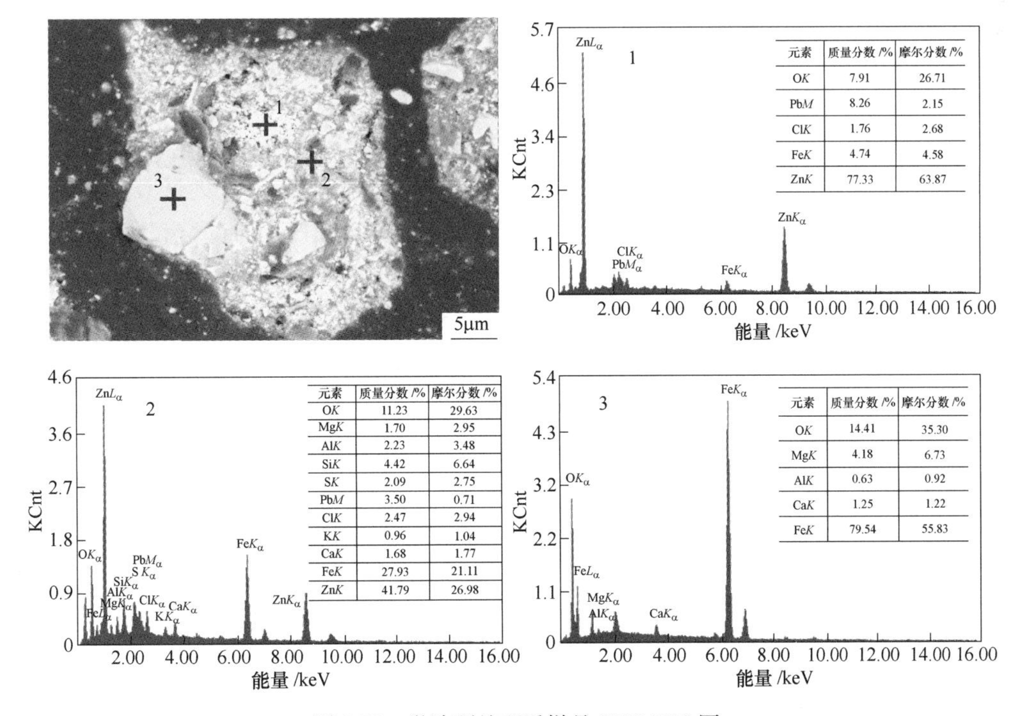

元素	质量分数 /%	摩尔分数 /%
OK	7.91	26.71
PbM	8.26	2.15
ClK	1.76	2.68
FeK	4.74	4.58
ZnK	77.33	63.87

元素	质量分数 /%	摩尔分数 /%
OK	11.23	29.63
MgK	1.70	2.95
AlK	2.23	3.48
SiK	4.42	6.64
SK	2.09	2.75
PbM	3.50	0.71
ClK	2.47	2.94
KK	0.96	1.04
CaK	1.68	1.77
FeK	27.93	21.11
ZnK	41.79	26.98

元素	质量分数 /%	摩尔分数 /%
OK	14.41	35.30
MgK	4.18	6.73
AlK	0.63	0.92
CaK	1.25	1.22
FeK	79.54	55.83

图 3-79 微波预处理后样品 SEM-EDS 图

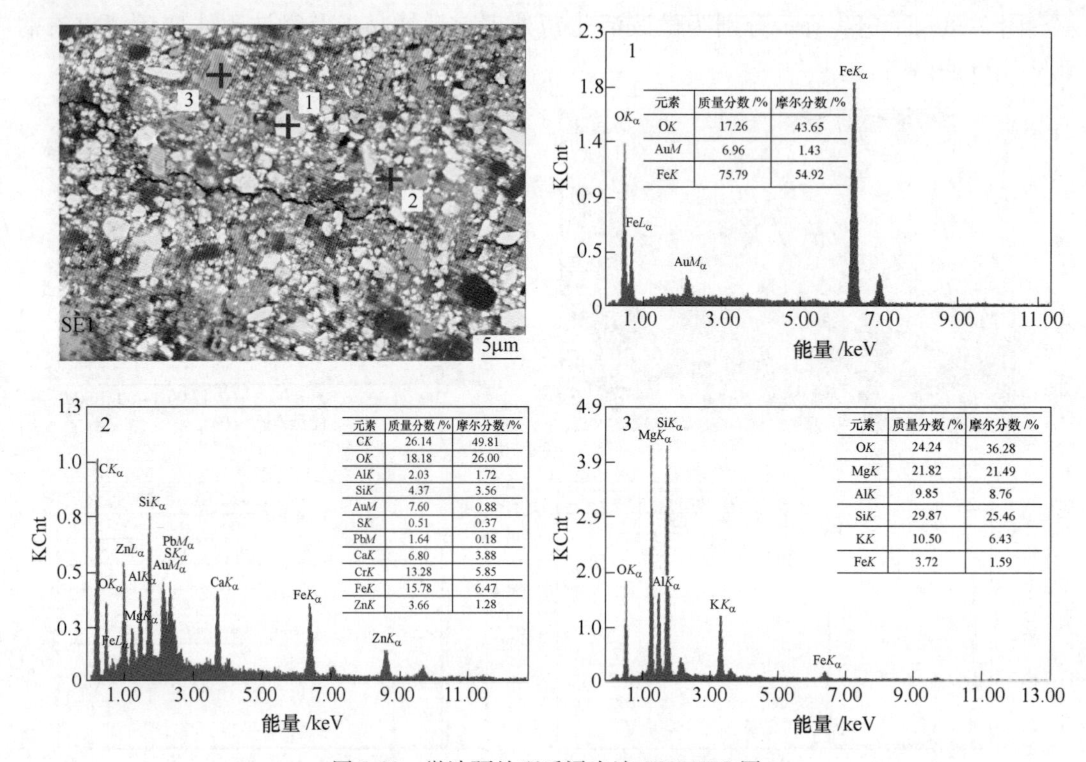

图 3-80 微波预处理后浸出渣 SEM-EDS 图

图 3-78 显示了微波活化后样品形貌及元素分布，物料主要存在三种形貌：亮白色团簇型颗粒（点 1）；无定型灰色细小颗粒（点 2）；灰色块状颗粒（点 3）。同图 3-77 类似，三种形貌呈相互镶嵌包裹型，无定型灰色细小颗粒遍布绝大部分区域，与图 3-77 不同的是经微波活化处理后有亮白色团簇型颗粒（点 1）暴露出来，对该形貌做能谱分析显示，团簇颗粒主要由 O、Zn、Fe、Pb、Ca 元素组成，可判定该类颗粒主要是 ZnO 相；点 2 的能谱分析显示，无定型灰色细小颗粒主要是 Zn 的聚集区域，且伴随了大量 O、Al、Si、S、Mg、Cl、Pb、Ca、Fe、Zn 等元素，其中 O、Fe、Zn 三种元素占主要部分；点 3 的能谱分析显示灰色块状颗粒主要是铁的氧化物，伴随有少量的 Mg、Al、Ca 几种元素。

图 3-80 显示微波活化后物料主要存在三种形貌：亮灰色颗粒（点 1）；无定型暗灰色细小颗粒（点 2）；暗黑色颗粒（点 3）。经过微波活化预处理过后明显发现在三类形貌颗粒间有长长的裂纹，点 1 的能谱分析显示亮灰色颗粒（点 1）主要是铁的氧化物，内含少量 Au 是由于在做光片制样过程中，为增加样块的导电性对样品表面做喷金处理；点 2 的能谱分析显示无定型暗灰色细小颗粒主要由 O、Al、Si、S、Cl、Ca、Fe、Zn 元素组成，该区域出现大量的 Cr 是由于在镶嵌粉状样品过程，对样品表面进行抛光处理时添加了抛光剂，而抛光剂主要成分为三氧化二铬；点 3 的能谱分析显示暗黑色颗粒主要是脉石矿物。另外，对比图 3-77、图 3-78 及图 3-79 中无定型灰色细小颗粒中 Zn 含量发现，图 3-80 中浸出渣中的 Zn 含量明显降低。

为了明确锌物相在微波活化预处理及浸出阶段的变化情况，图 3-81～图 3-83 分别给出了微波活化预处理前后样品以及微波预处理后浸出渣的 SEM-EDS 线扫描图。

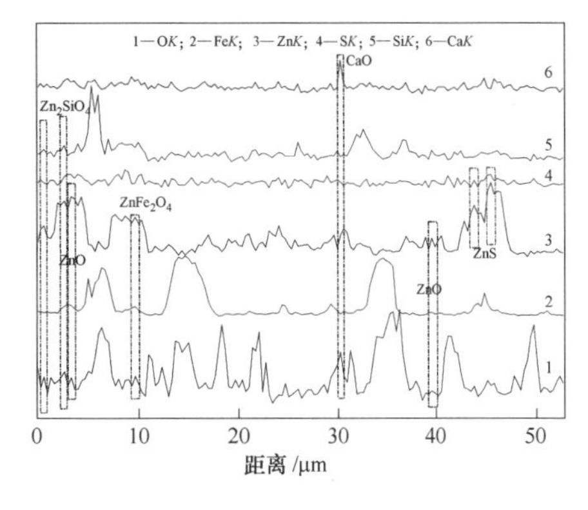

图 3-81 预处理前样品 SEM-EDS 线扫描图

图 3-81 显示了微波活化前样品形貌及从 a 到 b 扫描过程中 O、Fe、Zn、S、Si、Ca 元素分布情况，加入 CaO 添加剂后，活化预处理前物料中 Zn 的物相未发生变化，主要以 ZnO、Zn_2SiO_4、ZnS 和 $ZnFe_2O_4$ 形式存在。

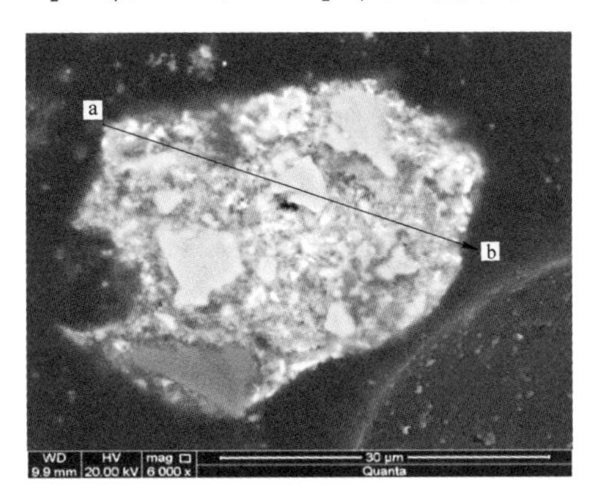

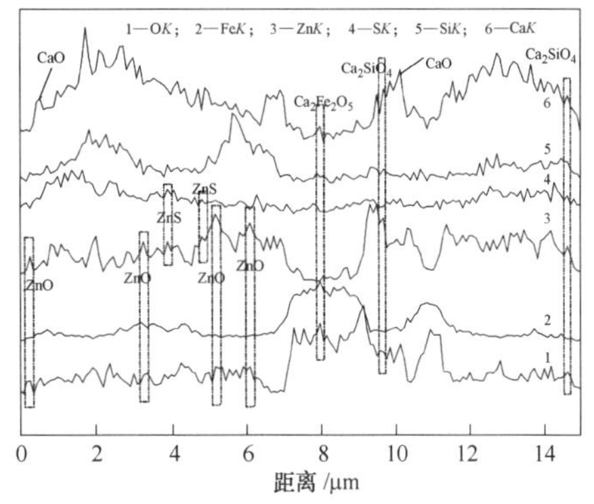

图 3-82 微波预处理后样品 SEM-EDS 线扫描图

图 3-82 显示了微波活化预处理后样品形貌及从 a 到 b 扫描过程中 O、Fe、Zn、S、Si、Ca 元素分布情况，加入 CaO 添加剂后，Zn_2SiO_4 和 $ZnFe_2O_4$ 相向 ZnO、$Ca_2Fe_2O_5$ 及 Ca_2SiO_4 的转化，同时活化后仍存在 ZnS，这与图 3-71 的 XRD 分析结果是相吻合的。

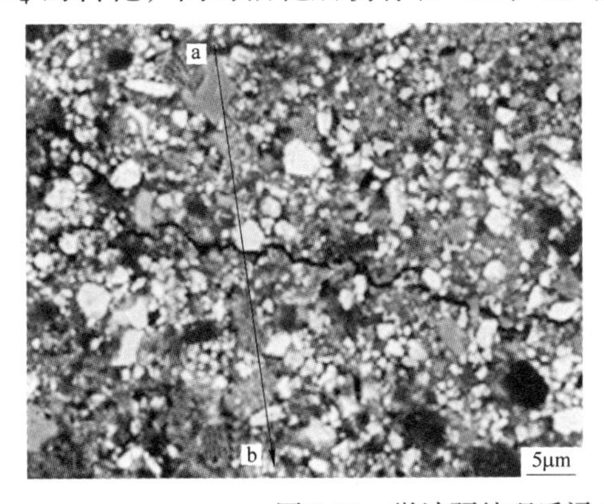

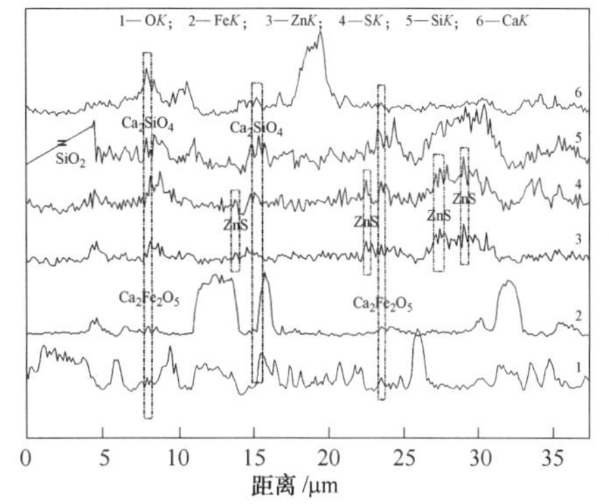

图 3-83 微波预处理后浸出渣 SEM-EDS 线扫描图

图 3-83 显示了微波活化预处理浸出渣样品形貌及从 a 到 b 扫描过程中 O、Fe、Zn、S、Si、Ca 元素分布情况，通过 NH_3-CH_3COONH_4-H_2O 体系浸出后，ZnO 物相峰完全消失，主要存在 $Ca_2Fe_2O_5$、Ca_2SiO_4 及 ZnS 物相。

3.5.3.3 粒度表征分析

图 3-84 给出了微波活化预处理前后样品以及微波预处理后浸出渣的激光粒度分布图，分析结果见表 3-35。

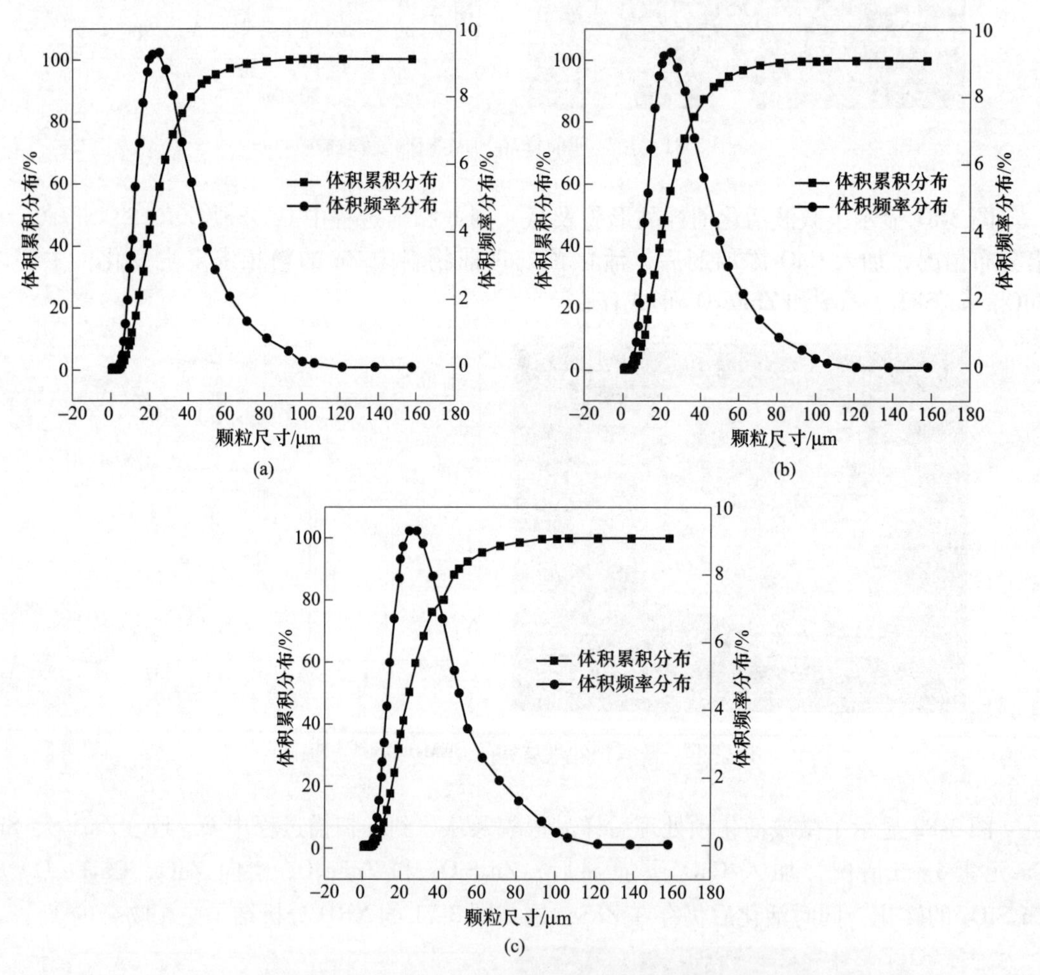

图 3-84 冶金渣尘微波活化前后及预处理后浸出渣样品激光粒度分析结果

（a）微波活化前（添加 25%CaO）；（b）微波活化后；（c）浸出渣

表 3-35 微波活化预处理冶金渣尘样品及浸出渣激光粒度分析参数

样品	d_{10}	d_{50}	d_{90}	d_{98}	体积平均粒径 /μm	面积平均粒径 /μm	表面积与体积比 /$m^2 \cdot cm^{-3}$
添加 25%CaO	10.257	21.417	44.669	68.152	23.40	19.402	2.475
微波预处理样	10.444	21.80	45.332	68.932	23.775	19.738	2.604
浸出渣	11.681	24.272	50.167	75.209	26.345	22.025	2.731

从图 3-84 及表 3-35 发现，微波活化预处理前后样品的粒度分布相当，而活化预处理后的样品经过 NH_3-CH_3COONH_4-H_2O 体系浸出后，浸出渣的粒度参数较微波活化预处理前后样品有所增加，这是因为 ZnO 相主要分布在细微的颗粒之中，浸出过后 ZnO 相消失使得矿物粒度相对浸出前略微偏高。

参考文献

[1] 张利波，马爱元，刘晨辉，等．烟化炉产氧化锌烟尘的介电特性及温升特性［J］．中国有色金属学报（英文版），2014，24（12）：4004~4011.

[2] 金钦汉，戴树珊，黄卡玛．微波化学［M］．北京：科学出版社，1999.

[3] Thostnson E T, Chou T W. Microwave processing: fundamentals and applications [J]. Composites A, 1999, 30: 1055~1071.

[4] 付一鸣．铅烟化炉氧化锌烟尘焙烧脱氟氯的研究［D］．沈阳：东北大学，1997.

[5] 曾子高，窦传龙，刘卫平，等．氧化锌烟灰多膛炉脱卤焙烧的效果强化研究［J］．矿冶工程，2007，27（1）：54~56.

[6] 翟玉春，刘喜海，徐家振．现代冶金学［M］．北京：电子工业出版社，2000.

[7] 魏昶，王吉昆．湿法炼锌理论与应用［M］．昆明：云南科技出版社，2003.

[8] 朱艳丽，彭金辉，张世敏，等．微波干燥闪锌矿试验研究［J］．有色金属（冶炼部分），2005，(5)：21~24.

[9] 朱艳丽，彭金辉，张世敏，等．闪锌矿的微波干燥规律研究［J］．昆明理工大学学报（理工版），2006，31（2）：29~33.

[10] 朱艳丽．微波干燥矿物的研究［D］．昆明：昆明理工大学，2003.

[11] 郑勤，张利波，彭金辉，等．微波焙烧锌浮渣脱氯的研究［J］．矿冶，2013，22（4）：67~71.

[12] 刘建平，罗恒，彭建蓉．锌浮渣焙烧脱氯试验研究［J］．云南冶金，2005（3）：27~30.

[13] 陈伟恒．外场强化低品位氧化锌矿浸出锌新工艺研究［D］．昆明：昆明理工大学，2017.

[14] 丁治英．氧化锌矿物在氨性溶液中的溶解行为研究［D］．长沙：中南大学，2011：23~45.

[15] Li Q X, Chen Q Y, Hu H P. Dissolution mechanism and solubility of hemimorphite in NH_3-$(NH_4)_2SO_4$-H_2O system at 298.15K [J]. Journal of Central South University, 2014, 21 (3): 884~890.

[16] Chen A L, Zhao Z W, Jia X J, et al. Alkaline leaching Zn and its concomitant metals from refractory hemimorphite zinc oxide ore [J]. Hydrometallurgy, 2009, 97 (3~4): 228~232.

[17] Yang S H, Li H, Sun Y W, et al. Leaching kinetics of zinc silicate in ammonium chloride solution [J]. Transactions of Nonferrous Metals Society of China, 2016, 26 (6): 1688~1695.

[18] Dickinson C F, Heal G R. Solid-liquid diffusion controlled rate equations [J]. Thermochimica Acta, 1999, 340 (99): 89~103.

[19] Sahoo B K, De S, Meikap B C. Improvement of grinding characteristics of Indian coal by microwave pretreatment [J]. Fuel Processing Technology, 2011, 92 (10): 1920~1928.

4 微波在铜冶金中的新应用

4.1 微波干燥硫酸铜

硫酸铜，自然界中以五水硫酸铜（$CuSO_4 \cdot 5H_2O$）存在，呈蓝色透明物的结晶体或粉末，在干燥空气中逐渐风化。加热至45℃，失去2分子水。加热至110℃失去4分子水。加热250℃失去全部结晶水而成为绿白色无水粉末。

云南某厂生产的硫酸铜经离心分离后五水硫酸铜含量为95%左右，仅达到二级品标准，而一级品的标准为不小于96%，两者中五水硫酸铜含量仅相差1%。二级品中仍含一定量的吸附水，通过干燥可提高产品的等级。试验中所采用的原料为云南某厂生产的硫酸铜，样品成分见表4-1。

表4-1 硫酸铜的成分分析

成分	$CuSO_4 \cdot 5H_2O$	吸附水	H_2SO_4	SO_4^{2-}	Cu	水不溶物	酸不溶物	K	Na	Fe	Zn
含量/%	95.67	3.078	0.955	39.385	24.273	0.005	0.001	0.0015	0.0026	0.16	0.066

黄善富、彭金辉等人[1]针对此原料，通过正交试验开展了微波干燥的研究，实验室阶段的试验装置微波频率为2450MHz，功率为750W。采用的工艺流程如图4-1所示。

实验表明，影响硫酸铜脱水率相对值因素主要有微波功率（A）、微波干燥时间（B）、样品的质量（C），重点考察硫酸铜的相对脱水率，其数值越小越好。

实验结果见表4-2，样品中的五水硫酸铜的含量见表4-3。

由表4-4分析表明，微波干燥时间对指标（脱水率相对值）的影响最大，微波功率的影响次之，样品质量对指标影响最小；以优质、高产、低耗和符合生产实际要求来选取实验条件，得到优化条件：微波功率375W，干燥时间60s，样品重300g。

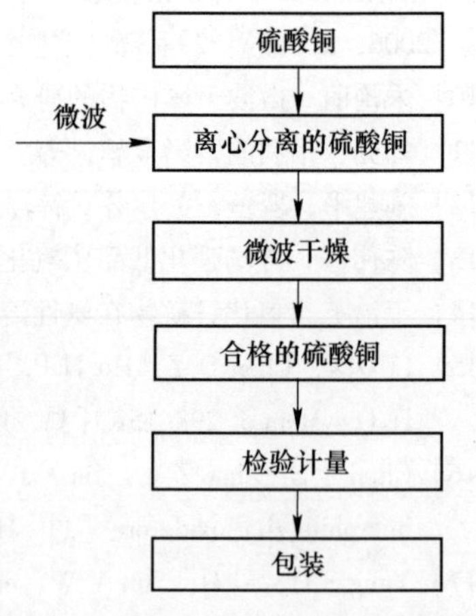

图4-1 微波干燥硫酸铜工艺路线

表4-2 实验设计与结果

试验号	微波功率/W	微波干燥时间/s	样品质量/g	失重/g	脱水率/%	相对脱水率
1	375	30	100	0.2	0.20	0.63
2	375	60	200	1.2	0.60	0.23
3	375	100	300	3.3	1.10	0.29

续表 4-2

试验号	微波功率/W	微波干燥时间/s	样品质量/g	失重/g	脱水率/%	相对脱水率
4	525	30	200	0.5	0.25	0.58
5	525	60	300	2.6	0.87	0.04
6	525	100	100	1.9	1.90	1.07
7	750	30	300	1.0	0.33	0.50
8	750	60	100	1.4	1.40	0.57
9	750	100	200	1.4	2.20	1.37

表 4-3 脱水率与 $CuSO_4 \cdot 5H_2O$ 含量的关系

脱水率/%	0.20	0.60	1.10	0.25	0.87	1.90	0.33	1.40	2.20
$CuSO_4 \cdot 5H_2O$ 含量/%	95.9	96.3	96.8	95.9	96.5	97.6	96.0	97.1	97.9

表 4-4 实验方差分析

因素	微波功率 *P*	干燥时间 *T*	物料质量 *W*
Ⅰ	1.13	1.71	2.27
Ⅱ	1.69	0.84	2.18
Ⅲ	2.44	2.71	0.81
Ⅰ平	0.37	0.57	0.76
Ⅱ平	0.56	0.28	0.73
Ⅲ平	0.81	0.93	0.27
R	1.31	1.87	1.46
主次顺序	3	1	2
最佳条件	1	2	3

在小试实验的基础上，张世敏、彭金辉等人[2]开展了中试研究。微波加热中试装置主体设备为内设转动系统的多模谐振腔，微波电源的工作频率为915MHz，微波功率为0~20kW连续可调。在微波腔体中的料盘上放上50kg硫酸铜，料盘直径为800mm，料层的直径为700mm。为定量测定硫酸铜的脱水率，在硫酸铜物料中放入7个物料容器，容器中硫酸铜的厚度与料层厚度一致，考查微波加热的均匀性，设备如图4-2所示。

转盘的转速为0.1r/min。在料盘上布满料样并放置好容器后，关闭进出料系统。微波输入功率为10kW，微波加热时间10min。微波加热干燥后，硫酸铜温度升至50℃。在干燥过程中，定时启动排气系统以保证及时排除微波腔体中的水蒸气，脱水率与 $CuSO_4 \cdot 5H_2O$ 含量的关系见表4-5。

当微波功率为10kW，干燥时间为10min，干燥硫酸铜50kg，原样品中硫酸铜的含量为95.67%，平均脱水率为0.85%，样品中的硫酸铜含量达到96.48%以上，达到了国家一级标准。

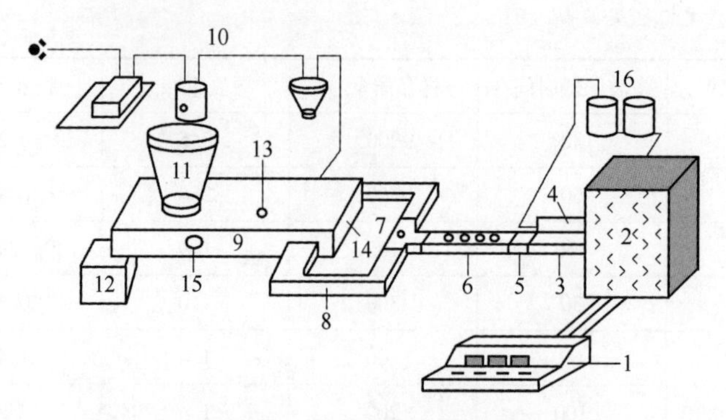

图 4-2 微波干燥中试设备

1—控制系统；2—微波电源；3—环行器；4—水负载；5—定向耦合器；6—四螺钉调配器；7—分配器；8—波导；9—微波腔体；10—排气系统；11—进料系统；12—出料系统；13—测温孔；14—照明孔；15—观察孔；16—水冷系统

表 4-5 脱水率与 $CuSO_4 \cdot 5H_2O$ 含量的关系

脱水率/%	0.85	0.85	0.84	0.86	0.84	0.85	0.85
$CuSO_4 \cdot 5H_2O$ 含量/%	96.49	96.49	96.48	96.50	96.48	96.49	96.49

相对于水而言，硫酸铜属于弱吸波物质，实现选择性加热，能耗较低。同传统干燥设备相比，微波中试装置具有体积小、占地少、易自动控制、操作简便，可显著降低生产成本、提高产品质量。

刘鹏、刘秉国等人[3]采用微波干燥的方式处理铜精矿，通过探索性实验选定响应曲面的影响因素区间，温度 90~120℃、时间 6~30min、物料厚度 1~5cm。在微波干燥铜精矿的响应曲面实验中，得到了脱水量与影响因素之间的二次方程数学模型，并确定温度为脱水量的主要影响因素。对模型预测的最优条件，可以在加热温度 106.33℃、加热时间 30min、物料厚度 1cm 的条件下实现铜精矿含水量小于 0.1%的深度干燥。

4.2 微波浸出黄铜矿

铜是重要的有色金属，而我国铜矿的平均含铜品位为 0.71%，矿石品位超过 1%的仅占铜矿总量的 20%。含铜品位在 0.7%以下占总储量的 56%，全国未开采利用的铜资源中有一半以上是属于低品位。黄铜矿是低品位硫化铜矿中的主要铜矿物，又是硫化铜中最难浸出的铜矿物之一[4]。

祝丽丽[5]研究了微波氧化焙烧强化细菌浸出低品位黄铜矿。结果显示微波选择性加热使矿物相界面间热应力发生变化，使金属颗粒与脉石之间产生裂纹，暴露出新鲜的表面，有利于强化细菌浸出进行，接种细菌前进行微波氧化处理，细菌浸出效果更好。原矿及接种细菌前后（A、B）浸出 24 天后矿石扫描电镜如图 4-3 所示。

徐志峰等人[6]以铜精矿为对象，研究了微波氧化处理后铜精矿加压浸出动力学，铜、锌浸出过程的动力学控制因素。研究表明，微波氧化处理过程中未见铅、锌、硫、砷的挥发损失，微波氧化活化可促进铜精矿铜、锌浸出，铜、锌浸出过程受界面化学反应控制。微波处理前后铜精矿主要元素分析见表 4-6。徐志峰等人[7]针对以黝铜矿为主体矿物的复

图 4-3 矿石扫描电镜图
（a）原矿扫描电镜；（b）A 瓶浸出 24 天后的矿石扫描电镜图；（c）B 瓶浸出 24 天后的矿石扫描电镜图

杂硫化铜矿进行微波氧化处理，促使硫化铜矿晶格化，使难处理的硫化铜矿在一定压力和温度下浸出。结果表明，微波处理能显著改善矿石浸出性能，处理过程中矿物的有害元素如硫、锌、砷、铅等没有挥发。微波活化后铜精矿加压浸出条件为浸出温度 453K、氧分压 0.6MPa、初始硫酸浓度 1.23mol/L、液固比 5mL/g、浸出时间 2.0h、木质素磺酸钙用量为精矿质量的 1.25%、搅拌速度 500r/min，铜、锌、铁浸出率分别为 86.36%、92.33% 和 27.64%。

表 4-6　微波预处理前后铜精矿主要元素成分　(%)

处理阶段	Cu	Pb	Zn	As	S
处理前	8.63	17.71	18.96	0.56	24.11
处理后	8.64	17.74	19.40	0.57	24.48

苏永庆等人[8]研究了硫酸介质中，微波加热下用二氧化锰氧化浸出黄铜矿。在二氧化锰 45g、硫酸 106g、浸出液 500mL 的条件下，微波加热的铜浸出率高于电加热的铜浸出率。研究表明，当硫酸和二氧化锰按一定比例加入浸出黄铜矿多次，如果硫酸和二氧化锰每次均按理论化学计量加入浸出体系，通过浸出 7 次，铜的浸出效率达到 99%；浸出 4 次，铜的浸出效率达到 94%。铜的浸出效率计算见式（4-1）。

$$\alpha_n = w \cdot \gamma \cdot \alpha \sum_{n=1}^{n} (1-\alpha)^{n-1} = w \cdot \gamma \cdot 50 \times \frac{0.5^n - 1}{0.5 - 1} = w \cdot \gamma(1 - 0.5^n) \tag{4-1}$$

式中，w 为黄铜矿质量；γ 为黄铜矿铜浸出率；α 为某一次浸出的最大浸出效率；n 为浸出次数。

Yianatos 等人[9]研究了用微波加热浸出辉钼矿中的硫化铜。辉钼精矿中钼为 42%，铜为 3.6%。结果表明，微波加热 15min 后铜浸出率达到 95%；达到相同指标，传统加热需在 200℃保持 40min。

Antonucci[10]研究了在硫酸介质中，微波加热黄铜矿，在温度为 60℃、pH 值为 1.6 条件下浸出，铜的浸出率超过 90%。在酸矿比 1.34、微波功率 7kW、加热时间 13min、能耗 0.602kW·h/kg 条件下，铜浸出率达到 70%。

T. Havlik 等人[11]研究了微波加热下三氯化铁浸出黄铜矿，原料为 160~100μm 的黄铜矿精矿，浸出溶液采用盐酸酸化，其盐酸浓度范围为 0~1.0mol/L，三氯化铁浓度范围为 0~1.0mol/L。实验结果表明，当三氯化铁浓度为 0~0.05mol/L 时，仅有少量的铜被浸出；而三氯化铁浓度超过 0.1mol/L 时，铜的浸出率随着三氯化铁浓度增加而显著提高，当三氯化铁浓度为 1.0mol/L 时，浸出 3h 后铜的浸出率为 44%左右。酸度对浸出也有明显影响，铜的浸出率随着盐酸浓度提高而增加。XRD 分析表明，浸出产生元素硫的量随着三氯化铁浓度增加而增加；电镜分析表明，元素硫呈多孔球状的形式覆盖在未反应的矿表面上。

丁伟安[12]研究了在微波加热下三氯化铁浸出硫化矿，其原料见表 4-7，主要铜物相分析见表 4-8。在温度为 105℃、三氯化铁浓度为 120g/L，搅拌转速 200r/min 的条件下，微波加热方式与传统加热方式对浸出的影响比较如图 4-4 所示。

表 4-7　硫化铜精矿主要化学成分

主要成分	Cu	Fe	S	SiO_2	其他
质量分数/%	19.67	31.20	31.95	8.04	9.44

表 4-8　硫化铜精矿主要铜物相分析

铜物相	原生硫化铜（主要是黄铜矿）	次生硫化铜（主要是辉铜矿）	氧化铜	其他
质量分数/%	3.17	15.48	0.91	0.11

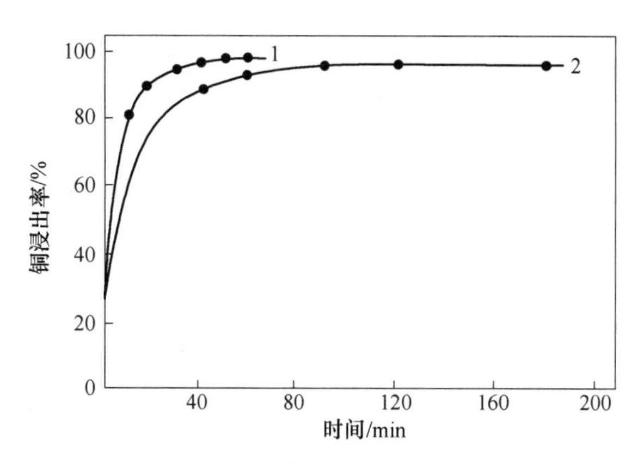

图 4-4 微波加热和传统加热方式铜浸出率对比

1—微波加热；2—传统加热

从图 4-4 可以看出，微波加热下铜浸出率比传统加热高。微波加热 40~50min，铜的浸出率为 98.8%~99.05%，渣含铜低于 0.5%，而传统加热需要 3h 以上才能达到上述指标，显示了微波加热优越性。

硫化铜精矿的三氯化铁浸出主要反应为：

$$4FeCl_3 + Cu_2S = 2CuCl_2 + 4FeCl_2 + S \tag{4-2}$$

$$4FeCl_3 + CuFeS_2 = CuCl_2 + 5FeCl_2 + S \tag{4-3}$$

浸出反应属于固体生成物层产生的多相反应过程。研究表明，微波加热浸出反应速率能显著提高，是由于微波加热浸出溶液时，硫化铜矿粒产生的局部热应力将引起裂纹，暴露出新鲜矿粒表面，增加了反应界面，有利于固液反应进行。同时，微波加热使溶液体系快速搅拌并驱散外层生成硫，加速浸出反应的进行。然而，传统加热方式却不具备这些特点。

徐晓军等人[13]研究了微波加热诱变氧化铁硫杆菌浸出低品位黄铜矿。研究表明，微波加热能引起浸矿细菌产生变异，提高菌种的活性，诱变菌比原始菌的活性提高 39.96%。与原始氧化铁硫杆菌相比，诱变菌对原生铜矿的浸出率提高了 31.44%，对次生硫化铜矿浸出率从 53.66%提高到 74.97%，总铜浸出率从 32.43%提高到 56.58%。

范兴祥、彭金辉等人[14]进行了微波加热硝酸银催化过硫酸铵（$(NH_4)_2S_2O_8$）浸出黄铜矿的研究。在同等条件下，微波加热浸出下硝酸银催化过硫酸铵氧化浸出黄铜矿的效果比传统加热的效果好。微波加热 80min，铜的浸出率达到 96.73%，而传统加热为 91.57%，铜的浸出率提高 5.16 个百分点；不加入催化剂硝酸银，微波加热 100min，铜的浸出率达到 64.13%，而传统加热为 30.90%，与传统加热浸出比较，铜的浸出率提高了 33.83 个百分点，提高了 1 倍多。由于微波产生的搅拌效应，使产生的元素硫从未反应核脱落，离子扩散克服元素硫的阻力得到改善，明显减少扩散阻力，强化扩散和反应过程，使铜的浸出率得到迅速提高。

周晓东等人[15]考察了微波对低品位难选氧化铜矿氨浸的影响，结果表明，微波对铜矿氨浸具有明显的催化作用，与非微波条件氨浸相比，浸出率能提高 31%。

戴江洪等人[16]利用微波萃取技术对以低品位铜矿浸出液为原料直接制备硫酸铜的新工艺进行了研究，得出了利用微波溶剂萃取—硫酸反萃从低品位铜矿浸出液直接制备硫酸铜的最佳工艺条件。在萃取相比 1∶2、微波萃取时间 8min、反萃相比 6∶1、反萃时间 10min、微波功率 180W、反萃为低酸反萃料液含铜 25g/L 和硫酸 220g/L 的条件下，可以得到铜离子浓度为 51g/L 的溶液，将反萃液蒸发到原来体积的 60%左右，然后将蒸发液迅速冷却到 60℃，再均匀冷却到 25℃，加入适量的晶种结晶 2h，过滤，最终得到优质的硫酸铜晶体。

康石长等人[17]开展了微波对黄铜矿浸出强化作用与机理研究，为提高黄铜矿精矿的浸出效率，在分析了常规加热体系下的最适宜浸出条件基础上，引入微波加热强化黄铜矿的浸出，并进行了动力学研究和浸出渣形貌分析，揭示了微波的作用机理。研究结果表明：常规加热体系适宜条件下铜的浸出率仅 31.17%，在微波体系下可显著提高黄铜矿的浸出效率和理论最大浸出率，且提升幅度随微波功率的增加而增加。微波作用可剥离浸出过程中生成的硫层，减弱浸出过程的钝化作用，提高黄铜矿的浸出效果。

蔡超君等人[18]在有 $CaCO_3$ 存在的条件下将微波加热用于硫化铜矿物的氧化焙烧，然后进行氨浸，既消除了 SO_2 对环境的污染，又加速了焙烧反应的进行，铜的浸出率可达 97.4%。该方法是一种高效、节能、无污染的炼铜新工艺，具有较好的应用前景。

谢锋等人[19]开展了微波活化预处理对黄铜矿加压浸出影响的研究，微波活化预处理保温时间越长，活化效果越好，最适宜的活化温度为 100℃。微波活化处理能导致部分 Cu—Fe—S 和 Fe—S 键的去稳定化，并能在黄铜矿表面生成局部细小的裂缝与孔洞，从而促进黄铜矿的浸出。微波活化可以提高铜的浸出并且抑制铁的浸出。

4.3 微波焙烧铜渣脱氯工艺

对于湿法炼锌过程中产生的含氯铜渣，其氯化物主要是以 CuCl 和 $ZnCl_2$ 等形式存在，均属于吸波性能强的物料，而氧化锌等物料的吸波性能较弱，因此充分利用微波选择性加热这一特性，可强化杂质组元——氯化物的挥发分离，进而达到脱除氯的目的。

郭战永、彭金辉等人[20]开展微波焙烧处理含氯铜渣脱除氯新技术的开发，并进行了中试和产业化推广，对提高锌冶炼废渣的循环利用、促进节能降耗具有重要的现实意义。

4.3.1 温度对脱氯效果的影响

分别考察了 300℃、350℃、400℃、450℃和 500℃条件下，物料在充分搅拌的情况下，保温 120min 的脱氯情况，得到物料氯含量及氯脱除率与温度的关系，如图 4-5 所示。从图 4-5 中可以看出，随着温度的不断升高，氯脱除率明显提高，在 300℃条件下保温 120min，氯脱除率只有 60%，而在 450℃条件下保温 120min，氯脱除率达到了 90%以上。

4.3.2 焙烧时间对脱氯效果的影响

分别考察了 300℃、350℃和 400℃条件下物料的氯脱除率随时间的变化情况，如图 4-6 所示。从图 4-6 中可以看出，铜渣中氯的脱除率随焙烧时间的延长而提高，在 400℃条件下，保温 120min 氯的脱除率可达到 90%以上，达到了明显的脱氯效果。

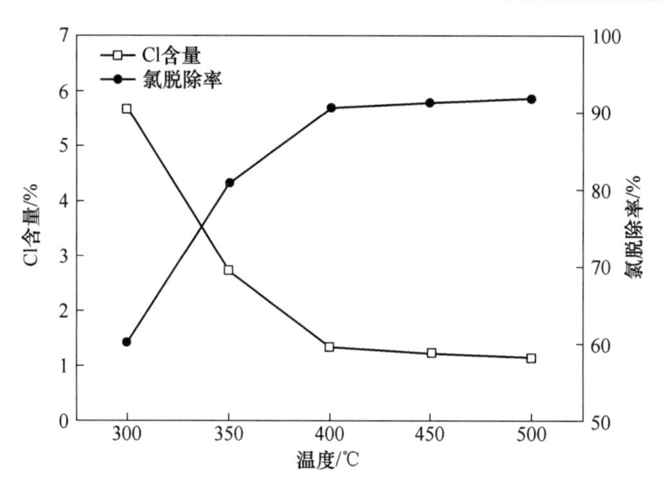

图 4-5 微波焙烧 2h 铜渣氯脱除率和含氯量随温度的变化情况

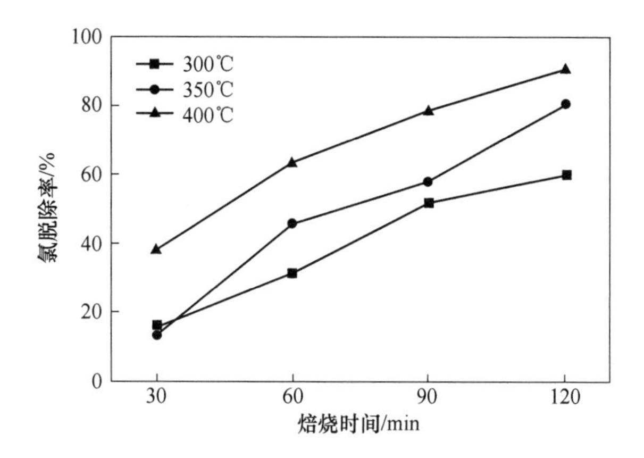

图 4-6 铜渣氯脱除率随焙烧时间的变化情况

4.3.3 初始含水量对脱氯效果的影响

分别考察了初始含水量为 0%、2%、5%、6%的物料在 300℃、350℃和 400℃条件下的氯脱除率情况，如图 4-7 所示。

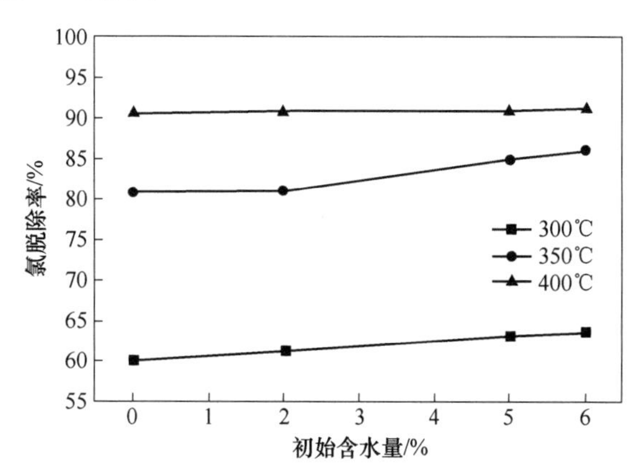

图 4-7 铜渣氯脱除率随物料初始含水量的变化情况

从图4-7中可以看出，物料的初始含水量对氯脱除率有一定的影响，随着初始含水量的增加铜渣中氯的脱除率稍微有所提高，说明了加入一定的水分有利于脱氯反应的进行。但是，水分的增加降低了微波加热的效率。

4.3.4 物料初始粒度对脱氯效果的影响

分别考察了初始粒度为小于200目（74μm）、小于100目（147μm）、小于60目（246μm）和小于20目（833μm）的物料在300℃、350℃和400℃条件下的氯脱除率情况，如图4-8所示。

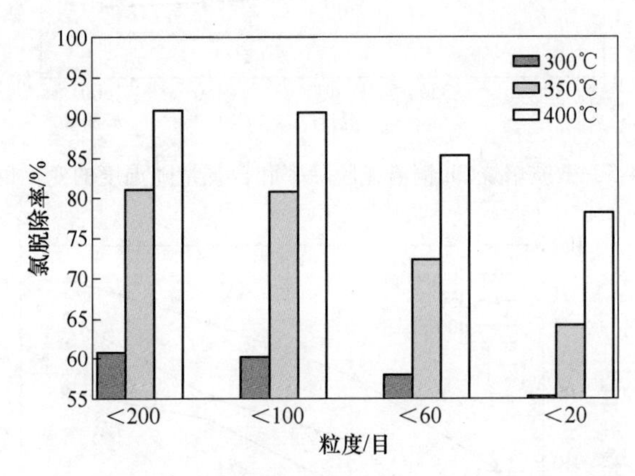

图4-8 铜渣氯脱除率随物料初始粒度的变化情况

从图4-8中可以看出，随着物料初始粒度的不断变小，物料中氯的脱除率明显提高。同时可以看出，在物料粒度达到小于100目（147μm）的情况下，氯的脱除率已经达到较高的水平，之后物料粒度的变小并没有明显提高氯脱除率。

4.3.5 静态焙烧与搅拌焙烧脱氯效果对比

考察了400℃条件下，静态不搅拌情况下和充分搅拌情况下微波焙烧铜渣的氯脱除率的对比情况，如图4-9所示。

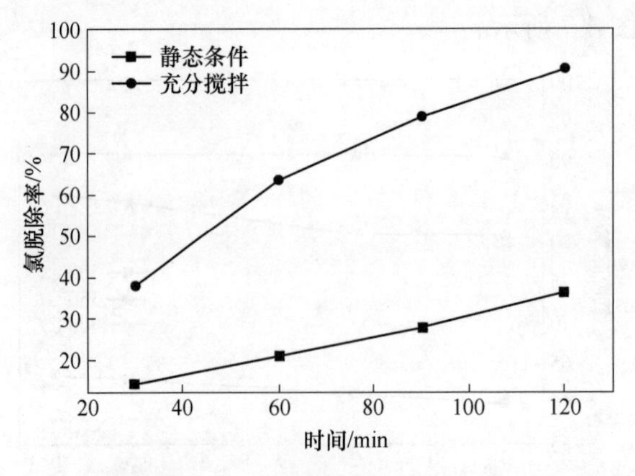

图4-9 静态条件和充分搅拌条件下铜渣氯脱除率情况

从图 4-9 中可以看出，铜渣焙烧脱氯必须是在充分搅拌的情况下才能有较高的氯脱除率，静态条件下并不能有效地将物料中的氯脱除出去。

4.3.6　焙烧前后物料的物相对比分析

通过对铜渣干燥后的原样和 400℃条件下脱氯 2h 后的物料进行 XRD 对比分析，如图 4-10 所示。

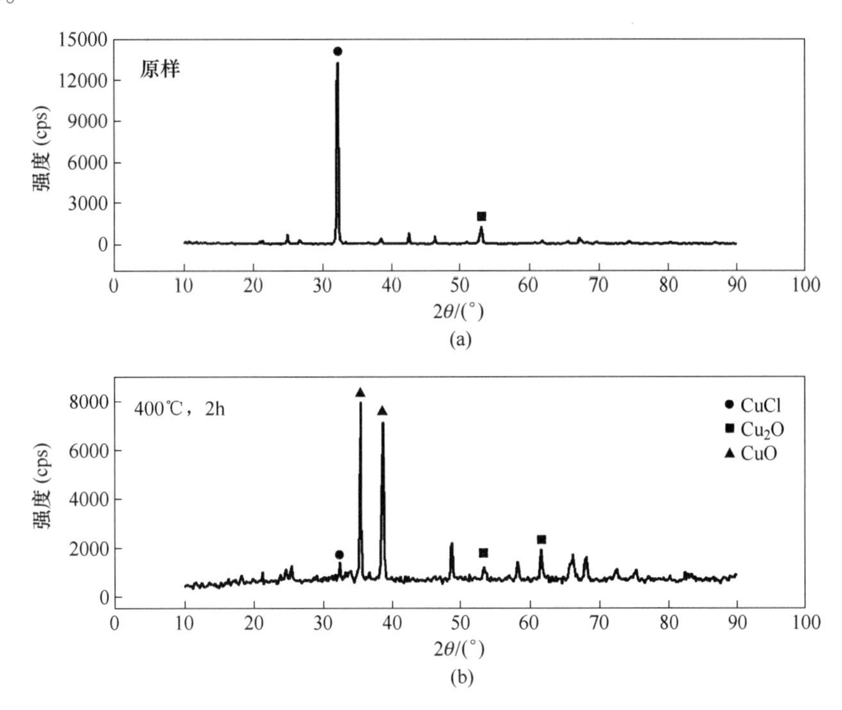

图 4-10　铜渣干燥后的原样（a）和 400℃条件下脱氯 2h 后的物料（b）XRD 分析

从图 4-10 中可以看出在处理 2h 后，氯化物的峰已经明显减弱，而主要物相已经成为氧化铜，说明铜渣中的氯化亚铜大多数已经反应成为氧化铜，氯被脱除出去。

4.4　微波焙烧处理含氯铜渣工艺优化

4.4.1　实验设计与实验结果

根据微波焙烧处理含氯铜渣单因素实验结果，选定对铜渣的氯脱除率影响较大的温度（℃）、焙烧时间（min）、物料初始粒度（目）作为实验的三个因素，采用响应曲面法对实验进行设计，开展条件优化实验。

具体实验工艺流程为：首先准确称取经干燥和磨细的含氯铜渣样品 300g，置于莫来石坩埚中，套上保温材料，全部置于箱式微波反应器中，打开微波处理系统和搅拌系统，升温至 100℃时打开尾气吸收系统，同时记录反应体系温度随时间的变化，在特定温度和焙烧时间后取得样品，并对所取样品氯含量进行分析。研究各工艺条件对铜渣的氯脱除率的影响，通过响应曲面优化工艺条件并对优化工艺条件的可靠性进行验证。

实验采用响应曲面法中的一种标准设计 CCD 来优化微波焙烧处理含氯铜渣脱氯的工

艺参数，可以在尽量少的试验次数下优化各个影响因子，同时能够分析各个影响因子之间的相互作用关系。试验确定的三个影响因子分别是 X_1，温度；X_2，焙烧时间；X_3，物料初始粒度。在通过使用 CCD 设计出的统计优化方案中，每一个影响因子都有 2^3 个充分阶乘，其中选取 8 个阶乘点、6 个轴向点以及 6 个中心重复点，需要总共 20 组实验来完成优化设计。

分别对三个影响因子进行赋值，见表 4-9。

表 4-9　各影响因子赋值表

响应点	温度/℃	焙烧时间/min	物料初始粒度/目
−1	300	60	<20（833μm）
−0.5	350	90	<60（246μm）
0	400	120	<100（147μm）
0.5	450	150	<180（80μm）
1	500	180	<200（74μm）

优化设计选用中心点的目的是为了减少实验性误差，对实验结果的考察指标即响应值为：Y，氯脱除率。实验设计方案与实验结果见表 4-10。

表 4-10　微波焙烧处理含氯铜渣响应曲面分析结果

试验	X_1/℃	X_2/min	X_3/目	Y/%
1	350	90	<60	55.93
2	450	90	<60	77.01
3	350	150	<60	73.33
4	450	150	<60	86.21
5	350	90	<180	58.33
6	450	90	<180	80.18
7	350	150	<180	82.37
8	450	150	<180	92.14
9	300	120	<100	60.22
10	500	120	<100	91.91
11	400	60	<100	63.67
12	400	180	<100	93.52
13	400	120	<20	78.05
14	400	120	<200	91.15
15	400	120	<100	90.66
16	400	120	<100	91.05
17	400	120	<100	90.48
18	400	120	<100	90.76
19	400	120	<100	90.83
20	400	120	<100	90.56

4.4.2　模型拟合及精确性分析

通过 CCD 设计对各个影响因子之间的相互作用以及各影响因子对回归模型的影响作用

进行分析，对铜渣的氯脱除率选取二次方模型。以 X_1，焙烧温度；X_2，焙烧时间；X_3，物料初始粒度为自变量；Y，铜渣的氯脱除率为因变量，得到了一个多项回归方程式（4-4）：

$$Y = 89.49 + 8.06X_1 + 7.64X_2 + 2.92X_3 - 2.54X_1X_2 - 0.29X_1X_3 + 1.18X_2X_3 - 4.28X_1^2 - 3.65X_2^2 - 2.15X_3^2 \tag{4-4}$$

模型的相互作用系数 R^2 可以表征数学模型的适应性与精确性，R^2 值越接近于 1，所采用的模型的预测值与实验实际值越接近。通过拟合计算，式（4-4）的 R^2 值为 0.9322，这表明在考察铜渣氯脱除率方面，有着 93.22%的实验数据可以用该模型加以解释，可信度较高。通过采用方差分析（ANOVA）对模型的精确度进行深入分析，铜渣的氯脱除率分析见表 4-11，模型的 F 值为 15.27，P 值为 0.0001，这表明模型的精确度很高，模拟效果显著（模型分析中，P 值小于 0.05 即说明所选模型可行度高，模拟精确）。在该分析中，X_1，焙烧温度；X_2，焙烧时间以及交互作用因子 X_1^2、X_2^2 对模型的影响作用较大，即对铜渣的氯脱除率影响明显。

表 4-11 铜渣氯脱除率方差分析结果

方差项	平方和	自由度	均方值	F 值	P 值
模型	2847.40	9	316.38	15.27	0.0001
X_1	1039.42	1	1039.42	50.17	<0.0001
X_2	934.83	1	934.83	45.12	<0.0001
X_3	136.54	1	136.54	6.59	0.0280
X_1X_2	51.41	1	51.41	2.48	0.1463
X_1X_3	0.68	1	0.68	0.033	0.8594
X_2X_3	11.05	1	11.05	0.53	0.4821
X_1^2	461.34	1	461.34	22.27	0.0008
X_2^2	335.15	1	335.15	16.18	0.0024
X_3^2	116.20	1	116.20	5.61	0.0394

图 4-11 所示为铜渣氯脱除率实验值与预测值对比图，由图 4-11 可知，实验所得数据点基本分布在模型所得预测值的周围，说明基于实验结果所选取的模型能够反映影响铜渣氯脱除率的自变量与因变量之间的关系。

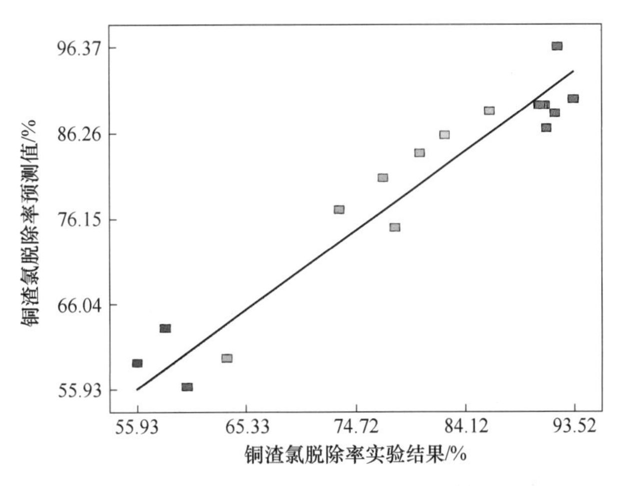

图 4-11 铜渣氯脱除率实验值与预测值对比图

图 4-12 所示为铜渣氯脱除率残差正态概率图，图中纵坐标中正态概率的划分代表残差的正态分布情况，由图可知，残差沿直线分布，表明实验残差分布在常态范围内，横坐标的残差代表实际的响应值与模型的预测值之间的差值，差值集中分布在-1.73~1.72 之间，表明模型的精确性良好。

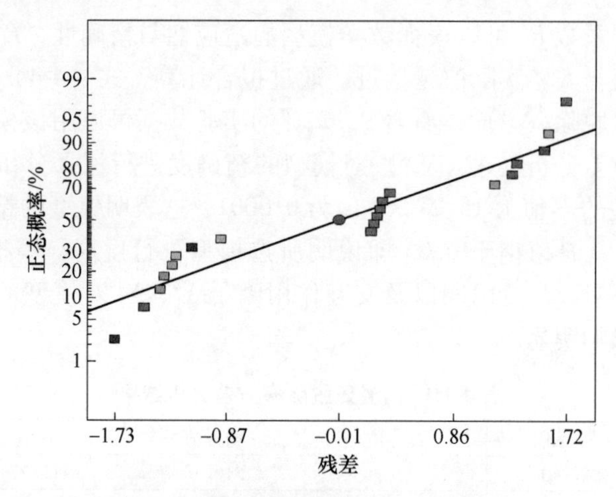

图 4-12　铜渣氯脱除率残差正态概率图

4.4.3　响应面分析

考察各因素及交互作用对微波焙烧铜渣的氯脱除率的影响规律。根据微波焙烧铜渣优化二次模型，焙烧温度、焙烧时间、物料初始粒度及其相关作用对氯脱除率的影响的 3D 响应面如图 4-13~图 4-15 所示。

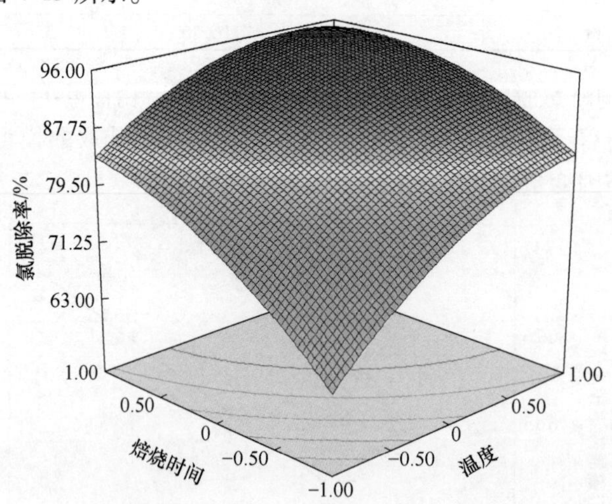

图 4-13　微波焙烧温度、焙烧时间及其交互作用对氯脱除率的影响

由图 4-13 可知，随着微波焙烧温度的升高以及焙烧时间的延长，氯的脱除率明显升高，其原因可能是，随着微波焙烧温度的升高铜渣的氧化反应速度不断增加，在相同的时间有更多的铜渣被氧化，氯脱除出来。另外，随着焙烧时间的延长，物料的反应更加充分，氯脱除得更加完全，因此物料中氯的脱除率就更高。

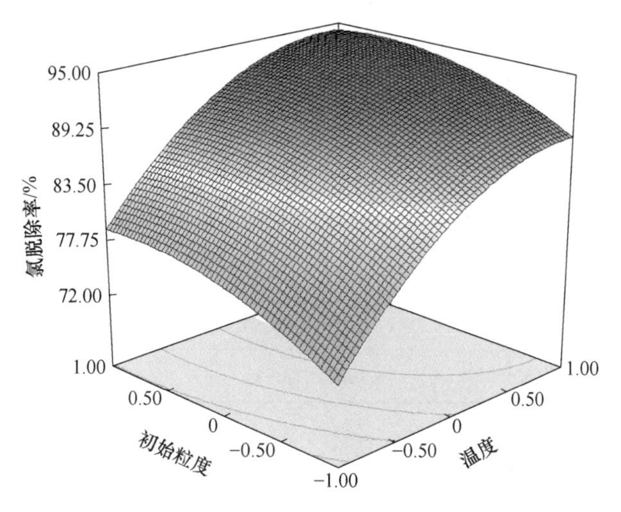

图 4-14 微波焙烧温度、物料初始粒度及其交互作用对氯脱除率的影响

从图 4-14 可以看出，随着微波焙烧温度的升高以及物料初始粒度的变细，物料氯的脱除率明显升高。与微波焙烧温度的升高对氯脱除率提高的影响相比，虽然随着物料初始粒度变细，氯的脱除率也明显得到提高，但其增长趋势较焙烧温度的升高曲线缓，其原因可能是物料的粒度更细使得物料中的氯化亚铜与空气及水蒸气接触面积更大，氧化脱氯反应可以进行得更充分，氯的脱除率也就更高，但是当物料粒度达到 100 目（147μm）以上时，其粒度对于脱氯反应的充分进行已经足够，更细的物料对于提高物料氯的脱除率的影响并不显著。

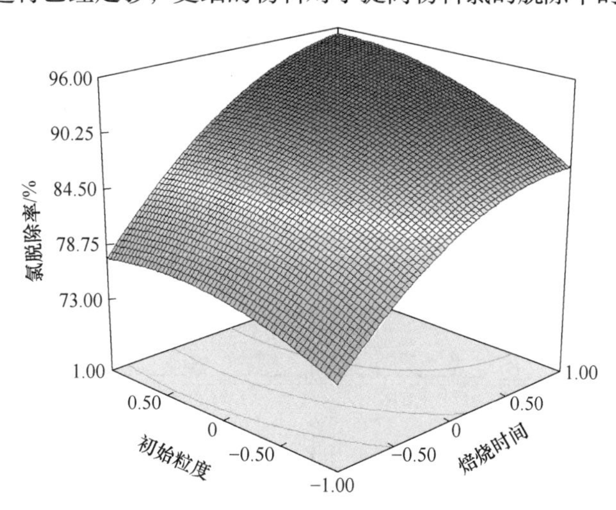

图 4-15 微波焙烧时间、物料初始粒度及其交互作用对氯脱除率的影响

从图 4-15 可以看出，随着微波焙烧时间的延长和物料初始粒度变细，物料氯的脱除率明显的升高，且相比物料初始粒度的影响，微波焙烧时间对最终的氯脱除率有着更显著的影响。其原因可能是在坩埚内物料虽得到搅拌，但仍未能充分和空气及水蒸气发生接触，反应在充分搅拌的同时需要一定的时间才能使得物料充分反应。相比微波焙烧时间的影响，物料初始粒度的变细在一定程度上可以使得反应最终更加充分，但需要一定的焙烧时间。

4.4.4　条件优化及验证

通过响应曲面软件的预测功能考虑到能耗、效率以及工艺的可行性等因素，以温度为350℃为标准在各个影响因子实验数据范围内获得的优化条件见表4-12。

表 4-12　回归模型优化工艺参数

焙烧温度/℃	焙烧时间/min	物料初始粒度/目	氯脱除率/%	
			预测值	实际值
350	150	<100(147μm)	85.91	85.42

为了检验响应曲面法优化工艺的可靠性，采用优化后的工艺参数进行三组平行实验，取得实验结果氯脱除率的平均值为85.42%，与预测值相差0.57%。由此说明响应曲面法优化软件得到的优化工艺参数有效。

4.4.5　脱氯过程物相变化研究

对微波焙烧处理含氯铜渣脱氯过程中的物料进行了XRD对比分析，结果如图4-16所示。

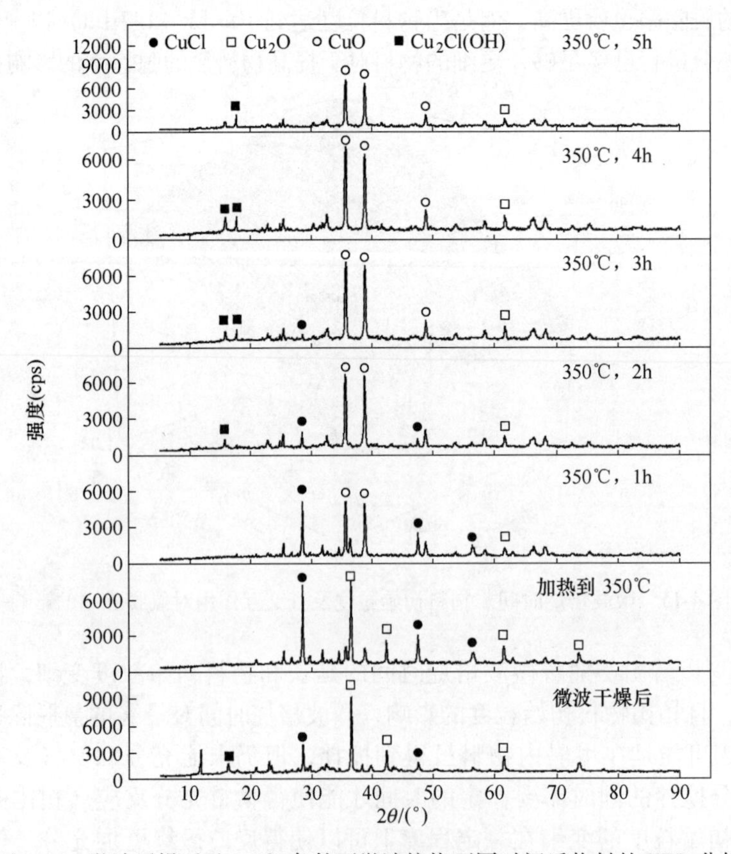

图 4-16　微波干燥后及350℃条件下微波焙烧不同时间后物料的XRD分析

从图4-16中可以看出微波干燥后的含氯铜渣物相组成主要为Cu_2O、CuCl和$Cu_2Cl(OH)_3$。微波加热至350℃后含氯铜渣的物相发生了很大变化，主要物相变成了CuCl和CuO_2。在350℃保温1h后含氯铜渣的物相又发生了一些变化，主要物相变成了CuCl和CuO，且CuCl的峰开始变弱，CuO的峰开始变强，说明这一阶段主要发生的反应是CuCl的脱氯反应和CuO_2氧化为CuO的反应。在350℃保温2h后，主要物相变成了CuO和CuCl，且CuCl的峰变得较弱，CuO的峰变为了最主要物相，说明这一阶段主要发生的反应是CuCl的脱氯反应和生成CuO的反应。在350℃保温3h后，主要物相变成了CuO和ZnO，且CuCl的峰已变得非常弱，CuO的峰继续升高，说明这一阶段主要发生的反应同样是CuCl的脱氯反应和生成CuO的反应。在350℃保温4h后，主要物相变成了CuO和ZnO，且CuCl的峰已完全消失，CuO的峰继续升高，说明这一阶段主要发生的反应同样是CuCl的脱氯反应和生成CuO的反应。

4.5 微波焙烧处理含氯铜渣的中试试验研究

4.5.1 中试试验方法与装置

4.5.1.1 中试试验设备

微波焙烧含氯废渣脱氯中试采用的是昆明理工大学非常规冶金教育部重点实验室研制的微波焙烧系统，其设备结构如图4-17所示。

图4-17 微波焙烧装置实物图

该试验装置的主体微波腔采用变形圆柱腔卧式放置、内置双螺带搅拌器、全不锈钢金属罐体带隔热保温结构、带电磁阀门的进出料机构和间隙式处理方式。该方案的特点是处理速度快、焙烧均匀、污染小、控制容易、操作简便等。更重要的是，当焙烧工艺规范确定后，进出料端设计可控微波抑制器后可以改间隙式处理方式为连续式处理方式。

设备性能：设备总功率为20kW，温度可控可达800℃；设备结构为卧式全不锈钢金属罐体加物料搅拌装置，搅拌速度为0~30r/min可控；处理方式为间隙式处理。

4.5.1.2　中试试验工艺流程

针对某锌冶炼厂产出的含水18%左右的含氯铜渣的中试研究将采用如图4-18所示的工艺流程进行研究。首先对含湿量较高的含氯铜渣进行微波干燥，控制干燥后物料含水量在5%左右，然后使用对辊机将干燥好的含氯铜渣进行破碎，使用60目（246μm）的振动筛筛分，最后采用微波处理一步实现脱除氯的工艺目标，同时进行收尘和尾气吸收。

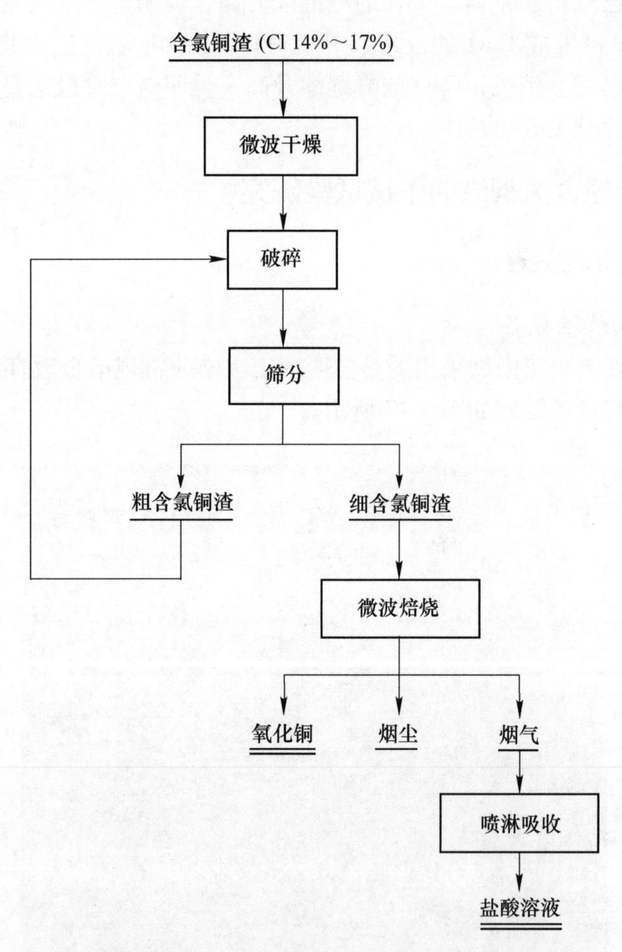

图4-18　含氯铜渣脱氯中试试验工艺流程

4.5.1.3　中试尾气吸收系统

中试采用的两级喷淋洗涤系统如图4-19和图4-20所示。

4.5.2　中试试验结果

4.5.2.1　含氯铜渣干燥中试试验

铜渣干燥中试总干燥物料重1493.58kg，初始含水量为18.01%，干燥结果及能耗见表4-13。

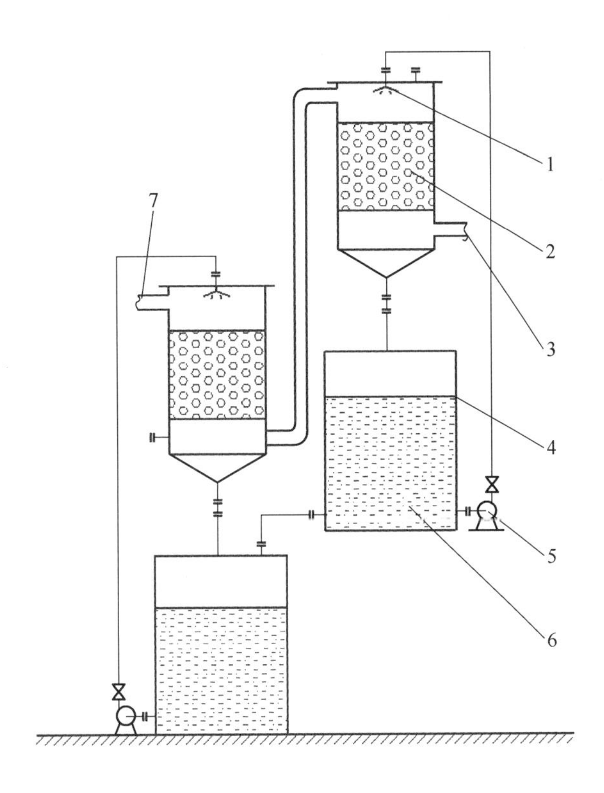

图 4-19　中试试验尾气吸收系统示意图

1—喷头；2—填料（拉西环）；3—烟气进口；4—洗涤液循环槽；
5—循环水泵；6—洗涤液；7—烟气出口

图 4-20　中试试验尾气吸收系统实物图

表 4-13 铜渣干燥中试试验结果

试验序号	最终含水量/%	电耗/kW·h	平均能耗/kW·h·kg^{-1}
第一遍	7.1	245	1.39
第二遍	1.9	146	2.08
总计	1.9	391	3.47

4.5.2.2 含氯铜渣微波焙烧脱氯单次试验

单次试验流程主要是微波加热温度至 350℃停止微波，保温搅拌 5h，每保温 1h 取一次样品。试验条件见表 4-14。

表 4-14 单次中试试验条件及物料平衡、能耗结果

参 数	数 值	参 数	数 值
微波功率/kW	20	焙烧温度/℃	350
物料初始含水量/%	4.5	搅拌速度/r·min^{-1}	10
进料量/kg	108	物料粒度/目	<60（246μm）
出料量/kg	98	通气流速/m^3·h^{-1}	7.8
物料失重/%	9.26	能耗/kW·h	52.8
水蒸气量/mL·min^{-1}	25		

试验过程中物料及设备腔体内的温度上升情况如图 4-21 所示。

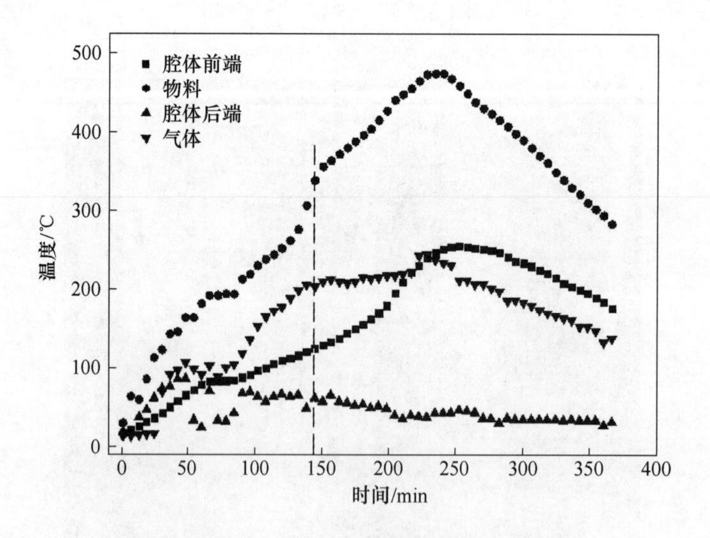

图 4-21 单次中试试验升温曲线

图 4-21 中在 147min 时，物料温度上升到了设定的 350℃，微波停止，之后的一段时间内由于反应属于放热反应使得物料的温度持续上升，最高达到了 475℃，降低了脱氯过程的能耗。单次中试的铜渣氯脱除率结果见表 4-15。

表 4-15 单次铜渣焙烧脱氯中试试验脱氯结果

焙烧时间/min	氯含量/%	氯脱除率/%	Cu 含量/%	Zn 含量/%
保温 240	3.1541	78.54	51.81	8.88
保温 180	5.0214	65.84	52.03	8.91
保温 120	6.2583	57.43	52.45	9.41
保温 60	7.7578	47.23	7.12	12.93
升温 147	8.9023	39.44	53.02	10.58
0	14.70	0	56.34	5.15

从表 4-15 可以看出，在微波加热到 350℃ 以后，保温 4h 后，氯的脱除率可达到 78.54%，物料失重为 9.26%，Cu 的直收率为 83.44%，单位能耗为 488.88kW · h/t。

4.5.2.3 含氯铜渣微波焙烧脱氯连续中试

连续两炉中试试验主要尝试了连续两炉中试情况下含氯铜渣的脱氯效率和节能的情况。试验的工艺流程是利用微波加热物料至 450℃时，停止微波，保温搅拌 3h 后高温出料，然后及时投入新料，开始微波加热至 450℃，停止微波保温搅拌 3h。试验条件见表 4-16。

表 4-16 连续两炉中试试验条件及物料平衡、能耗结果

参 数	数 值	参 数	数 值
微波功率/kW	20	焙烧温度/℃	450
物料初始含水量/%	1.9	搅拌速度/$r \cdot min^{-1}$	10
进料量/kg	104.2 和 105.7	物料粒度/目	<60(246μm)
出料量/kg	95.35 和 100.15	通气流速/$m^3 \cdot h^{-1}$	7.5
物料失重/%	6.86	能耗/kW · h	59.4 和 36
水蒸气量/$mL \cdot min^{-1}$	25		

从表 4-16 中可以看出，连续生产的情况下，能耗可以降低 39.39%。试验过程中物料及设备腔体内的温度上升情况如图 4-22 和图 4-23 所示。

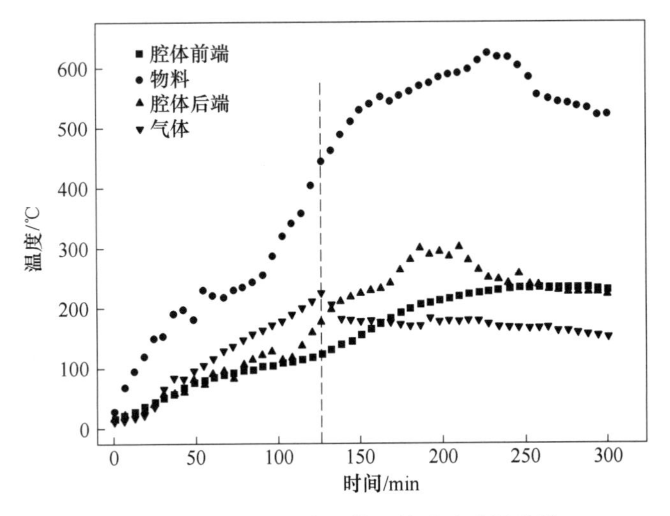

图 4-22 连续两炉中试第一炉试验升温曲线

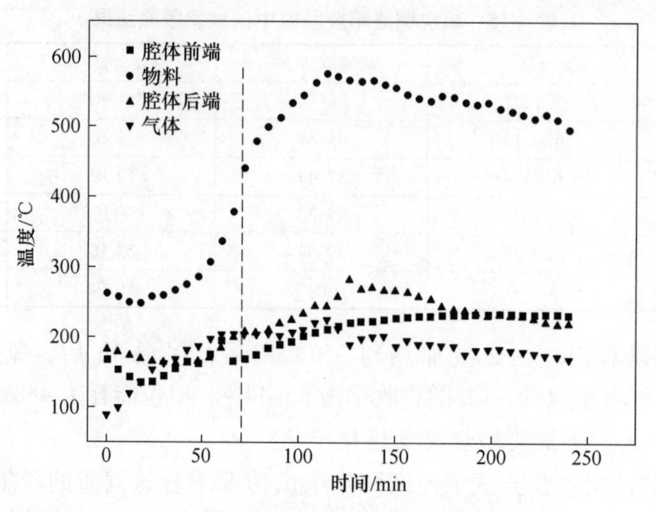

图 4-23　连续两炉中试第二炉试验升温曲线

图 4-22 中在微波加热 129min 后，物料温度上升到了设定的 450℃，微波停止，之后的一段时间内由于反应属于放热反应使得物料的温度持续上升，最高达到了 624℃。图 4-23 中，在微波加热 69min 后，物料温度达到了设定的 400℃，微波停止，之后的一段时间内由于反应属于放热反应使得物料的温度持续上升，最高达到了 577℃。

从连续两炉中试试验结果（见表 4-17）可以看出，在微波加热到 450℃以后，保温 4h 后，氯的脱除率可达到 76. 29%，单位能耗为 454. 56kW · h/t，连续生产可使能耗明显降低。试验采用的物料粒度细，为小于 60 目（246μm），含水量低，只有 1. 9%，因此反应过程中没有足够的水蒸气与之反应，致使氯的脱除率较低。

表 4-17　连续两炉中试铜渣焙烧脱氯中试试验脱氯结果

试样名称	焙烧时间/min	氯含量/%	脱除率/%	Cu 含量/%	Zn 含量/%
第二炉	保温 240	3. 4848	76. 29	59. 87	1. 82
	保温 180	4. 8979	66. 68	60. 00	1. 79
	保温 120	5. 2204	64. 49	59. 42	1. 40
	保温 60	6. 4555	56. 08	60. 63	1. 40
	升温 129	8. 6647	41. 06	61. 85	1. 44
	0	14. 70	0. 00	61. 96	1. 36
第一炉	保温 180	4. 6980	68. 03	59. 77	1. 58
	保温 120	6. 4015	56. 46	60. 34	1. 83
	保温 60	7. 1705	51. 22	60. 79	1. 73
	升温 69	9. 9220	37. 28	61. 79	1. 37
	0	14. 70	0. 00	60. 72	1. 58

4.5.3　中试试验烟气分析

通过对水蒸气和空气气氛下微波焙烧铜渣脱氯反应生成的气体进行气相色谱分析，结果如图 4-24 所示。

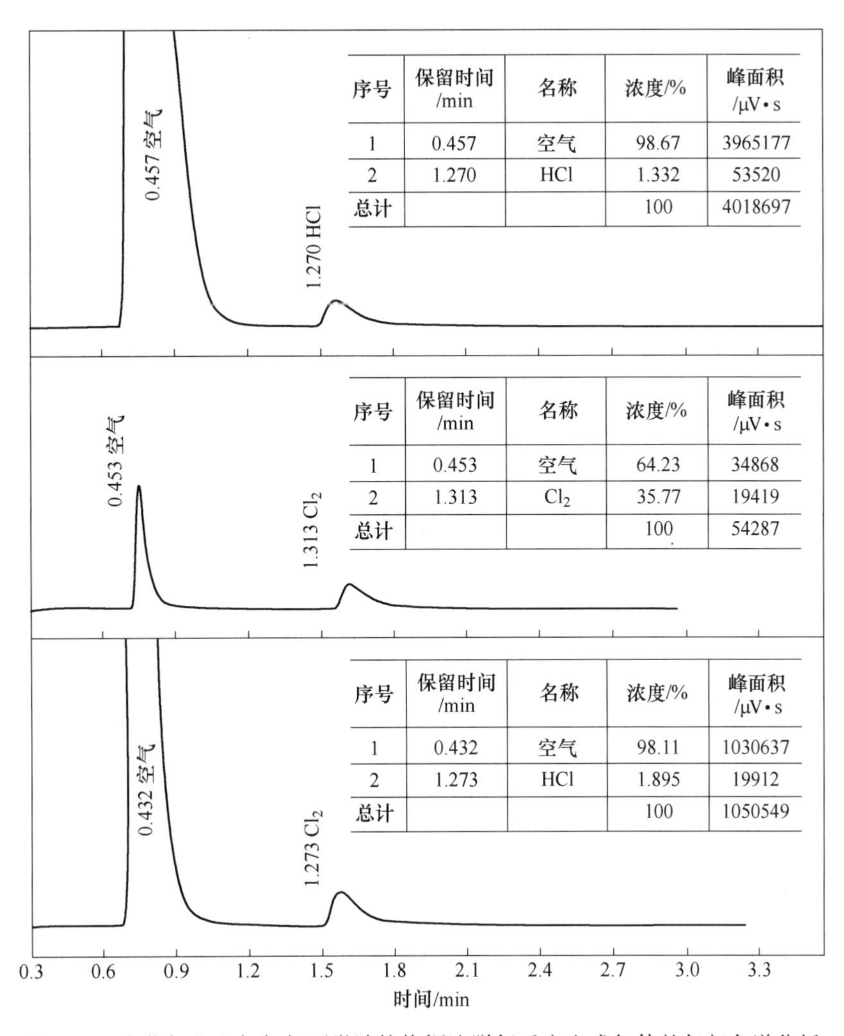

序号	保留时间/min	名称	浓度/%	峰面积/μV·s
1	0.457	空气	98.67	3965177
2	1.270	HCl	1.332	53520
总计			100	4018697

序号	保留时间/min	名称	浓度/%	峰面积/μV·s
1	0.453	空气	64.23	34868
2	1.313	Cl_2	35.77	19419
总计			100	54287

序号	保留时间/min	名称	浓度/%	峰面积/μV·s
1	0.432	空气	98.11	1030637
2	1.273	HCl	1.895	19912
总计			100	1050549

图 4-24　水蒸气和空气气氛下微波焙烧铜渣脱氯反应生成气体的气相色谱分析

同时对空气气氛下微波焙烧铜渣脱氯反应生成的气体进行气相色谱分析，结果如图 4-25 所示。

由图 4-24 和图 4-25 可知，在水蒸气和空气气氛下含氯铜渣中的氯化亚铜将优先与水蒸气和氧气反应生成氯化氢气体，而在空气气氛下含氯铜渣中的氯化亚铜将优先与氧气反应生成氯气。而试验过程中则采用通入过量的水蒸气，使得微波焙烧铜渣脱氯反应生成的气体是 HCl 气体，便于尾气吸收。

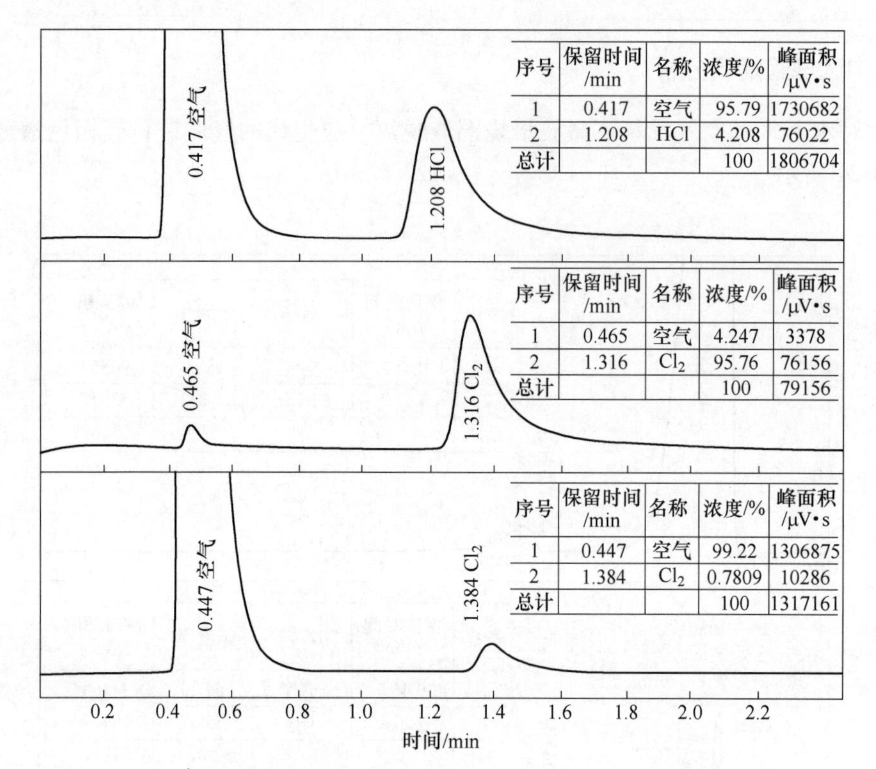

序号	保留时间/min	名称	浓度/%	峰面积/μV·s
1	0.417	空气	95.79	1730682
2	1.208	HCl	4.208	76022
总计			100	1806704

序号	保留时间/min	名称	浓度/%	峰面积/μV·s
1	0.465	空气	4.247	3378
2	1.316	Cl_2	95.76	76156
总计			100	79156

序号	保留时间/min	名称	浓度/%	峰面积/μV·s
1	0.447	空气	99.22	1306875
2	1.384	Cl_2	0.7809	10286
总计			100	1317161

图 4-25　空气气氛下微波焙烧铜渣脱氯反应生成气体的气相色谱分析

4.6　微波烧结铜粉

许磊、彭金辉等人[21]研究了金属铜粉在微波场下的加热升温性能，以及微波加热对金属铜粉熔化过程中烧结性能的影响。在没有任何辅助加热的情况下，在真空条件下直接用微波加热金属铜粉，物料在加热过程保持水平转动，研究了铜粉的升温曲线和熔化行为。

铜粉粒径为小于 74μm，微波功率为 1.3kW，研究了铜粉质量对升温曲线的影响，结果如图 4-26 所示。从图 4-26 可以看出，微波在不使用任何辅助加热的情况下可实现铜粉加热和完全熔化。对比三条升温曲线发现，不同条件下都呈现温度先快速上升，熔化以后升温速率出现减慢的趋势，其中相同功率下 50g 与 100g 铜粉熔化曲线在铜粉熔化后（见图 4-26 中出现拐点位置）仍有缓慢升温趋势，而 150g 的铜粉在熔化后升温基本趋于稳定，升温趋势不明显。结果表明，在金属铜粉熔化后仍可吸收微波能，继续使铜熔体加热升温，物料质量的影响较为明显。

同时，在微波功率恒定为 1.3kW 时，100g 铜粉表现出最优的加热性能，其加热至 1054℃时升温曲线出现明显拐点（见图 4-26 中虚线部分），说明部分金属铜粉开始熔化并吸收热量，且此时的熔化温度较金属铜理论熔点 1083℃略低。

图 4-27 所示为小于 74μm 粒径的 100g 金属铜粉在不同功率微波条件下的升温曲线。随微波功率由 1.3kW 增加到 1.8kW 时，金属铜粉的升温速率快速增加，到达熔点的时间缩短了约 1/3，微波功率的大小对金属铜粉的加热效果影响较大。

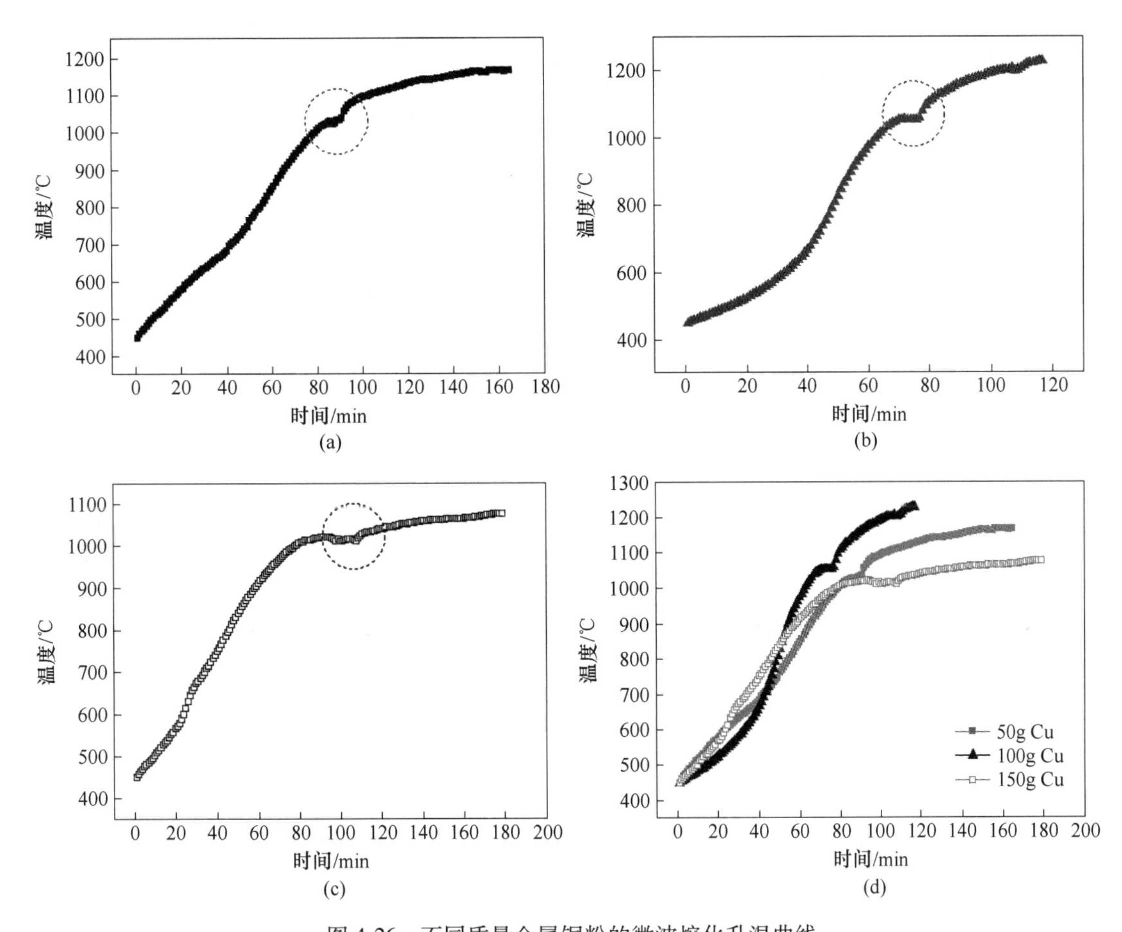

图 4-26 不同质量金属铜粉的微波熔化升温曲线

（a）50g；（b）100g；（c）150g；（d）不同质量铜粉升温曲线对比

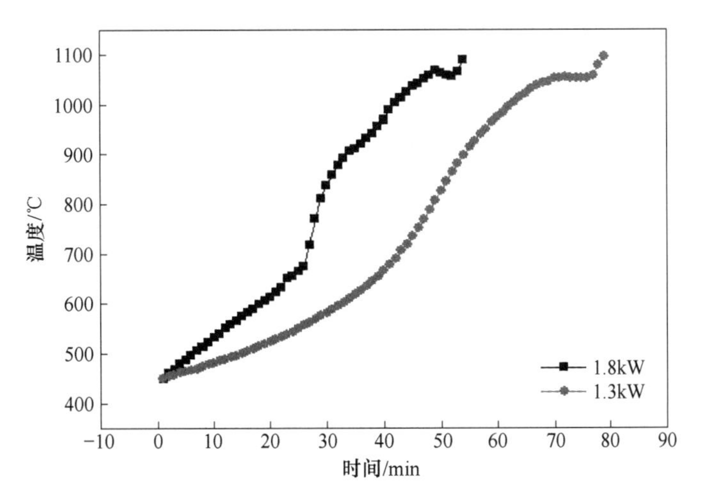

图 4-27 金属铜粉在不同功率时微波熔化升温曲线

对 1. 8kW 微波功率加热小于 74μm 金属铜粉的升温曲线进行了拟合，如图 4-28 所示。从图 4-28 中可以看出，1. 8kW 的微波加热小于 74μm 金属铜粉的升温曲线具有如上所述的两个阶段特征，且初始阶段升温过程与加热时间呈明显的线性增加关系。而在接近 700℃时，铜粉升温速率突然加快，第二阶段的加热前期铜粉升温速率明显快于第一阶段，当加热过程进入第二阶段后期，升温速率开始降低，并趋于缓慢。

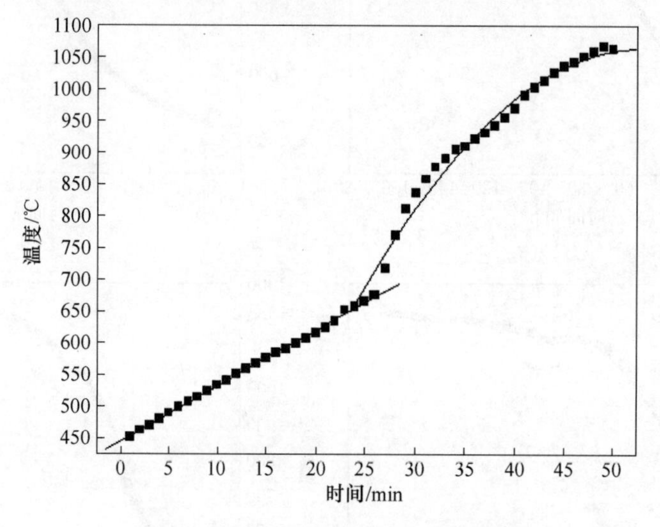

图 4-28　微波加热金属铜粉升温曲线拟合

在微波功率 1. 8kW，金属铜粉质量为 100g，铜粉粒径为小于 25μm、小于 38μm 和小于 74μm 在微波场中的升温曲线如图 4-29 所示。

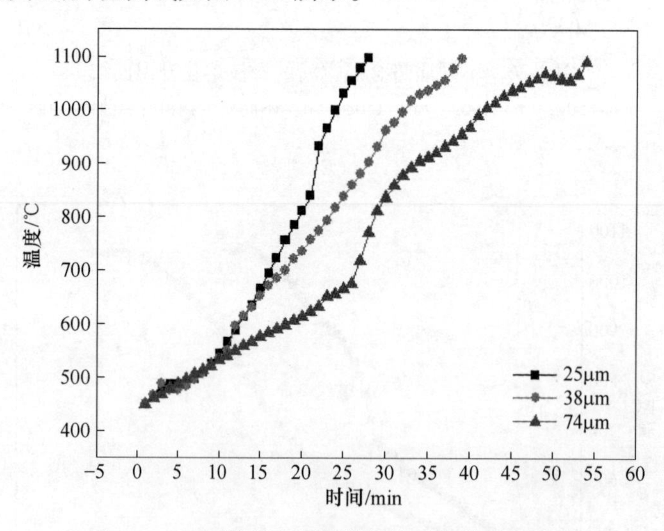

图 4-29　不同粒径金属铜粉的微波加热升温曲线

从图 4-29 可以看出，随金属铜粉粒径的减小，微波加热金属铜粉的升温速率明显提高，100g 粒径为 25μm 的金属铜粉在微波作用下达到熔点的时间，与在相同条件下粒径为小于 74μm 的金属铜粉相比，加热时间几乎缩短一半。这与 P. Mishra 等人[22]的研究结果一致。同时，从图 4-29 中也可以看出，粒径为小于 25μm 和小于 38μm 的金属铜粉的升温曲线几乎为线性增加，没有出现明显的两段升温特征。对小于 25μm 和小于 38μm 的金属铜粉的升温曲线进行了线性拟合，如图 4-30 所示。

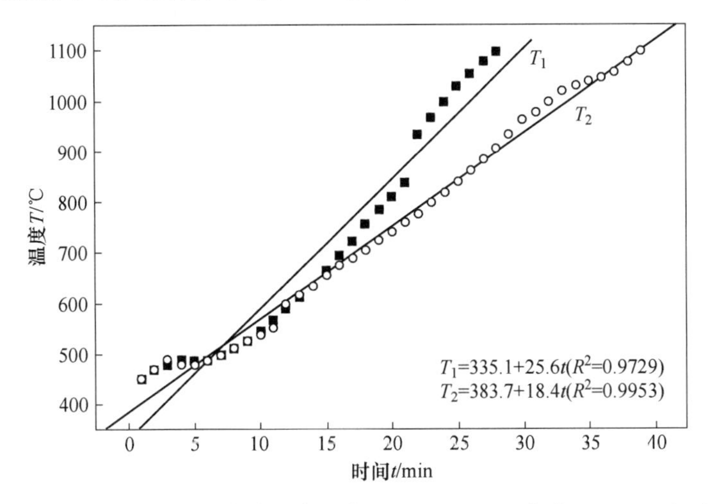

图 4-30 金属铜粉升温曲线拟合（小于 25μm（T_1）和小于 38μm（T_2））

从图 4-30 可以看出，拟合得到粒径为小于 25μm 和小于 38μm 金属铜粉在微波场中加热的升温速率分别为 25.6℃/min 和 18.4℃/min，而小于 74μm 粒径铜粉在线性阶段的升温速率为 8.8℃/min，由此可以看出，铜粉升温速率（v）与粒径呈反比（r）关系，且具有较好的线性关系，如图 4-31 所示，随着金属铜粉粒径的减小，微波加热的效率越高，升温越快。

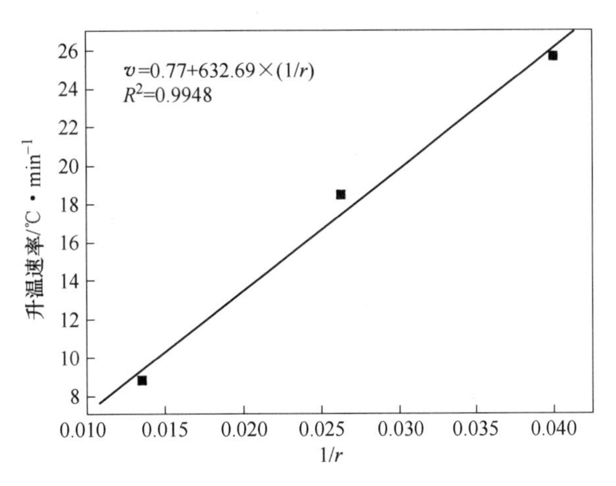

图 4-31 微波加热速率与金属粉末粒径关系

李永存等人[23]分析了金属粉末在微波场的加热行为，认为在微波磁场的作用下金属粉末将感应出一个沿着颗粒表面的电场，该电场在颗粒表面形成涡流电流，并产生热量，说明随着微波功率的增加，或者金属铜粉粒径的减小，金属颗粒在相同条件下吸收的能量越多，温度升高得越快，与本书研究的实验结果一致。研究结果表明，金属粉末可以吸收微波加热熔化，金属熔化变成熔体后仍然可以吸收微波加热，说明微波熔炼具有可行性，奠定微波熔炼金属的基础。

左兰兰等人[24]研究了铜粉在微波场中的烧结行为及微波场中烧结金属粉末压坯的机理。结果表明在微波场中铜粉压坯能被无氧化快速烧结；经微波烧结后铜粉压坯内外具有均匀的致密度。微波不仅通过涡电流作用烧结铜粉压坯，铜粉颗粒间产生的弧光效应也起着重要的作用。

朱凤霞、易健宏等人[25]采用微波加热对金属铜压坯进行烧结并比较样品烧结密度、表观硬度以及显微组织分布进行了研究，并与常规电阻炉加热进行对比。结果表明：微波烧结样品平均相对密度达97.3%，略高于相同烧结温度下常规烧结样品的平均相对密度；微波烧结可在较短时间内对粉末冶金金属铜样品实现烧结致密化。另外，微波烧结样品的表观硬度比常规烧结样品的高。微波烧结样品具有独特孔隙分布规律，样品横截面中心处孔隙率比横截面边缘处的小，并且微波烧结样品孔隙与显微组织较常规烧结样品细小。

刘艳平等人[26]研究了金属铜粉微波烧结行为，不同温度的烧结和在常规的管式炉中氢气的保护气氛下在1050℃烧结，微波烧结的烧结周期缩短了80%。微波烧结与常规烧结的样品进行了微观形貌对比，微波烧结在800~850℃烧结的样品可以获得均匀的显微组织。

鲍瑞等人[27]采用微波烧结工艺制备了WC-Co超细硬质合金，并研究了烧结工艺对烧结样品性能的影响。结果表明：微波烧结与真空烧结WC-Co超细硬质合金相比烧结温度更低，保温时间更短，在1300℃的烧结温度下瞬时保温（0min），密度就可达到14.27g/cm^3，而且在烧结温度1350℃保温0min时硬度HRA达到94.0，并且样品WC晶粒尺寸在烧结过程中长大不明显，随着烧结温度的提高和保温时间的增加，WC晶粒尺寸的变化不大。

卫陈龙、许磊等人[28]采用微波加热方法在人造金刚石表面镀铬，并采用微波加热烧结制备高导热金刚石/铜复合材料。结果表明，微波烧结过程中金刚石与铜基体能够实现较为紧密的结合。随着金刚石体积分数的增加，致密度逐渐减少。随着生坯压力的增加，金刚石/铜复合材料的致密度逐渐增加。

张剑平、罗军明等人[29]研究了球形铜粉烧结颈形成和晶粒长大过程中的物质迁移机制，分析微波混合加热条件下铜粉及其压坯的烧结动力学。结果表明：在微波混合加热条件下，铜粉烧结颈的形成和晶粒长大方式均以体扩散为主；烧结颈形成阶段的扩散激活能为256kJ/mol，与纯微波烧结和传统加热方式一致；晶粒长大阶段的扩散激活能为89.8kJ/mol，介于单模腔和多模腔纯微波烧结的中间，而远低于常规烧结时的扩散激活能。

4.7 微波熔渗烧结钨铜合金

许磊、彭金辉等人[21]结合熔渗法制备高性能钨铜复合材料技术特点和微波烧结技术优势，提出采用微波加热熔化金属铜粉以及熔渗烧结钨铜复合材料制备新工艺，并开展了金属铜粉在微波场中的熔化特性、微波加热金属铜粉机理以及钨铜复合材料制备和相关性能等方面研究。

4.7.1 制备工艺

微波强化熔渗烧结钨铜复合材料主要包括配料—混料—压坯—熔渗烧结几个工艺，采用烧结—熔渗为一体的微波熔渗烧结工艺。首先配制不同铜粉比例的钨铜混合物料，铜添加量（质量分数）分别为5%、8%和20%，采用粒径为小于25μm的铜粉，钨粉主要采用

3~5μm 粒径，而对比研究中采用不同粒径钨粉（9~15μm 和 15~20μm）。配料后采用 V 形混料机混合 2~4h，然后将混合后的钨铜粉末装入钢模，采用压力机压制成直径为 25mm 的合金坯块，压坯压力一般为 30~40MPa。然后将钨铜复合材料的压坯置于莫来石（或刚玉）坩埚中，并在压坯周围覆盖用于加热熔化并熔渗的金属铜粉（采用 100g 粒径为 25μm 的金属铜粉）。将坩埚置于 2.45GHz、3kW 微波功率的高温真空烧结炉中，通入 N_2+H_2 混合气体进行保护，然后馈入微波，通过直接加热并熔化金属铜粉对钨铜复合材料进行熔渗烧结。实验过程采用红外测温系统进行温度测量和工艺的检测控制。

图 4-32 所示为微波场强化熔渗烧结钨铜复合材料示意图。微波源为 2.45GHz，功率为 0~3kW，烧结温度为 0~1450℃。

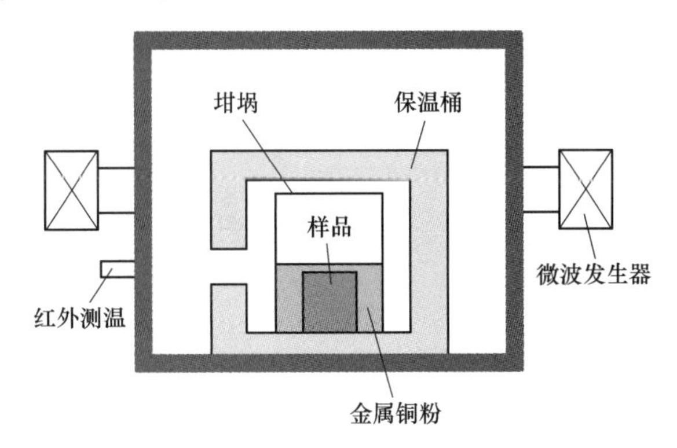

图 4-32 微波熔渗烧结钨铜复合材料示意图

4.7.2 微波熔渗烧结升温特性

微波熔渗烧结钨铜复合材料升温曲线如图 4-33 所示，在相同质量熔渗铜粉条件下，添加不同含量铜粉（5%、8%、20%）加热升温曲线相似，说明升温过程主要取决于熔渗铜粉的添加，即相同功率作用下，相同质量铜粉的升温过程一致，且初始阶段升温速率较快，到达一定温度后升温速率变得缓慢。这主要是因为烧结开始阶段由于金属粉末良好的

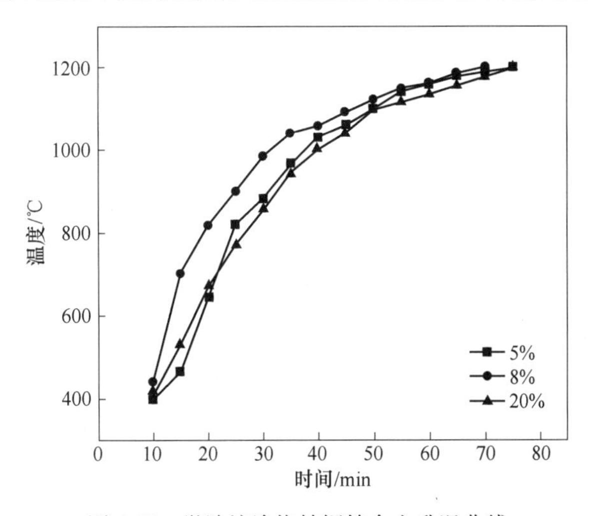

图 4-33 微波熔渗烧结铜钨合金升温曲线

吸波特性使得温度快速升高，此时铜粉烧结体也在不断致密化，随着烧结的进行，吸收微波能力降低，因而升温速率减慢。

图 4-34 所示为微波烧结与传统烧结升温对比，可以看出由于微波烧结整体加热的优势，缩短了烧结时间，提高了加热效率。相比于常规烧结，加热方式为由外而内存在一个温度梯度，升温过快时内应力来不及释放，会造成试样的破裂等使试样性能下降，因而常规烧结升温速度不能控制很快，一般在 5℃/min 左右，升温时间一般需要 3~4h，而微波烧结直接加热过程可缩短时间近 60%。因此，微波烧结在缩短烧结时间，提高烧结效率方面具有优势。微波烧结 WCu20 复合材料样品如图 4-35 所示。

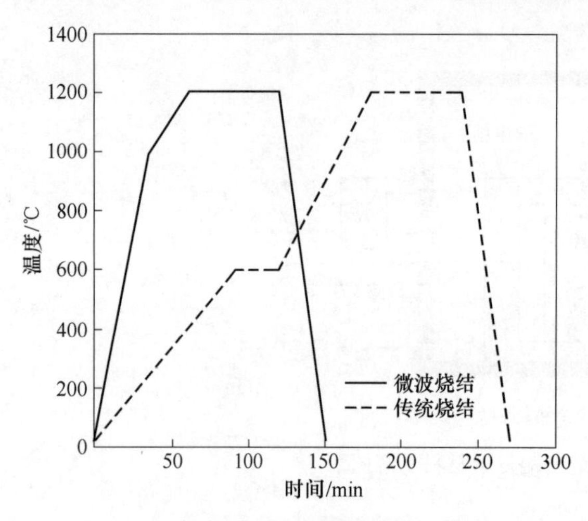

图 4-34　微波加热与传统加热对比

图 4-35　微波烧结钨铜复合材料样品

4.7.3　烧结温度对材料的影响

4.7.3.1　烧结温度对材料显微结构的影响

图 4-36（a）~（c）所示分别为在 1100℃、1200℃和 1300℃条件下微波熔渗烧结制备的钨铜复合材料显微结构。从图 4-36（a）可以看出，当烧结温度在 1100℃时，因烧结温度较低，复合材料中颗粒分布不均，钨颗粒出现聚集。金属铜组元对钨颗粒的包覆有限，此外，钨颗粒团聚后形成闭合孔隙，金属铜不能有效填充孔隙。因此，当烧结温度为 1100℃时，复合材料基体中存在更多的细微孔隙。而烧结温度在 1200℃和 1300℃时，复合材料中的铜可以更好地迁移，实现合金基体的液相重排，因此合金基体中细微孔隙相对较少。

图 4-36（b）显示在 1200℃烧结时，钨铜复合材料中钨颗粒分布均匀，结构相对致密，铜对钨颗粒的包覆性能较好。此外，如图 4-36（c）中所示，当烧结温度为 1300℃时，部分钨颗粒的粒径增加，钨颗粒分布不均匀，且颗粒间的间距变小，相互接触增多。这表明在 1300℃烧结时，铜钨表面有较好的润湿性。铜的流动性好，有利于液相扩散和聚集，并随着合金液相的重排，金属铜的富集增加。因此，当烧结温度为 1300℃时，铜组元的富集区要大于在 1100℃和 1200℃烧结时合金中铜的富集区。

由以上可以看出，在熔渗烧结过程中，温度对合金烧结有着较大的影响，主要体现为金属铜组元在熔渗烧结过程中的扩散和迁移，以及铜组元对金属钨颗粒的包覆性能，其实

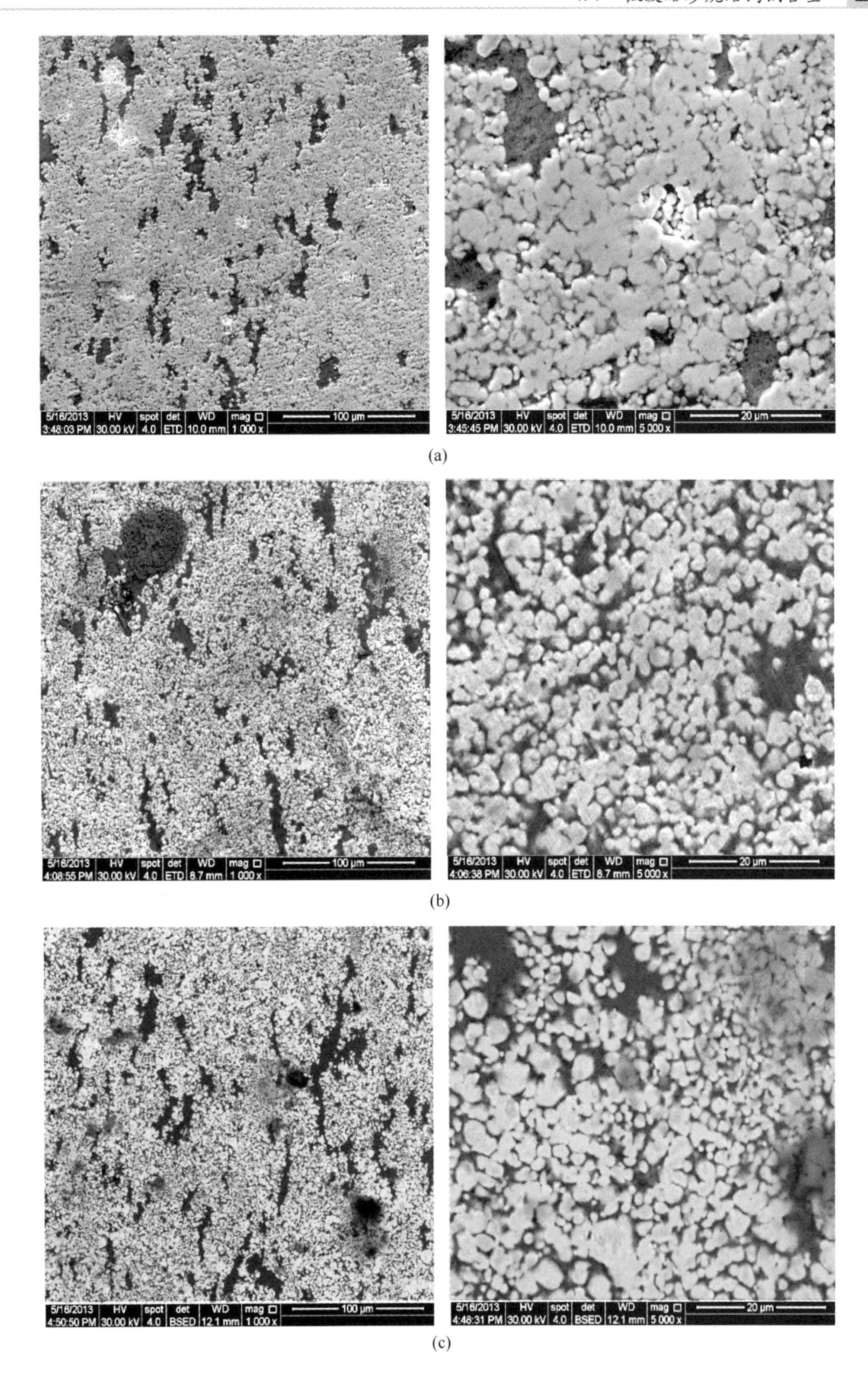

图 4-36 烧结温度对合金显微结构的影响

（a）1100℃；（b）1200℃；（c）1300℃

质是对金属铜熔体表面张力和熔体黏度的影响。

对大多数熔体而言，表面张力 σ 与温度的关系可以用约特奥斯方程来表达：

$$\sigma\left(\frac{M}{\rho}\right)^{2/3} = K(T_c - T) \tag{4-5}$$

式中，M 为相对原子质量；ρ 为熔体密度；M/ρ 为摩尔体积；T_c 为熔体临界温度；T 为熔体温度；K 为常数，对液体金属来说，$K=6.4\times10^6$J/K。

由此式可以看出，随着温度的升高，熔渗铜液的表面张力会有所下降。然而，一些研究也表明，温度在1350℃以下时，铜熔体的表面张力随温度升高而增加，并在1350℃附近出现极大值。

此外，温度对熔体的黏度也有显著影响，可用阿累尼乌斯公式来表达：

$$\eta = A_\eta \exp\left(\frac{E_\eta}{RT}\right) \tag{4-6}$$

式中，η 为动力黏度；A_η 为常数；E_η 为黏度活化能；R 为摩尔气体常数；T 为绝对温度。

对于一定成分的熔体，A_η 和 E_η 均为常数，因此，随温度的升高，金属铜熔体的黏度减小，一方面对金属钨颗粒的包覆性更好，另一方面更有利于金属铜液的熔渗迁移和扩散重排。

4.7.3.2 烧结温度对材料密度的影响

密度是影响粉末冶金材料性能的主要因素，是评价材料性能的主要指标。图4-37所示为WCu20复合材料烧结温度与密度的关系（保温1h）。可以看出随着烧结温度的升高，试样的密度也逐渐增大，且在1100℃时密度较低，在1100℃升温至1200℃时，试样的密度较大幅度升高，而温度超过1200℃后，密度增加得比较缓慢，因此，可以看出烧结温度为1200℃时复合材料已基本实现一定的致密化。这可能是因为当温度低于铜的熔点（1083℃）时，进行的是固相烧结，两相的再分布主要依靠固相的扩散和迁移进行，过程非常缓慢，很难有效地填充孔隙，使得致密度难以提高。当温度高于铜的熔点时，随着温

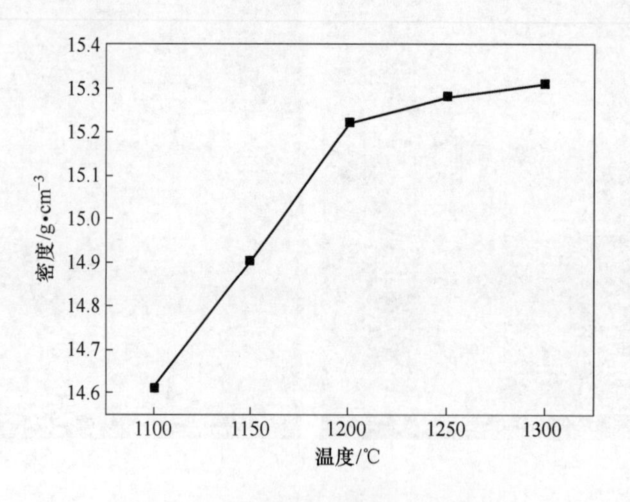

图4-37 烧结温度对材料密度的影响

度的升高，钨和铜界面的润湿性得到改善，在铜熔体表面张力作用下，钨颗粒向更加紧密的方向移动，使坯体中孔隙尺寸和数量迅速减少，毛细管力不断增大，在强烈的毛细管力作用下促使熔融的黏结相迅速分散，而且随着烧结温度的提高，铜熔体黏度降低，流动性能得到提高，铜液的黏性流动和钨颗粒的重排充分，熔融的铜可以较为容易地填充孔隙，因此密度急剧上升。

研究表明，在1200℃烧结时，得到钨铜复合材料的密度为15.25g/cm³，相对密度为97.51%。

4.7.3.3 烧结温度对材料硬度的影响

图4-38所示为微波熔渗烧结WCu20复合材料的温度与硬度变化（保温1h）。从图4-38中可以看出，各试样硬度随着烧结温度升高的变化趋势是先明显升高然后有所降低。在1100~1200℃之间时随温度升高硬度呈显著增加，并在1200℃时达到最大（HB222），当温度高于1200℃后硬度有所降低。当烧结温度在1100~1200℃时，金属铜液熔体在较小的区域内迁移并重排，填充了样品中的空隙，且在较低的温度下，铜组元不容易进行长距离的迁移，避免了大面积的铜成分富集以及凝固过程中的晶粒生长。因此，在宏观上提高了合金的硬度。当烧结温度继续升高时，加剧了材料基体中铜组元的液态迁移和钨颗粒重排，使铜组元大面积富集和晶粒长大，这与显微结构观察的结果一致。因此，当烧结温度超过1200℃时，合金的硬度下降。

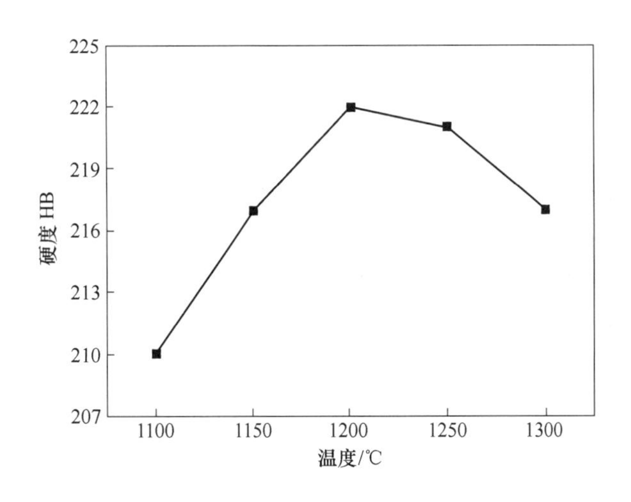

图4-38 烧结温度对材料硬度的影响

4.7.3.4 烧结温度对材料物相的影响

图4-39所示为不同温度下微波熔渗烧结钨铜复合材料的XRD图谱，从图中可以看出，当烧结温度为1300℃时，铜相的衍射峰最高，而$Cu_{0.4}W_{0.6}$（PDF卡号：50~1451）相峰值最低。当烧结温度在1100℃和1200℃时，合金的衍射峰相似，$Cu_{0.4}W_{0.6}$相衍射峰的峰值高于铜相衍射峰，说明液相烧结过程中部分铜原子进入W的晶格中并稳定存在，钨和铜具有较好的结合性能。而当在1300℃烧结时，铜组元的扩散相对容易并富集，因此Cu的衍射峰高。

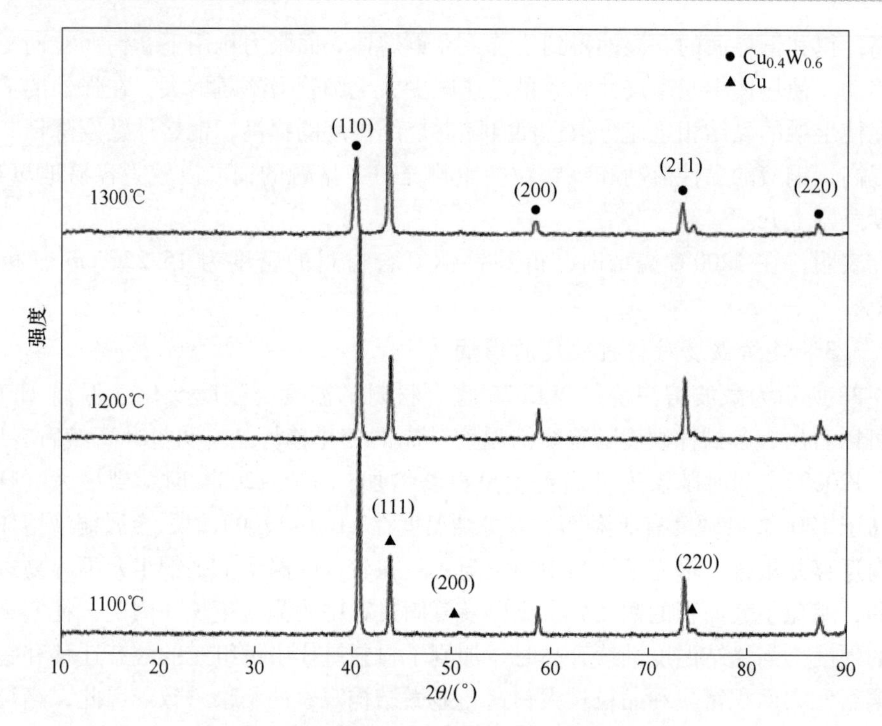

图 4-39　微波熔渗烧结 WCu20 复合材料 XRD 图

4.7.4　烧结时间对材料的影响

4.7.4.1　烧结时间对材料显微结构的影响

图 4-40 所示为不同烧结时间（1150℃、5%铜粉）下复合材料的金相照片。从图 4-40(a)~(c) 中可以看出随着烧结时间的增加，Cu 组元聚集区逐渐变得分散和均匀，而在烧结 1h 以后，材料基体中铜组元的分布变化不大，此外，随烧结时间的增加，材料基体的孔隙率也逐渐减少，烧结 1h 以后孔隙率明显降低，但随烧结时间的增加，孔隙率的变化也趋于稳定。

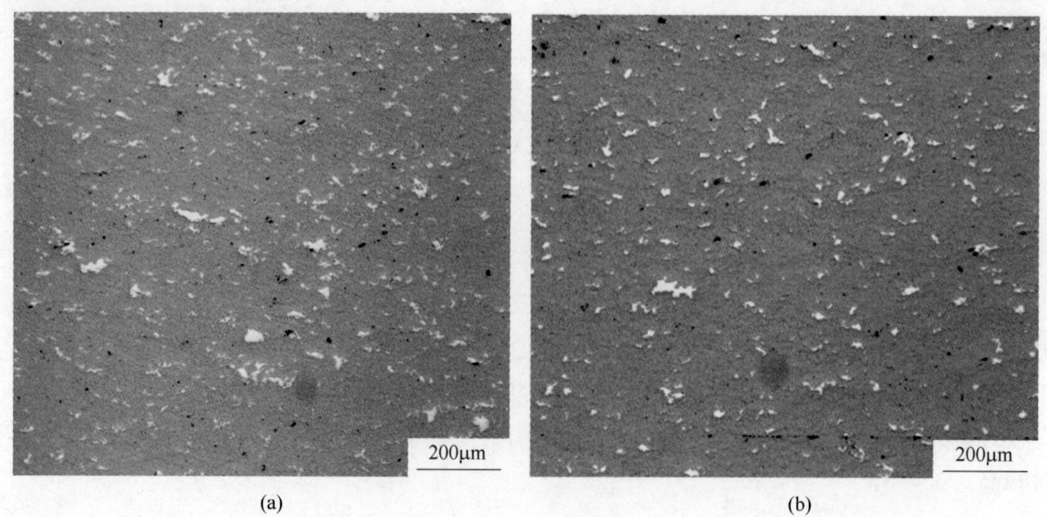

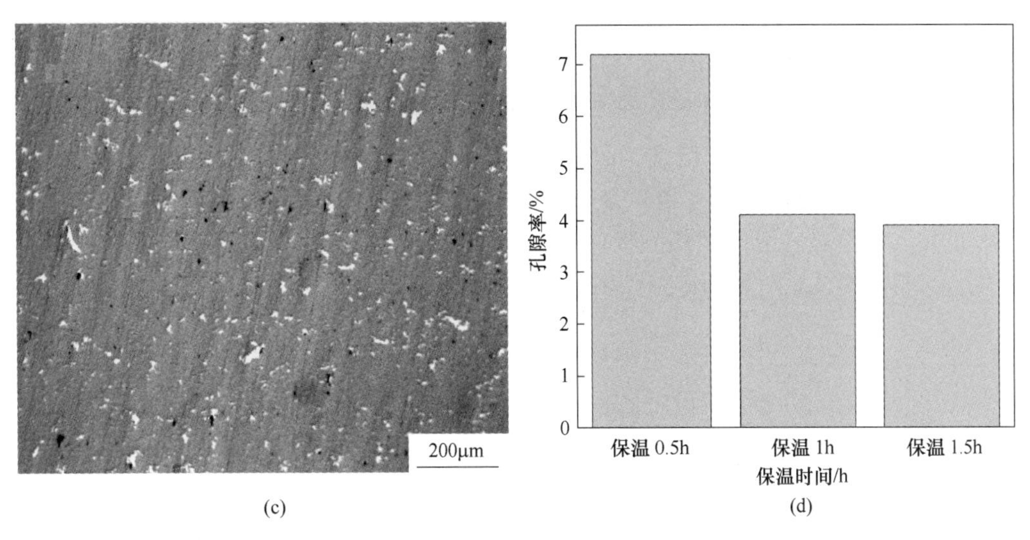

图 4-40 烧结时间对材料显微结构的影响（1150℃，5%铜粉）

（a）烧结 0.5h；（b）烧结 1h；（c）烧结 1.5h；（d）孔隙率变化

4.7.4.2 烧结时间对材料性能的影响

钨铜复合材料的密度和硬度是材料的基本力学性能，针对不同烧结时间，对材料的密度和硬度影响较大，针对不同烧结时间的钨铜复合材料的密度和硬度进行了测试，见表4-18。图 4-41 所示为 20%铜含量的钨铜复合材料密度和硬度随时间的变化规律。

表 4-18 不同保温时间下 WCu20 复合材料性能

温度/℃	铜粉/%	保温时间/h	密度/g · cm^{-3}	硬度 HB	相对密度/%
1150	5	0.5	14.67	196	93.40
		1.0	15.22	222	97.13
		1.5	15.28	214	97.54

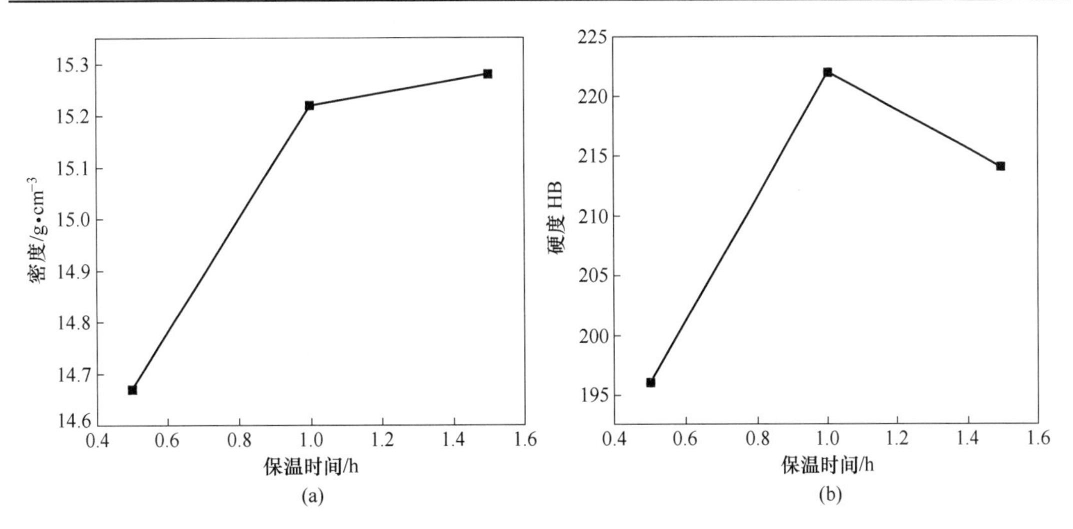

图 4-41 烧结时间对 WCu20 复合材料性能的影响

（a）烧结时间与密度关系；（b）烧结时间与硬度关系

由表4-18和图4-41可以看出随着烧结时间的增加，复合材料的密度增大，在0.5h到1h之间增幅较大，而在1h和1.5h时，材料密度略有增大，但增幅不大；此外，烧结0.5h时，材料的硬度较低，而在烧结1h时，材料的硬度最大，当烧结1.5h时，材料的硬度有所降低。因此，选择适当的烧结时间对复合材料性能的影响较为重要。在一定的烧结时间内，有利于复合材料中Cu相和W相充分扩散，颗粒分布均匀化，孔隙减少，因而密度和硬度在一定保温时间内都得到提高，但在烧结时间过长后，随颗粒重排和材料致密化，复合材料的密度有所增加但是硬度可能会因晶粒长大等因素而降低。

参考文献

[1] 黄善富．微波干燥硫酸铜和微波煅烧碱式碳酸锌新技术［D］．昆明：昆明理工大学，2002.

[2] 张世敏，彭金辉，张利波，等．微波加热中试装置及硫酸铜的干燥［J］．有色金属，2003，55（2）：40~42.

[3] 刘鹏，刘秉国，张利波，等．微波深度干燥铜精矿的一种新工艺［J］．昆明理工大学学报（自然科学版），2017（6）：2.

[4] 刘大星，路殿坤，蒋开喜，等．低品位次生硫化铜矿的细菌浸出研究［J］．有色冶金（冶金部分），2005（5）：2~5.

[5] 祝丽丽．微波和磁场强化细菌浸出低品位黄铜矿的研究［D］．成都：成都理工大学，2008.

[6] 徐志峰，胡小刚，李强，等．微波活化铜精矿加压浸出动力学［J］．有色金属科学与工程，2011，2（2）：19~23.

[7] 徐志峰，李强，王成彦．复杂硫化铜精矿微波活化预处理—加压浸出工艺［J］．过程工程学报，2010，10（2）：256~261.

[8] 苏永庆，刘纯鹏．微波加热下硫酸浸溶黄铜矿动力学［J］．有色金属，2000，52（1）：62~68.

[9] Yianatos J B，Antonucci V. Molybdenite concentrate cleaning by copper sulfation activated by microwave［J］. Minerals Engineering，2001，14（11）：1411~1419.

[10] Antonucci V，Correa C. Sulphuric acid leaching of chalcopyrite concentrate assisted by application of microwave energy［C］// International Conference Copper 95，Electrorefining and Hydrometallurgy of Copper，the Metallurgical Society of CIM，Santiago，Chile，1995，3：549~557.

[11] Havlik T，Sulek K，Briancin J，et al. The use of high frequency-heating in chalcopyrite leaching［J］. Metall.，1998，52：624~627.

[12] Weian D. Leaching behaviour of complex sulphide concentrate with ferric chloride by microwave irradiation［J］. Rare Metals，1997，16（2）：153~155.

[13] 徐晓军，宫磊，孟运生，等．氧化铁硫杆菌的微波诱变及对低品位黄铜矿的生物浸出［J］．有色金属，2005，57（2）：93~97.

[14] 范兴祥．一种环境友好的黄铜矿浸出新工艺及理论研究［D］．昆明：昆明理工大学，2006.

[15] 周晓东，张云梅，李理．微波辐照氨浸氧化铜矿的试验研究［J］．红河学院学报，2007，5（2）：31~33.

[16] 戴江洪，曾青云，陈庆根．微波萃取从低品位铜矿浸出液制备硫酸铜的新工艺研究［J］．江西有色金属，2006，20（2）：23~25.

[17] 康石长，赵云良，温通，等．微波对黄铜矿浸出的强化作用与机理研究［J］．金属矿山，2017（1）：86~90.

[18] 蔡超君．硫化铜矿物微波辅助焙烧工艺及机理研究［D］．昆明：昆明理工大学，2004.
[19] 路雨禾，谢锋，白云龙，等．微波活化预处理对黄铜矿加压浸出的影响［J］．有色金属（冶炼部分），2019（10）：1.
[20] 郭战永．微波富氧焙烧氯化亚铜渣脱氯新技术研究［D］．昆明：昆明理工大学，2014.
[21] 许磊．微波加热金属铜粉及熔渗烧结钨铜复合材料特性的研究［D］．昆明：昆明理工大学，2016.
[22] Mishra P，Sethi G，Upadhyaya A. Modeling of microwave heating of particulate metals［J］. Metallurgical and Materials Transactions B，2006，37（5）：839~845.
[23] 李永存．新型快速微波烧结微观机理的同步辐射在线实验研究［D］．合肥：中国科技大学，2013.
[24] 左兰兰，陈艳，王远鑫．微波场中铜粉烧结行为的初步研究［J］．安徽工业大学学报（自然科学版），2008，25（2）：117~119.
[25] 朱凤霞，易健宏，彭元东．微波烧结金属纯铜压坯［J］．中南大学学报（自然科学版），2009，40（1）：106~111.
[26] 刘艳平，尹海清，曲选辉．粉末冶金铜微波烧结的研究［J］．材料导报，2008，22（z1）：217~219.
[27] 鲍瑞，易健宏，杨亚杰，等．超细 WC-Co 硬质合金的微波烧结研究［J］．粉末冶金工业，2010，20（2）：22~26.
[28] 卫陈龙，许磊，张利波，等．微波烧结镀铬金刚石/铜复合材料的致密度研究［J］．矿冶，2016（1）：31~35.
[29] 张剑平，左红艳，罗军明，等．微波场中铜粉烧结颈形成和晶粒长大动力学［J］．材料热处理学报，2018（6）：19.

5 微波在铀冶金中的新应用

核能作为清洁、高效的新型能源，在国家能源战略中占有重要的地位。用核能替代部分化石燃料发电，不但可以将不可再生的化石燃料保留下来长期使用，还有利于保护环境和减少大量的燃料运输。例如，一座100万千瓦的火电站每年耗煤三四百万吨，而相同功率的核电站每年仅需铀燃料三四十吨，而且每千瓦时电能的成本比火电站要低20%以上。目前，不少发达国家和一些发展中国家和地区，已把发展核电放在优先发展的地位。2005年，国际原子能机构提出了加快发展核能的倡议[1,2]。我国是较早拥有核技术的大国，但是，与世界核电发展现状相比，我国核能发展规模小、产业能力弱的问题日益突出[3]。据世界核协会报道，截至2009年8月，全世界共有436座核电站投入运营，装机容量为3.72亿千瓦，其中我国仅有11座核电站，装机容量仅为860万千瓦。目前我国核电仅占总发电量的1.3%，大大低于世界17%的比重。因此，发展高效的核能工业，对提升我国综合经济实力、缓解我国能源紧张的现状极为重要。铀是核能工业发展的物质基础，是核电发展的“粮食”，对保障国家安全、能源安全、环境安全具有重大的战略意义。在铀核燃料的生产过程中，U_3O_8是铀产品产量的计量基准，具有非常重要的地位，U_3O_8在工业上是通过煅烧铀化学浓缩物——重铀酸铵（ADU）或三碳酸铀酰铵（AUC）获得。目前，重铀酸铵（ADU）或三碳酸铀酰铵（AUC）的煅烧主要采用电热回转窑煅烧。由于该煅烧设备在同一截面上存在温度分布不均匀的问题，导致该生产方法存在能耗高，产品均一性差，易发生欠烧、过烧等现象，给后续工序带来加工困难，而且更为关键的是常规电热回转窑煅烧三碳酸铀酰铵或重铀酸铵加工工艺时间长，会导致核辐射威胁几率增大。因此，开发一种快速、安全、低能耗的新型煅烧工艺势在必行。

U_3O_8 的生产过程中，不论采用固定式炉、反射炉还是动态回转窑煅烧，均存在生产周期长、能耗高、产品均一性差等不足。微波作为一种绿色高效的加热方法，可以通过在物料内部的能量耗散选择性加热物料，具有加热均匀、热效率高、缩短反应时间等常规加热方式无法比拟的优点[4,5]。利用微波加热的这些优点，有可能探索出在常规加热条件下难以实现的新工艺，促进我国冶金紧缺战略资源和铀核燃料生产能力及技术水平的提高。

5.1 三碳酸铀酰铵和重铀酸铵的吸波性能研究

根据与微波的相互作用，材料通常可以分为透明体、导体和介质材料三类[6]。透明体介电损耗很小，微波能够穿过而几乎没有能量损失；导体材料微波无法穿透，全部被反射；介质材料介电损耗大，对微波吸收性能强[7]。在微波与材料的交互作用中，只有当材料吸收微波才能使材料发生介电损耗而将微波能转化为物质的热能[8]。并不是所有物质都能够吸收微波，只有具有一定介电损耗的介质材料才能被微波加热。因此，需要探讨铀化学浓缩物在微波场中的吸波特性，研究其在微波场中的升温行为，为克服常规煅烧方法缺点、寻求新的煅烧工艺提供理论依据。

刘秉国、彭金辉等人[9]对三碳酸铀酰铵和重铀酸铵开展了微波焙烧的研究。

5.1.1　三碳酸铀酰铵和重铀酸铵在微波场中的升温行为

称取三碳酸铀酰铵和重铀酸铵各10g，然后分别放置于频率2.45GHz，输出功率为0~3kW的微波箱式反应器腔体中，调节微波输出功率为820W，碱式碳酸钴、偏钒酸铵、三碳酸铀酰铵和重铀酸铵在微波场中的升温特性曲线如图5-1所示。

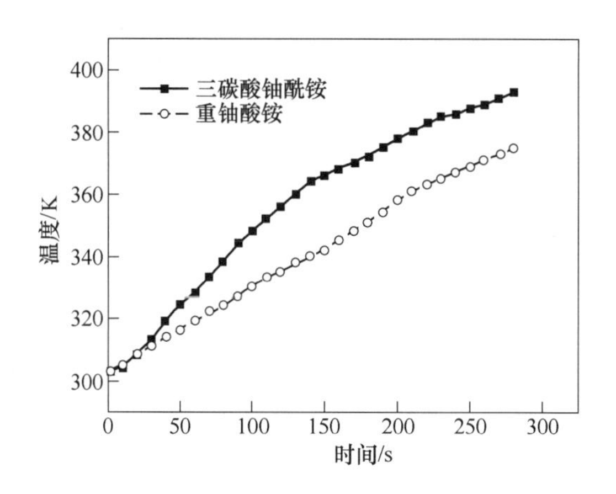

图5-1　三碳酸铀酰铵和重铀酸铵在微波场中的升温曲线

由图5-1可知，三碳酸铀酰铵和重铀酸铵在微波场中升温都较慢。微波辐射110s后，三碳酸铀酰铵和重铀酸铵的温度分别升高83K和60K，并且随着微波辐射时间的延长，二者升温逐渐变缓有趋于恒温的趋势。

如果考虑热的辐射损失以及反应的热效应，样品在微波场中的升温速率公式可表示为[10~12]：

$$\frac{\mathrm{d}T}{\mathrm{d}t}=\frac{1}{\rho C_p}\left(2\pi\varepsilon_0\varepsilon''fE^2-\frac{eaA}{V}T^4-\sum_{i=1}^{m}n_i\Delta H_{T,t}^{\ominus}\frac{\mathrm{d}F_i}{\mathrm{d}t}\right) \tag{5-1}$$

式中，T为温度；t为时间；ρ为密度；C_p为热容；ε_0为真空中的介电常数；ε''为介电损耗因子；f为微波频率；E为电场强度；e为样品的热辐射系数；a为Stefan-Boltzaman常数；A为样品表面积；V为样品体积；n_i为单位体积样品中组元i的物质的量；$\Delta H_{T,t}^{\ominus}$为反应i的热效应；F_i为反应i的转化率。

当微波输入功率一定时，总的升温速率主要决定于ε''、e、$\Delta H_{T,t}^{\ominus}$、$\mathrm{d}F/\mathrm{d}t$；对于三碳酸铀酰铵和重铀酸铵而言，微波辐射110s仍未发生分解，故e、$\Delta H_{T,t}^{\ominus}$、$\mathrm{d}F/\mathrm{d}t$均可视为常数。因此，反应速率$\mathrm{d}F/\mathrm{d}t$取决于样品的ε''大小。图5-1升温曲线测定结果表明，三碳酸铀酰铵和重铀酸铵在微波场中升温较慢，且随着微波辐射时间的延长而趋于恒温，所以上述四者对微波的吸收性能较弱，即ε''较小。

由在微波场中的升温曲线测定结果可知，三碳酸铀酰铵和重铀酸铵对微波的吸收性能都很差，均属于弱吸波物质。采用微波直接加热煅烧上述四物质比较困难，必须采取其他方式进行辅助加热。

5.1.2 八氧化三铀在微波场中的升温行为

称取八氧化三铀（U_3O_8）10g，然后放置于频率2.45GHz，输出功率为0～3kW的微波箱式反应器腔体中，调节微波输出功率为820W，八氧化三铀在微波场中的升温特性曲线如图5-2所示。

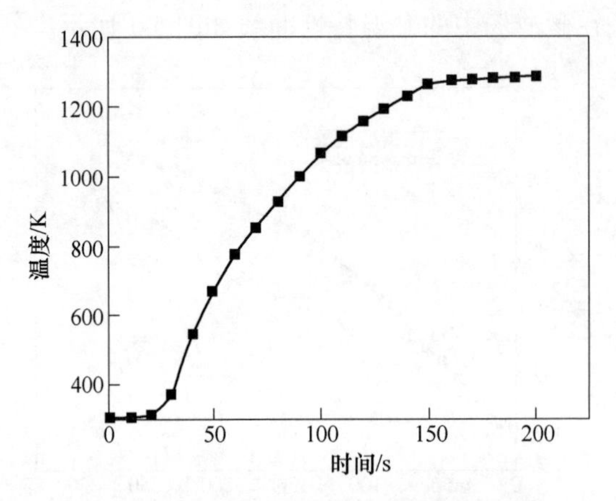

图5-2 八氧化三铀在微波场中的升温曲线

由图5-2可知，随着微波辐射时间延长，八氧化三铀在微波场中升温很快。微波辐射110s后，八氧化三铀温度可达到1113K，显示了较强的吸波性能，其原因在于上述三煅烧产物的介电损耗因子ε''均较大，对微波的吸收性能较好[13~15]。

综上可知，三碳酸铀酰铵和重铀酸铵对微波吸收性能较弱，在微波场中的升温速率较慢且很难达到其分解温度，而两者的煅烧产物八氧化三铀对微波的吸收性能较强，在很短时间内可以被加热至很高的温度。因此，根据Maxwell-Garnett等效媒介理论[16,17]，通过在三碳酸铀酰铵和重铀酸铵原料中添加一定比例的煅烧产物，有可能使其对微波的吸收性能增强，在微波场中的升温速率加快并煅烧分解。

5.1.3 混合物在微波场中的升温行为研究

称取三碳酸铀酰铵、重铀酸铵和煅烧产物（U_3O_8）以及二者的混合物各10g，然后分别放置于频率2.45GHz，输出功率为0～3kW的微波箱式反应器腔体中，调节微波输出功率为820W，异质材料在微波场中的升温特性曲线如图5-3和图5-4所示。由图5-3和图5-4可以看出，微波辐射4min后，三碳酸铀酰铵和重铀酸铵温度分别升高83K和94K，而分别配有20%八氧化三铀的三碳酸铀酰铵和重铀酸铵的温度可达1127K和975K；并且随着八氧化三铀配比的增加，混合物料升温速率逐渐提高。其原因在于，三碳酸铀酰铵和重铀酸铵在微波场中升温较慢，吸波性能较弱，而八氧化三铀的吸波性能很强[17]。依据异质材料等效媒介理论可知，填料物占比一定的情况下，填料物介电常数ε'越大，等效介电常数也越大，吸波性能越强，升温越迅速，这与5.1.2节中八氧化三铀的升温速率远大于三碳酸铀酰铵和重铀酸铵实验结果相吻合。

另外，从升温曲线可以看出，分别配有20%八氧化三铀的三碳酸铀酰铵和重铀酸铵混合物料在微波场中的吸热升温过程都明显分为三段。对于三碳酸铀酰铵，303～396K为初

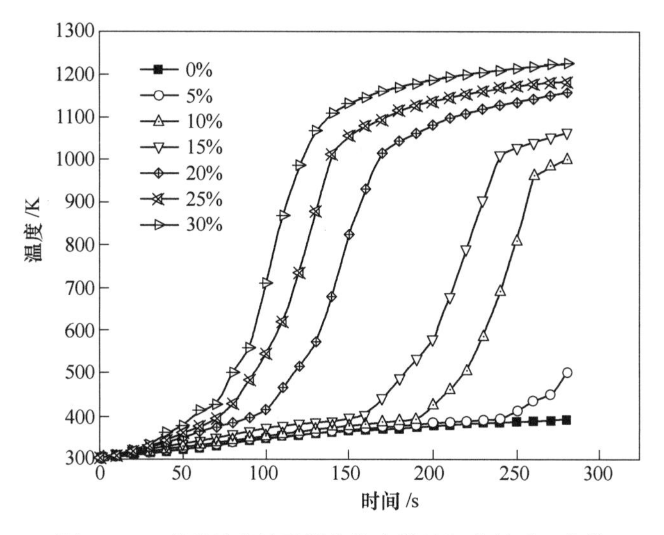

图 5-3　三碳酸铀酰铵及混合物在微波场中的升温曲线

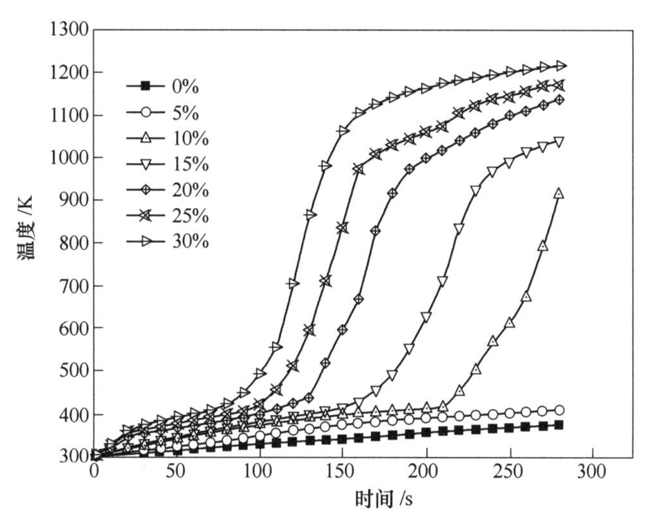

图 5-4　重铀酸铵及混合物在微波场中的升温曲线

始阶段，此阶段物料吸波性能差，升温缓慢；当微波加热 100s 后，由于三碳酸铀酰铵发生部分分解导致混合物料中八氧化三铀配比增大，物料的吸波性能显著提高，物料温度急剧升高；当微波辐射 200s 后，三碳酸铀酰铵基本分解完毕，此时物料全部煅烧为八氧化三铀，物料升温减缓并趋于恒温；对于重铀酸铵，303~519K 为初始阶段，此阶段物料吸波性能差，升温缓慢；当微波加热 140s 后，由于重铀酸铵发生部分分解导致混合物料中八氧化三铀配比增大，物料的吸波性能显著提高，物料温度急剧升高；当微波辐射 190s 后，重铀酸铵基本分解完毕，此时物料全部煅烧为八氧化三铀，物料升温减缓并趋于恒温。

5.2　微波煅烧三碳酸铀酰铵制备八氧化三铀

在铀核燃料的生产过程中，八氧化三铀是铀产品产量的计量基准，在工业上主要通过煅烧三碳酸铀酰铵（AUC）或重铀酸铵（ADU）获得，该煅烧工序是制备各种类型核燃料的关键环节[4]。根据5.1节的研究，将原料与焙烧产物混合，可大幅度提高混合物料的吸波性能，从而强化微波加热过程。

微波加热试验设备采用自制的可控温微波反应器，频率为2.45GHz，功率为0~3000kW连续可调，坩埚为耐骤冷骤热的微波专用陶瓷制成，测温采用带屏蔽套的热电偶。试验加热设备示意图如图5-5所示。三碳酸铀酰铵和八氧化三铀混合物以及重铀酸铵和八氧化三铀混合物按一定质量分数（20%）球磨混合。实验所用三碳酸铀酰铵$(NH_3)_4UO_2(CO_2)_3$和重铀酸铵$(NH_4)_2U_2O_7$为核电级纯度，杂质含量均为10^{-6}级别。

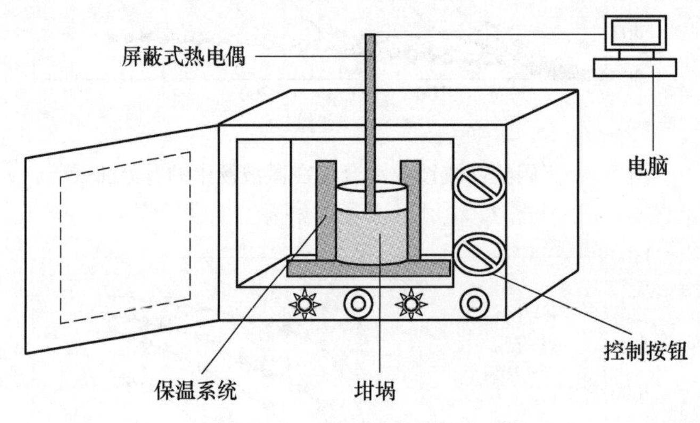

图5-5 微波加热设备示意图

5.2.1 实验设计

选定对八氧化三铀产品中总铀(Y_1)和U^{4+}(Y_2)含量影响较大的煅烧温度(X_1)、煅烧时间(X_2)和物料量(X_3)作为实验的三个影响因子，采用3因素2水平的响应曲面分析方法对工艺参数进行设计优化。三碳酸铀酰铵微波煅烧实验设计方案与实验结果见表5-1。

表5-1 三碳酸铀酰铵响应曲面法实验设计与结果

序号	温度X_1/K	时间X_2/min	物料量X_3/g	总铀含量Y_1/%	U^{4+}含量Y_2/%
1	673.00	4.00	30.00	61.78	15.42
2	1073.00	4.00	30.00	78.79	24.72
3	673.00	12.00	30.00	75.52	24.91
4	1073.00	12.00	30.00	80.56	39.24
5	673.00	4.00	50.00	60.92	15.21
6	1073.00	4.00	50.00	78.43	32.02
7	673.00	12.00	50.00	74.20	24.73
8	1073.00	12.00	50.00	80.18	39.09
9	536.64*	8.00	40.00	56.50	13.40
10	1209.36*	8.00	40.00	80.73	41.31

续表 5-1

序号	温度 X_1/K	时间 X_2/min	物料量 X_3/g	总铀含量 Y_1/%	U^{4+}含量 Y_2/%
11	873.00	1.27*	40.00	66.20	11.30
12	873.00	14.73*	40.00	79.25	29.09
13	873.00	8.00	23.18	78.17	27.06
14	873.00	8.00	56.82	79.35	30.71
15	873.00	8.00	40.00	80.15	28.29
16	873.00	8.00	40.00	80.20	28.34
17	873.00	8.00	40.00	80.09	28.16
18	873.00	8.00	40.00	80.19	28.37
19	873.00	8.00	40.00	80.17	28.32
20	873.00	8.00	40.00	80.12	29.13

注：在实际煅烧实验中，表中标“*”的数据做近似处理。

5.2.2 模型精确性分析

以煅烧温度、煅烧时间和物料量为自变量，八氧化三铀产品总铀和 U^{4+} 含量为因变量，通过最小二倍法拟合得到三碳酸铀酰铵微波煅烧产物八氧化三铀中总铀和 U^{4+} 含量的二次多项回归方程如下：

三碳酸铀酰铵：

$$Y_1 = 80.13 + 6.32X_1 + 3.84X_2 - 0.068X_3 - 2.94X_1X_2 + 0.18X_1X_3 - 0.06X_2X_3 - 3.90X_1^2 - 2.45X_2^2 - 0.31X_3^2 \quad (5\text{-}2)$$

$$Y_2 = 28.38 + 7.45X_1 + 5.16X_2 + 0.94X_3 + 0.32X_1X_2 + 0.94X_1X_3 - 0.93X_2X_3 - 0.04X_1^2 - 2.57X_2^2 + 0.05X_3^2 \quad (5\text{-}3)$$

5.2.2.1 回归方程方差分析

依据回归方程方差公式，分析得到三碳酸铀酰铵微波煅烧的方差分析（ANOVA），结果见表 5-2。

表 5-2 三碳酸铀酰铵煅烧产物八氧化三铀中总铀和 U^{4+} 的模型方差分析结果

方差来源	自由度	平方和		均方		F 值		P 值	
		ΣU	U^{4+}	ΣU	U^{4+}	ΣU	U^{4+}	ΣU	U^{4+}
模型	9	1098.52	1253.01	122.06	139.22	105.42	59.87	<0.0001	<0.0001
残差	10	11.58	23.25	1.16	2.33				
失拟项	5	11.57	22.65	2.31	4.53	1295.02	37.36	<0.0001	0.0006
纯误差	5	8.933×10^{-6}	0.061	51.79×10^{-6}	0.12				
总误差	19	1110.09	1276.26						

注：ΣU：决定相关系数 $R^2=0.990$，校正相关系数 $R_{adj}^2=0.980$；信噪比=29.27>4；

U^{4+}：决定相关系数 $R^2=0.982$，校正相关系数 $R_{adj}^2=0.965$；信噪比=26.31>4。

由表 5-2 方差分析（ANOVA）可以看出，对于响应值总铀，三碳酸铀酰铵煅烧模型 P 值小于 0.0001 即小于 0.05，表明建立的回归模型极显著；失拟项 P 值小于 0.0001，表明失拟也极显著。三碳酸铀酰铵煅烧模型的决定系数分别为 $R^2=0.990$ 和 $R^2=0.989$，校正

决定系数为 $R_{adj}^2=0.980$，说明该模型拟合程度良好，试验误差小，该回归模型可以较好地描述各因素与响应值之间的真实关系，可以用此模型对三碳酸铀酰铵微波煅烧产物八氧化三铀中总铀含量进行分析和预测。对于响应值 U^{4+}，三碳酸铀酰铵煅烧模型 P 值均小于 0.001，失拟项 P 值也小于 0.0001，表明建立的回归模型显著；模型的决定系数与校正决定系数均大于 0.96，说明该模型拟合程度良好，试验误差小，该回归模型可以较好地描述各因素与响应值之间的真实关系，可以用此模型对三碳酸铀酰铵微波煅烧产物八氧化三铀中 U^{4+} 含量进行分析和预测。

方差分析结果表明，在实验研究范围内，上述模型可以对三碳酸铀酰铵微波煅烧产物八氧化三铀中总铀和 U^{4+} 含量进行较精确的预测。图 5-6 所示为三碳酸铀酰铵煅烧产物八氧化三铀中总铀残差正态概率图。图 5-7 所示为三碳酸铀酰铵微波煅烧产物八氧化三铀中 U^{4+} 残差正态概率图。

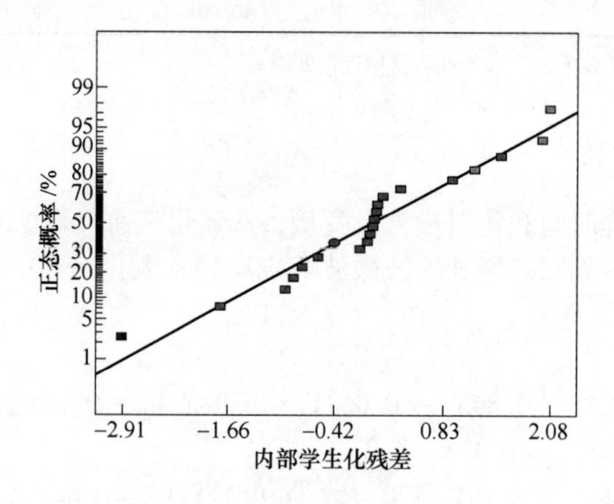

图 5-6　三碳酸铀酰铵煅烧产物八氧化三铀中总铀残差正态概率

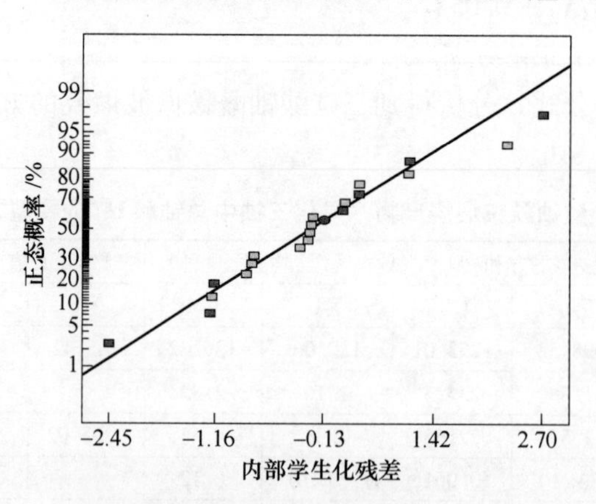

图 5-7　三碳酸铀酰铵煅烧产物八氧化三铀中 U^{4+} 残差正态概率

由图 5-6 和图 5-7 可见，三碳酸铀酰铵微波煅烧产物八氧化三铀中总铀和 U^{4+} 含量试验点近似为一条直线，表明实验残差分布在常态范围内，实验选取模型可以用来预测实验过程。

图 5-8 和图 5-9 所示分别为三碳酸铀酰铵微波煅烧产物八氧化三铀中总铀和 U^{4+} 含量预测值与实验值的对比。

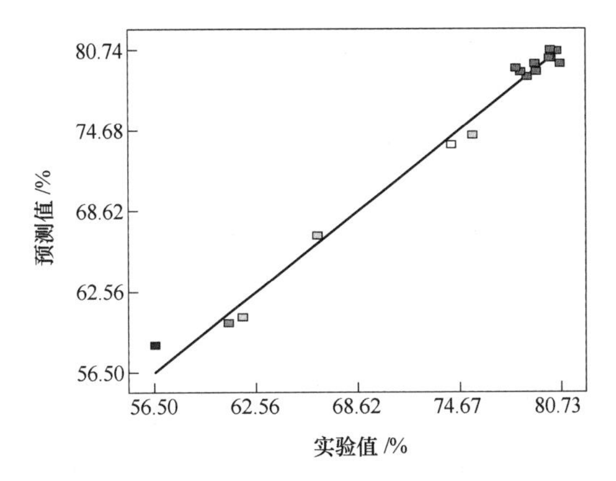

图 5-8 三碳酸铀酰铵煅烧产物八氧化三铀中总铀预测值与实验值关系

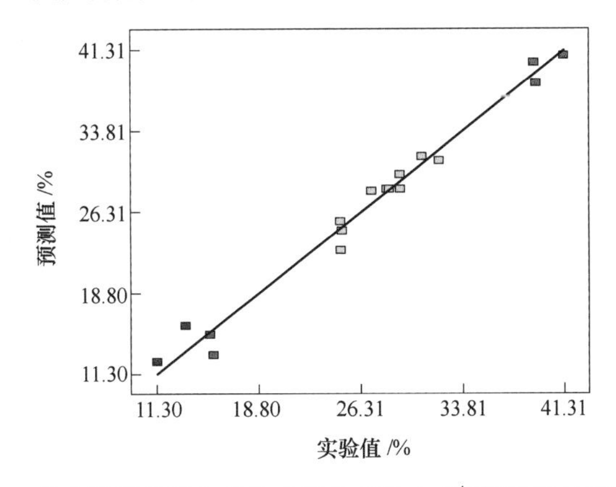

图 5-9 三碳酸铀酰铵煅烧产物八氧化三铀中 U^{4+} 预测值与实验值关系

由图 5-8 和图 5-9 可以发现，实验获得的预测值与实验结果比较接近，实验结果点平均分布于预测直线的周围，说明实验选取的模型可以成功反映影响三碳酸铀酰铵微波煅烧产物八氧化三铀中总铀和 U^{4+} 含量的自变量与因变量之间的关系。

5.2.2.2 回归方程显著性检验

依据显著性理论，分析得到三碳酸铀酰铵的显著性检验结果，见表 5-3。

表 5-3 三碳酸铀酰铵总铀和 U^{4+} 回归方程系数显著性检验

系数项	自由度	回归系数		标准误差		置信下限		置信上限		*P* 值	
		ΣU	U^{4+}	ΣU	U^{4+}	ΣU	U^{4+}	ΣU	U^{4+}	ΣU	U^{4+}
模型	1	80.13	28.38	0.44	0.62	79.15	27.00	81.10	29.77	<0.0001	<0.0001
X_1	1	6.32	7.45	0.29	0.41	5.67	6.53	6.97	8.37	<0.0001	<0.0001
X_2	1	3.84	5.16	0.29	0.41	3.19	4.24	4.49	6.08	<0.0001	<0.0001
X_3	1	−0.068	0.94	0.29	0.41	−0.72	0.025	0.58	1.86	0.8188	0.0451
X_1X_2	1	−2.94	0.32	0.38	0.54	−3.79	−0.88	−2.09	1.52	<0.0001	0.5630
X_1X_3	1	0.18	0.94	0.38	0.54	−0.67	−0.26	1.03	2.14	0.6463	0.1110
X_2X_3	1	−0.060	−0.93	0.38	0.54	−0.91	−2.13	0.79	0.27	0.8778	0.9221
X_1^2	1	−3.90	−0.04	0.28	0.4	−4.53	−0.94	−3.27	0.85	<0.0001	0.9221
X_2^2	1	−2.45	−2.57	0.28	0.4	−3.08	−3.47	−1.82	−1.68	<0.0001	<0.0001
X_3^2	1	−0.31	0.5	0.28	0.4	−0.95	−0.39	0.32	1.4	0.2927	0.2410

从表 5-3 回归方程系数显著性检验可知，三碳酸铀酰铵煅烧模型总铀和 U^{4+} 含量一次项 X_1、X_2 和二次项 X_1^2、X_2^2 的 P 值均小于 0.05，说明煅烧温度和煅烧时间对八氧化三铀产品中的总铀和 U^{4+} 含量有显著的影响。此外交互项 X_1、X_2 对八氧化三铀产品中的总铀含量也有显著的影响；因此，可以利用该回归模型来确定三碳酸铀酰铵微波煅烧分解制备八氧化三铀的工艺条件。优化的回归模型如下：

$$Y_1 = 80.13 + 6.32X_1 + 3.84X_2 - 2.94X_1X_2 - 3.90X_1^2 - 2.45X_2^2 \tag{5-4}$$

$$Y_2 = 28.38 + 7.45X_1 + 5.16X_2 + 0.94X_3 - 2.57X_2^2 \tag{5-5}$$

5.2.3　三碳酸铀酰铵微波煅烧响应曲面分析

依据微波煅烧三碳酸铀酰铵优化二次模型，煅烧温度、煅烧时间和物料量及其交互作用对八氧化三铀中总铀和 U^{4+} 含量的影响如图 5-10～图 5-13 所示。

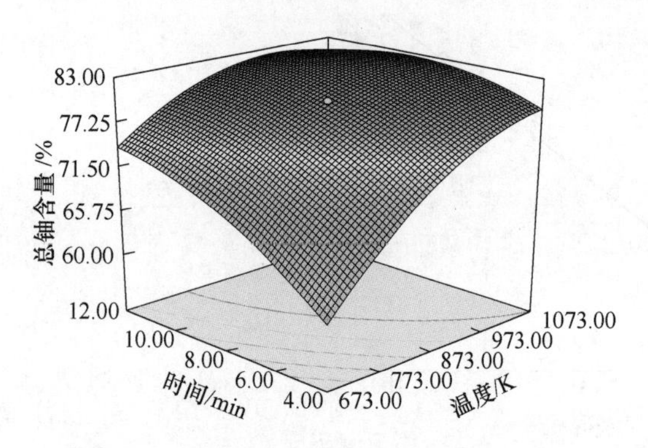

图 5-10　煅烧温度、煅烧时间及其交互作用对三碳酸铀酰铵煅烧产物八氧化三铀中总铀含量影响的响应曲面

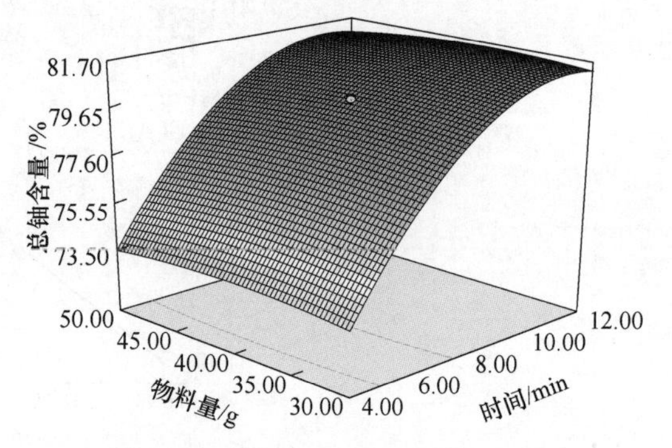

图 5-11　煅烧时间、物料量及其交互作用对三碳酸铀酰铵煅烧产物八氧化三铀中总铀含量影响的响应曲面

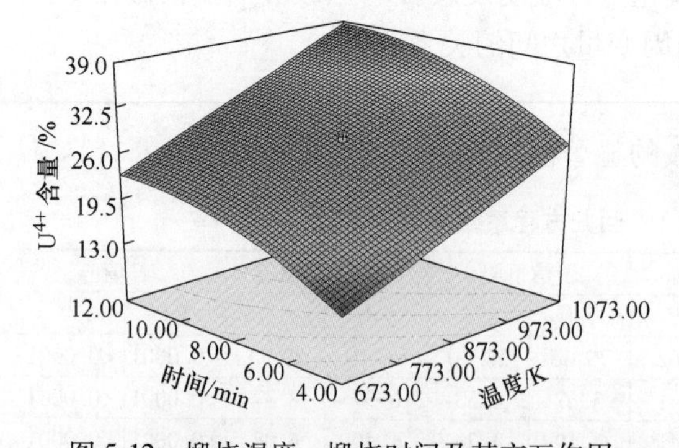

图 5-12　煅烧温度、煅烧时间及其交互作用对三碳酸铀酰铵煅烧产物八氧化三铀中 U^{4+} 含量影响的响应曲面

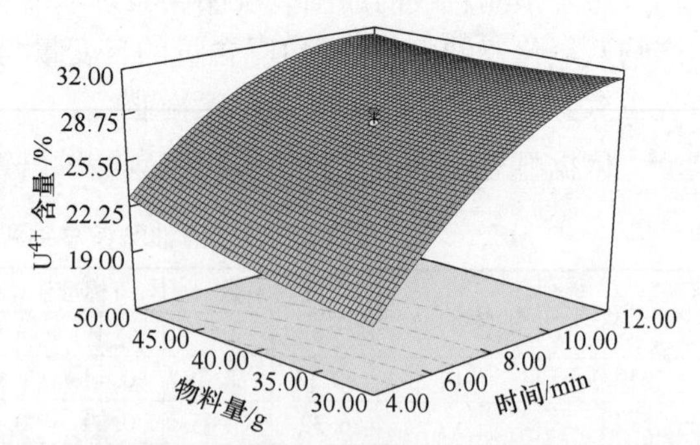

图 5-13　煅烧时间、物料量及其交互作用对三碳酸铀酰铵煅烧产物八氧化三铀中 U^{4+} 含量影响的响应曲面

由图 5-10～图 5-13 可知，三碳酸铀酰铵微波煅烧产物八氧化三铀产品中总铀和 U^{4+} 含量随煅烧温度和煅烧时间呈递增趋势。

综合图 5-10～图 5-13 可以看出，在实验条件下，煅烧温度和煅烧时间为影响三碳酸铀酰铵微波煅烧产物八氧化三铀中总铀和 U^{4+} 含量的主要因素，物料量为次要因素。这与回归模型显著性分析结果一致。

5.2.4 响应曲面优化及验证

以八氧化三铀产品中总铀和 U^{4+} 含量分别满足 75%~84.79%和 28%~45%为标准，用回归模型优化工艺参数，得到三碳酸铀酰铵微波煅烧产物同时满足上述指标的响应曲面，如图 5-14 所示。图 5-14 中顶面部分为八氧化三铀产品总铀和 U^{4+} 含量同时满足 75%~84.79%和 28%~45%标准的区域。

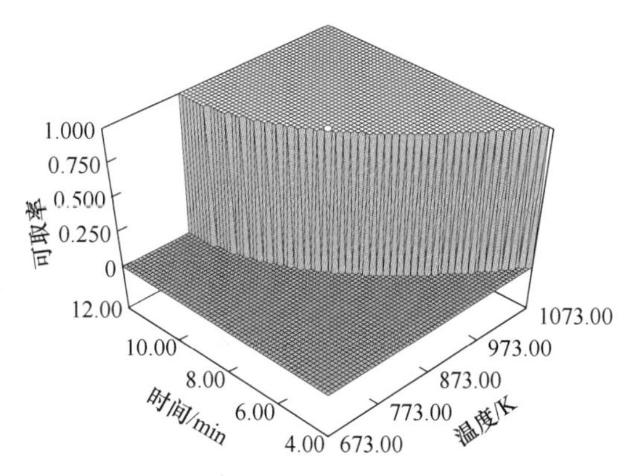

图 5-14 三碳酸铀酰铵煅烧产物八氧化三铀中总铀和 U^{4+} 优化响应曲面

以八氧化三铀产品中总铀和 U^{4+} 含量分别以 75%~84.79%和 28%~45%为标准，优化得到三碳酸铀酰铵微波煅烧的最优工艺参数见表 5-4。

表 5-4 三碳酸铀酰铵回归模型优化工艺参数

自变量			响应值	
			ΣU	U^{4+}
煅烧温度/K	煅烧时间/min	物料量/g	预测值/%	预测值/%
942.75	8.78	30.98	82.07	31.33

为验证三碳酸铀酰铵微波煅烧响应曲面法的可靠性，采用优化后的最佳条件进行试验，同时考虑到实际生产的便利性，以煅烧温度 943K、煅烧时间 9min、物料量 31g 为条件进行验证实验，两次平行实验得到三碳酸铀酰铵微波煅烧产物八氧化三铀中总铀和 U^{4+} 含量为 83.17%、31.86%。该验证值与预测值接近，偏差较小，表明该预测模型是合适的，优化工艺可行。

5.3 微波煅烧重铀酸铵制备八氧化三铀

5.3.1 实验设计

选定对八氧化三铀产品中总铀(Y_1) 和 U^{4+}(Y_2) 含量影响较大的煅烧温度 (X_1)、煅烧时间（X_2）和物料量（X_3）作为实验的三个影响因子，采用3因素2水平的响应曲面分析方法对工艺参数进行设计优化。重铀酸铵微波煅烧实验设计方案与实验结果见表5-5。

表5-5 重铀酸铵响应曲面法实验设计与结果

序号	温度 X_1/K	时间 X_2/min	物料量 X_3/g	总铀含量 Y_1/%	U^{4+}含量 Y_2/%
1	673.00	4.00	30.00	63.76	18.43
2	1073.00	4.00	30.00	80.79	27.72
3	673.00	12.00	30.00	77.52	27.91
4	1073.00	12.00	30.00	82.59	42.25
5	673.00	4.00	60.00	62.92	18.21
6	1073.00	4.00	60.00	80.43	35.02
7	673.00	12.00	60.00	76.23	27.73
8	1073.00	12.00	60.00	82.18	42.09
9	536.64*	8.00	45.00	58.5	16.40
10	1209.36*	8.00	45.00	82.77	44.31
11	873.00	1.27*	45.00	68.2	14.3
12	873.00	14.73*	45.00	81.25	32.11
13	873.00	8.00	19.77	80.2	30.06
14	873.00	8.00	70.23	81.35	33.71
15	873.00	8.00	45.00	82.16	31.30
16	873.00	8.00	45.00	82.21	31.34
17	873.00	8.00	45.00	82.1	31.16
18	873.00	8.00	45.00	82.19	31.37
19	873.00	8.00	45.00	82.19	31.33
20	873.00	8.00	45.00	82.12	31.25

注：在实际煅烧实验中，表中标“*”的数据做近似处理。

5.3.2 模型精确性分析

以煅烧温度、煅烧时间和物料量为自变量，八氧化三铀产品总铀和U^{4+}含量为因变量，通过最小二倍法拟合得到重铀酸铵微波煅烧产物八氧化三铀中总铀和U^{4+}含量的二次多项回归方程如下：

$$Y_1 = 82.13 + 6.32X_1 + 3.85X_2 - 0.071X_3 - 2.94X_1X_2 + 0.17X_1X_3 - 0.062X_2X_3 - 3.9X_1^2 - 2.45X_2^2 - 0.31X_3^2 \tag{5-6}$$

$$Y_2 = 31.24 + 7.45X_1 + 5.17X_2 + 0.94X_3 + 0.33X_1X_2 + 0.94X_1X_3 - 0.93X_2X_3 + 8.33X_1^2 - 2.52X_2^2 + 0.55X_3^2 \tag{5-7}$$

5.3.2.1 回归方程方差分析

依据回归方程方差公式，分析得到重铀酸铵微波煅烧的方差分析（ANOVA），结果见表5-6。

表 5-6 重铀酸铵煅烧产物八氧化三铀中总铀和 U^{4+} 的模型方差分析结果

方差来源	自由度	平方和		均方		F 值		P 值	
		ΣU	U^{4+}	ΣU	U^{4+}	ΣU	U^{4+}	ΣU	U^{4+}
模型	9	1100.32	1250.63	122.26	138.96	105.63	61.42	<0.0001	<0.0001
残差	10	11.57	22.63	1.16	2.26				
失拟项	5	22.60	124.25	2.31	4.52	1219.4	776.99	<0.0001	<0.0001
纯误差	5	9.48×10^{-6}	0.029	51.89×10^{-6}	5.82×10^{-6}				
总误差	19	1111.8	1273.3						

注：ΣU：$R^2=0.989$，$R^2_{adj}=0.980$；信噪比=29.28>4；

U^{4+}：$R^2=0.982$，$R^2_{adj}=0.966$；信噪比=26.67>4。

由表5-6方差分析（ANOVA）可以看出，该回归模型可以较好地描述各因素与响应值之间的真实关系，可以用此模型对重铀酸铵微波煅烧产物八氧化三铀中总铀含量进行分析和预测。对于响应值 U^{4+}，重铀酸铵煅烧模型 P 值均小于 0.001，失拟项 P 值也小于 0.0001，表明建立的回归模型显著；模型的决定系数与校正决定系数均大于 0.96，说明该模型拟合程度良好，试验误差小，该回归模型可以较好地描述各因素与响应值之间的真实关系，可以用此模型对重铀酸铵微波煅烧产物八氧化三铀中 U^{4+} 含量进行分析和预测。

方差分析结果表明，在实验研究范围内，上述模型可以对重铀酸铵微波煅烧产物八氧化三铀中总铀和 U^{4+} 含量进行较精确的预测。图 5-15 和图 5-16 分别为重铀酸铵煅烧产物八氧化三铀中总铀和 U^{4+} 残差正态概率图。

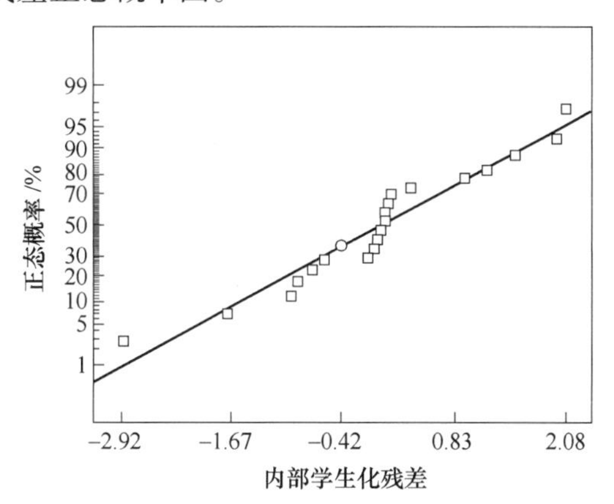

图 5-15 重铀酸铵煅烧产物八氧化三铀中总铀残差正态概率

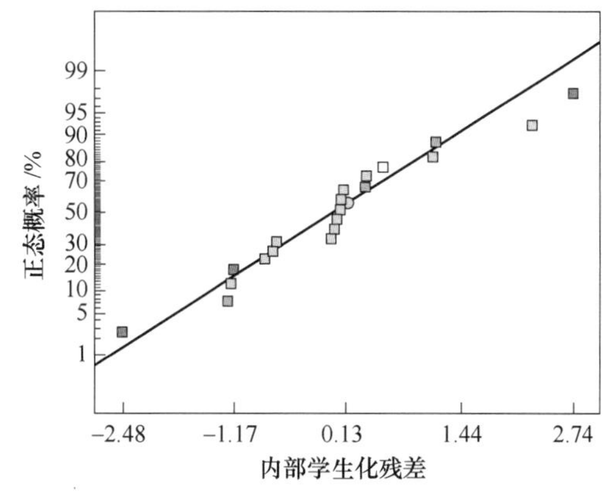

图 5-16 重铀酸铵煅烧产物八氧化三铀中 U^{4+} 残差正态概率

由图 5-15 和图 5-16 可见，重铀酸铵微波煅烧产物八氧化三铀中总铀和 U^{4+} 含量试验点近似为一条直线，表明实验残差分布在常态范围内，实验选取模型可以用来预测实验过程。

图 5-17 和图 5-18 分别为重铀酸铵微波煅烧产物八氧化三铀中总铀和 U^{4+} 含量预测值与实验值的对比。

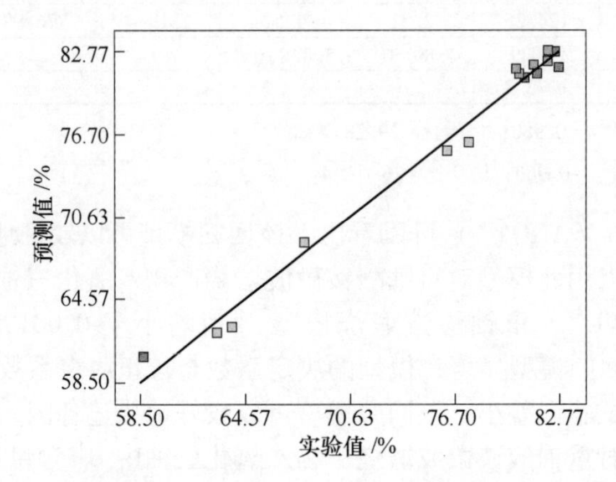

图 5-17　重铀酸铵煅烧产物八氧化三铀中总铀预测值与实验值关系

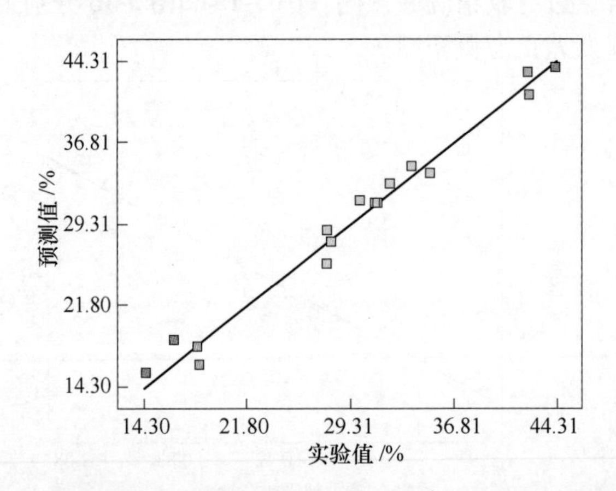

图 5-18　重铀酸铵煅烧产物八氧化三铀中 U^{4+} 预测值与实验值关系

由图 5-15~图 5-18 分析发现，实验获得的预测值与实验结果比较接近，实验结果点平均分布于预测直线的周围，说明实验选取的模型可以成功反映影响重铀酸铵微波煅烧产物八氧化三铀中总铀和 U^{4+} 含量的自变量与因变量之间的关系。

5.3.2.2　回归方程显著性检验

依据显著性理论，分析得到重铀酸铵的显著性检验结果，见表 5-7。

表 5-7　重铀酸铵总铀和 U^{4+} 回归方程系数显著性检验

系数项	自由度	回归系数		标准误差		置信下限		置信上限		P 值	
		ΣU	U^{4+}	ΣU	U^{4+}	ΣU	U^{4+}	ΣU	U^{4+}	ΣU	U^{4+}
模型	1	82.13	31.24	0.44	0.61	81.16	29.87	83.11	32.61		
X_1	1	6.32	7.45	0.29	0.41	5.68	6.54	6.97	8.36	<0.0001	<0.0001

续表 5-7

系数项	自由度	回归系数		标准误差		置信下限		置信上限		*P* 值	
		ΣU	U^{4+}	ΣU	U^{4+}	ΣU	U^{4+}	ΣU	U^{4+}	ΣU	U^{4+}
X_2	1	3.85	5.17	0.29	0.41	3.20	4.26	4.50	6.07	<0.0001	<0.0001
X_3	1	-0.071	0.940	0.29	0.41	-0.72	0.036	0.58	1.85	0.8129	0.043
X_1X_2	1	-2.94	0.330	0.38	0.53	-3.79	-0.86	-2.09	1.51	<0.0001	0.5548
X_1X_3	1	0.17	0.940	0.38	0.53	-0.68	-0.24	1.02	2.13	0.6644	0.107
X_2X_3	1	-0.062	-0.930	0.38	0.53	-0.91	-2.11	0.79	0.26	0.8728	0.112
X_1^2	1	-3.90	8.330	0.28	0.40	-4.53	-0.87	-3.27	0.89	<0.0001	0.984
X_2^2	1	-2.45	-2.520	0.28	0.40	-3.08	-3.40	-1.82	-1.64	<0.0001	<0.0001
X_3^2	1	-0.31	0.55	0.28	0.40	-0.95	-0.33	0.32	1.43	0.2939	0.196

从表 5-7 回归方程系数显著性检验可知，重铀酸铵煅烧模型总铀和 U^{4+} 含量一次项 X_1、X_2 和二次项 X_2^2 的 P 值均小于 0.05，说明煅烧温度和煅烧时间对八氧化三铀产品中的总铀和 U^{4+} 含量有显著的影响。因此，可以利用该回归模型来确定重铀酸铵微波煅烧分解制备八氧化三铀的工艺条件。优化的回归模型如下：

$$Y_1 = 82.13 + 6.32X_1 + 3.85X_2 - 2.94X_1X_2 - 3.9X_1^2 - 2.45X_2^2 \tag{5-8}$$

$$Y_2 = 31.24 + 7.45X_1 + 5.17X_2 + 0.94X_3 - 2.52X_2^2 \tag{5-9}$$

5.3.3 重铀酸铵微波煅烧响应曲面分析

依据微波煅烧重铀酸铵优化二次模型，煅烧温度、煅烧时间和物料量及其交互作用对八氧化三铀中总铀和 U^{4+} 含量的影响如图 5-19~图 5-22 所示。

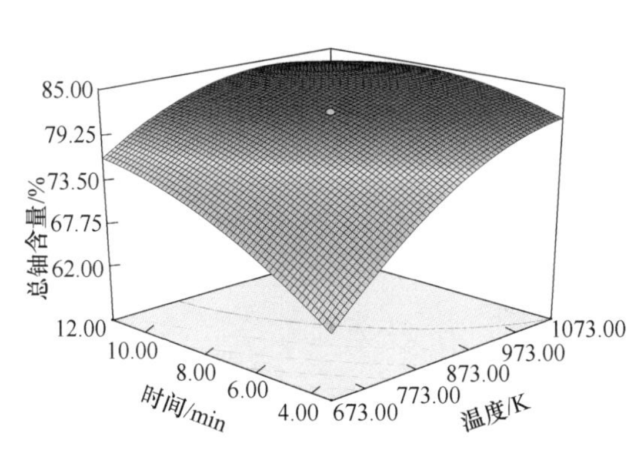

图 5-19 煅烧温度、煅烧时间及其交互作用对重铀酸铵煅烧产物八氧化三铀中总铀含量影响的响应曲面

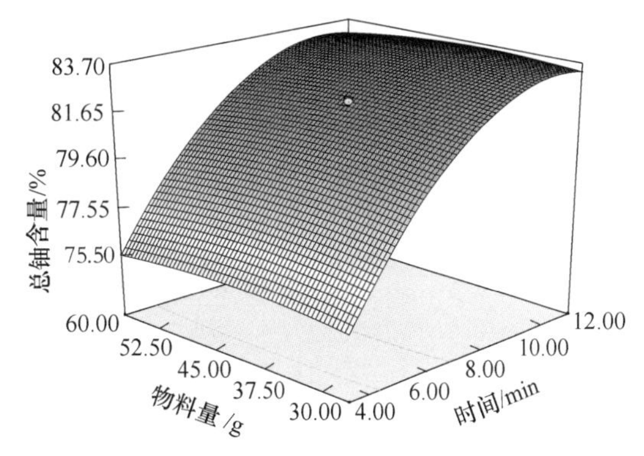

图 5-20 煅烧时间、物料量及其交互作用对重铀酸铵煅烧产物八氧化三铀中总铀含量影响的响应曲面

由图 5-19~图 5-22 可知，当物料量固定时，随着煅烧温度的升高，八氧化三铀产品中总铀和 U^{4+} 含量急剧增大，当煅烧温度和煅烧时间达到一定值时，八氧化三铀产品中总铀和 U^{4+} 含量变化逐渐变缓。

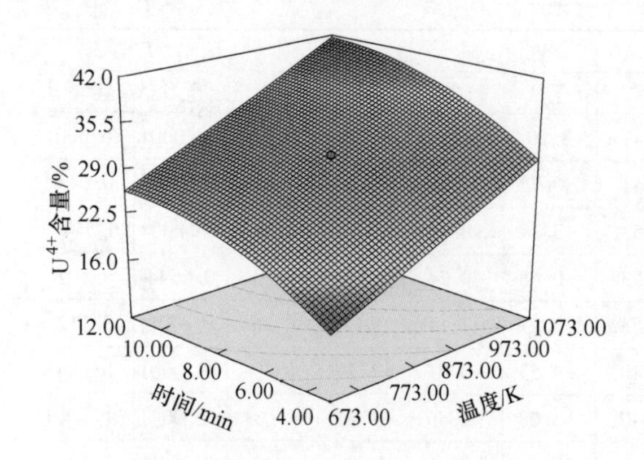

图 5-21　煅烧温度、煅烧时间及其交互作用对重铀酸铵煅烧产物八氧化三铀中 U^{4+} 含量影响的响应曲面

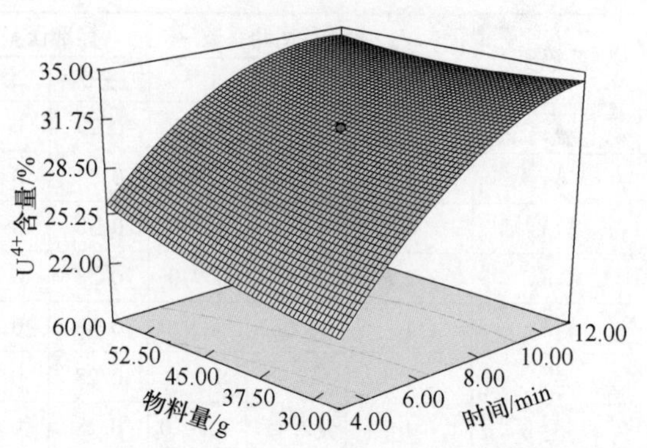

图 5-22　煅烧时间、物料量及其交互作用对重铀酸铵煅烧产物八氧化三铀中 U^{4+} 含量影响的响应曲面

综合图 5-17~图 5-22 可以看出，在实验条件下，煅烧温度和煅烧时间为影响重铀酸铵微波煅烧产物八氧化三铀中总铀和 U^{4+} 含量的主要因素，物料量为次要因素，这与回归模型显著性分析结果一致。

5.3.4　响应曲面优化及验证

以八氧化三铀产品中总铀和 U^{4+} 含量分别满足 75%~84.79%和 28%~45%为标准，用回归模型优化工艺参数，得到重铀酸铵微波煅烧产物同时满足上述指标的响应曲面，如图 5-23 所示。

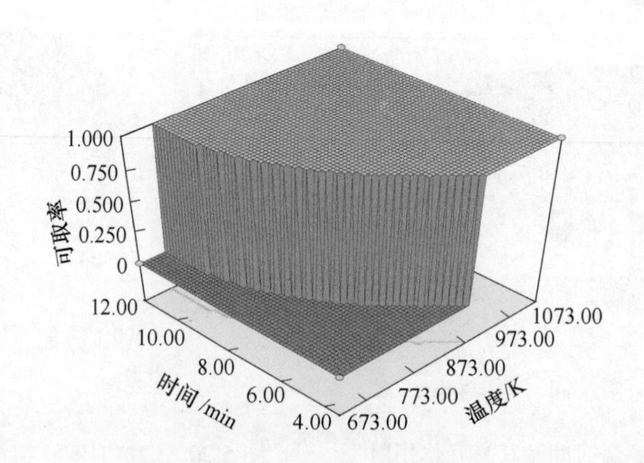

图 5-23　重铀酸铵煅烧产物八氧化三铀中总铀和 U^{4+} 优化响应曲面

图 5-23 中顶面部分为八氧化三铀产品总铀和 U^{4+} 含量同时满足 75%~84.79%和 28%~45%标准的区域。

以八氧化三铀产品中总铀和 U^{4+} 含量分别为 75%~84.79%和 28%~45%为标准，优化得到重铀酸铵微波煅烧的最优工艺参数，见表 5-8。

表 5-8 重铀酸铵回归模型优化工艺参数

自变量			响应值	
			ΣU	U^{4+}
煅烧温度/K	煅烧时间/min	物料量/g	预测值/%	预测值/%
911.04	8.34	38.55	83.42	32.74

为验证重铀酸铵微波煅烧响应曲面法的可靠性，采用优化后的最佳条件进行试验，同时考虑到实际生产的便利性，以煅烧温度 911K、煅烧时间 8min、物料量 39g 为条件进行验证实验，两次平行实验得到重铀酸铵微波煅烧产物八氧化三铀中总铀和 U^{4+} 含量分别为 83.17%、31.86%和 83.26%、31.96%。该验证值与预测值接近，偏差较小，表明该预测模型是合适的，优化工艺可行。

对于铀化学浓缩物，在产品满足质量要求的前提下，微波煅烧铀化学浓缩物的优化工艺参数中煅烧温度比常规煅烧方法降低约 20K，煅烧时间仅为常规煅烧方法的 1/3；另外，与常规煅烧方法相比，铀化学浓缩物微波煅烧产物八氧化三铀中总铀和 U^{4+} 含量同时满足 75%~84.79%和 28%~45%标准的区域范围更大，也即说明微波煅烧铀化学浓缩物的工艺参数更易控制。

与常规煅烧相比，微波煅烧过程中煅烧温度和煅烧时间对响应参数的影响与常规煅烧相似，而物料量对响应参数的影响很小。

5.4 微波煅烧碱式碳酸钴

碱式碳酸钴的化学式为 $2CoCO_3 \cdot 3Co(OH)_2 \cdot H_2O$，紫红色棱柱状结晶粉末，溶于稀酸和氨水，不溶于冷水，热水中分解。用作化学试剂，是制钴盐的原料；用作瓷器色料，在温度较低时，常用钴着色；也用作电子材料、磁性材料的添加剂；制钴系催化剂时用作 pH 值调整剂。

四氧化三钴是一种黑色或灰黑色粉末，单位晶胞中含有 8 个四氧化三钴分子，Co^{2+} 占据 8 个四面体位置，Co^{3+} 占据 16 个八面体位置，属于尖晶石结构，广泛应用于锂离子电池、气体传感器、催化剂和磁性材料等领域，工业上多采用碱式碳酸钴煅烧制备得到。

刘秉国、彭金辉等人[9]研究了碱式碳酸钴的微波煅烧。

5.4.1 实验设计与结果

选定对碱式碳酸钴分解率（Y）影响较大的煅烧温度（X_1）、煅烧时间（X_2）和物料量（X_3）作为实验的三个影响因素开展系统微波煅烧实验，实验设计方案与实验结果见表 5-9。

表 5-9 碱式碳酸钴微波煅烧响应曲面实验设计与结果

序号	温度 X_1/K	时间 X_2/min	物料量 X_3/g	分解率 Y/%
1	523	3.00	4.00	82.07
2	673	3.00	4.00	98.19
3	523	10.00	4.00	85.10
4	673	10.00	4.00	99.77

续表 5-9

序号	温度 X_1/K	时间 X_2/min	物料量 X_3/g	分解率 Y/%
5	523	3.00	10.00	79.55
6	673	3.00	10.00	98.04
7	523	10.00	10.00	83.82
8	673	10.00	10.00	99.43
9	472	6.50	7.00	74.77
10	724	6.50	7.00	99.87
11	598	1.00	7.00	82.05
12	598	12.00	7.00	97.62
13	598	6.50	2.00	95.89
14	598	6.50	12.00	92.4
15	598	6.50	7.00	94.83
16	598	6.50	7.00	94.92
17	598	6.50	7.00	94.80
18	598	6.50	7.00	94.54
19	598	6.50	7.00	94.03
20	598	6.50	7.00	94.13

5.4.2　模型精确性分析

以煅烧温度、煅烧时间和物料量为自变量，碱式碳酸钴煅烧分解率 Y 为因变量，通过 CCD 优化设计分析各影响因素以及各影响因素之间对回归模型的影响作用，选取二次方模型为碱式碳酸钴微波煅烧分解率回归模型，通过最小二倍法拟合得到碱式碳酸钴微波煅烧分解的二次多项回归方程如下：

$$Y=-131.2+0.623X_1+3.548X_2-1.395X_3-2.062X_1X_2+1.839X_1X_3+0.013X_2X_3-4.328X_1^2-0.126X_2^2-2.402X_3^2 \tag{5-10}$$

依据回归方程方差分析，得到碱式碳酸钴回归方程的方差分析结果见表 5-10。

表 5-10　碱式碳酸钴回归方程方差分析

方差来源	平方和	自由度	均方	F 值	P 值
模型	1060.51	9	117.83	28.53	<0.0001
残差	41.30	10	4.13		
失拟项	40.58	5	8.12	56.02	0.0002
纯误差	0.72	5	0.14		
总误差	1101.81	19			

注：$R^2=0.963$，$R^2_{adj}=0.929$；信噪比 = 18.36>4。

由表 5-10 可以看出，该模型拟合程度良好，实验误差小，可以用此模型对碱式碳酸钴微波煅烧分解进行分析和预测。方差分析结果表明，在实验研究范围内，上述模型可以对碱式碳酸钴分解率进行较精确的预测。

图 5-24 所示为碱式碳酸钴分解率残差正态概率图，图 5-25 所示为碱式碳酸钴分解率预测值与实验值对比图。实验残差分布在常态范围内，实验选取的模型合适，所获得的预测值与实验结果比较接近且实验结果点基本上平均分布于预测直线的周围，这说明实验所选取的模型可以成功地反映影响碱式碳酸钴煅烧的自变量与因变量之间的关系。

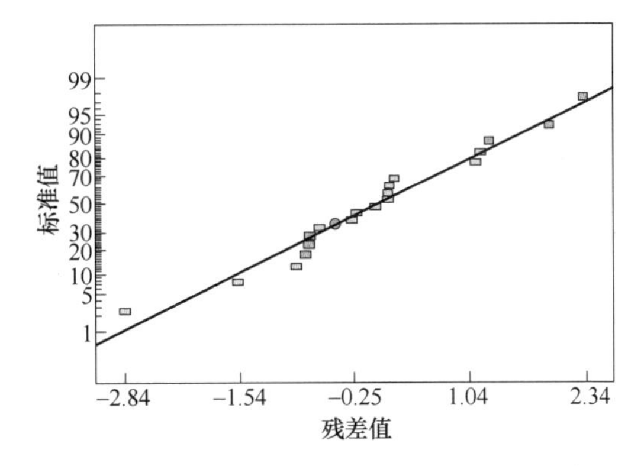

图 5-24 碱式碳酸钴煅烧分解率残差正态概率图

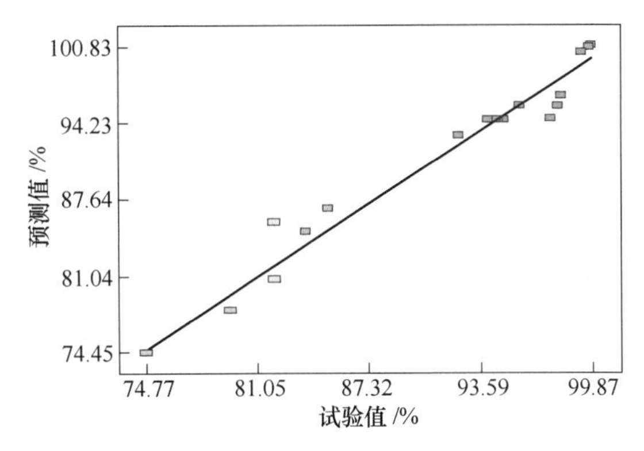

图 5-25 碱式碳酸钴分解率预测值与实验值对比

依据显著性理论分析，得到碱式碳酸钴回归模型的显著性检验结果见表 5-11。

表 5-11 碱式碳酸钴回归方程系数显著性检验

系数项	回归系数	自由度	标准误差	置信下限	置信上限	P 值
模型	94.52	1	0.83	92.68	96.37	< 0.0001
X_1	7.84	1	0.55	6.62	9.07	< 0.0001
X_2	2.67	1	0.55	1.44	3.89	0.0007
X_3	−0.74	1	0.55	−1.97	0.48	0.2059
X_1X_2	−0.54	1	0.72	−2.14	1.06	0.4686
X_1X_3	0.41	1	0.72	−1.19	2.01	0.5774
X_2X_3	0.13	1	0.72	−1.47	1.73	0.8587
X_1^2	−2.43	1	0.54	−3.63	−1.24	0.0011
X_2^2	−1.55	1	0.54	−2.74	−0.35	0.0162
X_3^2	−0.022	1	0.54	−1.21	1.17	0.9686

从表5-11可知，一次项 X_1 和 X_2、二次项 X_1^2 和 X_2^2 的 P 值均小于0.05，也极显著。说明煅烧温度和煅烧时间对碱式碳酸钴分解率均有显著的影响，而物料量影响不显著。总体来说，可以利用该回归模型来确定并优化碱式碳酸钴微波煅烧分解工艺参数。优化的碱式碳酸钴回归模型为：

$$Y=-131.2+0.623X_1+3.548X_2-4.328X_1^2-0.126X_2^2 \quad (5\text{-}11)$$

5.4.3　响应曲面分析

在方差分析和模型显著性检验的基础上，通过建立影响碱式碳酸钴微波煅烧分解的三维响应曲面，考察各因素及其之间的交互作用对碱式碳酸钴微波煅烧分解率的影响规律。碱式碳酸钴煅烧温度、煅烧时间和物料量及其交互作用对碱式碳酸钴分解率的影响如图5-26和图5-27所示。

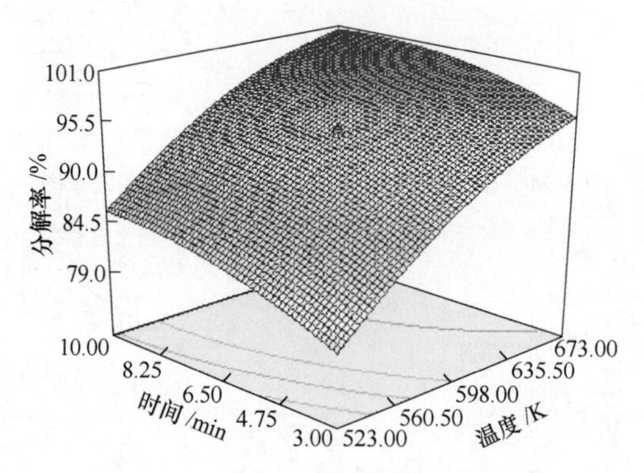

图5-26　煅烧温度、煅烧时间及其交互作用对碱式碳酸钴分解率影响的响应曲面

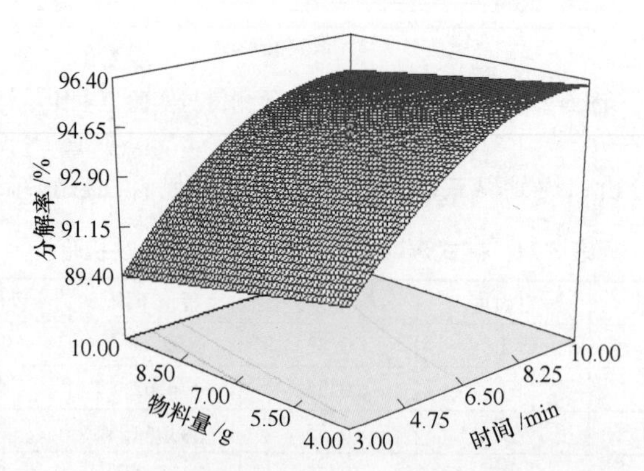

图5-27　煅烧时间和物料量及其交互作用对碱式碳酸钴分解率影响的响应曲面

由图5-26和图5-27可知，随着煅烧温度的升高和煅烧时间的延长，碱式碳酸钴的分解率急剧增大。根据碱式碳酸钴热分解DSC曲线可知，碱式碳酸钴分解反应不论是脱水过程还是无水盐分解过程均为吸热反应，提高温度有利于碱式碳酸钴分解而生成四氧化三

钴，所以煅烧温度越高，碱式碳酸钴的分解率越大；同样地，随着煅烧时间的延长，碱式碳酸钴分解反应进行得越充分，所以分解率也呈单调递增趋势。这与常规煅烧碱式碳酸钴变化趋势相似。

5.4.4 响应曲面优化及验证

以碱式碳酸钴分解率大于 99.5% 为标准，用上述回归模型优化工艺参数，结果见表 5-12。

表 5-12 碱式碳酸钴回归模型优化工艺参数

自变量			响应值（预测值）/%
煅烧温度/K	煅烧时间/min	物料量/g	
642.65	8.89	4.34	99.56

为验证碱式碳酸钴微波煅烧响应曲面法的可靠性，采用优化后的最佳条件进行实验，同时考虑到实际生产的便利性，以煅烧温度 643K、煅烧时间 9min、物料量 4.4g 为条件进行验证实验，两次平行实验得到的实验结果为 99.62%。此外，对最佳条件下的煅烧产物进行 X 射线衍射分析，结果如图 5-28 所示。

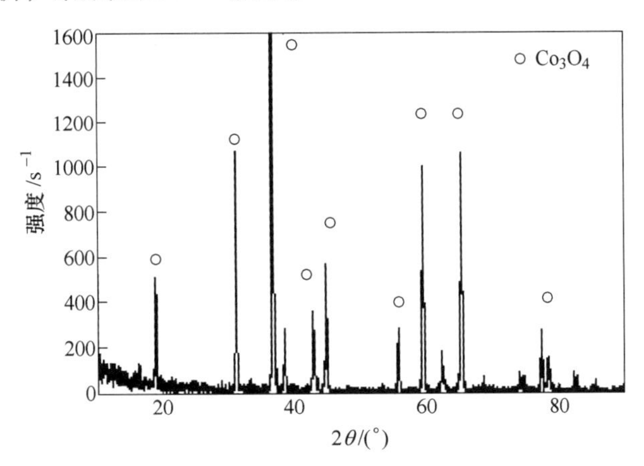

图 5-28 碱式碳酸钴煅烧分解产物的 X 射线衍射图谱

从图 5-28 分析表明，最佳条件下的煅烧产物的 X 射线衍射图谱分别与四氧化三钴的标准图谱相吻合，无任何杂质峰，确定煅烧产物为四氧化三钴。

参 考 文 献

[1] IEA. World Energy Outlook [R]. Paris: OECD: 2006.

[2] IEA. Nuclear Power and Sustainable Development [R]. Vienna: IAEA: 2006.

[3] 刘学刚，徐景明. 我国核电发展与核燃料循环情景研究 [J]. 科技导报，2006，24 (6)：22~25.

[4] 黄伦光，庄海兴，左建伟，等. 国内外铀纯化工艺状况 [J]. 铀矿冶，1998，17 (1)：31~42.

[5] Jones D A, Lelyved T P, Mavrofidis S D, Kingman S W, Mile N J. Microwave heating applications in envi-

ronmental engineering [J]. Resource, Conservation and Recycling, 2002, 34: 75~99.

[6] Clark D E, Folz D C, West J K. Processing materials with microwave energy [J]. Materials Science and Engineering A, 2000, 287 (2): 153~158.

[7] Appleton T J, Colder R I, Kingman S W, et al. Microwave technology for energy-efficient processing of waste [J]. Applied energy, 2005, 81 (1): 85~113.

[8] Clark D E, Folz D C, West J K. Processing materials with microwave energy [J]. Materials science and engineering A, 2000, 287 (2): 153~158.

[9] 彭金辉，刘秉国．微波煅烧技术及应用［M］．北京：科学出版社，2013.

[10] Alberty K A. Physical Chemistry [M]. 7th ed. New York: Wiley, 1987: 326.

[11] Mingos D M P, Baghuest D R. Applications of microwave dielectric heating effects to synthetic problems in chemistry [J]. Chemical Soceity Reviews, 1991, 20: 1~47.

[12] Hua Yixin, Liu Chunpeng. Microwave-assisted carbothermic reduction of ilmenite [J]. Acta Metallurgica Sinica, 1996, 9 (3): 164~170.

[13] 刘文举，姚俊婷，王向宇，等．微波场下非贵金属氧化物的升温行为和烹饪油烟的催化净化性能研究［J］．分子催化，2006，20（3）：221~225.

[14] Huang Ming, Peng Jinhui, Yang Jingjing. Microwave cavity perturbation technique for measuring the moisture content of sulphide minerals concentrates [J]. Minerals engineering, 2007, 20 (1): 92~94.

[15] Bao Weiming, Chang Baoxiang, Guo Zehong. The research for applying microwave denitration on the conversion of high-enriched uranium [J]. Atomic Energy Science and Technology, 1995, 29 (3): 268~274.

[16] Maxwell-Garnett J C. Colours in metal glasses and in metallic films [J]. Philosophical Transaction of the Royal Society, 1904, 203: 385~420.

[17] Maxwell-Garnett J C. Colours in metal glasses in metallic films and in metallic solutions-Ⅱ [J]. Philosophical Transaction of the Royal Society, 1906, 205: 237~288.

6 微波在钼冶金中的新应用

6.1 概述

钼是一种稀有高熔点金属[1]，纯金属钼和钼合金具有强度大、耐高温、耐磨损、耐腐蚀等多种优点[2]。目前广泛应用于冶金、化工、机械、电光源、军工、润滑剂、材料加工、电气电子、高温电炉、化学工业、航空航天等领域，自从钼元素作为一种新材料被引入工业中，就对国民生活产生了巨大的影响，世界各国纷纷将钼储备起来作为战略金属[3]。目前世界上钼冶金的主要原料为辉钼精矿（MoS_2）。

辉钼矿是自然界中已经发现的储量最大、最具工业价值的钼矿物（工业上提取钼的主要原材料），其次为钼酸铁矿（$Fe_2O_3 \cdot 3MoO_3 \cdot 7H_2O$）、钼酸钙矿（$CaMoO_4$）、彩钼铅矿（$PbMoO_4$）、铁钼华［$Fe_2(MoO_4)_3 \cdot 8H_2O$］和钼华（$MoO_3$）等[4]。辉钼矿的工业应用比例达到90%以上，原矿主要以小颗粒分散于矽卡岩型钼矿床或矽卡岩石英脉中，另外共生有黑钨矿、白钨矿、黄铁矿、黄铜矿、砷黄铁矿和锡石等伴生矿[5]。

辉钼矿的主要成分为硫化钼（MoS_2），杂质成分包含二氧化硅（SiO_2）、砷（As）、锡（Sn）、磷（P）、铜（Cu）、铅（Pb）及氧化钙（CaO）等；主要物理性质为：密度4.7~5g/cm^3，莫氏硬度1~1.5，熔点为1185℃，不导电，呈铅灰色并略带金属光泽[6]。

氧化焙烧和升华提纯是火法处理辉钼矿的主要方法。目前工业上使用的焙烧炉和升华炉大都为高温热源向物料传递热量进行加热，除了加热过程中释放二氧化硫对环境造成威胁外，炉体自身的加热效率和使用寿命也是亟待解决的问题。微波能技术的引入为这方面的改进工作提供了依据，并展现了广阔的应用前景。

本章主要论述了微波能在钼矿的助磨选矿、钼矿干燥、钼精矿活化焙烧及脱硫、钼精矿制备三氧化钼及钼产品等领域的应用进展。

6.2 微波辅助助磨钼精矿

聂琪[7]以金堆城低品位铜钼矿为研究对象，取破碎后粒度小于2mm的矿石，分别经常规加热及微波加热预处理，然后水淬骤冷，考察相同磨矿条件不同预处理方式对试验样磨细的影响。结果表明：微波加热的预处理方式更易使试验样磨细。常规加热预处理和微波加热预处理后试验样岩石强度随加热温度的升高都有不同程度的减弱，但采用常规加热预处理方式较微波加热预处理方式岩石强度的减弱程度更大。采用微波加热的预处理方式，当温度达到350℃时，进行水淬处理，通过SEM可检测出辉钼矿、黄铜矿、硅酸盐矿物边缘处出现了裂缝。

焦鑫等人[8]针对陕西某低品位钼矿石的工艺特征采用微波预处理，研究了微波处理前后矿石的各种变化及采用微波助磨的可能性。微波的处理能使矿石的矿物间产生裂纹、强度降低，使得矿物更易磨碎，且不影响矿石的可浮性。

王仙琴等人[9]对微波热处理钼精矿过程中辉钼矿及主要杂质矿物的变化特性进行了系统研究。硫化矿物的强吸波性是微波与钼精矿相互作用的基础，粗精的结构变化表明微波对连生矿物的深度解离特点，硅酸盐从辉钼矿的完全剥离对后续除硅有促进作用，黄铁矿向磁黄铁矿的快速物相转化使除铁过程更易进行，黄铜矿的分解变化也表现出不同于常规加热的特性。微波的高效及选择性加热对钼精矿杂质的解离及反应活性的提高有重要意义。

6.3　微波氧化焙烧辉钼精矿

郭拴全、杨双平等人[10]研究了微波活化对辉钼矿焙烧脱硫的影响，并利用热重-差热分析研究了微波活化对辉钼矿焙烧脱硫影响的机理。结果表明，微波活化促进了辉钼矿氧化焙烧后期的深度氧化过程，可使辉钼矿氧化更充分，从而有效降低了钼焙砂的硫含量；微波活化优化工艺条件为：640W，30g 和 12min，该活化条件下钼焙砂硫含量可降低 0.235%。

杨双平等人[11]在惰性气体保护下，研究了微波活化对辉钼矿氧化焙烧性能的影响。微波活化可以有效降低钼焙砂残硫量，增大辉钼矿比表面积。随着微波活化时间的延长，辉钼矿主成分 MoS_2 的晶胞体积、晶粒尺寸均减小，微观应变略微增大。辉钼矿表面形貌更加松散，但层状结构并未改变。微波活化显著改变了辉钼矿的氧化特性，温度超过 547℃时，随着活化时间的延长，辉钼矿转化率变大，反应速度加快，600℃的失重率从 5.59%增加到 6.92%。

陈晓煜、刘秉国等人[12]研究了微波氧化焙烧辉钼精矿生产高纯三氧化钼的工艺条件和过程，探究了辉钼精矿氧化过程机理。在一定物料厚度下，焙烧温度越高、保温时间越长，焙烧渣中钼含量越低，从辉钼矿一步法制备三氧化钼是可行的。同时研究了辉钼矿微波氧化焙烧过程硫的行为变化，探讨了焙烧温度、保温时间以及物料厚度等因素对脱硫效果的影响规律。

6.3.1　微波场中辉钼精矿的升温特性

6.3.1.1　微波加热辉钼精矿时间对升温行为的影响

在微波功率 2.3kW、20g 物料条件下，微波加热时间对物料升温行为影响如图 6-1 所示。

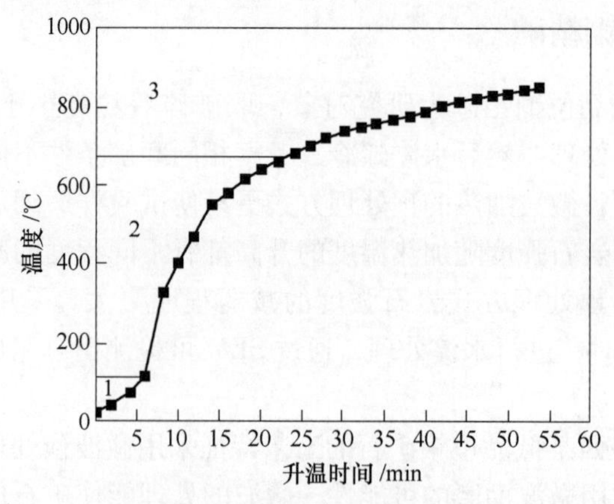

图 6-1　辉钼精矿在微波场中随加热时间的升温曲线

由图6-1可知，物料温度随微波加热时间的延长而逐渐升高，微波加热8min，辉钼精矿由室温升温至325℃。辉钼精矿的升温过程可以大致划分为三个阶段：第一阶段为20~120℃，此阶段升温速率约为16.7℃/min；第二阶段为120~664℃，此阶段物料温度急剧升高，物料达到氧化反应温度并放出大量的热：

$$2MoS_2(s) + 7O_2(g) = 2MoO_3(s) + 4SO_2(g)\uparrow \qquad \Delta H = -995.1J \tag{6-1}$$

第三阶段：微波加热辉钼精矿22min后进入稳定升温阶段，升温速率为6.6℃/min。

6.3.1.2 辉钼精矿物料厚度对升温行为的影响

在微波功率2.3kW、物料量为20g条件下，物料厚度对辉钼精矿升温行为的影响如图6-2所示。

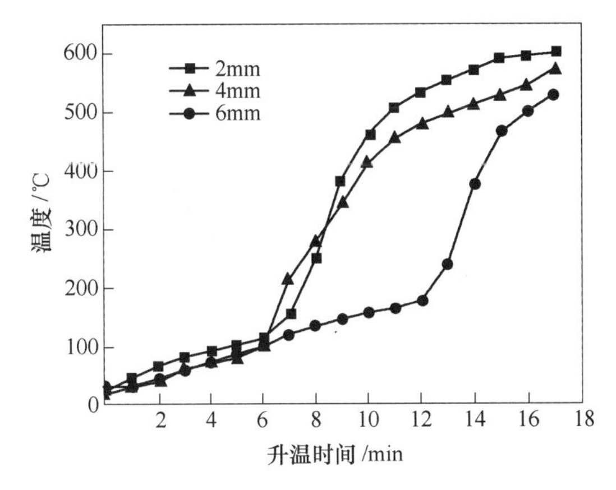

图6-2 不同物料厚度的辉钼精矿在微波场中的升温曲线

由图6-2可以看出，物料厚度越大，升温越慢。当物料厚度为2mm和4mm时，微波加热6min后，辉钼精矿升温速率急剧升高，这是由于物料进入氧化阶段[13]。当微波加热17min后，厚度为2mm的物料温度升至600℃，而厚度为4mm和6mm的物料温度分别升至570℃和531℃。

6.3.1.3 物料量对辉钼精矿升温行为的影响

在物料厚度为2mm，功率为2.3kW条件下，物料量对物料升温行为影响如图6-3所示。

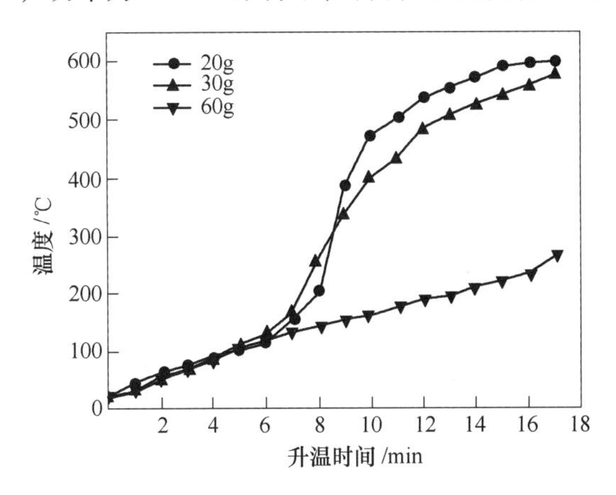

图6-3 不同质量的辉钼精矿在微波场中的升温曲线

由图 6-3 可知，物料的升温速率随着物料量的提高而降低。对于 20g 和 30g 辉钼精矿，微波加热 17min 后，物料温度分别升至 600℃和 575℃，两者温度相差不大。当物料量增大至 60g 时，升温速率明显降低，这是由于在微波功率一定的条件下，物料量越大，微波功率密度越小，升温速率越低[14]。还可以看出，微波场中，辉钼精矿升温曲线分为升温阶段和氧化阶段，在 0~7min 升温阶段升温速率为 20~21℃/min，而氧化阶段由于辉钼精矿发生剧烈的氧化反应，两者温度相差不大。当物料量增大至 60g 时，升温速率明显降低，这是由于在微波功率一定的条件下，物料量越大，微波功率密度越小，升温速率越低，释放大量的热量，温度迅速升高[15]。

6.3.1.4 微波功率对辉钼精矿升温行为的影响

在辉钼精矿为 20g、物料厚度为 4mm 条件下，微波功率对物料升温行为影响如图 6-4 所示。

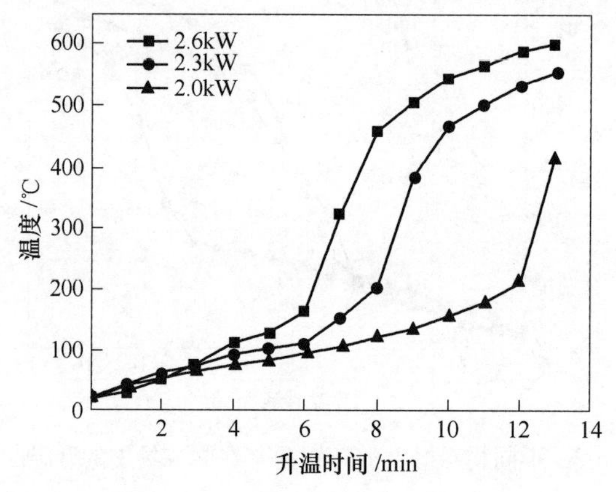

图 6-4 辉钼精矿在不同微波功率场中的升温曲线

由图 6-4 可知，在其他条件相同时，辉钼精矿升温速率随微波功率的增大而提高，相同时间内达到更高的温度。当微波辐射功率在 2.6kW 时，物料在 13min 内升至 600℃；相同时间内，微波辐射功率在 2.0kW 时，物料温度升至 408℃，比前者低 200℃。这表明，随着微波功率的增大，辉钼精矿升温速率也就越大。其原理在于：当微波输出功率为 P 的时候，此时物料对微波的吸收系数为 μ，那么物料吸收微波的功率 P_{ab} 为两者之积：

$$P_{ab} = \mu P \tag{6-2}$$

设 c_p 为物料比热容，W 为物料质量，t 为微波辐射时间，T_0 为物料初始温度，T 为物料温度，由能量守恒定律可知：

$$c_p W \mathrm{d}T = P_{ab}\mathrm{d}t = \mu P \mathrm{d}t \tag{6-3}$$

积分得：

$$T = T_0 + \int_0^t (\mu P / c_p W)\mathrm{d}t \tag{6-4}$$

式（6-4）表明：在一定范围内，增加微波输出功率可以使物料温度得到提高。

6.3.2 焙烧产物的表征

6.3.2.1 焙烧产物的 XRD 分析

图 6-5 和图 6-6 所示分别为物料厚度 2mm、焙烧温度 650℃、保温 45min 条件下的焙烧渣和焙烧升华产物的 X 射线衍射图谱。

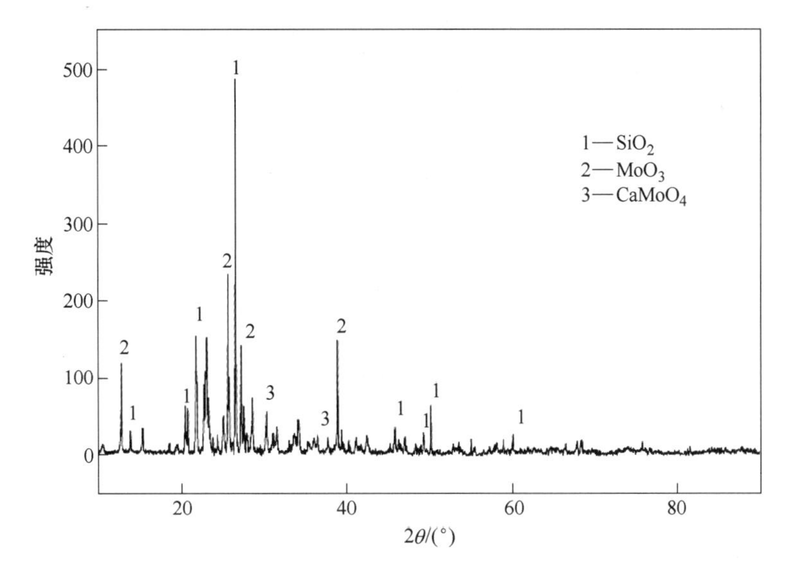

图 6-5 焙烧渣的 XRD 图谱

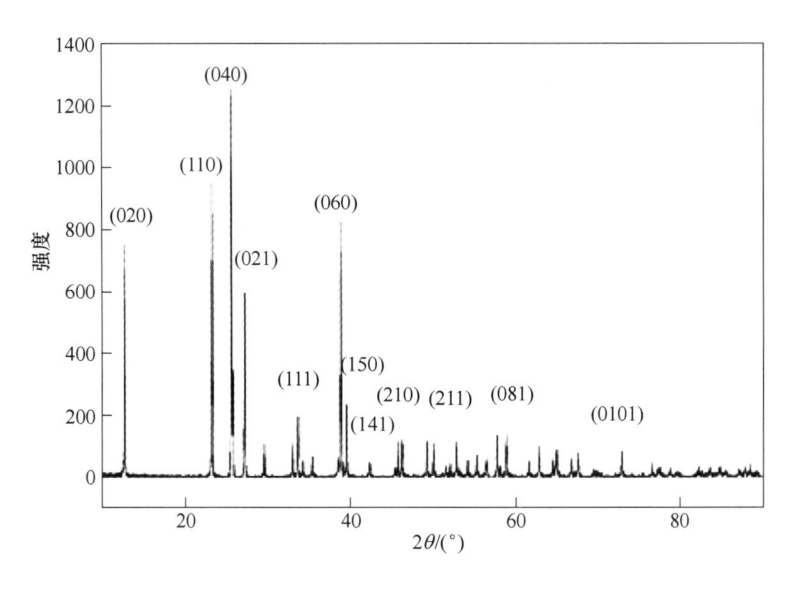

图 6-6 焙烧产生的晶体的 XRD 图谱

由图 6-5 可知，焙烧渣中主要物相为 SiO_2 以及少量的 MoO_3、$CaMoO_4$等杂质，没有硫化钼的存在，这说明辉钼精矿氧化反应比较完全；而焙烧后升华的产物与标准正交相三氧化钼卡片（JCPDS-05-0506）相吻合，表明焙烧升华产物为纯的三氧化钼晶体。同时对三氧化钼晶体生长结构特性研究发现，三氧化钼的晶胞参数为 $\alpha=\beta=\gamma=90°$，$a=0.3963$nm，$b=1.3855$nm，$c=0.3696$nm，且 $a\neq b\neq c$，说明制得的三氧化钼为正交晶系 α-MoO_3[16]。另外，产物样品的 XRD 图中所有的衍射峰均与标准卡片相对照被指认出来，可见 MoO_3 晶面生长充分，峰形尖锐，衍射峰强度较大，产物结晶度好，表 6-1 和表 6-2 分别是焙烧渣与晶体的 XRF 分析数据。

表 6-1 焙烧渣 XRF 分析结果

物质	MoO_3	SiO_2	Fe_2O_3	Al_2O_3	CuO	CaO	K_2O	MgO
质量分数/%	44.93	38.90	8.58	3.04	1.94	1.39	0.64	0.52

表 6-2 晶体 XRF 分析结果

物质	MoO_3	SiO_2	Fe_2O_3	Cl
质量分数/%	99.92	0.06	0.02	0

6.3.2.2 焙烧产物的 SEM 形貌分析

辉钼精矿在不同焙烧条件下产生的晶体的 SEM 照片及 EDS 分析结果如图 6-7～图 6-12 所示。

图 6-7 焙烧产物的 SEM 图谱 1
（600℃，保温 1h）

图 6-8 焙烧产物的 SEM 图谱 2
（600℃，未保温）

图 6-9 焙烧产物的 SEM 图谱 3
（600℃，保温 1h）

图 6-10 焙烧产物的 SEM 图谱 4
（600℃，未保温）

由图 6-7 和图 6-9 可以看出，保温 1h 的晶体为层状矩形结构的三氧化钼，长度可达 1mm，宽度可达 50μm；图 6-8 和图 6-10 表明，没有经过保温的产物晶体相对较小，长度

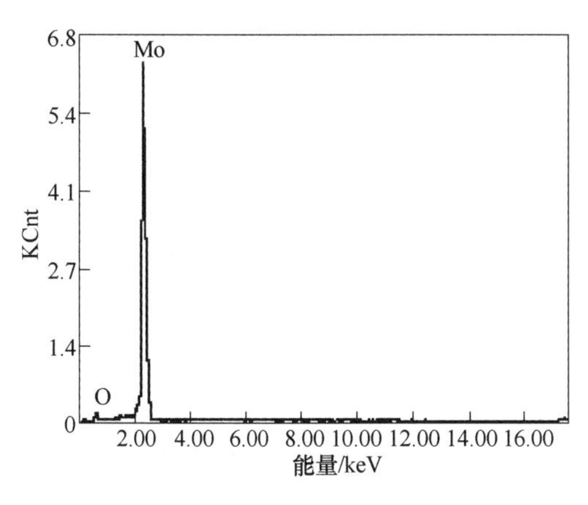

图 6-11 焙烧产物 EDS 分析
（600℃，保温 1h）

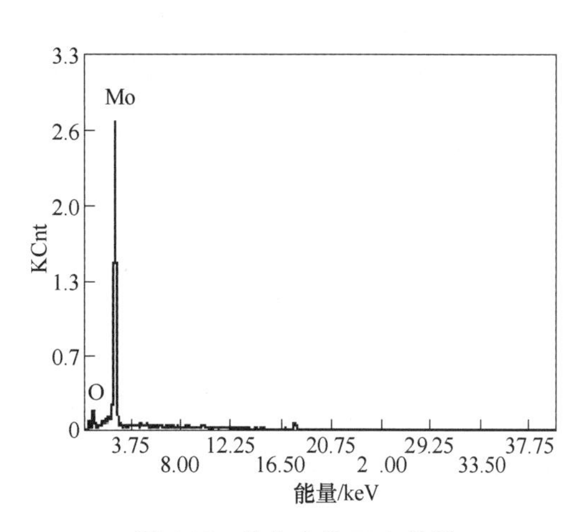

图 6-12 焙烧产物 EDS 分析
（600℃，未保温）

约为 10~20μm，宽 1~5μm。这是由于晶体在生长过程中，首先形成晶核，然后三氧化钼蒸气在晶核上排列生长，逐渐增宽变长。由图 6-11 和图 6-12 可以看出，焙烧产生的晶体中只有 Mo 和 O 两种元素，物质纯度较高。

6.3.2.3 焙烧渣的 SEM 分析

辉钼精矿不同焙烧条件下产生的晶体 SEM 照片分析结果如图 6-13~图 6-16 所示。

图 6-13 产物的 SEM 图谱
（600℃，保温 15min）

图 6-14 产物的 SEM 图谱
（650℃，保温 15min）

从图中可以看出，延长保温时间，焙烧渣疏松多孔，这是由反应时生成的二氧化硫在向外界扩散的过程中穿透表面形成的。增大了比表面积，氧气可以与矿物表面充分接触，使反应趋于完全，有利于反应的进一步进行，以及三氧化钼气体向外扩散脱离反应体系。

图 6-15　产物的 SEM 图谱
（650℃，保温 1h）

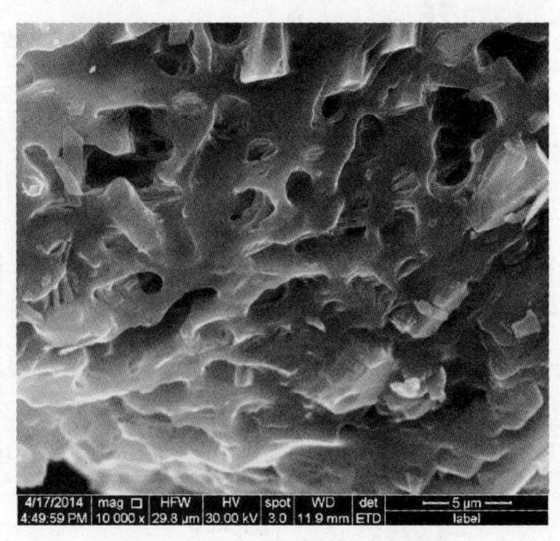

图 6-16　产物的 SEM 图谱
（600℃，保温 1h）

6.3.2.4　焙烧渣的能谱（EDS）分析

为了进一步考察辉钼矿氧化焙烧过程中硫的行为变化，分别对不同焙烧条件下的焙烧产物进行 EDS 分析，如图 6-17 和图 6-18 所示。

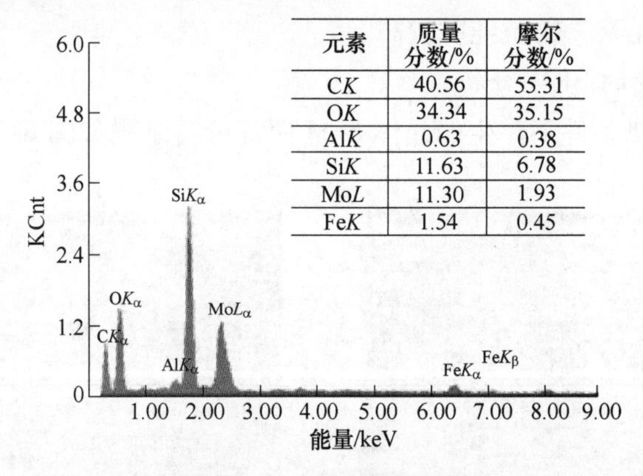

元素	质量分数/%	摩尔分数/%
CK	40.56	55.31
OK	34.34	35.15
AlK	0.63	0.38
SiK	11.63	6.78
MoL	11.30	1.93
FeK	1.54	0.45

图 6-17　渣的 EDS 图谱
（600℃，保温 45min）

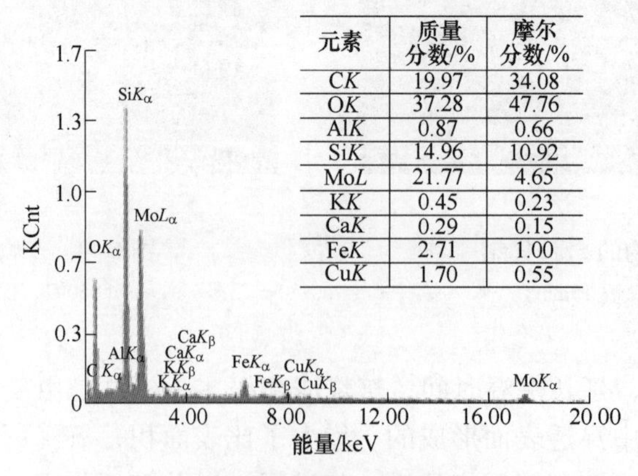

元素	质量分数/%	摩尔分数/%
CK	19.97	34.08
OK	37.28	47.76
AlK	0.87	0.66
SiK	14.96	10.92
MoL	21.77	4.65
KK	0.45	0.23
CaK	0.29	0.15
FeK	2.71	1.00
CuK	1.70	0.55

图 6-18　渣的 EDS 图谱
（650℃，保温 45min）

从图 6-17 和图 6-18 可知，上述氧化焙烧条件下，焙烧温度越高、保温时间越长，焙烧渣中总钼含量越低，且焙烧渣颗粒表面没有硫元素存在，说明提高焙烧温度、延长保温时间，有利于辉钼矿的脱硫。这是由于焙烧温度越高、保温时间越长，氧化焙烧越充分，此时辉钼矿表面氧化生成的三氧化钼薄膜致使物料由致密变为疏松，形成的孔隙结构有助于三氧化钼及二氧化硫逸出。

6.3.3 最优条件下的焙烧实验

在最佳实验条件（物料厚度 2mm、质量 20g、微波功率 2.6kW）下，对辉钼精矿进行氧化焙烧。对焙烧产物的晶体及焙烧渣进行表征，如图 6-19 所示。

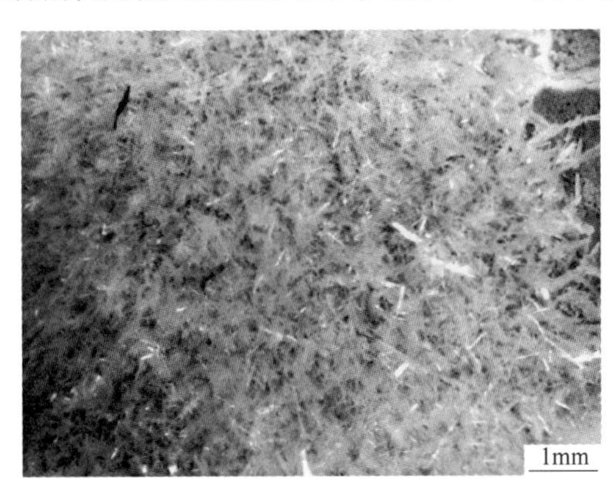

图 6-19 焙烧产物的晶体照片

6.3.3.1 钼的回收率

物料质量为 20g，钼元素质量分数为 44.64%，焙烧渣的质量为 3.28g，因此，物料中钼的回收率为 90.08%。

6.3.3.2 最佳工艺条件下焙烧产物的能谱分析

上述条件下对辉钼精矿焙烧得到的焙烧渣和晶体分别进行能谱分析，结果如图 6-20 和图 6-21 所示。

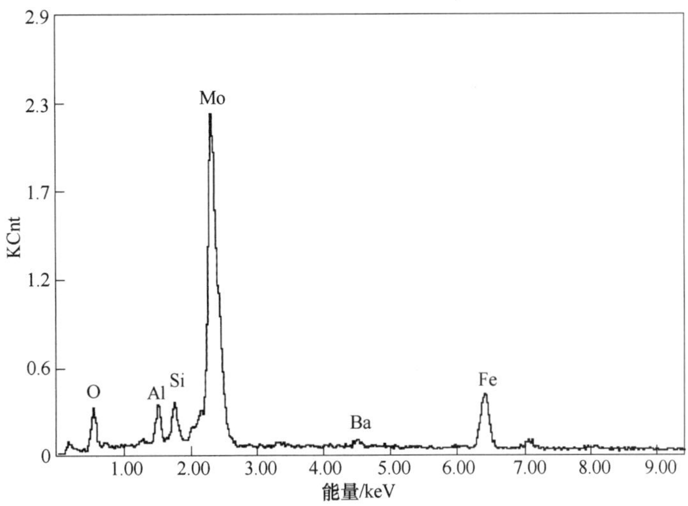

图 6-20 焙烧渣的能谱图

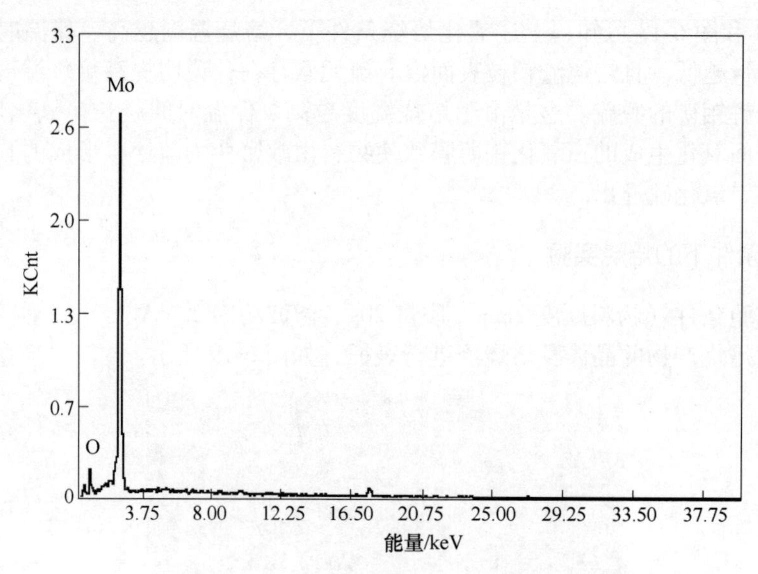

图 6-21　焙烧产生的晶体的能谱图

由图 6-20 和图 6-21 可知，上述氧化焙烧条件下，焙烧渣中存在 Mo、O、Si、Al、Fe、Ba 等元素，焙烧产生的晶体仅有 Mo、O 两种元素，两者均无硫元素存在，说明微波氧化焙烧辉钼精矿脱硫完全。

6.3.4　辉钼精矿氧化焙烧过程机理研究

本节探讨了氧化焙烧辉钼精矿发生的化学反应，采用德国耐驰公司生产的热重分析仪，选取 10mg 辉钼精矿并进行差热差重分析。结果表明，氧化过程中，放热主要发生在 400~550℃ 氧化反应阶段。550℃ 时生成 MoO_3 的速率最大。

6.3.4.1　升温速率对物料失重的影响

氧气浓度为 20%，升温速率分别为 5℃/min、10℃/min、15℃/min 和 20℃/min。升温速率对物料的失重影响如图 6-22 所示。

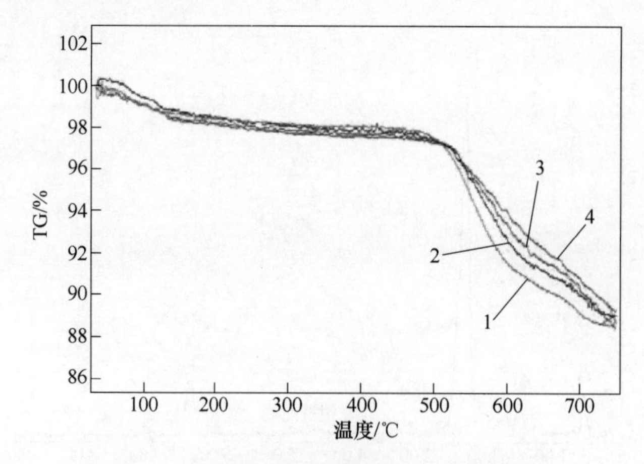

图 6-22　升温速率对辉钼精矿失重的影响

1—5℃/min；2—10℃/min；3—15℃/min；4—20℃/min

由图 6-22 可见，TG 曲线峰顶温度和最大反应速率几乎不随着升温速率变化而变化，升温速率不影响反应着火点。450℃左右时钼精矿氧化反应开始，500℃之后质量迅速降低。整体来看，在氧化反应阶段，升温速率越低，辉钼精矿转化率越高，氧化越充分。

6.3.4.2 升温速率对差热曲线的影响

氧气浓度为 20%，升温速率分别为 5℃/min、10℃/min、15℃/min 和 20℃/min。升温速率对物料的影响如图 6-23 所示。

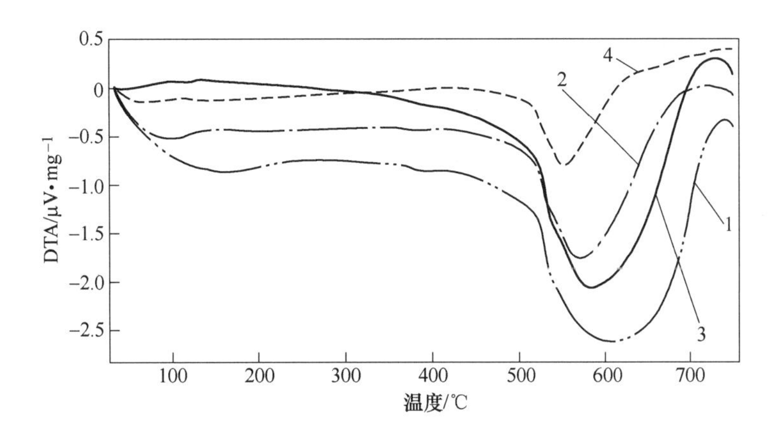

图 6-23 不同升温速率下的差热对比分析

1—5℃/min；2—10℃/min；3—15℃/min；4—20℃/min

由图 6-23 可知，升温速率不同，峰形也有差异。升温速率越低，峰顶温度也越低，灵敏度越高，温度精度高；升温速率越高，温度滞后越明显。升温速率为 5℃/min 时，峰顶温度为 551.5℃；当升温速率提高到 20℃/min 时，峰顶温度为 609.3℃。

6.3.5 反应热力学

二硫化钼焙烧的总反应方程式：

$$MoS_2 + \frac{7}{2}O_2 = MoO_3 + 2SO_2 \tag{6-5}$$

反应为强放热过程：

$$\Delta H_0 = -839464 + 10.31T - 8.57 \times 10^{-3}T^2 + 14.82/T \quad (298 \sim 700\text{K}) \tag{6-6}$$

在 Mo-S-O 系中，反应十分复杂，不同条件下可能发生不同反应，可能的反应及其平衡常数见表 6-3。

表 6-3 Mo-S-O 系的主要反应及其平衡常数 K_p

反　应	K_p	$\lg K_p$ (p/MPa)		
		673K	850K	923K
$MoS_2 + 3.5O_2 = MoO_3 + 2SO_2$	$p_{SO_2}^2/p_{SO_2}^{3.5}$	75.08	57.25	52.10
$MoS_2 + 3O_2 = MoO_2 + 2SO_2$	$p_{SO_2}^2/p_{O_2}^3$	66.32	51.15	46.67
$MoO_2 + 0.5O_2 = MoO_3$	$p_{O_2}^{-0.5}$	8.76	6.20	5.43
$Mo + O_2 = MoO_2$	$p_{O_2}^{-1}$	37.11	27.69	24.87

续表 6-3

反　应	K_p	$\lg K_p$（p/MPa）		
		673K	850K	923K
$Mo_2S_3+3O_2=2Mo+3SO_2$	$p_{SO_2}^3/p_{O_2}^3$	41.3	33.54	31.4
$2MoS_2+O_2=Mo_2S_3+SO_2$	p_{SO_2}/p_{O_2}	17.3	13.47	12.2
$Mo_2S_3+5O_2=2MoO_2+3SO_2$	$p_{SO_2}^3/p_{O_2}^5$	115.53	88.92	81.15
$SO_2=S+O_2$	$p_{O_2}\cdot p_{S_2}^{0.5}/p_{SO_2}$		−18.93	−17.17
$MoS_2+6MoO_3=7MoO_2+2SO_2$	$p_{SO_2}^2$	13.76	14.50	14.1
$5MoS_2+MoO_2=3Mo_2S_3+SO_2$	$p_{SO_2}^2$	−14.93	−11.03	−10.07
$Mo_2S_3+3MoO_2=5Mo+3SO_2$	$p_{SO_2}^3$	−70.00	−49.53	−43.2

当温度在550~600℃时，在SO_2分压较高（923K时$p_{SO_2}>10^{-10}$MPa）的情况下，系统中氧分压增大后，辉钼矿与三氧化钼发生相互作用，即出现中间反应过程，MoS_2将氧化成MoO_3和MoO_2。而在生产条件下，一般p_{SO_2}均大于0.01MPa，因此，辉钼精矿焙烧时反应为：

$$MoS_2+3O_2 \longrightarrow MoO_2+2SO_2 \tag{6-7}$$

$$MoO_2+1/2O_2 \longrightarrow MoO_3 \tag{6-8}$$

如果二氧化硫在反应体系中分压低，氧分压增大后，钼的硫化物将按照如下过程进行逐步氧化：$MoS_2 \rightarrow Mo_2S_3 \rightarrow MoO_2 \rightarrow MoO_3$，或$MoS_2 \rightarrow Mo_2S_3 \rightarrow Mo \rightarrow MoO_2 \rightarrow MoO_3$。

系统内不存在二硫化钼与三氧化钼之间的化学平衡，因此MoS_2和MoO_3不能平衡共存，当二氧化硫与三氧化钼混合的时候会发生如下化学反应：

$$MoS_2+6MoO_3 \longrightarrow 7MoO_2+2SO_2 \tag{6-9}$$

根据计算，在850K时，该反应的SO_2平衡分压为3.16×10^{14}MPa。因此，只有当MoS_2完全消耗，三氧化钼才能稳定存在。这一情况得到生产实践的证实。因此，为了保证反应产物降低二氧化钼的含量，必须保证反应体系氧气充足。

在Mo-S-O系中存在着钼的稳定区，而且随着二氧化硫分压的降低、温度的升高，钼稳定区的范围扩大。这一情况对钼的制取是有意义的。

系统中只有三氧化钼或二氧化钼可能稳定存在，而三硫化二钼、钼等产物不可能稳定存在。钼的硫酸盐在反应体系中也不会稳定存在。

辉钼精矿中的主要伴生元素铜、铁、铅、铼的硫化物都将转化为氧化物或硫酸盐。在辉钼精矿焙烧过程中，特别是当焙砂用于炼钢时应争取不形成或少形成硫酸盐，即应避免下列反应的进行：

$$2MeO+2SO_2+O_2 \longrightarrow 2MeSO_4 \tag{6-10}$$

在焙烧条件下生成的MoO_3可能进一步与FeO、CuO等形成钼酸盐：

$$MoO_3+MeO \longrightarrow MeMoO_4 \tag{6-11}$$

850K时，Fe-Mo-S系和Fe-Mo-S-O系的热力学平衡体系在烧结气氛中，可稳定地烧结产出$Fe_2O_3\cdot MoO_3$和$CuO\cdot MoO_3$。

同时，一些伴生元素（如铁、铜）的硫化物氧化生成了氧化物和硫酸盐。当温度在450~500℃时硫酸铁离解，600~650℃时硫酸铜离解。此外，三氧化钼还与杂质氧化物、硫酸盐和碳酸盐等也相互作用生成钼酸盐。

$$CuO + MoO_3 \xlongequal{} CuMoO_4 \tag{6-12}$$

$$CuSO_4 + MoO_3 \xlongequal{} CuMoO_4 + SO_3 \tag{6-13}$$

$$CaCO_3 + MoO_3 \xlongequal{} CaMoO_4 + CO_2\uparrow \tag{6-14}$$

热重分析表明，辉钼精矿在焙烧过程中分为四个阶段：第一阶段，从室温到120℃，辉钼精矿干燥脱水；第二阶段，氧气在物料中的扩散以及物料颗粒对氧分子的吸附；第三阶段，辉钼精矿在550℃开始剧烈的氧化反应，放出大量的热；第四阶段，温度超过675℃，三氧化钼升华吸热，升温速率越大，放热滞后越明显。

6.3.6 辉钼矿氧化焙烧动力学研究

6.3.6.1 反应特性分析

将热分析动力学方法引入辉钼矿的氧化焙烧反应研究，可以判断氧化反应温度、反应速率和氧化强度等，从而对辉钼矿的氧化焙烧工艺提供一定的理论依据。用分析天平称取15mg±0.5mg的辉钼矿样品，采用同步热分析法（Simultaneous Thermal Analysis，STA，所用仪器为NetzschSTA449F3），将热重分析与差示扫描量热分析结合为一体，在同一次测量中利用同一样品可同步得到质量变化与吸放热相关信息。其中DTG曲线代表了失重速率的变化过程，反映了反应的起始温度、终止温度和相应失重台阶速率最大的温度，根据DSC曲线上的吸热峰和放热峰峰位置及其峰面积，可以获取辉钼矿氧化反应过程中的热效应。

6.3.6.2 反应过程热分析

由于升华产品三氧化钼的熔点为795℃，因此试验选取了800℃之前的热分解特性为研究对象。在升温速率分别为5℃/min、10℃/min、15℃/min和20℃/min的条件下，辉钼矿的热分解TG和DTG曲线分别如图6-24和图6-25所示。

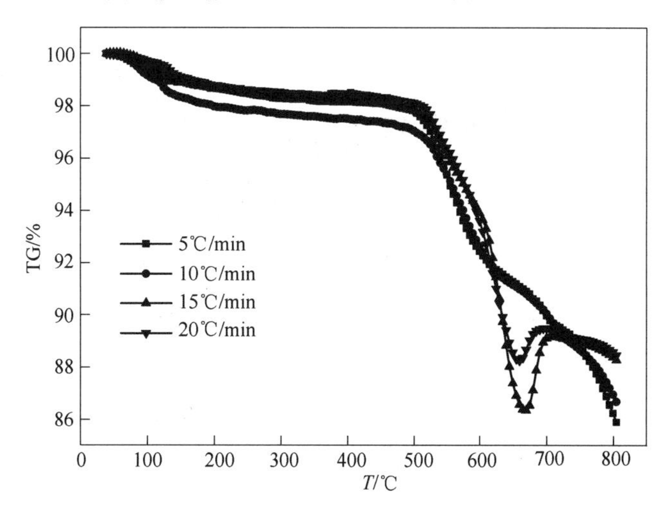

图6-24 不同升温速率下辉钼矿的失重曲线

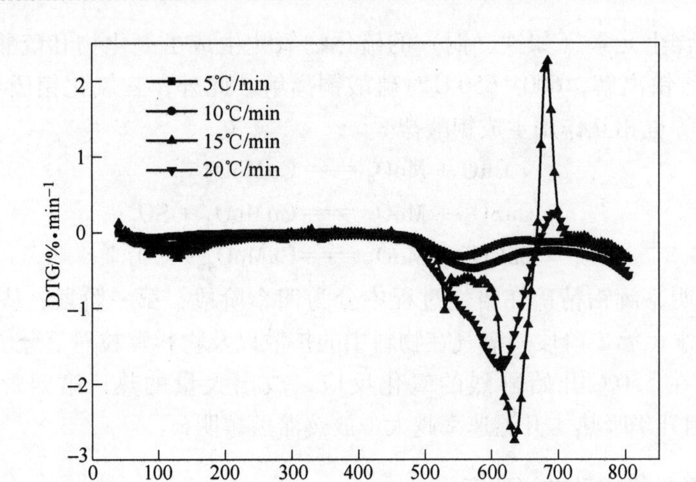

图 6-25　不同升温速率下辉钼矿的失重速率曲线

由图 6-24 及图 6-25 可知，在 600℃以前，各个升温速率下辉钼矿的失重曲线具有相似的变化趋势，说明辉钼矿样品成分较为均匀；在 659℃和 669℃处，升温速率为 20℃/min 和 15℃/min 的失重曲线上出现特征峰，这是由于在较高温度下样品来不及充分氧化而产生某些钼酸盐结合物，使得失重率出现小范围的上升。在 650℃之前，TG 曲线上的两个失重台阶与 DTG 曲线的峰位具有良好的对应关系，之后二者未能显示出明显的对应关系，这是由于高温下剧烈的化学反应或相变反应使得不同升温速率下的失重曲线彼此偏离。

6.3.6.3　分解反应过程热效应

辉钼矿在焙烧过程中的氧化反应将释放出大量的热，这对反应过程是有利的，可以节省外界提供的热量，对于实际操作中微波能的引入也具有指导意义。因此，详细了解辉钼矿氧化分解过程中放热温度段具有重要参考价值。不同升温速率下辉钼矿的 DSC 曲线如图 6-26 所示。

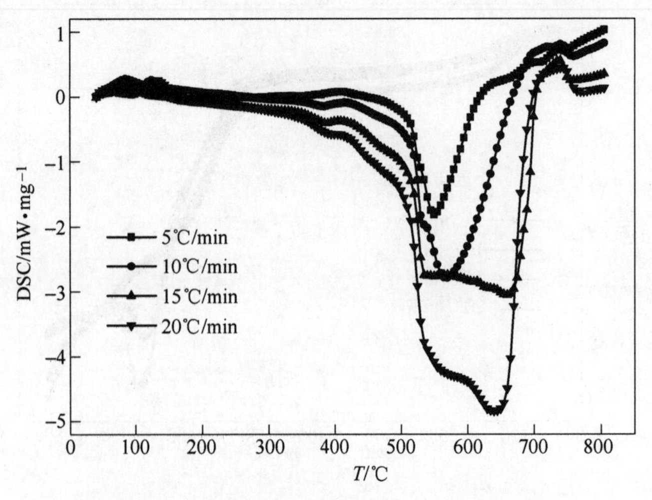

图 6-26　不同升温速率下辉钼矿的热流曲线

由图 6-26 可知，在 100℃附近出现一个微小的吸热峰，对应着 TG 曲线上的第一个失重台阶，这是样品开始阶段的脱水反应所致。随后陆续出现的很小的吸放热峰应为样品中挥发性组分和小分子物种的脱离所致。在 500~700℃温度段内，DSC 曲线上出现一个显著的放热峰（对应 TG 曲线上一个很大的失重台阶），表明这是辉钼矿氧化焙烧反应最为剧烈的温度段，并且随着升温速率的增加，曲线的峰顶温度向右移动。这是由于升温速率较大时，曲线峰面积增大，单位时间内物料中传递的热量增加，促使更多的物料颗粒参与到氧化反应中。另外在 730℃附近曲线上存在一个明显的吸热峰，这是由于此时物料内出现一定的偏聚和结块[17]趋势，致使热量波动式暂存。

为了更为清晰地观察三条热分析曲线的对应关系，在同一图谱中同时绘制了升温速率为 10℃/min 时的热分析曲线，结果如图 6-27 所示。

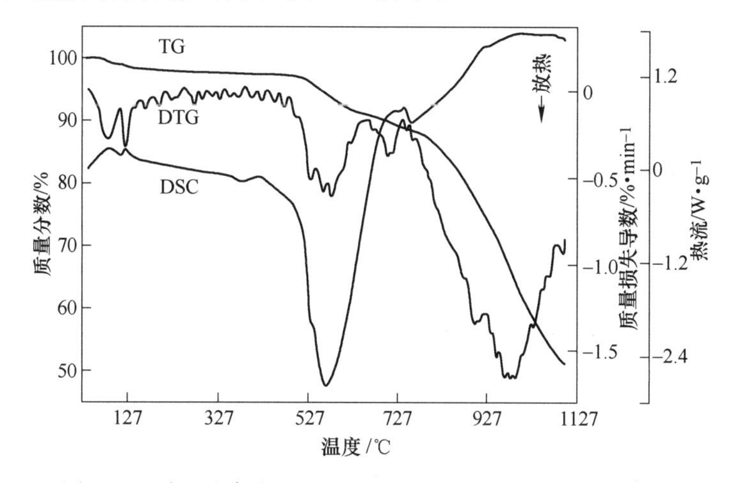

图 6-27 升温速率为 10℃/min 时辉钼矿的 TG-DTG-DSC 曲线

图 6-27 显示了 TG 曲线上的失重台阶、DTG 曲线最大分解速率峰及 DSC 曲线上的吸放热峰呈现良好的一一对应关系。图中最为显著的是在 570℃附近出现的失重台阶所对应的极大放热峰，与之前的讨论相一致，这也表明了在此升温速率下辉钼矿最大氧化反应速率所对应的温度范围。图中 TG 曲线显示在整个温度范围内热分解量逐步增加，说明最终的氧化产物 MoO_3 在高温下从物料表面不断升华脱离。

6.3.6.4 热反应动力学方程导出

在进行热分析动力学方程的推导时首先假定如下的固相分解反应式：

$$A(s) \longrightarrow B(s) + C(g) \tag{6-15}$$

等温条件下非均相体系的反应动力学方程一般表示如下：

$$\frac{d\alpha}{dt} = kf(\alpha) \tag{6-16}$$

式中，α 为 t 时物质 A 已反应的分数，表示体系中反应进展的程度；$f(\alpha)$ 为微分形式的动力学机理函数。k 与反应温度 T 之间的关系可用著名的 Arrhenius 方程表示：

$$k = A\exp\left(\frac{E}{RT}\right) \tag{6-17}$$

式中，A 为表观指前因子；E 为表观活化能；R 为摩尔气体常量。

对于反应的非等温情形，即：

$$T = T_0 + \beta t \tag{6-18}$$

式中，T_0为DSC曲线偏离基线的起点温度；β为对物料的恒定加热速率。由式（6-16）~式（6-18）可得：

$$\frac{\mathrm{d}\alpha}{\mathrm{d}T} = \frac{A}{\beta} f(\alpha)\exp\left(-\frac{E}{RT}\right) \tag{6-19}$$

对式（6-19）两边积分可得机理函数的积分形式如下：

$$G(\alpha) = \frac{A}{\beta}\int_{T_0}^{T} \exp\left(-\frac{E}{RT}\right)\mathrm{d}T \tag{6-20}$$

对式（6-20）进行等量代换积分并代入近似解析解[18,19]，整理得到Flynn-Wall-Ozawa（FWO）方程如下：

$$\lg\beta = \lg\left[\frac{AE}{RG(\alpha)}\right] - 2.315 - 0.4567\frac{E}{RT} \tag{6-21}$$

另外，由式（6-16）、式（6-19）和$f(\alpha) = (1-\alpha)^n$可得：

$$\frac{\mathrm{d}\alpha}{\mathrm{d}T} = A\exp\left(-\frac{E}{RT}\right)(1-\alpha)^n \tag{6-22}$$

对式（6-22）两边微分，在转化温度处$\frac{\mathrm{d}}{\mathrm{d}}\left(\frac{\mathrm{d}\alpha}{\mathrm{d}t}\right) = 0$，得：

$$\frac{E\frac{\mathrm{d}T}{\mathrm{d}t}}{RT^2} = An(1-\alpha)^{n-1}\exp\left(-\frac{E}{RT}\right) \tag{6-23}$$

Kissinger认为，$n(1-\alpha)^{n-1}$与β无关，其值近似等于1，于是式（6-23）转变为：

$$\frac{E\beta}{RT^2} = A\exp\left(-\frac{E}{RT}\right) \tag{6-24}$$

式（6-24）两边取对数即可得到Kissinger方程：

$$\ln\left(\frac{\beta}{T^2}\right) = \ln\frac{AR}{E} - \frac{E}{RT} \tag{6-25}$$

由于不同β_i下各热谱峰顶温度T_i处各α值近似相等，因此可分别对Flynn-Wall-Ozawa（FWO）方程和Kissinger方程利用$\lg\beta$-$\frac{1}{T}$和$\ln\left(\frac{\beta}{T^2}\right)$-$\frac{1}{T}$呈线性关系来确定$E$值。上述得出的Flynn-Wall-Ozawa（FWO）方程由于避开了反应机理函数的选择而直接求出E，避免了因反应机理函数不同而可能带来的误差，这是该方法的一个突出优点[20,21]。

6.3.6.5　热反应动力学分析

反应分数α又称为转化率，其计算式为：

$$\alpha = \frac{m_0 - m_t}{m_0 - m_\infty} \tag{6-26}$$

式中，m_0为初始物料量；m_t为反应达到 t 时刻的物料量；m_∞为反应结束时的物料量。

根据热重曲线（TG）可计算出不同升温速率下各温度处的转化率数值，结果如图6-28所示。考虑氧化反应最为剧烈的温度段，选取500~650℃的温度范围作为研究对象。

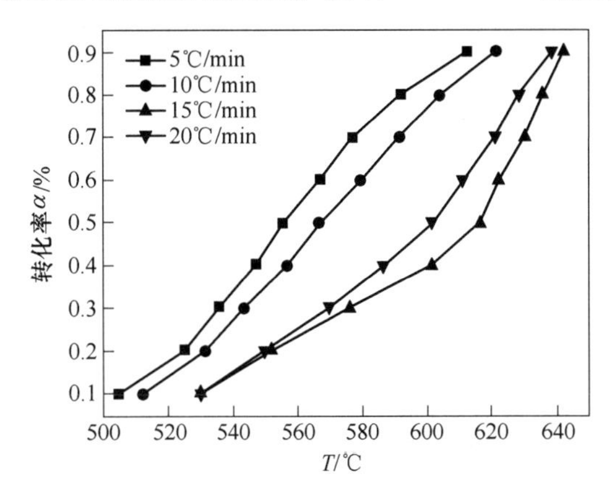

图6-28　辉钼矿在不同升温速率下随温度变化的转化率曲线

由图6-28可知，各升温速率下转化率随温度的升高而增大。当升温速率从5℃/min增加到10℃/min时，达到相同转化率致使温度增加；而当升温速率从15℃/min增加到20℃/min时出现相反的情形，这是由于高温下的能量波动使得物料热分解量出现阶段性的无规变动（物料为混合物）。

6.3.6.6　活化能计算

从图6-28中读取各个转化率下不同升温速率对应的温度值，利用前面给出的两类线性关系分别作图，即可得出相应的转化率对应的反应活化能数值。

A　Kissinger 法

根据Kissinger方程，以 $1/T$ 对 $\ln(\beta/T^2)$ 进行线性拟合，利用获得的直线的斜率和截距可计算出辉钼矿热分解反应的表观活化能 E_a 和指前因子 A，线性拟合结果如图6-29所示。

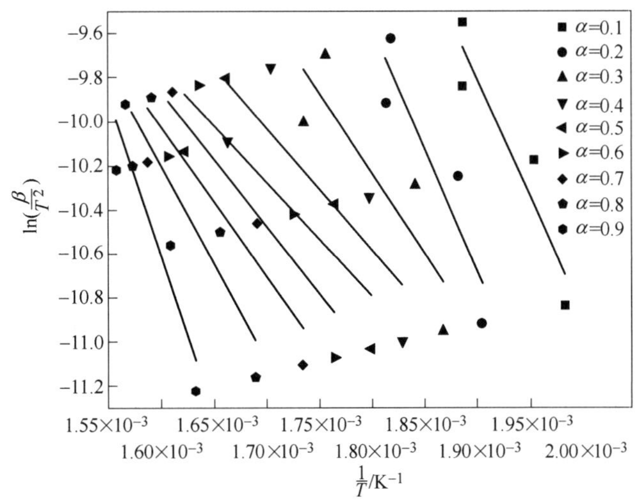

图6-29　不同热分解转化率下辉钼矿的 $\ln(\beta/T^2)$-$1/T$ 拟合曲线

一般情况下 α 的取值为 $0.1<\alpha<0.9$，以避开无实际意义的反应诱导期及反应末期（未能反映真实的反应状态，难以判定反应机理函数）。由图 6-29 可以看出，不同转化率下的 $\ln(\beta/T^2)$-$1/T$ 线性回归直线具有良好的拟合度，体现出较为相近的递变关系，说明利用 Kissinger 方程来分析和计算此氧化焙烧反应的热动力学因子是合理的。另外可看出，随转化率的增加直线斜率数值大小大致呈现先减小后增加趋势，说明辉钼矿在整个氧化分解过程中的表观活化能具有较大的变化幅度。

由 Kissinger 法计算得出的辉钼矿热分解反应过程中随转化率变化的表观活化能如图 6-30 所示。

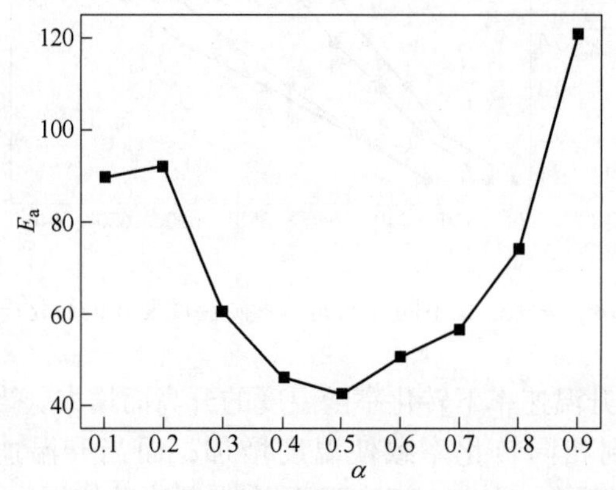

图 6-30　由 Kissinger 法得出的辉钼矿随转化率变化的表观活化能

由图 6-30 可以看出，整个温度段内表观活化能随转化率的增加呈现先减小后增加的变化关系，且变化幅度较大，表明热分解反应过程中还伴随着多步反应、副反应以及中间产物的形成，这与热分析曲线上较为杂乱的峰位和峰型相对应。活化能曲线的变化趋势也表明了氧化分解反应的前期所具备的活化能较小，后期对应活化能较大。

B　Flynn-Wall-Ozawa（FWO）法

根据 Flynn-Wall-Ozawa 方程，以 $1/T$ 对 $\lg\beta$ 进行线性拟合，从所得线性回归直线的斜率和截距可计算出辉钼矿热分解反应的表观活化能 E_a 和指前因子 A，拟合结果如图 6-31 所示。

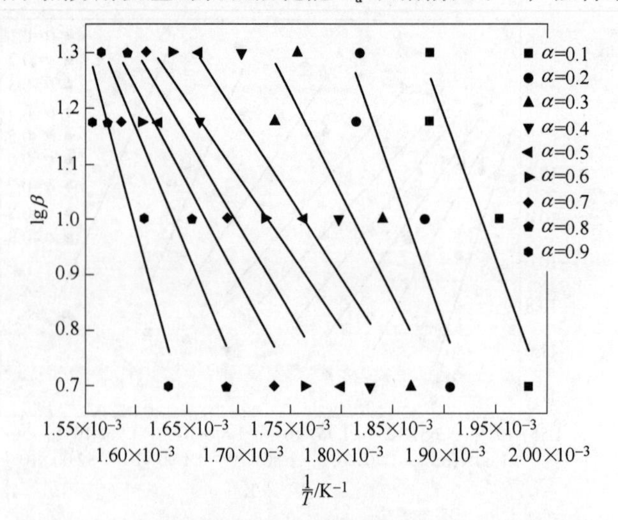

图 6-31　不同热分解转化率下辉钼矿的 $\lg\beta$-$1/T$ 拟合曲线

由图 6-31 可以看出，采用 Flynn-Wall-Ozawa 法所得的拟合曲线与 Kissinger 法所得拟合曲线相似，不同转化率下直线线性关系良好，表明利用 Flynn-Wall-Ozawa 法对辉钼矿的氧化焙烧反应过程进行分析评估也是可取的。

随着分解反应转化率的增加，直线斜率数值大致呈现先减后增的变化趋势。由 Flynn-Wall-Ozawa 法计算所得辉钼矿热分解反应表观活化能随转化率的变化关系如图 6-32 所示。

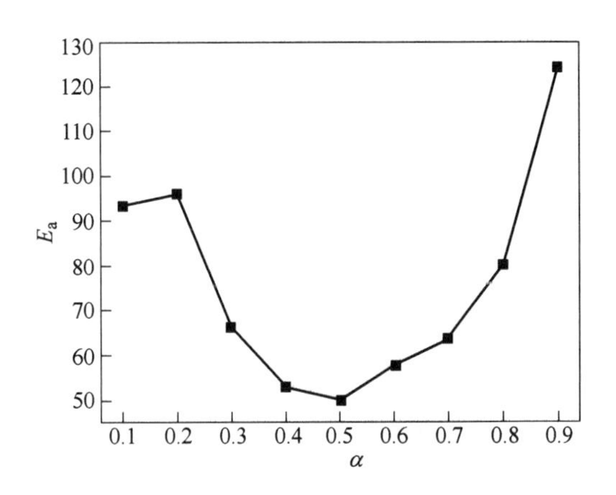

图 6-32 由 FWO 法得出的辉钼矿随转化率变化的表观活化能

同样从图 6-32 可以看出，表观活化能 E_a 随转化率 α 的增加大致呈现先减小后增加的趋势，表明在同一升温速率下，反应的难易程度应为先降后增的变化趋势。整体活化能的变化幅度大，表明辉钼矿热分解过程中反应类型的多重性（反应机理的不唯一性），这也印证了前文中热分析曲线峰的多重性。

比较图 6-30 和图 6-32 可知，由 Flynn-Wall-Ozawa 方程和 Kissinger 方程最终计算得出的表观活化能随转化率的变化趋势基本一致，说明这两种方法均可用于分析辉钼矿热分解反应过程中的动力学行为，但应用 Flynn-Wall-Ozawa 法获得的反应活化能比 Kissinger 法得出的活化能略高，这可能是由于 Flynn-Wall-Ozawa 法对噪声信号更为敏感的原因。Flynn-Wall-Ozawa 法和 Kissinger 法计算得出的辉钼矿热分解反应表观活化能的平均值分别为 76. 1kJ/mol 和 70. 4kJ/mol。

6. 3. 7 微波氧化焙烧辉钼矿模拟研究

辉钼矿火法分解的现行工艺方法大多首先在焙烧炉中对原料进行氧化焙烧，然后通过升华法或湿法提纯。涉及的焙烧炉大多有能耗高、能源利用率低及物料整体温度分布不均匀等缺点；湿法处理工艺大多流程复杂、生产周期长及废液净化成本高等。因此，通过试验方法考察微波能对辉钼矿的加热效率及焙烧效果显得尤为重要。

模拟过程中需要定义辉钼矿物料的介电特性参数和热物性参数，各个数值由测量仪测量或查找文献获得。辉钼矿的介电特性参数见表 6-4。表 6-5 为辉钼矿的密度和对流传热系数。

表 6-4 辉钼矿的介电特性参数[22]

参 数	数值
相对介电常数 ε	70
相对磁导率 μ	1
损耗角正切 $\tan\delta$	0.008
电阻率 $\rho_{concentrate}/\Omega\cdot m$	3.81
电导率 $\sigma_{copper}/S\cdot m^{-1}$	0.58×10^{8}

表 6-5 辉钼矿的传热系数和密度

参 数	数值
对流传热系数 $h/W\cdot(m^2\cdot K)^{-1}$	50
密度 $\rho/kg\cdot m^{-3}$	4800

6.3.7.1 数值模拟过程

A 方法与步骤

为探究微波辉钼矿物料介质中的传播形态，首先需要对物料模型进行高频电磁模态分析。建立有限元模型后，对模型添加电壁边界条件，设置电壁表面屏蔽特性，在求解类型中选择模态分析，输入激励频率，分析求解后查看结果即可得出电场和磁场矢量强度分布云图。

微波加热模拟属于电磁-热顺序耦合分析，建立有限元模型及施加载荷后，首先进行高频电磁谐响应分析，然后将所得结果作为热生成载荷施加到重新建立的瞬态热分析模型中；谐分析完成后改变单元类型并设定求解初始条件，接着选择分析类型并进行求解。求解过程中经过反复迭代达到结果收敛，从结果中查看最终的温度场分布。整个耦合分析流程示意图如图 6-33 所示。

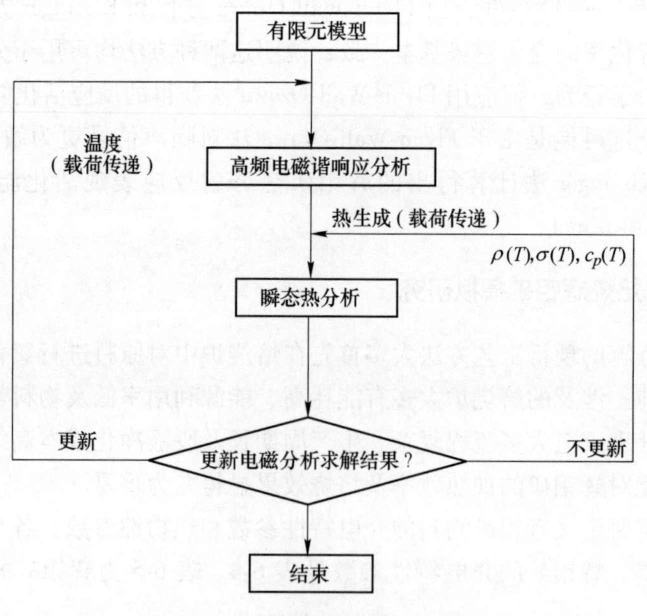

图 6-33 微波加热耦合分析流程

为了突出说明微波加热具有的优势，研究对比了微波加热与传统热源加热的模拟结果，这两类模拟加热的能量作用示意图如图 6-34 所示。

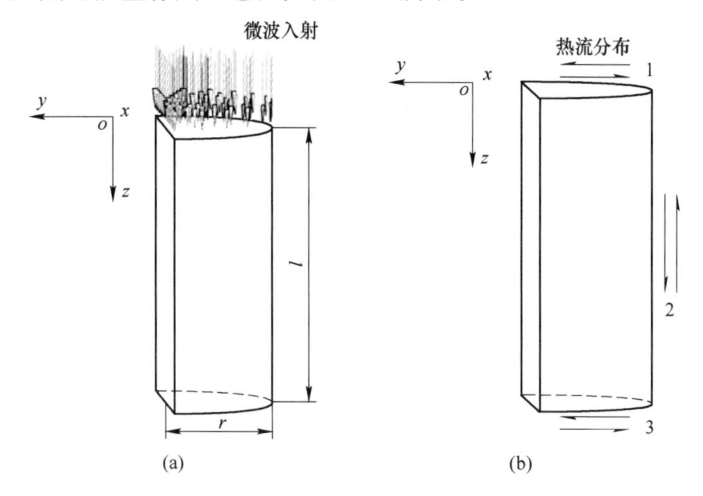

图 6-34　微波加热（a）与传导加热（b）的热生成示意图

模拟过程中建立的辉钼矿样品模型为圆柱体状，考虑到它的几何对称性，在模拟加热过程中将模型减半，这样可以减少计算量、节省分析时间、更清晰地观察内部结果。如图 6-34 所示，对于微波加热模拟，模型的一端设定为微波入射端口，另一端为匹配端口；在传导加热模拟中，圆柱体模型的两端面及圆柱面（图中所示的 1、2 和 3 面）均设置为热流作用面，热量由外表面逐渐传递到物料模型的内部，对其实现加热模拟。

B　模型网格划分

由于模拟研究中使用到的模型比较简单，故可直接在 ANSYS 前处理模块中完成建模。模拟过程中需要对比圆柱体模型和方柱体模型的电磁分析结果，以及对比不同半径的圆柱体模型的加热结果，但所有模型的体积应保持一致，由此保证所用的模型具有相同的物料量。模型的网格尺寸大小可由 Nyquist 准则[23]判断：

$$S_{\max} < \frac{\lambda}{2} = \frac{c}{2f\sqrt{\varepsilon_0 \mu_r}} \tag{6-27}$$

另外通过网格收敛方法确定单元尺寸设置为 4mm 时最为合适。图 6-35 所示为用于模拟微波加热的半圆柱体模型及其网格示意图。

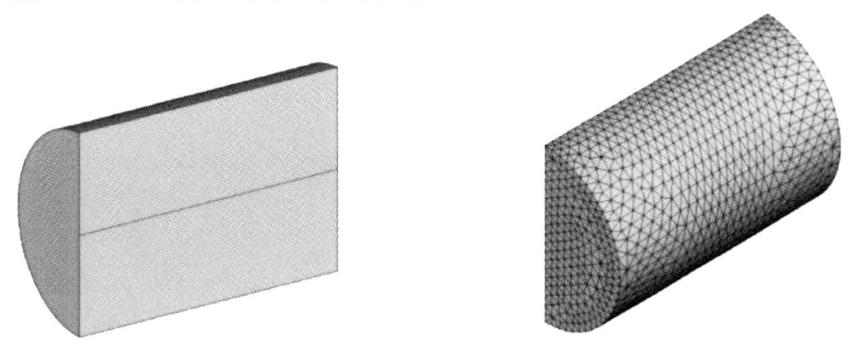

图 6-35　半圆柱体辉钼矿模型及其网格划分示意图

C　载荷施加与求解

完成网格划分后即获得了可用于计算的有限元模型，接下来开始对模型施加相应的载荷与约束以进行求解。对于进行高频电磁谐分析的三维模型，可选用的单元类型有10节点的四面体单元（HF119）和20节点且包含锥体、棱柱体退化的六面体单元（HF120）。在图6-35所示的柱体模型中，首先对圆柱面施加电壁边界的均布载荷，然后选择一端面定义为微波入射及吸收端口，而另一端面为阻抗匹配端口，这样便实现了微波在辉钼矿物料介质中的传输。

在微波加热的数值模拟中，首先将高频电磁单元转化为20节点的热实体单元，然后对模型施加耦合场载荷，即将电磁分析结果（rmg文件）作为内生成热源（体积载荷）施加到热分析模型中，然后定义均布体积载荷，用于形成均布温度场。接着根据需要定义时间步长，在瞬态分析中每个荷载步终点须给时间赋值。在完成加载工作后，就可以设定分析类型（分析类型也可以在施加载荷前设定），接着进行ANSYS求解，求解的过程大部分由计算机自动完成。

6.3.7.2　结果与讨论

A　微波传输形态

在微波能技术应用中，圆形波导和矩形波导是两类最为常用的波导，所以从这两类波导中的波传播特性和微波能利用效力方面展开研究。分别对辉钼矿物料建立方柱体模型和圆柱体模型，二者完整匹配矩形波导端口和圆形波导端口。首先通过高频模态分析展示微波在两类物料模型中传输时电磁波的形态及分布。对于方柱体模型，其端口长度为7.088cm，高度为12cm；对于圆柱体模型，其端口圆半径为4cm，高度与方柱体模型相同。这两类物料模型的模态分析结果如图6-36所示，其中模态频率为0.915GHz，提取模态数和扩展模态数均为1。

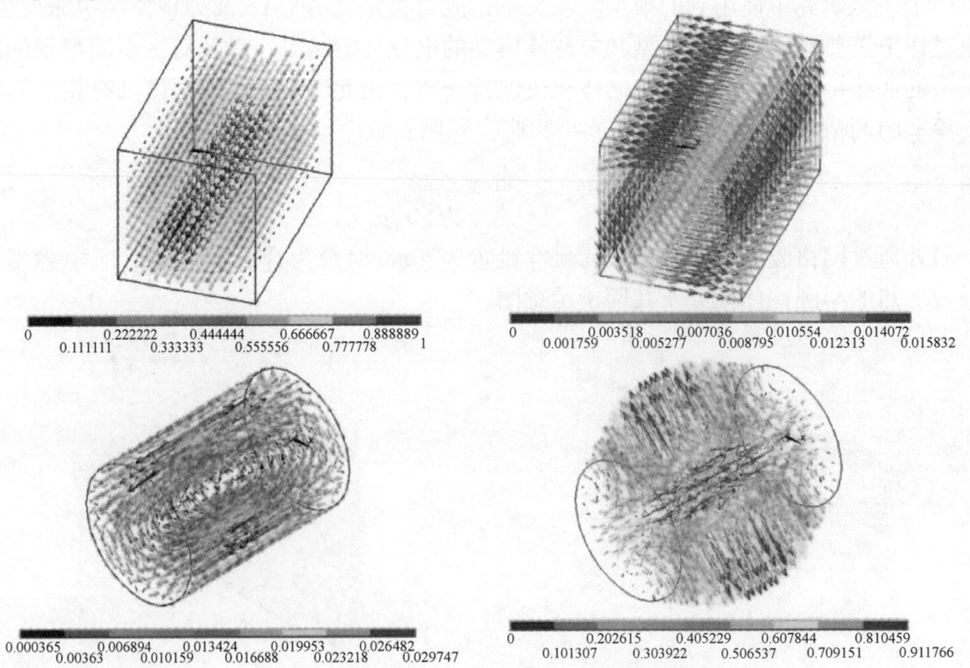

图6-36　辉钼矿物料模型的电磁矢量分布图

从图 6-36 中可看出，两类模型中均为电场矢量方向与磁场矢量方向相互垂直，这与微波的本征特性相吻合，即微波是一种横电波，其中电场强度 E 和磁场强度 H 的振动方向互相垂直，而微波的传播方向（能量流动方向）又与此二者垂直，从而在它们之间构成一个空间直角坐标系。另外从该范围的模态展示中也可看出，电场矢量强度大的地方磁场强度较大，反之亦然，所以电场矢量强度与磁场矢量强度形成了互补，这实际上反映了物料模型中微波传输良好，反射损耗等较低。对于方柱体模型，最大电场矢量强度为 1，最大磁场矢量强度为 0. 0158；对于圆柱体模型，最大电场矢量强度为 0. 9118，而最大磁场矢量强度为 0. 02975，说明圆形波导中传输的微波更加集中。

B 矩形波导与圆形波导加热模拟结果对比

辉钼矿的火法处理工艺中了解矿样内部温度分布及大小尤为重要，这有助于工艺方案的优化及最终产品质量的提升。鉴于此，首先对方柱体物料模型和圆柱体物料模型进行加热模拟，由此可以比较出矩形波导和圆形波导的微波利用效益。在此建立的模型尺寸与上文相同，在微波功率为 3kW、加热时间为 16min 的条件下，模拟结果如图 6-37 所示。

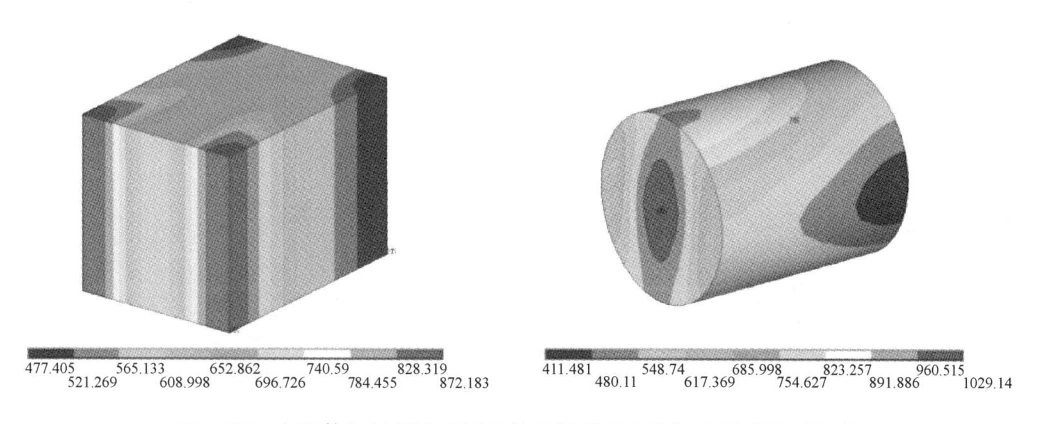

图 6-37 方柱体物料模型与圆柱体物料模型中微波加热的温度分布

从图 6-37 中可以看出，方柱体物料模型中最高温度出现在微波照射面的两对称棱边上，并且温度逐渐向该端面中部及另一端面上相对应的棱边处降低。在圆柱体物料模型中，最高温度出现在微波照射面的中部，且温度逐渐向四周及另一端面降低，不过在某一径向上温度较高。圆形波导传输的微波能较为集中。考虑到传热传质的影响，温度从中部生成有利于物料内挥发性组分向外更为快速的扩散，这对矿物的热分解过程是有利的。

图 6-38 所示为不同时间条件下两种物料模型的升温特性。由图 6-38 可知，辉钼矿模型的温度随着模拟加热时间的增加而升高，当时间上升到 16min 时方柱体物料模型与圆柱体物料模型的最低温度、最高温度分别为 477. 4℃、872. 4℃和 411. 5℃、1029. 1℃。由此可知圆柱体物料的平均升温速率大于方柱体物料，而方柱体物料的升温均匀性优于圆柱体物料。不过考虑热能效率与热生成特性，在实际操作中选用圆形波导传输微波对辉钼矿进行加热更为合适。

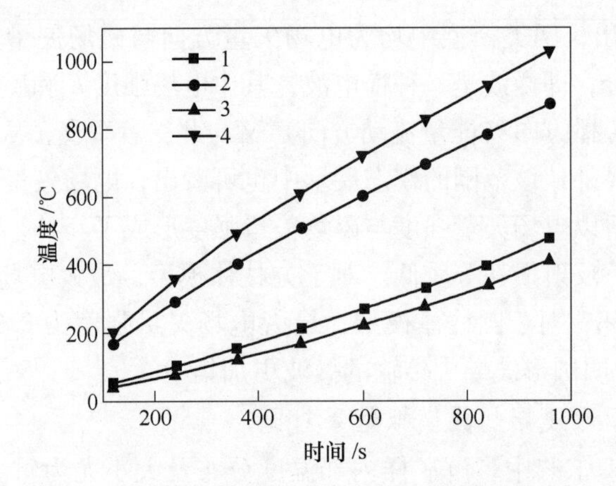

图 6-38　方柱体物料模型和圆柱体物料模型的升温特性
1—方柱体模型的最低温度曲线；2—方柱体模型的最高温度曲线；
3—圆柱体模型的最低温度曲线；4—圆柱体模型的最高温度曲线

C　温度场强度分布

a　圆形波导半径对温度的影响

当物料模型的半径分别为 4cm、3. 5cm、3cm 和 2. 5cm 时，各个半圆柱体物料模型中温度分布如图 6-39 所示。模拟过程中波导半径与各模型的端口圆半径相等，且各模型的体积保持不变；微波功率为 3. 5kW，模拟加热时间为 16min。

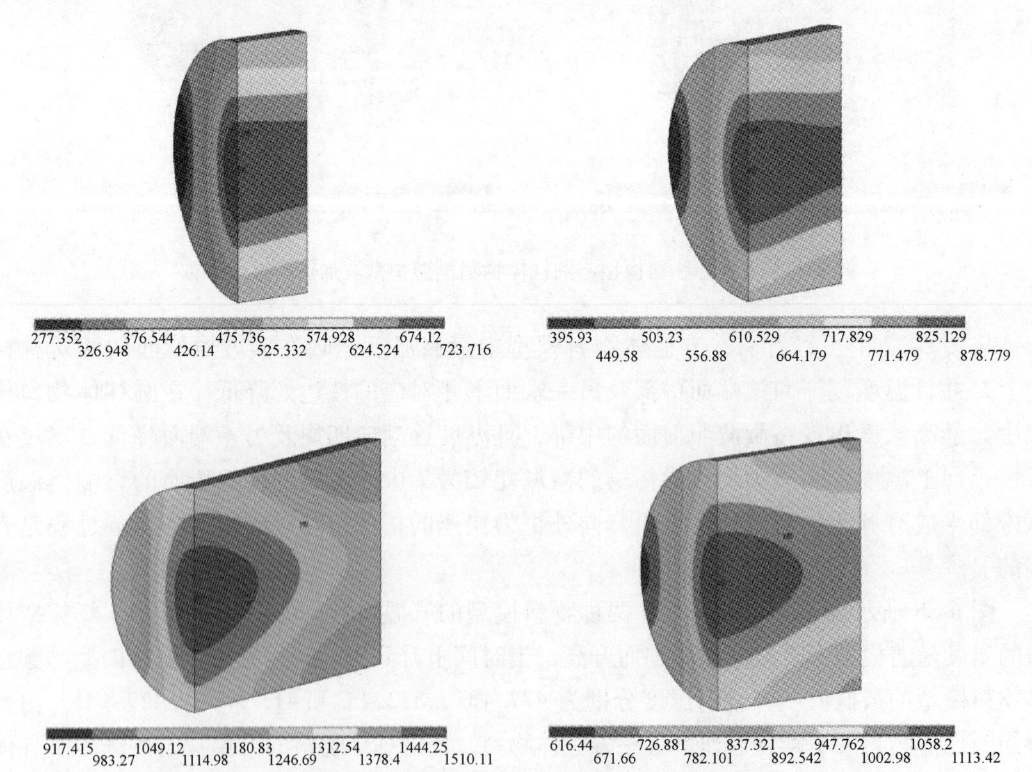

图 6-39　波导半径对物料内温度分布的影响

从图 6-39 可以看出，随着物料模型半径的减小，其高度增加，温度从径向的递减转变为高度方向上的递减。说明随着物料厚度的增加，微波在自身传播方向上的穿透阻力增大，温度扩展也受到限制，于是高温区域整体上向微波照射端口靠近。

图 6-40 所示为微波辐射进入辉钼矿物料后物料中的皮印廷矢量强度分布图，从图中可看出，在微波照射端物料中部矢量强度较大，而其逐渐向外围及另一端面递减，对照图 6-39 中物料模型的温度强度分布可知，微波加热过程中物料内部皮印廷矢量强度分布与最后形成的温度场强度分布一致，这与前文中的理论分析说明相吻合。

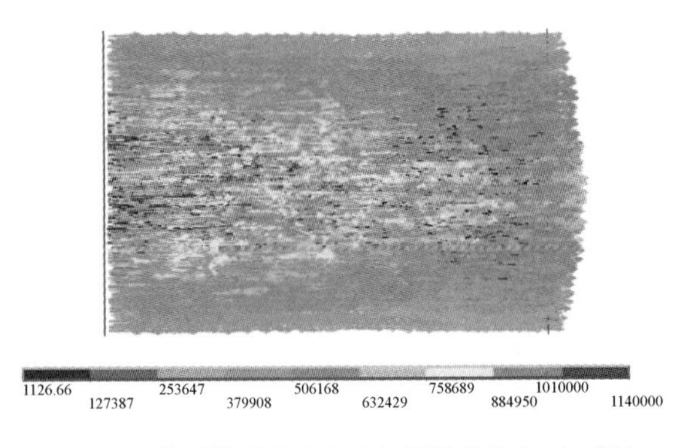

图 6-40　物料模型的皮印廷矢量强度分布（正视）

图 6-41 所示为对应图 6-39 中不同半径波导的微波辐射下物料模型中的最高温度曲线，它表示了不同波导半径下的升温速率大小。

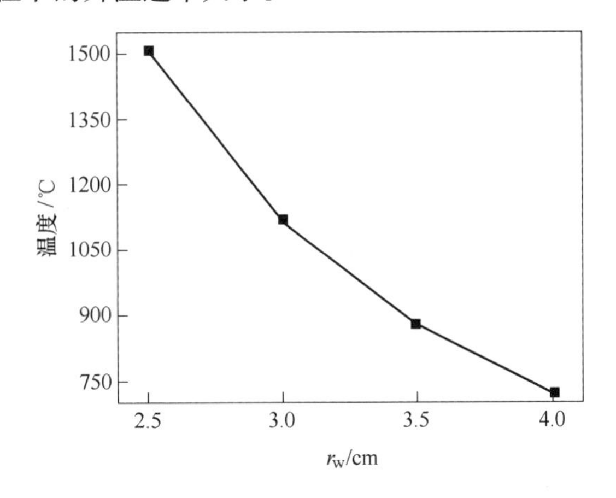

图 6-41　波导半径对物料中最高温度的影响

由图 6-41 可知，物料温度随其半径的增加而降低。模拟研究中物料模型的质量保持不变，微波功率保持不变，当模型半径减小时微波辐射进入物料后物料吸收的微波功率将增加，即半径较小的圆形波导所携带的微波功率密度较大，从而物料的升温速率增大，相同条件下达到了更高的温度。该结果表明在实际应用中需要注意调整波导口径的大小以满足不同工艺要求。

b　圆柱体物料模型半径对温度的影响

当波导半径保持为4cm不变，而物料模型半径分别为4cm、3. 5cm、3cm和2. 5cm时，各物料模型中温度分布如图6-42所示。其他条件不变，但微波功率下降为2. 5kW。

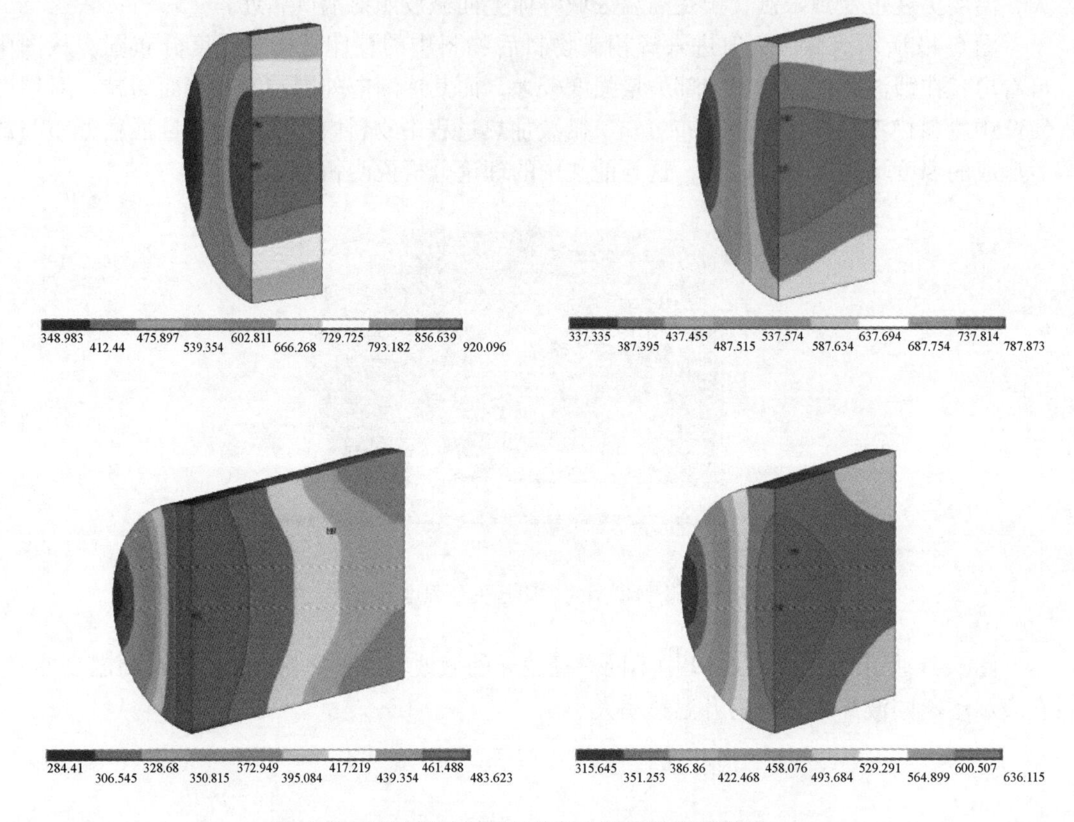

图6-42 物料模型半径对物料内温度分布的影响

由图6-42可知，高温区域在径向上更为集中地分布，当物料模型半径减小到2. 5cm时，最高温度区域贯穿了微波辐射段的圆周面，说明较窄接触面对微波的吸收具有一定的选择性，即微波能沿着某一直径位置形成堆积。

图6-43所示为受微波辐射时物料中产生的焦耳热分布，与图6-42中温度的分布比较可知，物料中焦耳热生成与其温度分布保持一致，在微波辐射时物料中生成的焦耳热源于物料本身的电导、介电损耗及磁损耗，所以焦耳热也是物料中热生成的来源之一。由此分析可知，在试验研究中物料厚度较大时可能会造成加热过程中物料局部过热，这对矿物升温是不利的。

图6-44所示为不同半径的物料模型中对应的最高温度曲线，同理，它表示了不同物料模型半径下的升温速率大小。由图6-44可知，物料温度随其半径的增加而升高。由于物料模型的质量及微波功率均保持不变，当模型半径减小时，沿着微波传输方向其厚度将增加，于是微波在物料介质中受到的传播阻力及反射损耗增大，这使得微波能的转化利用率下降；另外当物料厚度增加时，物料中的传热传质速率也将受到影响。所以当物料厚度增大时，热的生成与传导受限，造成了物料升温速率的下降，终点温度与物料模型半径成正相关。

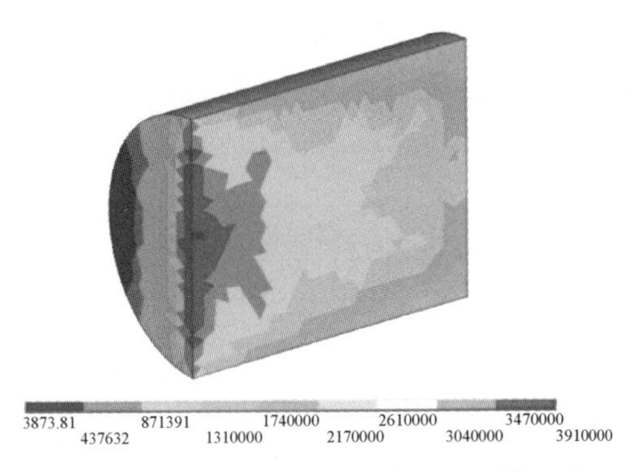

图 6-43 微波辐射时物料中的焦耳热生成

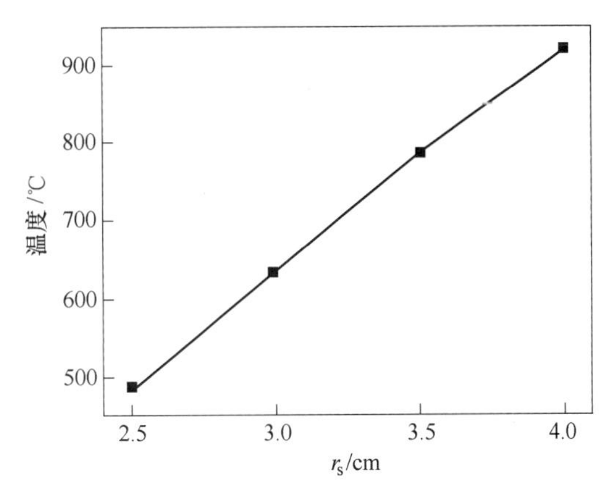

图 6-44 物料模型半径对物料中最高温度的影响

D 微波加热与传导加热模拟结果对比

在以对流传热方式对辉钼矿物料模型进行模拟加热的探究中，设定圆柱体物料模型内半径为 4cm，高度为 12cm，在模型柱面及其两端施加 1000℃ 的热流载荷，瞬态热分析时间步长为 16min。最终获得物料内温度分布结果如图 6-45 所示。

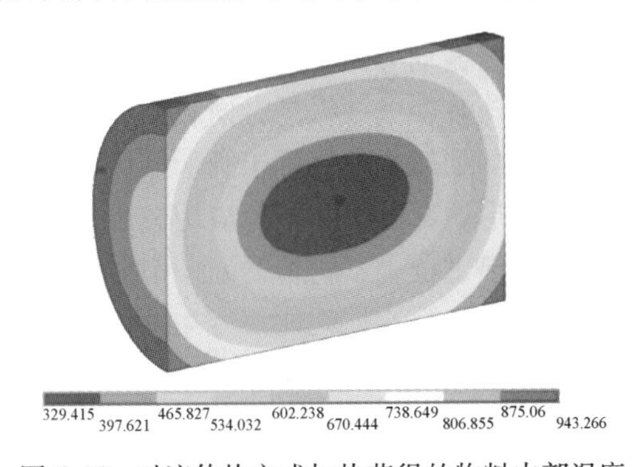

图 6-45 对流传热方式加热获得的物料内部温度

由图 6-45 可知，物料模型中最高温度出现在端面与柱面的交接部分，而最低温度出现在物料模型的中央。通过与微波加热的模拟结果进行对比，该结果形象地说明了热源加热过程中热生成方式与微波加热过程中热生成方式的区别，即热源加热过程中热量从高温区逐渐向低温区传递，从物料外表面逐渐向其内部传递；对于微波加热，热量产生于电磁波激发作用下物料内部分子间的极化运动，之后由内及外扩散，于是形成了两种加热方式下物料模型中温度分布的差异。

图6-46所示为两种不同加热方式下物料模型中最高温度与最低温度曲线。

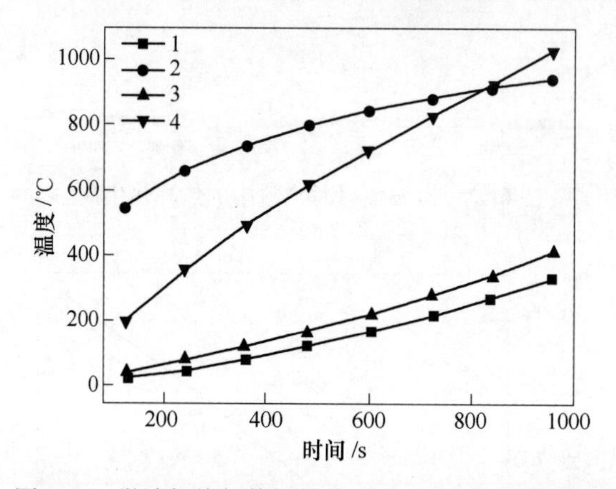

图6-46　微波加热与传导加热过程中物料的升温特性

1—对流传热模拟中物料的最低温度曲线；2—对流传热模拟中物料的最高温度曲线；
3—微波加热模拟中物料的最低温度曲线；4—微波加热模拟中物料的最高温度曲线

由图6-46可知，辉钼矿物料的温度随着模拟时间的延长而升高。加热16min后，传导加热与微波加热所对应的物料中最低温度、最高温度数值分别为329.4℃、943.3℃和411.5℃、1029.1℃，由此可知微波加热过程中物料的升温速率高于传导加热的升温速率。另外，从升温曲线中可看出，微波加热过程中物料的受热均匀性明显优于传导加热，这与很多学者的研究结论一致。该部分的研究结论也体现了微波具有高效节能的特点。在微波能的激励下，物料内部的传热传质速率得以增强，物料中的挥发性组分能够快速析出，这对辉钼矿的氧化焙烧是有利的；对于利用微波能热技术制备的产品（如三氧化钼和有机陶瓷），往往由于其微观结构得以改善而具有较高的力学性能。

微波在介质的传输过程中电场振动方向与磁场振动方向相互垂直，二者又与微波传输方向垂直，即电磁波的传输方向与其中电波振动方向和磁波振动方向构成一个空间直角坐标系。矩形波导传输微波对物料的加热均匀性优于圆形波导，但使用圆形波导时物料中热生成效力及物料升温速率优于矩形波导，故在实际应用中选用圆形波导更为合适。在使用圆形波导对辉钼矿物料的模拟加热过程中，物料升温速率与波导半径及物料厚度大小成反比关系，这与物料中微波功率密度与微波损耗能力有关。物料中皮印廷矢量强度分布、焦耳热生成分布与温度分布保持一致。

对于传统的热源加热方法，物料中热能的产生来自于高温热源的热传导，物料外部温度高且逐渐向内部递减；对于物料的微波加热过程，物料中热能的产生来自于分子的高频极化运动，热量由内及外扩散，物料内部温度高，逐渐向外递减。微波作用下物料的受热均匀性优于高温热源热传导作用下物料的受热均匀性，即利用微波对辉钼矿进行加热焙烧等热处理是可行的。

6.4 微波干燥钼酸铵

董铁有等人[24]进行了钼精粉的干燥工艺特性试验研究。结果表明：应用矩形脉冲式微波加热方法干燥钼精粉，且采用依靠物料自身温度高于环境温度的条件所形成的微风干燥模式是可行的。在此工艺条件下，单位能耗脱水量可达1.0kg/(kW·h)；与传统的热风干燥工艺相比，单位能耗的脱水量提高了近一倍；微波干燥钼精粉工艺与传统干燥工艺技术相比具有干燥速度快、无飞尘损失及节能等优势。

钼酸铵是钼冶金过程中重要的中间产品，它是生产钼粉、钼丝及钼基制品的主要原料，并用于催化剂、阻燃剂、颜料及微量元素肥料。工业生产的钼酸铵结晶含有13%～18%的水分，为了脱出这部分的水分，通常先经离心分离，再用传统的真空双圆锥干燥器或者烘箱干燥器进行烘干。由于真空双圆锥干燥或者烘箱干燥存在温度分布不均，有时会产生局部过热，引起仲钼酸铵脱水或者起团，影响钼酸铵的质量。秦文峰、彭金辉等人[25]研究了利用微波干燥仲钼酸铵的新工艺，试验结果表明：在最佳条件下仲钼酸铵的脱水率达99.98%，时间仅为90s，而传统烘箱方法约需50 min，微波干燥的时间仅是传统方法的3%，从中可以体现出微波加热技术的优越性。

6.4.1 实验原料分析及方法

6.4.1.1 实验原料

A 原料基本性质

实验原料来自于河北省某厂生产的四钼酸铵产品，白色粉末状，将样品分3份盛装在坩埚中，放置在70℃的恒温烘箱中，烘8h后每隔0.5h称量一次质量，直至质量恒定。分别计算其内部含有的自由水分，取其平均值，为17.23%（湿基）。同样对在此条件下得到的3份样品中的钼含量进行检测，取其均值。在已知水分含量的情况下，可计算出原料中钼含量为48.53%（湿基）。干燥后的样品采用XRF分析，氧化物检测的结果见表6-6。

表6-6 样品分析

氧化物	MoO_3	WO_3	Fe_2O_3	GeO_2
含量/%	99.9277	0.0428	0.0289	0.0006

由表6-6可知，原料中仅含有W、Fe和Ge杂质，且杂质含量比较少。

粒度分布图如图6-47所示。通过粒度分析可知，样品的折射率为1.76-0.05i，介质

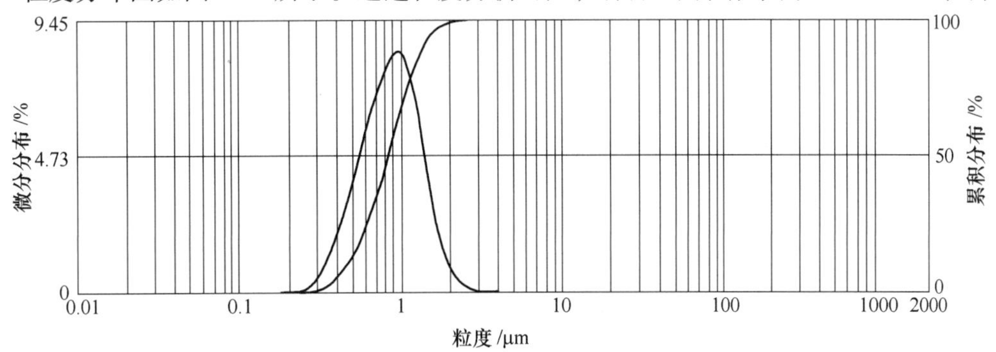

图6-47 四钼酸铵原料粒度分布曲线

的折射率为1.333，拟合系数为0.94。粒度分布集中在0.737~1.154μm之间，平均粒径为0.82μm。说明原料粒度分布比较均匀，并且粒径比较小。

B 导热系数

导热系数α是表示物质导热能力大小的物理量。测试辉钼矿的目的在于判断其吸收微波后产生的热传导效力，即验证对其使用微波加热的可行性。在25~500℃的温度范围内，辉钼矿的导热系数值见表6-7。

表6-7 原料辉钼矿的导热系数值

温度/℃	25	100	200	300	400	500
α/W·(m·K)$^{-1}$	2.095	1.765	1.305	1.204	1.168	1.55

如表6-7所示，辉钼矿的导热系数首先随着温度的升高而降低，但在500℃时出现显著上升，说明在该温度氛围内，辉钼矿的结构或成分发生变化，使得其导热系数随着温度的升高呈现先减小后增大的变化趋势。总的来说，辉钼矿的导热系数相对较高（平均为1.515W/(m·K)），这为微波辐射下热能的快速传递提供了可能。

C 比热容

从辉钼矿的比热容大小可推知内部热能传递时其升温速率的大小。同理，在进行热分析求解时也需要将所测定的比热容作为输入参数以获取更精确的解。在25~500℃的温度范围内，辉钼矿的比热容见表6-8。

表6-8 原料辉钼矿的比热容

温度/℃	25	100	200	300	400	500
c_p/J·(kg·K)$^{-1}$	620	672	645	670	684	643

同种物质的比热容与其物态有关，当温度变化时，比热容会产生波动，但总是维持在一定的范围内。在上述温度条件下，辉钼矿的比热容平均值为655.7J/(kg·K)，该值不足水的比热容（4200J/(kg·K)）的1/6，可以预见当辉钼矿内部产生较大的热能流动时，它将表现出较快的升温速率。

6.4.1.2 微波场下物料的升温特性

物料在微波场内的升温情况，除了与本身的比热容有关外，还与其自身的介电参数密切相关。假设干燥过程中干燥物料为多孔介质，且连续、均匀和各向同性，可得其能量传递方程为：

$$\rho c_p \frac{\partial T}{\partial t} + (c_{pw} J_w + c_{pg} J_g) \nabla T = \nabla \cdot (k \nabla T) - m_{ev} \Delta h_v + Q_v \tag{6-28}$$

式中，ρ为密度，kg/cm^3；c_p为定压比热容，J/(kg·K)；Δh_v为水的汽化潜热，kJ/kg；Q_v为单位体积内产生的热量，kJ；下角g表示气相；w表示水分；v表示水蒸气。

引入有效热导率，能量方程变为：

$$\rho c_p \frac{\partial T}{\partial t} = \nabla \cdot (K_{eff} \nabla T) + Q_v \tag{6-29}$$

式中，K_{eff}为有效热导率，W/(m·℃)。

假设微波加热过程中不考虑周围环境的热量损失，由于微波整体加热的特性，可推得

$\nabla T=0$，代入式（6-29）中可得：

$$\rho c_p \frac{\partial T}{\partial t}=Q_v \tag{6-30}$$

在微波场内单位体积的物料吸收的热量（Q_v）为：

$$Q_v=2\pi f\varepsilon_0\varepsilon''_{eff}|E|^2 \tag{6-31}$$

式中，f为微波频率，实验中$f=2450$MHz；ε_0为真空中的介电常数，$\varepsilon_0=8.85\times10^{-13}$F/m；$\varepsilon''_{eff}$为有效损耗因子，是温度的函数；$E$为电磁场强度。

因此，式（6-30）可进一步转化为：

$$\frac{\partial T}{\partial t}=\frac{2\pi f\varepsilon_0\varepsilon''_{eff}|E|^2}{\rho c_p} \tag{6-32}$$

由式（6-32）可以看出物料的升温速率在外界条件一定下，还与自身的有效损耗因子有关。因此，物料的吸波特性可以通过物料在微波场内的升温特性判断。

图6-48对比了含有水分的四钼酸铵与不含水分（自由水）的四钼酸铵在微波场中的升温规律。

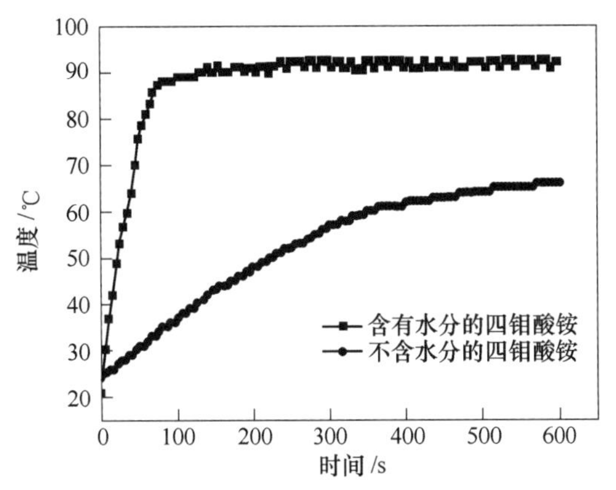

图6-48 微波场下四钼酸铵的升温曲线

由图6-48可知，不含水分的四钼酸铵在微波场内升温比较缓慢，600s时温度仅仅从室温升至68℃。说明不含水分的四钼酸铵的吸波特性比较差。采用微波加热没有快速升温的优势。而含水分的四钼酸铵的升温分为两个阶段，第一阶段为升温阶段，在0~70s的时间内，四钼酸铵迅速升温至91℃；第二阶段为恒温阶段，在70~600s内，温度一直在90~92℃内波动。其原因是四钼酸铵中含有部分的自由水分，水是较好的吸波体，在微波场下迅速升温接近水的沸点（昆明地区的水的沸点为93℃），而四钼酸铵本身吸波能力较差，不能使温度进一步升高，致使温度在90~92℃之间波动。因此，四钼酸铵在含有水分的情况下，吸波特性较好，而在不含水分的条件下，吸波特性较差。

6.4.1.3 实验方法

A 微波恒温干燥实验方法

实验中采用玻璃托盘盛载物料，称量托盘质量W。根据实验要求，将物料铺放在托盘上，达到实验设计厚度，称量托盘与物料总质量W_1。然后置于微波干燥腔体中，将热电偶置于物料中央，设置实验要求的温度，开始干燥实验。其物料的相对脱水率η按式（6-33）计算：

$$\eta = \frac{W_1 - W_2}{(W_1 - W) \times \sigma} \times 100\% \tag{6-33}$$

式中，W_1 为物料与托盘的总质量，g；W_2 为某时刻物料与托盘的总质量，g；W 为托盘质量，g；σ 为物料的原始水分含量，实验中的 σ 值为 17.23%。

B 微波干燥动力学实验方法

采用计算机自动记录质量变化数据，将物料铺放至实验设计的厚度，置于微波干燥腔体中，开始干燥，计算机设置每隔 30s 记录一次数据。

其干基水分含量 M_c 可以通过式（6-34）计算：

$$M_c = \frac{m_t}{m} \times 100\% \tag{6-34}$$

式中，m_t为 t 时刻样品中水分的质量，g；m 为样品干基的质量，g。

$$D_R = m_S/(mAt) \tag{6-35}$$

式中，D_R为干燥速率，g/(g·s·m^2)；m_S为水分散失的质量，g；m 为样品总质量，g；A 为四钼酸铵样品的干燥表面积，m^2；t 为干燥时间，s。

$$MR = (m_t - m_e)/(m_0 - m_e) \tag{6-36}$$

式中，MR 为水分比，无量纲；m_t为 t 时刻样品的水分含量,%；m_e为样品的平衡水分含量,%；m_0为样品的初始水分含量,%。

样品中平衡水分含量可假设为零。

C 微波煅烧实验方法

首先对微波设备设置预定温度，然后将一定质量的物料放入碳化硅坩埚中，达到实验设计的厚度，最后置于微波腔体中，开启微波，并同时记录时间；煅烧完毕后取出物料，放入干燥皿中自然冷却至室温，称量冷却后的物料质量并计算分析。

四钼酸铵的分解率依据式（6-37）：

$$\gamma = \frac{M_0 - M}{M_0 \times W} \times 100\% \tag{6-37}$$

6.4.2 微波恒温条件下温度波动

实验的微波设备在温度达到预定温度时自动停止加热，但是偶极分子的往复运动并不能立即停止，这就意味着介子内部继续产生热量，使温度上升。当温度低于设置温度时，设备自动开启微波加热。其温度绕动如图 6-49 所示。

图 6-49 是在微波设定 55℃条件下开始加热，每隔 5s 记录一次实际温度，将温度与时间的关系绘制而成的。可以看出，实际温度是在一定的范围内波动的。经过多次实验可知不同的设定温度下（每次实验的物料厚度是变化的，但是物料与空气接触面积不变）温度波动趋势与图 6-49 类似，其温度波动范围由表 6-9 给出。

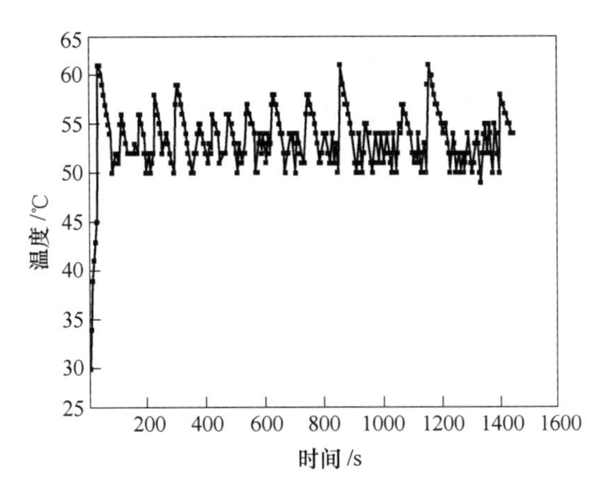

图 6-49 55℃条件下实际温度波动曲线

表 6-9 温度波动与升温时间表

设定温度/℃	实际温度/℃	升温时间/s	脱除质量/g
55	51~59	36~40	0.15
60	56~65	39~45	0.20
65	60~69	43~47	0.20
70	66~75	45~50	0.25
75	69~79	47~54	0.25

从表 6-9 可以看出，实际的温度波动几乎在±5℃之间，可以认为温度是比较稳定的；表 6-9 中的升温时间是指物料从加热开始计时到达设定温度所用时间；表中脱除质量是在恒定温度、不同厚度的条件下，经过反复实验测得的结果，从表 6-9 中可看出，微波升温时间短，并且在升温期间水分脱除量很小。

6.4.3 工艺条件对物料脱水率的影响

6.4.3.1 物料厚度的影响

物料厚度是考察物料干燥特性的重要因素之一，干燥是物料表面游离水分蒸发的过程。水分由液态变成气态向空气扩散的过程中，必然要经过物料厚度的层层阻隔，而同时阻隔层物料中的水分也在蒸发，需要找出最佳的厚度条件。在探索阶段发现物料厚度在小于 1cm 时，对微波的吸收率低，会出现打火现象，这是因为物料厚度薄、质量小，总的含水量就少，而四钼酸铵本身吸波特性较差，不能全部吸收磁控管发出的微波，造成余波在腔体里反射打火。基于此现状，将考察的物料厚度分别设为 1.0cm、1.4cm、1.8cm、2.2cm、2.6cm。设置的温度分别为 55℃、60℃、65℃、70℃。

实验开始时，称量物料达到指定厚度，放入微波腔体内的托盘中，然后开启微波，调节电流，当测定温度达到设定的温度时开始计时，干燥 12min 后，称量物料质量。物料厚度实验结果如图 6-50 所示。

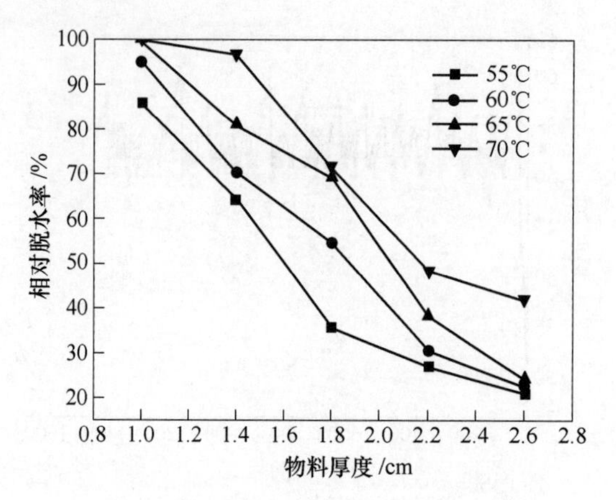

图 6-50　物料厚度与相对脱水率的关系图

从图 6-50 中可以看出，同一温度下随着物料厚度的增加，相对脱水率下降明显，这是因为厚度增加，质量也增加，所以单位时间内的脱水量也就增加。虽然单位时间内的脱水量与厚度有关，但是厚度的增加量大于单位时间内脱水量的增加量，致使相同的时间内物料厚度增加相对脱水率下降。此外，微波对物料具有一定的穿透深度，随着厚度的增加，微波能也在逐渐减小。同时也可以看出每一个厚度条件下，温度越高，相对脱水率越大。

6.4.3.2　干燥温度的影响

干燥过程中的水分能够快速蒸发的前提是有足够的能量提供，使其越过能垒的水分子比率增加，而物料的温度正是物料吸入能量的表观体现。所以温度是干燥过程中不可忽略的因素之一。然而过高的温度会使物料本身结构改变，甚至发生化学反应；同时过高的温度会使干燥终点难以控制，造成过度干燥，所以在考察温度因素时，选取了 55℃、60℃、65℃、70℃、75℃五个温度值。

通过分析图 6-50 可知，厚度越薄越有利于脱除水分，所以在干燥温度的影响实验中选取物料厚度为 1.0cm，开始实验后，每隔 2min 取出物料进行称量，并记录此时的物料质量，得出如图 6-51 所示的实验结果。从图 6-51 中可以看出，同一时间下，相对脱水率

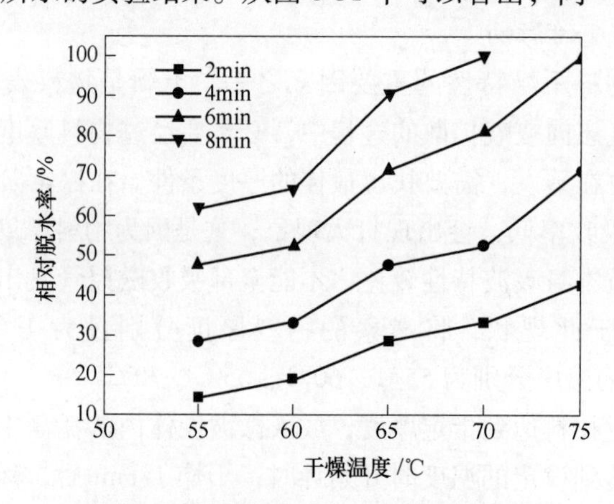

图 6-51　干燥温度与相对脱水率的关系图

随着干燥温度的增加而增加。这是由于提高了温度，水分子热运动的剧烈程度也就增加了，继而相对脱水率也就提高了。但是由于最终没有达到水的沸点，不能改变水分的汽化方式，致使相同的时间条件下，相对脱水率提高程度不大。

6.4.3.3 干燥时间的影响

微波的干燥时间是实际生产过程中比较关心的问题，它关系着实际生产效率，与生产效益密不可分，所以干燥时间也是考察因素的必备条件。通过分析图 6-50 与图 6-51，此次实验确定恒温温度为 75℃，物料厚度为 1.0cm、1.4cm、1.8cm、2.2cm、2.6cm。准确称量质量，放置于坩埚中，温度设定 75℃，开始实验，每隔 2min 记录一次数据，直到质量恒定不变。实验结果如图 6-52 所示。

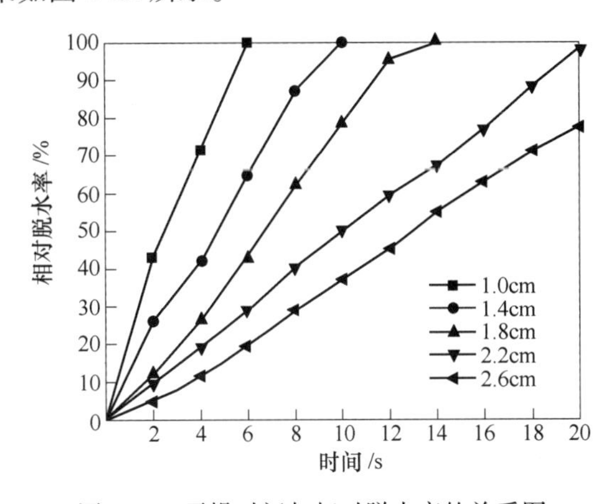

图 6-52 干燥时间与相对脱水率的关系图

从图 6-52 可知，相同的厚度下，相对脱水率随着时间的增加不断提高。干燥 2min，2.6cm 厚度下相对脱水率只有 4.84%，而 1.0cm 厚度条件下相对脱水率达到了 42.86%，当微波时间为 4~5min 时，1.0cm 厚度下相对脱水率已经达到 72.23%，钼含量达到了国标，成为可使用的商品。但随着厚度的增加，相同时间内的相对脱水率下降。

6.4.4 响应曲面优化实验

6.4.4.1 响应曲面设计及结果

综合前面探索干燥工艺条件对相对脱水率的影响结果，确定范围恒温温度（56~74℃）、恒温时间（6~18min）、物料厚度（10~20mm）。采用中心组合设计（CCD），选择三因素二水平对微波干燥四钼酸铵的工艺条件进行优化，得到的实验因素和水平见表 6-10。

表 6-10 响应面分析的因素水平编码

主要影响因素	代号	水平				
		−1.68	−1	0	1	1.68
恒温时间/min	X_a	3.95	6	9	12	14.05
物料厚度/mm	X_b	6.59	10	15	20	23.41
恒温温度/℃	X_c	49.86	56	65	74	80.14

设计方案与结果见表 6-11。

表 6-11 实验设计方案与实验结果

序号	恒温时间/min	物料厚度/mm	恒温温度/℃	相对脱水率/%
1	6.00	10.00	56.00	40.48
2	12.00	10.00	56.00	95.58
3	6.00	20.00	56.00	7.16
4	12.00	20.00	56.00	62.32
5	6.00	10.00	74.00	97.96
6	12.00	10.00	74.00	100
7	6.00	20.00	74.00	43.86
8	12.00	20.00	74.00	88.89
9	3.95	15.00	65.00	20.51
10	14.05	15.00	65.00	98.43
11	9.00	6.59	65.00	100
12	9.00	23.41	65.00	35.6
13	9.00	15.00	49.86	40.77
14	9.00	15.00	80.14	100
15	9.00	15.00	65.00	73.73
16	9.00	15.00	65.00	74.34
17	9.00	15.00	65.00	72.89
18	9.00	15.00	65.00	75.01
19	9.00	15.00	65.00	74.82
20	9.00	15.00	65.00	72.65

6.4.4.2 模型拟合及精确分析

图 6-53 所示为相对脱水率预测值与实际值的对比。图 6-54 所示为相对脱水率残差正态分布概率。

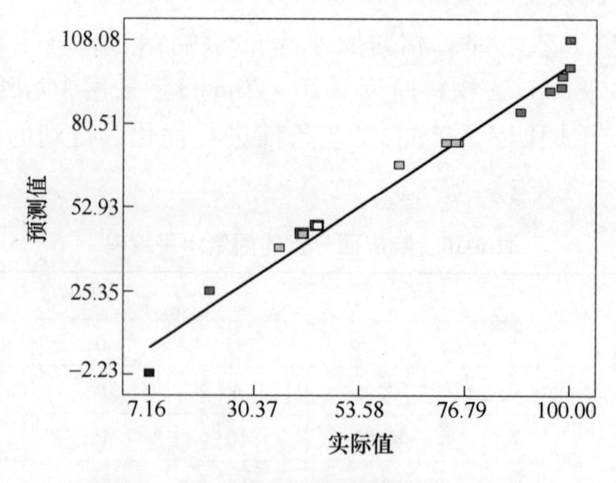

图 6-53 相对脱水率预测值与实际值对比

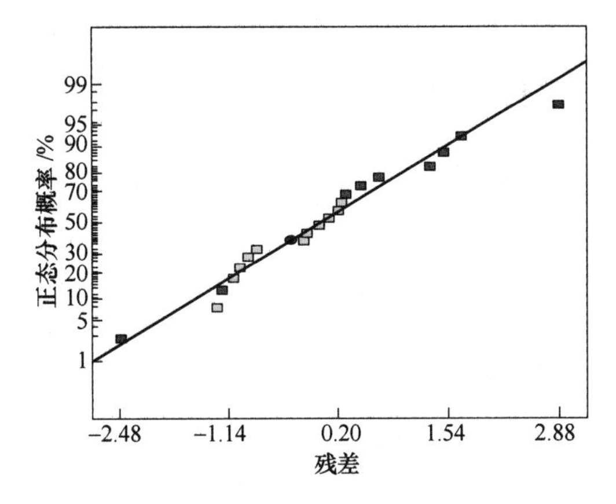

图 6-54 相对脱水率的残差正态分布

从相对脱水率预测值与实际值的对比可以观测到模型无法预测的值。实验点基本分布于预测值（45°的斜线）周围，说明所选模型可以成功地反映影响微波干燥四钼酸铵的自变量与因变量的实际关系。

由图 6-54 可知，相对脱水率的残差正态分布呈一条直线，说明采用响应曲面法拟合分析实验过程合理。

6.4.4.3 响应曲面分析

Design Expert 软件对设计出的实验及其结果进行三维数学模型分析，得到了如图 6-55~图 6-57 所示的 3 个三维图形，更明显地显示出各因素之间的交互作用对相对脱水率的影响。

图 6-55 反映了恒温时间与物料厚度的交互作用对相对脱水率的影响。可以看出，时间越长，厚度越薄，相对脱水率越大，但是相对脱水率的增长趋势是逐渐变缓的。随着物料厚度的增大，恒温时间的影响越来越明显。这可能是由于随着物料厚度的增加，内部水分向表面迁移困难，迁移速率小于表面气化速率，促使水分蒸发越来越难[26]。

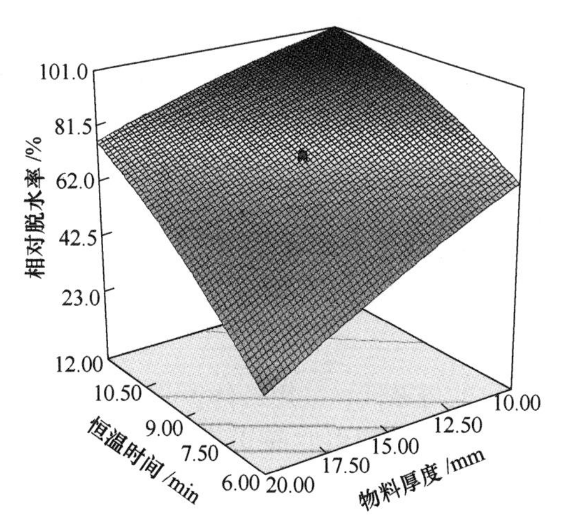

图 6-55 恒温时间、物料厚度及其交互作用对相对脱水率的影响

由图 6-56 可以看出，恒温温度与恒温时间的交互作用对相对脱水率的影响比较显著，而且两者对相对脱水率的影响程度接近。在恒温温度 56℃和恒温时间 6min 的条件下，相对脱水率不到 20%；时间增加 1 倍后，相对脱水率达到了 80%，可见延长时间有助于相对脱水率的提高。恒温温度由 56℃升至 74℃时，在 6min 的条件下，相对脱水率从 19%提高到 73%；而在 12min 的条件下，相对脱水率仅从 80%提高到 98%。由此可见，在短时间内提高温度可快速除去大部分水分，但想要深度脱水，必须延长恒温时间。

图 6-57 显示了物料厚度与恒温温度的交互作用。由图可知，随着物料厚度的减小、恒温温度的提高，相对脱水率逐渐在提高。在物料厚度 10mm，恒温温度 74℃的条件下，相对脱水率可达到 100%。这可能是因为水分的脱除需要外界提供水分气化潜热的能量，温度越高，说明提供的能量越快，水分气化的速度越快，进而脱水越快；而厚度增加，增加了欲脱除的水分总量，同时增加了水分脱除的阻力。

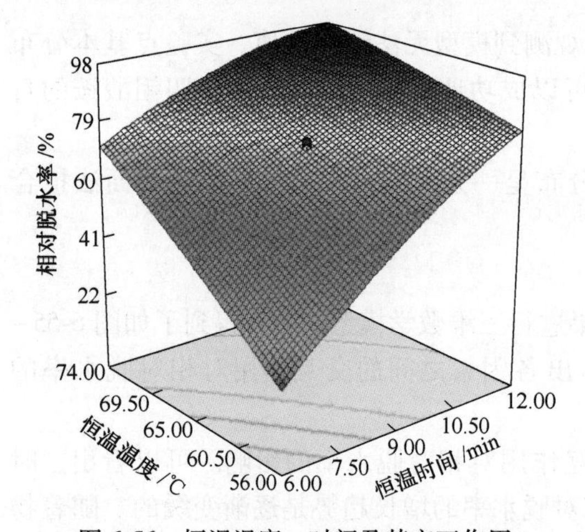

图 6-56　恒温温度、时间及其交互作用对相对脱水率的影响

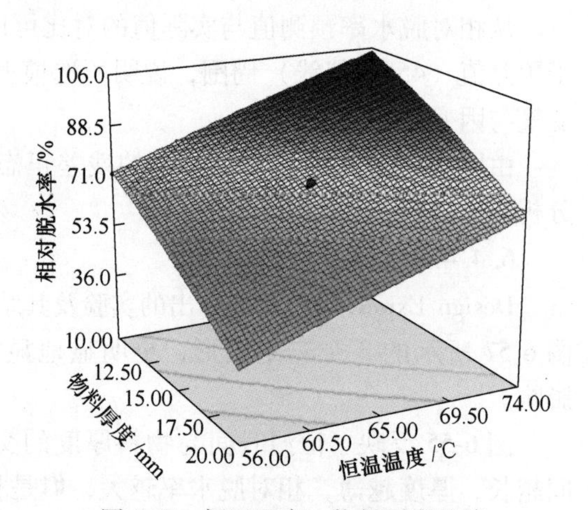

图 6-57　恒温温度、物料厚度及其交互作用对相对脱水率的影响

6.4.4.4　条件优化及验证

四钼酸铵干燥的最终试验结果为钼含量不小于 56%（湿基），以含水率为 17.23%计算，相对脱水率达到 77.42%即可。通过响应曲面法分析得到优化工艺参数，见表 6-12。

表 6-12　优化工艺参数

参　数	恒温时间/min	物料厚度/mm	恒温温度/℃	相对脱水率/%
模型预测	9.45	14.81	66.36	79.82
实际验证	9.50	15.00	67.00	79.18

为了检验响应曲面法优化的可靠性，采用最佳工艺条件进行实验，但现实中的设备并不能达到条件的精确度，因此近似取恒温时间 9.5min、物料厚度 15mm、恒温温度 67℃。进行 3 组平行实验，得到的相对脱水率取平均值，为 79.18%，与预测值相差 0.64%，说明响应曲面法优化得出的工艺条件有效。经计算此时钼的含量为 56.3%，达到了四钼酸铵国家标准（GB/T 3460—2007）的要求。

将微波干燥后的四钼酸铵进行粒度分析，图 6-58 所示为微波干燥后的粒度分布曲线。

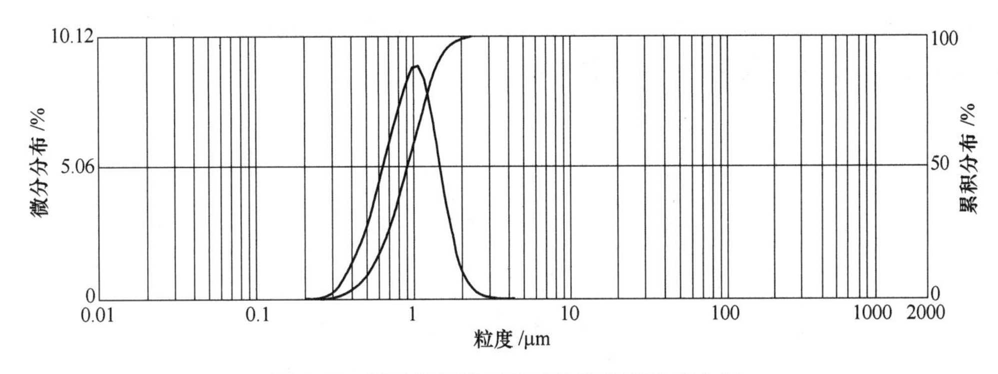

图 6-58 微波干燥后四钼酸铵的粒度分布曲线

通过图 6-58 粒度分析可知，微波干燥后的四钼酸铵的颗粒粒径集中在 0.737 ~ 1.266μm 之间，平均粒径为 0.90μm，而且粒度分布均匀。

6.4.5 四钼酸铵干燥特性分析

根据干燥方程的推导，可知水分比随时间的变化曲线是动力学的实验研究中最为重要的参数。实验中采用微波加热四钼酸铵，使物料保持恒定的温度。考察物料温度与物料厚度两个条件下水分比随时间的变化规律。

6.4.5.1 温度的影响

保持物料的厚度为 14mm，考察 55℃、60℃、65℃和 70℃条件下，物料中的水分含量（干基）变化与时间的关系，其结果如图 6-59 所示。

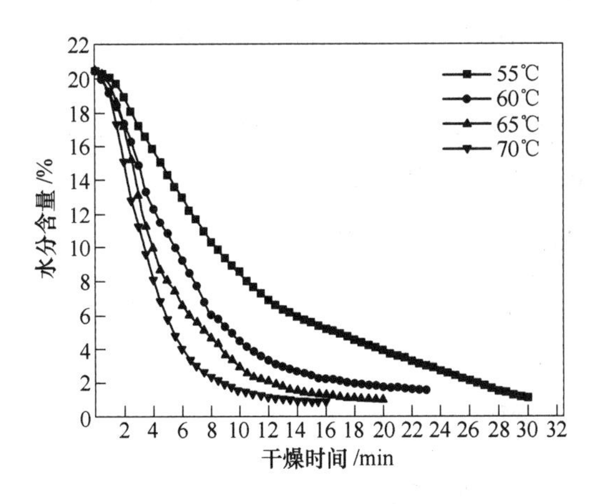

图 6-59 不同温度下水分含量与干燥时间的关系

从图 6-59 中可以看出，微波温度增加，四钼酸铵中的水分含量明显下降。55℃条件下在 30min 时样品中的干基水分含量达到 1.16%，而 70℃的条件下 16min 时样品的干基水分含量达到了 0.91%；60℃与 65℃干燥效果介于 55℃与 70℃之间，60℃在 23min 时干基水分含量达到 1.63%，65℃在 20min 时干基水分含量达到 1.01%。由此可见，温度升高不但缩短了干燥时间，而且有利于样品的深度干燥。

根据图 6-59 曲线及实验过程中测得的物料与空气接触的表面，可计算出不同温度下干燥速率与水分含量的关系，结果如图 6-60 所示。

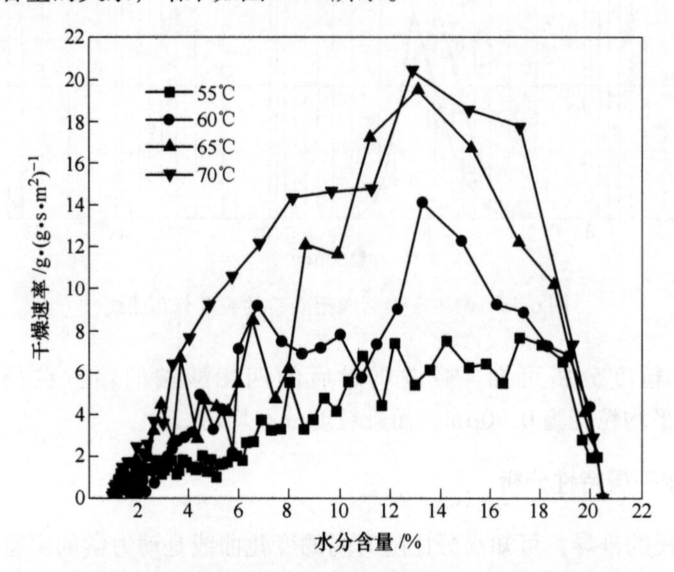

图 6-60　不同微波温度下干燥速率与水分之间的关系

图 6-60 表明，温度越高相同含水量下的干燥速率也越大。在 60℃、65℃和 70℃的条件下干基含水量在 11%～18%之间都出现一个最高的尖点，而 50℃条件下虽然没有出现明显的尖点，但是这一区间内也是干燥速率最高的一段。在这一区间内温度较高时温度可以及时补充水分气化时所需的能量，可使水分及时气化，因而出现尖点，而此时水分的扩散是控速环节；温度较低时水分的气化不足以供应水分扩散，出现了较平缓区间，此时的水分气化是控速环节。

图 6-61 所示为不同温度条件下水分比与干燥时间的关系曲线。通过此关系曲线可研究温度条件下四钼酸铵的干燥动力学特性。

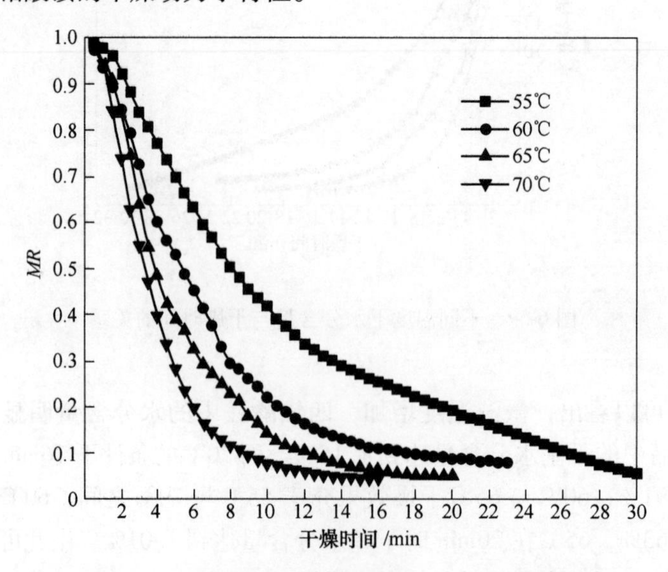

图 6-61　不同微波温度下水分比与干燥时间的关系

6.4.5.2 厚度的影响

在保持物料与空气的接触面积不变的情况下，设定物料温度为60℃，改变物料厚度（10mm、14mm和18mm）考察物料水分含量与干燥时间的关系。

图6-62所示为不同厚度条件下微波干燥四钼酸铵的过程中水分含量与干燥时间的关系。物料厚度越薄，干燥时间越短。10mm厚度条件下16min时水分含量达到1.36%，14mm的样品在23min时水分含量达到1.64%，18mm的样品在30min时水分含量达到1.39%。总体来说，微波干燥能够将四钼酸铵干燥到干基含水量在2%以下。

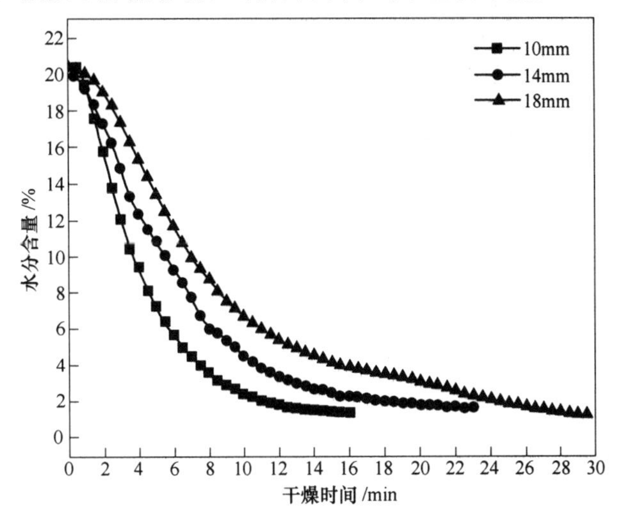

图6-62 不同物料厚度下水分含量与干燥时间的关系

根据图6-62曲线数据及物料与空气接触面积可计算出不同厚度条件下干燥速率与水分含量的关系。

图6-63所示为不同厚度条件下干燥速率与干基含水量的关系。由图6-63可知，10mm与14mm条件下含水量在11%～18%之间出现了尖点，而18mm的曲线却比较平缓。可能是厚度增加了，水分的总质量也增加了，水分供应充足。

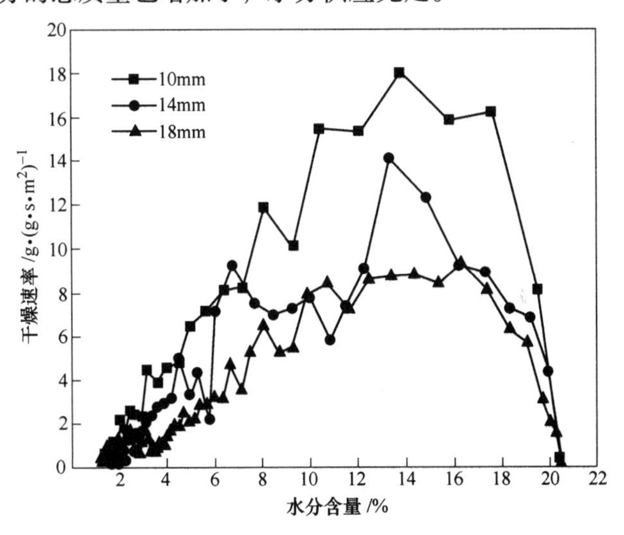

图6-63 不同物料厚度下干燥速率与水分含量的关系

由图 6-64 可得到不同物料厚度条件下水分比与干燥时间的关系曲线。通过此关系研究物料厚度条件下四钼酸铵的动力学干燥特性。

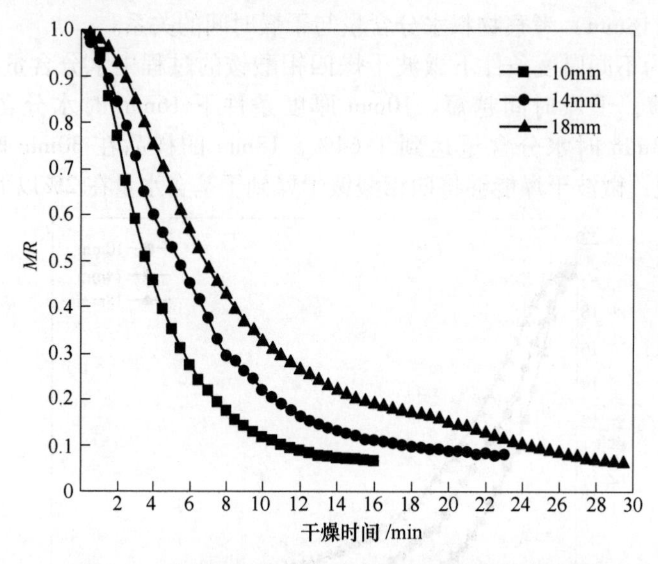

图 6-64　不同物料厚度下水分比与干燥时间的关系

6.4.5.3　有效扩散系数

在动力学研究过程中，有效扩散系数是干燥特性数学分析中典型且基础的参数[27]。

$$\ln MR = \ln \frac{8}{\pi^2} - \frac{\pi^2 D_{eff} t}{4L^2} \tag{6-38}$$

对式（6-38）进行拟合，可得到 $\ln MR$ 与 t 的线性关系的斜率，根据斜率便可求出有效扩散系数 D_{eff}，其结果见表 6-13。

表 6-13　不同温度下的有效扩散系数

干燥温度 T/K	物料厚度 L/mm	有效扩散系数 D_{eff}/$m^2 \cdot s^{-1}$	R^2
328	14	1.0113×10^{-7}	0.9587
333	14	1.5315×10^{-7}	0.9567
338	14	2.0843×10^{-7}	0.9682
342	14	2.7763×10^{-7}	0.9516

可得到：

$$\ln D_{eff} = \ln D_0 - \frac{E}{R} \times \frac{1}{T} \tag{6-39}$$

由表 6-13 可知温度与有效扩散系数相对应的数据，并通过 $\ln D_{eff}$ 对 $1/T$ 作图，可得到直线，根据直线的斜率可计算出干燥的扩散活化能 E，并根据截距可计算出 Arrhenius 因子 D_0。其拟合曲线如图 6-65 所示。

从图 6-65 的拟合可计算出直线的斜率为−7517.90192，截距为 6.8444。由此可计算出干燥扩散活化能 E 为 62.504kJ/mol，Arrhenius 因子 D_0 为 938.61m^2/s。拟合的线性相关系数 R^2 为 0.99119。因此得到了有效扩散系数与温度的关系：

$$D_{eff} = 938.61 \times \exp\left(\frac{-7517.90}{T}\right) \tag{6-40}$$

式（6-40）是在物料厚度（14mm）一定的条件下进行拟合的，然而随着物料厚度改变，有效扩散系数是变化的。有效扩散系数随物料厚度的变化规律同样可以根据式（6-38）对图 6-65 进行拟合，从而得到不同物料厚度下对应的有效扩散系数。其结果见表 6-14。

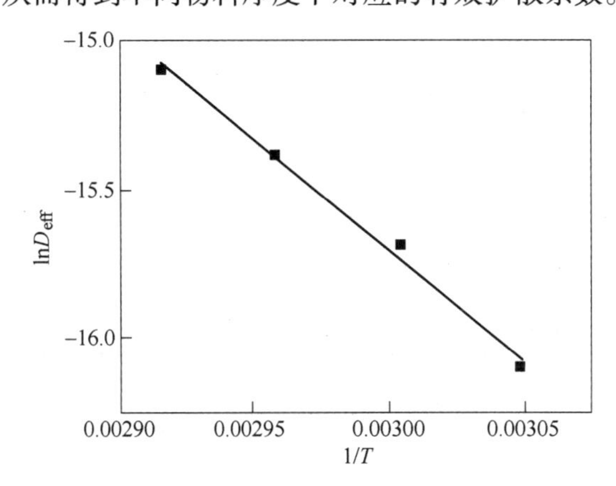

图 6-65 扩散活化能的线性回归拟合

表 6-14 不同厚度下有效扩散系数

物料厚度 L/mm	干燥温度 T/K	有效扩散系数 $D_{eff}/m^2 \cdot s^{-1}$	R^2
10	333	1.0792×10^{-7}	0.9621
14	333	1.5315×10^{-7}	0.9567
18	333	1.8999×10^{-7}	0.9753

观察表 6-14 中物料厚度与有效系数的关系，可发现随着物料厚度的增加，有效扩散系数也在增加，而且两者似乎呈线性关系。为了进一步判定两者的关系，将其作图，并采用直线进行拟合，其结果如图 6-66 所示。

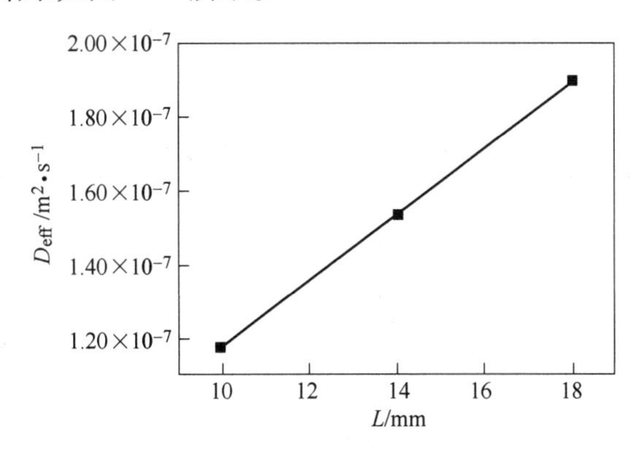

图 6-66 有效扩散系数与物料厚度的关系拟合

图 6-66 拟合后的线性相关系数为 0.9997，因此可断定在相同的温度下有效扩散系数与物料厚度呈线性关系。

前面已经拟合出在物料厚度为14mm条件下有效扩散系数与温度的关系，因此根据式（6-40）可计算出单位厚度下有效扩散系数与温度的关系式：

$$D'_{eff} = 67.044 \times \exp\left(\frac{-7517.90}{T}\right) \tag{6-41}$$

根据图6-66得到的结论，结合式（6-41）很容易得到有效扩散系数与物料厚度及温度的关系式：

$$D_{eff} = 67.044L \times \exp\left(\frac{-7517.90}{T}\right) \tag{6-42}$$

式中，L为物料的厚度，mm。

式（6-42）是根据式（6-40）及图6-66的结论推导出来，为了证明其准确性，可将表6-14的数据代入式（6-42）中进行对比，其结果见表6-15。

表6-15　有效扩散系数的理论值与实际值对比

物料厚度 L/mm	干燥温度 T/K	有效扩散系数 D_{eff}/$m^2 \cdot s^{-1}$	
		理论值	实验值
10	333	1.0510×10^{-7}	1.0792×10^{-7}
14	333	1.4714×10^{-7}	1.5315×10^{-7}
18	333	1.8918×10^{-7}	1.8999×10^{-7}

由表6-15的对比可知，理论值与实验值非常接近，更加证明了式（6-42）的正确性。

6.4.5.4　动力学模型拟合

动力学模型拟合的目的是根据前面推导出的半理论模型、半经验模型及经验模型，对实验得到的数据进行拟合，从中找出能够比较精确描述四钼酸铵的干燥过程。实验主要采用了Henderson方程、Page方程、Page Ⅰ方程、Midilli-Kucuk方程及Wang方程对温度及物料厚度的影响进行拟合对比，找出拟合度较高的方程，并确定方程中的参数。

6.4.5.5　温度影响拟合

拟合的实验数据来源于图6-65，以每个方程模拟后得到相关系数R^2及残差平方和RSS为其选取的标准，如果R^2越接近1，RSS越小，则其拟合的精确度越高。采用5个方程对温度影响的拟合结果见表6-16。

表6-16　温度影响的拟合结果

模型方程	物料温度/℃	R^2	平均R^2	RSS	平均RSS
Henderson方程	55	0.9955	0.9896	3.579×10^{-4}	9.28×10^{-4}
	60	0.9907		7.536×10^{-4}	
	65	0.9880		0.0011	
	70	0.9840		0.0015	
Page方程	55	0.9937	0.9897	4.990×10^{-4}	8.97×10^{-4}
	60	0.9891		8.880×10^{-4}	
	65	0.9866		0.0012	
	70	0.9892		0.0010	

续表 6-16

模型方程	物料温度/℃	R^2	平均 R^2	*RSS*	平均 *RSS*
Page I 方程	55	0.9937	0.9897	4.990×10^{-4}	$8.\dot{9}7\times10^{-4}$
	60	0.9891		8.880×10^{-4}	
	65	0.9867		0.0012	
	70	0.9892		0.0010	
Midilli-Kucuk 方程	55	0.9960	0.9969	3.1458×10^{-4}	4.57×10^{-4}
	60	0.9990		8.263×10^{-4}	
	65	0.9944		5.052×10^{-4}	
	70	0.9981		1.800×10^{-4}	
Wang 方程	55	0.9937	0.9834	9.375×10^{-4}	1.60×10^{-3}
	60	0.9882		9.554×10^{-4}	
	65	0.9756		0.0022	
	70	0.9760		0.0023	

注：*RSS* 表示残差平方和。

通过表 6-16 对比 5 个模型方程的平均 R^2，发现只有 Midilli-Kucuk 方程的平均 R^2 大于 0.99，而且每个温度条件下拟合的 R^2 也均大于 0.99。同时其 *RSS* 也是 5 个方程中最小的一个。说明 Midilli-Kucuk 方程能够更好地描述四钼酸铵在不同温度条件的微波干燥过程。对于 Midilli-Kucuk 方程中的各个参数还需要进一步的拟合确定，其拟合图如图 6-67 所示。

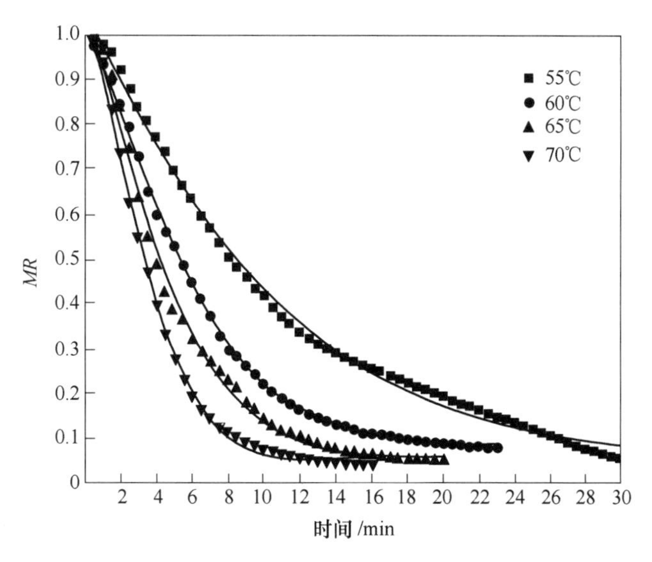

图 6-67 不同温度下 Midilli-Kucuk 方程拟合

根据图 6-67 的拟合结果进行计算，可计算出不同温度条件下 Midilli-Kucuk 方程中参数 a、b、k 及 n 的值。其结果见表 6-17。

为了找出各个参数与温度的关系，结合表 6-17 的数据形成如图 6-68 所示的直观图。

表 6-17　不同温度条件下 Midilli-Kucuk 方程的参数

参数	55℃	60℃	65℃	70℃
a	1.04368	1.01414	1.04918	1.02927
k	0.07148	0.08643	0.12288	0.12937
n	1.10219	1.29252	1.27035	1.44993
b	0.00114	0.00365	0.00285	0.00373

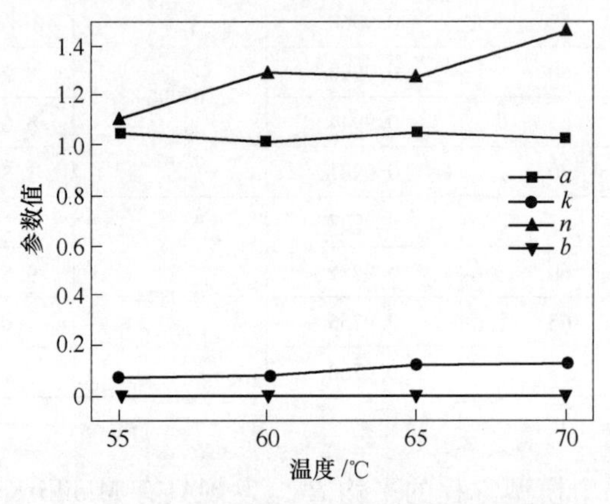

图 6-68　Midilli-Kucuk 方程中各个参数与温度的关系

由图 6-68 可发现参数 a、b 和 k 随着温度的升高，其值变化不大。而参数 n 随着温度的升高而增加。但观察对比表 6-17 中的数据可知，参数 a 与 b 的变化规律性不强，其 a 值在 1.034 上下波动。参数 k 是随着温度的升高而略有增加的。

6.4.5.6　物料厚度影响拟合

物料厚度的拟合数据来源于图 6-65，同样通过对比每个方程拟合后得到的 R^2 及 RSS，筛选最合适的拟合模型方程。其结果见表 6-18。

表 6-18　厚度影响的结果

模型方程	物料厚度/mm	R^2	平均 R^2	RSS	平均 RSS
Henderson 方程	10	0.9886	0.9892	0.0011	9.44×10^{-4}
	14	0.9907		7.536×10^{-4}	
	18	0.9882		9.784×10^{-4}	
Page 方程	10	0.9875	0.9868	0.0012	1.13×10^{-3}
	14	0.9891		8.880×10^{-4}	
	18	0.9839		0.0013	
Page Ⅰ 方程	10	0.9875	0.9868	0.0012	1.13×10^{-3}
	14	0.9891		8.880×10^{-4}	
	18	0.9839		0.0013	
Midilli-Kucuk 方程	10	0.9973	0.9966	2.186×10^{-4}	5.28×10^{-4}
	14	0.9990		8.263×10^{-4}	
	18	0.9935		5.387×10^{-4}	

续表 6-18

<table>
<tr><th>模型方程</th><th>物料厚度/mm</th><th>R^2</th><th>平均 R^2</th><th>RSS</th><th>平均 RSS</th></tr>
<tr><td rowspan="3">Wang 方程</td><td>10</td><td>0.9838</td><td rowspan="3">0.9830</td><td>0.0015</td><td rowspan="3">1.43×10^{-3}</td></tr>
<tr><td>14</td><td>0.9882</td><td>8.880×10^{-4}</td></tr>
<tr><td>18</td><td>0.9770</td><td>0.0019</td></tr>
</table>

注：*RSS* 表示残差平方和。

由表 6-18 可以发现，只有 Midilli-Kucuk 方程拟合的平均 R^2 值超过了 0.99，并且其 *RSS* 值也是 5 个方程中最小的。同时不同厚度条件下分别拟合出来的 R^2 均超过了 0.99。说明不同物料厚度条件下 Midilli-Kucuk 方程能够较好地描述四钼酸铵的微波干燥过程，这恰好与温度影响的拟合结果一致。图 6-69 所示为不同物料厚度条件下采用 Midilli-Kucuk 方程的拟合结果。

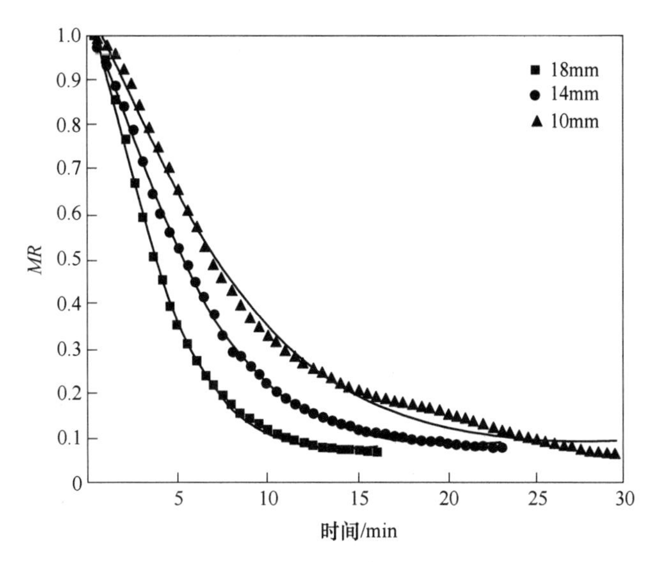

图 6-69 不同物料厚度下 Midilli-Kucuk 方程拟合

根据图 6-69 的拟合结果进行计算，可计算出不同物料厚度的条件下 Midilli-Kucuk 方程中参数 a、b、k 及 n 的值，其结果见表 6-19。

表 6-19 不同物料厚度条件下 Midilli-Kucuk 方程的参数

参数	18mm	14mm	10mm
a	1.05169	1.01414	1.03915
k	0.07124	0.08643	0.13146
n	1.2177	1.29252	1.33277
b	0.0027	0.00365	0.00471

为了找出各个参数与物料厚度的关系，结合表 6-19 的数据形成如图 6-70 所示的直观图。

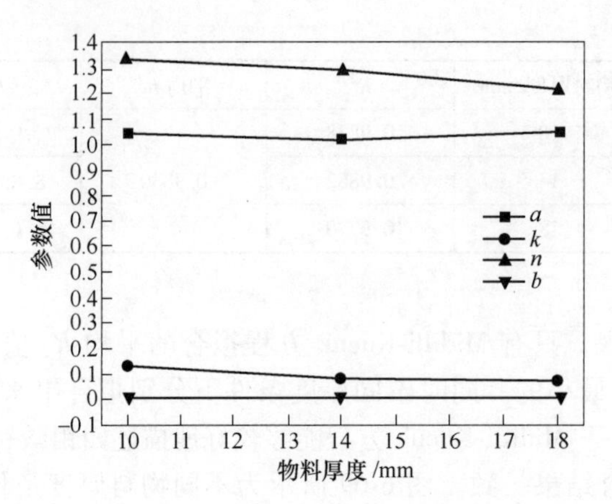

图 6-70 Midilli-Kucuk 方程中各个参数与物料厚度的关系

结合表 6-19 及图 6-70 分析物料厚度的变化对 Midilli-Kucuk 方程中各个参数的影响。发现 4 个参数随着物料厚度的增加，其值略有变化。其中参数 b、k 及 n 随着物料厚度的增加逐渐减小，而参数 a 的变化规律不明显。

综上所述，Midilli-Kucuk 方程是较好地描述微波干燥四钼酸铵过程的模型方程。

6.5 微波合成钼产品

秦文峰、彭金辉等人[28]研究了微波煅烧钼酸铵制取高纯三氧化钼的新工艺。微波煅烧的主要因素为物料质量，其次为微波功率和煅烧时间；在最佳工艺条件下钼酸铵的分解率为 99.67%，粒度均匀，杂质含量低。

彭金辉等人[29]进行了微波合成钼酸钠的新工艺的研究。在最佳工艺条件下钼酸钠的合成率为 99.97%，采用 X 射线衍射进行产品物相分析。

程起林、赵斌等人[30]利用最新引进的微波等离子装置，以羰基钼为原料制取纳米级钼粉，一步就可制得平均粒径在 50nm 以下的钼粉，同时该粉末的稳定性很好，为开发纳米钼粉的应用创造了条件。

段柏华等人[31]对纳米钼粉的微波烧结工艺和致密化机理进行研究。纳米钼粉和微米钼粉分别在不同温度和不同时间下进行常规烧结和微波烧结。结果表明：随着烧结温度的升高，相对密度和硬度的增速先快速增加随后增速减缓，相对密度迅速达到 95%，随后趋于稳定。采用微波烧结技术，在 1873K 下烧结 30min 获得相对密度为 98.03%、平均晶粒尺寸为 3.6μm 的纳米钼粉。并对纳米钼粉的微波烧结动力学进行研究，发现其致密化是体积扩散机制和晶界扩散机制共同作用的结果。计算得到的纳米钼粉的微波烧结激活能为 203.65kJ/mol，远低于常规烧结方式的激活能，证明微波烧结有利于增强粉末的原子扩散性能和致密化过程。结果表明，微波烧结是制备高性能钼产品的一种经济可行的方法。

参 考 文 献

[1] 高源，于新刚．辉钼矿深加工技术及产业分析［J］．中国资源综合利用，2014（11）：41~43.

[2] 朱艳红. 用于钼金属及合金领域的高纯氧化钼的生产 [J]. 中国钼业, 1999 (5): 7.

[3] 刘军民. 全球钼产量将显著增加 [J]. 世界有色金属, 2008 (9): 48~49.

[4] Kang Xiaoshui, Tang Lubing, Lu Chengdong, et al. The application of CR system in molybdenum mammography [J]. Chinese Journal of Current Advances in General Surgery, 2005.

[5] Yin F, Ruan S F, Jiang P H, et al. Experimental study on roasted ore of poor nickeliferous laterite ore with ammonia leaching technology [J]. Mining & Metallurgy, 2007.

[6] 向铁根. 钼冶金 [M]. 长沙: 中南大学出版社, 2009: 56~57.

[7] 聂琪, 戈保梁, 张晋禄, 等. 微波助磨技术处理某钼矿 [J]. 矿产综合利用, 2019 (1): 8.

[8] 焦鑫, 戈保梁, 翟德平, 等. 陕西某低品位钼矿石微波预处理研究 [J]. 矿冶, 2018 (3): 23~27.

[9] 王仙琴, 罗建海, 刘雁鹰, 等. 微波对钼精矿及杂质矿物的作用特性浅析 [J]. 中国钼业, 2018 (4): 39~42.

[10] 郭拴全, 杨双平, 王磊, 等. 响应曲面法优化辉钼矿微波焙烧工艺的研究 [J]. 稀有金属与硬质合金, 2017, 45 (4): 6~11.

[11] 杨双平, 郭拴全, 王磊, 等. 辉钼矿微波活化作用机理 [J]. 有色金属工程, 2017, 7 (2): 41~45.

[12] 陈晓煜. 微波氧化焙烧辉钼精矿制备三氧化钼研究 [D]. 昆明: 昆明理工大学, 2015.

[13] 泽列克曼. 稀有金属冶金学 [M]. 北京: 冶金工业出版社, 1982: 99~102.

[14] 彭金辉, 杨显万. 微波能新应用 [M]. 昆明: 云南科技出版社, 1997: 75~78.

[15] 刘秉国, 彭金辉, 张利波, 等. 碱式碳酸钴在微波场中的吸波特性及升温行为研究 [J]. 无机盐工业, 2010, 42 (3): 11~13.

[16] Firment L E, Ferretti A, et al. Mechanism and surface structural effects in methanol oxidation over molybdates [J]. Applications of Surface Science, 1983, 129: 155~156.

[17] Al-Harahsheh M, Al-Muhtaseb Ala'a H, Magee T R A. Microwave drying kinetics of tomato pomace: Effect of osmotic dehydration [J]. Chemical Engineering and Processing, 2009, 48 (1): 524~531.

[18] 胡荣祖, 高胜利, 赵凤起, 等. 热分析动力学 [M]. 2版. 北京: 科学出版社, 2007: 178~181.

[19] 王映华. 草酸钙的热分析动力学研究 [D]. 济南: 山东大学, 2007: 17~21.

[20] Ozawa T. Kinetic analysis of derivative curves in thermal analysis [J]. Journal of Thermal Analysis, 1970, 2: 301~324.

[21] Li Yuzhen, Sun Jihong, Wang Jinpeng, et al. Thermal degradation behavior and kinetic properties of 1,8-naphthalic anhydride loaded hybrid bimodal mesoporous [J]. Journal of Porous Materials, 2011, 19: 389~396.

[22] 刘秉国. 弱吸波物料的微波煅烧新工艺及理论研究 [D]. 昆明: 昆明理工大学, 2010: 30~33.

[23] 禹思敏, 王群生, 丘水生. 基于 Nyquist 准则的 PAL 信号内插函数及插值方式 [J]. 电视技术, 2001, 1 (5): 18~20.

[24] 董铁有, 贾淞, 邓桂扬. 高粒度矿粉的微波干燥工艺特性研究 [J]. 干燥技术与设备, 2015, 13 (4): 29~34.

[25] 秦文峰, 彭金辉, 樊希安, 等. 微波辐射法干燥仲钼酸铵新工艺 [J]. 中国钼业, 2004, 6 (26): 28~31.

[26] 李长龙, 彭金辉, 张利波, 等. 响应曲面法优化硫酸铵微波干燥工艺 [J]. 化学工程, 2011, 39 (3): 8~12.

[27] Zhong Yiwei, Gao Jintao, Meng Long, et al. Phase transformation and non-isothermal kinetics studies on thermal decomposition of alunite [J]. Journal of Alloys and Compounds, 2017, 710: 182~190.

[28] 秦文峰, 彭金辉, 樊希安, 等. 微波煅烧钼酸铵制取高纯三氧化钼新工艺 [J]. 新技术新工艺, 2004, 4: 42~44.

[29] 彭金辉，秦文峰，张世敏，等．微波合成钼酸钠的研究［J］．云南冶金，2004，33（4）：17~19.
[30] 程起林，赵斌，刘兵海，等．微波等离子体法制备纳米钼粉［J］．华东理工大学学报（自然科学版），1998（6）：113~116，122.
[31] 段柏华，张钊，王德志，等．纳米钼粉的微波烧结及致密化行为（英文）［J］．Transactions of Nonferrous Metals Society of China，2019（8）：14.

7 微波在锰冶金中的新应用

锰的应用十分广泛，其中90%用于钢铁工业，3%用于电池工业，2%用于化学工业，其余的锰用于有色冶金、电子、建材、环保、农牧业和国防等方面[1]。本章主要介绍微波在锰冶金领域取得的一些进展，涉及锰矿预处理、干燥、煅烧、熔化及烧结等工艺。

7.1 锰矿的吸波性能

马少健等人[2]以碳酸锰为微波吸收材料考察了微波功率、微波加热时间、样品堆积厚度和样品质量等因素对微波吸收率的影响。结果表明，各因素影响显著程度为：微波功率>样品堆积厚度>样品质量>加热时间，且交互影响不显著。当微波功率为675W、作用时间为131.5s、样品堆积厚度为15.4mm、样品质量为153.6g时，碳酸锰的微波吸收率模拟值最优为6.28%，与实际试验结果（5.89%）能较好吻合，误差约为6.6%。响应面分析法对矿物微波处理过程的因素影响程度有较好的预测性。

刘建等人[3]采用微波加热方式，测定了锰铁原料的升温曲线，包括南非块锰矿、巴西烧结锰矿、郴州块锰矿、焦炭等各单一原料和混合料的升温曲线，结果表明，在微波中单一原料和混合料均能在短时间内快速升温，说明采用微波加热铁合金原料可行。单一原料的升温速率主要受原料的介电常数影响，升温速率与介电常数呈正比。混合物料的升温速率与微波功率、物料质量、辐射面积有一定关系：原料一定时，适当提高微波加热功率、增大微波加热面积均有利于提高物料的升温速率；微波功率一定时，并不是质量越小升温速率就越快，而是当功率与质量相匹配时才获得最佳的升温速率。

苏秀娟、马少健等人[4]采用中间介质量热法考察了微波辐射时间、输出功率、物料质量等条件对各锰矿微波吸收能力的影响，并对各锰矿的升温特性和介电性能进行了比较。结果表明，二氧化锰吸波能力最强，而一氧化锰和一水合硫酸锰吸波能力较弱；在实验微波输出功率、辐射时间条件范围内锰矿相对于中间介质水的吸波能力未改变。二氧化锰介电损耗最大，在微波场中也有较好的升温特性，一氧化锰和一水合硫酸锰介电损耗较小，升温特性也较差。说明矿物微波吸收性能主要取决于其介电性能。升温特性测试法、介电常数测试法和中间介质量热法表征矿物的微波吸收性能结果基本相吻合，三者各存在优势和劣势，相互补充。

潘小娟等人[5]将碳酸锰矿粉和无烟煤混合物料用冶金微波炉进行加热，研究混合物料的升温机理。结果表明，碳酸锰矿粉对微波有很好的吸收性能，加热所需时间为传统加热时间的1/10，在加热过程中各物料的介电特性会发生明显变化，从而引起升温速率的变化。

孙宏飞、陈津等人[6]将高碳锰铁粉与碳酸钙粉按质量比1∶1均匀混合，在微波场中加热进行固相脱碳反应，脱碳温度分别为900℃、1000℃、1100℃、1200℃，且各保温脱碳60min。用矢量网络分析法测试试样的电磁性能。结果表明，高碳锰铁粉脱碳前后的电磁性能变化很大。脱碳物料的相对介电常数 ε_r' 在 7.00~10.00 范围内，相对介电损耗因子 $\varepsilon_r'' \approx 0.05$。脱碳物料的相对磁导率实部 $\mu_r' \approx 1.00$，相对磁导率虚部 $\mu_r'' \approx 0$。温度为 900℃和 1200℃时，脱碳物料的电磁性能相近。

7.2　微波还原及浸出锰矿

张永伟分别采用强磁选工艺和微波辐射—强磁选联合选矿工艺处理粒度小于 20μm 的高磷氧化锰矿，对比试验表明：后者比前者富锰效果更佳，一次锰产率可从 50%提高到 70%，给矿锰品位提高 3.49%~7.70%，达到 31%~36%，锰回收率提高 5.08%~11.42%，达到 82%~88%，且起到一定的降磷作用，给矿降磷率为 10.71%~48%[7]。侯向东等人[8]研究了微波加热还原含碳化锰矿粉过程中磷的迁移行为，结果表明，当物料温度低于 1000℃时，海绵锰铁金属化物不含磷，控制适宜的加热温度，缩短保温时间有利于降低锰铁金属化物中的磷含量。陈津等人[9]对微波加热含碳氧化锰矿粉体还原动力学进行研究，实验表明，还原物料的金属化率随着微波加热温度的提高和保温时间的延长而增加，在 1300℃时还原物料的金属化率达到 9.08%。微波加热含碳氧化锰矿粉体还原反应的活化能非常低，只有 9.90kJ/mol，表明反应的主要限制环节是 CO 气体向锰矿粉颗粒的内扩散，而不是界面化学反应。

刘伟等人[10]采用葡萄糖作为还原剂，在微波辐射辅助下还原浸出软锰矿。发现浸出过程是一个由化学反应控制和扩散控制混合控制的过程。反应温度较低时，反应速率较小，整个过程受化学反应步骤控制，随着温度的升高，化学反应速度迅速增加，以致超过扩散速度，因而过程转为受扩散步骤控制。

陶长元等人[11]研究了微波辅助生物质还原电解二氧化锰（EMD）和软锰矿的动力学行为。在微波功率 800W、$C_6H_{12}O_6$/EMD 质量比 1∶1、H_2SO_4/MnO_2摩尔比 2∶1、H_2SO_4浓度 1mol/L 的条件下，研究了不同温度下锰浸出率与时间的关系。结果表明：EMD 浸出遵循反应核收缩模型。同时，实验还对氧化锰矿和 EMD 的浸出过程进行了研究。研究发现，氧化锰矿与 EMD 的浸出过程并不相同。氧化锰矿浸出过程为化学反应和扩散控制步骤，随温度的升高，浸出过程控制步骤由化学反应控制逐渐转为扩散控制。

高琦、庞建明等人[12]对微波加热国产低品位锰矿含碳球团冶炼硅锰合金进行试验研究，探明了还原剂种类、配碳系数、碱度等对锰元素回收率的影响。结果表明，采用微波加热含碳低品位锰矿球团可以冶炼出硅锰合金。以木炭为还原剂时，锰回收率可达 63.3%，冶炼效果明显优于兰炭。配碳系数及碱度对冶炼效果有明显影响，最佳配碳系数为 1.3，最佳碱度为 0.7。通过混合高品位锰矿的方式，提高混合锰矿中锰含量，对锰元素回收率没有明显影响。

宋平伟、陈津等人[13]研究了微波加热含碳氧化锰矿粉体还原过程中锰铁金属化物的渗碳行为，微波可以快速加热含碳氧化锰矿粉进行还原，为获得低碳锰铁奠定了基础。在碳氧原子摩尔比为 1.06∶1、CaO∶SiO_2分子摩尔比为 1.28∶1 的条件下，采用微波加热法，对含碳氧化锰矿粉加热到一定温度并保温一定时间。结果表明：还原物料中锰铁金属化物的碳含量在 0.11%~0.23%之间。随着物料温度的提高和保温时间的增加，锰铁金属化物中的碳含量随铁含量增加而提高，而随锰含量的增加而降低，但锰含量与铁含量呈负相关关系。由于铁比锰易于渗碳，因此物料温度、保温时间和物料的锰铁比是影响锰铁金属化物渗碳的主要因素。

彭秋菊等人[14]对微波焙烧提高电解锰渣（EMR）中有效硅含量的活化条件进行优化研究。研究了焙烧温度、焙烧时间、微波功率和助剂比例（Na_2CO_3与 EMR 的质量比）对 EMR 中有效硅含量的影响，然后利用响应面法探讨了各因素及其交互作用对 EMR 中有效硅含量的影响，确定了微波焙烧提升 EMR 中有效硅含量的最佳工艺条件为：焙烧温度 854℃，焙烧时间 43min，微波功率 2608W，助剂比例 0.55∶1。在该工艺条件下，有效硅含量可达 18.16%。硅的微波活化工艺为电解锰渣的资源化利用提供了新思路。

陈沪飞、彭金辉等人[15]开展了微波辅助法在二氧化锰合成中的应用及研究。微波辅助法能有效提高合成的二氧化锰的电学、催化和光学性质，使合成的二氧化锰形貌更加均匀及特殊，二氧化锰的产率在一定程度上得到提高。

7.3 微波煅烧褐锰矿-碳酸盐型锰矿

锰铁合金生产企业存在低品位褐锰矿-碳酸盐型锰矿不能直接入炉冶炼、生产过程中产生的锰铁合金粉不能高效利用的问题，影响到企业的工艺流程与经济效益，亟须解决。与传统加热方式相比，微波加热具有加热速度快、整体加热、热效率高、环境友好、易于控制等优点，在冶金中的应用得到广泛重视。李磊、彭金辉等人[16]通过对微波煅烧碳酸盐-氧化型锰矿、微波烧结锰铁合金粉过程的研究，为解决上述问题提供了新的工艺方法。

7.3.1 实验原料与方法

7.3.1.1 锰矿性能

锰矿产自云南省砚山县，其化学组成分析见表 7-1。从表 7-1 可知，该锰矿 Mn 含量为 30%，品位达到我国富锰矿标准，铁含量为 1.5%，铁锰比为 20∶1；磷含量为 0.07%，磷锰比为 0.0023∶1，为一种低磷低铁锰矿。

表 7-1 锰矿主要化学成分

成分	TMn	TFe	CaO	SiO_2	Al_2O_3	MgO	P
质量分数/%	30.00	1.50	14.97	12.87	1.80	1.76	0.07

锰矿 X 射线衍射（XRD）分析结果如图 7-1 所示，Mn 主要以 Mn_2O_3 和 $MnCO_3$ 的形式存在，Ca 主要以方解石（$CaCO_3$）的形式存在，脉石主要为 SiO_2，并含有少量的镁锰方解石 $Ca(Mn,Mg)(CO_3)_2$。

锰矿石样品中褐黑色、浅紫红色、白色呈条带交替相间出现。褐黑色条带为氧化锰和碳酸锰混生，浅紫红色条带主要为菱锰矿，白色条带为方解石。通过 SEM、EDAX 并结合 XRD 分析，锰矿中主要物相的分布情况如图 7-2 所示，可以发现锰矿各物相之间界面清晰，Mn_2O_3、$MnCO_3$、$CaCO_3$ 呈带状分布，SiO_2 呈点状镶嵌于 $MnCO_3$ 中。通过上述分析发现该锰矿符合褐锰矿-碳酸盐型锰矿特征。

7.3.1.2 锰铁合金粉性能

锰铁是锰与铁的合金，其中还含有碳、硅、磷及少量其他元素，其牌号及化学成分见表 7-2。

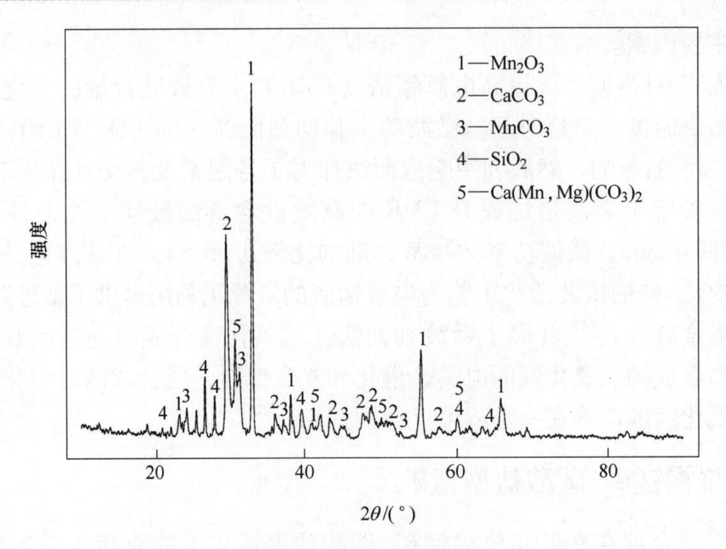

图 7-1　锰矿 XRD 图谱

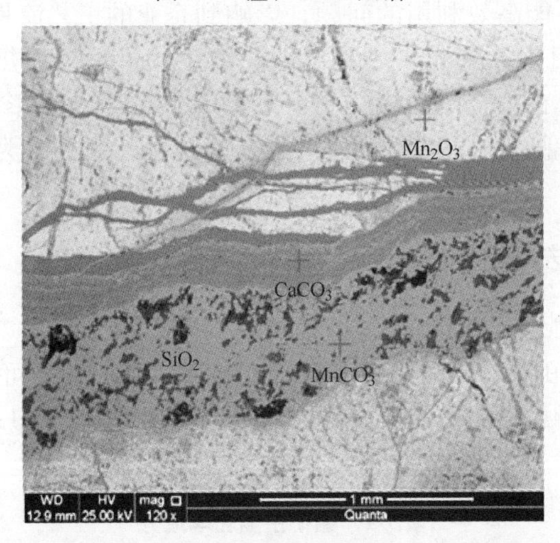

图 7-2　锰矿 SEM 图

表 7-2　锰铁合金牌号及其化学成分（GB/T 3795—1996）

类别	牌号	化学成分/%						
		Mn	C	Si		P		S
				Ⅰ	Ⅱ	Ⅰ	Ⅱ	
低碳锰铁	FeMn88C0.2	85.0~92.0	≤0.2	≤1.0	≤2.0	≤0.10	≤0.30	≤0.02
	FeMn84C0.4	80.0~87.0	≤0.4	≤1.0	≤2.0	≤0.15	≤0.30	≤0.02
	FeMn84C0.7	80.0~87.0	≤0.7	≤1.0	≤2.0	≤0.20	≤0.30	≤0.02
中碳锰铁	FeMn82C1.0	78.0~85.0	≤1.0	≤1.5	≤2.5	≤0.20	≤0.35	≤0.03
	FeMn82C1.5	78.0~85.0	≤1.5	≤1.5	≤2.5	≤0.20	≤0.35	≤0.03
	FeMn78C2.0	75.0~82.0	≤2.0	≤1.5	≤2.5	≤0.20	≤0.40	≤0.03
高碳锰铁	FeMn78C8.0	75.0~82.0	≤8.0	≤1.5	≤2.5	≤0.20	≤0.33	≤0.03
	FeMn74C7.5	70.0~77.0	≤7.5	≤2.0	≤3.0	≤0.25	≤0.38	≤0.03
	FeMn68C7.0	65.0~72.0	≤7.0	≤2.0	≤4.5	≤0.25	≤0.40	≤0.03

经检测，该锰铁合金粉的化学成分见表7-3，对照表7-2可知，合金粉为高碳锰铁合金粉，牌号为FeMn78C8.0。高碳锰铁粉的SEM图如图7-3所示。从图7-3可以发现，粉末颗粒无固定形状，颗粒棱角分明，中间厚而边缘较薄；颗粒大小不一，大颗粒中含有大量细微颗粒。

表7-3 锰铁合金粉化学成分

成分	Mn	Fe	C	Si	P	S
质量分数/%	76.47	15.53	6.40	1.41	0.17	0.02

图7-3 锰铁合金粉SEM图

高碳锰铁粉的粒度分布如图7-4所示。从图中可以发现，所测粉末颗粒粒度基本都小于250μm，其中粉末粒度大于150μm的占53%，粒度大于75μm且小于150μm的约占25%，而粒度小于75μm的占比不到7%。

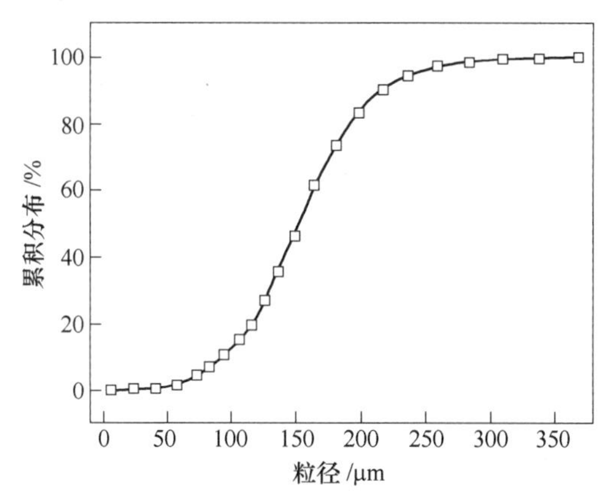

图7-4 锰铁合金粉粒度分布

7.3.1.3 实验设备

箱式微波高温炉为昆明理工大学非常规冶金教育部重点实验室自主研发，结构简图如图7-5所示，主要由反应腔体、控制系统、磁控管、热电偶、保温层等组成，反应腔为单腔多模谐振腔，微波频率2450MHz，微波功率0~6kW连续可调，可根据实验需要向反应腔体内通入保护气体。

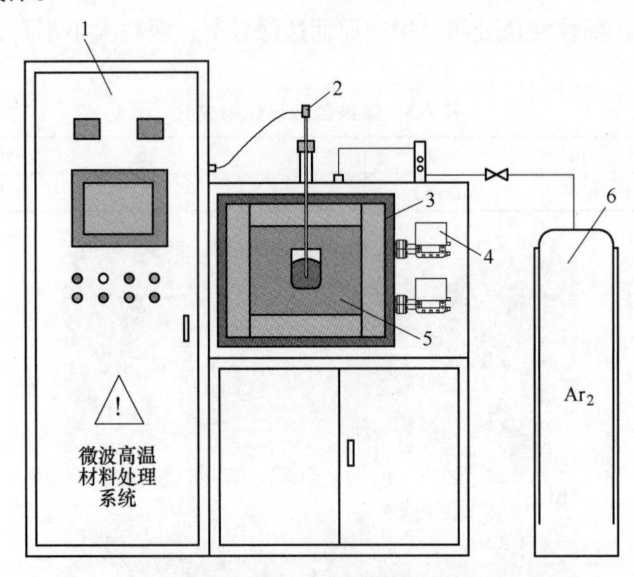

图7-5 箱式微波高温炉结构

1—控制系统；2—热电偶；3—反应腔体；4—磁控管；5—保温层；6—气瓶

7.3.1.4 微波煅烧工艺流程

锰矿煅烧实验工艺流程如图7-6所示，主要由原料准备和煅烧两部分组成。由于原料中部分粒度较大的锰矿会影响实验操作，同时煅烧粒度较小的锰矿对工业生产不具有指导意义，因此需将大粒度锰矿破碎，并筛选出5~20mm粒度锰矿，锰矿烘干后备用。为保证每组实验采样均匀，采用四分法取样。将锰矿分别在箱式微波高温炉和电阻炉中进行煅烧，不通保护气体，达到设定的煅烧温度和煅烧时间后取出，自然冷却至室温，计算其失重率与粉化率，测定煅烧锰矿品位，采用X射线衍射仪、扫描电子显微镜、能谱仪对煅烧后锰矿的物相、显微结构进行分析。

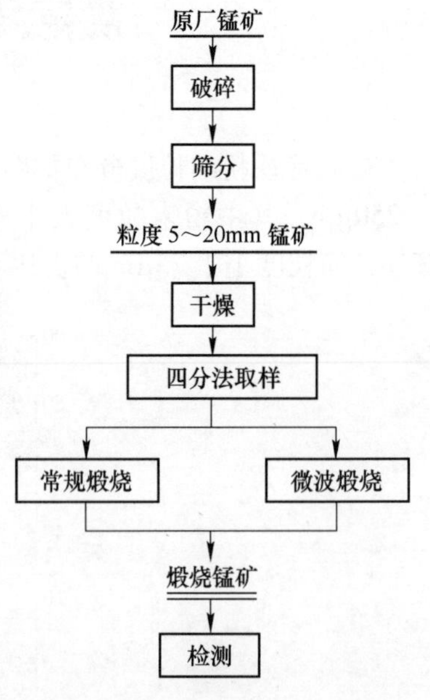

图7-6 锰矿煅烧实验工艺流程

7.3.2 锰矿微波加热特性

实验所用锰矿组分复杂，不同组分吸收微波能力不同，因此需要考察锰矿微波加热的特性。在锰矿粒度5~20mm、物料量为200g、微波功率为1500W的条件下，进行微波加热。图7-7所示为该实验条件下的微波加热升温曲线，从图7-7可知，锰矿从室温加热到1000℃只需17min，平均升温速率为58℃/min，说明褐锰矿-碳酸盐型锰矿具有良好的微波吸收特性，能迅速被微波加热。从升温曲线趋势来看，可将升温过程分为前、中、后期3个阶段，前期即图7-7中的0~6min，锰矿升温速率较慢，平均升温速率只为28℃/min；中期即6~10min，锰矿快速升温，平均升温速率达到122℃/min，最大升温速率可达162℃/min；后期即10~17min，平均升温速率下降到55℃/min。锰矿加热过程中会发生结晶水脱除、碳酸盐与锰氧化物分解等反应，物料的介电性质会发生变化，因此锰矿在微波场中升温速率不断改变。

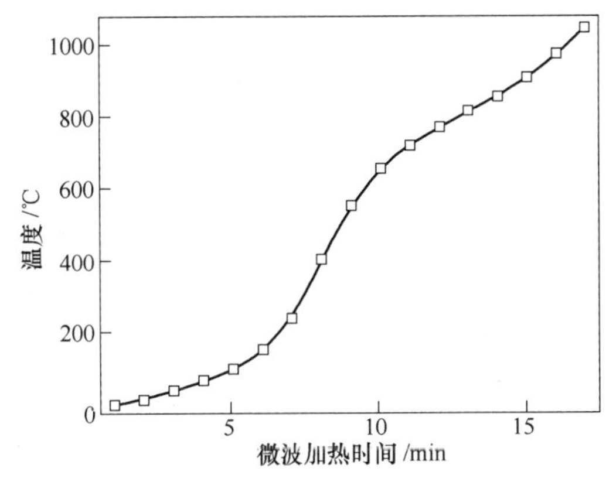

图7-7 微波加热锰矿升温曲线

7.3.3 煅烧工艺对煅烧效果的影响

采用箱式电阻炉和箱式微波高温炉进行锰矿煅烧对比实验，每组实验做3次，实验结果取平均值。

在不同煅烧方式、煅烧时间为30min条件下，考察煅烧温度对失重率的影响，结果如图7-8所示：随着煅烧温度升高，锰矿失重率不断上升。采用常规煅烧、煅烧温度为550℃时，锰矿失重率为2.64%；煅烧温度为850℃时，锰矿失重率为11.93%；煅烧温度为900℃时，失重率达到了16.29%。在550~700℃温度范围内，曲线较为平缓，煅烧温度对失重率的影响不太明显，在700~950℃温度范围内，失重率随煅烧温度升高而变大的趋势明显。采用微波煅烧，煅烧温度为550℃时，锰矿失重率为3.49%；煅烧温度为850℃时，锰矿失重率为14.80%；煅烧温度为900℃时，失重率达到了18.70%。在850~900℃温度范围内，锰矿有比较明显的失重过程，温度继续升高，失重率增加值较小。对比这两种煅烧方式可以看出，相同煅烧温度条件下，微波煅烧效果优于传统煅烧。

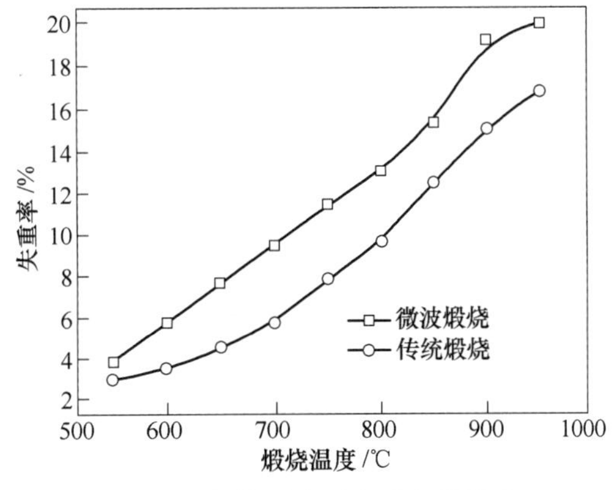

图7-8 煅烧温度对失重率的影响

对不同煅烧方式，在煅烧温度为850℃、900℃时，考察煅烧时间对失重率的影响，结果如图7-9所示：煅烧温度为850℃与900℃，两者失重率随煅烧时间的变化趋势相似。采用微波煅烧、煅烧温度900℃、煅烧时间为20min时，锰矿失重率为16.53%；煅烧时间为60min时，锰矿失重率为19.82%，微波煅烧前期时间对失重率的影响较为明显，煅烧时间大于30min，时间对失重率影响较小。采用常规煅烧，煅烧时间为20min时，锰矿失重率为12.35%；煅烧时间为60min时，锰矿失重率为17.31%，常规煅烧失重率随着煅烧时间延长而不断增加。对比两种煅烧方式可以发现，相同煅烧时间条件下，微波煅烧效果明显优于电阻炉煅烧，微波煅烧20min失重率与电阻炉煅烧50min相当，采用微波煅烧可大幅缩短煅烧时间。微波煅烧、煅烧温度为850℃、煅烧时间50min，失重率为16.76%；而煅烧温度为900℃、煅烧时间20min，失重率就达到16.53%。因此在850~900℃温度范围内，煅烧温度对失重率的影响大于煅烧时间。

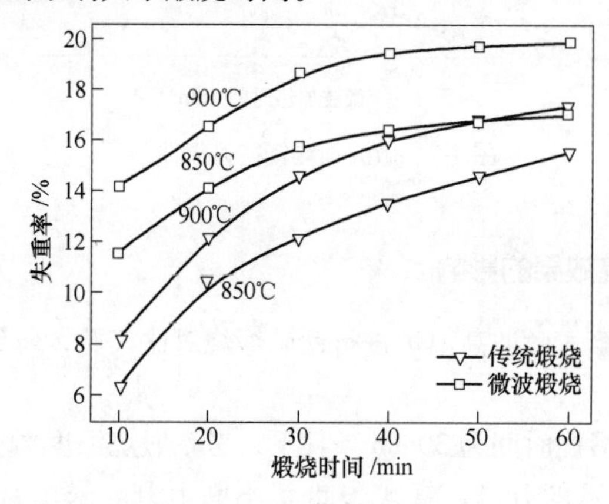

图7-9　煅烧时间对失重率的影响

冶炼锰系合金，要求锰矿含锰量要高，含锰量越高，产量越高，消耗越低，各项技术指标越好。根据我国锰矿资源，为合理使用锰矿，在冶炼金属锰和中、低碳锰铁时，要求锰矿含锰量大于40%；生产电炉高碳锰铁和锰硅合金时，要求锰矿含锰量大于35%。该锰矿显然没能达到入炉标准。通过微波煅烧，锰矿含锰量升高，如图7-10所示，锰含量随煅烧温度而不断提高，煅烧温度为850℃时，锰含量为39.82%；煅烧温度为900℃时，锰含量上升到42.03%。

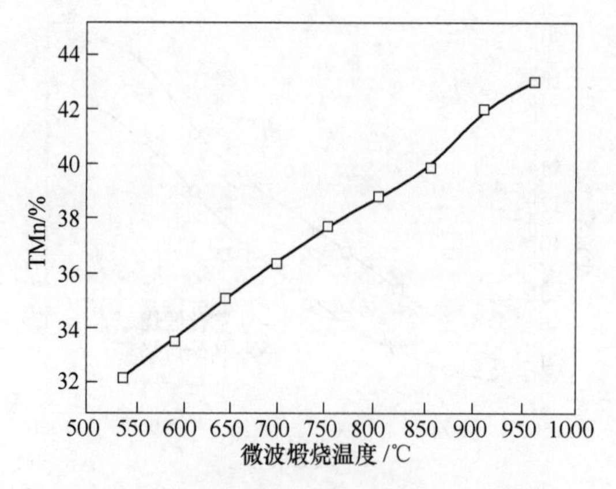

图7-10　微波煅烧温度对锰品位的影响

入炉锰矿要有合适的粒度，通常要求粒度为5~75mm，且小于3mm的不超过10%，无论常规煅烧还是微波煅烧，锰矿煅烧后都会出现破碎、粉化现象，微波粉化率相对高一点。微波煅烧30min，不同煅烧温度下，锰矿的粉化率（小于3mm）见表7-4。从表7-4中可以看出，煅烧温度大于750℃时，粉化率在8%~9%之间，煅烧锰矿粉化率可满足入炉要求。

表7-4　不同微波煅烧温度锰矿粉化率

温度/℃	550	650	750	800	850	900	950
粉化率（<3mm）/%	6.09	6.31	8.03	8.43	8.62	8.67	8.88

7.3.4　锰矿微波煅烧产物物相分析

为了解锰矿微波煅烧过程中物相变化规律，对煅烧30min、不同温度条件下的煅烧产物进行X射线衍射分析，结果如图7-11所示。与原料相比，锰矿在550℃温度下煅烧后，$MnCO_3$衍射峰消失，但并未出现分解产物MnO的衍射峰，其他成分没有发生变化，说明$MnCO_3$在低于550℃时便完全分解，分解产物氧化成Mn_2O_3。煅烧温度为650℃时，煅烧产物中出现了Mn_3O_4衍射峰，可能是因为已经有部分Mn_2O_3分解成Mn_3O_4。与650℃煅烧产物相比，750℃煅烧产物中$Ca(Mn,Mg)(CO_3)_2$的衍射峰消失，其他新物相没有发生变化，但是$CaCO_3$峰值强度降低，说明已经有小部分$CaCO_3$分解，可能是因为分解产物CaO在此温度条件下结晶度差或是CaO生成量极少，所以CaO不能被XRD检测出。煅烧温度继续升高到850℃时，煅烧产物出现了CaO的衍射峰，$CaCO_3$衍射峰强度与750℃相比已经很小，说明$CaCO_3$大量分解，分解产物为结晶度较好的CaO。煅烧温度为900℃，煅烧产物主要由Mn_3O_4、Mn_2O_3、CaO、SiO_2和少量未分解的$CaCO_3$组成。

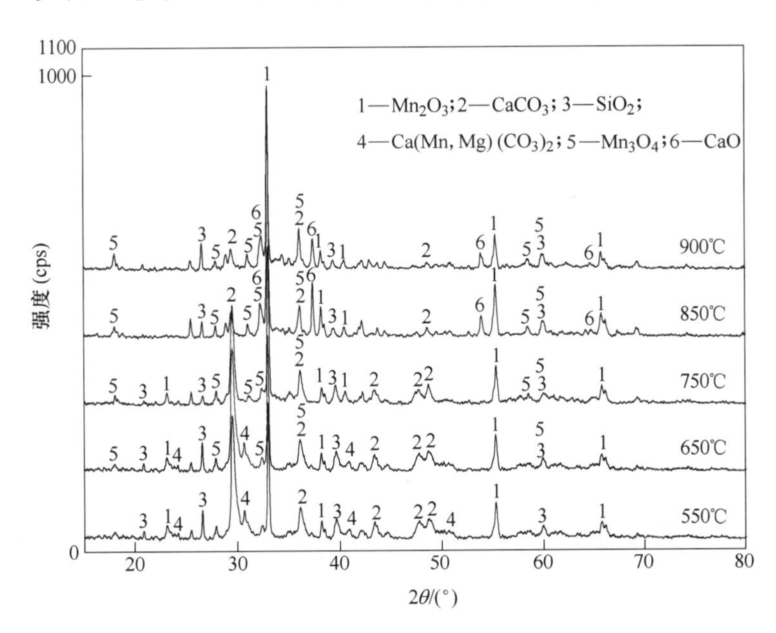

图7-11　不同温度下微波煅烧锰矿XRD图谱

7.3.5　煅烧过程热力学分析

对于碳酸盐、氧化物的热分解反应，可用通式表示：

$$AB(s) = A(s) + B(g) \tag{7-1}$$

反应式（7-1）中 AB(s)、A(s) 为纯凝聚物，以纯物质为标准态时，它们活度为 1，从而反应平衡常数：

$$K^{\ominus} = p_B \tag{7-2}$$

即这种分解反应的平衡常数等于分解出气体 B 的平衡分压（$p_B = p'_B/p^{\ominus}$），规定用 $p_{B(AB)}$ 表示，称为此化合物的 AB 的分解压。

由于

$$\Delta_r G_m^{\ominus} = -RT\ln K^{\ominus} = -RT\ln p_{B(AB)} \tag{7-3}$$

而 $\Delta_r G_m^{\ominus}$ 可衡量标准状态下分解反应自发进行的趋势，或 A 与 B 形成化合物时亲和力的大小，因此分解压也可以作为这种趋势或该化合物稳定性的度量。即分解压越大，$-\Delta_r G_m^{\ominus}$ 越大，化合物就越易于分解。

由于化合物的分解反应是其形成反应的逆反应，故可以利用化合物的标准生成吉布斯自由能得出分解压的温度关系式，由于

$$\Delta_r G_{m(分)}^{\ominus} = -RT\ln p_{B(AB)} \tag{7-4}$$

$$\Delta_r G_{m(分)}^{\ominus} = -\Delta_f G_{m(AB,s)}^{\ominus} \tag{7-5}$$

故

$$RT\ln p_{B(AB)} = \Delta_f G_{m(AB,s)}^{\ominus} \tag{7-6}$$

又

$$\Delta_f G_{m(AB,s)}^{\ominus} = A + B/T \tag{7-7}$$

故

$$\ln p_{B(AB)} = A/(19.147T) + B/19.147 \tag{7-8}$$

式中，$\Delta_r G_{m(分)}^{\ominus}$ 为 AB(s) 分解反应的标准吉布斯自由能，J/mol；$\Delta_f G_{m(AB,s)}^{\ominus}$ 为 A(s) 与 1mol B(g) 结合成 AB(s) 化合物的标准生成吉布斯自由能，J/mol。

通过 XRD 分析，推测锰矿煅烧过程主要发生以下分解反应：

$$MnCO_3 = MnO + CO_2 \tag{7-9}$$

$$CaCO_3 = CaO + CO_2 \tag{7-10}$$

$$6Mn_2O_3 = 4Mn_3O_4 + O_2 \tag{7-11}$$

利用 HSC5.1 软件计算反应式（7-9）~式（7-11）的 $\Delta_r G_m^{\ominus}$，得出各反应 $\ln p_{B(AB)}$ 与 $1/T$ 的关系：

$$\lg(p_{CO_2}/p^{\ominus})_{MnCO_3} = -5816/T + 9.34 \tag{7-12}$$

$$\lg(p_{CO_2}/p^{\ominus})_{CaCO_3} = -9081/T + 7.86 \tag{7-13}$$

$$\lg(p_{O_2}/p^{\ominus})_{Mn_2O_3} = -2333/T + 1.97 \tag{7-14}$$

处于一定温度及气相组成下的化合物能否分解或稳定存在，一般由等温方式计算的 $\Delta_r G_m$ 确定。对于 AB(s) 化合物的分解，有：

$$\Delta_r G_m = -RT\ln K^{\ominus} + RT\ln p_B \tag{7-15}$$

由于 $K^{\ominus} = p_{B(AB)}$，p_B 即 AB(s) 周围气相中 B 的分压（$p_B = p'_B/p^{\ominus}$，量纲一的压力），故：

$$\Delta_r G_m = RT\ln p_B - RT\ln K^{\ominus} \tag{7-16}$$

按照化学平衡观点，反应总是趋向于建立平衡，因而在上述情况下，此体系将趋向于改变环境气相 B 的初始分压，使之达到平衡值，因此，可能出现 3 种变化：

（1）当 $p_B<p_{B(AB)}$ 时，$\Delta_r G_m<0$，AB(s) 发生分解，p_B 增加，直到 $p_B=p_{B(AB)}$ 时，达到平衡或当 AB(s) 的量有限时，可完全分解；

（2）当 $p_B=p_{B(AB)}$ 时，$\Delta_r G_m=0$，AB(s)、A(s) 同 B(g) 处于平衡，即这时 AB(s) 分解和其生成的速率相等；

（3）当 $p_B>p_{B(AB)}$ 时，$\Delta_r G_m>0$，分解反应逆向进行，p_B 不断降低，直到 $p_B=p_{B(AB)}$ 时达到平衡，其结果是气相 B 不断被消耗。利用 AB(s) 分解压和温度的关系式：$p_{B(AB)}=K^{\ominus}=f(T)$ 可绘制出分解反应的热力学参数状态图，根据分解反应的热力学参数状态图可知，使位于一定状态下（p_B，T）的化合物 AB(s) 分解有两种方法：1）降低气相 p_B 的分压，使 $p_B \leqslant p_{B(AB)}$，这是采用真空使 AB(s) 分解；2）提高体系的温度，使 $p_B \geqslant p_{B(AB)}$。

因此，加热到 $p_B=p_{B(AB)}$ 的温度就是 AB(s) 在 B(g) 一定的分压下（$p'_B=p_B \times p^{\ominus}$，Pa）开始并继续分解的温度，称为化合物开始分解温度，用 $T_{开}$ 表示，当化合物继续被加热，其分解压达到体系的总压（p）时，化合物将剧烈地分解，这时的分解温度称为沸腾温度，用 $T_{沸}$ 表示。

云南昆明地处高原，平均大气压为 0.08MPa，空气中 CO_2 含量为 0.03%，O_2 含量为 21%，因此 $p/p^{\ominus}=0.8$，$p_{CO_2}/p^{\ominus}=0.0024$，$p_{O_2}/p^{\ominus}=0.168$。实验所用箱式微波高温炉非密封，将 $p/p^{\ominus}$、$p_{CO_2}/p^{\ominus}$、$p_{O_2}/p^{\ominus}$ 分别代入式（7-12）~式（7-14）即可得 $MnCO_3$、Mn_2O_3 和 $CaCO_3$ 的开始分解温度和沸腾温度。其微波加热分解反应的热力学参数状态图如图 7-12 所示。

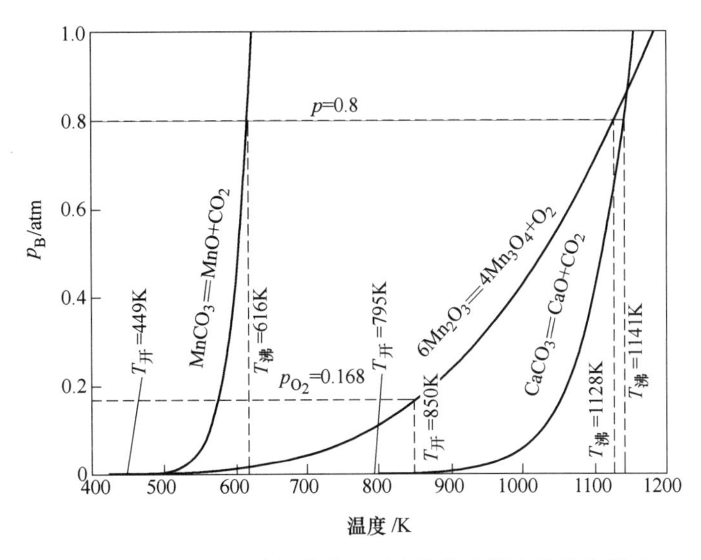

图 7-12 $MnCO_3$、Mn_2O_3、$CaCO_3$ 微波加热分解反应的热力学参数状态图（1atm=101325Pa）

由图 7-12 可见，$MnCO_3$ 开始分解温度为 176℃，化学沸腾温度为 343℃，$MnCO_3$ 分解产物 MnO 极易被氧化（$6MnO+O_2 = 2Mn_3O_4$，$4Mn_3O_4+O_2 = 6Mn_2O_3$），所以在 550℃、30min 煅烧条件下，$MnCO_3$ 已经全部分解，并且分解产物 MnO 已被氧化成 Mn_2O_3。Mn_2O_3

开始分解温度为577℃，化学沸腾温度为855℃，所以550℃煅烧产物没有检测到Mn_3O_4存在，而650℃、750℃、850℃、900℃均能检测到Mn_3O_4。$CaCO_3$开始分解温度为522℃，化学沸腾温度为868℃。Mn_2O_3和$CaCO_3$分解沸腾温度都在860℃左右，因此图7-8中当煅烧温度大于850℃时，锰矿失重率出现明显上升的过程。XRD分析结果与热力学分析基本一致。由图7-12可知，及时排出煅烧过程产生的气体，可以降低碳酸盐、氧化物开始分解的温度。由于$MnCO_3$、Mn_2O_3、$CaCO_3$随煅烧温度升高而发生分解，因此锰矿品位不断提升。$CaCO_3$分解成CaO后，在CaO与SiO_2接触处发生固相反应，生成CaO-SiO_2体系的液相，产生烧结现象，因此在保证锰矿失重率达到入炉标准的情况下，煅烧温度不宜过高、时间不宜过长。

7.3.6　锰矿煅烧产物SEM分析

为直观了解锰矿分解机理，对不同煅烧工艺条件下的锰矿煅烧产物进行扫描电镜分析。

分别采用箱式微波高温炉和电阻炉加热锰矿，加热温度为550℃，恒温时间5min，随炉冷却后取出，可以发现微波加热后的锰矿发生明显的破碎现象，而常规加热锰矿破碎程度较轻。图7-13所示即为两种方式加热后锰矿表面裂纹的SEM图，可以看出，微波加热后，锰矿表明出现多条长短不一、有粗有细的条状裂纹，而常规加热的锰矿表面则无明显的裂纹。

(a)

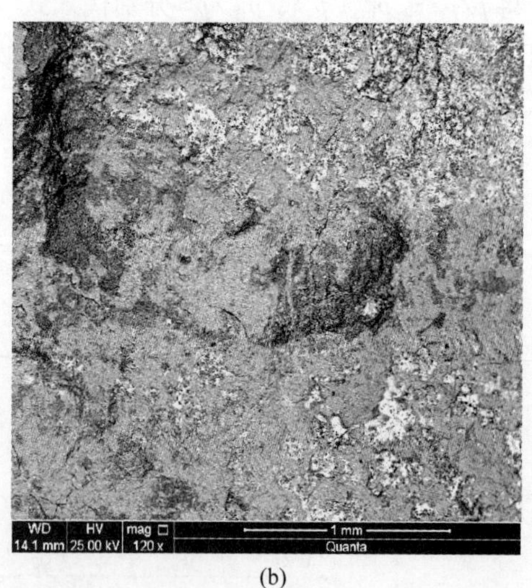

(b)

图7-13　微波加热与常规加热锰矿裂纹对比

锰矿各物相之间存在清晰的界面，Mn_2O_3、$MnCO_3$、$CaCO_3$呈带状分布，SiO_2呈点状镶嵌于$MnCO_3$中。微波加热具有整体加热和选择性加热的特性，Mn_2O_3、$MnCO_3$具有良好的吸波特性，能被微波快速加热，而$CaCO_3$、SiO_2则是弱吸波物质，几乎不能被微波加热，因此这几种物相之间存在温度梯度，在热应力作用下，锰矿从晶界处发生破裂，便出现图7-13（a）中的条状裂纹。而常规加热，热量辐射到锰矿表面后再传导到锰矿内部，加热较慢，锰矿各物相之间升温速率相当，不会产生较大温度梯度，只有当Mn_2O_3、

$MnCO_3$、$CaCO_3$ 受热分解时，才会破碎，因此图 7-13（b）中几乎没有出现裂纹。碳酸盐、氧化物的分解属于气-固相反应，锰矿致密度较高，热解过程符合未反应核动力学模型，微波加热后的锰矿粒度变小，各分解物相暴露出来，宏观表面积增大，吸附气体分子的作用力强，反应速率加快，热解的动力学条件优于传统煅烧，因此相同煅烧温度工艺下，微波煅烧效果优于传统煅烧。

将原料与微波煅烧锰矿研磨、镶嵌、抛光后进行扫描电镜和能谱分析，图 7-14 所示为原料与煅烧锰矿颗粒的 SEM、EDAX 图。EDAX 分析表明颗粒主要元素为 Mn 和 O，推断颗粒物相为氧化锰。从 SEM 图可以看出：原料锰氧化物颗粒表面较为光滑；煅烧温度为 650℃时，颗粒表面部分区域开始变得粗糙，说明小部分锰氧化物开始发生分解；煅烧温度为 750℃时，颗粒表面完全变得粗糙，说明大部分锰氧化物发生分解；煅烧温度为 900℃时，颗粒表面与之前完全不同，出现了晶粒状的物质，同时还有少部分还未分解完全的氧化锰。根据 7.3.5 节热力学分析，结合 EDAX，推断图 7-14（a）~（d）为 Mn_2O_3 分解过程，图 7-14（a）为 Mn_2O_3 颗粒，煅烧温度上升，Mn_2O_3 开始分解，颗粒表面变得粗糙，当煅烧温度大于 855℃时，Mn_2O_3 分解反应达到沸腾，分解产物 Mn_3O_4 结晶。图 7-14（d）为结晶度较好的 Mn_3O_4 颗粒。

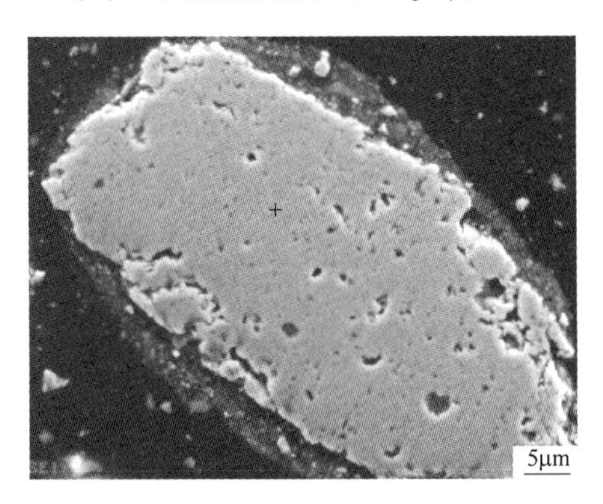

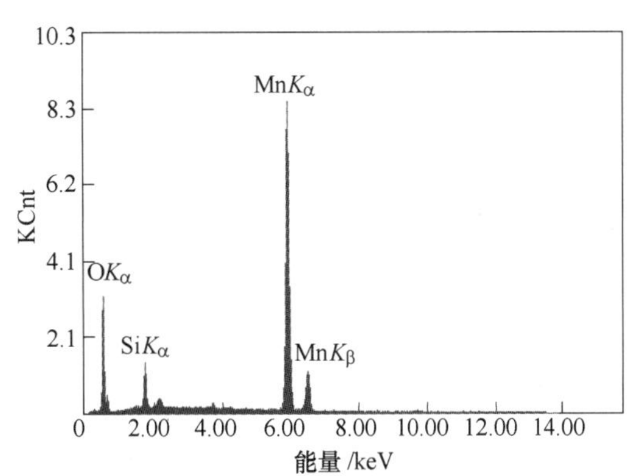

(a)

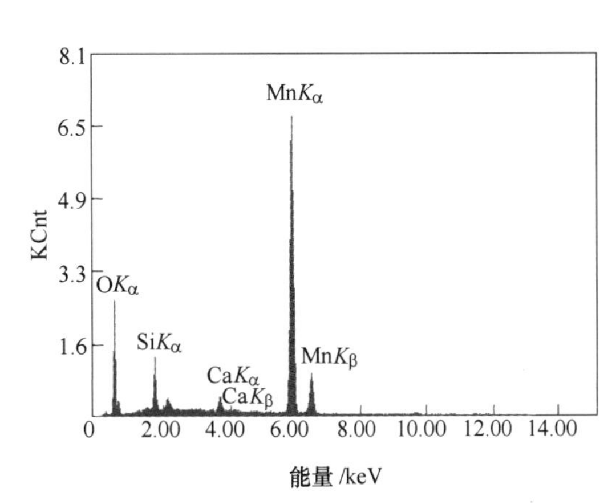

(b)

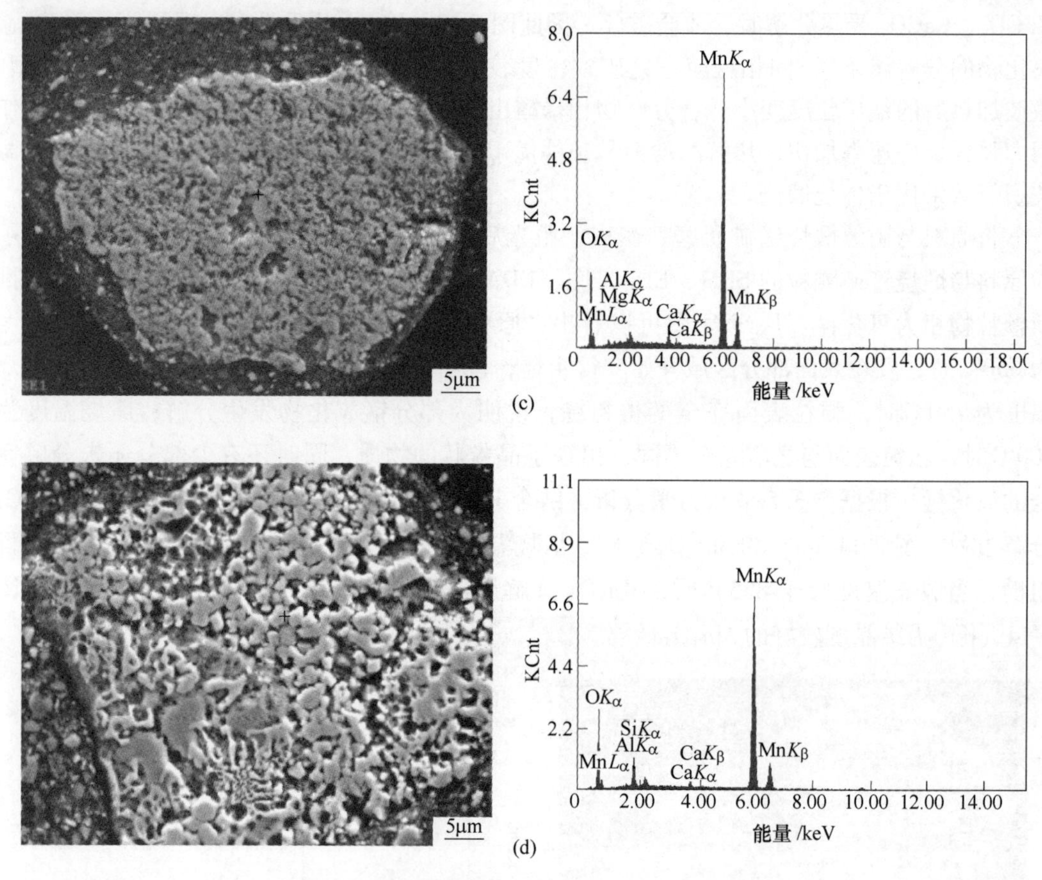

图 7-14　微波煅烧锰氧化物转变 SEM、EDAX 图

（a）原料；（b）650℃；（c）750℃；（d）900℃

图 7-15（a）、（b）所示分别为 $CaCO_3$ 分解前后的 SEM、EDAX 图，从图中可以发现 $CaCO_3$ 分解前颗粒表面比较光滑，850℃煅烧分解后表面留下大量孔洞。

（1）锰矿的微波加热升温曲线表明，褐锰矿-碳酸型锰矿具有良好的微波吸收特性，在锰矿粒度 5～20mm、物料量 200g、微波功率 1500W 条件下，从室温加热到 1000℃ 只需 17min，平均升温速率为 58℃/min。

（2）相同煅烧工艺条件下，锰矿微波煅烧效果明显优于传统煅烧。与延长煅烧时间相比，提高煅烧温度更有利于提高煅烧效果。微波煅烧最佳工艺条件：煅烧温度 850～900℃，煅烧时间 30min，煅烧后锰矿失重率为 15%～19%，锰矿品位从 30%上升到 39%～42%，粉化率为 8%～9%。煅烧后锰矿主要由 Mn_3O_4、Mn_2O_3、CaO、SiO_2 和少量未分解的 $CaCO_3$ 组成。

（3）热力学、XRD、SEM 分析表明，煅烧过程主要发生的反应见式（7-9）～式（7-11）。

微波场中 $MnCO_3$ 开始分解的温度为 176℃，化学沸腾温度为 343℃；Mn_2O_3 开始分解的温度为 577℃，化学沸腾温度为 855℃；$CaCO_3$ 开始分解的温度为 522℃，化学沸腾温度为 868℃。微波的选择性加热使锰矿发生破裂，分解反应动力学条件优于传统煅烧，因此微波煅烧效果更好。

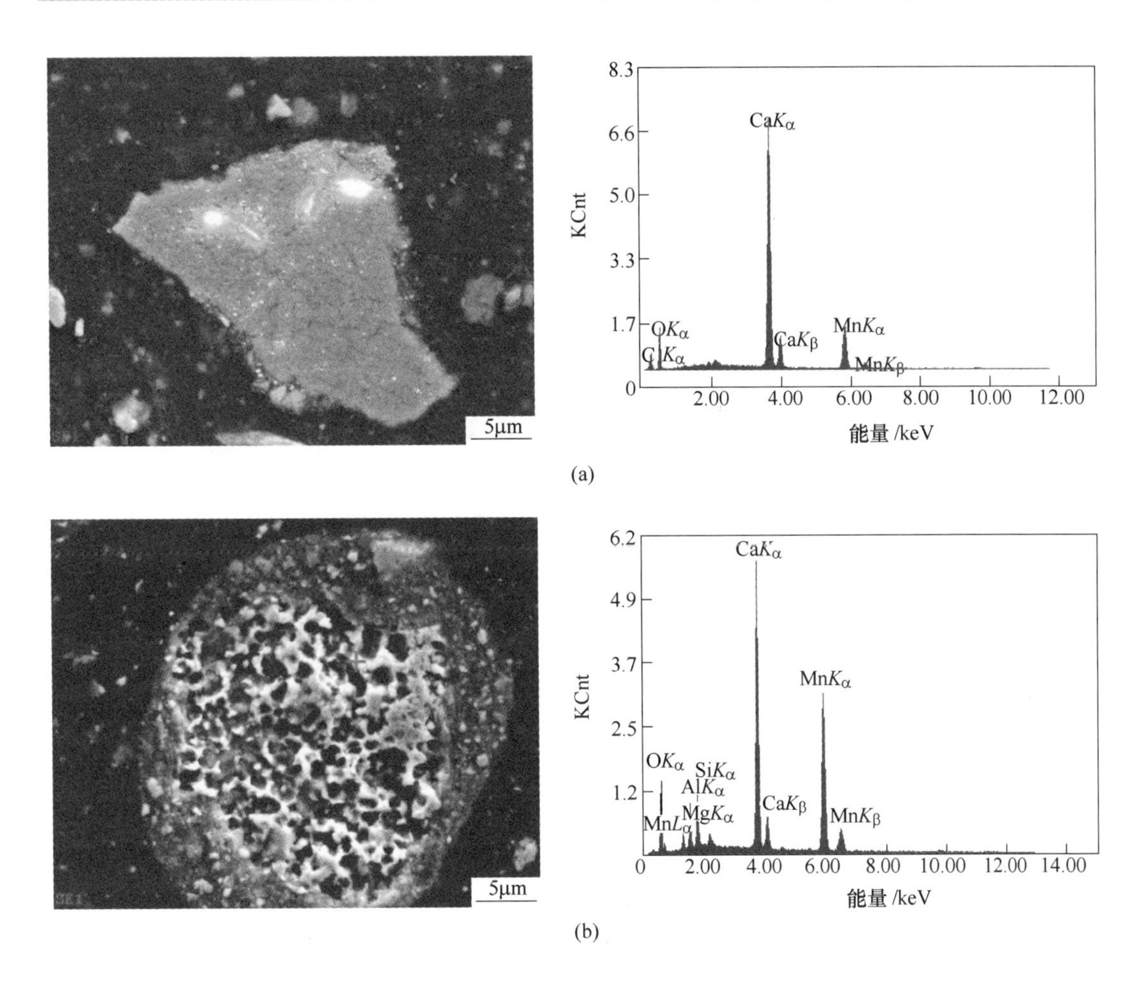

图 7-15 $CaCO_3$分解前后的 SEM、EDAX 图

(a) 分解前；(b) 分解后

7.4 高碳锰铁粉微波重熔

7.4.1 微波重熔及烧结工艺流程

锰铁合金粉微波重熔、烧结实验工艺流程如图 7-16 所示。微波重熔实验温度较高，须采用莫来石与碳化硅材质的坩埚；微波烧结实验温度较低，并无明显液相生成，采用陶瓷坩埚即可。合金粉在箱式微波高温炉中进行加热，箱体密封后通入氩气，达到设定的温度和时间后取出，隔氧冷却至室温，之后测定实验产物的体积密度、抗压强度、各化学成分含量，并采用 X 射线衍射仪、扫描电子显微镜、能谱仪对产物的物相、显微结构进行分析。

7.4.2 合金熔体热力学分析

根据表 7-3 可知，高碳锰铁中主要元素有 Mn、Fe、C、Si，而 P、S 元素的含量极少，

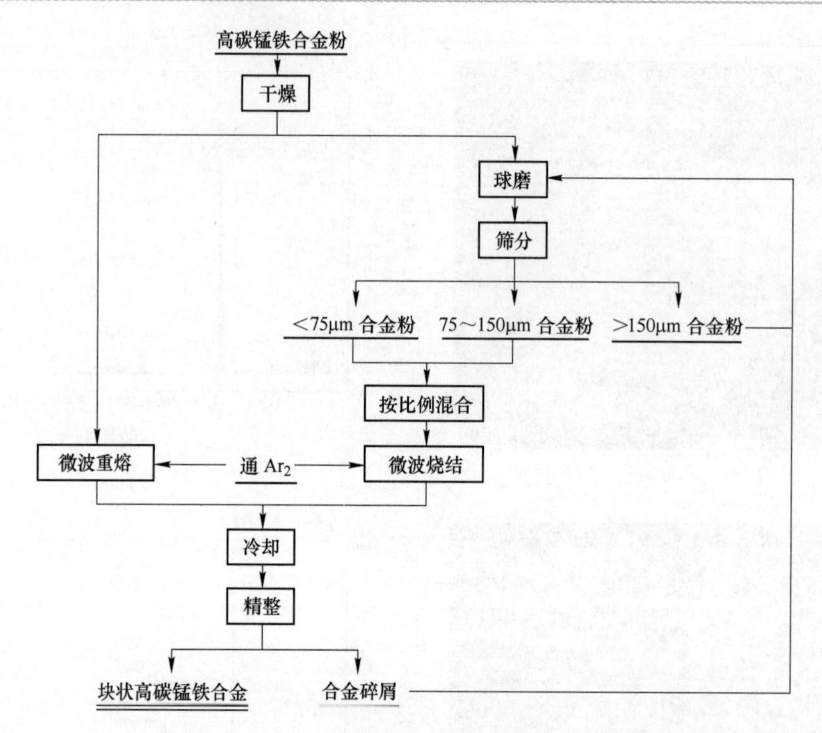

图 7-16 锰铁合金粉微波重熔、烧结实验工艺流程

为简化热力学计算，不考虑 P、S 元素的影响。在重熔过程中存在如下氧化反应[17]：

$$2Mn(l) + O_2(g) = 2MnO(s) \tag{7-17}$$

$$2Fe(l) + O_2(g) = 2FeO(l) \tag{7-18}$$

$$2C(s) + O_2(g) = 2CO(g) \tag{7-19}$$

$$Si(l) + O_2(g) = SiO_2(l) \tag{7-20}$$

$$2/3Mn(l) + 2/3Si(l) + O_2(g) = 2/3MnSiO_3(l) \tag{7-21}$$

反应（7-17）~反应（7-21）的标准吉布斯自由能变可以通过式（7-22）计算。

$$\Delta G^{\ominus} = \Delta H^{\ominus} - T\Delta S^{\ominus} \tag{7-22}$$

式中，$\Delta H^{\ominus}$，$\Delta S^{\ominus}$分别是反应的焓变和熵变，均是温度的函数，但在许多反应中它们随温度的变化是相似的，能互相抵消，导致$\Delta G^{\ominus}$随温度变化的非线性很小。利用这一特性通过线性拟合可以得到一个适用大多数热力学计算的公式：

$$\Delta G^{\ominus} = \Delta \tilde{H}^{\ominus} - T\Delta \tilde{S}^{\ominus} \tag{7-23}$$

式（7-23）中的“~”表示在一定温度范围内的平均值，表 7-5 中给出了相关的数据[18]。

表 7-5 合金熔体中元素氧化反应热力学数据

反 应	$\Delta H^{\ominus}$/J·mol^{-1}	$\Delta S^{\ominus}$/J·(mol·K)$^{-1}$
$2Mn(l) + O_2(g) = 2MnO(s)$	-812698	-177.57
$2Fe(l) + O_2(g) = 2FeO(l)$	-476139	-89.91
$2C(s) + O_2(g) = 2CO(g)$	-235978	168.70
$Si(l) + O_2(g) = SiO_2(l)$	-936379	-168.70
$2/3Mn(l) + 2/3Si(l) + O_2(g) = 2/3MnSiO_3(l)$	-925283	-200.54

将表 7-5 中的数据代入式（7-23）中计算可得反应（7-17）~反应（7-21）的标准吉布斯自由能变与温度的关系，如图 7-17 所示。

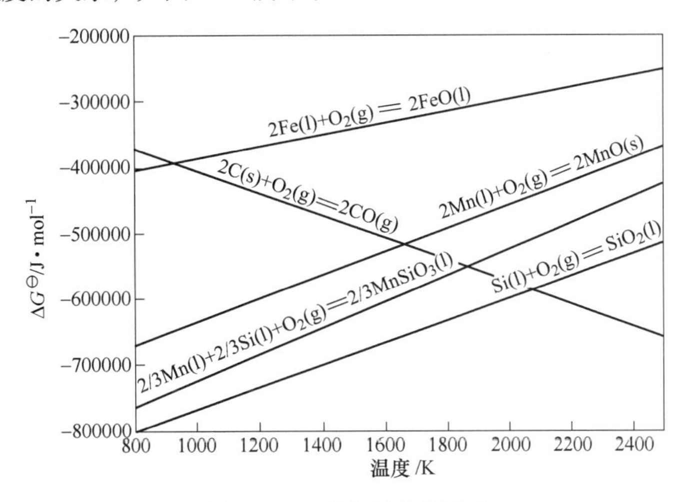

图 7-17 $\Delta G^{\ominus}$与温度的关系

从图 7-17 中可以看出，Mn、Fe、Si 等元素与氧反应的 $\Delta G^{\ominus}$负值随温度的升高而减小，而碳与氧反应的 $\Delta G^{\ominus}$负值随温度的升高而增大。从碳与氧的反应的 $\Delta G^{\ominus}$线和其他元素与氧反应的 $\Delta G^{\ominus}$线的交点可以看出，当温度高于 660℃时，碳可以还原 FeO；当温度高于 1392℃时，碳可以还原 MnO；当温度高于 1800℃时，碳可以还原所有氧化物。

图 7-17 所示的结果是建立在所有元素的活度都是 1 的前提下，而在实际熔体中很少有元素的活度为 1，各元素氧化反应的实际 ΔG 值可利用等温方程求出。

当假设生成的氧化物均为纯物质时，反应（7-17）~反应（7-21）的吉布斯自由能变可表示为：

$$\Delta G = \Delta G^{\ominus} + RT(\ln a_{反应物}^{n_2} - \ln \frac{p_{O_2}}{p^{\ominus}} - \ln a_{生成物}^{n_1}) \tag{7-24}$$

从式（7-24）中可以看出各个反应吉布斯自由能变的相对大小与氧分压无关，假设生成的物质均是纯物质状态或气相分压为 1，即活度为 1，则 5 个反应的反应吉布斯自由能变的相对大小关系仅仅与反应物的活度有关。吉布斯自由能变的表达式为：

$$\Delta G = \Delta G^{\ominus} + RT(-\ln a_{生成物}^{n_1}) \tag{7-25}$$

将反应物的活度代入式（7-25），并将相关的关系绘制成图 7-18。

从图 7-18 中可以看出，考虑到熔体中元素的实际活度后，各个反应的吉布斯自由能发生较大改变，只是除碳的氧化反应的吉布斯自由能变与温度的关系的斜率变小了以外，其他反应的吉布斯自由能变与温度的关系的斜率均明显变大。当温度高于 1180℃时熔体中的碳可以防止合金元素的氧化。高碳锰铁的熔点在 1220~1270℃，因此在重熔实验中配加一定比例的碳可以达到防止锰、铁、碳氧化的目的。

在不同温度下，Mn、Fe、Si 金属的挥发平衡蒸气压如下[19]：

$$\lg p_{Mn} = -14520/T - 3.02\lg T + 19.24 \tag{7-26}$$

$$\lg p_{Fe} = -19710/T - 1.27\lg T + 13.27 \tag{7-27}$$

$$\lg p_{Si} = -20900/T - 0.565\lg T + 10.78 \tag{7-28}$$

式中，p_{Mn}、p_{Fe}、p_{Si} 分别为 Mn、Fe、Si 金属的挥发平衡蒸气压，mmHg，1mmHg = 133.3224Pa；T 为温度，K。

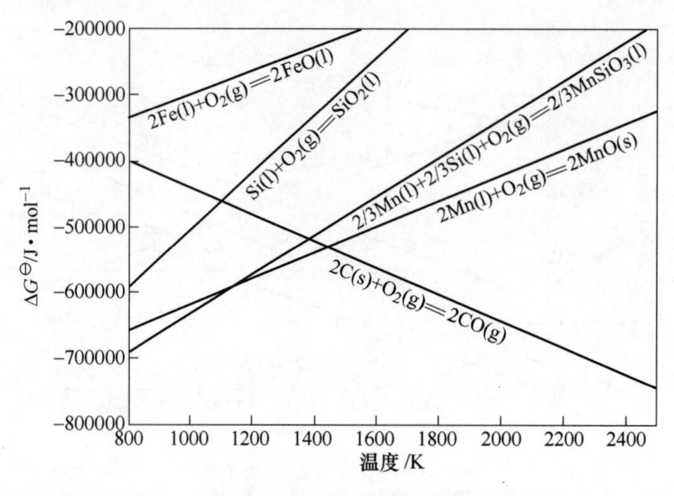

图 7-18　$\Delta G^{\ominus}$ 与温度的关系

图 7-19 所示为根据式（7-26）~式（7-28）并结合计算的熔体中元素的活度绘制的 Mn、Fe、Si 元素的平衡蒸气压与温度的关系曲线。

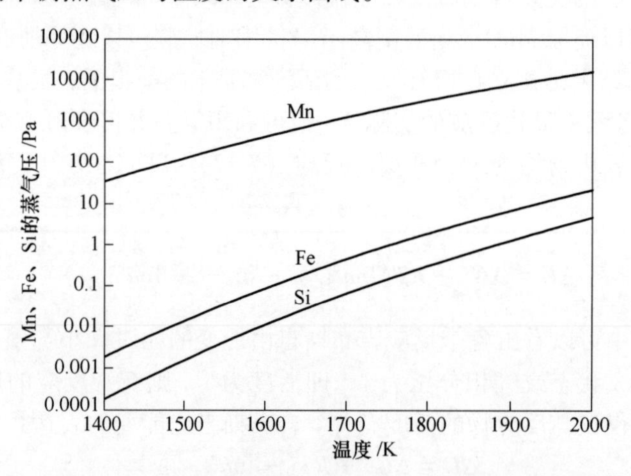

图 7-19　合金主要元素的平衡蒸气压与温度的关系

从图 7-19 中可知，在 1250℃ 时，Mn、Fe、Si 的平衡蒸气压分别为 165.67Pa、0.025Pa、0.0024Pa；在 1300℃时，Mn、Fe、Si 的平衡蒸气压分别为 301.95Pa、0.064Pa、0.0064Pa。在熔点温度范围内，Mn 的蒸气压远远大于其他两个元素，而且在锰铁熔体中锰的含量达 75%以上，硅、铁的浓度较低，所以可以认为硅、铁的挥发损失极微，相比锰的挥发损失可以忽略不计。

熔融的锰铁中元素的挥发可以划分为三个阶段，以锰为例，首先是锰元素在熔体内向气-液界面扩散，这个过程使熔体内形成一个浓度梯度；然后是气-液界面发生挥发反应，即锰元素由气-液界面的液相进入气-液界面的气相；最后是锰元素由气-液相界面向远离此界面的方向扩散的过程。赵跃萍等人的研究表明，锰元素在气相中扩散，当温度为1773K、扩散高度为2.5mm、扩散界面积为12.556cm^2、扩散时间为1800s、浓度差为千分之一时，以初始锰含量为81.82%为例，锰的挥发量可高达93.76g，因此锰元素在气相中的扩散过程不是锰元素挥发的限制环节。同时赵跃萍等人通过实验和相关计算也得出锰在熔体中的扩散速度比锰在气-液界面的挥发反应的速度要慢得多。综上所述，限制锰的挥发最有效的手段就是进一步降低锰元素在熔体内的扩散速度[20]。

物质在液体中的扩散速度与组分的性质、温度、黏度以及浓度有关，而本实验可控制的就是温度。随着温度的升高，元素的扩散系数增大，扩散的速度也相应增加，因此在实验中寻找一个合适的温度，既保证重熔后的锰铁能具有良好的流动性，又能最大限度降低锰元素的挥发损失，是重熔实验的关键。

7.4.3 微波重熔工艺条件探索

高碳锰铁熔点与化学成分含量有关，受热升温过程中会发生干燥、晶型转变、熔融、分解、氧化等物理和化学变化，并伴随着吸热和放热现象，采用综合热分析仪测量其TG-DSC曲线，便可以大致确定高碳锰铁的烧损和熔点。实验在Ar_2的氛围中进行，升温区间20~1350℃，升温速率为30K/min，参比材料为Al_2O_3，结果如图7-20所示，从TG曲线可以看到：高碳锰铁粉在升温过程中有三个比较明显的失重过程，温度达到1240℃时，物料质量变化较小，总的失重率为9.08%。从DSC曲线可以看出，*A*点是吸热峰，为晶体熔融点，对应的温度为1200℃。TG-DSC曲线受样品量、升温速率、气氛等多种因素的影响，所测熔融温度具有一定参考价值，与实际熔点有偏差。

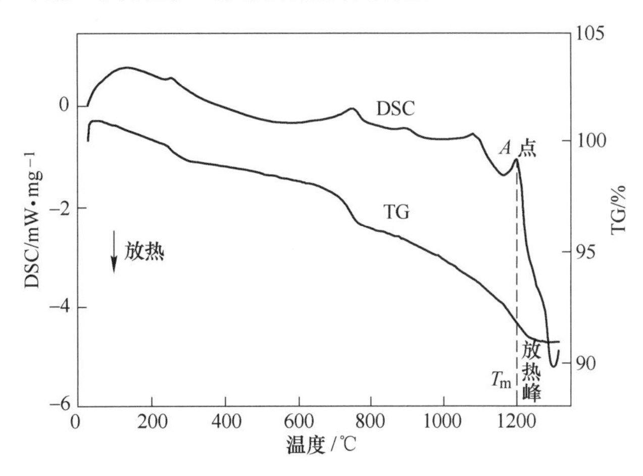

图7-20 锰铁合金粉TG-DSC曲线

开展微波重熔高碳锰铁粉实验的最佳温度条件需通过实验进一步探索。将高碳锰铁粉分别加热到1200℃、1220℃、1240℃、1260℃、1280℃，物料量为250g，达到设定温度后迅速取出，观察样品的熔化情况。实验发现物料在1200℃只有少量液相出现，1240℃时大部分固相转化为液相，加热到1260℃时，固相能全部转化为液相。温度过高，锰的挥发量会变大，因此高碳锰铁微波重熔温度定为1260℃左右较为合适。

图7-21所示为微波直接加热高碳锰铁粉升温曲线，坩埚为莫来石材质，物料量250g，

微波功率2kW，从图中可以发现，高碳锰铁粉从室温加热到1260℃需要34min。图7-22所示为碳化硅坩埚辅助加热高碳锰铁粉的升温曲线，物料量和微波功率与直接加热相同。碳化硅是高介电损耗材料，与微波作用的热效应显著，可用于加热吸波性能较差的物质。高碳锰铁粉微波辅助加热到1260℃需要43min，相比于直接加热，并不能达到缩短加热时间的目的；然而当高碳锰铁粉温度大于700℃时，碳化硅坩埚辅助加热的升温速率大于直接加热方式，因此可以考虑在微波加热后期进行碳化硅辅助加热。

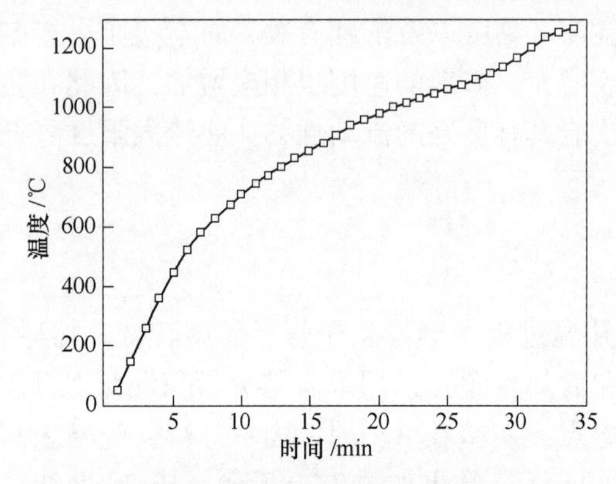

图7-21 锰铁合金粉微波直接加热升温曲线

图7-22 微波辅助加热升温曲线

高碳锰铁微波加热到熔点后，需恒温一段时间，使固相完全变为液相且组分均匀。不同恒温时间条件下，高碳锰铁主要组分含量见表7-6。

表7-6 不同恒温时间下合金主要成分含量

恒温时间/min	主要成分/%			
	Mn	Fe	C	Si
10	74.71	16.62	6.45	1.32
20	72.94	17.89	6.34	1.28
30	72.27	17.74	6.13	2.21
40	71.43	17.77	6.51	2.44

从表7-6可见，恒温时间越长，锰的挥发损失越严重，而铁含量相应增加。因此在保证液相流动性前提下，应尽可能缩短恒温时间。

通过前面的分析可知，微波重熔高碳锰铁合金粉最佳的工艺条件为：温度1260℃，恒温时间为10~20min，此条件下重熔后的高碳锰铁合金化学成分达到FeMn74C7.5牌号标准。

图7-23所示为微波重熔后合金形貌。

图7-23 微波重熔后合金形貌

7.5 高碳锰铁粉微波烧结

在进行高碳锰铁粉微波重熔实验时发现，高碳锰铁粉在1000℃时就已经烧结成块，1100℃时烧结块具有一定的强度，推测在低于高碳锰铁熔点温度下，进行微波烧结实验也可以达到合金粉造块的目的。

7.5.1 粒度对升温特性影响

将球磨后的锰铁合金粉筛分成小于75μm、75~150μm、150~270μm、大于270μm四个粒度等级，分别进行微波加热，微波输出功率为1500W，物料量为250g，考察粒度对升温特性的影响，结果如图7-24所示。从图中可以发现：粒度小于75μm的锰铁合金粉从室温微波加热到1200℃需24min，前期（低于800℃）平均升温速率为81℃/min，最大值可达到146℃/min；后期（800~1200℃）平均升温速率仅为30℃/min。粒度为75~150μm的锰铁合金粉从室温加热到1200℃需要27min。而粒度大于270μm的锰铁合金粉从室温加热到1200℃需要37min。不同粒度的锰铁合金粉均是前期升温速率较快，而后期升温速率明显降低。物料粒度越小，平均升温速率越大，减小粒度有利于缩短烧结工艺。

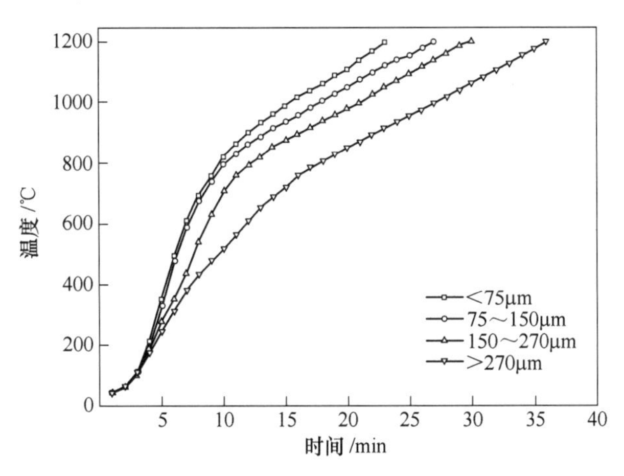

图7-24 不同粒度锰铁合金粉微波加热升温曲线

从图7-24中可以看出，合金粉末的粒度越小，平均升温速率越大。金属材料不同于电介质材料，其在微波场中不产生介电损耗，微波加热金属的主要方式是微波场在与金属作用时，在金属的表层形成感应电动势，进而形成涡流，通过涡流的电热效应来加热金属。微波在金属材料中的穿透深度仅达到微米级别，式（7-29）是根据麦克斯韦方程推导的微波在金属中的穿透深度计算公式[7]：

$$\delta = \frac{1}{\sqrt{\pi f \sigma \mu}} \tag{7-29}$$

穿透深度δ指微波场强衰减至表面处的场强的$1/e = 0.368$时的深度。式（7-29）表明，随着微波的频率f、金属导体的磁导率μ和电导率σ的升高，微波的穿透深度δ降低。对于本实验，温度一定，高碳锰铁粉的电导率和磁导率是一定的，微波的频率f不变，也就是说微波在高碳锰铁中的穿透深度是一定的。若将所有的高碳锰铁颗粒看成均匀的球形，微波加热物料简化模型如图7-25所示。

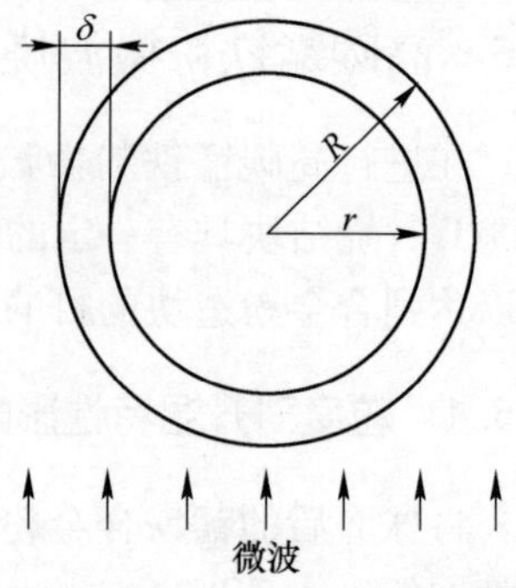

图7-25　微波加热合金粉模型

图7-25中 δ 为穿透深度，即微波与高碳锰铁颗粒发生耦合的部分；R 是高碳锰铁颗粒的半径；r 是高碳锰铁颗粒中微波未能穿透部分的半径，即微波场强衰减到高碳锰铁颗粒表面的1/e处到颗粒中心的距离。微波与高碳锰铁颗粒发生耦合的部分体积为：

$$V_0 = \frac{4}{3}\pi(R^3 - r^3) \tag{7-30}$$

高碳锰铁颗粒总体积为：

$$V_R = \frac{4}{3}\pi R^3 \tag{7-31}$$

高碳锰铁颗粒与微波发生耦合部分的体积与该颗粒的体积比 η 为：

$$\eta = \frac{V_0}{V_R} = 1 - \frac{r^3}{R^3} \tag{7-32}$$

将 $r=R-\delta$ 代入式（7-32）可得：

$$\eta = 1 - \left(1 - \frac{\delta}{R}\right)^3 \tag{7-33}$$

由于高碳锰铁颗粒内部不能被微波加热，故其热量来源于颗粒表层热量的传导。从式（7-33）可得 η 值仅与高碳锰铁颗粒的半径 R 有关，半径 R 越小，η 值越大，热量传导越快，高碳锰铁颗粒越容易被整体加热，物料升温也就越快，这正是平均升温速率随着高碳锰铁粒度减小而变大的原因。

7.5.2　烧结工艺对合金性能的影响

体积密度与抗压强度是评价锰铁合金性能的两个重要指标，经检测，实验原料厂所生产的锰铁合金的体积密度平均为6.8g/cm^3，抗压强度平均为340MPa。实验烧结工艺对合金性能的影响如图7-26~图7-28所示。

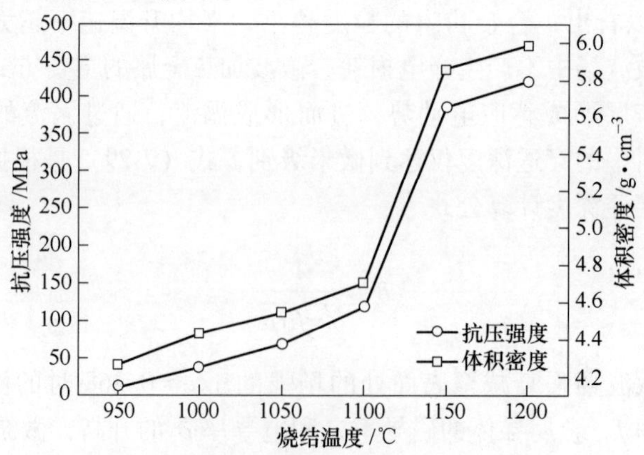

图7-26　烧结温度对烧结合金性能影响

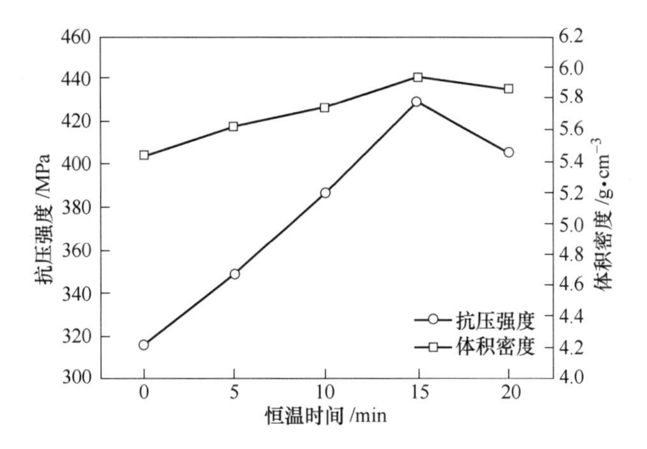

图 7-27 恒温时间对烧结合金性能影响

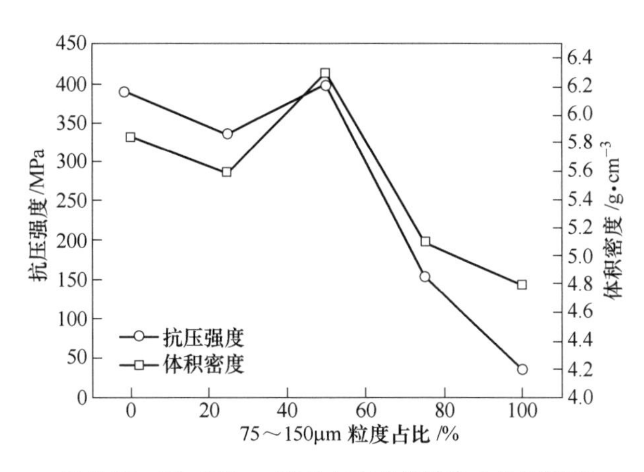

图 7-28 75~150μm 粒度占比对烧结合金性能影响

物料粒度小于 75μm，恒温时间 10min，考察烧结温度对烧结合金体积密度、抗压强度的影响。从图 7-26 可以发现，烧结合金抗压强度、体积密度随着烧结温度升高而变大，温度为 1100℃时，其抗压强度仅为 118MPa，体积密度为 4.71g/cm^3；当温度上升到 1150℃时，抗压强度、体积密度明显增大，分别达到 387MPa、5.85g/cm^3，虽然体积密度低于原厂合金，但是其抗压强度已经大于原厂所产锰铁合金。

物料粒度小于 75μm，微波烧结温度为 1150℃，考察恒温时间对体积密度、抗压强度的影响。从图 7-27 可以看出，恒温时间为 0min，烧结合金的抗压强度为 316MPa，略小于原厂合金；随着恒温时间延长，烧结合金抗压强度逐渐增大，在 15min 处达到最大值 429MPa；但是恒温时间继续延长，其抗压强度变小。烧结合金的体积密度随恒温时间变化也呈现出先增大后减小的趋势，但是数值变化范围较小，最大值为 5.94g/cm^3，最小值为 5.43g/cm^3。

从高碳锰铁粉的粒度分布图（见图 7-4）可知，粒度小于 75μm 的合金粉末占比不到 7%，若全部使用粒度小于 75μm 的合金粉进行微波烧结无疑会增加球磨、筛选工序的难度和能耗。而小于 150μm 的合金粉末占比达到 47%，大于 75μm 且小于 150μm 粒度的合金粉在微波场中也有比较好的升温特性，因此考虑将粒度小于 75μm 与大于 75μm 且小于 150μm 的锰铁合金粉混合烧结，从而降低球磨、筛选工序的工作量。将小于 75μm、大于 75μm 且小于 150μm 两种粒度等级的物料按特定比例混合烧结，烧结温度 1150℃，恒温时间 10min，考察粒度组成对体积密度、抗压强度的影响，结果如图 7-28 所示，随着粒度大于 75μm 且小于 150μm 的高碳锰铁粉的占比从零增加到 100%时，烧结合金的抗压强度和体积密度呈现出先减小后增大然后再减小的趋势。当全部采用粒度大于 75μm 且小于 150μm 的高碳锰铁粉时，烧结合金的抗压强度只有 34MPa，体积密度为 4.79g/cm^3，远小于全部采用粒度小于 75μm 高碳锰铁粉的烧结合金；当粒度小于 75μm 的高碳锰铁粉与粒度大于 75μm 且小于 150μm 的高碳锰铁粉各占 50%时，烧结产品抗压强度、体积密度都达到最大值，分别为 396MPa、6.29g/cm^3。

通过上述分析可知，在低于高碳锰铁粉熔点的温度条件下，通过微波烧结，可快速使高碳锰铁粉烧结成块。烧结合金的抗压强度和体积密度与烧结温度、恒温时间和粒度组成相关，在合适的工艺条件下，烧结合金的抗压强度可以达到甚至超过原厂合金标准，其体积密度也与原厂合金相当。

7.5.3　烧结合金 SEM 分析

将不同烧结工艺条件下的烧结合金破碎后，选取具有代表性的合金块，进行镶嵌、打磨、抛光，观察其微观形貌，并做对比分析。

图 7-29 所示为不同烧结温度下烧结合金的 SEM 图，恒温时间为 10min，小于 75μm 粒度占比 100%。白色区域为合金，黑色区域为孔隙。可以看到：在 1000℃烧结温度下，大粒度的粉末颗粒形状保持其原有形态，只有少量细微颗粒边缘处发生粘连；在 1100℃烧结温度下，部分区域的颗粒之间发生粘连，形成较大粒度的粘连颗粒，但粘连颗粒之间尚未连接形成一个整体，烧结合金仍存在大量形状不规则、相互连通的孔隙。

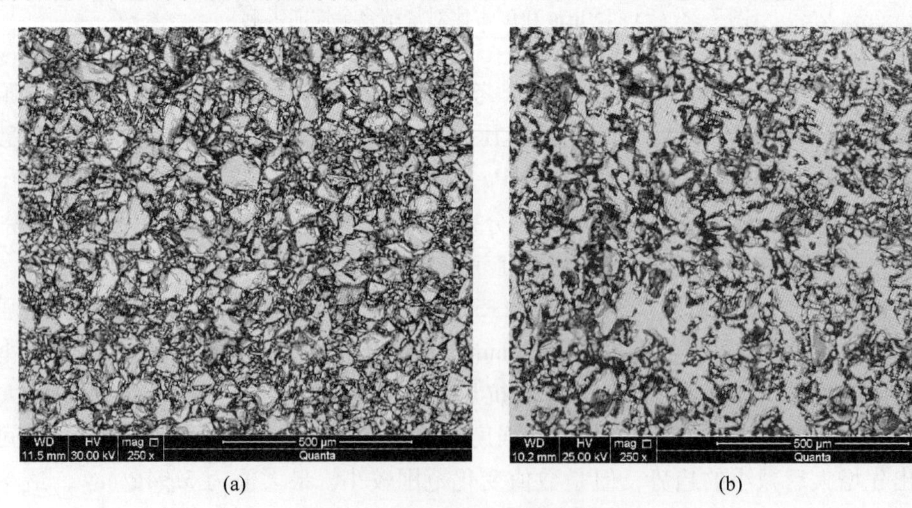

图 7-29　不同烧结温度下烧结合金形貌

(a) 1000℃；(b) 1100℃

图 7-30 所示为不同恒温时间下烧结合金的 SEM 图，烧结温度 1150℃，小于 75μm 粒

度占比 100%。可以看到：图 7-30（a）为达到 1150℃后便停止加热的合金形貌，绝大部分粉末颗粒已经相互黏结成为一个整体，但是存在大量的孔隙，孔隙的形貌以不规则圆形居多，孔隙之间已不相互连接。图 7-30（b）为达到 1150℃后恒温 15min 的合金形貌，所用粉末颗粒已经黏结成一个整体，孔隙进一步收缩减少，形状更为规则，孤立嵌布在合金中。

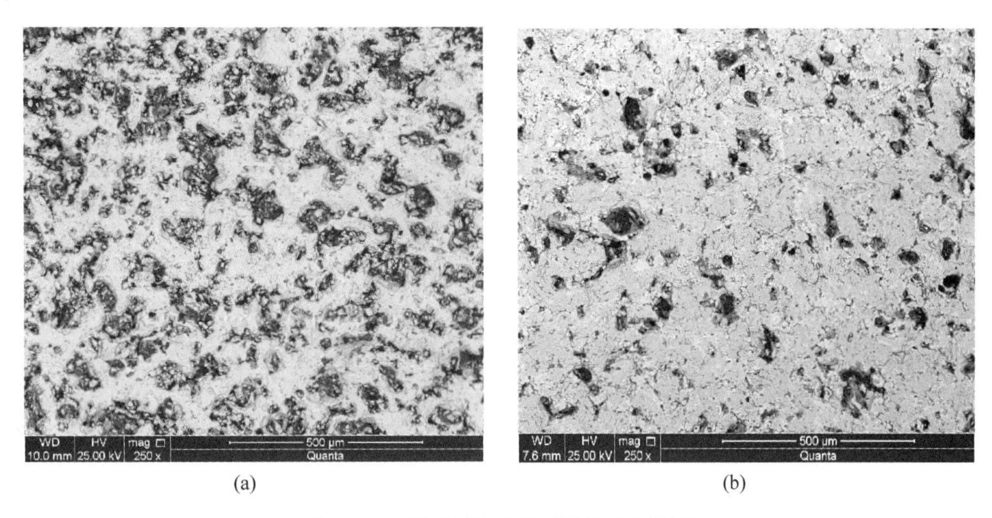

图 7-30 不同恒温时间下烧结合金形貌
（a）0min；（b）15min

图 7-31 所示为不同小于 75μm 粒度占比条件下烧结合金的 SEM 图，烧结温度 1150℃，恒温时间为 10min。可以看到：图 7-31（a）全部采用 75～150μm 粒度的合金粉末烧结，颗粒之间只有边缘相互粘连，存在大量孔隙。图 7-31（b）为 75～150μm 与小于 75μm 两种粒度合金粉末各占 50%，烧结合金从形貌上看与前者形貌完全不同，且与整块合金相似，但存在极少量细小孔隙和裂纹。

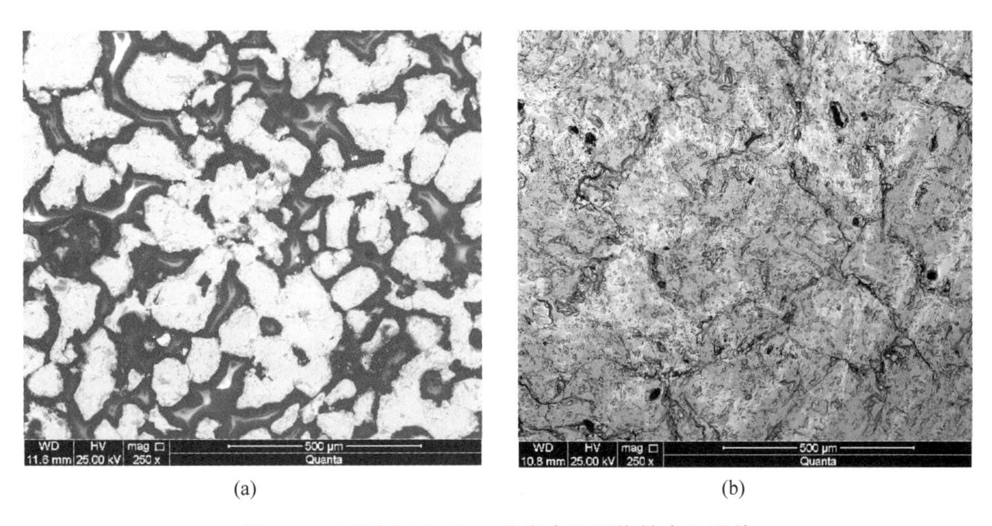

图 7-31 不同小于 75μm 粒度占比下烧结合金形貌
（a）0%；（b）50%

通常将液相烧结过程分为液相流动或颗粒重排、溶解—再沉淀、固相烧结三个阶段。微波烧结高碳锰铁粉过程符合液相烧结过程。高碳锰铁粉细微颗粒和表面首先被微波加热熔化形成液相，颗粒表面钝化，液相形成后在毛细管力作用下，颗粒间中心距收缩，颗粒进行重排，孔隙球化。小的高碳锰铁粉颗粒易于填充到大颗粒间隙之间，形成薄液相层，液相层越薄，毛细管力越大，颗粒重排、致密化越容易。这是致密化初始阶段，也是迅速致密化阶段[8]。高碳锰铁粉液相形成与致密化过程如图 7-32 所示。通过溶解与再沉淀及集聚过程，固相颗粒进一步致密化与长大，最后进行固相烧结。EDAX 分析表明烧结过程中合金并没有氧气或其他气体参与反应。

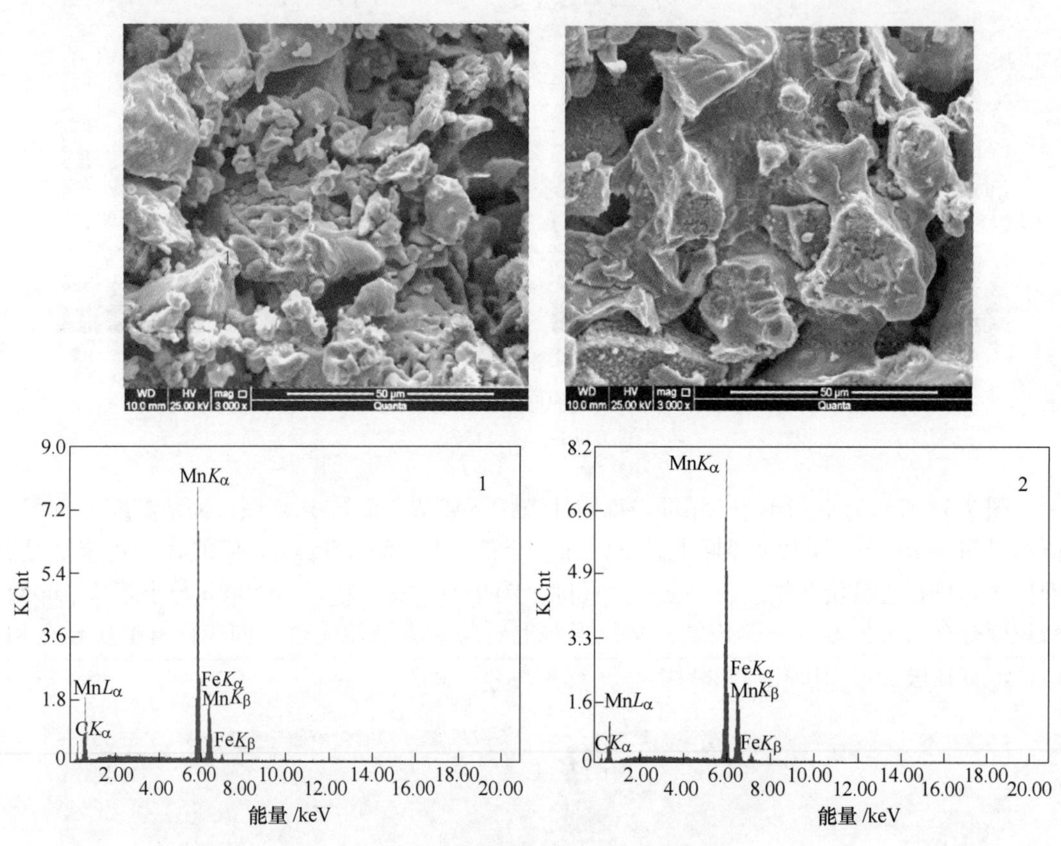

图 7-32　合金颗粒液相 SEM、EDAX 图

7.5.4　烧结合金组成分析

将不同烧结工艺条件下的合金进行 XRD 分析，并与原料进行对比，结果如图 7-33 所示。

根据 XRD 图谱可知，原料合金中，Mn 主要以 Mn_5C_2 形式存在，Fe 主要以 Fe_7C_3 形式存在。烧结过程 Mn_5C_2 物相并没有发生变化，1200℃时，Mn_5C_2 特征峰强度降低。不同烧结温度下，铁以不同形式的碳化铁存在，推测烧结过程主要发生了碳化铁的脱碳与渗碳反应，各烧结条件下可能发生的反应过程如下：

1100℃，10min；1150℃，10min：

$$3Fe_7C_3 = 7Fe_3C + 2C \tag{7-34}$$

1150℃，15min；1150℃，20min：

$$3Fe_7C_3 = 7Fe_3C + 2C \tag{7-35}$$

$$5Fe_3C + C = 3Fe_5C_2 \tag{7-36}$$

1200℃，10min：

$$3Fe_7C_3 = 7Fe_3C + 2C \tag{7-37}$$

$$5Fe_3C + C = 3Fe_5C_2 \tag{7-38}$$

$$7Fe_5C_2 + C = 5Fe_7C_3 \tag{7-39}$$

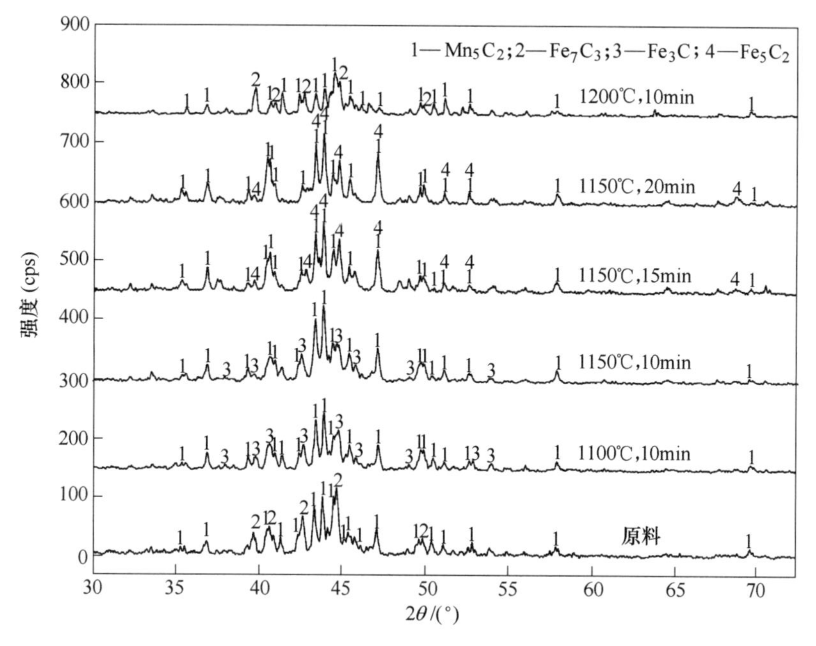

图 7-33 不同烧结工艺条件下合金 XRD 图谱

对烧结合金化学成分进行分析，结果见表 7-7。可以发现烧结工艺对烧结合金 Mn 含量有一定影响，随着烧结温度升高和恒温时间延长，烧结样品中锰含量会下降，因此在保证烧结合金抗压强度前提下，烧结温度不宜过高，恒温时间不宜过长。在烧结温度 1150℃、恒温时间 10~20min、75~150μm 粒度占比 50%烧结工艺下，烧结合金各元素含量可以达到 FeMn78C8.0 牌号标准。

表 7-7 烧结合金化学成分

烧结工艺			元素含量/%					
烧结温度/℃	恒温时间/min	小于 75μm 粒度比/%	Mn	Fe	C	Si	P	S
1100	10	100	76.21	15.34	6.56	1.36	0.16	0.019
1150	10	100	75.37	16.09	6.48	1.41	0.15	0.014
1150	15	50	76.09	15.79	6.34	1.34	0.16	0.016
1150	20	100	74.93	16.54	6.58	1.61	0.15	0.019
1200	10	100	73.04	17.11	6.91	1.76	0.20	0.023

7.5.5　响应曲面法优化烧结工艺

通过单因素实验发现，微波烧结温度、恒温时间、小于75μm粒度占比对烧结合金的抗压强度和体积密度有显著影响，因此实验选定抗压强度（Y_1）和体积密度（Y_2）作为响应值，微波烧结温度（X_1）、恒温时间（X_2）、小于75μm粒度占比（X_3）作为3个影响因素开展系统实验，实验设计方案和实验结果见表7-8。微波烧结温度范围：1100~1200℃，恒温时间范围：0~20min，小于75μm粒度占比范围：50%~100%。

表7-8　锰铁粉微波烧结响应曲面实验设计与结果

序号	X_1/℃	X_2/min	X_3/%	Y_1/MPa	Y_2/g·cm^{-3}
1	1150	10	75	334	5.63
2	1150	0	100	316	5.41
3	1150	10	75	329	5.61
4	1150	20	50	337	5.56
5	1200	10	100	422	6.14
6	1100	0	75	56	4.47
7	1100	10	100	118	4.7
8	1100	10	50	61	4.75
9	1150	10	75	346	5.69
10	1150	10	75	343	5.69
11	1100	20	75	133	4.85
12	1200	20	75	390	5.89
13	1200	10	50	304	5.38
14	1150	10	75	359	5.69
15	1150	0	50	152	5.08
16	1150	20	100	376	5.79
17	1200	0	75	382	5.83

响应曲面优化设计中，对模型的精确性验证是数据分析不可缺少的环节，如果所选的模型不够精确，将会导致所获得的结果存在很大误差或者得到错误的结论，该实验模型的精确性分析采用Design-Expert 7实验设计软件。

以微波烧结温度、恒温时间、小于75μm粒度占比为自变量，烧结合金抗压强度和体积密度为因变量，通过CCD优化设计分析，选取二次方模型为烧结合金抗压强度和体积密度回归模型，通过最小二乘法拟合得到烧结合金抗压强度和体积密度的二次多项回归方程分别为：

$$Y_1 = 342.20 + 141.25X_1 + 41.25X_2 + 47.25X_3 - 17.25X_1X_2 + 15.25X_1X_3 - 31.25X_2X_3 - 85.48X_1^2 - 16.47X_2^2 - 30.48X_3^2 \tag{7-40}$$

$$Y_2 = 5.66 + 0.56X_1 + 0.16X_2 + 0.16X_3 - 0.080X_1X_2 + 0.2X_1X_3 - 0.025X_2X_3 - 0.31X_1^2 - 0.092X_2^2 - 0.11X_3^2 \tag{7-41}$$

应用方差分析得到多项式方程中所有系数的显著性，以进一步判断模型的有效性。

7.5.5.1 抗压强度模型精确性及响应曲面分析

烧结合金抗压强度的二次方模型的方差分析见表7-9，模型可信度分析见表7-10。

表7-9 抗压强度的模型方差分析结果

方差来源	平方和	自由度	均方	F值	P值
模型	2.353×10^5	9	26140.33	45.76	<0.0001
X_1	1.596×10^5	1	1.596×10^5	279.41	<0.0001
X_2	13612.50	1	13612.50	23.83	0.0018
X_3	17860.50	1	17860.50	31.27	0.0008
X_1X_2	1190.25	1	1190.25	2.08	0.1921
X_1X_3	930.25	1	930.25	1.63	0.2426
X_2X_3	3906.25	1	3906.25	6.84	0.0347
X_1^2	30762.00	1	30762.00	53.85	0.0002
X_2^2	1142.84	1	1142.84	2.00	0.2001
X_3^2	3910.42	1	3910.42	6.85	0.0346
残差	3998.80	7	571.26		
失拟项	3460.00	3	1153.33	8.56	0.0325
纯误差	538.80	4	134.70		
综合	2.393×10^5	16			

表7-10 模型可信度分析

标准差	均方	响应值变异系数 C.V.%	预测误差平方和	R^2	R^2_{adj}	R^2_{pred}	信噪比
23.90	279.88	8.54	56201.88	0.9833	0.9618	0.7651	21.248

表7-9中，若P值小于0.05，说明其作用是显著的。模型P值小于0.0001，说明建立的回归模型是极显著的。失拟项P值小于0.05，说明失拟也显著。表7-10中，相关系数$R^2=0.9833$，R^2_{adj}与R^2_{pred}较接近，说明该模型能解释响应值的变化，仅有少量变异不能用此模型来解释；信噪比为21.248，大于4，说明该模型能够很好地对实验进行模拟；C.V.%为响应值Y_1的变异系数，C.V.%越低说明实验的稳定性越好，本实验的C.V.%=8.54，说明实验操作可信。

方差分析表明，此模型能够说明抗压强度与考察因素的实际关系，可以进行较精确的预测。图7-34所示为烧结合金抗压强度残差正态概率图，图7-35所示为烧结合金抗压强度预测值与实验值的对比图。从图7-34可以看出，实验点近似一条直线，表明实验残差分布在常态范围内，实验选取的模型可以用来预测实验过程。由图7-35可知，实验值与预测值结果比较接近，所获得的实验点基本上平均分布于预测直线的周围，说明实验所选取的模型可以反映微波烧结工艺条件与抗压强度之间的关系。

表7-9中X_1、X_3、X_2、X_2X_3、X_1^2、X_3^2的P值均小于0.05，说明它们对抗压强度Y_1影响显著，其中，烧结温度对抗压强度的影响显著性最大，其次为小于75μm粒度占比，恒温时间、烧结温度与小于75μm粒度占比的交互作用对抗压强度也有显著影响，优化的烧结合金抗压强度回归模型为：

$$Y_1 = 342.20 + 141.25X_1 + 41.25X_2 + 47.25X_3 - 31.25X_2X_3 - 85.48X_1^2 - 30.48X_3^2 \tag{7-42}$$

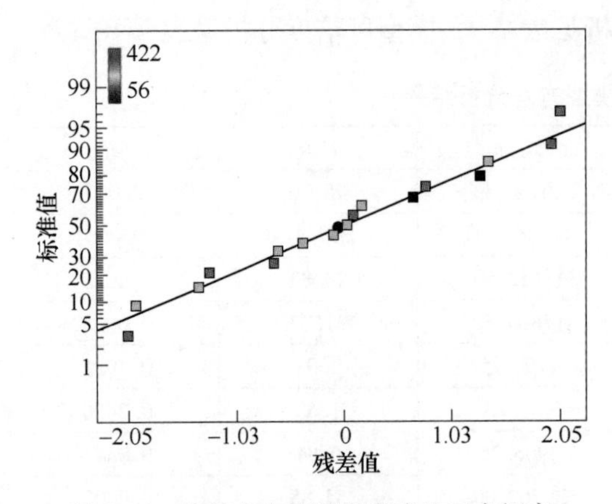

图 7-34　烧结合金抗压强度残差正态概率

图 7-35　烧结合金抗压强度预测值与实验值的对比

在方差分析和模型显著性检验的基础上，通过建立影响烧结合金抗压强度的三维响应曲面，考察交互作用对抗压强度的影响，响应曲面图如图 7-36~图 7-38 所示。

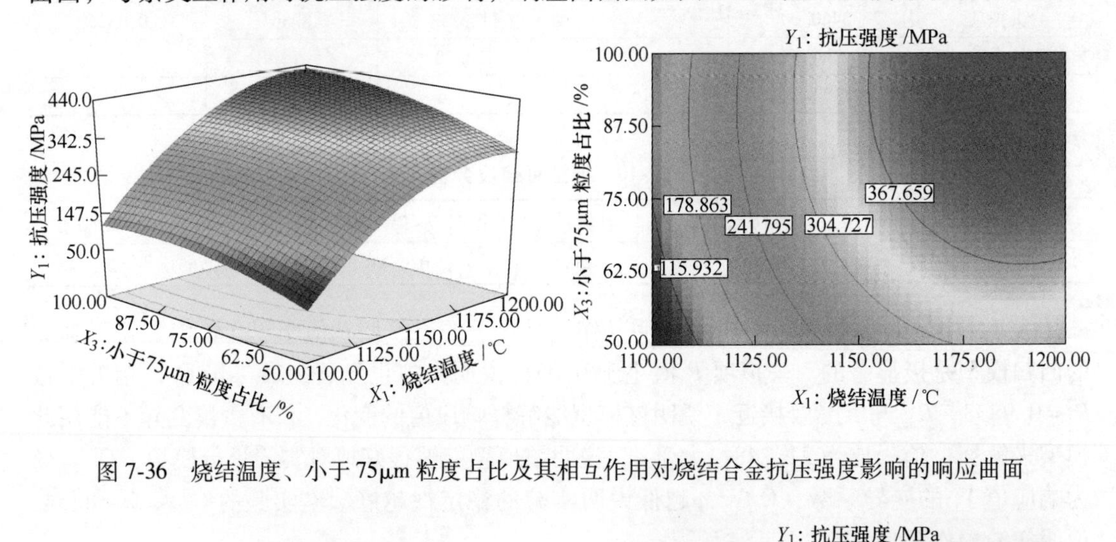

图 7-36　烧结温度、小于 75μm 粒度占比及其相互作用对烧结合金抗压强度影响的响应曲面

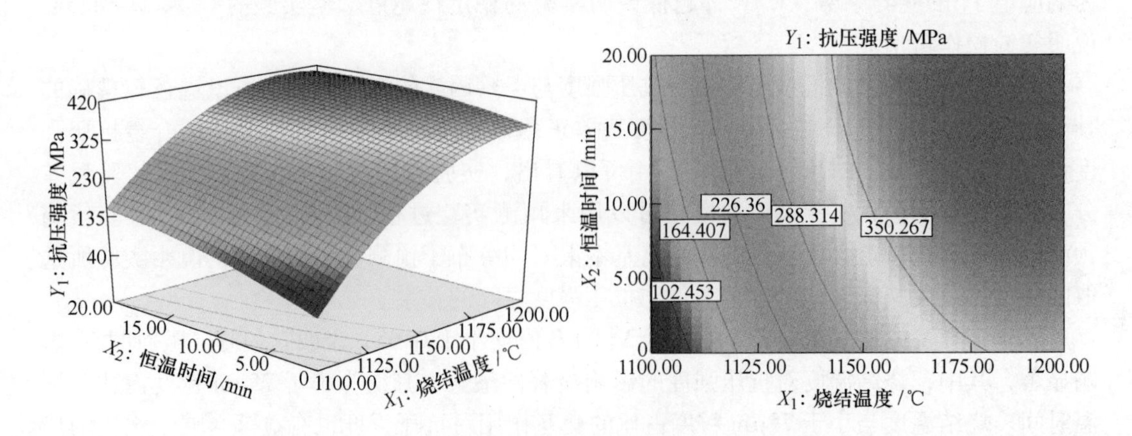

图 7-37　烧结温度、恒温时间及其相互作用对烧结合金抗压强度影响的响应曲面

图 7-36 中恒温时间为 10min，从 3D 图可以看出：烧结合金抗压强度随烧结温度升高和恒温时间延长而迅速变大。从 2D 图中可以发现：在烧结温度大于 1150℃ 条件下，合金抗压强度随小于 75μm 粒度占比变大而快速上升；当小于 75μm 粒度占比大于 75%时，在相同烧结温度下，增加小于 75μm 粒度占比对提高烧结合金抗压强度的作用较小。

图 7-37 中，小于 75μm 粒度占比为 75%。从 3D 图可以看出：烧结合金抗压强度随烧结温度升高和小于 75μm 粒度占比增大而迅速变大。从 2D 图中可以发现：在恒温时间一定的条件下，烧结合金抗压强度随着烧结温度升高而增加，温度升高到一定值后，烧结合金抗压强度的增加便不明显。当恒温时间大于 13min 时，在相同烧结温度下，继续延长恒温时间，对提高烧结合金抗压强度的作用较小。

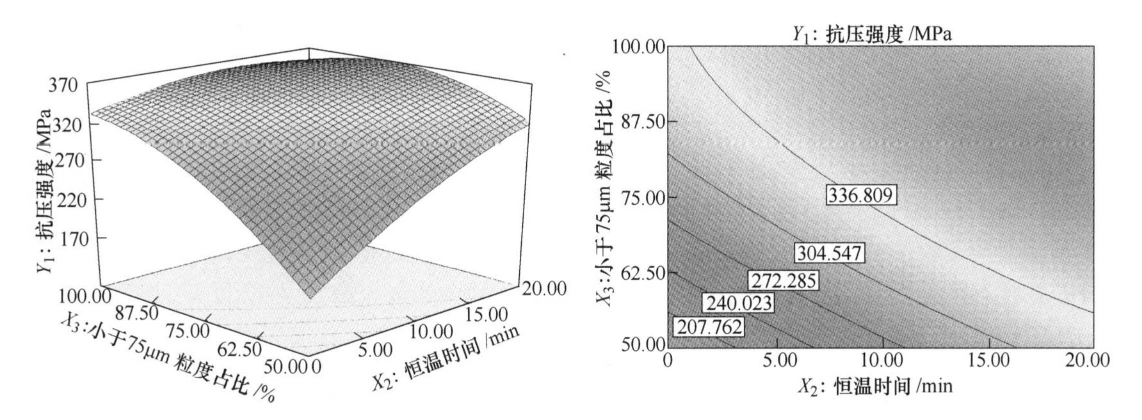

图 7-38 恒温时间、小于 75μm 粒度占比及其相互作用对烧结合金抗压强度影响的响应曲面

图 7-38 中，烧结温度为 1150℃。从图中可以看出：烧结合金抗压强度随小于 75μm 粒度占比增加和恒温时间延长先缓慢增大后减小。

7.5.5.2 体积密度模型精确性及响应曲面分析

烧结合金体积密度的二次方模型的方差分析见表 7-11，模型可信度分析见表 7-12。表 7-11 中，模型 P 值小于 0.0001，说明建立的回归模型是极显著的。失拟项 P 值小于 0.05，说明失拟也显著。表 7-12 中，相关系数 $R^2=0.9879$，R^2_{adj} 与 R^2_{pred} 较接近，说明该模型能解释响应值的变化，仅有少量变异不能用此模型来解释；信噪比为 27.844，说明该模型能够很好地对实验进行模拟；本实验的 C. V. % = 1.47，说明实验操作可信。

表 7-11 体积密度的模型方差分析结果

方差来源	平方和	自由度	均方	F 值	P 值
模型	3.63	9	0.40	63.37	<0.0001
X_1	2.50	1	2.50	392.40	<0.0001
X_2	0.21	1	0.21	33.19	0.0007
X_3	0.20	1	0.20	31.68	0.0008
X_1X_2	0.026	1	0.026	4.02	0.0849
X_1X_3	0.16	1	0.16	25.77	0.0014
X_2X_3	2.500×10^{-3}	1	2.500×10^{-3}	0.39	0.5507
X_1^2	0.40	1	0.40	63.47	<0.0001

续表 7-11

方差来源	平方和	自由度	均方	F 值	P 值
X_2^2	0.036	1	0.036	5.63	0.0494
X_3^2	0.051	1	0.051	7.97	0.0257
残差	0.045	7	6.365×10^{-3}		
失拟项	0.038	3	0.013	8.44	0.0333
纯误差	6.080×10^{-3}	4	1.520×10^{-3}		
综合	3.67	16	0.40		

表 7-12 模型可信度分析

标准差	均方	响应值变异系数 C. V. %	预测误差平方和	R^2	R_{adj}^2	R_{pred}^2	信噪比
0.080	5.42	1.47	0.63	0.9879	0.9723	0.8299	27.844

方差分析表明，此模型能够说明体积密度与考察因素的实际关系，可以进行较精确的预测。图 7-39 所示为烧结合金体积密度残差正态概率图，图 7-40 所示为烧结合金体积密度预测值与实验值的对比图。从图 7-39 可以看出，实验点近似一条直线，表明实验残差分布在常态范围内，实验选取的模型可以用来预测实验过程。由图 7-40 可知，实验值与预测值结果比较接近，所获得的实验点基本上平均分布于预测直线的周围，说明实验所选取的模型可以反映微波烧结工艺条件与体积密度之间的关系。

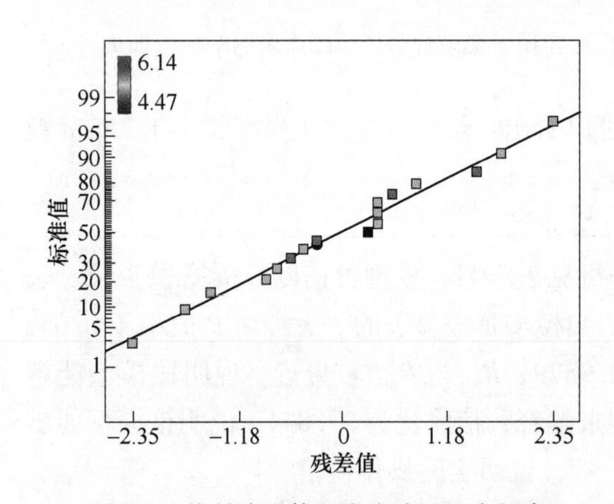

图 7-39 烧结合金体积密度残差正态概率

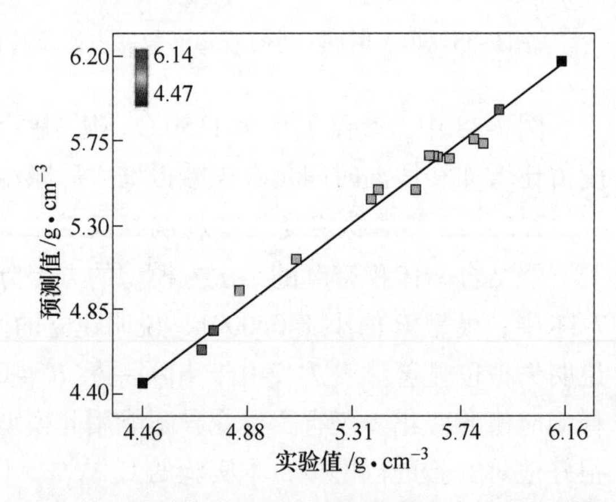

图 7-40 烧结合金体积密度预测值与实验值的对比

表 7-11 中 X_1、X_3、X_2、X_1X_3、X_1^2、X_2^2、X_3^2 的 P 值均小于 0.05，说明它们对体积密度 Y_2 影响显著，其中，烧结温度对抗压强度的影响显著性最大，其次为小于 75μm 粒度占比、恒温时间，烧结温度与小于 75μm 粒度占比的交互作用对体积也有显著影响，优化的烧结合金体积密度回归模型为：

$$Y_2 = 5.66 + 0.56X_1 + 0.16X_2 + 0.16X_3 + 0.2X_1X_3 - 0.31X_1^2 - 0.092X_2^2 - 0.11X_3^2 \tag{7-43}$$

在方差分析和模型显著性检验的基础上，通过建立影响烧结合金体积的三维响应曲面，考察交互作用对抗压强度的影响，响应曲面图如图 7-41～图 7-43 所示。

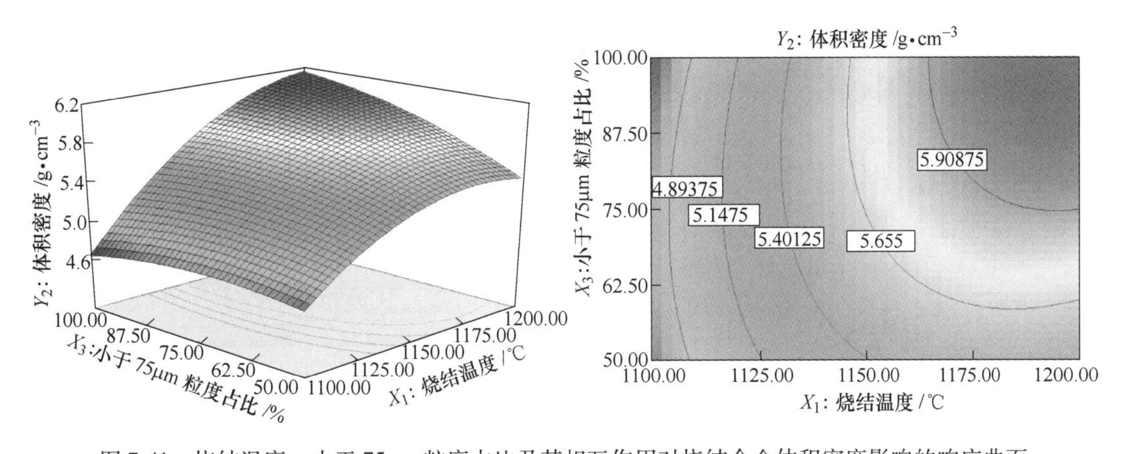

图 7-41 烧结温度、小于 75μm 粒度占比及其相互作用对烧结合金体积密度影响的响应曲面

图 7-41 中恒温时间为 10min。从图可以看出：烧结合金体积密度随烧结温度升高和恒温时间延长而迅速变大。从 2D 图中可以发现，当烧结温度低于 1150℃时，改变小于 75μm 粒度占比对体积密度影响不大；小于 75μm 粒度占比在 50%~70%之间，烧结合金的体积密度随烧结温度升高而增加的趋势不明显，当小于 75μm 粒度占比达到 70%时，烧结合金的体积密度随烧结温度升高而迅速增大。

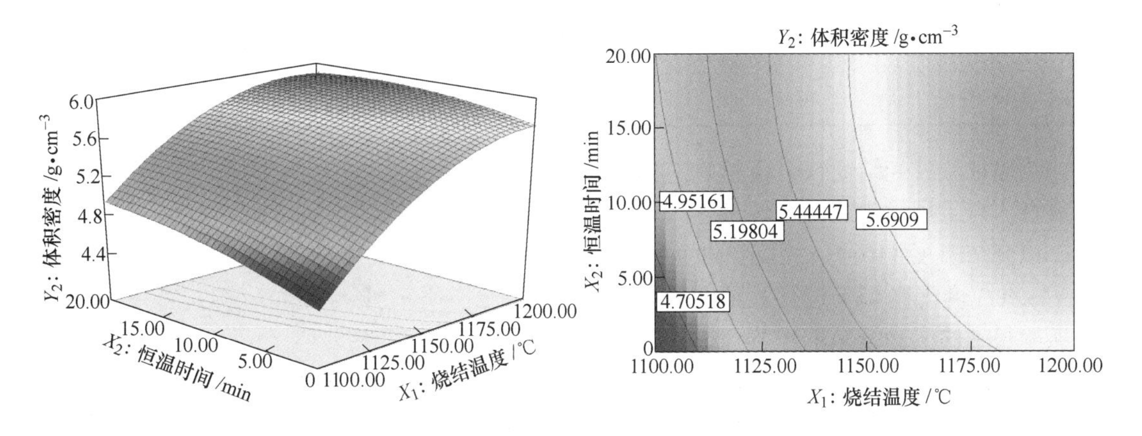

图 7-42 烧结温度、恒温时间及其相互作用对烧结合金体积密度影响的响应曲面

图 7-42 中，小于 75μm 粒度占比为 75%。从 3D 图可以看出，烧结合金体积密度随烧结温度升高和小于 75μm 粒度占比增大而迅速变大后缓慢减小。从 2D 图中可以发现，恒温时间一定条件下，烧结合金的体积密度随烧结温度升高先快速升高后缓慢升高；当恒温时间大于 15min 时，在相同烧结温度下，延长恒温时间对提高烧结合金体积密度的作用较小；当烧结温度大于 1175℃时，延长恒温时间对提高烧结合金体积密度的作用较小。

图 7-43 中，烧结温度为 1150℃。从图中可以看出，延长恒温时间、增加小于 75μm 粒度占比对烧结合金体积密度的影响较小。

7.5.5.3 响应曲面优化及验证

如在烧结温度尽可能低、恒温时间尽可能短、小于 75μm 粒度占比尽可能低的工艺条

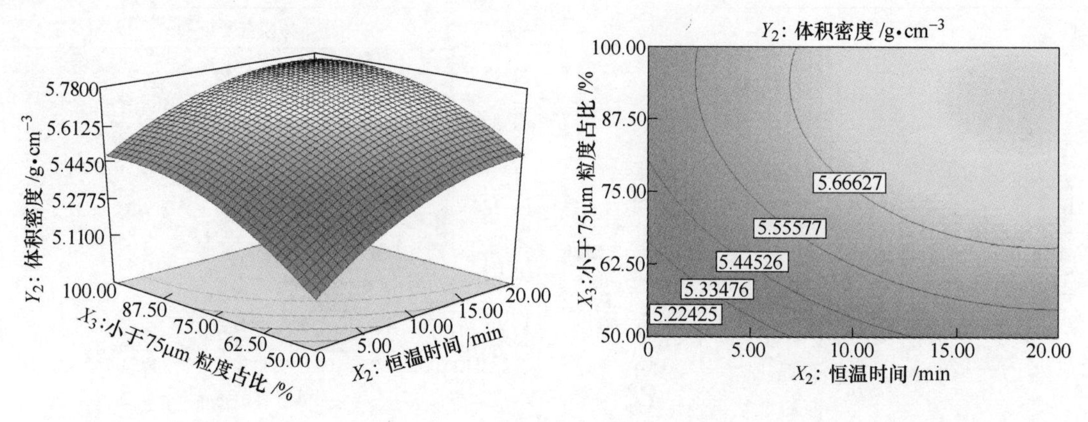

图 7-43　恒温时间、小于 75μm 粒度占比及其相互作用对烧结合金体积密度影响的响应曲面

件下，烧结合金抗压强度能超过原厂合金，同时体积密度尽可能大，便可认为是最佳烧结工艺。通过 Design-Expert 7 实验设计软件的预测功能，兼顾考虑经济性和实际情况，用上述回归模型优化工艺参数，结果见表 7-13。

表 7-13　响应曲面优化工艺参数及预测值

烧结温度 /℃	恒温时间 /min	小于 75μm 粒度占比 /%	预测值	
			抗压强度 /MPa	体积密度 /g·cm^{-3}
1168.07	10.58	62.18	350	5.69

为验证微波烧结锰铁合金粉响应曲面法的可靠性，需采用优化后的最佳工艺条件进行实验，以烧结温度 1168℃、恒温时间 11min、小于 75μm 粒度占比 63%进行验证实验，三次平行实验得到的实验结果取平均值，实验所得抗压强度与体积密度平均值分别为 352MPa、5.71g/cm^3，与预测值较为接近，说明该预测模型是合适的，优化条件可行。图 7-44 所示为最佳工艺条件下烧结合金的 SEM 图，表 7-14 为烧结合金化学成分表。从图 7-44 可以看出，合金颗粒已经烧结成一个整体，存在极少量细小的孔洞，从表 7-14 可以看出，烧结合金的化学成分可以达到 FeMn78C8.0 牌号标准。

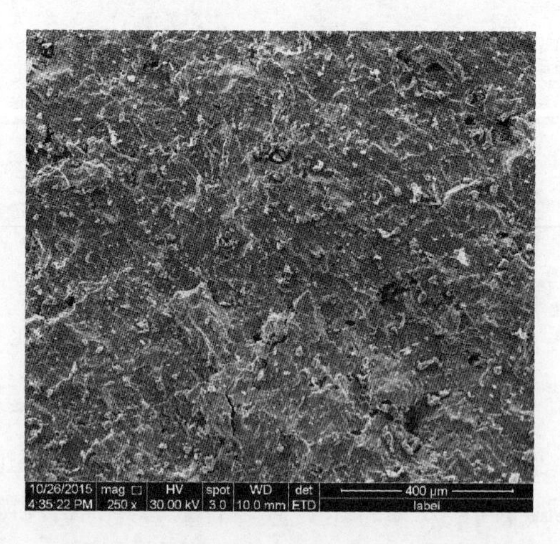

图 7-44　最佳工艺条件下烧结合金断面图

表 7-14　最佳工艺条件下烧结合金的化学成分

元素	Mn	Fe	C	Si	P	S
质量分数/%	75.14	15.91	6.21	1.63	0.12	0.023

7.6 微波干燥锰碳合金

锰碳合金球是一种新型高效增碳材料，是冶金、铸造、机械等行业理想的增碳剂，具有收得率高、增碳稳定、不污染钢水等优点，因此能够克服传统增碳剂的吸收率低、机械强度差等缺点，并且能够代替部分高价的 Fe-Mn 合金。锰是良好的脱氧剂和脱硫剂。

周越、彭金辉等人[21]采用微波干燥技术对锰碳合金球进行了研究并开展了工业化实验。

7.6.1 锰碳合金球微波干燥优化研究

7.6.1.1 实验设计与实验结果

以初始含水率 3.80%的锰碳合金为原料，选定干燥温度（℃）、干燥时间（s）及物料量（g）为影响因素，以相对脱水率为响应值进行中心组合设计，共 20 组实验完成优化设计，所有的实验随机进行以减少外部条件对所要研究响应结果的影响。锰碳合金球微波干燥实验设计方案与实验结果见表 7-15。

表 7-15 微波干燥增碳剂实验设计方案与实验结果

序号	温度/℃	时间/s	物料量/g	相对脱水率 γ/%
1	76	150	170.00	67.19
2	85	200	170.00	87
3	90	180	140.00	93.98
4	80	180	200.00	80.76
5	90	120	140.00	78.01
6	90	120	200.00	67.24
7	85	150	170.00	85.57
8	85	150	170.00	83.89
9	85	150	170.00	86.24
10	85	150	170.00	82.67
11	90	180	200.00	81.87
12	85	150	170.00	84.23
13	85	150	170.00	82.78
14	80	120	140.00	70.01
15	85	150	220.45	72.19
16	85	150	119.55	81.2
17	85	99	170.00	62.98
18	80	120	200.00	59.89
19	80	180	140.00	76.01
20	93	150	170.00	92.19

7.6.1.2 模型拟合及精确性分析

以干燥温度（X_a）、干燥时间（X_b）及物料量（X_c）为自变量，以锰碳合金的相对脱水率（γ）为因变量，通过响应曲面法分析得到二次多项回归方程式（7-44），表征实验数据得到的响应值与所考察的参数变量关系。

$$\gamma = -944.28 + 17.36X_a + 0.86X_b + 1.99X_c + 0.003X_aX_b - 0.0145X_aX_c + 1.74\times10^{-3}X_bX_c - 0.085X_a^2 - 4.21\times10^{-3}X_b^2 - 3.54\times10^{-3}X_c^2 \tag{7-44}$$

经过拟合计算，微波干燥锰碳合金球模型的决定相关系数 $R^2=0.9673$，校正相关系数 $R_{adj}^2=0.9378$，均接近于1，说明该模型与实验数据的拟合度高，在考察脱水率方面能够对96.73%的实验数据加以解释，精确度为19.12，大于4。因此，此模型能够说明锰碳合金球微波干燥的相对脱水率与所考察参数的实际关系。

回归模型的方差分析见表7-16，模型的 F 值为32.85，只有0.01%的概率会使信噪比发生错误，模型的 P 值小于0.0001，表明建立的回归模型极显著，可信度高。在单因素中，X_a、X_b 和 X_c 是相对脱水率影响显著；在交互作用因素中，X_aX_c 对脱水率的影响显著，X_aX_b、X_bX_c 对脱水率的影响不显著；二次项因素中，X_a^2、X_b^2 和 X_c^2 对相对脱水率的影响都显著，其中 X_b^2 最显著。方差分析结果表明，此模型与数据的拟合度良好，能够对锰碳合金球微波干燥的脱水率进行较精确的预测。

表7-16　回归方程方差分析

方差来源	平方和	自由度	均方	F 值	P 值
模型	1689.81	9	187.75	32.85	<0.0001
X_a	462.49	1	462.49	80.93	<0.0001
X_b	658.98	1	658.98	115.31	<0.0001
X_c	157.66	1	157.66	27.58	0.0004
X_aX_b	2.79	1	2.79	0.489	0.5002
X_aX_c	34.07	1	34.07	5.96	0.0347
X_bX_c	19.62	1	19.62	3.43	0.0936
X_a^2	65.06	1	65.06	11.38	0.0071
X_b^2	206.62	1	206.62	36.15	0.0001
X_c^2	146.07	1	146.07	25.56	0.0005

图7-45所示为锰碳合金球相对脱水率预测值与实际值的对比。由图7-45可知，实验所得数据点基本分布于由模型所得预测值周围，说明基于实验结果所选取的模型能够反映锰碳合金球微波干燥的自变量与因变量间的关系。

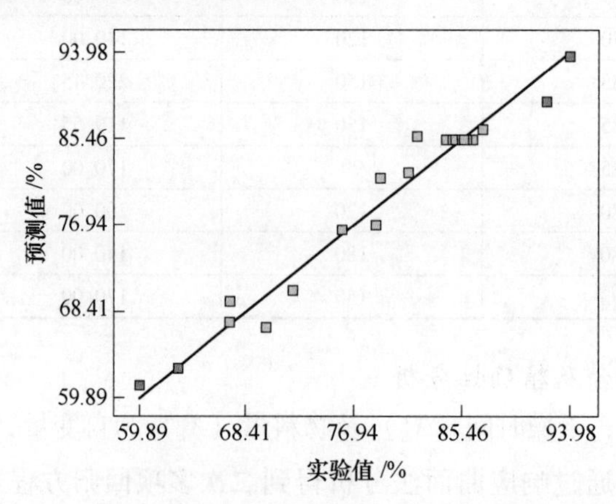

图7-45　微波干燥锰碳合金球相对脱水率的预测值与实验值的对比

图 7-46 所示为锰碳合金球相对脱水率的残差正态概率，由图 7-46 可知，实验点近似直线分布，而不是 S 形，表明实验残差分布在常态范围内，所建立的数学模型可以代替实验，准确描述实际工艺过程。

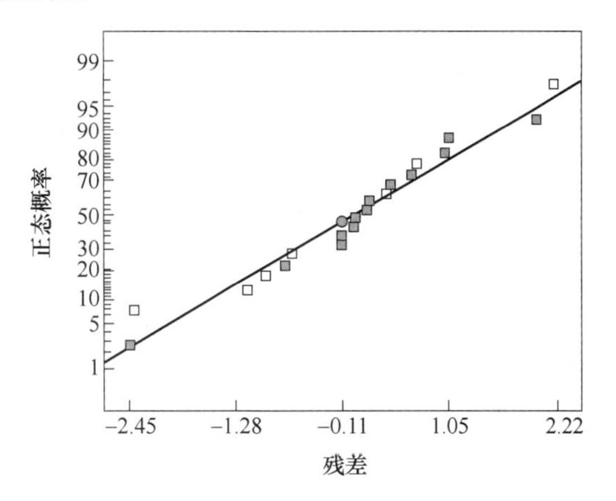

图 7-46 锰碳合金球相对脱水率残差正态概率

7.6.1.3 响应曲面分析

考察各因素及交互作用对微波干燥锰碳合金球的相对脱水率的影响规律，确定各因素的最佳水平范围。通过同时绘制响应值与因素变量值构成曲面上的网格，以直观地体现出响应值与实验因素间的关系。

图 7-47 所示为在实验研究范围内干燥温度、干燥时间及其交互作用对物料脱水率的影响。根据曲面的大体走势可以看出，随着干燥时间的延长，相对脱水率增大，这主要是由于在温度一定的情况下，随着时间的增加，物料吸收更多微波能，可以脱除更多的水分；随着干燥温度的升高，相对脱水率增大，这主要由于微波加热异于传统方式，在没有其他辅助热源情况下，空气温度几乎保持不变，由此产生温度梯度。在相同干燥时间内，干燥温度越高，温度梯度越大，越有利于水分蒸发，温度和时间与相对脱水率呈正相关关系。在两因子实验研究范围内，锰碳合金球的相对脱水率在两因子的最高点达到最大值。

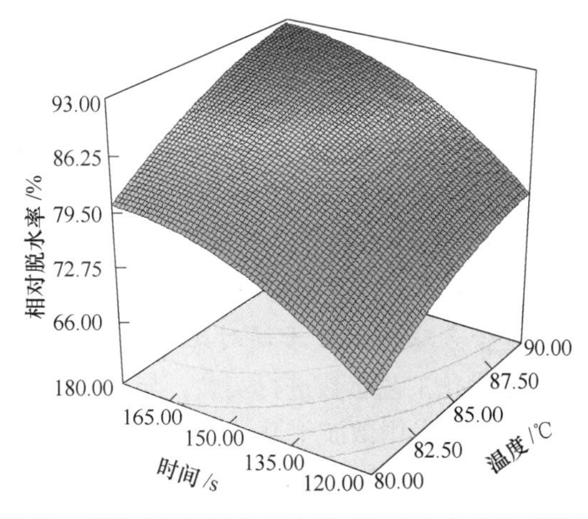

图 7-47 干燥温度、干燥时间及其交互作用对锰碳合金球相对脱水率的响应曲面

图7-48所示为干燥时间与物料量及其相互作用对锰碳合金球相对脱水率的影响。由图7-48可以看出，随着物料量增加，相对脱水率降低，这主要是随着物料量增加，微波功率密度降低，即单位质量的物料在相同时间内吸收的微波能减少，根据曲面的走势可以看出，物料量小于170g时，随着物料量的增加，相对脱水率降低缓慢；大于170g时，相对脱水率降低趋势相对明显，因此，物料量多少对微波干燥过程能量利用率有一定影响；同时延长干燥时间有利于相对脱水率的提高，时间对相对脱水率有较大的影响。

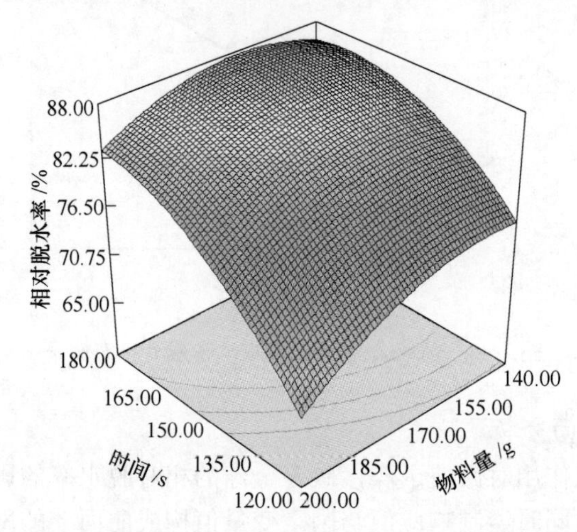

图7-48 干燥时间、物料量及其交互作用对锰碳合金球相对脱水率的响应曲面

7.6.1.4 条件优化及验证

根据工业生产对锰碳合金球的水分理化指标要求及微波干燥实验得出的条件，以相对脱水率达到85%以上为标准，通过响应曲面法优化得到锰碳合金球微波干燥的工艺参数，见表7-17。

表7-17 微波干燥锰碳合金球回归模型优化工艺参数

干燥温度/℃	干燥时间/s	物料量/g	相对脱水率/%	
			预测值	实际值
90	176	150.61	93.96	93.25

为了检验响应曲面法优化的可靠性，采用优化后最佳工艺条件进行实验，在实验过程中，采用温度90℃、时间176s、物料量150.61g为条件，进行3组平行实验，实验结果平均值为93.25%，与预测值相差0.71%，说明响应曲面法优化得出的工艺条件有效。

7.6.1.5 常规干燥锰碳合金球与微波干燥对比

采用微波干燥锰碳合金球优化工艺参数进行实验，与常规干燥情况对比。设定干燥温度90℃，物料质量150.61g，分别采用微波干燥及烘箱干燥，相对脱水率随时间的变化如图7-49所示。由图7-49可知，微波干燥锰碳合金球可以在200s内完成干燥，而常规干燥需要120min才能完成干燥。可见，在不考虑设备能量转换率、热效率等因素的条件下，微波干燥能够有效缩短干燥周期。

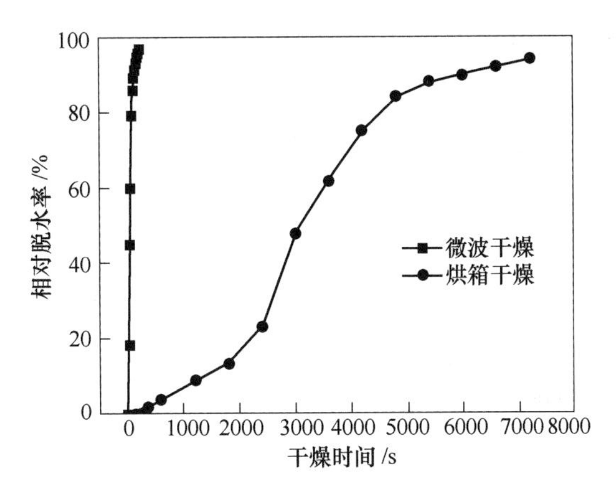

图 7-49 微波干燥与烘箱干燥相对脱水率变化对比

7.6.2 微波干燥扩大化实验研究

基于微波干燥优化实验结果，为了能将微波干燥锰碳合金球及转化为生产力提供更为详细的技术参数，在小试实验基础上经过一系列扩大化实验为其工业推广奠定一定的基础。

7.6.2.1 中试实验设备与流程

中试实验采用昆明理工大学非常规冶金实验室自主研制的隧道式微波干燥设备：功率54kW，由6个微波腔体串联组成，每个腔体顶部有4个磁控管；腔体间放置红外测温装置检测干燥过程中的物料温度，防止物料温度过高；采用传送带实现物料的输送，传送带宽度为1.2m，长度13m，微波干燥长度10m；整套设备实现自动化生产。

实验流程：设定参数→称重装料→开启微波→采样测定水分→出料→冷却→称重→装袋。

实验研究内容：(1) 干燥时间与物料温度的变化规律；(2) 干燥时间与相对脱水率的变化规律；(3) 含水率与能效比的关系。

7.6.2.2 中试实验结果

采用隧道式微波干燥机对平均含水率在3.8%的锰碳合金球进行干燥实验，传送带频率、干燥时间及物料温度变化范围见表7-18。

表 7-18 锰碳合金球干燥过程参数变化

样品编号	传送带频率/Hz	干燥时间/min	温度/℃
C01	1.7	10.8	130~144
C02	2.0	8.6	117~123
C03	2.3	7.1	94~98
C04	2.7	6.0	78~82
C05	3.0	5.4	66~73

由表7-18可以看出，通过控制传送带频率可以有效控制干燥时间，物料的温度均在干燥过程中可接受的温度范围内。

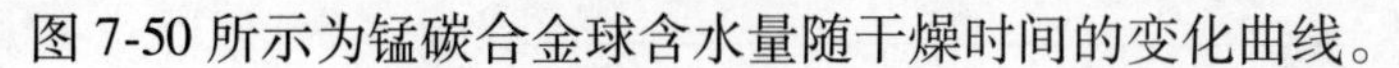

图 7-50 所示为锰碳合金球含水量随干燥时间的变化曲线。

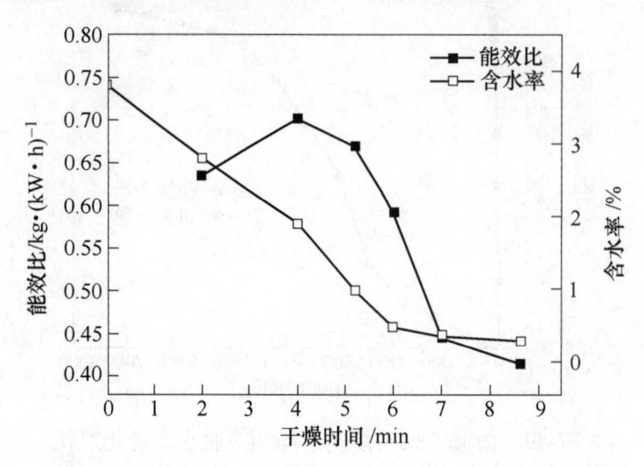

图 7-50 锰碳合金球含水率与能效比随时间变化曲线

由图 7-50 可知，锰碳合金球微波加热时间 4min 后，随着时间的延长，干燥的能效比增加，最高能效比达 0.72kg/(kW·h)，而此时含水率在 1.8%；干燥时间 7min，含水率低于 0.5%，达到炼钢用增碳剂水分指标，此时能效比为 0.46kg/(kW·h)。扩大化实验微波干燥时间比两种物料现有干燥工艺时间都要短且工作环境良好。

参考文献

[1] 王尔贤．中国的锰矿资源［J］．电池工业，2007，12（3）：184~188.

[2] 马少健，梁玉石，封金鹏，等．应用响应面设计分析法研究碳酸锰吸收微波的性能［J］．有色金属（冶炼部分），2012（2）：9~15.

[3] 刘建，刘建华，袁国华，等．锰铁生产用原料微波加热特性研究［J］．矿冶工程，2015，35（3）：91~95.

[4] 苏秀娟，莫秋红，何春林，等．锰及其化合物微波吸收性能研究［J］．矿冶工程，2015，35（5）：90~94.

[5] 潘小娟，陈津，张猛，等．微波加热含碳碳酸锰矿粉升温机理［J］．中南大学学报（自然科学版），2008，39（6）：1233~1238.

[6] 孙宏飞，陈津，张猛，等．微波场中高碳锰铁粉及固相脱碳物料的电磁性能［J］．钢铁研究学报，2012，24（8）：12~15.

[7] 张永伟．高磷锰矿微波辐射—强磁选联合工艺试验研究［J］．中国锰业，2005，23（4）：18~20.

[8] 侯向东，陈津，张猛，等．微波加热含碳氧化锰矿粉体还原过程中磷的迁移行为［J］．中国锰业，2009，27（3）：24~28.

[9] 陈津，宋平伟，王社斌，等．微波加热含碳氧化锰矿粉体还原动力学研究［J］．过程工程学报，2009，9（s1）：1~6.

[10] 刘伟．微波辅助高价锰还原浸出研究［D］．重庆：重庆大学，2009.

[11] 陶长元，孙大贵，刘作华，等．微波辅助高价锰还原浸出动力学研究［J］．中国锰业，2010，28（1）：21~24.

[12] 高琦，庞建明，马永宁，等．微波处理低品位锰矿冶炼硅锰合金试验研究［J］．有色金属（冶炼部

分)，2019 (8)：16.

[13] 宋平伟，陈津，潘小娟，等．微波加热含碳氧化锰矿粉体还原过程中锰铁金属化物的渗碳行为 [J]．中国锰业，2009，27 (2)：15~19.

[14] 彭秋菊，李佳，杜冬云，等．响应面法优化电解锰渣的微波活化有效硅工艺条件 [J]．硅酸盐通报，2018 (8)：35.

[15] 陈沪飞，陈晋，刘钱钱，等．微波辅助法在二氧化锰合成中的应用及研究 [J]．工业加热，2017，46 (2)：19~24.

[16] 李磊．微波热处理复杂含锰物料工艺研究 [D]．昆明：昆明理工大学，2016.

[17] 吕瑞国，赖朝彬，侯兴，等．吹氧脱碳法冶炼中碳锰铁的热力学分析 [J]．中国锰业，2003，21 (2)：24~26.

[18] 陈家祥．炼钢常用图表数据手册 [M]．北京：冶金工业出版社，2010：646~647.

[19] 梁英教．无机物热力学数据手册 [M]．沈阳：东北大学出版社，1993.

[20] 赵跃萍，张金柱．熔融锰铁高温挥发的实验研究 [J]．铁合金，2002，33 (4)：18~21.

[21] 周越．微波干燥氢氧化锆及锰碳合金球的工艺研究 [D]．昆明：昆明理工大学，2011.

8 微波在钢铁冶金中的新应用

8.1 微波助磨惠民铁矿

我国铁矿资源丰富，资源总量居世界前列，但是资源禀赋条件很差，铁矿石资源丰而不富。目前我国钢铁工业所需的铁矿石自给率不足50%，国内铁矿石严重短缺，严重依赖进口。我国钢铁工业持续高速增长对铁矿石的需求与国内铁矿石供给矛盾日益突出，使我国在铁矿石价格博弈中处于不利地位。

磨矿是矿石原料用于生产前必不可少的工序，也是选矿厂的重要组成部分，决定选厂的生产能力，直接影响选厂的技术经济指标，提高磨矿效率对于提高选厂的生产能力，提高矿山的综合利用效率极其重要。碎磨工序能耗巨大，磨矿投资占全厂60%以上，电耗占全厂50%~60%，生产经营费用占全厂40%以上。其能量主要耗散于热、声、摩擦等，真正用于破碎促使矿物颗粒间的结合键断裂、产生新表面的能量仅占1%，能量利用率很低。任何能够提高磨矿效率、降低磨矿能耗的方法都将会产生巨大的经济价值。磨矿取决于矿石本身的性质，如果通过一定的方法改变矿石的性质，降低强度和改善矿物解离的能力，为后续磨矿创造有利条件，就可以提高磨矿过程的效率。微波助磨就是利用微波的选择性加热等特点对矿物进行加热预处理、改变矿石本身性质以提高矿石磨矿效率的新的预处理方式。

微波频率高、波长短，具有较强的渗透能力，可以进入岩矿内部，使加热从内部开始；同时，由于矿物内部各成分对微波的吸收特性不同，在微波的作用下，岩矿内部某些成分被迅速加热产生高温，而另一些不吸波的成分保持原态。这种选择性加热的方式使得在岩矿内部不同成分的结合界面出现温差效应，产生不同程度的热膨胀，进而产生热应力，当应力超过矿物所能承受的限度时就会发生裂隙并扩展，最终导致岩矿被破坏。

付润泽、彭金辉等人[1]在总结前人研究成果与经验的基础上以惠民铁矿作为研究对象，研究了微波加热对矿石碎磨的辅助作用。通过考察矿石块度、功率、物料量等因素对微波加热的影响，探明最佳的实验条件。通过对原矿及微波处理过的矿物进行SEM放大观察、孔隙度测试、强度测试，探明了微波作用对矿物内部结构的影响；通过对原矿及微波处理后的矿石进行磨矿实验，为微波预处理惠民铁矿石提供了一种新的矿石预处理方法。

8.1.1 惠民氧化矿特性

8.1.1.1 样品表观分析

来矿呈褐色或红褐色，可见白色单体石英，呈不规则块状，SEM放大观察（见图8-1）表明，矿样粒度较细，呈浸染状分布（见图8-1（a））；放大4000倍可见有用矿物与脉石嵌布紧密（见图8-1（b））。图中深色物质为脉石矿物，浅色物质为有用矿物。

(a)

(b)

图 8-1 矿物表面放大观察
（a）放大 200 倍；（b）放大 4000 倍

8.1.1.2 样品化学成分分析

矿石的主要成分分析及化学物相分析分别见表 8-1 和表 8-2。表 8-1 结果表明，惠民铁矿的铁品位为 37.27%，FeO 含量不足 0.10%。表 8-2 表明，矿石中的铁主要以赤铁矿的形式存在，含量占矿石中总铁的 87.01%；其次是磁铁矿，占总铁的 11.13%，硅酸铁、硫化铁及碳酸亚铁中也有少量的铁存在。

表 8-1 矿石的主要化学成分分析

成分	TFe	FeO	S	P	As	SiO_2	Al_2O_3	CaO	MgO	MnO
含量/%	37.27	<0.10	0.084	1.16	0.036	18.01	4.06	1.69	0.14	8.85

表 8-2 矿石中铁的化学物相分析

成分	磁铁矿中铁	赤铁矿中铁	黄铁矿中铁	菱铁矿中铁	硅酸铁中铁	总量
含量/%	4.31	33.69	0.17	0.20	0.35	38.72
占有率/%	11.13	87.01	0.44	0.52	0.90	100.00

8.1.2 实验方法

首先对惠民铁矿进行表观分析、成分分析、分级，采用合理的取样方法对矿物进行取样；进行矿物在微波作用下的条件实验，探明矿物块度、试样质量、微波功率、热电偶插入位置、矿物湿度等对矿物在微波作用下的升温行为的影响，在此基础上探索出合理的矿物升温实验条件；在已选定的实验条件下进行微波辐射预处理矿物的实验，并分别进行常温冷却和水淬处理；测试微波处理后矿物块度、强度、空隙率及表面的变化；将经微波处理过的矿物在自然阳光下烘干，对原矿及微波处理后的矿物进行细碎处理至小于 2mm；在选定的球磨参数下进行磨矿实验，并对磨矿产品进行筛析及粒度分析。简易实验流程图如图 8-2 所示。

8.1.3　微波加热惠民铁矿

8.1.3.1　矿物升温特性曲线

以 10s 为间隔测量 3min 内矿物在微波作用下的升温情况，记录结果，绘制矿物升温特性曲线。结果如图 8-3 所示。

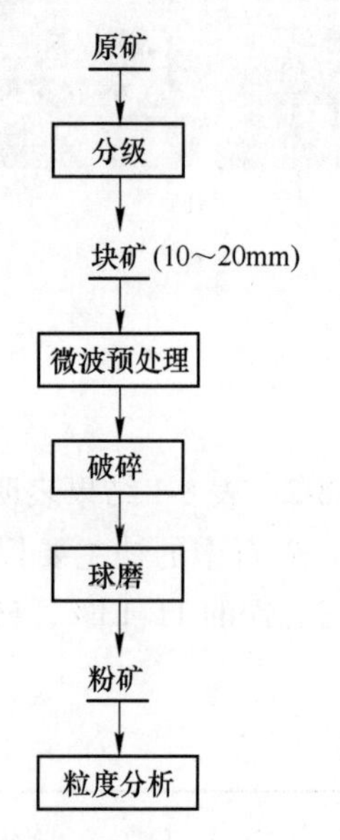

图 8-2　微波助磨惠民铁矿工艺流程

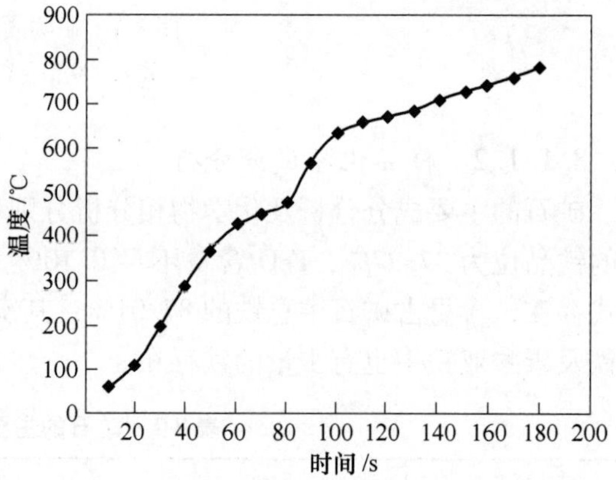

图 8-3　矿物温度随微波作用时间的变化

从图 8-3 可以看出，惠民铁矿在微波功率为 1500W 的条件下在 60s 内加热至 400℃以上，随后温度升高速率有所降低，80s 后矿物升温速率再次提高，100s 内温度提高至 600℃后升温速率再次呈现减缓趋势，在 3min 内物料被加热至 800℃以上。

微波加热物料的快慢很大程度上取决于物料的“耗散”系数——介电损失系数与物料的介电常数之比。损失系数的大小代表了物料中以热的形式耗散的能量，宏观的表现为温度，也就是说，损失系数越大，物料越易于被微波加热。在加热的过程中，物料的介电系数随温度的变化而变化。

矿样的温度随着微波加热时间的延长而升高，升温速率随着时间的延长呈现升高—降低—升高—降低的变化，整个微波加热升温过程分为两个阶段，第一阶段矿物升温迅速，升温速率大；然后进入第二阶段，矿物升温相对缓慢。这是由于在一定的空间内，随着时间的延长，微波加热释放出来的能量越来越多，物料吸收的能量也越来越多，温度不断上升；达到一定时间后，随着温度的升高，物料向空气中的散热增多，同时矿物的介电常数随着温度的变化而不断变化，温度越高介电常数越小，从而使得矿物的升温速率降低。这种变化与前人通过 Fourier 传热定律得出的结论相似[2]。刘全军[3]研究指出，微波加热初期，物料温度升高速度很快，升温曲线反映出近似于高斜率直线的上升；随着时间的延长，曲线上升的趋势会逐渐变得平缓，接近于某一渐近线。

8.1.3.2 热电偶插入位置对加热温度的影响

为了准确测定矿物在微波作用下的温度，探索热电偶插入位置对矿物加热的影响，测定热电偶插入不同深度、距中心不同位置处温度的变化。实验中坩埚四周采用保温棉包裹，减少热量向空气中的耗散。热电偶插入位置如图 8-4 所示。

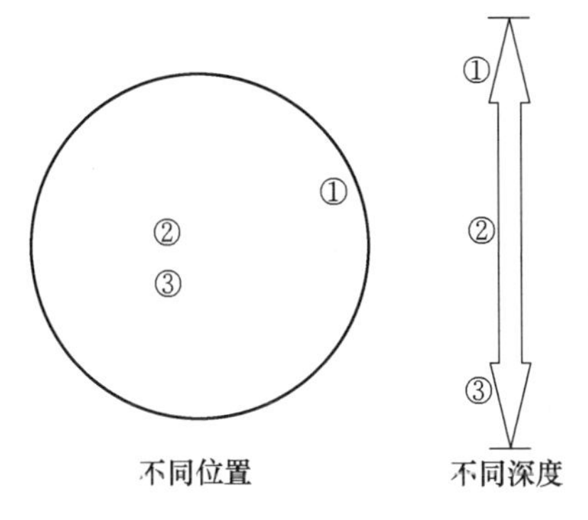

图 8-4 热电偶插入位置

热电偶插入坩埚中央或靠近坩埚壁测得的温度相差不大，插入坩埚底部、中部及表面测得的温度不同，底部与中部的温度相差不大，表面温度较低。矿物表面与空气产生热传递，热量耗散较多，故温度相对较低。实验中选取热电偶插入坩埚中部以测定微波加热矿物的温度。

8.1.3.3 矿样质量对加热温度的影响

以 10s 为间隔测量矿物在微波作用下温度的变化并绘制矿物升温曲线，结果如图 8-5 所示。

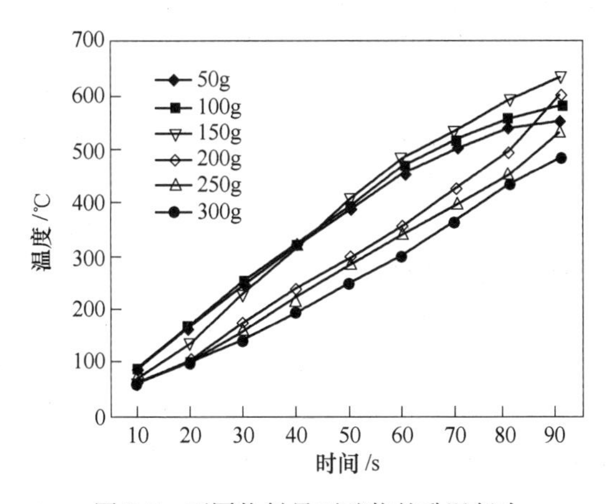

图 8-5 不同物料量下矿物的升温行为

由图 8-5 可知，在微波加热初期（40s 内）物料量越少，微波加热的温度越高；随着时间的延长，这种趋势发生变化，150g 物料在 90s 的加热时间内温度升高最快。这是由于微波加热过程中，在达到相同的加热温度时，物料量的加大需要更多的微波能量。微波加热初期，矿物温度较低，有用矿物与脉石间的热传递很少，矿石耗散到空气中的热量较少，故物料量的增多不利于微波加热温度的升高。随着微波加热时间的延长，矿物与脉石间产生大量的热传递。随着物料不断增多，相同的微波能量被更多的矿物吸收，升温速率降低；物料过少，矿石间的空隙较多，与空气接触产生热传递的表面比例较大，热量耗散较多，同时物料量过少不能完全吸收所提供的微波能量，影响温度的升高。W. Vorster[4]的研究也指出，在额定微波功率的条件下，矿样质量太小，也就意味着能被微波加热的有用矿物量较少，则使矿样整体的加热温度升高受到限制。

8.1.3.4　*微波功率对加热温度的影响*

以10s为间隔测量并记录结果、绘制矿物升温曲线，结果如图8-6所示。

由图8-6可知，在相同物料量（150g）时，微波功率越大，升温速率越高。随着微波加热时间的延长，物料吸收的微波能量总是越来越多，其温度变化和微波加热时间成正比。

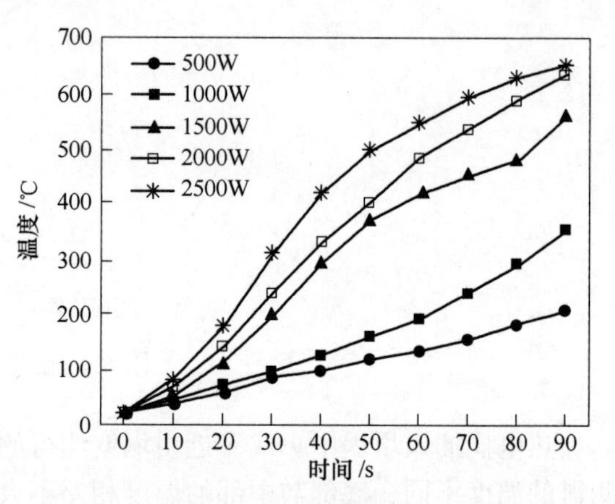

图8-6　不同微波功率下微波加热温度的变化

功率越大，能量密度越大，有用矿物吸收的能量越多，升温越快。有用矿物在微波的作用下迅速升温，而脉石矿物升温慢，从而在有用矿物与脉石间产生温度梯度，热胀冷缩产生热应力，使矿物碎裂，为磨矿工序提供帮助。因此，升温速率越大越好，微波作用时间越短越好，60s内1500W与2000W、2500W功率下温度相近，而功率为1500W时能耗较低，故实验条件下功率为1500W时加热效果最好。

物料在微波作用下的温度变化，除取决于物料本身的“耗散”系数——介电损失系数与物料的介电常数之比外，还取决于微波功率的大小，准确地说是物料吸收的微波的能量密度，即单位质量物料中微波功率的大小。Whittles[5]利用二维有限差分模拟研究了功率密度对矿石微波辅助磨细的影响，认为高微波功率对矿石基体内部的快速热应力的产生是至关重要的。Bradshaw等人[6]采用PFC2D软件模拟研究非均匀片状及球状的不规则形状的矿物在微波作用下产生的微裂隙，预测微波能量及矿物质地对微波作用于矿物时产生的影响。采用PFC软件分析微小范围内材料粒子在不同微波能量密度作用下的相互作用行为、温度变化及热力学性质等。研究发现，高能量密度下能量通过材料粒子与电磁场的相互作用直接作用于吸波材料并用于产生晶界断裂，产生相同的诱导裂隙需要更少的能量输入。刘全军认为，对某一特定的矿物，温度的升高只取决于微波功率的大小。彭金辉等人[7]通过研究得出微波加热功率影响物质的升温速率，选择适当的微波功率可以实现矿物的选择性分离的结论。采用较高微波功率、较短的微波作用时间来加热矿石，有利于提高矿物的微波助磨效果。Jones[8]认为，在负载一定时，较高的微波功率和较短的微波加热时间将导致更多的热应力裂纹产生。

8.1.3.5　*矿物块度对加热温度的影响*

以10s为间隔测量并记录结果、绘制矿物升温曲线，结果如图8-7所示。

由图8-7可以看出，在相同的微波作用条件下，在一定范围内矿物块度的增加会使升温速率升高，但并不是越大越好。这是由于当矿块粒度较小时，物料内部的热传导较易进

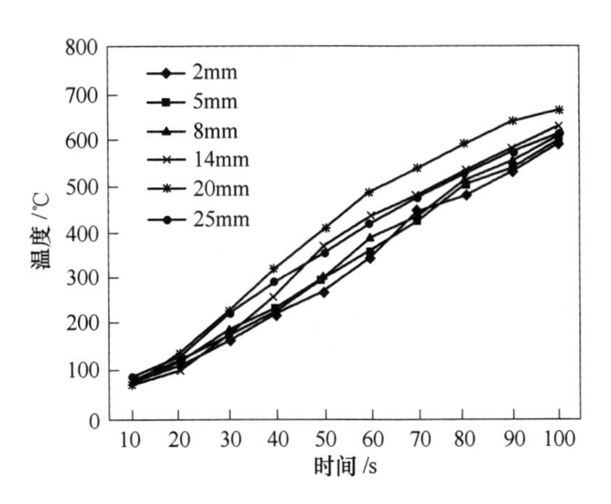

图 8-7 不同块度矿物在微波作用下的加热温度

行，并且能很快透过脉石与空气接触，空气对流带走部分热量，矿石间的温度梯度减小，整个体系的温度也降低。一定范围内矿块的增大可以降低热传导，矿块继续增大会使矿块间的缝隙及矿块表面积增大，矿块与空气及脉石的热传导作用变大，造成热量损失，升温速率降低。

试验中同时发现粒度较小的矿块在微波加热过程中产生了烧结现象。这是由于矿块粒度较小，有用矿物间距离小，在微波加热的过程中容易接触产生烧结（见图 8-8），影响磨矿的效果。Bradshaw 等人[9]通过对矿物受到微波辐射后行为的一系列研究发现，同时包含不同微波吸收能力矿物组分的物料受到微波辐照时，与细粒矿物相比粗粒矿物能够降低更大的强度、产生更多的裂隙。Standish 等人[10]发现，矿物粒度会影响矿物的升温表现，在微波作用下，粗粒 Fe_3O_4 比细粒 Fe_3O_4 升温快。

图 8-8 微波加热过程中矿块产生的烧结

8.1.3.6 矿物湿度对加热温度的影响

取 5000g 矿块在自然光暴晒，然后放入恒温干燥箱内干燥至恒重，再将矿块放入水中浸泡，拭去矿块表面残留的水，测定矿块质量，得出矿块湿度，见表 8-3。

表 8-3 矿物湿度

原矿质量/g	烘干后质量/g	浸水后质量/g	原矿湿度/%	浸水后湿度/%
5000	4938.3	5012.4	1.25	1.5

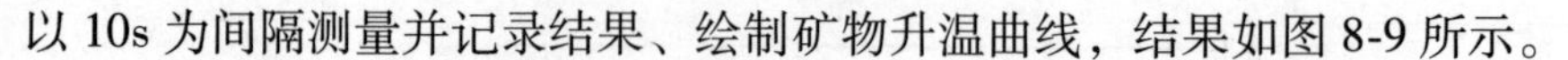
以 10s 为间隔测量并记录结果、绘制矿物升温曲线，结果如图 8-9 所示。

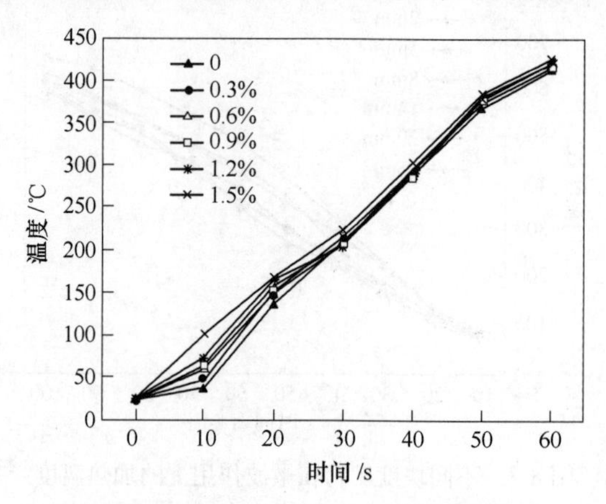

图 8-9　不同湿度的矿物微波加热温度

由图 8-9 可以看出，湿度仅在微波加热初期对矿物的加热产生影响，湿度越大，温度升高越快；随着加热时间的延长，湿度对微波加热的优势逐渐消失。这种现象的发生可能是由于水是良好的微波吸收体，微波加热初期，有用矿物和脉石同时吸收微波，温度升高很快。随着加热时间的延长，水分被蒸发掉，水对加热的促进作用消失，同时带走一部分热量；湿度大的矿物有用矿物的含量少于湿度小的矿物，从而减缓加热速度。

8.1.4　微波加热对矿石的辅助磨细作用

8.1.4.1　不同微波加热时间对磨矿产品产率的影响

对微波处理不同时间的矿物进行磨矿实验，球磨时间为 4min，结果见表 8-4，绘制磨矿曲线如图 8-10 所示。

表 8-4　经微波处理不同时间的矿物的磨矿实验结果

微波处理时间/s	微波功率/W	球磨时间/min	产率/%
20	500	4	89.26
40	500	4	94.77
60	500	4	95.46
80	500	4	95.79
100	500	4	96.24
120	500	4	98.35

由图 8-10 可知，原矿及经不同微波处理时间的矿样进行相同球磨参数条件下相同时间的磨矿，对磨矿产品进行筛析，得出惠民铁矿经微波预处理不同时间后球磨产品小于 0.074mm（200 目）的产率，结果表明：微波处理过的矿物小于 0.074mm（200 目）的磨矿产品产率提高了 7.3%～11.3%，40s 的微波处理即可使小于 0.074mm（200 目）的磨矿产品产率提高 7.3%。这是由于磨矿速率的快慢与矿体中存在的缺陷直接相关，矿物越粗，待磨矿料中粗粒级比例越大，矿物内部缺陷就越多，磨矿越容易发生[11]。

微波处理后，矿物内部产生大量的晶界断裂，内部缺陷明显增多，从而使得磨矿工序较易发生。对原矿及微波处理 40s 的矿样进行球磨实验，得到的磨矿曲线如图 8-11 所示。

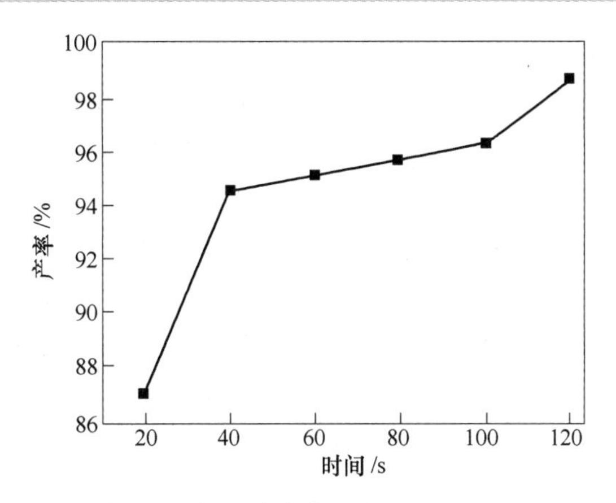

图 8-10 不同微波处理时间后球磨产品小于 0.074mm(200 目) 的产率

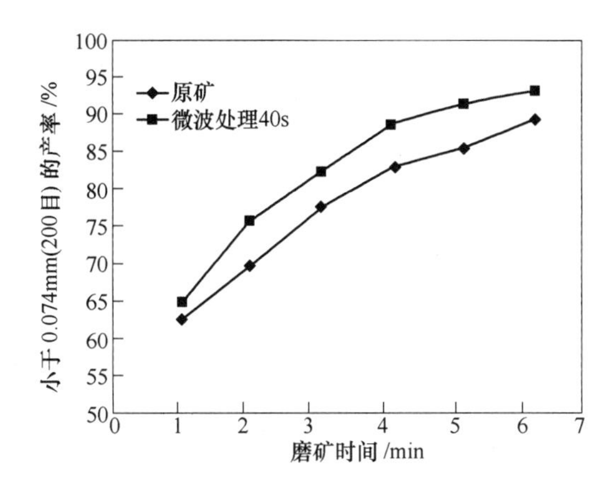

图 8-11 原矿及微波处理 40s 矿物的磨矿曲线

随着微波处理时间的延长，矿物内部裂隙不断扩展，但并未产生新的大量的微裂隙，微波对矿物磨细的辅助作用减缓，直至矿石炸裂产生新的表面，微波助磨作用再次呈现比较显著的状态。Kumar 等人[12]采用了品位为 62%的赤铁矿进行微波加热辅助磨矿的实验，以小于 0.074mm 的产品作为考察对象，得到相似的结论：小于 0.074mm 的产品微波处理 30s 后显著增多，后缓慢增多至 120s 再次出现明显的增长。

8.1.4.2 微波处理前后矿物可磨性的变化（HGGI）

以原矿作为基准矿石，功指数设为 1，试验仅需得出同一条件下所磨两份矿样的 P（产品 80%小于 $P\mu m$） 和 F（给矿 80%小于 $F\mu m$）。试验选用的矿石粒度 F 及 P 见表 8-5。

表 8-5 矿石粒级 *F*、*P* 及矿物功指数

矿样	P	F	可磨性 Y
原矿	61	2000	1
微波处理 40s	53	2000	1.1134

微波处理矿物相对于原矿的可磨性为 1.1134，可磨性提高了 11.34%。微波作用产生大量的微裂隙等缺陷，使矿物的可磨性提高。

8.1.4.3 微波加热前后矿物孔隙率的变化

实验测得经微波处理与未处理矿物的孔隙率分别为4.984%与4.018%，即经微波处理后矿物孔隙率升高24.04%（见图8-12），矿物内部缺陷明显增多，矿物强度降低，有利于磨矿工序的进行。

8.1.4.4 微波加热前后矿物的扫描电镜及能谱分析

利用EDS分析惠民铁矿矿物物相组成。如图8-13所示，区域2所代表的浅色矿物为有用矿物，主要含铁、硅、氧元素及少量的磷、铝、碳元素（见图8-14），EDS图像显示有用矿物中有大量的硅、氧元素杂质；区域1代表的深灰色区域为脉石，主要为硅元素和氧元素，有少量的铁、磷、铝及碳元素（见图8-15）。

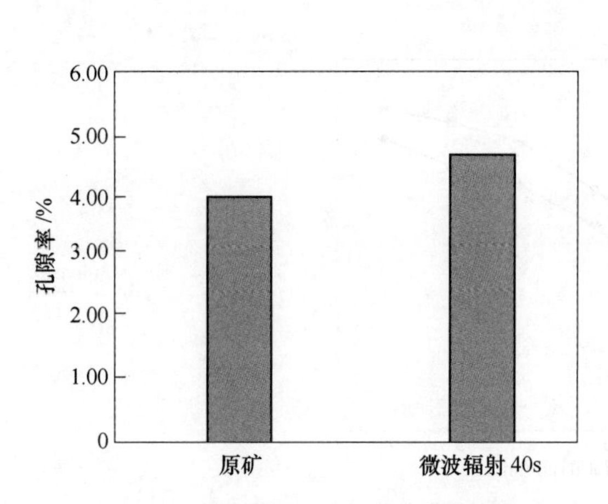

图8-12 微波辐照后矿物孔隙率的变化

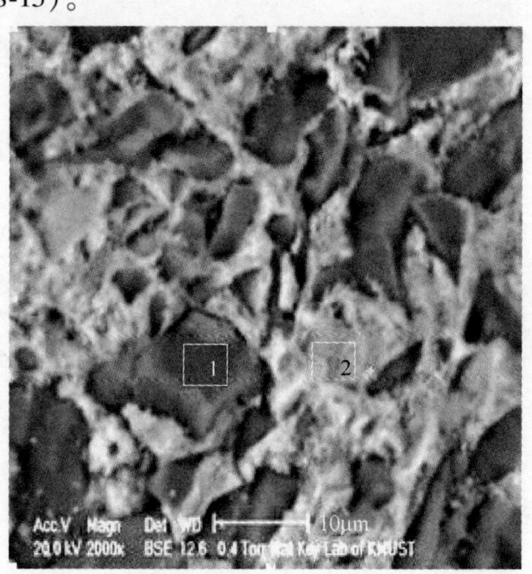

图8-13 原矿在20.0kV 2000倍下的扫描电镜背散射图像

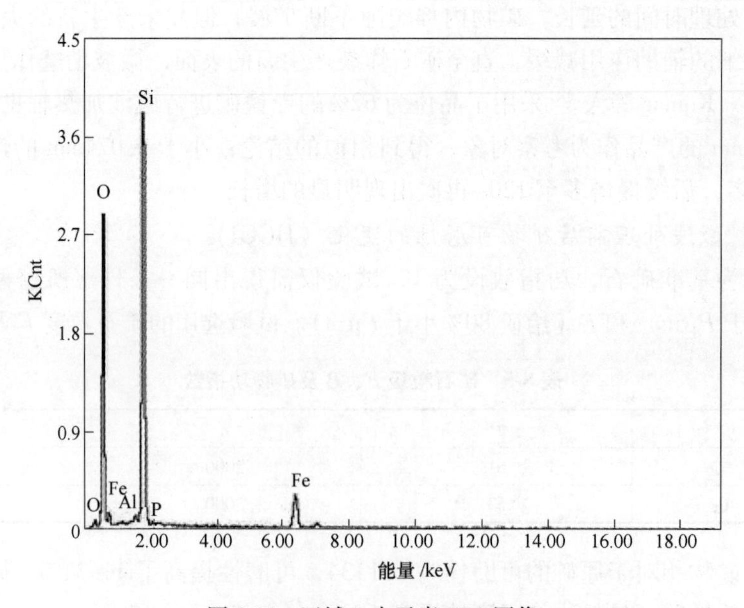

图8-14 区域1内元素EDS图像

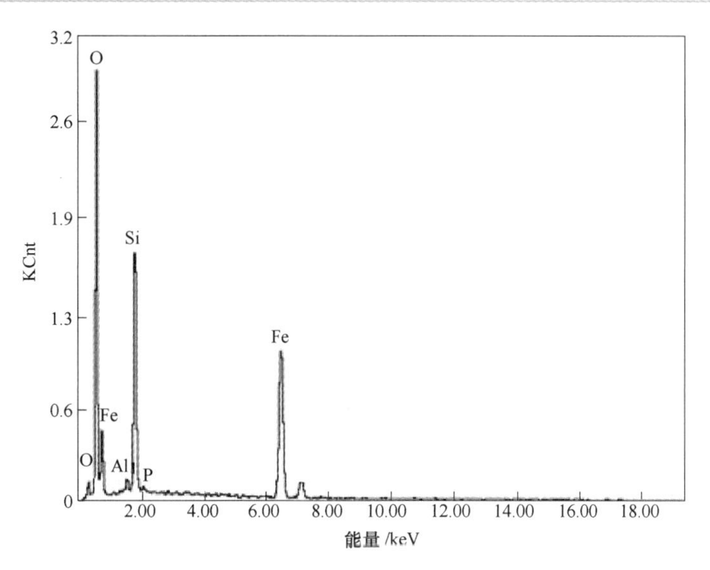

图 8-15 区域 2 内元素 EDS 图像

对微波前后矿物进行切割、抛光，进行 SEM 观察，结果如图 8-16 和图 8-17 所示。

图 8-16 原矿的 SEM 图像

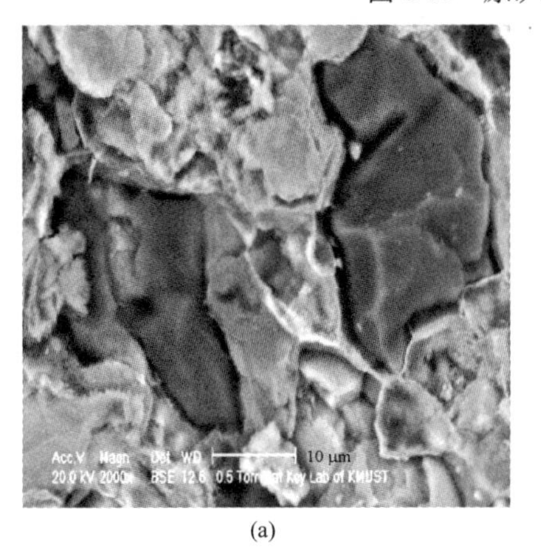

(a)

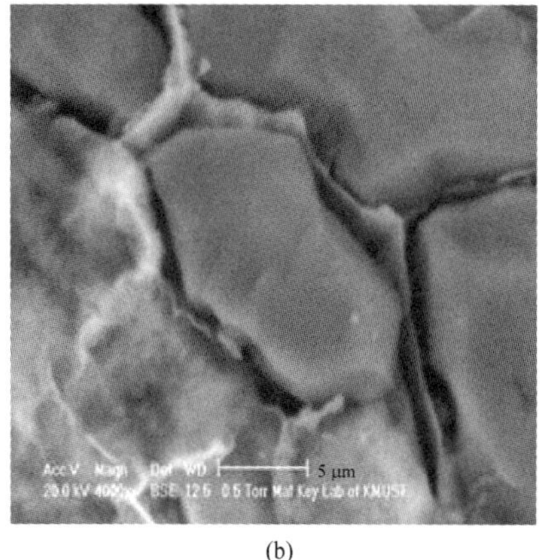

(b)

图 8-17 微波作用后矿物的 SEM 图像

（a）微波处理 20s 矿物；（b）微波处理 40s 矿物

图 8-16 所示为原矿的 SEM 图像，可以看出深色的脉石矿物与浅色的有用矿物紧密相连；图 8-17（a）所示为微波辐照处理 20s 后矿物的 SEM 图像，可以看出微裂隙在有用矿物与脉石间产生。延长微波作用时间至 40s，可以明显地看到脉石与有用矿物间存在明显的晶界裂隙（见图 8-17（b））。

微波作用下矿物产生的应力包括：

（1）温度变化引起不均匀膨胀和收缩产生的应力；

（2）内含其他矿物及气体膨胀产生的应力；

（3）晶粒间的应力。

微波加热时在有用矿物与脉石间产生很大的温度梯度，从而在晶粒之间产生热应力，随着加热的进行，应力不断增大，超过矿物所能承受的限度即产生微裂纹。

Grifith[13] 提出，材料内部存在着许多细微的裂纹，由于这些裂纹的作用，使得裂纹周围产生应力集中。当岩矿内的应力达到岩矿的抗拉强度时，裂纹将扩展，并带来更大的应力集中；裂纹的扩展一旦开始，就必然导致岩矿的破坏。因此，裂纹是引起岩矿破坏的主要原因，裂纹的多少成为影响碎磨效果的重要因素。

矿物对微波的吸收及其温度的升高取决于矿物的“介电耗散系数”。由于有用矿物与脉石间存在这种吸波性能的差异，在微波的作用下，有用矿物被更快加热。有用矿物和脉石间产生很大的温度梯度，产生不同程度的膨胀，从而在矿物晶界间产生热应力，应力超出矿物的承受极限，晶界间就产生断裂，强化了选择性磨细作用。在微波的持续作用下，随着时间的延长，晶界间的微裂隙不断扩展，有利于磨矿的进行。

8.1.4.5　水淬对矿物磨细的影响

选取粒度为 10~20mm、质量为 150g 的矿样 10 组，在 2000W 的微波功率下加热 40s，5 组加热后立即水冷，另外 5 组在空气中自然冷却，随后将各组矿样烘干，测定矿物的平均粒度分布；将两部分矿样在同样的磨矿条件下进行球磨（4min）并筛析，考察其产品中小于 74μm(200 目）含量的变化，将所得结果与原矿进行对比，见表 8-6，矿物块度的形态如图 8-18 所示。

表 8-6　矿样的块度分布及小于 74μm(200 目）含量

矿样	10~20mm/g	3.2~10mm/g	1.6~3.2mm/g	<1.6mm/g	小于 74μm(200 目）含量/%
原矿	150	0	0	0	87.48
自然冷却	96.282	27.547	16.608	9.563	90.21
水淬处理	81.136	30.830	19.854	18.180	94.77

(a)

(b)

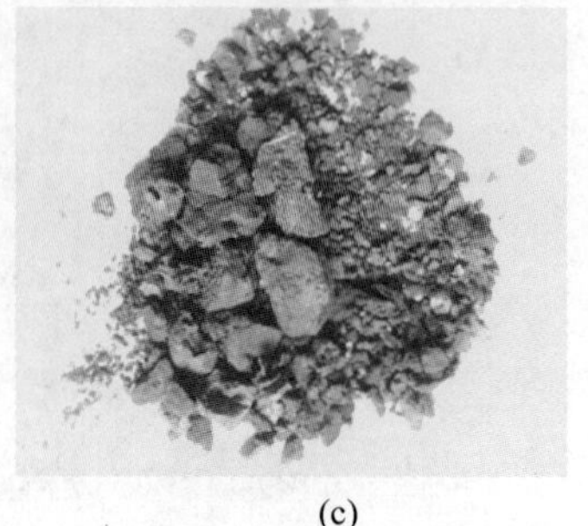
(c)

图 8-18　矿物的块度形态

（a）原矿；（b）自然冷却；（c）水淬处理

由表 8-6 可以看出，矿物在微波加热后是否进行水淬对矿物的碎裂及磨细的效果影响显著。块度为 10~20mm 的矿物，微波加热 40s 后经过水淬处理的矿样在球磨 4min 后小于 74μm(200 目）产品含量为 94.77%，而在空气中自然冷却的矿样小于 74μm(200 目）产品含量为 90.21%；经水淬处理的矿样微波处理后矿物碎裂更多，破碎后细粒矿块比率更大。结果表明，微波加热后立即水冷能够使得矿样更易于磨细，水淬处理对微波处理矿物的磨细有促进作用，微波处理后进行矿物水淬处理，可使磨矿产品中小于 74μm(200 目）产率提高 4.56%。微波快速加热矿石后立即水冷能够显著改善矿石的易磨性，且水冷后的磨矿效果要比空气中自然冷却要好。

矿物内部有用矿物和脉石间因巨大的温度梯度而产生热应力，在热应力的驱使下矿物在颗粒间隙产生微裂隙，水的冷却速度为 200℃/s[14,15]，微波加热后立即水冷可使工件组织应力增大而产生变形和开裂[16,17]，使矿物边界产生进一步的破坏，同时阻止已经产生的微裂隙再次愈合，从而使矿石更利于磨细，经水淬处理后矿物的磨细效果优于矿物自然冷却的磨细效果。

Middlemiss 和 King[18] 进行了矿物经常规和微波加热后在空气中自冷和水冷的对比试验，结果表明，常规低速加热然后在空气中慢慢冷却可使断裂能降低 38%，而微波快速加热后用水快速冷却可使断裂能降低约 50%。Tavares 和 King 认为，常规加热后空气冷却，由于氧化使原先存在的裂缝黏结，从而导致材料损伤的愈合；微波加热时间较常规加热较短，可能限制了氧化程度及损伤愈合。而且，加热后水冷能够中断愈合过程，随后的收缩使物料进一步破坏。通过研究得出微波加热然后水冷能明显诱导更多的材料损伤的结论，见表 8-7。

表 8-7　40~50mm 磁铁矿加热到 800℃时热处理对断裂性质的影响

加热方法	升温速度 /℃·min^{-1}	功率/W	冷却介质	平均断裂能 /J·kg^{-1}	平均刚度 /GPa	断裂能降低 /%	损伤参数 D/%
原矿	—	—	—	31.1	21.1	—	—
常规	20	—	空气	55.1	37.9	(77.2)	(79.6)
常规	20	—	水	17.3	15.4	44.4	27.2
微波	400	500	空气	42.6	32.3	(37.0)	(53.1)
微波	400	500	水	17.9	10.9	42.4	48.3

注：括号中数据为负值。

8.2　微波焙烧低品位铁矿石

微波磁化焙烧铁矿石是指在铁矿石中配以还原剂，在微波场中加热，使弱磁性的褐铁矿石转化为强磁性的磁铁矿，然后用磁选的方法分离铁矿物和脉石。Uslu 等人[19] 研究了微波加热处理黄铁矿，对微波加热后粒度为 0.420mm 的黄铁矿在磁场强度为 0.1T、0.3T、0.5T 下进行磁选实验，研究表明，黄铁矿转换成铁磁体，并且经微波加热的物料磁选回收率得到提高。Cui 等人[20] 开展过一项关于不同矿物经焙烧后物料磁性性质变化的研究，证明经过还原焙烧后钛铁矿和赤铁矿磁化性质得到增强。K. Barani 等人[21] 将 Choghart 地区的铁矿石放入微波场中加热不同的时间，然后测定其磁滞回线，研究表明，经过微波加热，Choghart 地区的铁矿石中顺磁性组分转化为铁磁性组分，样品的磁化系数将逐渐增加。

王晓辉、彭金辉等人[22]应用微波磁化焙烧的方法分选惠民铁矿石，为难选铁矿石的分选提供了一个新思路。

8.2.1 原料与方法

8.2.1.1 原料分析

惠民铁矿包括地表的氧化矿和深层的原生矿，构成氧化矿的主要铁矿物是褐铁矿，构成原生矿的主要铁矿物是菱铁矿，本节研究的矿物为惠民铁矿的氧化矿。现结合一些检测结果，对矿石的性质进行初步分析。

从图 8-19 所示的原矿的 X 射线衍射分析可以看出，铁矿物的主要物相为针铁矿，是构成褐铁矿的主要矿物成分之一。构成脉石的主要矿物是石英。

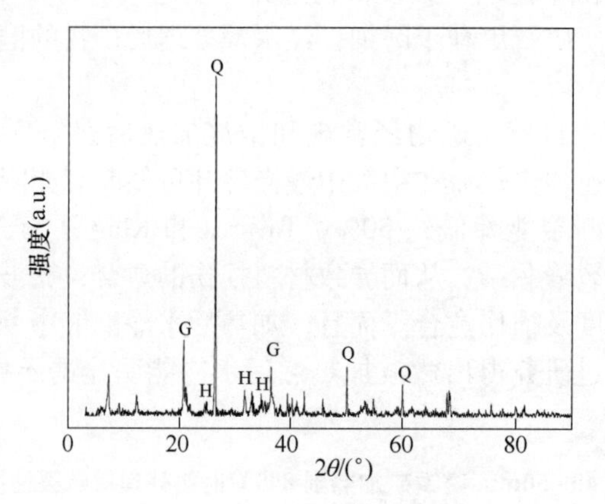

图 8-19 原矿的 X 射线衍射谱

Q—石英；G—针铁矿；H—磷灰石

通过表 8-8 原矿的主要成分分析结果可以看出，矿石中石英含量达 18.01%，有害元素磷含量高达 1.05%。表 8-9 铁的物相分析结果表明，铁的主要物相为褐铁矿，并含有少量的磁铁矿。

表 8-8 惠民铁矿石主要化学成分

物相	TFe	FeO	P	S	As	SiO_2	Al_2O_3	CaO	MgO	MnO
含量/%	37.27	<0.10	1.05	0.084	0.036	18.01	4.06	1.69	0.14	8.85

表 8-9 惠民铁矿石铁物相分析结果

成分	磁铁矿中铁	赤褐铁矿中铁	黄铁矿中铁	菱铁矿中铁	硅酸铁中铁	总量
含量/%	4.31	33.69	0.17	0.20	0.35	38.72
占有率/%	11.13	87.01	0.44	0.52	0.90	100

通过图 8-20（a）对矿石的显微观察可以看出，构成脉石的灰黑色硅酸盐矿物，单体粒径大部分集中在 20~30μm 之间，铁矿物和脉石多为他形晶，结合面十分不平整，相互浸染。从图 8-20（b）可以观察到铁矿物由细小针状的结晶聚合而成，粒径约为 5μm 的片状硅酸盐脉石嵌布其中；矿石的嵌布粒度细，结构复杂。

(a)

(b)

图 8-20 矿样的微观结构分析

(a) 矿样剖光面的 SEM；(b) 针铁矿与脉石的嵌布关系

通过对矿石性质的研究可以判断，该矿属于典型的难选铁矿石。处理该类矿石的难点主要有矿石中黏土含量高，分选过程中矿浆易泥化，使矿浆的机械阻力增加；铁矿物的比磁化系数低[23]，很难用磁选的方法回收铁矿物；矿石的嵌布粒度细，通过磨矿很难使矿物单体解离完全[24]。

8.2.1.2 实验工艺流程

实验的具体操作方法为：先将铁矿石经过颚式破碎机，对辊破碎至一定粒度，然后将无烟煤（还原剂）与铁矿石混合均匀，进行脱磷实验时，同时混入一定比例的脱磷剂。将混合物料放入微波反应腔体中，设置好反应温度后进行磁化焙烧，同时通过调节电流控制微波功率；反应结束后将焙砂取出倒入水中，水淬冷却；待矿浆冷却后入球磨机球磨至一定粒度，后经过磁选管磁选，得到铁精矿。具体工艺流程图如图 8-21 所示。

原矿
破碎
还原剂
搅拌
助熔剂
烟气
微波焙烧
焙砂
水淬冷却
球磨
磁选
精矿矿浆
尾矿矿浆
脱水干燥
脱水干燥
精矿
滤液
尾矿

图 8-21 微波磁化焙烧工艺流程

8.2.2 微波焙烧低品位铁矿石条件实验

条件实验研究的内容主要有还原温度、微波功率、还原剂的用量、还原时间、磨矿粒度、磁场强度对还原产物铁矿石的品位和回收率的影响。

8.2.2.1 焙烧温度

实验取原矿质量为 150g，配碳比为 12%，微波功率为 800W，焙烧时间为 12min，研究焙烧温度分别为 500℃、600℃、700℃、800℃、900℃、1000℃对铁精矿品位及回收率的影响。实验结果如图 8-22 所示。

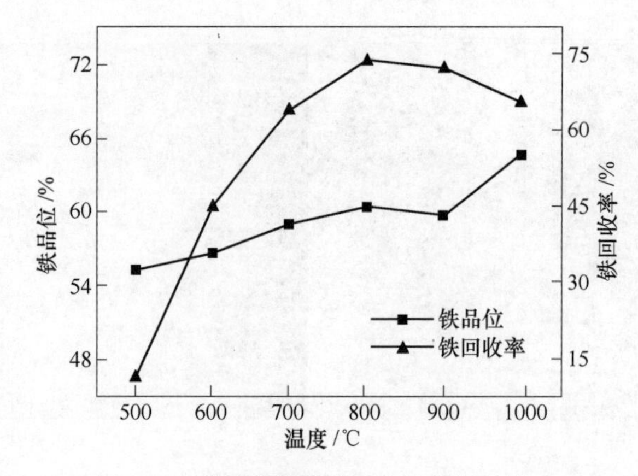

图 8-22 微波焙烧温度对产品指标的影响

焙烧温度对矿物磁选效果的影响非常显著。由图 8-22 可见，以无烟煤为还原剂时，在低温 500℃和 600℃时，矿物的品位和回收率都非常低，这是因为矿物的还原效应基本没有发生，矿物的磁性基本为零，所以磁选效果非常差；温度达 700~800℃时，还原磁化过程主要生成磁铁矿（Fe_3O_4）及磁赤铁矿（γ-Fe_2O_3），矿物的还原效果开始显著增强，其中 800℃左右的效果最佳（铁品位为 60.47%，铁的回收率为 73.76%），矿石的磁性已达到最好的效果；随着微波加热温度继续增加，铁的品位和回收率开始逐渐下降，当温度达到 1000℃时，铁的品位为 64.84%，相对于其他温度，有显著提高，但铁的回收率仅为 65.37%，相对 800℃下降明显。可见，矿物的焙烧温度都不宜过高，温度过高一方面将导致弱磁性浮氏体（FeO 溶于 Fe_3O_4 中的一种低熔点混合物）的生成；另一方面在高温下灼烧较长时间会使矿石中的石英和氧化亚铁生成弱磁性的硅酸铁，温度越高，生成量越多。因此，以无烟煤为还原剂，焙烧温度 800℃为较优的工艺条件。

8.2.2.2 微波功率

微波功率对精矿品位及回收率的影响如图 8-23 所示。随着微波功率的增加，铁的回收率逐渐减少，铁的回收率由 76.92%降到 67.35%。而铁的品位随微波功率的影响变化不大，当微波功率为 400W 时，铁的品位达到最大，为 60.47%；当微波功率为 1600W 时，铁的品位达到最小，为 55.99%；在其他功率时，铁的品位在此范围内变化。

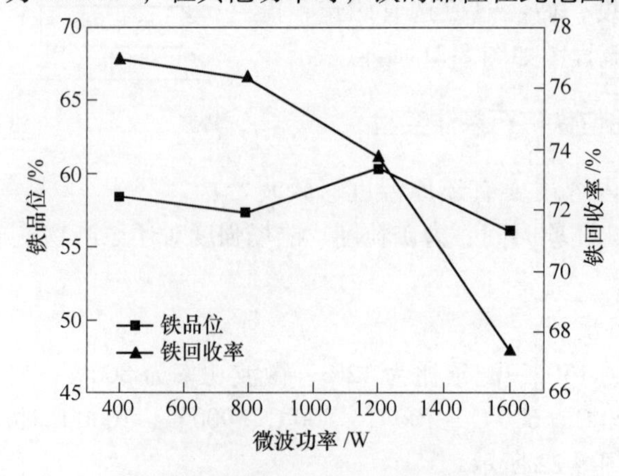

图 8-23 微波功率对产品指标的影响

综合分析，功率过小矿石加热时间长，功率过大导致矿物出现烧结现象。所以，在实验过程中，为了避免由于微波功率过大，矿石升温过快导致其烧结，因此选用微波加热功率为800W较为适宜。

8.2.2.3 配碳量

取原矿（未含碳粉）质量为150g，配碳比分别为3%、6%、9%、12%、15%、18%，微波功率为800W，焙烧时间为12min，焙烧温度为800℃进行实验研究。实验结果如图8-24所示。

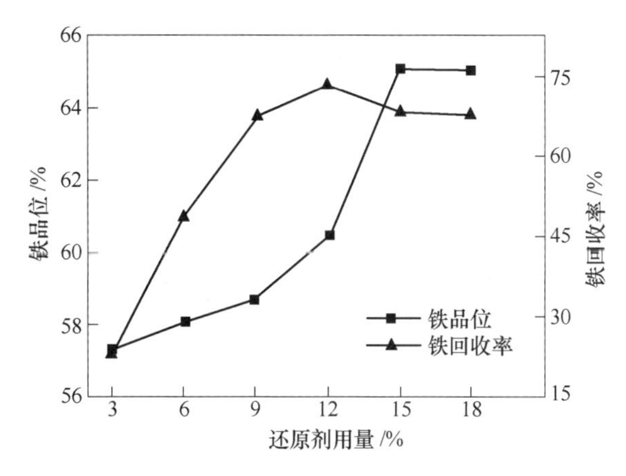

图8-24 配碳量对产品指标的影响

配碳量的多少对矿物磁选效果的影响非常显著。由图8-24可见，选用无烟煤为还原剂，微波功率选用800W，加热温度到800℃时，当配碳量比例比较低时，矿物的品位和回收率都非常低，这是因为还原剂的用量比较少，矿物在微波场中的还原不彻底，仅生成少量的磁铁矿，所以磁选效果非常差，在磁选过程中造成了铁的大量流失。当配碳量为3%时，铁的品位为57.30%，但回收率仅为22.58%，矿物处理效果非常差。随着配碳量的增加，无烟煤粉的还原作用显著增强，矿物中大量的弱磁性铁矿物被还原为磁铁矿，矿物的磁性显著增强，铁的品位和回收率显著增大。当配碳量为12%时，铁的品位达到60.47%，回收率为73.76%，磁选效果比较好。随着配碳量的进一步增加，铁的品位有少许增加（当配碳量为15%时，铁的品位为65.12%；当配碳量为18%时，铁的品位为65.06%），但铁的回收率相对配碳量12%时却显著减少（当配碳量为15%时，铁的回收率为68.27%；当配碳量为18%时，铁的品位为67.92%）。这主要是因为配碳量比较大时，还原体系内产生了高浓度的还原气氛，可能导致矿物的过还原，从而在磁选矿物中铁的损失率增大，从而铁的回收率显著减少。

可见，配碳比并不是越高越好。通过对实验数据进行分析，当配碳比为12%时，相对于其他条件处理效果更好（当配碳量为12%时，铁的品位达到60.47%，回收率为73.76%）。因此，以无烟煤为还原剂时，焙烧温度为800℃，微波功率为800W时，选定较优的配碳量为12%。

8.2.2.4 焙烧时间

取原矿（未含碳粉）质量为150g，配碳比为12%，微波功率为800W，焙烧温度为800℃，保温时间分别为0min、6min、12min、18min进行实验研究。实验结果如图8-25所示。

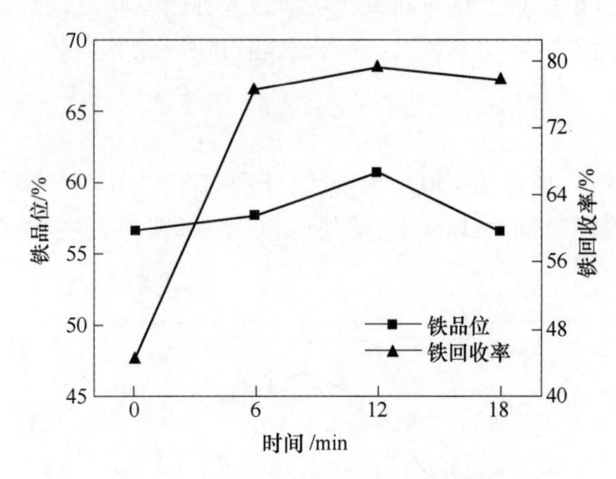

图 8-25 焙烧时间对产品指标的影响

焙烧时间对矿物磁选效果的影响非常显著。由图 8-25 可见，当不保温时，矿物的还原反应基本没有来得及发生，矿物的磁性基本没有变化，在磁选过程中造成铁的大量流失，因此铁的品位和回收率都比较低。此时，铁的品位为 56.61%，而铁的回收率仅为 44.33%。当保温时间在 0~12min 之内，随着时间的增长，铁的品位和回收率开始逐渐增大。这是因为随着焙烧时间的增长，大量的矿物开始发生还原反应，时间越长，还原反应进行得就越充分，矿物中大量的赤铁矿 Fe_2O_3 被还原剂还原为磁铁矿 Fe_3O_4，矿物的磁性显著增强，铁的品位和回收率显著增大。当保温时间达到 12min 时，铁的品位达到 60.82%，回收率为 79.15%，可见此时矿物处理效果非常好。当矿物的焙烧时间为 18min 时，相对于保温时间 12min，铁的回收率变化不大，但铁的品位由 12min 的 60.82%降为 18min 的 56.67%。可以看到，一方面，进一步延长时间，有利于促进 Fe_3O_4 晶粒长大，时间过长，Fe_3O_4 晶粒过分粗大，增加了 Fe_3O_4 和脉石及其他杂质成分互包程度和破碎铁的磨矿成本，进而增加了处理矿石的成本；另一方面，焙烧时间的过分延长，将会导致矿石发生过还原反应，使矿物中少量强磁性的磁铁矿转化为弱磁性的 FeO。

由以上分析可知，焙烧时间过短，将会导致矿物还原不足，进而影响铁的品位和回收率；但焙烧时间过长，将会导致矿物的过还原，而且还会导致矿物烧结现象的发生，进而增大后续工艺（磨矿）的成本、增加能耗、增大矿石的处理成本。因此，综合考虑矿物处理的铁品位和回收率以及成本方面的因素，选定焙烧时间为 12min。

8.2.2.5 磨矿细度

取原矿（未含碳粉）质量为 150g，配碳比为 12%，微波功率为 800W，焙烧温度为 800℃，焙烧时间为 12min 进行实验研究。实验结果如图 8-26 所示。从图 8-26 可以看出，磁选后铁的品位与磨矿细度在一定范围内成正比关系。当磨矿细度为小于 74μm(200 目) 占 73.14%时，铁的品位仅为 49.36%；磨矿细度为小于 74μm(200 目) 占 89.26%时，铁的品位为 55.00%；而磨矿细度为小于 38μm（400 目）占 86.34%时，铁的品位为 60.82%。可见，铁精矿的品位与物料焙烧后磨矿细度有着密切关系。这是因为随着矿物粒度的逐渐减小，铁精矿中的有效成分与脉石及其他杂质能够有效分离，在磁选工艺中得到高品位铁精矿。

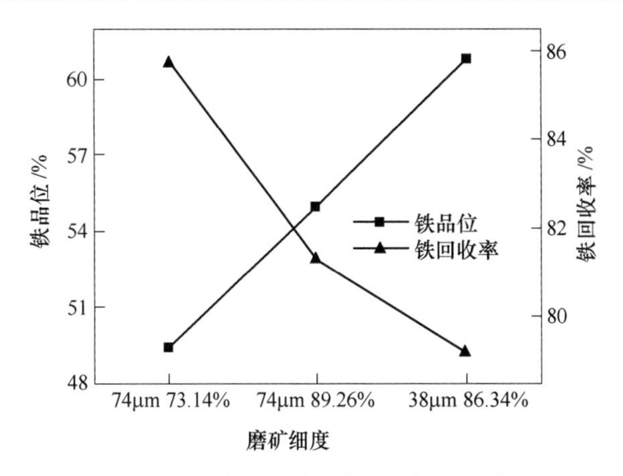

图 8-26 磨矿细度对产品指标的影响

但通过图 8-26 也可以看出，磁选后铁的回收率随磨矿细度的增大而降低。当磨矿细度为小于 74μm(200 目）占 73.14%时，铁的回收率高达 85.79%；磨矿细度为小于 74μm（200 目）占 89.26%时，铁的回收率为 81.23%；而磨矿细度为小于 38μm（400 目）占 86.34%时，铁的回收率仅为 79.15%。这主要是因为随着矿物磨矿细度的逐渐增大，能够使脉石等杂质成分有效地去除，但在杂质去除的过程中，一些杂质颗粒包裹了大量的铁精矿中的有效成分，由于其磁性较弱，进而在磁选工艺中不能有效收集，这就会导致铁矿石中铁的部分流失，进而降低了铁的回收率。

在此，综合各方面的因素，确定磨矿细度的最佳值为小于 74μm(200 目）占 85%以上为较优条件。

8.2.2.6 磁场强度

取原矿（未含碳粉）质量为 150g，配碳比为 12%，微波功率为 800W，焙烧温度为 800℃，焙烧时间为 12min 进行实验研究，实验结果如图 8-27 所示。

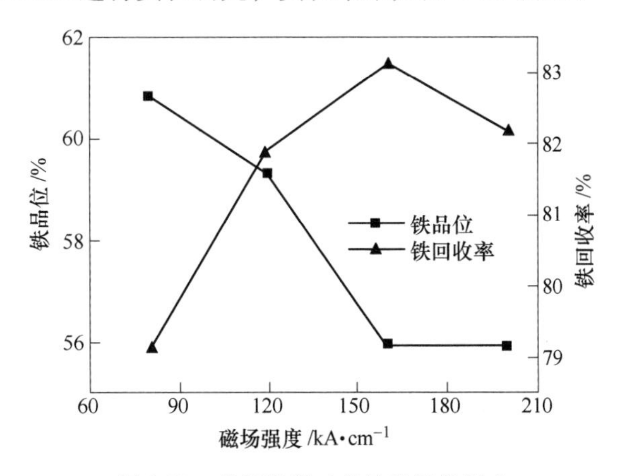

图 8-27 磁场强度对产品指标的影响

由图 8-27 可见，磁场强度的大小对铁的回收率影响不大，当磁场强度为 79.58kA/cm 时，铁的回收率最小，为 79.15%；当磁场强度为 159.16kA/cm 时，铁的回收率最大，为 83.13%。

但是，磁场强度对磁选铁精矿的铁品位的影响比较显著。当磁场强度在 79. 58 ~ 159. 16kA/cm 范围内变化时，铁精矿的品位逐渐降低，由 79. 58kA/cm 时的铁品位 60. 82%减少到 159. 16kA/cm 时的铁品位 55. 93%。当磁场强度较小时，磁选机只能选别出那些磁性较强的物质，也就是那些含脉石等杂质成分较少的矿物颗粒。当磁场强度比较大时，因为所选矿物颗粒中含有部分脉石等杂质成分，所以磁选所得铁精矿的铁品位较低。

综合以上分析，磁场强度较低时对磁选效果的影响比较好。因此，选定磁场强度为 119. 37kA/cm 左右作为最佳实验条件。

8. 2. 2. 7　实验还原产物物相分析

矿物在焙烧前与焙烧后结构发生了改变。通过体视显微镜观察原矿与焙烧后矿石的结构，如图 8-28 所示。

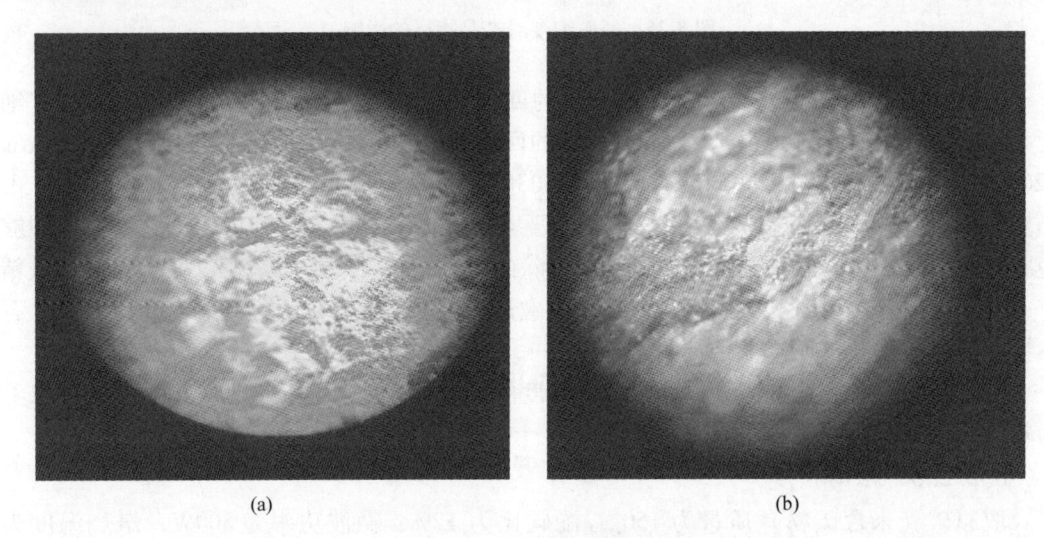

图 8-28　原矿焙烧前后对照
(a) 原矿；(b) 焙烧后矿石

图 8-29 和图 8-30 所示为原矿和原矿经磁化焙烧后 X 射线衍射对比。

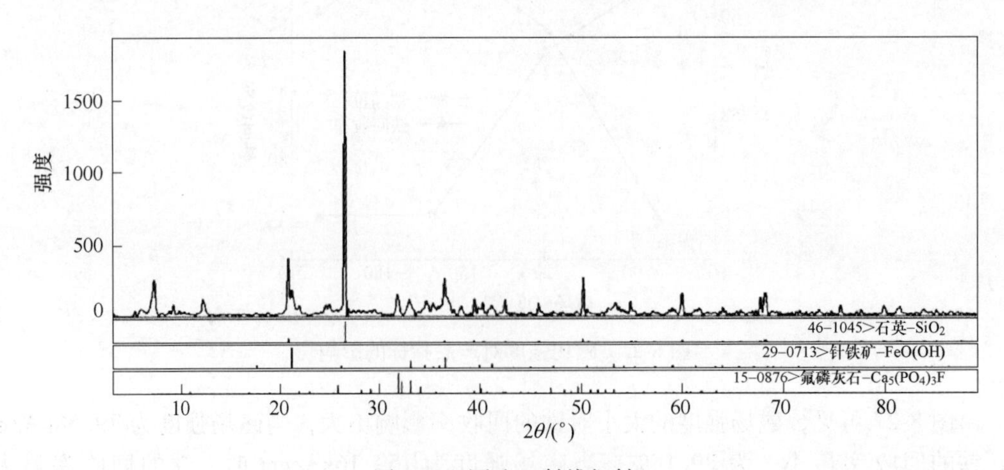

图 8-29　原矿 X 射线衍射

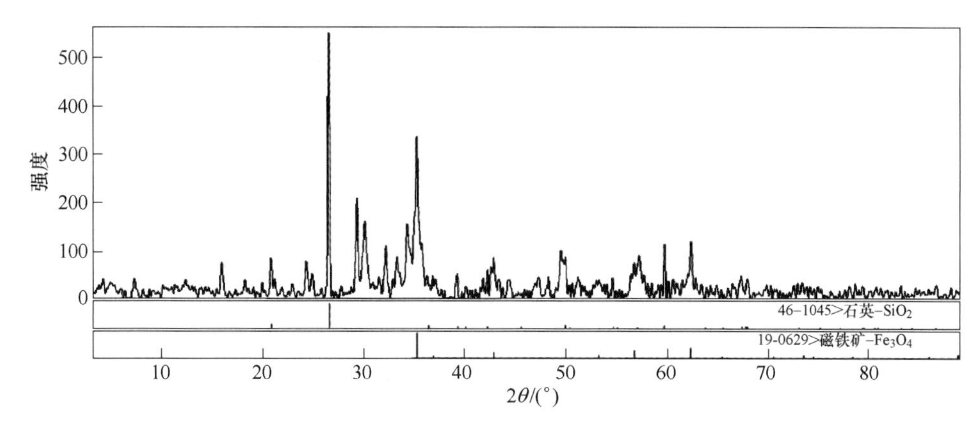

图 8-30 原矿经微波磁化焙烧后 X 射线衍射

对原矿磁化焙烧前后（见图 8-28）和原矿磁化焙烧前后 X 射线衍射（见图 8-29 和图 8-30）进行分析可知，原矿铁矿物的主要成分为褐铁矿，但经微波磁化焙烧磁化后，矿物中大量的弱磁性铁矿被还原为磁铁矿，矿物的磁性显著增强。

由图 8-31 所示矿物焙烧前后电镜扫描图可知，微波磁化焙烧后铁矿物的有效成分和脉石等其他杂质成分发生部分有效解离，可大大降低磨矿的成本。经过磨矿和磁选工艺流程后，铁精矿的铁品位和回收率显著增大。对焙烧后的铁精矿的磷含量进行了测定，含量达到 1.02%，铁矿物中含有的磷元素未能脱除，需要进行脱磷实验研究。

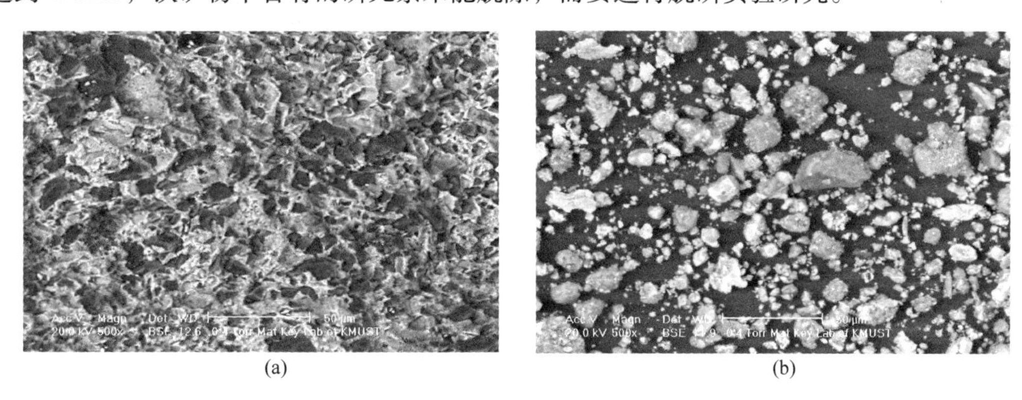

(a) (b)

图 8-31 矿物焙烧前后电镜扫描
（a）原矿；（b）焙烧后的矿物

通过对以上数据进行分析以及对矿物物相结果进行测定，验证了微波磁化焙烧低品位铁矿石理论的可行性，经过焙烧后，弱磁性的铁矿物转变成了强磁性的磁铁矿，但精矿中的磷含量仍然超标，需要进一步研究。

8.2.2.8 常规加热磁化焙烧实验

采用电阻炉磁化焙烧铁矿石，与微波焙烧温度实验进行对比。每组实验的原矿质量为 100g，还原剂用量为原矿质量的 12%，在还原时间为 1h，物料粒度小于 2mm 的条件下进行磁化焙烧。所得焙砂经球磨机磨至小于 74μm(200 目) 占 90%，然后在 79.58kA/cm 的磁场强度下磁选，得到不同焙烧温度下的产品指标，如图 8-32 所示。

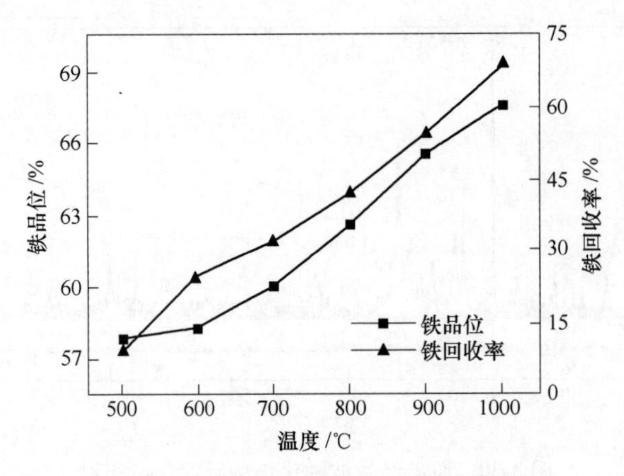

图 8-32　电阻炉焙烧温度对产品指标的影响

从图 8-32 可以看出，常规焙烧所得铁精矿品位和回收率随着焙烧温度的升高而增大，在 1000℃时得到最佳精矿品位为 67.63%，回收率为 68.82%。微波焙烧的最佳温度为 800℃，可得精矿品位 60.47%，回收率为 73.76%。微波焙烧温度大于 800℃时，矿石出现部分烧结现象，铁回收率下降，采用电阻炉加热至 1000℃时，矿石无烧结。微波磁化焙烧铁矿石的回收率，整体上要高于常规焙烧，且焙烧时间短，同时微波焙烧的最佳温度为 800℃，比常规焙烧的最佳温度低 200℃。

微波磁化焙烧低品位铁矿石存在三个主要的影响因素：反应温度、还原剂用量、反应时间。以下将通过衡量三因素相互作用关系，进一步对实验进行优化。

8.2.3　微波焙烧工艺条件优化

8.2.3.1　实验设计

实验以惠民铁矿石为原料，无烟煤为还原剂，通过微波磁化焙烧处理铁矿石，然后进行磁选，获得铁精矿。根据初步的条件探索实验结果，选定反应温度、还原剂用量、反应时间作为该实验的 3 个因素，采用响应曲面法进行实验设计。实验对磁选铁精矿的考察指标（即响应值）为：Y_1，铁精矿含铁品位；Y_2，铁精矿的回收率。基于中心组合设计的实验方案和响应值实验结果见表 8-10。

表 8-10　实验方案及结果

编号	A：反应温度 /℃	B：还原剂用量 /%	C：反应时间 /min	Y_1：全铁品位 /%	Y_2：回收率 /%
1	631	12	12	55.48	47.34
2	968	12	12	57.22	65.28
3	800	12	12	61.47	79.15
4	800	17	12	60.14	68.94
5	800	6.9	12	58.51	54.34
6	900	9	18	56.54	71.42

续表 8-10

编号	A：反应温度 /℃	B：还原剂用量 /%	C：反应时间 /min	Y_1：全铁品位 /%	Y_2：回收率 /%
7	900	15	6	57.13	66.25
8	700	9	6	56.56	48.31
9	800	12	12	61.31	79.21
10	800	12	1.92	56.46	47.51
11	800	12	12	61.28	79.16
12	700	15	18	55.77	69.36
13	800	12	12	61.35	79.31
14	700	9	18	55.41	54.73
15	800	12	12	61.41	79.01
16	800	12	12	61.26	79.32
17	900	15	18	56.39	78.43
18	700	15	6	56.89	56.14
19	800	12	21.9	55.73	73.1
20	900	9	6	57.26	55.51

8.2.3.2 实验模型分析

A 铁品位模型分析

铁品位是磁选得到的铁精矿的重要指标，其含量的高低体现了微波磁化焙烧低品位铁矿石反应进行的程度。因此考察三因素对其的影响规律。根据表 8-10 实验数据对此响应值的方差进行分析，所得结果见表 8-11。

表 8-11 铁品位方差分析

方差来源	平方和	自由度	均方根	F 值	P 值
模型	105.34	9	11.70	73.46	<0.0001
A	1.84	1	1.84	11.54	0.0068
B	0.66	1	0.66	4.11	0.0700
C	4.12	1	4.12	25.83	0.0005
AB	0.12	1	0.12	0.74	0.4104
AC	0.082	1	0.082	0.51	0.4895
BC	1.250×10^{-5}	1	1.250×10^{-5}	7.845×10^{-5}	0.9931
A^2	50.26	1	50.26	315.45	<0.0001
B^2	9.58	1	9.58	60.12	<0.0001
C^2	55.96	1	55.96	351.23	<0.0001

实验借助 Design-Expert 软件对各影响因子之间的交互作用和各个影响因子对回归模型的影响作用进行分析，对铁品位模拟选取了线性模型，所得的多项回归方程见式（8-1）：

$$Y_1 = 61.34 + 0.39A + 0.23B + 1.17C - 0.12AB + 0.19AC + 2.396 \times 10^{-3}BC - 1.87A^2 - 0.81B^2 - 7.35C^2 \quad (8\text{-}1)$$

从表 8-11 可见，在三个影响因素中，反应时间对铁品位的影响十分显著。同时，反应温度（A）与反应时间（C）交互作用显著。

图 8-33 和图 8-34 所示为反应温度（A）与还原剂用量（B）对样品铁品位的交互作用关系。从图 8-33 可以看出，固定反应时间为 12.72min 时，随着反应温度的增加，铁品位先增加后减少。这是因为随着反应温度的增加，铁矿石的还原反应进行得更加充分，弱磁性的 Fe_2O_3 生成强磁性的 Fe_3O_4，磁选得到的铁精矿品位高，但温度过高，导致铁矿物的过还原，形成弱磁性浮氏体，因而铁品位逐渐减少。从等高线图 8-34 可见，要使铁品位达到 58.99%~60.74%，调整反应温度能有效减少还原剂的用量。

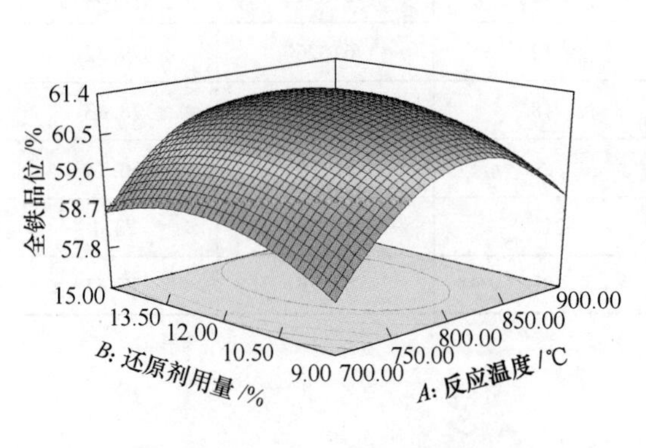

图 8-33 反应温度与还原剂用量对样品铁品位的交互作用

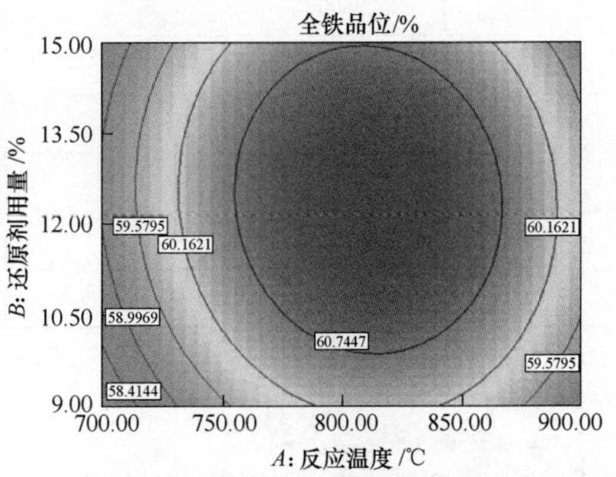

图 8-34 反应温度与还原剂用量对样品铁品位的交互作用等高线图

图 8-35 和图 8-36 所示为反应温度（A）与反应时间（C）对样品铁品位的交互作用关系和等高线图。从图 8-35 可以看出，固定还原剂用量为 12%时，随着反应时间的增加，铁品位先增加后减少。这是因为随着反应时间的增加，铁矿石的还原作用进行得更加充分，铁矿物中的弱磁性的 Fe_2O_3 生成强磁性的 Fe_3O_4，磁选得到的铁精矿品位高。但反应时间过长，一方面，Fe_3O_4 晶粒过分粗大，增加了 Fe_3O_4 和脉石及其他杂质成分互包程度和破碎铁的磨矿成本，进而增加了处理矿石的成本；另一方面，焙烧时间的过分延长，将会导致矿石的过还原反应发生，使矿物中的少量强磁性的磁铁矿转化为弱磁性的 FeO。从等高线图 8-36 可见，要使铁品位达到 57.12%~59.98%，调整反应时间能有效降低反应温度。

图 8-37 和图 8-38 所示为还原剂用量（B）与反应时间（C）对样品铁品位的交互作用关系和等高线图。从图 8-37 可以看出，固定反应温度为 800℃时，随着反应时间的增加，铁品位先增加后减少。从等高线图 8-38 可见，要使铁品位达到 56.62%~60.20%，调整反应时间能有效减少还原剂的用量。

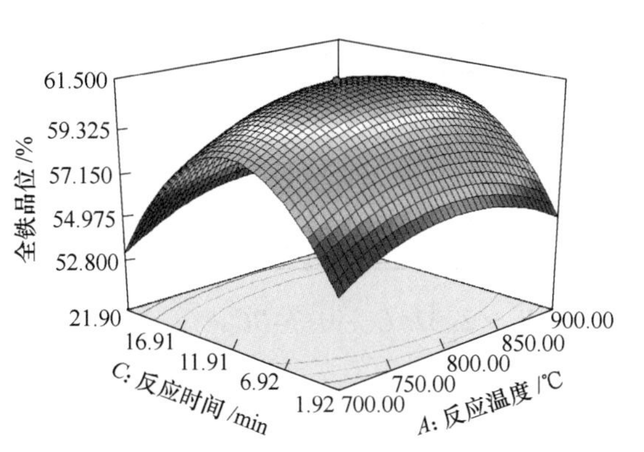

图 8-35 反应温度与反应时间对样品铁品位的交互作用

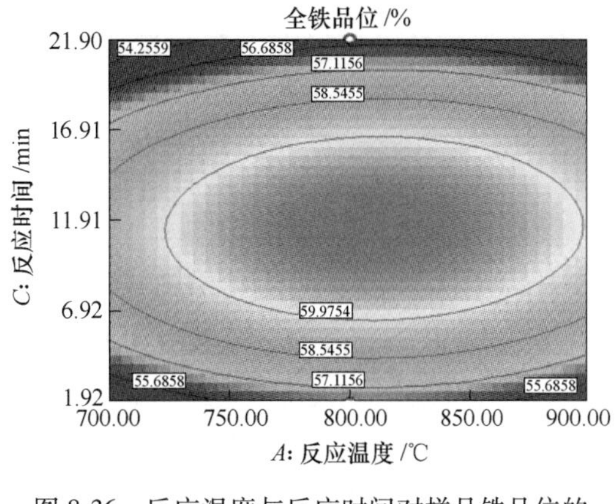

图 8-36 反应温度与反应时间对样品铁品位的交互作用等高线图

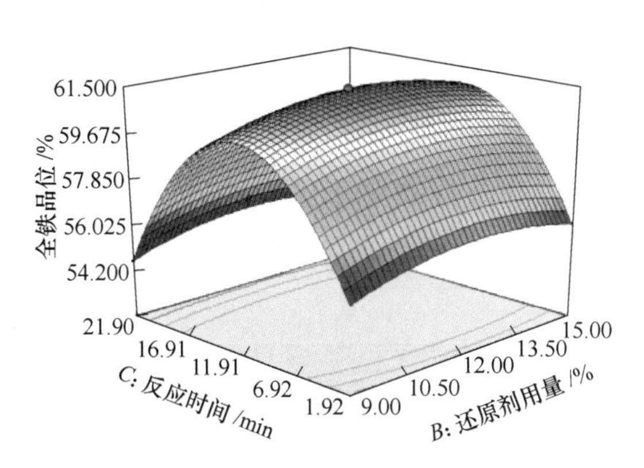

图 8-37 反应温度与还原剂用量对样品铁品位的交互作用

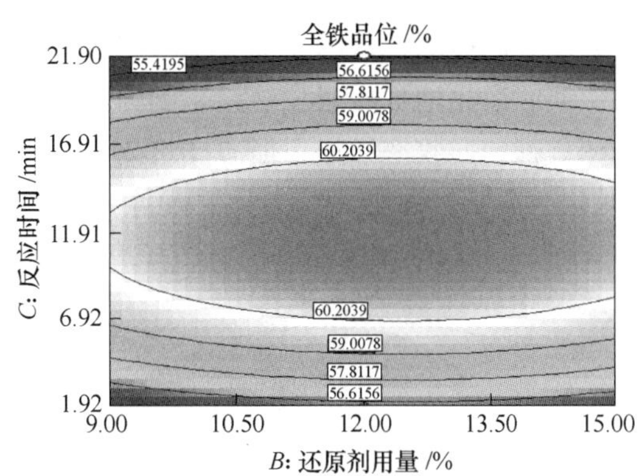

图 8-38 反应温度与还原剂用量对样品铁品位的交互作用等高线

B 回收率模型分析

回收率也是磁选获得铁精矿的重要产品指标，其含量的高低体现了矿物处理过程中铁矿物中有效成分的损失。根据表 8-10 实验数据对此响应值的方差进行分析，所得结果见表 8-12。实验借助 Design-Expert 软件对各影响因子之间的交互作用和各个影响因子对回归模型的影响作用进行分析，对铁品位模拟选取了线性模型，所得的多项回归方程见式（8-2）。

表 8-12 回收率方差分析

方差来源	平方和	自由度	均方差	*F* 值	*P* 值
模型	2680.94	9	297.88	35.22	<0.0001
A	320.83	1	320.83	37.93	0.0001
B	266.40	1	266.40	31.50	0.0002
C	1000.02	1	1000.02	118.24	<0.0001
AB	2.77	1	2.77	0.33	0.5796
AC	8.93	1	8.93	1.06	0.3285

续表 8-12

方差来源	平方和	自由度	均方差	F值	P值
BC	1.18	1	1.18	0.14	0.7168
A^2	740.50	1	740.50	87.56	<0.0001
B^2	402.22	1	402.22	47.56	<0.0001
C^2	473.93	1	473.93	56.04	<0.0001

$$Y_2 = 77.03 + 5.10A + 4.65B + 18.24C - 0.59AB + 2.02AC + 0.74BC - 7.17A^2 - 5.28B^2 - 21.40C^2 \tag{8-2}$$

从表 8-12 可见，选用模型精确度高，模拟效果好，P 值小于 0.05。相关系数 R 为 0.9694，表明式（8-2）适用于描述回收率模型。另外，在三个影响因素中，反应时间对铁品位的影响十分显著。同时，反应温度（A）与反应时间（C）交互作用显著。

图 8-39 和图 8-40 所示为反应温度（A）与还原剂用量（B）对样品回收率的交互作用关系和等高线图。从图 8-39 可以看出，固定反应时间为 10.05min 时，随着反应温度的增加，回收率先增加后减少。这是因为随着反应温度的增加，铁矿石的还原反应进行得更加充分，铁的回收率增加；但温度过高，会导致铁矿物的过还原，形成弱磁性浮氏体，因而铁损失增加，回收率下降。从等高线图 8-40 可见，要使回收率达到 58.3526%～74.7647%，调整反应温度能有效减少还原剂的用量。

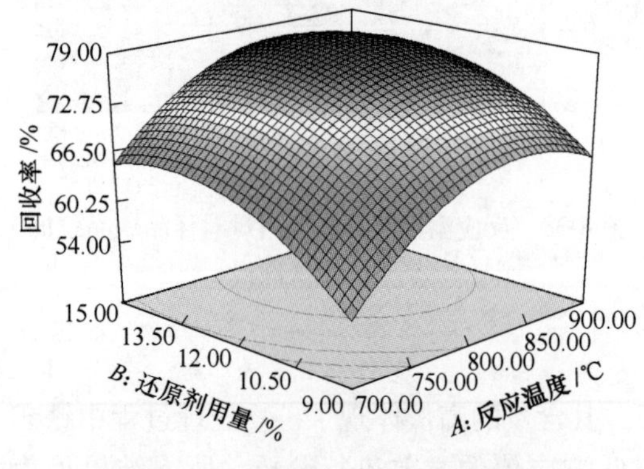

图 8-39 反应温度与还原剂用量对样品回收率的交互作用

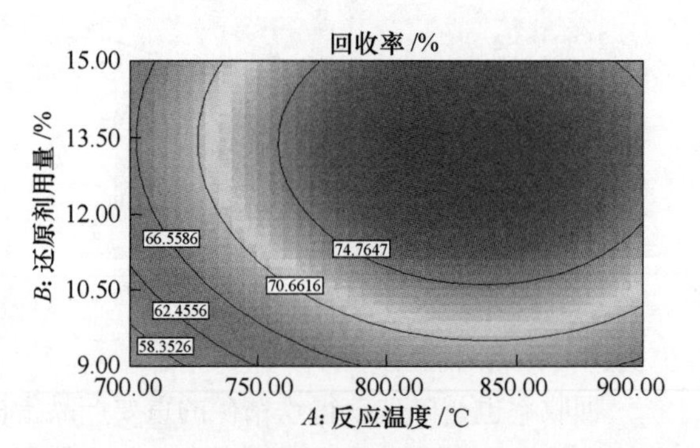

图 8-40 反应温度与还原剂用量对样品回收率的交互作用等高线

图 8-41 和图 8-42 所示为反应温度（A）与反应时间（C）对样品回收率的交互作用关系和等高线图。从图 8-41 可以看出，固定还原剂用量为 12%时，随着反应时间的增加，铁的回收率先增加后减少。焙烧时间的过分延长，将会导致矿石的过还原反应发生，使矿物中的少量强磁性的磁铁矿转化为弱磁性的 FeO，导致铁损失增加，进而回收率下降。从等高线图 8-42 可见，要使铁品位达到 61.45%～75.26%，调整反应时间效果更佳。

图 8-43 和图 8-44 所示为还原剂用量（B）与反应时间（C）对样品回收率的交互作用关系和等高线图。从图 8-43 可以看出，固定反应温度为 800℃时，随着反应时间的增加，铁品位先增加后减少。这是因为随着反应时间的增加，铁矿石的还原作用进行得更加充分，铁矿物中的弱磁性的 Fe_2O_3 生成强磁性的 Fe_3O_4，磁选得到的铁精矿回收率高，从等

高线图 8-44 可见，要使回收率达到 62.11%~75.42%，调整反应时间比减少还原剂的用量效果更佳。

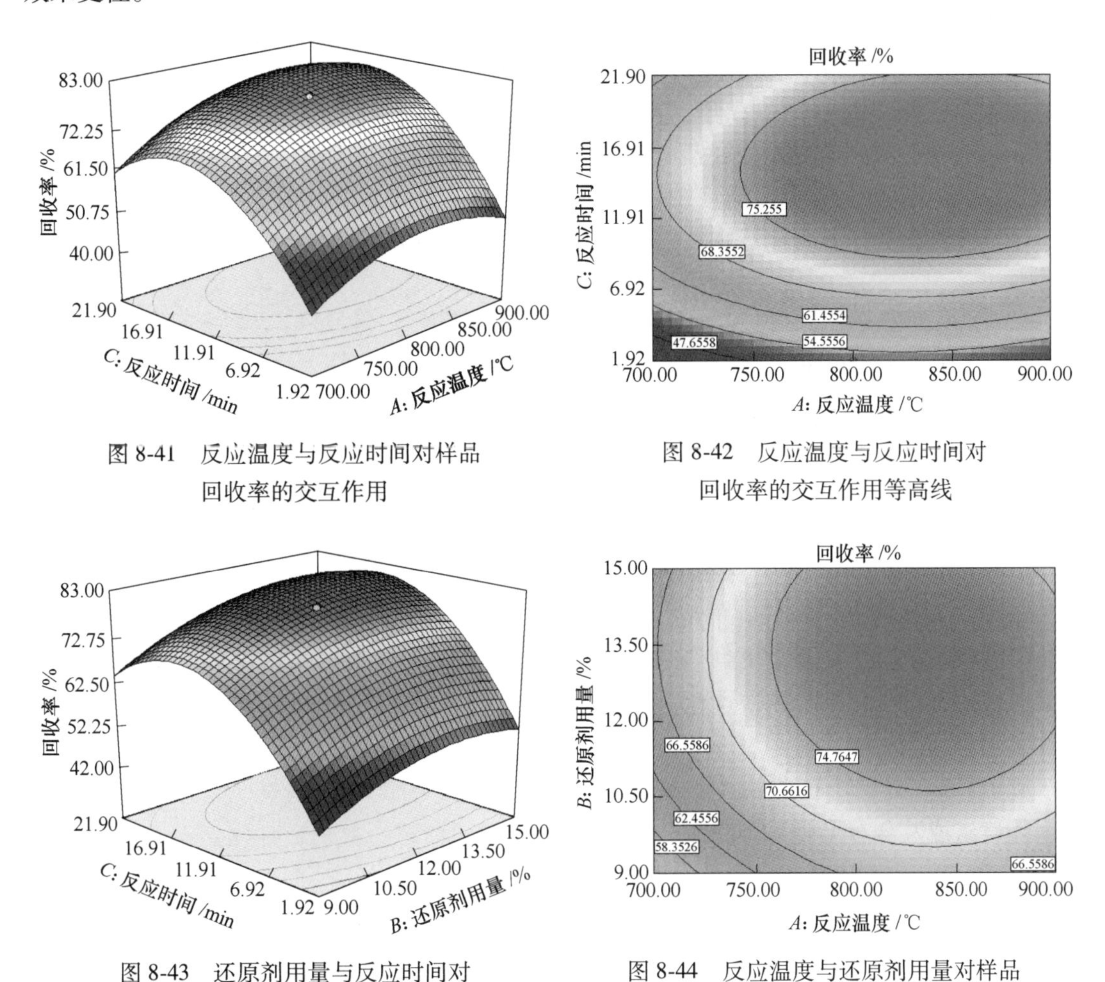

图 8-41 反应温度与反应时间对样品回收率的交互作用

图 8-42 反应温度与反应时间对回收率的交互作用等高线

图 8-43 还原剂用量与反应时间对回收率的交互作用

图 8-44 反应温度与还原剂用量对样品回收率的交互作用等高线

8.2.3.3 响应曲面优化

由上述分析可知，反应时间对铁精矿品位和回收率的影响效果最为显著。另外，三个响应值之间有着相同的变化趋势，它们均会随着反应温度的升高、反应时间的延长和还原剂用量的增加先增大，而后逐渐降低。基于获得的实验参数，使用软件参数优化模块对反应温度、还原剂用量、反应时间进行了优化，结果见表 8-13。

表 8-13 模型验证

反应温度 A/℃	还原剂 B/%	反应时间 C/min	铁品位/%		回收率/%	
			预测值	实验值	预测值	实验值
800	12	10.50	61.34	60.98	80.03	79.40

8.3 微波碳热还原铬铁矿

我国铬铁矿资源极度贫乏，保有储量仅占世界储量的0.15%，分布零散，矿床规模小，且近一半是贫矿（含Cr_2O_3<35%）。中国的铬精矿主要依靠进口，抵抗国际市场动荡的能力差。因此，铬铁矿的充分、合理利用显得尤为重要。在加强国内铬铁矿资源探寻的同时，针对现有铬铁矿资源开展预处理技术研究，提高资源利用率已日益引起关注。

朱红波、陈建等人[25]根据铬铁矿粉吸波性强，在微波场下升温均匀迅速的特点，探索了微波碳热预还原联合法选别铬铁矿与微波加热烧结铬铁矿粉的工艺。

8.3.1 铬铁矿粉的物化性能

8.3.1.1 铬铁矿粉的化学组成

铬铁矿粉的化学成分见表8-14。

表8-14 铬铁矿粉的化学成分

成分	Cr_2O_3	SiO_2	MgO	Al_2O_3	TFe	Cr_2O_3/FeO
含量/%	42.74	5.98	8.76	11.89	19.35	1.72

由铬铁矿粉的化学成分可知，其Cr_2O_3含量42.74%，TFe含量19.35%，铬铁比（Cr_2O_3/FeO）1.72。铬铁矿粉中MgO、Al_2O_3含量分别为8.76%、11.89%，MgO、Al_2O_3及其组成的脉石矿物都是高熔点化合物，其含量高会致使铬铁矿难熔、难还原，为其还原增加了困难。

8.3.1.2 铬铁矿粉的粒度组成

粒度组成及分布见表8-15和图8-45。

表8-15 铬铁矿粉的粒度组成

占比/%	10	15	50	90
粒度/μm	<66.85	<71.65	<100.08	<66.85

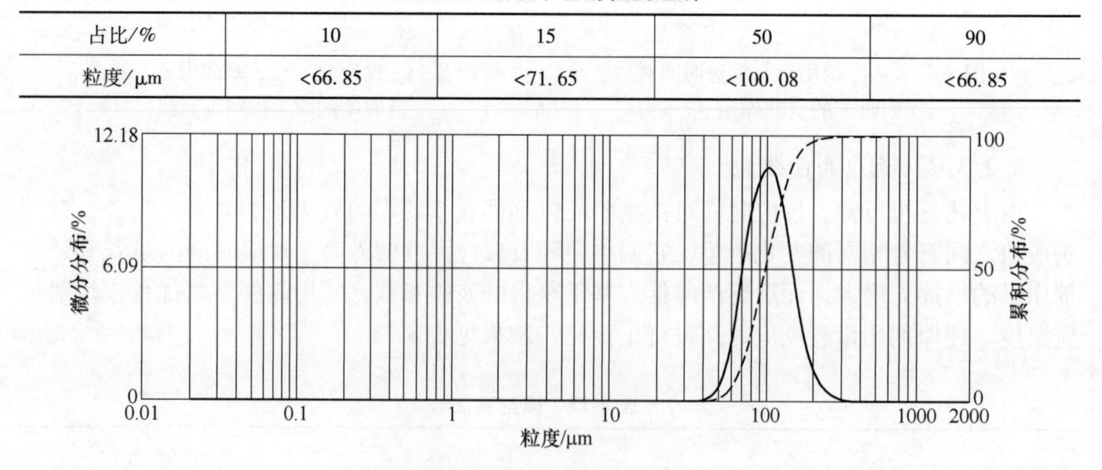

图8-45 铬铁矿粉粒度分布

由图8-45和表8-15可见，原料中粒度在74μm（200目）以下的物料仅占15%，大部分集中在100μm左右，该粒度对于直接还原反应并不理想。经磨细处理后，铬铁矿粉的粒度见表8-16和图8-46。

表 8-16 磨细处理后的铬铁矿粉粒度组成

占比/%	10	15	50	90
粒度/μm	<1.38	<1.59	<3.48	<9.98

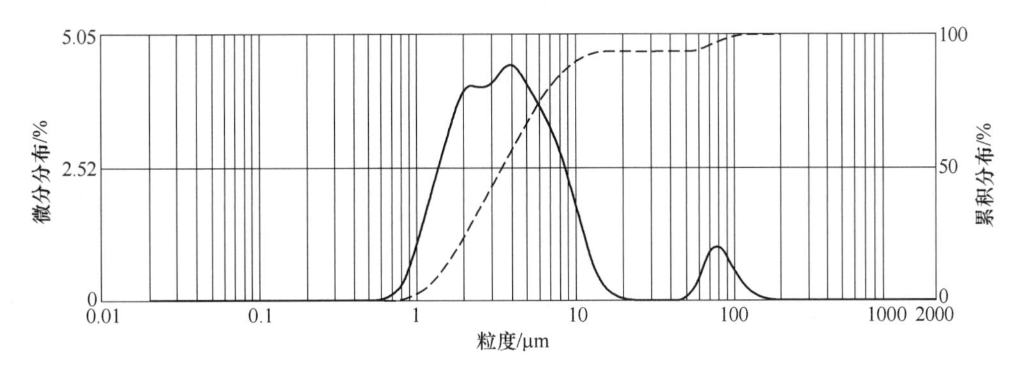

图 8-46 磨细处理后的铬铁矿粉粒度分布图

由图 8-46 和表 8-16 可见，经磨细处理后，铬铁矿粉的粒度明显降低，90%的物料在 10μm 以下，可完全满足直接还原反应的需要。

8.3.1.3 铬铁矿粉的物相构成

工业能够开采和利用的含铬矿物主要有以下几种：铬铁矿、富铬尖晶石和硬铬尖晶石。实际上，含铬高的铬尖晶石矿物统称为铬铁矿。其化学通式为 $(Mg,Fe)O \cdot (Cr,Al,Fe)_2O_3$，它包括 Cr_2O_3、MgO、Al_2O_3、Fe_2O_3、FeO 等五种基本成分。在铬铁矿中，Cr_2O_3 通常与 MgO、Al_2O_3、Fe_2O_3、FeO 以不同的含量形成含铬尖晶石结构 $(MgO,FeO) \cdot (Cr_2O_3,Al_2O_3,Fe_2O_3)$。$Cr_2O_3$ 在高温下可以被碳、硅和铝等还原。

四川某公司提供的铬铁矿粉的 XRD 分析如图 8-47 所示。通过 XRD 图像可知，铬铁矿粉中的尖晶石结构主要为 $MgFeAlO_4$、Cr_2MgO_4、$(Fe,Mg)(Cr,Fe)_2O_4$，铁氧化物主要为 Fe_3O_4。

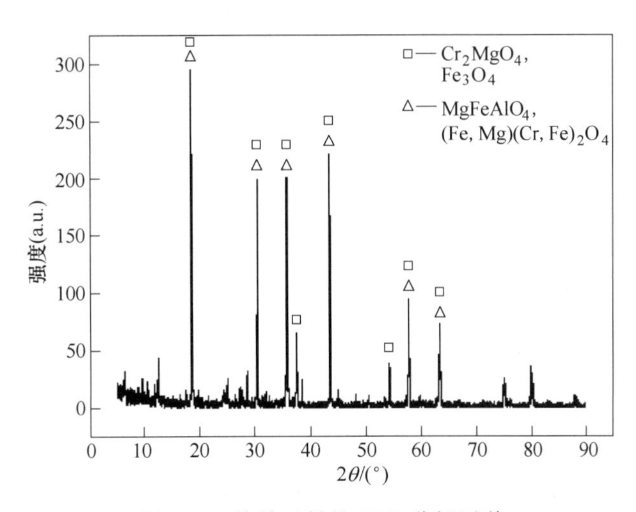

图 8-47 铬铁矿粉的 XRD 分析图谱

8.3.1.4　铬铁矿粉的显微结构

图8-48所示为铬铁矿粉在不同倍数下的SEM图谱，由图可知，铬铁矿粉的矿粒大而均匀，表面致密光滑，结晶程度好，这些特点决定了其具有难熔、难还原的特点，也是铬铁矿冶炼温度高（≥1650℃），常规烧结法处理困难的原因。

图8-48　铬铁矿粉的SEM图谱

8.3.1.5　还原剂的物化性能

试验所用的还原剂为兰炭，成分见表8-17。

表8-17　兰炭的化学成分

成分	固定碳	灰分	挥发分
含量/%	82.58	9.75	7.67

该兰炭中固定碳为82.58%，干燥基灰分为9.75%，干燥无灰基挥发分7.67%，为较理想的半焦炭，不足为灰分略高。可基本满足直接还原所用还原剂的要求。该兰炭经磨细后，粒度可全部达到74μm(200目）以下，可满足直接还原工艺的需要。

8.3.1.6　微波场中原料的升温特性

实验测定了铬铁矿粉、兰炭粉在微波场中的升温特性曲线，分别如图8-49和图8-50所示。

由图8-49可知，在微波场中，铬铁矿粉在5min内即可升温至1200℃，3.5min即升温到1000℃以上，说明铬铁矿粉具有良好的吸波性。

由图8-50可知，兰炭在900℃以下时，升温较快；900℃以上趋于平缓，两段升温速率均较均匀。在微波场下兰炭加热到1200℃仅需360s，同样具有良好的吸波性。

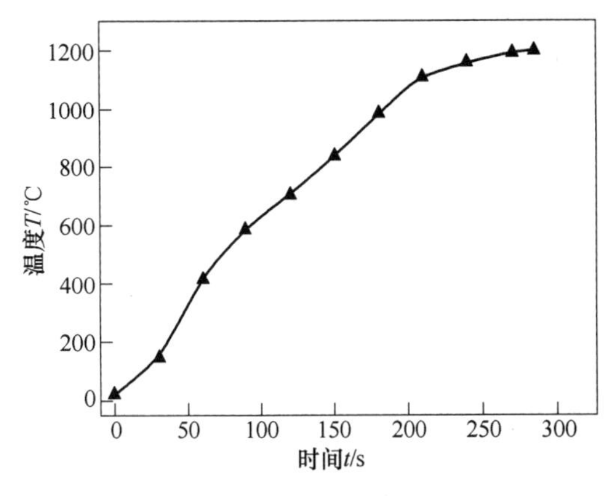

图 8-49 铬铁矿粉在微波场中的升温特性曲线

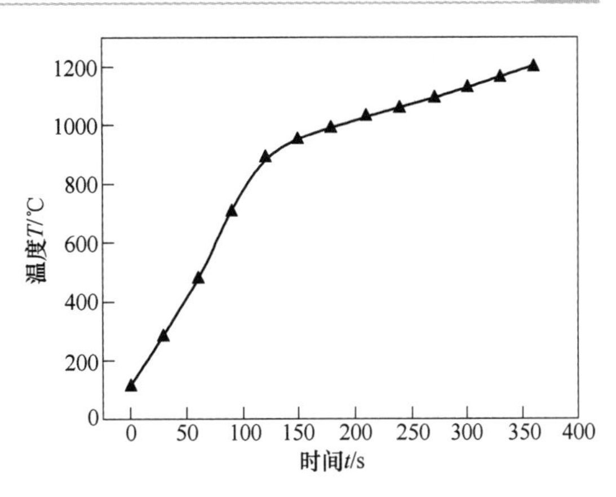

图 8-50 兰炭在微波场中的升温特性曲线

8.3.2 微波碳热预还原联合法选别铬铁矿实验

实验针对铬铁比值较低而物理选矿法难以处理的铬铁矿，探索了微波加热预还原配合磁选、浸出的联合处理工艺。即在较低温度下（低于铬冶炼温度），利用微波加热对铬铁矿进行预还原，生成金属铁，再通过磁选、化学浸出等方法将铁分离去除，以达到提高铬铁矿铬铁比与铬品位的目的。

8.3.2.1 单因素实验设计

以还原温度、还原剂配比、还原时间为因素，对铬铁矿粉的微波碳热预还原进行单因素实验设计，各参数见表 8-18。

表 8-18 单因素实验水平设计

序 号	还原温度/℃	还原剂配比/%	还原时间/min
$A_1/A_2/A_3/A_4/A_5$	1000/1050/1100/1150/1200		
$B_1/B_2/B_3/B_4/B_5/B_6$		6/8/10/12/14/16	
$C_1/C_2/C_3/C_4/C_5$			0/20/40/60/80

8.3.2.2 实验分析

A 还原温度

在原料质量为 75g、兰炭配比为 15%、还原时间 40min 的条件下，进行了微波加热直接还原温度的实验，结果见表 8-19 和图 8-51。

表 8-19 微波加热还原温度试验结果

还原温度 /℃	还原时间 /min	兰炭配比 /%	TFe /%	MFe /%	η_M /%
1000			19.96	3.68	18.44
1050			20.86	9.97	47.79
1100	40	15	23.77	11.15	46.91
1150			24.84	12.89	51.89
1200			25.13	13.16	52.37

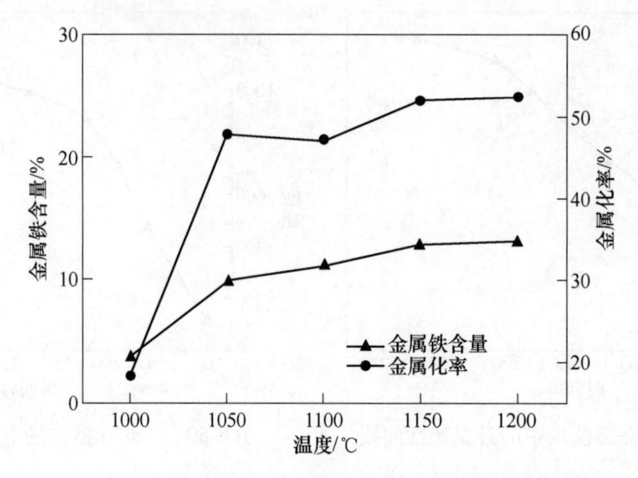

图 8-51　还原温度对金属铁含量、金属化率的影响

由图 8-51 可知，随着还原温度提高至 1200℃，预还原产物的金属铁含量和金属化率逐渐提高，在 1200℃下达到最佳效果。但从图中可以看出，1200℃下的效果比起 1150℃时并无太大提高，且 1200℃下设备损耗及能耗均较大，故综合考虑，应选择 1150℃为最佳反应温度。

B　还原剂配比

在原料质量为 75g，还原温度为 1150℃，还原时间为 40min 的实验条件下，研究了还原剂（兰炭）配比对还原产物金属铁含量和金属化率的影响，实验结果见表 8-20 和图 8-52。

表 8-20　还原剂配比试验结果

还原温度 /℃	还原时间 /min	煤粉配比 /%	TFe /%	MFe /%	η_M /%
1150	40	6	20.35	6.74	33.12
		8	20.97	8.83	42.11
		10	23.32	11.68	50.08
		12	25.24	13.05	51.70
		14	24.26	12.92	53.26
		16	24.97	12.88	51.58

从图 8-52 可知，当还原剂配比从 6%增加到 12%时，金属铁含量与金属化率显著提高；当还原剂配比为 12%时，金属铁含量达到了 13.05%；再增大还原剂配比至 18%时，还原产物金属铁含量与金属化率开始降低，这主要是由增加还原剂配比过量后，未反应的还原剂增多，且金属氧化物被还原的失氧量少于炭粉带入的灰分的量导致的。所以，应选择占物料 12%的还原剂配比为最佳配比。

C　还原时间

在原料质量为 75g，还原温度为 1150℃，还原剂配比 12%的实验条件下，研究了还原时间对还原效果的影响，实验结果见表 8-21 和图 8-53。

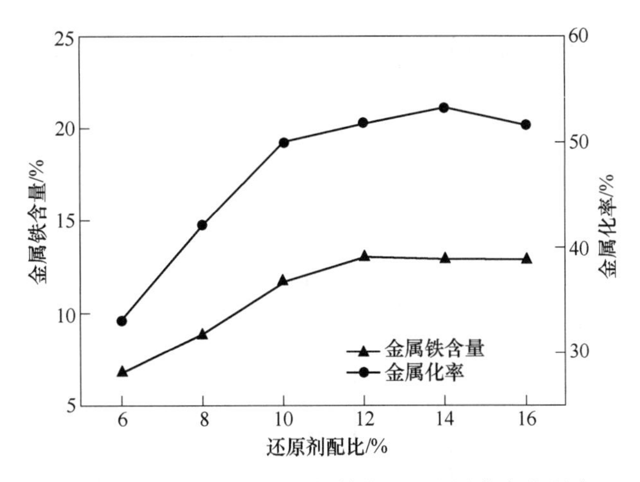

图 8-52 还原剂配比对金属铁含量、金属化率的影响

表 8-21 微波加热还原时间试验结果

还原温度 /℃	还原时间 /min	煤粉配比 /%	TFe /%	MFe /%	η_M /%
1150	0	12	21.22	8.15	38.41
	20		22.86	10.95	47.90
	40		25.24	13.05	51.70
	60		24.98	13.07	52.32
	80		24.62	12.86	52.23

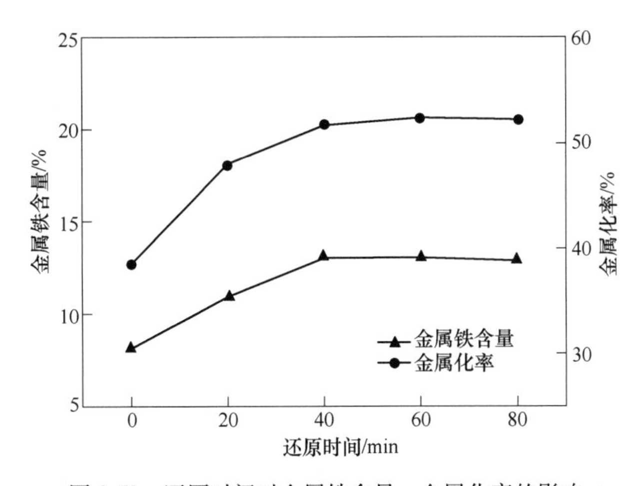

图 8-53 还原时间对金属铁含量、金属化率的影响

图 8-53 表明，在反应初期（≤40min），还原产物金属铁含量与金属化率随时间的延长而升高，在反应后期（≥40min）则提高幅度缓慢。还原时间为 40min 时，还原产物的金属铁含量已达到 13.05%，再延长还原时间已经无法再进一步提高。并随着还原剂的消耗与二次氧化的发生，开始有降低的趋势。所以应选择 40min 为最佳还原时间。

D 预还原产物的物相分析

图 8-54 所示为在还原温度 1150℃、还原时间 40min、还原剂配比 12%条件下得到的预还原产物 XRD 图谱。

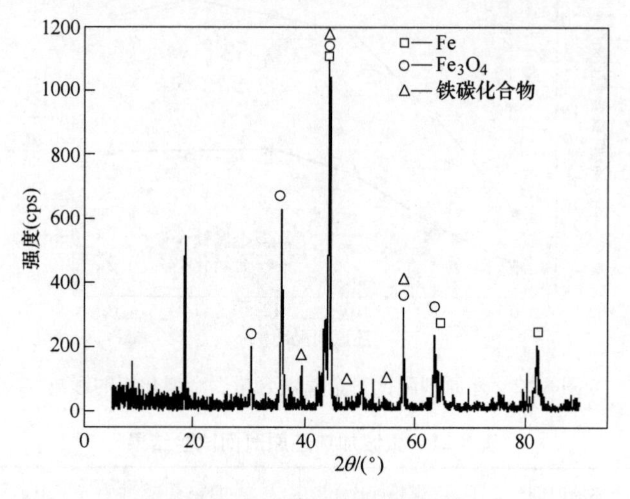

图 8-54 还原产物 XRD 图谱

由图 8-54 可知，微波碳热预还原产物中含有 Fe 单质、多种铁碳化合物、Cr_3C_2、未反应的含铬尖晶石与少量未被还原的 Fe_3O_4。这说明在选定的微波碳热预还原工艺条件下，生成了可分离的铁金属相，为下一步的铬铁分离试验创造了条件。

8.3.2.3 磁选试验探索

磁选试验采用湿式磁选法，以最佳工艺条件（还原温度 1150℃，还原时间 40min，兰炭配比 12%）下得到的预还原产品为原料，考察了不同的磁场强度对 Cr_2O_3 含量、铬回收率及铬铁比的影响。试验结果见表 8-22 和图 8-55。

表 8-22 磁选试验结果

磁场强度 /T	TFe /%	Cr_2O_3 /%	铬铁比 (Cr_2O_3/FeO)	铬回收率 /%
0	24.80	45.47	1.42	—
0.03	18.56	40.35	1.69	69.44
0.06	17.23	41.67	1.88	68.49
0.09	15.50	43.28	2.17	70.01
0.12	14.49	44.00	2.36	67.05
0.16	14.03	44.89	2.49	65.38
0.22	13.42	45.78	2.65	62.19

图 8-55 所示为不同磁场强度下所得磁选产品的铬铁比与铬回收率，可以看到，随着磁场强度的提高，磁选产品的铬铁比有较明显改善，但同时铬回收率也在逐渐降低，最终低至 62.19%。显然在磁选去除金属铁的过程中，铬元素发生了较严重的夹带，并随着磁场强度的提高加剧。

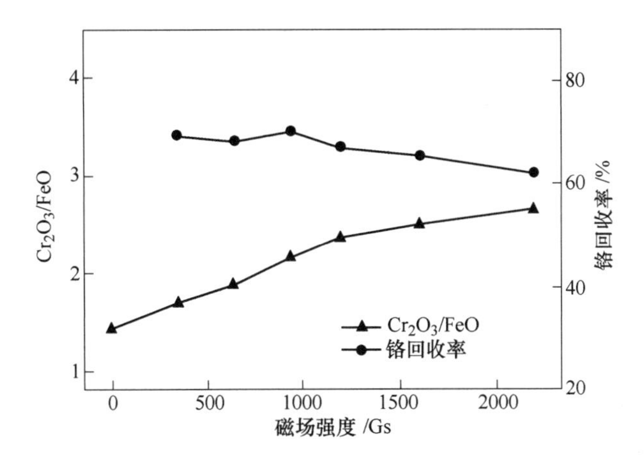

图 8-55　磁场强度对铬铁比、铬回收率的影响

图 8-56 和图 8-57 所示为预还原产品 500 倍 SEM 图片的 EDS 分析，由图 8-57 可知，分析图 8-56 中不同颗粒的 EDS，预还原产品中的颗粒大体为未反应的碳粒（1、2），经过还原反应的矿粒（3）和未参与反应的矿粒（4）。

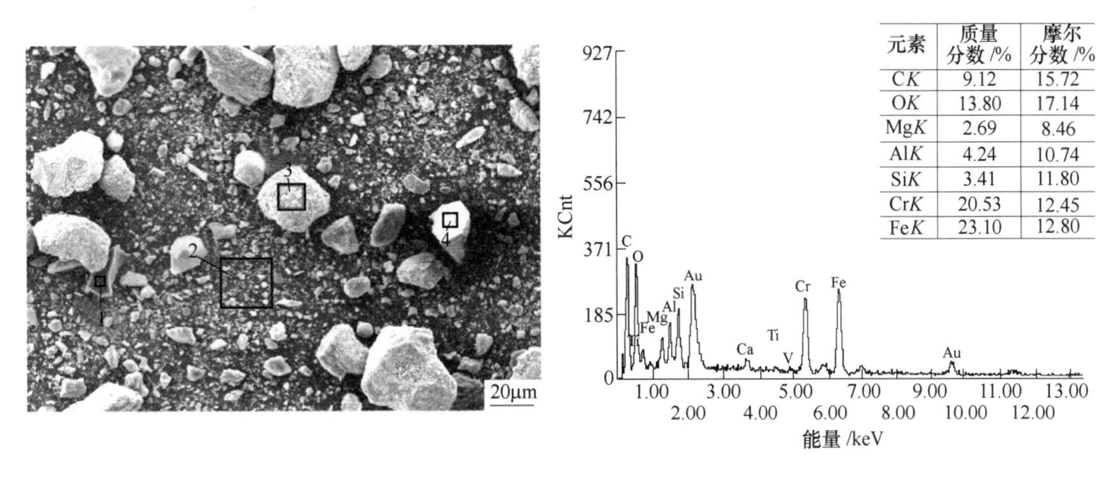

元素	质量分数 /%	摩尔分数 /%
C*K*	9.12	15.72
O*K*	13.80	17.14
Mg*K*	2.69	8.46
Al*K*	4.24	10.74
Si*K*	3.41	11.80
Cr*K*	20.53	12.45
Fe*K*	23.10	12.80

图 8-56　预还原产品的 EDS 分析图谱

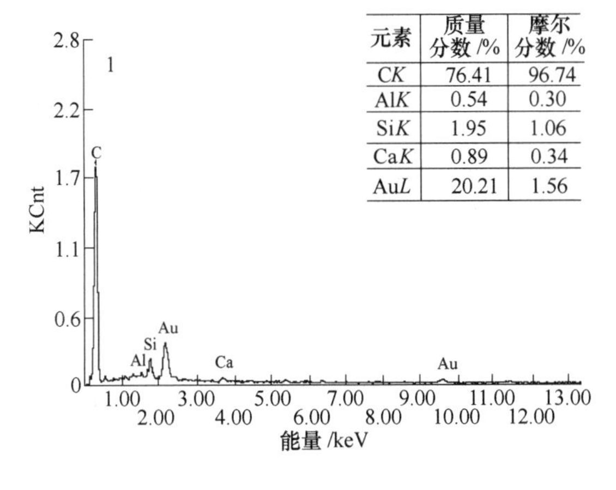

元素	质量分数 /%	摩尔分数 /%
C*K*	76.41	96.74
Al*K*	0.54	0.30
Si*K*	1.95	1.06
Ca*K*	0.89	0.34
Au*L*	20.21	1.56

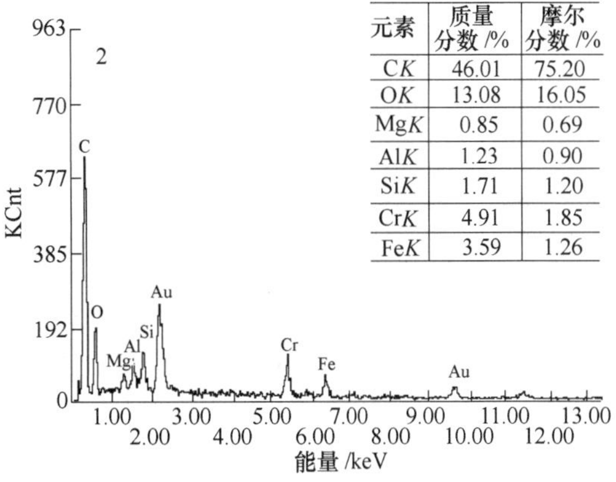

元素	质量分数 /%	摩尔分数 /%
C*K*	46.01	75.20
O*K*	13.08	16.05
Mg*K*	0.85	0.69
Al*K*	1.23	0.90
Si*K*	1.71	1.20
Cr*K*	4.91	1.85
Fe*K*	3.59	1.26

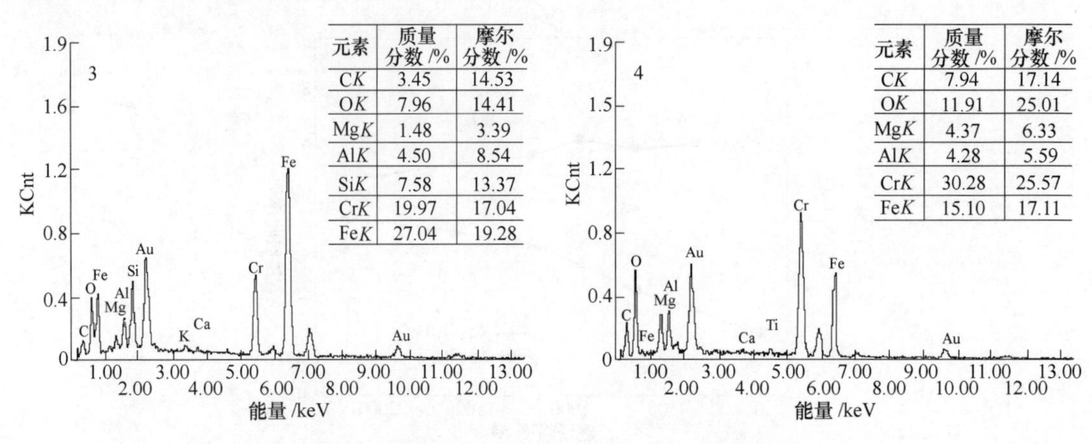

图 8-57　图 8-56 中点 1~4 处的 EDS 分析图谱

将图 8-56 中点 3 放大，对其进一步进行 SEM 及 EDS 分析，如图 8-58 和图 8-59 所示。图 8-58 所示为不同倍数的扫描电镜图，可以看到矿粒表面明显区分为黑色基底与上面附着的白色晶状物，并布满还原失氧形成的凹坑。图 8-59 对 1、2、3 三点分别进行了能谱分

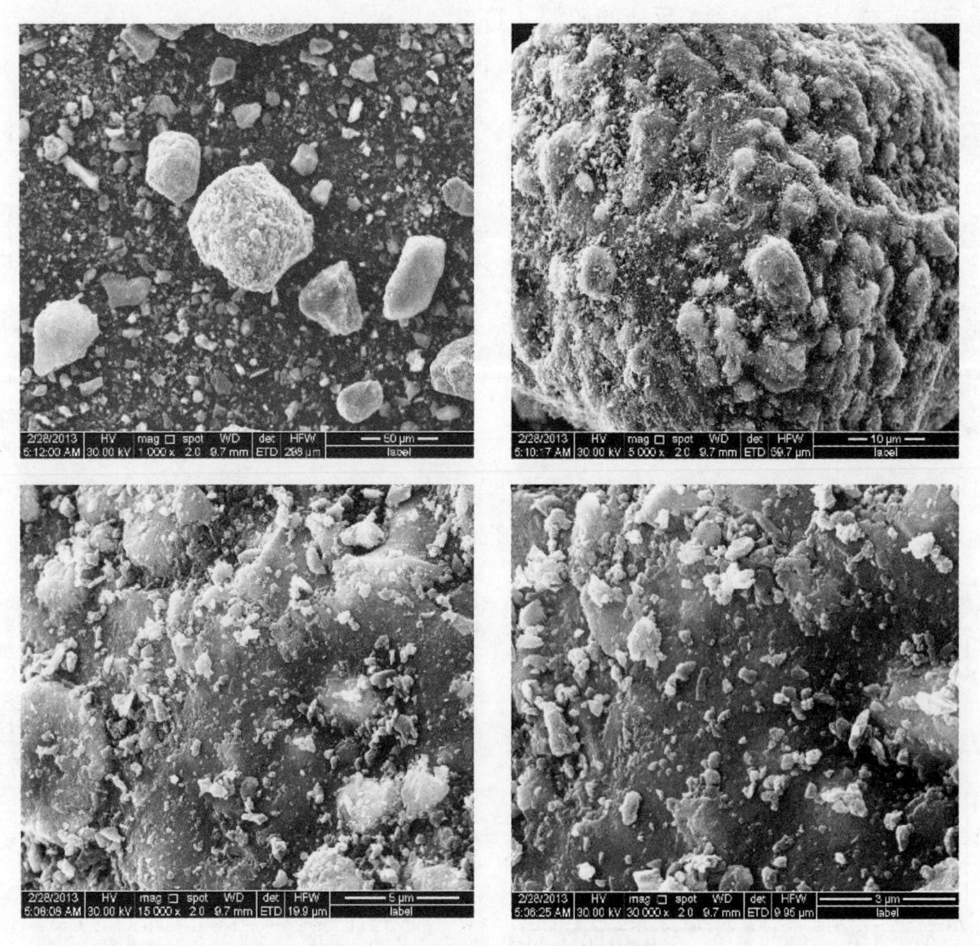

图 8-58　图 8-56 中点 3 的 SEM 照片

析，可以看到矿粒表面的黑色基底与较小的白色颗粒处 Cr 与 Fe 的峰均较低，成分近似于原矿；而点 3 所在的较大白色颗粒处，Fe 的峰明显突出。可以推断还原反应仅发生在矿粒的表面，生成的单质铁富集为白色晶状物附着在矿粒表面，无法脱离。所以对预还原产品进行磁选处理时，附着有单质铁的铬矿粒被选走，造成了铬元素的损失。

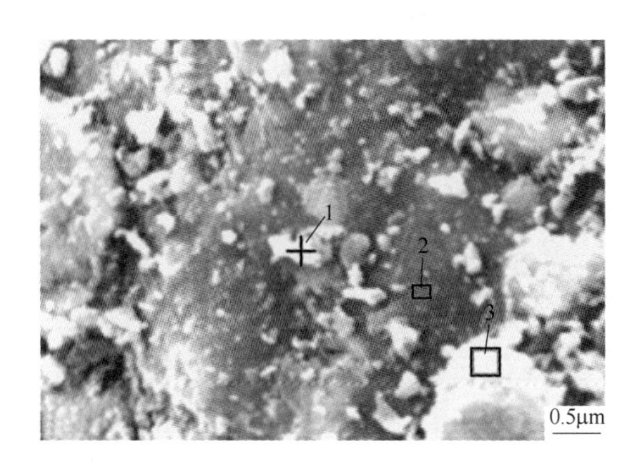

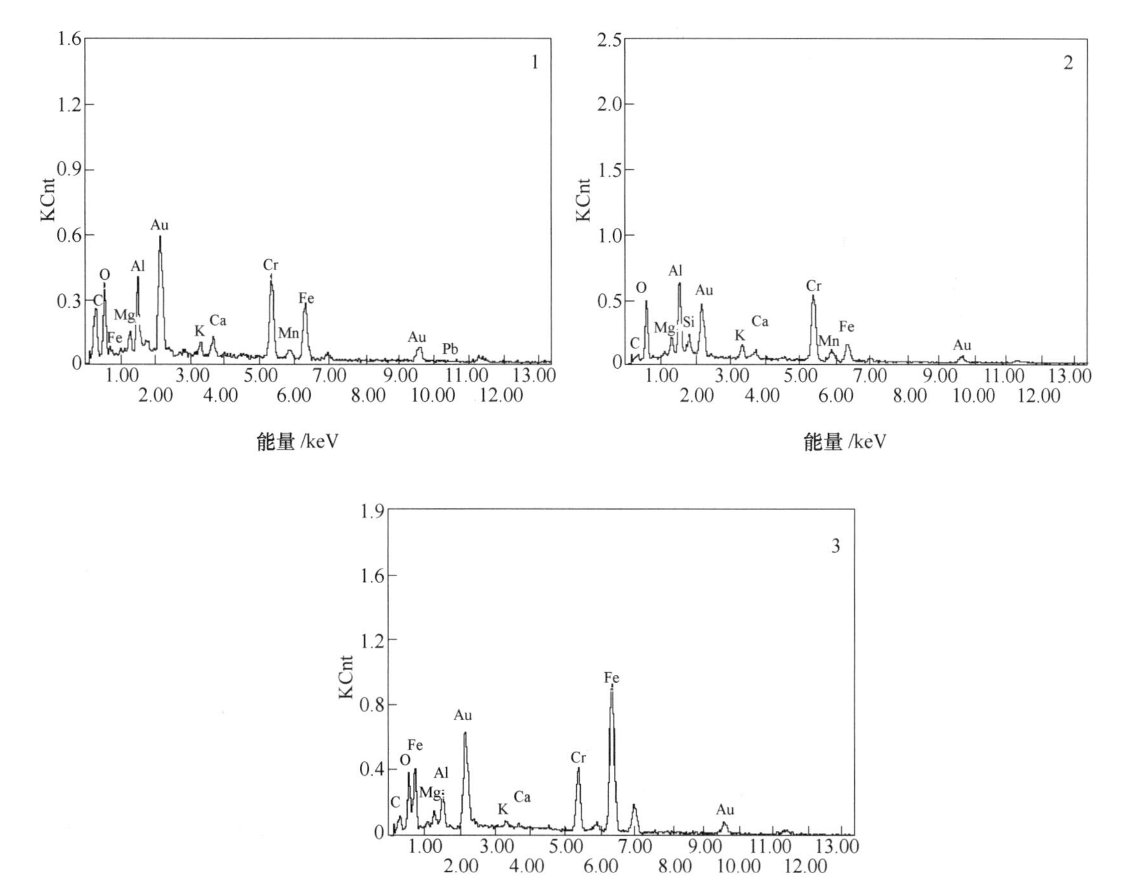

图 8-59 图 8-56 中点 3 的 EDS 分析

8.3.2.4　稀硫酸浸出探索

李成、常国华等人进行过将铬铁矿微波加热还原后，再用1∶3盐酸浸出以提高铬铁比的研究，并取得了较理想效果[26]。实验采用成本更低，运输、储存更为方便的硫酸，进行了浸出探索。为避免高浓度酸将铬矿溶解造成损失，采用了8%的稀硫酸[27]。表8-23及图8-60所示为过量的8%稀硫酸在常温摇床震荡下，以最佳工艺条件（还原温度1150℃，还原时间40min，兰炭配比12%）得到的预还原产品为原料，进行不同时间的浸出，所得浸出产品的铬铁比及铬回收率。

表8-23　稀硫酸浸出实验结果

浸出时间 /min	TFe /%	Cr_2O_3 /%	铬铁比 (Cr_2O_3/FeO)	铬回收率 /%
0	25.62	45.16	1.37	—
30	13.95	54.74	3.05	88.06
60	13.99	55.09	3.06	87.49
90	13.95	54.92	3.06	87.61
120	13.87	55.13	3.09	87.25

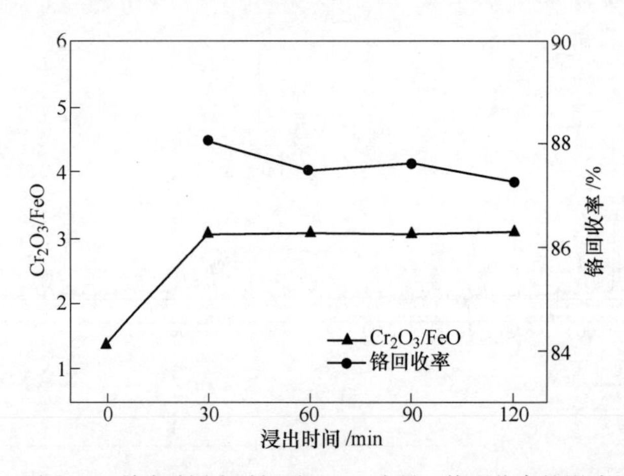

图8-60　稀硫酸浸出时间对Cr_2O_3含量、铬回收率的影响

由图8-60可知，过量的稀硫酸在常温下浸出30min，即可得到铬铁比3.05，铬回收率88.06%的浸出产品。较长的浸出时间，会使铬回收率略微降低。通过热力学分析可知，在较低温度下用碳还原铬铁矿时，会有Cr_3C_2生成，同时生成单质铁和碳化铁，在被稀硫酸浸出时，单质铁、碳化铁与未反应的Fe_3O_4会溶解于酸中，而Cr_3C_2以及未反应的铬尖晶石则会留在残渣中，从而实现铬铁分离。而较高的还原温度（1300℃）则会生成Cr_7C_3。这种碳化物可溶于酸性溶液，从而造成残渣中铬的损失[24]。对于1150℃下还原所得的预还原产品，使用稀硫酸浸出是有效方法。

图8-61和图8-62所示为浸出产品矿粒表面的能谱分析。由图8-61可知矿粒表面的铁已经降至较低水平，Cr与Fe的原子数比接近一个数量级。由图8-62可以看到，矿粒表面各部分的铁元素均降至较低水平，稀硫酸浸出的效果显著。

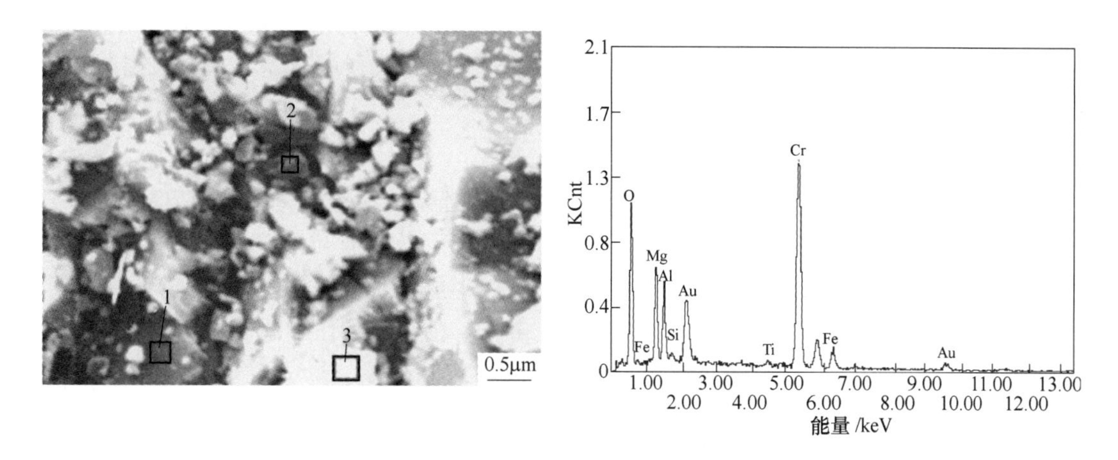

图 8-61 稀硫酸浸出产品的 EDS 分析

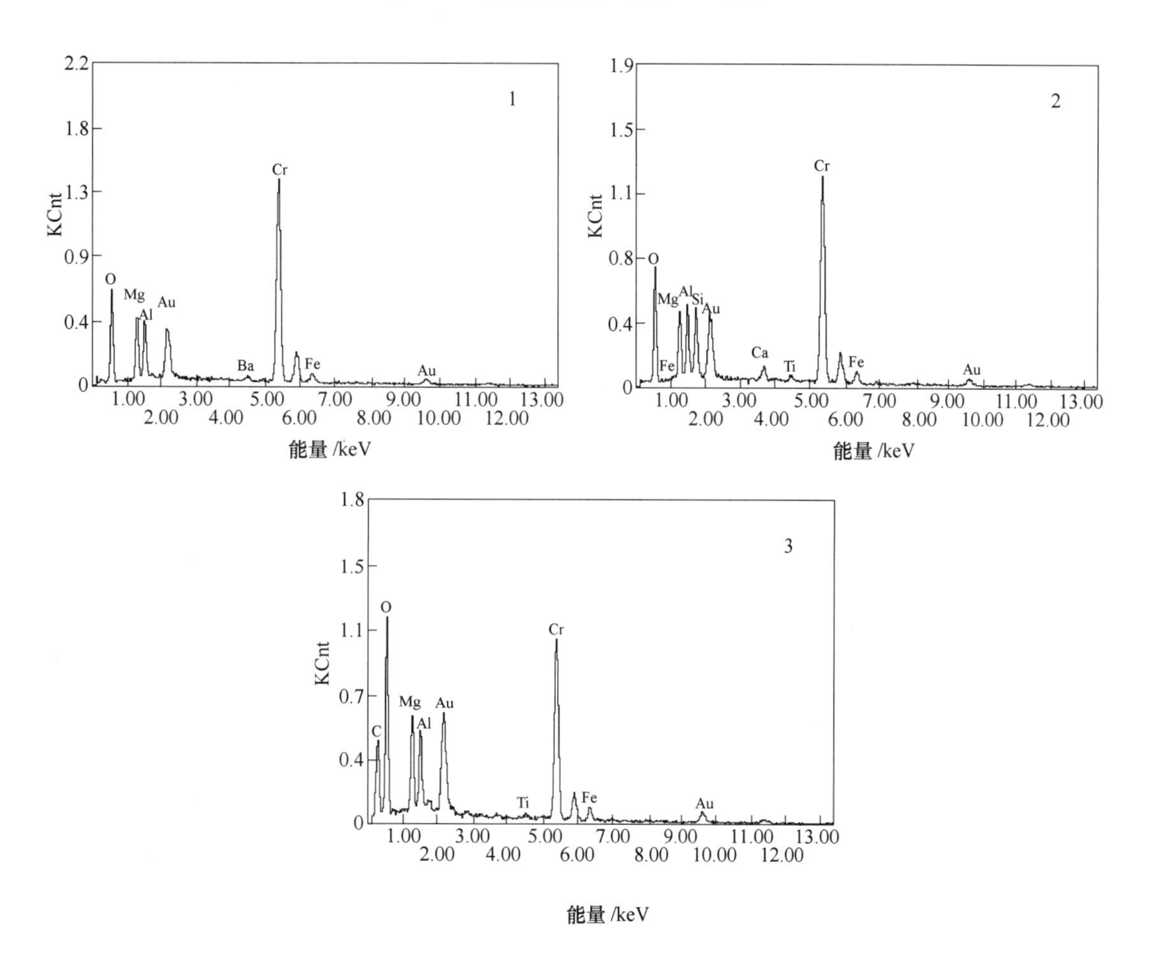

图 8-62 图 8-61 中点 1~3 的 EDS 分析

稀硫酸浸出所得产品，铬铁比由原矿的 1.72 提高为 3.05，Cr_2O_3 含量也由 42.74%提高至 54.74%，铬回收率可达 88.06%，如果将过滤环节进一步优化的话，铬回收率还可以进一步提高；浸出液中所得硫酸亚铁也可以经过煅烧获得氧化铁加以利用。但其缺点也较明显，废酸的排放与处理需耗费一定成本，生成的硫酸亚铁利用所需工序及设备较为复杂等。

8.3.2.5　$FeCl_3$ 溶液浸出探索

通过对比磁选与稀硫酸浸出的效果可知，对预还原产品进行化学浸出是提高铬铁比的较有效方法。为避免酸浸的缺点，尝试利用 $Fe_2(SO_4)_3$ 溶液与 $FeCl_3$ 溶液代替酸液对预还原产品进行浸出。原理为：$2Fe^{3+}+Fe \rightarrow 3Fe^{2+}$，生成的二价铁离子溶于溶液中分离。$Fe_2(SO_4)_3$ 溶液与 $FeCl_3$ 溶液的浸出作用理论上等价，但 $FeCl_3$ 在常温下极易溶于水，而 $Fe_2(SO_4)_3$ 则较难溶，所以选择 $FeCl_3$ 溶液进行浸出效果探索。$FeCl_3$ 溶液试验结果见表 8-24 和图 8-63。

表 8-24　$FeCl_3$ 溶液试验结果

浸出时间 /h	TFe /%	Cr_2O_3 /%	铬铁比 (Cr_2O_3/FeO)	铬回收率 /%
0	25.84	45.25	1.36	—
1	16.73	49.74	2.31	88.52
2	15.88	52.32	2.56	88.91
3	15.79	52.71	2.59	89.16
4	15.95	53.04	2.58	88.63

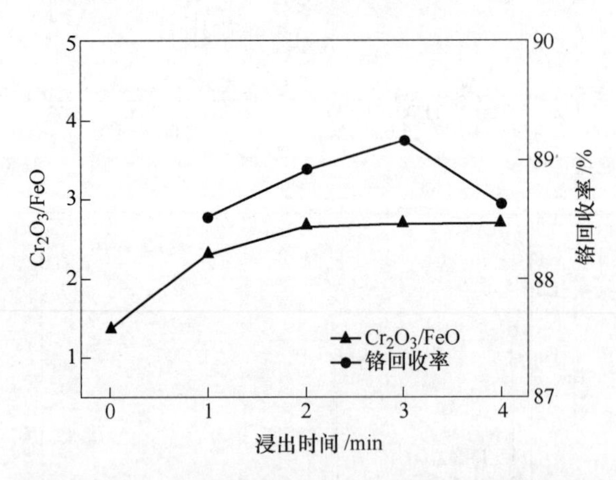

图 8-63　$FeCl_3$ 浸出时间对 Cr_2O_3 含量、铬回收率的影响

由图 8-63 可知，使用过量 100g/L $FeCl_3$ 溶液对预还原产品在常温摇床下进行浸出，2h 可达到较好效果，相对原矿铬铁比由 1.72 提高为 2.66，Cr_2O_3 含量由 42.74%提高至 52.32%，铬回收率 88.91%。$FeCl_3$ 溶液无法与碳化铁、Fe_3O_4 等反应，所以浸出效果相比酸浸略差。

$FeCl_3$ 溶液的浸出废液会混有大量二价铁离子、少量镁盐与铝盐。可以向废液中通入空气或加入氧化剂，促使其中所含的二价铁离子氧化为三价，以实现循环使用。虽然 $FeCl_3$ 溶液的浸出效果相对酸浸略差且浸出时间略长，但理论上可以实现闭路循环浸出，降低成本并有效减少废液处理问题。目前存在的问题为损失的铬元素在浸出液中的存在形式还不明确，为避免六价铬造成危害，在下一步的研究中应明确铬元素的走向与形态，为实现闭路循环浸出提供依据。

通过对铬铁矿粉微波碳热预还原工艺的研究可知，在还原温度为1150℃，还原时间为40min，兰炭配比为12%的条件下，可得到金属铁13.05%，铁金属化率51.70%的还原产品，预还原效果良好，为选矿提供了良好的条件。

由铬铁矿粉预还原产品铬铁分离实验研究可知，通过微波碳热预还原+化学浸出的流程，可较为经济有效地提高铬铁矿的铬铁比；而微波碳热预还原+磁选则不能作为有效方法。其中过量的8%的稀硫酸在常温下浸出30min，可得到 Cr_2O_3 54.74%、铬铁比3.05、铬回收率88.06%的浸出产品；过量的100g/L的 $FeCl_3$ 溶液在常温下浸出4h，可得到 Cr_2O_3 52.32%、铬铁比2.56、铬回收率88.91%的浸出产品。$FeCl_3$ 溶液则需要较长的浸出时间，但可以实现循环浸出，有效减少废液处理问题。

8.4 微波烧结铬铁矿

铬铁矿粉的常用造块法有烧结法、球团法和压块法等。其中烧结法被认为是一种具有独特优势的造块方法，其传统工艺是将铬铁矿粉、焦粉和返矿按一定比例混合后进行制粒，然后布料，点火，抽风进行烧结[28]。但由于铬铁矿为尖晶石结构，熔点高，难形成液相，且铬烧结矿为酸性烧结矿，故其燃耗比较高，成品率偏低。采用微波加热对铬铁矿粉进行烧结，利用铬铁矿对微波具有较强吸收能力的特点，可以不加入焦粉，不进行抽风，加入少量膨润土作为黏结剂，在较低温度下（1100~1200℃）进行烧结即可得到强度较高的铬烧结矿。

陈建利用响应曲面法，在单因素试验的基础上，对微波烧结铬铁矿粉工艺的烧结温度、烧结时间、黏结剂添加量等参数进行了研究，考查了各因素的交互作用对烧结产品强度的影响，并建立了相应预测方程，确定了优化工艺参数[29]。

8.4.1 单因素实验

8.4.1.1 烧结温度实验

在总物料量75g、黏结剂加入量0%、烧结时间40min的条件下，进行了微波加热烧结温度的实验，结果见表8-25和图8-64。

表8-25 微波烧结铬铁矿温度实验结果

烧结温度 /℃	烧结时间 /min	黏结剂配比 /%	落下强度 /%	抗压强度 /N
800	40	0	64.13	498
900			75.10	1948
1000			81.39	6010
1100			81.41	10878
1200			83.43	10654

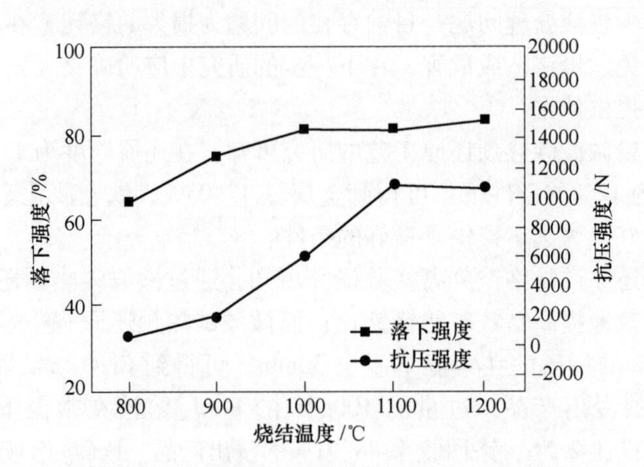

图 8-64 烧结温度对落下强度和抗压强度的影响

图 8-64 表明，随着烧结温度提高至 1100℃，烧结矿的落下强度和抗压强度逐渐提高；在 1200℃下的烧结矿强度与 1100℃下基本持平，说明在不添加黏结剂的条件下，1100℃已经可以达到最佳烧结效果。但是考虑到黏结剂在不同温度下作用效果的差异，在黏结剂加入量试验中对 1100℃和 1200℃都进行了验证。

8.4.1.2 黏结剂加入量试验

在总物料量 75g、烧结时间为 40min 的条件下，分别研究了 1100℃和 1200℃下不同添加剂加入量对烧结矿强度的影响，实验结果见表 8-26、表 8-27 和图 8-65、图 8-66。

表 8-26 1100℃微波烧结铬铁矿黏结剂配比实验结果

烧结温度 /℃	烧结时间 /min	黏结剂配比 /%	落下强度 /%	抗压强度 /N
1100	40	0	81.41	10878
		1	92.11	10994
		2	95.36	10989
		3	88.11	11006

表 8-27 1200℃微波烧结铬铁矿黏结剂配比实验结果

烧结温度 /℃	烧结时间 /min	黏结剂配比 /%	落下强度 /%	抗压强度 /N
1200	40	0	83.43	10654
		1	89.04	11007
		2	94.29	9627
		3	89.43	9128

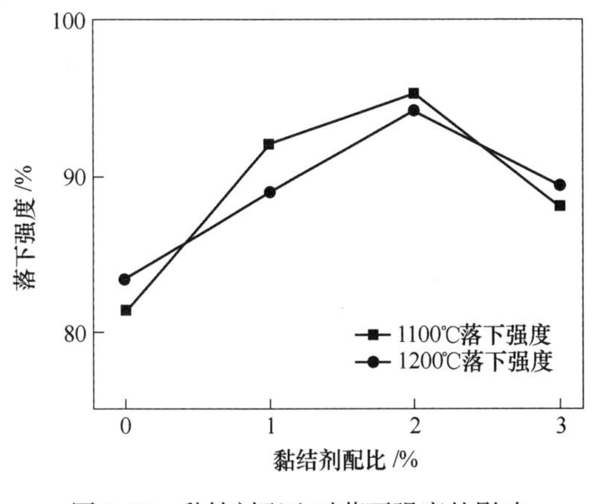

图 8-65 黏结剂配比对落下强度的影响

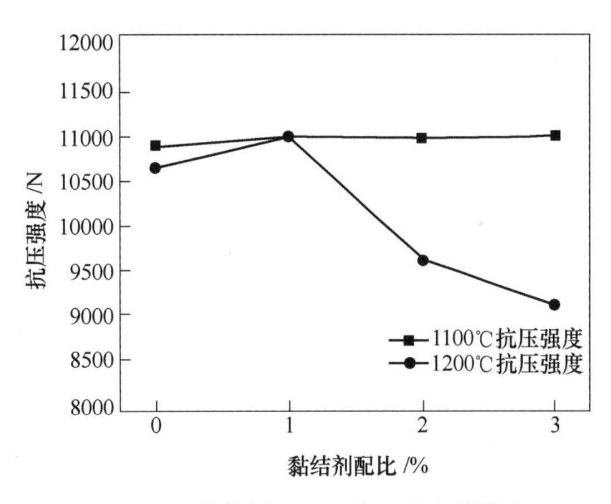

图 8-66 黏结剂配比对抗压强度的影响

由图 8-65 和图 8-66 可知，在黏结剂加入量为 2%时，在 1100℃和 1200℃下的烧结矿落下强度均达到最大值；抗压强度在 1100℃下随黏结剂加入量不同并无明显变化；而在 1200℃下，在黏结剂加入量大于 1%后，随着黏结剂加入量进一步增加抗压强度持续下降。所以由结果可知，最佳烧结温度和最佳黏结剂加入量分别为 1100℃和 2%。

8.4.1.3 烧结时间实验

在物料质量为 75g，烧结温度为 1100℃，黏结剂加入量为 2%的实验条件下，研究了烧结时间对烧结矿强度的影响，实验结果见表 8-28 和图 8-67。

表 8-28 微波烧结铬铁矿时间实验结果

烧结温度/℃	烧结时间/min	黏结剂配比/%	落下强度/%	抗压强度/N
1100	0	2	93.91	11000
	20		94.82	10833
	40		95.36	10989
	60		93.77	10981
	80		94.29	10997

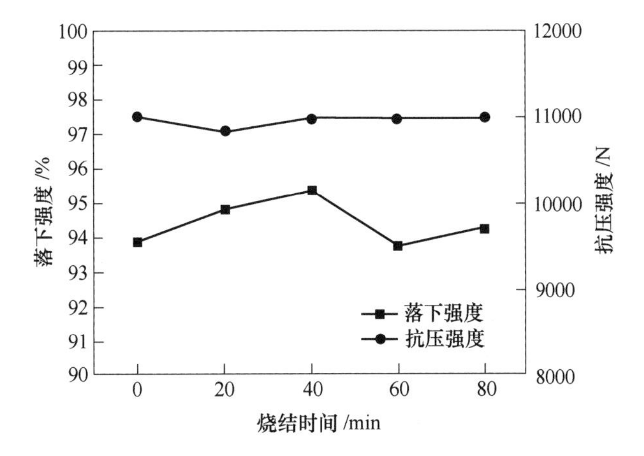

图 8-67 烧结时间对落下强度和抗压强度的影响

图 8-67 表明，在烧结温度 1100℃、黏结剂加入量 2%的条件下，不同烧结时间对烧结矿的强度影响并不大，所以可选择最佳烧结时间为 0min（即升温至烧结温度 1100℃后，不加保温，立即取出置于保温材料中缓冷；物料由室温升温至烧结温度 1100℃的时间为 20~30min）。

8.4.2 响应曲面优化实验

图 8-68~图 8-73 所示分别为烧结温度、保温时间和黏结剂添加量相互之间的响应曲面。由图 8-68~图 8-70 可以看出，烧结温度对烧结产品的抗压强度影响较大，而保温时间与黏结剂添加量之间的交互作用较弱。可知对于烧结产品的抗压强度影响最大的因素为烧结温度。由图 8-71~图 8-73 可知，对于烧结产品的落下强度，烧结温度与黏结剂添加量之间的交互作用较明显，而烧结温度的影响较小。由响应曲面分析可知，烧结温度对抗压强度和落下强度均有较大影响；黏结剂加入量对落下强度有着较明显的影响，对抗压强度则影响较小；烧结时间对抗压强度和落下强度的影响均不显著。所以在三个影响因子中，烧结温度的影响作用最为显著，其次为黏结剂加入量，而烧结时间并无显著影响作用。

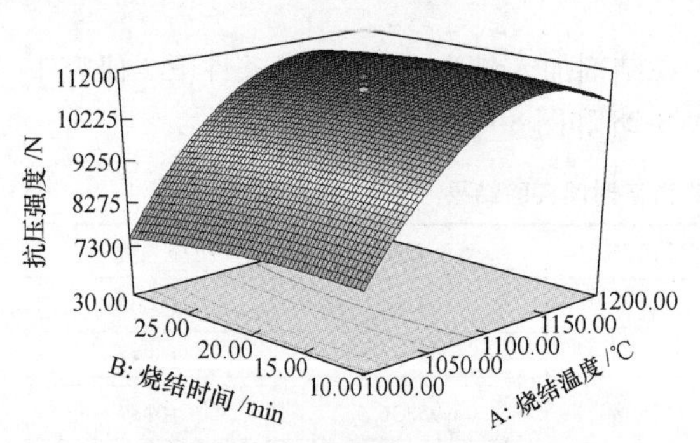

图 8-68 黏结剂加入量 2.0%下烧结温度和烧结时间对抗压强度的响应曲面

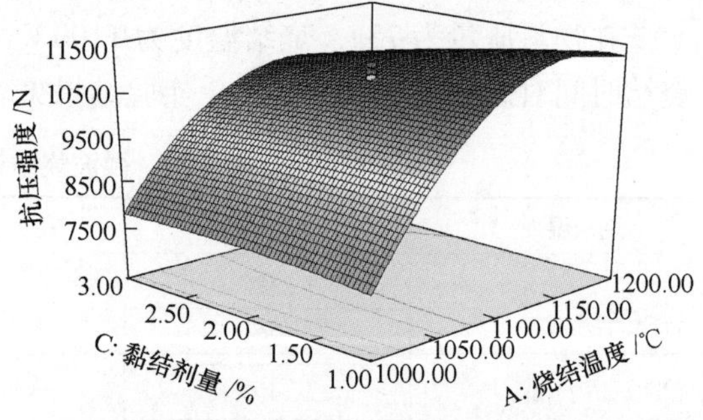

图 8-69 烧结时间 20min 下烧结温度和黏结剂加入量对抗压强度的响应曲面

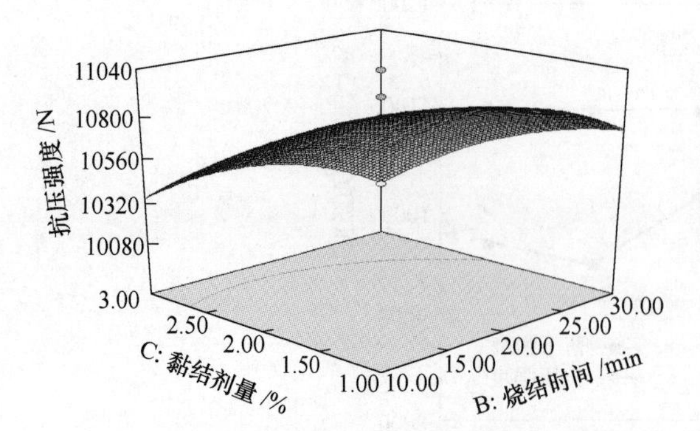

图 8-70 烧结温度 1100℃下烧结时间和黏结剂加入量对抗压强度的响应曲面

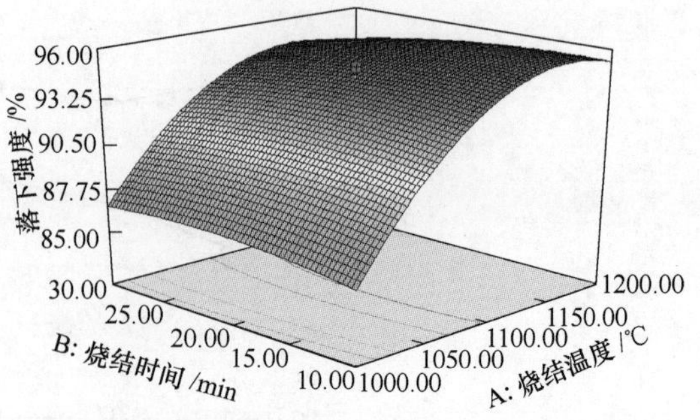

图 8-71 黏结剂加入量 2.0%下烧结温度和烧结时间对落下强度的响应曲面

通过影响因子间交互作用较明显的响应曲面图（见图 8-68~图 8-73）可以看出，在黏结剂和保温时间不变的情况下，随着烧结温度的提高，烧结产品的抗压强度与落下强度随之增加，当温度提高至 1150℃左右后，烧结产品的强度增加停滞，甚至略有降低；而由图 8-72 和图 8-73 可以看出，当烧结温度和保温时间不变时，烧结产品的落下强度随黏结剂添加量的增大先提高后降低的趋势较为显著，呈明显的抛物线状。实验所用黏结剂为膨润土，主要成分为 SiO_2，SiO_2 在 400℃就与铬铁矿中的 MgO 发生反应，生成 $MgO \cdot SiO_2$；在 800℃左右与铬矿中的 Al_2O_3 反应，生成 $2SiO_2 \cdot 3Al_2O_3$，由它们构成了 SiO_2-MgO-Al_2O_3 三元渣系，阻止了高熔点（2100℃）的镁铝尖晶石的形成。只要控制成分在适当的范围内，可形成较低熔点的物相。由此可推测，添加适量的黏结剂，可以与原料南非铬铁矿粉中的 MgO、Al_2O_3 形成较低熔点的物相，在适当的温度范围内可以较好地固结，得到强度较高的烧结产品。所以过低或过高的黏结剂加入量与不适当的烧结温度会导致烧结产品的强度降低，呈现响应曲面图中所示情况。

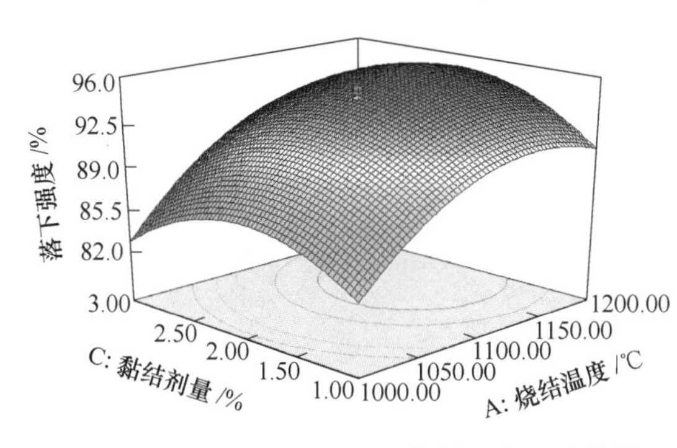

图 8-72 烧结时间 20min 下烧结温度和黏结剂加入量对落下强度的响应曲面

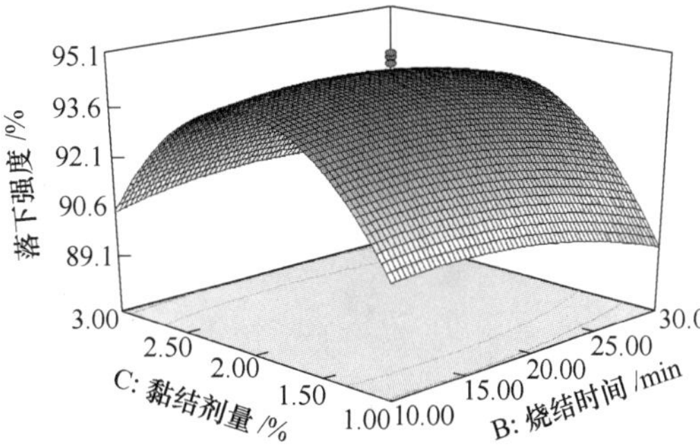

图 8-73 烧结温度 1100℃下烧结时间和黏结剂加入量对落下强度的响应曲面

在选取的各因素范围内，根据回归模型通过 Design Expert 软件分析得出微波加热烧结铬铁矿粉的最佳条件为：烧结温度 1153.14℃，烧结时间 15.92min，黏结剂加入量 1.90%。烧结产品的强度预测值为抗压强度 11155.8N，落下强度 95.6849%的铬烧结矿，考虑到实际操作的便利，确定微波烧结铬铁矿粉的优化工艺条件为：烧结温度 1153℃，烧结时间 16min，黏结剂加入量 1.90%。

8.4.3 烧结产品表征

8.4.3.1 烧结产品的 XRD 分析

通过图 8-74 可知，烧结产品的成分与原料铬铁矿粉很接近，主要成分依旧为 $MgFeAlO_4$、Cr_2MgO_4、$(Fe,Mg)(Cr,Fe)_2O_4$ 等尖晶石结构。说明在烧结过程中并无大量新物质生成。

8.4.3.2 烧结产品的 SEM 分析

图 8-75 所示为未经烧结处理的铬铁矿粉的 SEM 照片，图 8-76 所示为微波加热烧结处理过后得到的烧结产品 SEM 照片。通过二者之间的对比可以清楚地看到，未经处理的铬铁矿粉，表面光滑致密，颗粒间无粘连；而烧结处理后的烧结产品，矿粒明显通过介质被黏结在了一起。

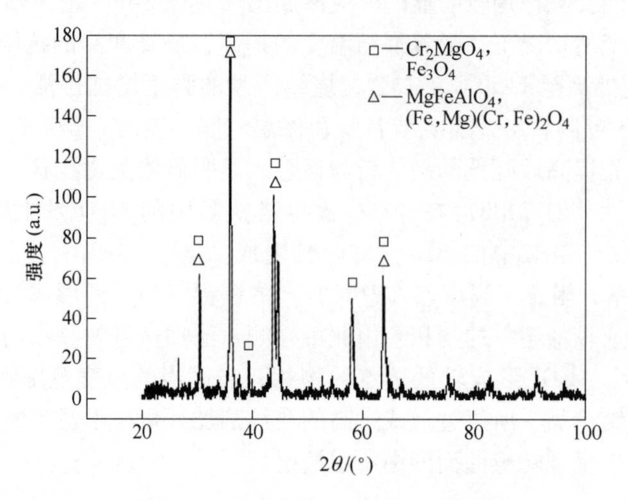

图 8-74　烧结产品的 XRD 分析图像

图 8-75　铬铁矿粉在不同放大倍数下的 SEM 照片

图 8-76 烧结产品在不同放大倍数下的 SEM 照片

图 8-77 是烧结产品的能谱分析图像，通过对烧结产品的能谱分析可知，图中颗粒中 Cr、Fe 的含量均较高，可确定为铬铁矿粉颗粒；黏结矿粒的介质中各种氧化物含量较平衡，可推断为黏结剂膨润土与铬铁矿形成的低熔点化合物，将铬铁矿颗粒黏结在一起，形成烧结矿。

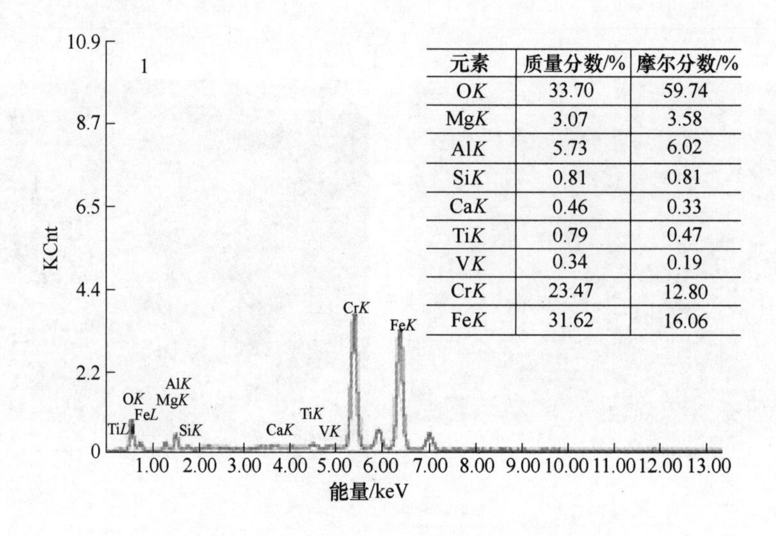

元素	质量分数/%	摩尔分数/%
O*K*	33.70	59.74
Mg*K*	3.07	3.58
Al*K*	5.73	6.02
Si*K*	0.81	0.81
Ca*K*	0.46	0.33
Ti*K*	0.79	0.47
V*K*	0.34	0.19
Cr*K*	23.47	12.80
Fe*K*	31.62	16.06

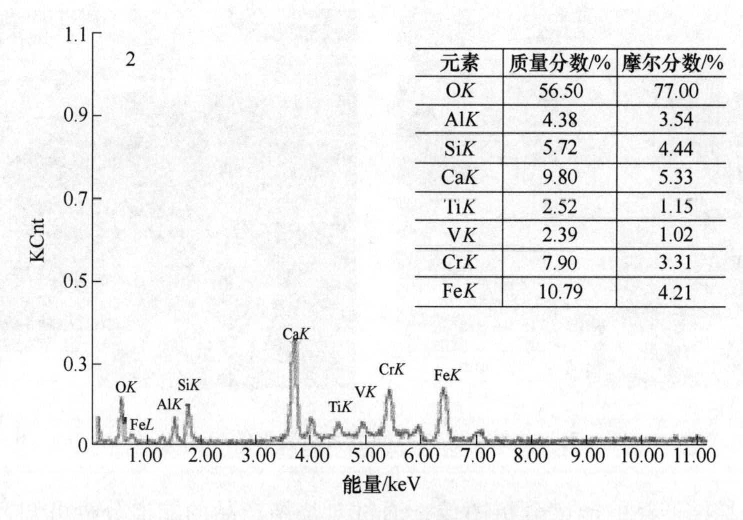

元素	质量分数/%	摩尔分数/%
O*K*	56.50	77.00
Al*K*	4.38	3.54
Si*K*	5.72	4.44
Ca*K*	9.80	5.33
Ti*K*	2.52	1.15
V*K*	2.39	1.02
Cr*K*	7.90	3.31
Fe*K*	10.79	4.21

图 8-77 烧结产品能谱分析图像

8.5 微波硅热还原法冶炼低碳铬铁

铬铁合金作为一种重要的添加剂主要应用于不锈钢和高合金铁素体钢的冶炼过程中。传统的低碳铬铁冶炼工艺主要有转炉和电炉冶炼两种，然而前者主要存在能耗高（1800~2000℃）以及对炉衬耐火材料要求高等问题；后者主要存在电炉冶炼过程中碳电极的消耗容易对合金增碳。因此，探究一种更有效的冶炼低碳铬铁合金工艺就显得尤为必要。采用微波加热冶炼铬铁矿粉，可以很好地避免转炉冶炼高温对炉衬耐火材料的损耗以及电炉冶炼过程中碳电极的消耗对合金增碳的影响。

8.5.1 试验参数

在铬铁矿粉中，Cr_2O_3 总是与含量不等的 MgO、Al_2O_3、FeO 等形成（MgO,FeO）·（Cr_2O_3,Al_2O_3）尖晶石[12]。微波硅热法还原铬铁矿粉的主要反应式如下：

$$2FeO + Si = 2Fe + SiO_2 \qquad \Delta H^{\ominus}_{298K} = -376.317kJ \tag{8-3}$$

$$2/3Fe_2O_3 + Si = 4/3Fe + SiO_2 \qquad \Delta H_{298K}^{\ominus} = -362.090kJ \qquad (8-4)$$

$$2/3Cr_2O_3 + Si = 4/3Cr + SiO_2 \qquad \Delta H_{298K}^{\ominus} = -154.188kJ \qquad (8-5)$$

由于微波硅热法冶炼低碳铬铁合金中，保温时间对金属合金的聚集程度没有太大的影响，因此试验中只考虑冶炼温度和熔渣碱度对冶炼过程的影响。

将铬铁矿粉、硅铬合金粉和助熔剂氧化钙粉按一定比例均匀混合，混合后直接置于坩埚，在箱式微波炉内加热还原。炉内主要发生式（8-3）~式（8-5）这三个反应，同时伴随着少量的钙、镁、磷等氧化物的还原反应。其中炉内 Cr_2O_3 的还原较为复杂，按 $Cr_2O_3 \rightarrow CrO \rightarrow Cr$ 的次序进行还原，被还原的 CrO 极易与空气中的氧气作用，导致还原剂硅利用率较低。

实验中配加 30%的过量还原剂（硅铬合金粉），30%的助熔剂氧化钙粉，40%的铬铁矿粉，总物料量 96g 的条件下进行热工制度探索，图 8-78~图 8-82 所示为微波还原冶炼不同温度条件下还原产物的宏观形貌情况。

图 8-78　1100℃下保温 40min 的还原产品

图 8-79　1150℃下保温 40min 的还原产品

图 8-80　1200℃下保温 40min 的还原产品

图 8-81 1250℃下保温 40min 的还原产品

图 8-82 1300℃下保温 40min 的还原产品

从图 8-78~图 8-82 可以看出，随着保温温度的提高，产品的熔融程度越来越高。从 1100℃下保温 40min 的还原产品可以看出，只有坩埚中心位置有一点熔融现象出现；随着温度从 1150℃升温到 1250℃可以清楚地看到，混合矿料的熔融现象更加明显，并且出现带有一点金属光泽的聚集物；在 1300℃下保温 40min 的还原产品已经出现肉眼可以观察到的大块金属相聚集，但随着金属聚集相的出现，相对的渣相聚集呈现玻璃相晶体，初步确定其为 SiO_2 聚集物。

对所得还原产品进行成分分析后得知，还原产品中的铬含量与未还原混合物料并无差别。还原反应中还原剂被氧化生成的 SiO_2 完全进入还原产品中，产品的总质量不产生变化，所以不能将还原产品中的金属与杂质分离开，则完全不能得到铬含量提高的产品。

图 8-83 所示为混合物料在 1350℃下的还原产品。可以看到，产品的金属相开始聚集变大，与渣相有明显的分离趋向；渣相呈玻璃体状，黏度较高，将产品的金属相与渣相分别收集后进行分析，分析结果如下。

图 8-83 1350℃下保温 40min 的还原产品

图 8-84 所示为 1350℃下还原产品金属相的 XRD 图。由图可知，金属相的主要成分为铬铁合金，其次为金属铁与未反应的硅铬合金。图 8-85 所示为 1350℃下还原产品渣相的 XRD 图。由图可知，渣相的主要成分为 Al_2O_3 与 SiO_2，渣相的酸度较高，属于长渣。

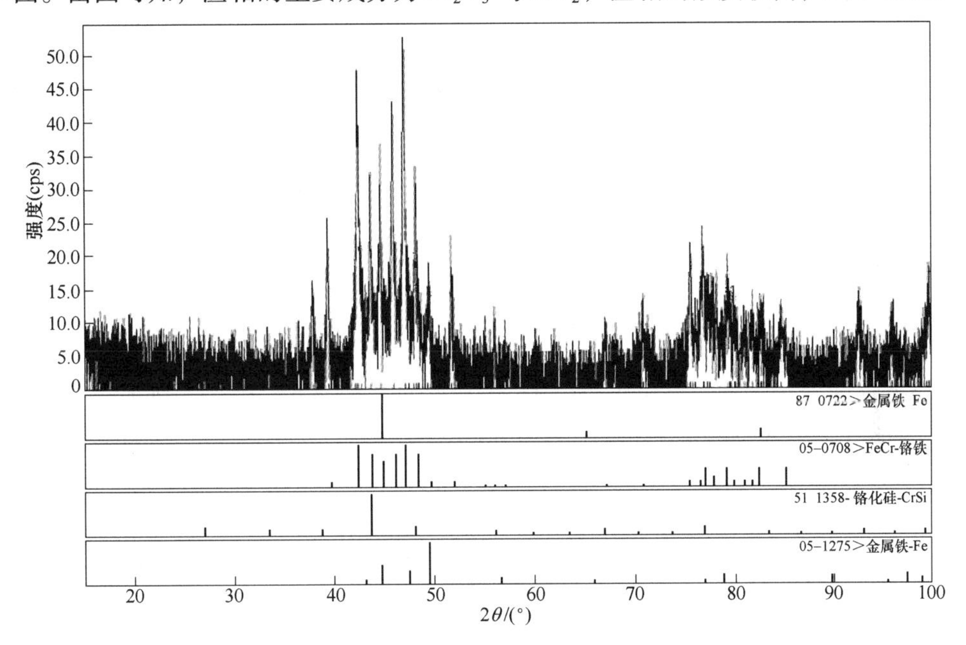

图 8-84 1350℃下还原产品金属相的 XRD 图

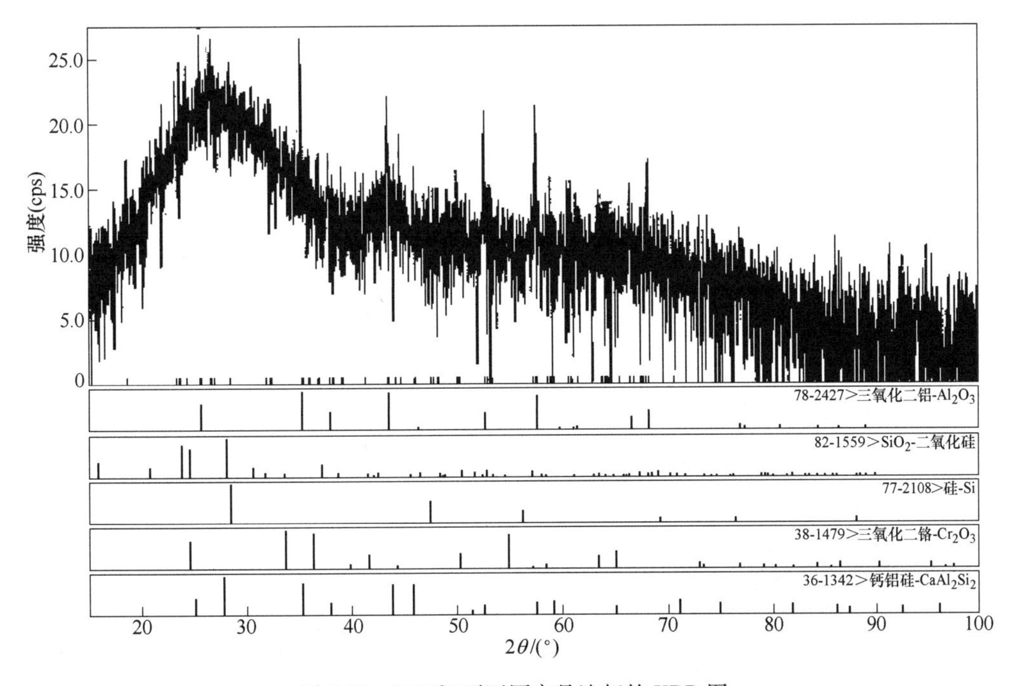

图 8-85 1350℃下还原产品渣相的 XRD 图

对分离得到的金属相进行化学分析，所得结果为：Cr 含量 49.32%，C 含量 0.16%。由表 8-29 可知标号为 FeCr55C25 的低碳铬铁二级品主要成分要求为：Cr 含量不小于 52%，

C 含量不大于 0.25%。所得还原产品的金属相 C 含量已达到标准，Cr 含量也已接近标准。所以应将实验方案进行调整，提高 CaO 的配比以降低渣相黏度，提高渣相流动性，并将加热制度调整为先在较低温度下进行直接还原，然后将温度提高，实现渣相与金属相的分离，以得到相对纯净的铬铁合金。

表 8-29　低碳铬铁的成分标准

类别	牌号	化学成分/%									
		Cr			C	Si		P		S	
		范围	Ⅰ	Ⅱ		Ⅰ	Ⅱ	Ⅰ	Ⅱ	Ⅰ	Ⅱ
低碳铬铁	FeCr69C0.25	63.0~75.0			≤0.25	≤1.0		≤0.03		≤0.25	
	FeCr55C25		≥60.0	≥52.0	≤0.25	≤1.5	≤3.0	≤0.04	≤0.06	≤0.03	≤0.05
	FeCr69C0.50	63.0~75.0			≤0.50	≤1.0		≤0.03		≤0.25	
	FeCr55C50		≥60.0	≥62.0	≤0.50	≤1.5	≤3.0	≤0.04	≤0.06	≤0.03	≤0.05
	FeCr69C1.0	63.0~75.0			≤1.0	≤1.0		≤0.03		≤0.25	
	FeCr55C100		≥60.0	≥52.0	≤1.0	≤1.5	≤3.0	≤0.04	≤0.06	≤0.03	≤0.05
	FeCr69C2.0	63.0~75.0			≤2.0	≤1.0		≤0.03		≤0.25	
	FeCr55C200		≥60.0	≥52.0	≤2.0	≤1.5	≤3.0	≤0.04	≤0.06	≤0.03	≤0.05
	FeCr69C4.0	63.0~75.0			≤4.0	≤1.0		≤0.03		≤0.25	
	FeCr55C400		≥60.0	≥52.0	≤4.0	≤1.5	≤3.0	≤0.04	≤0.06	≤0.03	≤0.05

8.5.2　碱度的影响

硅热还原法与碳热还原法冶炼铬铁合金有明显的区别。用碳去还原时产生的气体碳化物可以直接从孔隙中逸出，所以用碳热时还原反应通常情况下很完全，并能得到较高的金属收得率；用硅还原铬和铁的氧化物时，反应产生物 SiO_2 聚集于炉渣内，使得反应的动力学条件较低。为增强熔渣反应的动力学条件，改善熔渣的流动性，氧化钙的加入是不可缺少的。因为石灰石中的 CaO 能与 SiO_2 化合并生成稳定的 $CaO \cdot SiO_2$、$2CaO \cdot SiO_2$ 硅酸盐，并进一步把渣中的 Cr_2O_3 还原出来。

根据之前的实验结果，将实验方案调整为 CaO 含量由 30%提高至 45%，硅铬合金粉 15%，铬铁矿粉 40%，总物料量 120g，加热制度调整为 1300℃下保温 40min，进行直接还原反应，再升温至 1450℃出料，使渣相与金属相分离。图 8-86 所示为在此工艺参数条件

(a)

(b)

图 8-86　1300℃下保温 40min，再升温至 1450℃出料的产品

下获得的产物，从图中可以看出渣金分离较好，铬铁合金团块聚集成团块状。图 8-86（a）是渣相，呈多孔状；图 8-86（b）为分离的金属相。对渣相与金属相分别进行 XRD 分析，结果如图 8-87 和图 8-88 所示。

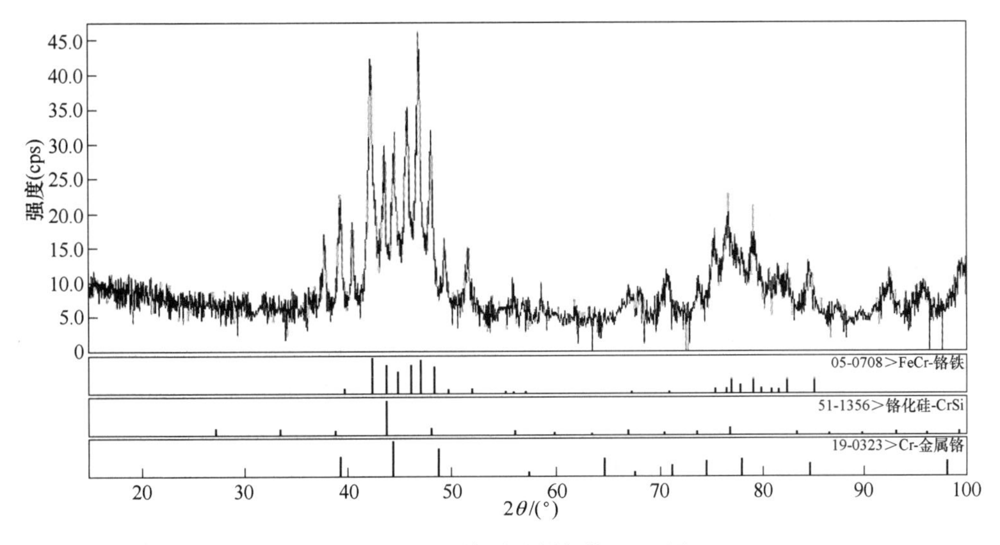

图 8-87 还原产品金属相的 XRD 图

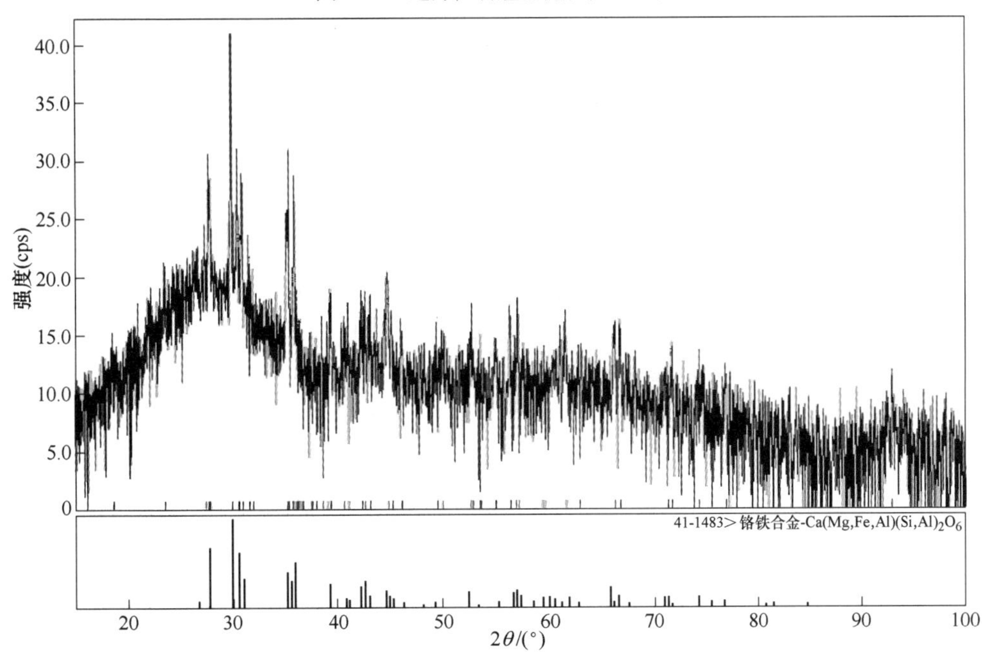

图 8-88 还原产品渣相的 XRD 图

由图 8-87 和图 8-88 可知，还原产品的渣相主要成分为 $Ca(Mg,Fe,Al)(Si,Al)_2O_6$；金属相主要成分为铬铁合金。通过对所得合金进行化学分析可知，Cr 含量 50.82%，C 含量 0.24%。通过以上实验结果可知，利用微波硅热还原法冶炼低碳铬铁矿，可以在较低温度下实现渣铁的分离，远低于传统电炉冶炼的温度（1650℃）。

图 8-89 所示为降低了终点出料温度，在 1400℃出料的结果。对比图 8-86 与图 8-89 可以看出，图 8-89 渣相孔隙度较图 8-86 差，渣相较为致密，还原分离的金属相虽然可以聚集成团块状，但是个头较小、分散，聚集程度比图 8-86 中金属聚集程度差。

根据之前的实验结果，将实验方案调整为 CaO 含量由 45%提高至 50%，硅铬合金粉 15%，铬铁矿粉 35%，总物料量 146g，加热制度调整为 1300℃下保温 40min，进行直接还原反应，再升温至 1450℃，使渣相与金属相分离。

从图 8-90 中可以看出，提高氧化钙的配加比例，渣金相分离效果并不好，过多氧化钙配加量容易导致熔融液中高熔点物质增多，熔液流动性减弱，不利于金属相聚集成块。

图 8-89　1350℃下保温 40min，再升温至 1400℃出料的产品

图 8-90　金属外观表面照片（1300℃）

由图 8-91 可见，在 CaO 含量 50%的条件下，1450℃进行渣铁分离可得分离较好的铬铁合金，但其形状并不规则，金属相的聚集效果并不理想。

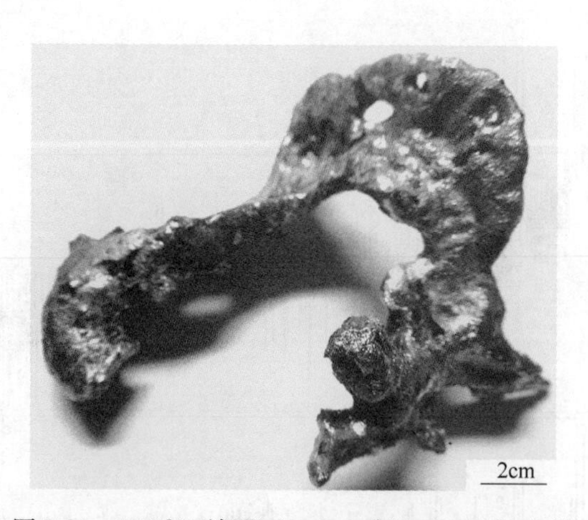

图 8-91　1350℃下保温 40min，升温至 1450℃出料

通过一系列的实验探究，最终确定含硅铬铁矿粉微波冶炼各项工艺参数分别为：CaO 含量 45%，硅铬合金粉 15%，铬铁矿粉 40%，总物料量 120g，加热制度调整为 1300℃下保温 40min，进行直接还原反应，再升温至 1450℃出料。

8.5.3　含硅铬铁矿粉直接还原热力学分析

铬铁矿（MgO，FeO）·（Cr_2O_3，Al_2O_3，Fe_2O_3）在高温条件下可以被碳、硅和铝还原。

图8-92所示为硅热还原铬铁矿的热力学关系。由图可见，在硅热还原铬铁矿粉的过程中，原料中的FeO最先还原，其次是Fe_2O_3，最后是Cr_2O_3被还原。其中，通过热力学计算可以得出FeO在约735℃时被还原；Fe_2O_3在约816℃被还原；Cr_2O_3在约1368℃被还原，而且微波硅热还原过程中Cr_2O_3按$Cr_2O_3 \rightarrow CrO \rightarrow Cr$的次序进行。

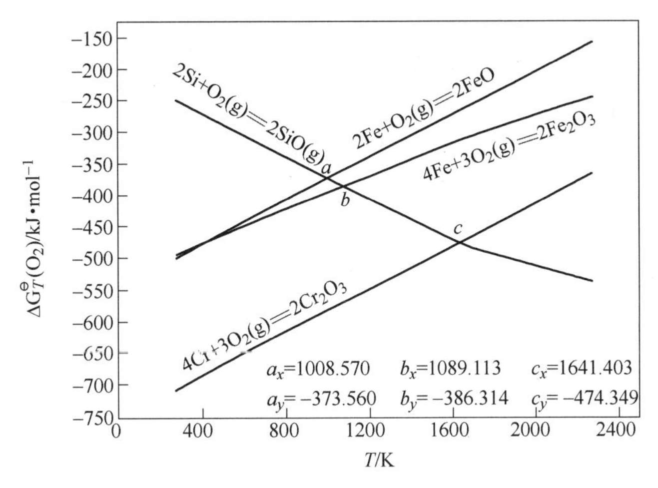

图8-92 氧化物的吉布斯自由能图

微波加热有别于传统的高温传导、辐射等加热方式。微波加热是将矿料内部介电损耗转变为热量，与矿料内部极性有关。该试验采用微波硅热还原，反应过程主要由以下几个环节控制：

（1）含硅铬铁矿粉在微波箱式炉内进行还原反应，当温度达到反应温度时，物料内部的铬、铁等氧化物与硅粉发生固-固直接还原反应。反应先后顺序分别为FeO的还原，Fe_2O_3的还原以及最终的Cr_2O_3还原。

（2）由于实验配加过量的硅铬合金，加之开始反应为物料内部，因此含硅铬铁矿粉首先生成SiO气体，而且生成的气体通过铬铁矿粉颗粒间的间隙向外扩散。

（3）实验采用的微波箱体在没有通入保护性气体时，腔体内部具有一定的空气，扩散出来的SiO气体很容易与空气中的氧气进行反应生成SiO_2。

（4）反应的中后期还伴随着液-液相反应，这是熔渣与合金间的一类反应。

$$2(Cr_2O_3)+3[Si]=\!=\!=4[Cr]+3(SiO_2) \tag{8-6}$$

综上所述，微波硅热还原法冶炼低碳铬铁，主要发生矿粉内部的固-固反应，生成气体的内部扩散以及扩散气体与空气的界面反应。制约反应快慢的主要因素为生成气体在矿粉内部的扩散。

8.5.4 显微结构分析

8.5.4.1 铬铁矿粉还原显微矿相结构

从图8-93可以清楚地看到，微波加热含硅铬铁矿粉在温度低于1100℃时，矿料中会有星点状还原物出现，但在矿料内部以及矿料边缘没有观察到热碎裂还原结构的出现，在矿料表面还原出来的星点状物质成分主要为Fe的金属相。

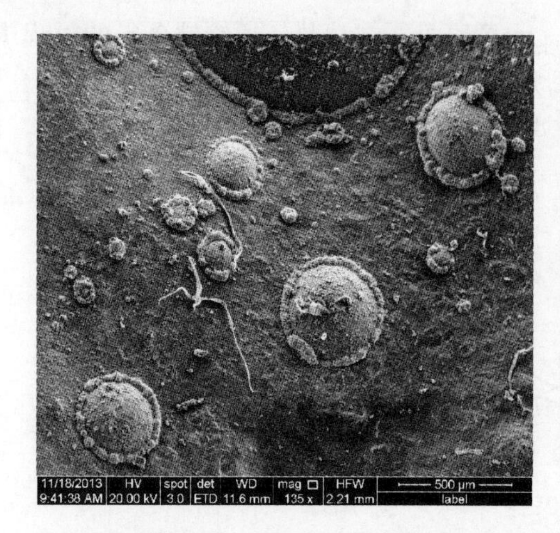

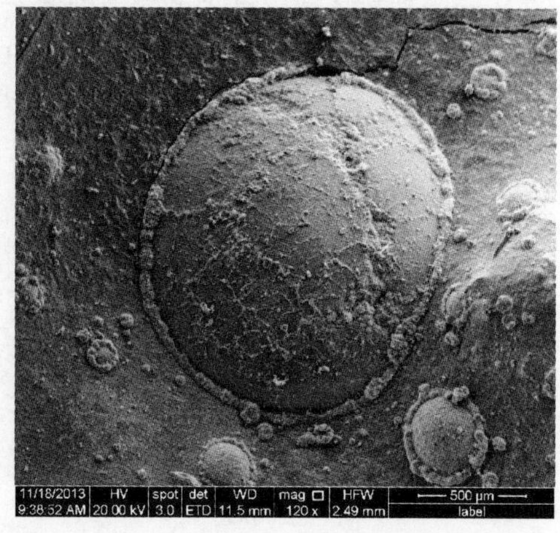

图 8-93　微波加热含硅铬铁矿粉在温度低于 1100℃时的还原显微矿相结构

微波加热含硅铬铁矿粉在 1100℃、1200℃、1300℃时的体还原显微矿相结构如图 8-94 所示。由图可见，在碱度控制在 1.60～1.80 的相同条件下，随着微波加热温度的提高，含硅铬铁矿粉中铬铁矿颗粒内部以及表面的显微热碎裂还原结构也明显逐渐加剧，直至 1300℃时铬铁颗粒热碎裂还原崩解。

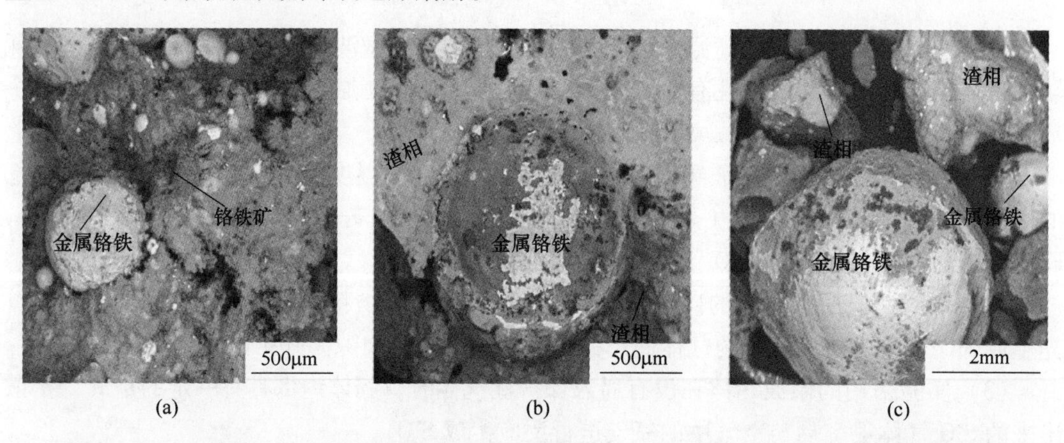

图 8-94　含硅铬铁矿粉在温度 1100℃（a）、1200℃（b）、1300℃（c）时的扫描电镜分析图
（亮白色：金属铬铁；灰色：铬铁矿；深灰色：渣相）

在冶炼温度从 1100℃、1200℃到 1300℃不断增加的过程中，物料的还原程度和铬铁合金的金属化率也随之提高。在温度 1100℃时，首先铬铁矿颗粒边缘和内部生长出密度不同的细长而且不规则的显微热碎裂纹。期间有金属相（铬铁合金）出现，呈现星点状分布在铬铁矿颗粒内部和表面，局部有聚集变大的趋势，如图 8-95 所示。换言之，铬铁矿颗粒的完整度较高，绝大多数的热还原崩解的现象发生在矿石颗粒边缘，渣相中含有较高的铬（质量分数为 11.33%）。

温度为 1200℃时，铬铁矿粉颗粒边缘到内部的热碎裂纹变宽变密，内部的孔隙度也逐渐增多。在铬铁矿颗粒局部地方出现了明显的热碎裂还原崩解现象，聚集还原出来的铬铁合金呈椭圆小球状分布在铬铁矿粉颗粒中。即铬铁合金颗粒已经有与铬铁矿粉分离的趋

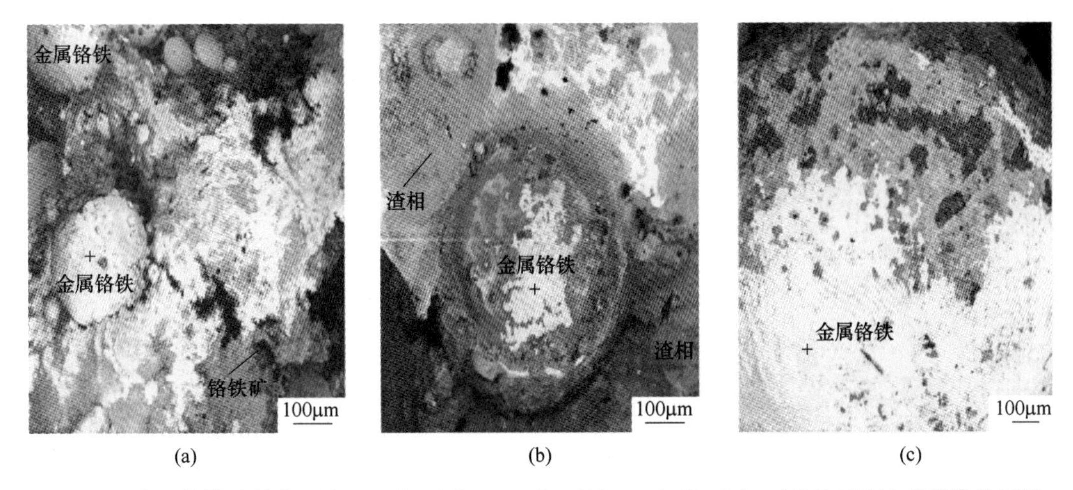

图 8-95 含硅铬铁矿粉在温度 1100℃（a）、1200℃（b）、1300℃（c）时的体还原金相能谱分析图

（亮白色：金属铬铁；灰色：铬铁矿；深灰色：渣相）

势，渣相中铬含量（质量分数为 7.94%）有所降低。

温度为 1300℃时，铬铁矿粉的显微热碎裂更加明显，颗粒内部此时已经全部还原崩解，铬铁合金颗粒也能完全脱离铬铁矿粉，金属相（铬铁合金）呈球状分布，渣系中铬含量（质量分数为 0.79%）较低。

从图 8-96 金属相的能谱分析结果可以看出，在还原温度控制在 1100℃时，金属相中 Fe 含量在 42.54%，Cr 含量在 29.93%，在此阶段主要发生 Fe 的氧化物被还原的过程，局部可能有高温出现，导致少量的 Cr 被还原。还原出来的金属相中非金属杂质 C、Si 等含量较高。

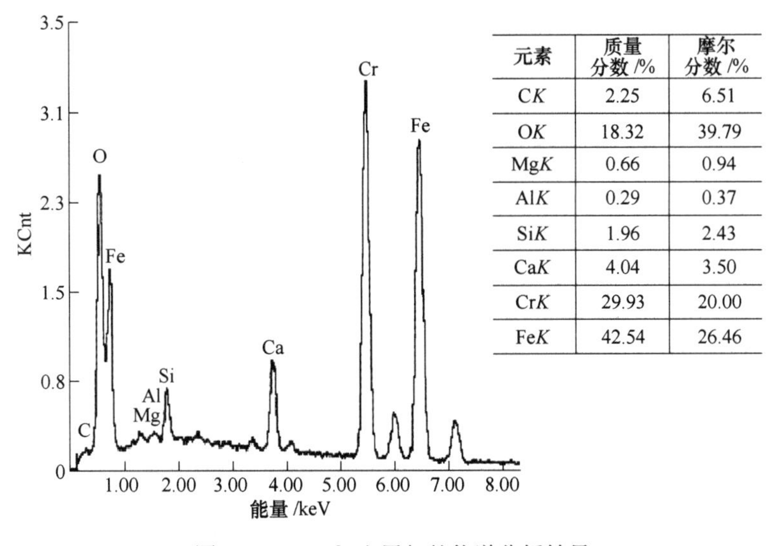

元素	质量分数 /%	摩尔分数 /%
C*K*	2.25	6.51
O*K*	18.32	39.79
Mg*K*	0.66	0.94
Al*K*	0.29	0.37
Si*K*	1.96	2.43
Ca*K*	4.04	3.50
Cr*K*	29.93	20.00
Fe*K*	42.54	26.46

图 8-96 1100℃金属相的能谱分析结果

从图 8-97 可以看出，随着温度的增加，在 1200℃时，金属相中 Fe 含量在 12.22%，Cr 含量在 59.15%，在此阶段 Fe、Cr 都在参与还原过程，且 Cr 还原在矿料中发生不再是局部。

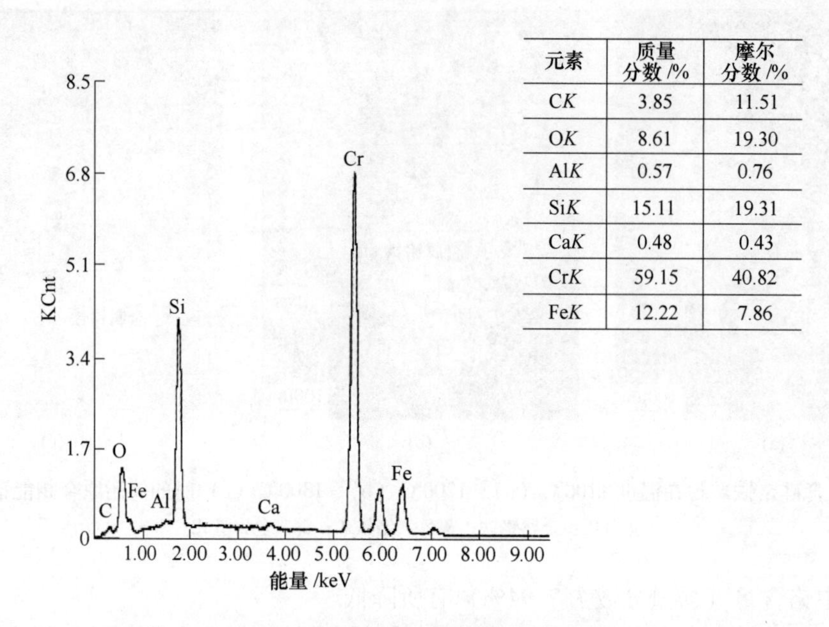

元素	质量分数/%	摩尔分数/%
C*K*	3.85	11.51
O*K*	8.61	19.30
Al*K*	0.57	0.76
Si*K*	15.11	19.31
Ca*K*	0.48	0.43
Cr*K*	59.15	40.82
Fe*K*	12.22	7.86

图 8-97 1200℃金属相的能谱分析结果

从图 8-98 可以看出，在还原温度控制在 1300℃时，矿料中的金属元素大多被还原出来，这时 Fe 含量达到 15.42%，Cr 含量达到 70.45%，金属总的还原率在 86%左右。在此温度条件下铬、铁有价金属的还原率还是较为理想。

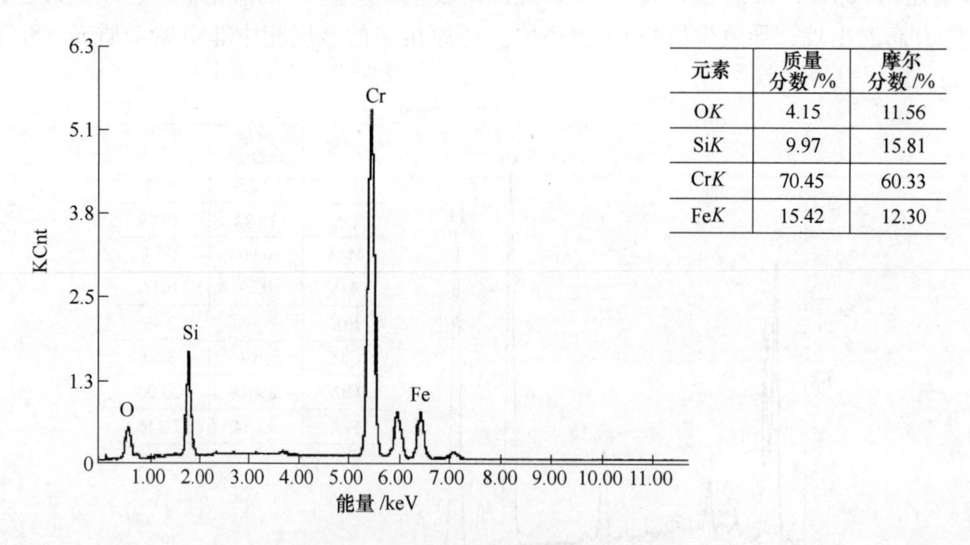

元素	质量分数/%	摩尔分数/%
O*K*	4.15	11.56
Si*K*	9.97	15.81
Cr*K*	70.45	60.33
Fe*K*	15.42	12.30

图 8-98 1300℃金属相的能谱分析结果

图 8-99 所示为还原温度控制在 1100℃时，渣系的能谱分析结果。从分析结果可以看出，渣相中具有较高的 Fe、Cr，有价元素没被还原出来进入渣中，Fe 含量占 5.93%、Cr 含量占 11.33%。

从图 8-100 可以看出，在表面温度 1200℃时，渣系中 Fe 元素已经基本被还原出来，虽然渣相中 Cr 的含量较 1100℃有所下降，但还是达到了 7.94%。

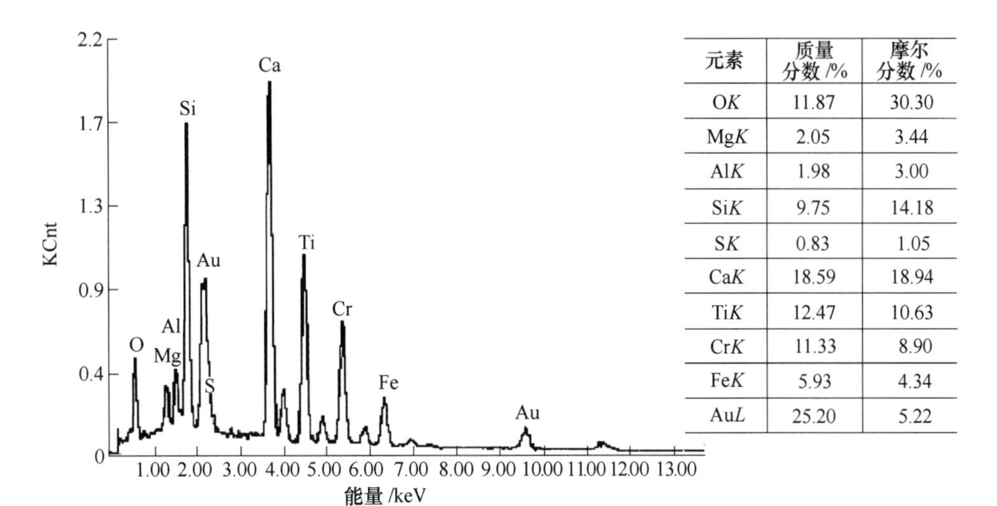

元素	质量分数 /%	摩尔分数 /%
O*K*	11.87	30.30
Mg*K*	2.05	3.44
Al*K*	1.98	3.00
Si*K*	9.75	14.18
S*K*	0.83	1.05
Ca*K*	18.59	18.94
Ti*K*	12.47	10.63
Cr*K*	11.33	8.90
Fe*K*	5.93	4.34
Au*L*	25.20	5.22

图 8 99　1100℃渣相的能谱分析结果

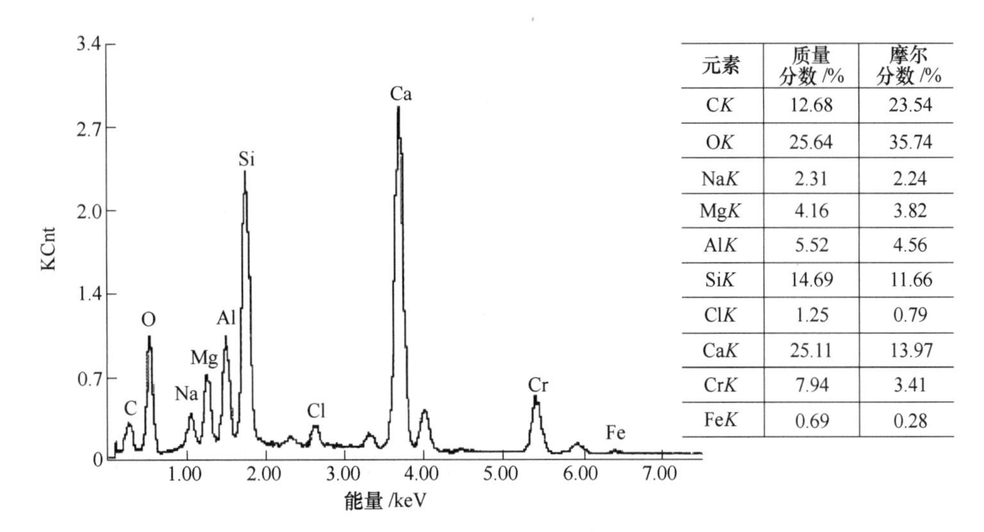

元素	质量分数 /%	摩尔分数 /%
C*K*	12.68	23.54
O*K*	25.64	35.74
Na*K*	2.31	2.24
Mg*K*	4.16	3.82
Al*K*	5.52	4.56
Si*K*	14.69	11.66
Cl*K*	1.25	0.79
Ca*K*	25.11	13.97
Cr*K*	7.94	3.41
Fe*K*	0.69	0.28

图 8-100　1200℃渣相的能谱分析结果

从图 8-101 可以看出，还原温度控制在 1300℃时，渣系中的 Fe 元素已经基本被还原了，而且渣系中的 Cr 元素残留并不多（0.79%），所以将还原冶炼温度控制在 1300℃较为理想且合理。

综上所述，试验证实微波硅热还原法冶炼低碳铬铁可分为三个阶段，即前期、中期和后期。温度 1100℃时 Cr-Fe 合金形核（发生在铬铁矿粉颗粒表面和内部，呈星点状散乱分布），形成的铬铁合金中 Fe（质量分数为 42.54%）含量较 Cr（质量分数为 29.93%）含量高；温度 1200℃时母核长大阶段（相界面反应较快），热碎裂加剧，母核呈椭球状聚集在铬铁矿粉颗粒边缘，残余反应物还原（反应较慢）Fe（质量分数为 12.22%）、Cr（质量分数为 59.15%）；在温度 1300℃时铬铁合金长大基本结束，形成的颗粒状铬铁还原产物能完全与渣相分离，金属率也随着温度的提高进一步增加，Fe(质量分数为 15.42%）含量较 Cr(质量分数为 70.45%）含量低。

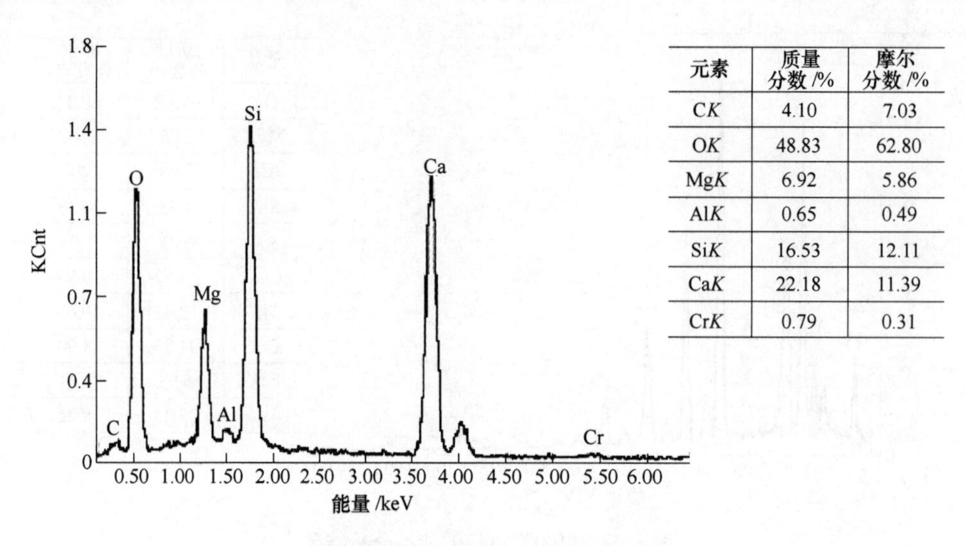

元素	质量分数 /%	摩尔分数 /%
C*K*	4.10	7.03
O*K*	48.83	62.80
Mg*K*	6.92	5.86
Al*K*	0.65	0.49
Si*K*	16.53	12.11
Ca*K*	22.18	11.39
Cr*K*	0.79	0.31

图 8-101　1300℃渣相的能谱分析

8.5.4.2　低碳铬铁合金金相分析

图 8-86（b）所示为微波硅热还原法冶炼低碳铬铁，冶炼温度在 1300℃，保温在 40min，1450℃出料时的宏观金属形貌图，还原产品呈现团块聚集。选取团块低碳铬铁合金进行切割取样。

取样成品采用牙脱粉和牙脱水对其进行镶嵌处理，镶嵌后对镶嵌样品进行表面磨光处理，如图 8-102 所示。

图 8-103 所示为抛光待金属腐蚀的低碳铬铁合金，腐蚀试剂采用 3mg/L 的 HNO_3 对低碳铬铁合金表面进行酸腐蚀，腐蚀一定时间后，采用清水对腐蚀表面进行擦拭。

图 8-102　磨光后的宏观形貌

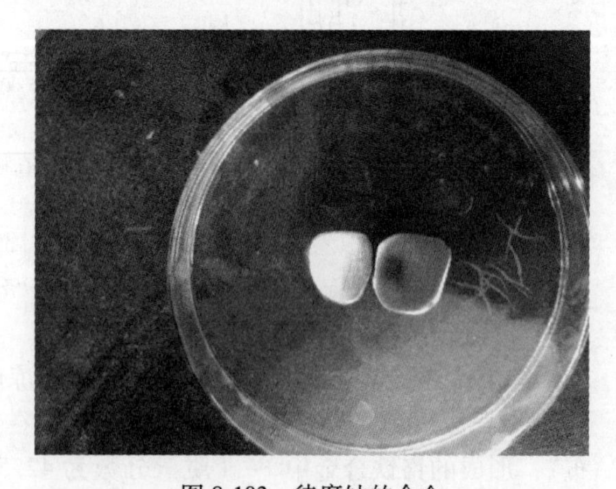

图 8-103　待腐蚀的合金

对分离出来的金属相进行取样、制样、抛光、酸腐蚀处理后的扫描电镜图如图 8-104 所示。随着低碳铬铁的背散射图谱放大倍数从 250 倍、600 倍到 1600 倍，可以清晰地看到铬铁合金晶粒表面晶界的分布以及 Fe-Cr 晶粒呈现二元匀晶结构分布，晶粒与晶粒分布之间出现两种不同的晶界线：深灰色和灰色。

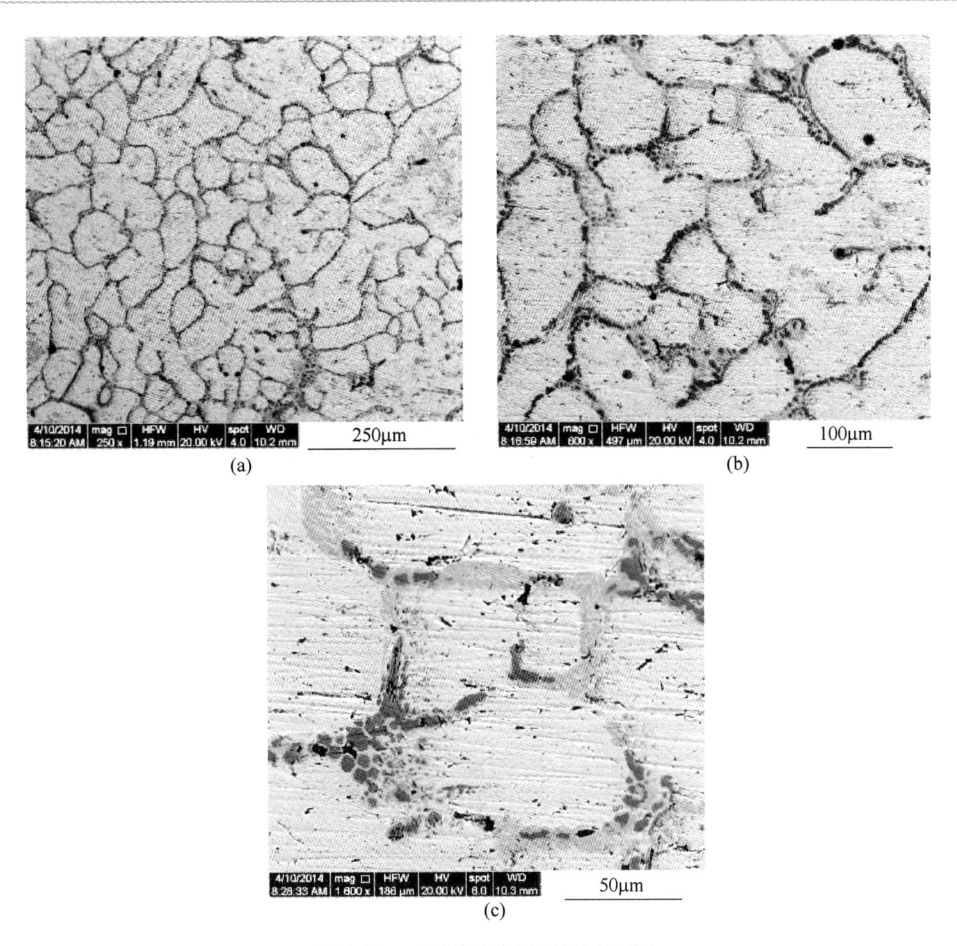

图 8-104 低碳铬铁的背散射图谱

（a）×250；（b）×600；（c）×1600

分别对金相处理后的金属合金抛光腐蚀面选点做能谱分析，如图 8-105（a）~（c）所示，分别为对深灰色晶界线、灰色晶界线和主体晶粒进行能谱分析。

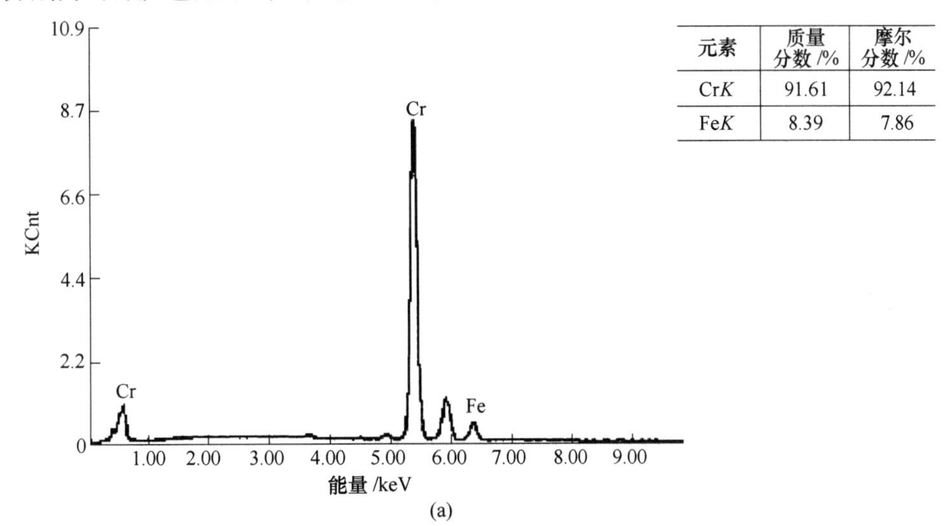

元素	质量分数 /%	摩尔分数 /%
Cr*K*	91.61	92.14
Fe*K*	8.39	7.86

(a)

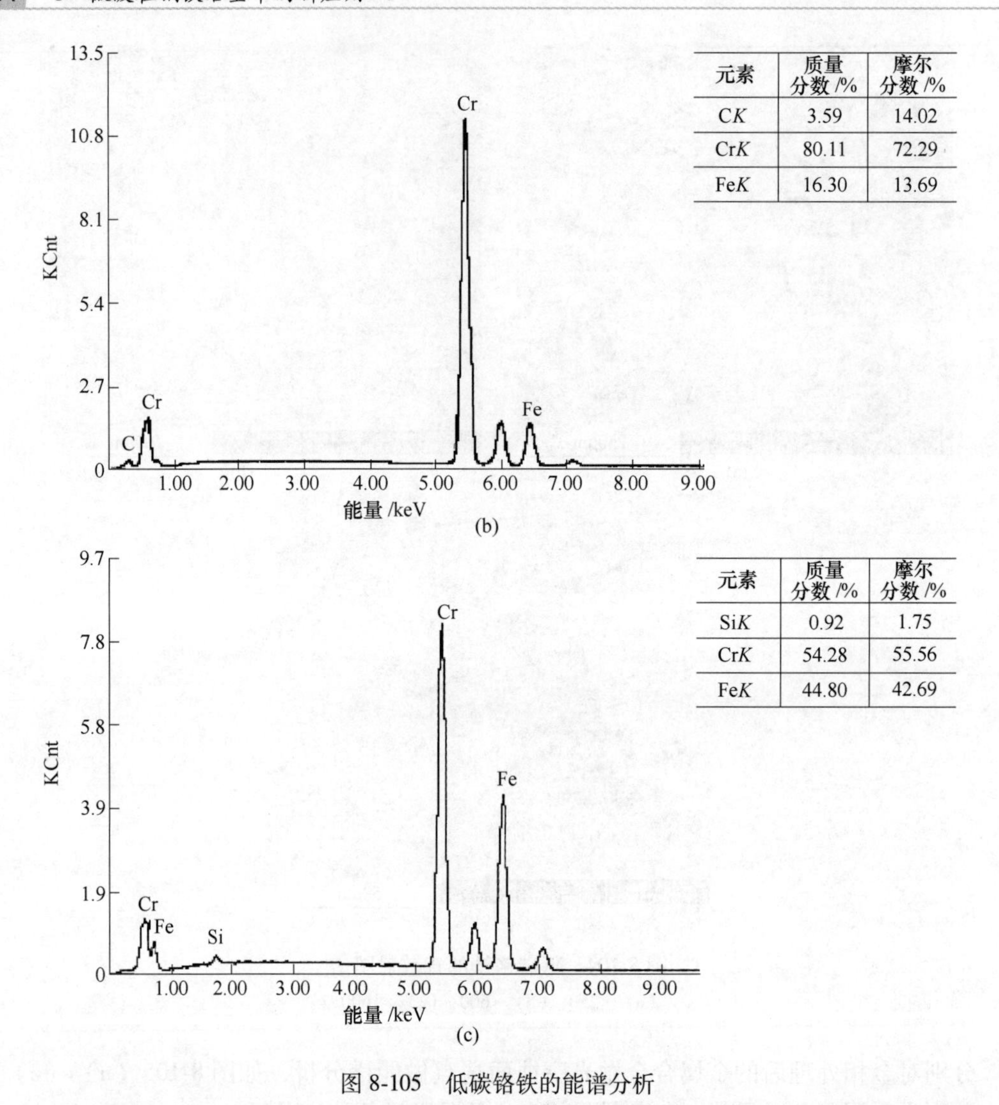

元素	质量分数 /%	摩尔分数 /%
C*K*	3.59	14.02
Cr*K*	80.11	72.29
Fe*K*	16.30	13.69

元素	质量分数 /%	摩尔分数 /%
Si*K*	0.92	1.75
Cr*K*	54.28	55.56
Fe*K*	44.80	42.69

图 8-105　低碳铬铁的能谱分析

从上述能谱结果可以得出，在铬铁合金晶粒的晶界线中深灰色晶界线主要成分是 Cr、Fe 金属元素，其中铬元素最多；灰色晶界线中铁元素成分含量较前者高，铬元素相对较低，其中能谱表征有少量 C 元素存在；主体白色晶粒成分主要是 Fe-Cr 的二元匀晶体系，其中能谱表征有少量 Si 元素存在。

8.5.5　渣金物相分析及成分检测

8.5.5.1　渣金物相分析

对分离的铬铁合金金属相和渣相进行 XRD 物相分析，其分析结果如图 8-106 及图 8-107 所示。低碳合金物相成分主要是 Fe-Cr；渣相中主要是硅钙铝相，其中含有少量铬被氧化进入渣中。从物相分析结果可以看出，最佳冶炼工艺参数条件下的金属分离效果较好，合金聚集块状效果良好，能达到预期模拟效果。

8.5.5.2　低碳铬铁合金主要成分检测

微波硅热还原法冶炼低碳铬铁，所得的低碳铬铁主要化学成分见表 8-30，其化学成分

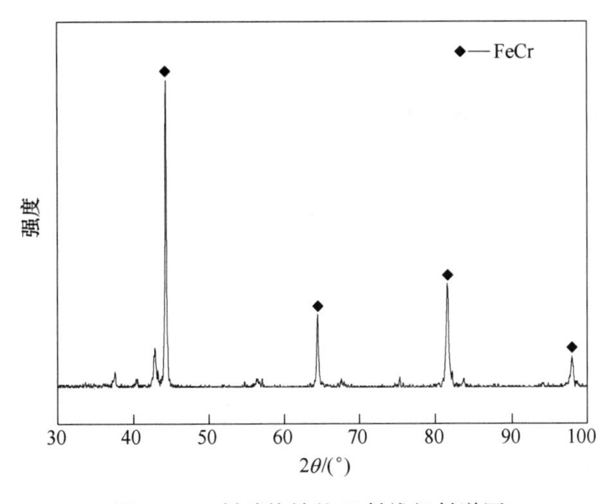

图 8-106 低碳铬铁的 X 射线衍射谱图

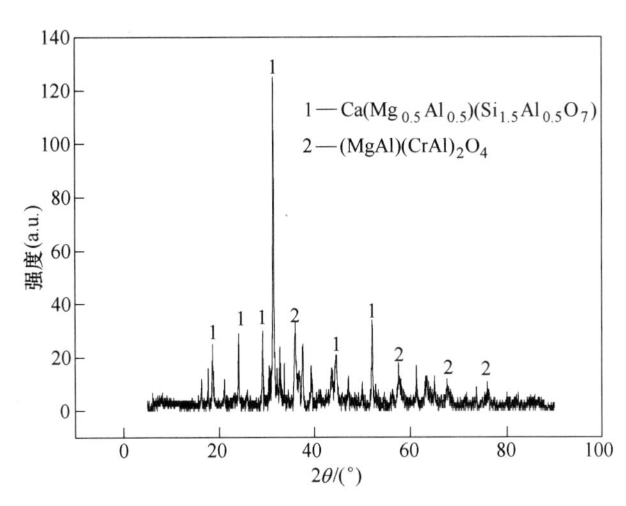

图 8-107 渣系的 X 射线衍射谱图

满足（GB 5683—2008）FeCr55C25Ⅱ的要求（Cr≥52.0%，C≤0.25%，Si≤3.0%，P≤0.06%，S≤0.05%）。

表 8-30 低碳铬铁的主要化学成分

成分	Cr	Fe	C	Si	P	S
质量分数/%	53.83	43.71	0.081	0.53	0.034	0.02

结果表明，微波硅热还原法冶炼低碳铬铁合金工艺参数如下：还原温度控制在1300℃，保温40min，液相线温度（终点出料温度）1450℃，熔渣碱度控制在1.60~1.80。分析还原过程的矿相结构可以得出：温度1100℃时Cr-Fe合金形核；温度1200℃时母核长大阶段；在温度1300℃时铬铁合金长大基本结束，形成的颗粒状铬铁还原产物能完全与渣相分离。分析产物晶相可知，非金属元素C主要存在于灰色晶界线；Si主要存在于主体白色晶体中。产物低碳铬铁合金满足（GB 5683—2008）FeCr55C25Ⅱ的要求（Cr≥52.0%，C≤0.25%，Si≤3.0%，P≤0.06%，S≤0.05%）。

参考文献

[1] 付润泽．微波辅助磨细惠民铁矿实验研究［D］．昆明：昆明理工大学，2011.

[2] 彭金辉，刘纯鹏．微波场中矿物及其化合物的升温特性［J］．中国有色金属学报，1997，7（3）：50~51，84.

[3] 刘全军，王喜良，王文潜．微波助磨的研究现状及进展［J］．粉体技术，1998，4（3）：31~36.

[4] Vorster W，Rowson N A，Kingman S W. The effect of microwave radiation upon the processing of Neves Corvo copper ore［J］. Int J Miner Process，2001，63：29~44.

[5] Whittles D N，Kingman S W，Reddish D J. Application of numerical modeling for prediction of the influence of power density on microwave-assisted breakage［J］. Int J Miner Process，2003，68（1~4）：71~91.

[6] Ali A Y，Bradshaw S M. Bonded-particle modelling of microwave-induced damage in ore particles［J］. Minerals Engineering，2010，23（10）：780~790.

[7] 彭金辉，杨显万．微波能技术新应用［M］．昆明：云南科技出版社，1997.

[8] Jones D A，Kingman S W，Whittles D N，et al. The influence of microwave energy delivery method on strength reduction in ore samples［J］. Chemical Engineering and Processing，2007，46（4）：291~299.

[9] Ali A Y，Bradshaw S M. Quantifying damage around grain boundaries in microwave treated ores［J］. Chemical Engineering and Processing，2009（48）：1566~1573.

[10] Standish N，Worner H K，Obuchowski D Y. Particle Size Effect in Microwave Heating of Granular-materials［J］. Powder Technology，1991，66（3）：225~230.

[11] 胡建国，毛世意．浅谈提高磨矿效率的途径［J］．江西有色金属，2002，16（2）：11~12，21.

[12] Kumar P，Sahoo B K，De S，et al. Iron ore grindability improvement by microwave pre-treatment［J］. Journal of Industrial and Engineering Chemistry，2010，5：1~8.

[13] Grifith J M. Gentrification：Perspectives on the Return to the Central City［J］. Journal of Planning Literature，1996，11（2）：241~255.

[14] 石德珂．材料科学基础［M］．北京：机械工业出版社，1999.

[15] 张文勇，陈亚维．量化水淬原理与控制参数［J］．中原工学院学报，2004，15（1）：4，34~37.

[16] 周美玲．材料工程基础［M］．北京：北京工业大学出版社，2001.

[17] 周凤云．工程材料及应用［M］．武汉：华中理工大学出版社，1999.

[18] Middlemiss S，King R P. Microscale fracture measurements with application to comminution［J］. International Journal of Mineral Processing，1996，s44~45（95）：43~58.

[19] Uslu T，Ataly U，Arol A I. Effect of microwave heating on magnetic separation of pyrite［J］. Colloid Surf A：Physicochem Eng，2003（225）：161~167.

[20] Cui Z，Liu Q，Etsell T H. Magnetic properties of illmenite，hematite and oilsand mineral after roasting［J］. Minerals Engineering，2002（15）：1121~1129.

[21] Barani K，et al. Magnetic properties of an iron ore sample after microwave heating［J］. Separation and Purification Technology，2011（76）：331~336.

[22] 王晓辉．难选铁矿石微波磁化焙烧同步降磷的工艺研究［D］．昆明：昆明理工大学，2011.

[23] 方启学，卢寿慈．微细粒嵌布弱磁性铁矿石分选工艺的进展［J］．国外金属矿选矿，1995，8：10~15.

[24] 柏少军，文书明，刘殿文，等．云南某高磷铁矿石工艺矿物学研究［J］．矿冶，2010，19（2）：91~96.

[25] 陈建，朱红波，彭金辉，等．微波加热烧结铬铁粉矿试验研究［J］．矿冶，2014，23（4）：83~85.

[26] 李成，常国华，等．微波选择性还原处理铬铁粉矿［J］．中国有色金属学报，2013，23（2）：

503~509.

[27] 张文钲．铬铁矿选矿现状及发展趋势（上）[J]. 金属矿山，1980（4）：6~9.

[28] 刘永鹤，彭金辉，等．莫来石晶须长径比影响因素的响应曲面法优化 [J]. 硅酸盐学报，2011，39（3）：403~408.

[29] 魏文，彭镜鑫，等．微波直接还原铬铁粉矿的工艺及其专用坩埚 [P]. 中国专利：102051482，2010.12.17.

索　引

Y

Z